化学工业出版社"十四五"普通高等教育本科规划教材

Inorganic Chemistry

无机化学

（第二版）

刘 捷 赵东欣 主编

化学工业出版社

·北京·

内容简介

《无机化学》(第二版) 共18章，包括气体、化学热力学基础、化学动力学基础、化学平衡、化学反应原理、近代物质结构理论和元素化学等内容。本教材编写时注意突出应用，体现工科教材的特点。为方便学习及拓展，本书设有重难点讲解、课件、学习要点、科学家简介、化学视野等模块，读者可扫码观看。

本书可作为高等院校化工、轻工、环境、生物、材料、应化、制药等各专业本科生的无机化学教材，也可供相关人员参考。

图书在版编目 (CIP) 数据

无机化学/刘捷，赵东欣主编. —2版. —北京：化学工业出版社，2023.8

化学工业出版社“十四五”普通高等教育本科规划教材

ISBN 978-7-122-43808-9

Ⅰ.①无… Ⅱ.①刘…②赵… Ⅲ.①无机化学-高等学校-教材 Ⅳ.①O61

中国国家版本馆CIP数据核字 (2023) 第129716号

责任编辑：宋林青 李 玦　　文字编辑：刘志茹

责任校对：宋 玮　　装帧设计：史利平

出版发行：化学工业出版社 (北京市东城区青年湖南街13号 邮政编码100011)

印 装：河北鑫兆源印刷有限公司

787mm×1092mm 1/16 印张20½ 彩插1 字数508千字 2023年10月北京第2版第1次印刷

购书咨询：010-64518888　　售后服务：010-64518899

网 址：http://www.cip.com.cn

凡购买本书，如有缺损质量问题，本社销售中心负责调换。

定 价：49.80元

前　言

《无机化学》第一版自2009年出版以来，在一些高等院校无机化学教学中得到广泛的使用。河南工业大学无机化学教学团队以该书为教材，为化工类、轻工类、材料类等十几个本科专业开设的无机化学课程，2013年被评为河南省精品资源共享课程，2019年被评为首批河南省本科一流课程。

网络、多媒体等现代信息技术的进步和手机、计算机应用的普及，极大地拓展了人们获取知识的途径和手段，因此，为适应新形势下高等教育发展的新特点和新需求，编者认真听取了化学工业出版社关于本书第一版使用情况的反馈，以及当前新形态教材建设的趋势，决定在保持第一版教材可读性强、易讲授的前提下，对本书进行信息化、可视化处理，实现传统教材向新形态教材的转化，使学习者通过移动通信终端方便地获取视频、图像、文字等电子教学支持资料，同时对部分内容进行更新，理论联系实际，突出应用，渗透工程意识，培养自学能力，努力体现工科化学教材的特色。具体有以下几点：

1. 在每章增加PPT课件、疑难解析、微课视频和习题答案的链接，引导和帮助学生更好地掌握无机化学课程知识点和重点难点，方便学生自主预习、学习和复习。

2. 在各章末增加“拓展学习资源”模块，以二维码形式展现。通过扫描二维码，学生可以获得书中相关知识点的进一步学习内容，包括每章学习要点、元素的发现与提取、知识拓展、化学视野、科学家简介、矿物图片等，可大大提升教材的使用效果，培养学生的科学思维和创新意识，提高学生的学习兴趣。

3. 相比第一版，本书对一些章节的结构和内容进行了调整、修订和增补。比如：(1) 增加了气体的内容作为第一章，与“化学热力学基础”中涉及气体计算的内容相呼应。(2) 第一版的“化学反应的速率和限度”分别以“化学动力学基础”“化学平衡”单独分章讨论；“化学键和分子结构”改为“共价键理论和分子结构”，离子键、分子间作用力内容分别放到“晶体结构”章节中相应的离子晶体、分子晶体部分，使教材体系的框架结构更为清晰。(3) 尽量删去与中学化学重复的内容以及与教学内容关联性不强的理论部分。如删去了氧化值法配平氧化还原方程式，将“氧化还原电对”内容调整到原电池部分；删去了电解质溶液理论和溶液的酸碱性；“元素性质的周期性”删去了“元素的氧化值”内容；删去了元素概论。(4) 重新改写了近代原子结构模型的发展历史、酸碱理论、晶体结构、配合物的异构现象等部分章节。(5) 删去了一些简单的习题，增加了少量综合性的习题和思考题。这些调整使本书的结构更加严谨，叙述更富有条理性，更方便学生使用。

本书由刘捷、赵东欣担任主编。全书共18章，参与各章编写与修订工作的有：刘捷（第1，2，4，11章）、赵东欣（第6，7，9，10章）、马丽（第8，14，15章）、苑立博（第5，16，17，18）、高莉（第3，12，13，附录）。电子资源（包含PPT、拓展资源、疑难解析和习题答案）内容均由各章执笔人完成，赵东欣负责视频资料的整理汇总。

第一版主编司学芝教授为教材的编写倾注了大量的心血。在本书编写过程中，参考了大量的无机化学最新版本和有关文献，得到了许多老师和同行的大力支持和指导。化学工业出版社对本书的修订工作给予了自始至终的支持和关注。在此表示衷心的感谢！

由于编者水平有限，仍难免有纰漏之处，恳请广大读者和同行批评指正，提出宝贵意见和建议。

编　者

2023年4月

目　录

第 1 章　气体 …… 1

1.1　理想气体状态方程 …… 1

1.2　混合气体的分压定律 …… 2

1.3　实际气体 …… 3

1.4　气体扩散定律 …… 5

1.5　气体分子运动论 …… 6

第 2 章　化学热力学基础 …… 9

2.1　化学热力学的基本概念和术语 …… 9

2.1.1　体系、环境和相 …… 9

2.1.2　状态和状态函数 …… 10

2.1.3　过程和途径 …… 10

2.2　热力学第一定律 …… 10

2.2.1　热和功 …… 10

2.2.2　热力学能 …… 11

2.2.3　热力学第一定律 …… 11

2.2.4　焓和焓变 …… 12

2.3　化学反应的热效应 …… 12

2.3.1　化学计量数和反应进度 …… 13

2.3.2　等容反应热和等压反应热 …… 14

2.3.3　热力学标准状态和热化学反应方程式 …… 15

2.3.4　Hess 定律 …… 16

2.3.5　化学反应的标准摩尔反应焓变的计算 …… 17

2.4　化学反应的方向 …… 19

2.4.1　化学反应的自发性 …… 19

2.4.2　焓变与化学反应的方向 …… 19

2.4.3　熵变与化学反应的方向 …… 19

2.4.4　吉布斯自由能变与化学反应的方向 …… 21

2.5　化学反应的摩尔吉布斯自由能变（$\Delta_r G_m$）的计算 …… 23

2.5.1　标准摩尔吉布斯自由能变（$\Delta_r G_m^\ominus$）的计算 …… 23

2.5.2　非标准态下摩尔吉布斯自由能变的计算 …… 25

第 3 章　化学动力学基础 …… 31

3.1　化学反应速率 …… 31

3.1.1　化学反应速率的定义 …… 31

3.1.2　化学反应速率的表示方法 …… 32

3.2　化学反应速率理论 …… 32

3.2.1　碰撞理论 …… 32

3.2.2　过渡状态理论 …… 33

3.3　影响化学反应速率的因素 …… 34

3.3.1　浓度（或压力）对化学反应速率的影响 …… 35

3.3.2　温度对化学反应速率的影响 …… 36

3.3.3　催化剂对化学反应速率的影响 …… 37

第 4 章　化学平衡 …… 40

4.1　化学平衡 …… 40

4.1.1　可逆反应和化学平衡 …… 40

4.1.2　化学平衡常数 …… 41

4.1.3　标准平衡常数的应用 …… 42

4.2　化学平衡的移动 …… 45

4.2.1　浓度对化学平衡的影响 …… 45

4.2.2 压力对化学平衡的影响 …………… 46
4.2.3 温度对化学平衡的影响 …………… 48
4.2.4 催化剂对化学平衡的影响 ………… 50

第 5 章 酸碱解离平衡 …………………………………………………… 54
5.1 酸碱理论 …………………………… 54
5.1.1 电离理论 ……………………… 54
5.1.2 质子理论 ……………………… 54
5.2 弱酸、弱碱的解离平衡 …………… 56
5.2.1 一元弱酸（弱碱）的解离平衡和解离常数 ……………………… 56
5.2.2 解离度和稀释定律 …………… 57
5.2.3 一元弱酸（弱碱）溶液中相关离子浓度的计算 ……………………… 57
5.2.4 同离子效应和盐效应 ………… 59
5.2.5 多元弱酸的解离平衡及相关计算 ……………………………… 60
5.3 缓冲溶液 …………………………… 61
5.3.1 缓冲溶液和缓冲作用 ………… 61
5.3.2 缓冲溶液的作用机理 ………… 62
5.3.3 缓冲溶液 pH 的计算 ………… 62
5.3.4 缓冲溶液的缓冲容量和缓冲范围 ……………………………… 63
5.3.5 缓冲溶液的选择和配制 ……… 64
5.4 盐类的水解平衡 …………………… 65
5.4.1 水解平衡和水解常数 ………… 65
5.4.2 分步水解 ……………………… 66
5.4.3 盐溶液 pH 值的近似计算 ……… 66
5.4.4 影响盐类水解的因素 ………… 67

第 6 章 沉淀-溶解平衡 ………………………………………………… 71
6.1 溶解度和溶度积常数 ……………… 71
6.1.1 溶度积常数 …………………… 71
6.1.2 溶度积常数和溶解度的相互换算 ……………………………… 72
6.2 沉淀的生成和溶解 ………………… 73
6.2.1 溶度积规则 …………………… 73
6.2.2 沉淀的生成 …………………… 73
6.2.3 沉淀的溶解 …………………… 74
6.2.4 沉淀-溶解平衡的移动 ………… 75
6.3 分步沉淀和沉淀的转化 …………… 77
6.3.1 分步沉淀 ……………………… 77
6.3.2 沉淀的转化 …………………… 79

第 7 章 氧化还原反应 …………………………………………………… 81
7.1 氧化还原反应的基本概念 ………… 81
7.1.1 氧化值 ………………………… 81
7.1.2 氧化还原反应方程式的配平 …… 82
7.2 电极电势 …………………………… 83
7.2.1 原电池 ………………………… 84
7.2.2 电极电势的产生 ……………… 85
7.2.3 电极电势的测定 ……………… 85
7.2.4 影响电极电势的因素——能斯特方程式 ……………………………… 87
7.3 电极电势的应用 …………………… 89
7.3.1 比较氧化剂和还原剂的相对强弱 ……………………………… 89
7.3.2 判断原电池的正、负极，计算原电池的电动势 ……………… 90
7.3.3 判断氧化还原反应进行的方向和次序 ……………………………… 91
7.3.4 判断氧化还原反应的限度 ……… 93
7.4 元素电势图及其应用 ……………… 94

第 8 章 原子结构和元素周期系 ………………………………………… 100
8.1 近代原子结构理论 ………………… 100
8.1.1 原子结构模型 ………………… 100
8.1.2 氢原子光谱 …………………… 100
8.1.3 玻尔理论 ……………………… 101
8.2 量子力学原子模型 ………………… 102
8.2.1 微观粒子运动的特性 ………… 102
8.2.2 核外电子运动状态的描述 ……… 104
8.3 多电子原子结构和元素周期系 ……… 110
8.3.1 鲍林原子轨道近似能级图 ……… 110
8.3.2 屏蔽效应和钻穿效应 ………… 111
8.3.3 基态原子核外电子排布的原则 … 112
8.3.4 基态原子中核外电子的排布 …… 113

8.3.5 元素周期系与原子核外电子排布的关系 …… 116
8.4 元素性质的周期性 …… 117
8.4.1 原子半径 …… 117
8.4.2 电离能 …… 119
8.4.3 电子亲和能 …… 120
8.4.4 电负性 …… 121

第 9 章 共价键理论和分子结构 …… 125
9.1 现代价键理论 …… 125
9.1.1 共价键的形成与本质 …… 125
9.1.2 价键理论的基本要点 …… 126
9.1.3 共价键的特征 …… 126
9.1.4 共价键的类型 …… 126
9.1.5 配位共价键 …… 128
9.1.6 共价键参数 …… 128
9.2 杂化轨道理论 …… 129
9.2.1 杂化轨道理论的基本要点 …… 130
9.2.2 杂化类型与分子几何构型 …… 130
9.3 价层电子对互斥理论 …… 133
9.3.1 价层电子对互斥理论的基本要点 …… 133
9.3.2 共价分子结构的判断 …… 133
9.3.3 价层电子对互斥理论的应用实例 …… 135
9.4 分子轨道理论 …… 135
9.4.1 分子轨道理论的基本要点 …… 136
9.4.2 分子轨道的形成 …… 137
9.4.3 分子轨道的能级 …… 138
9.4.4 分子轨道理论的应用 …… 139

第 10 章 晶体结构 …… 142
10.1 晶体与非晶体 …… 142
10.1.1 晶体的特征 …… 142
10.1.2 晶体的内部结构 …… 143
10.2 分子晶体和分子间力 …… 143
10.2.1 分子的极性和变形性 …… 143
10.2.2 分子间力 …… 145
10.2.3 氢键 …… 146
10.2.4 分子晶体 …… 148
10.3 离子晶体和离子键 …… 148
10.3.1 离子键的形成和特征 …… 148
10.3.2 离子的特征 …… 149
10.3.3 离子晶体 …… 150
10.4 离子极化 …… 152
10.4.1 离子极化的概念 …… 152
10.4.2 离子极化对物质结构和性质的影响 …… 154
10.5 原子晶体 …… 156
10.6 金属晶体 …… 156
10.6.1 金属晶体的内部结构 …… 156
10.6.2 金属键 …… 157
10.7 混合型晶体 …… 157
10.8 四种晶体类型的比较 …… 158

第 11 章 配位化学基础 …… 161
11.1 配位化合物的基本概念 …… 161
11.1.1 配位化合物的定义和组成 …… 161
11.1.2 配位化合物化学式的书写原则和命名 …… 164
11.1.3 配位化合物的分类 …… 165
11.1.4 配位化合物的异构现象 …… 166
11.2 配位化合物的化学键理论 …… 168
11.2.1 价键理论 …… 168
11.2.2 晶体场理论 …… 171
11.3 配位化合物在水溶液中的稳定性 …… 177
11.3.1 配合物的稳定常数 …… 177
11.3.2 稳定常数的应用 …… 177

第 12 章 氢和稀有气体 …… 183
12.1 氢 …… 183
12.1.1 氢气 …… 183
12.1.2 氢化物 …… 184
12.2 稀有气体 …… 185
12.2.1 稀有气体的发现 …… 185
12.2.2 稀有气体的性质和用途 …… 186

12.2.3 稀有气体化合物 …………………… 187

第 13 章 碱金属和碱土金属 …… 189
13.1 概述 …… 189
13.2 金属单质 …… 190
13.2.1 物理性质 …… 190
13.2.2 化学性质 …… 191
13.3 化合物 …… 191
13.3.1 氧化物和氢氧化物 …… 191
13.3.2 盐类 …… 195

第 14 章 卤素和氧族元素 …… 199
14.1 p 区元素的通性 …… 199
14.2 卤素 …… 199
14.2.1 概述 …… 199
14.2.2 卤素单质 …… 201
14.2.3 卤化氢和氢卤酸 …… 205
14.2.4 卤化物 …… 207
14.2.5 卤素的含氧酸及其盐 …… 208
14.2.6 拟卤素 …… 212
14.3 氧族元素 …… 213
14.3.1 概述 …… 213
14.3.2 氧和臭氧 …… 213
14.3.3 过氧化氢 …… 215
14.3.4 硫及其化合物 …… 217

第 15 章 氮族、碳族和硼族元素 …… 228
15.1 氮族元素 …… 228
15.1.1 概述 …… 228
15.1.2 氮气 …… 228
15.1.3 氮的重要化合物 …… 229
15.1.4 磷及其重要化合物 …… 235
15.1.5 砷、铋的重要化合物 …… 239
15.2 碳族元素 …… 240
15.2.1 概述 …… 240
15.2.2 碳及其重要化合物 …… 240
15.2.3 硅及其重要化合物 …… 243
15.2.4 锡和铅的重要化合物 …… 245
15.3 硼族元素 …… 247
15.3.1 概述 …… 247
15.3.2 硼及其重要化合物 …… 247
15.3.3 铝的重要化合物 …… 249
15.3.4 对角线规则 …… 250

第 16 章 d 区元素及其重要化合物 …… 254
16.1 过渡元素概述 …… 254
16.1.1 原子的结构特征 …… 254
16.1.2 单质的物理性质 …… 255
16.1.3 单质的化学性质 …… 255
16.1.4 氧化值 …… 257
16.1.5 非整比化合物 …… 257
16.1.6 过渡元素离子的颜色 …… 257
16.1.7 催化作用 …… 258
16.1.8 过渡元素离子的生物学效应 …… 258
16.2 钛族和钒族 …… 259
16.2.1 钛的单质和重要化合物 …… 259
16.2.2 钒的单质和重要化合物 …… 263
16.3 铬族元素 …… 264
16.3.1 铬族元素单质 …… 264
16.3.2 铬的重要化合物 …… 265
16.3.3 钼和钨的重要化合物 …… 268
16.4 锰 …… 270
16.4.1 锰的单质 …… 270
16.4.2 锰的重要化合物 …… 270
16.5 铁系和铂系元素 …… 272
16.5.1 概述 …… 272
16.5.2 铁、钴、镍的重要化合物 …… 274

第 17 章 ds 区元素及其重要化合物 …… 281
17.1 铜族元素 …… 281
17.1.1 概述 …… 281
17.1.2 铜的重要化合物 …… 282
17.1.3 银的重要化合物 …… 284

17.2　锌族元素 …………………………… 285
17.2.1　概述 ………………………………… 285
17.2.2　锌的重要化合物 ………………… 286
17.2.3　汞的重要化合物 ………………… 286

第 18 章　f 区元素和核化学 ……………………………………………………………… 291
18.1　概述 ………………………………… 291
18.1.1　价层电子结构和氧化值 ………… 292
18.1.2　原子半径和镧系收缩 …………… 293
18.1.3　离子的颜色 ……………………… 294
18.1.4　金属的活泼性 …………………… 295
18.2　稀土元素 …………………………… 295
18.2.1　稀土元素的资源 ………………… 295
18.2.2　稀土元素的提取和应用 ………… 296
18.3　核化学 ……………………………… 298
18.3.1　原子核的结构 …………………… 298
18.3.2　放射性衰变 ……………………… 298
18.3.3　放射性同位素在医药中的应用 … 300

附录 …………………………………………………………………………………… 302
附录 1　本书常用物理量及其单位符号 …… 302
附录 2　SI 制和我国法定计量单位及国家标准 …………………………………… 303
附录 3　一些基本的物理常数值 ………… 304
附录 4　标准热力学数据（298.15 K，100 kPa） ……………………………… 304
附录 5　弱酸、弱碱解离常数（298.15 K）…… 306
附录 6　溶度积常数（298.15 K） ………… 307
附录 7　标准电极电势（298.15 K） ……… 309
附录 8　配位化合物的稳定常数 ………… 311
附录 9　常见阴、阳离子的鉴定方法 ……… 314

参考文献 ……………………………………………………………………………… 318

第1章　气　体

气态、固态和液态是物质的三种聚集状态。其中气态是较简单的聚集状态，人们对气体的性质研究得较多。本章重点讨论理想气体的一些基础知识。

1.1　理想气体状态方程

理想气体是以实际气体为依据抽象出来的气体模型。忽略气体分子本身的体积，将分子看成是有质量的几何点；假定分子间没有相互吸引和排斥，分子之间及分子与器壁之间发生的碰撞是弹性碰撞，符合这两点假设的气体即为理想气体。高温低压下的实际气体可以近似地看成理想气体。

温度（T）、压力（p）、体积（V）和物质的量（n）是用来描述气体性质的物理量，对气体性质的研究得出了一些经验定律。

波义耳（R. Boyle）定律：当 n 和 T 一定时，V 与 p 成反比，可以表示为：

$$V \propto \frac{1}{p} \tag{1.1}$$

盖•吕萨克(J. L. Gay-Laussac) 定律：当 n 和 p 一定时，V 与 T 成正比，可以表示为：

$$V \propto T \tag{1.2}$$

阿伏伽德罗（A. Avogadro）定律：当 p 和 T 一定时，V 与 n 成正比，可以表示为：

$$V \propto n \tag{1.3}$$

将以上三个经验定律的表达式合并后得到如下关系式：

$$V = \frac{nRT}{p} \tag{1.4}$$

通常将式(1.4) 写成：

$$pV = nRT \tag{1.5}$$

该式称为理想气体状态方程。在国际单位制中，p 以帕（Pa），V 以立方米（m^3），T 以开（K）为单位，R 称为摩尔气体常数，此时 $R=8.314\ J \cdot mol^{-1} \cdot K^{-1}$。

在特定条件下，理想气体状态方程有特定的表达形式，亦有不同的应用，不仅可以计算 p、V、T、n 中任意物理量，也可以计算气体的摩尔质量（M）、质量（m）和密度（ρ），推导得到以下公式：

$$m = \frac{MpV}{RT} \tag{1.6}$$

$$M = \frac{mRT}{pV} \tag{1.7}$$

$$\rho=\frac{pM}{RT} \tag{1.8}$$

【例 1.1】 高压气瓶容积为 30 L，耐压 2.5×10^4 kPa，求在 298.15 K 时可装多少千克 O_2 而不会发生危险？

解：

$$n=\frac{pV}{RT}=\frac{2.5\times10^7\ \text{Pa}\times30\times10^{-3}\ \text{m}^3}{8.314\ \text{J}\cdot\text{mol}^{-1}\cdot\text{K}^{-1}\times298.15\ \text{K}}=302.6\ \text{mol}$$

$$m=32\times10^{-3}\ \text{kg}\cdot\text{mol}^{-1}\times302.6\ \text{mol}=9.68\ \text{kg}$$

1.2 混合气体的分压定律

当几种不同的气体在同一容器中混合时，相互间不发生化学反应，就构成了气体混合物，其中每一种气体都称为该气体混合物的组分气体。某组分气体对器壁所产生的压力称为该气体的分压，用 p_B 表示。对于理想气体，某组分气体的分压等于在相同温度下该组分气体单独占有与混合气体相同体积时所产生的压力。

1801 年，英国科学家道尔顿（J. Dalton）通过大量的实验提出：混合气体的总压等于各组分气体的分压之和。这一经验定律称为混合气体的分压定律，也称道尔顿分压定律，其数学表达式为：

$$p=\sum p_B \tag{1.9}$$

对于组分气体 B 和混合气体，其压力分别为：

$$p_B=\frac{n_B RT}{V} \tag{1.10}$$

$$p=\frac{nRT}{V} \tag{1.11}$$

式中，n_B 和 n 分别为组分气体和混合气体的物质的量；V 为混合气体的体积。将式(1.11)除式(1.10)，可得到：

$$\frac{p_B}{p}=\frac{n_B}{n} \tag{1.12}$$

或

$$p_B=\frac{n_B}{n}p=x_B p \tag{1.13}$$

式中，$\frac{n_B}{n}$为组分气体 B 的摩尔分数(x_B)。式(1.12) 和式(1.13) 都是分压定律的表达形式，即组分气体的分压 p_B 等于总压与该组分气体的摩尔分数之积。

工业上常用组分气体的体积分数表示混合气体的组成。当某组分气体 B 单独存在并且具有与混合气体相同温度和压力时占有的体积，称为该组分气体的分体积，用 V_B 表示。实验结果表明：混合气体总体积等于各组分气体的分体积之和，即

$$V=\sum V_B \tag{1.14}$$

上式是分体积定律的数学表达式。根据同温同压下，气体物质的量与其体积成正比关系，可以推导出：

$$\frac{V_B}{V}=\frac{n_B}{n}=x_B \tag{1.15}$$

式中，$\frac{V_B}{V}$为组分气体B的体积分数，表明组分气体的体积分数等于其摩尔分数。因此，可以得到：

$$p_B=\frac{V_B}{V}p \tag{1.16}$$

即组分气体的分压 p_B 等于总压与该组分气体的体积分数之积。

【例1.2】 在制备氢气的实验中，反应产生的氢气用排水集气法收集。温度为22 ℃，室内压力为100 kPa，收集到氢气1.26 L，计算所得氢气的质量。

解： 排水集气法收集气体时，所收集到的气体是含有水蒸气的混合物。查到在22 ℃下，水的饱和蒸气压 $p(H_2O)=2.7$ kPa。因此，氢气的分压为：

$$p(H_2)=p-p(H_2O)=100\ \text{kPa}-2.7\ \text{kPa}=97.3\ \text{kPa}$$

$$n(H_2)=\frac{p(H_2)V}{RT}=\frac{97.3\times10^3\ \text{Pa}\times1.26\times10^{-3}\ \text{m}^3}{8.314\ \text{J}\cdot\text{mol}^{-1}\cdot\text{K}^{-1}\times295.15\ \text{K}}=0.05\ \text{mol}$$

$$m(H_2)=2.02\ \text{g}\cdot\text{mol}^{-1}\times0.05\ \text{mol}=0.10\ \text{g}$$

【例1.3】 煤气罐容积为30.0 L，27 ℃时内压为600 kPa，CO体积分数为0.6，H_2体积分数为0.1，其余气体的体积分数为0.3，求煤气罐中CO、H_2的分压和质量。

解： 已知 $p=600$ kPa，$V=30.0$ L，$T=300.15$ K，则有：

$$n=\frac{pV}{RT}=\frac{600\times10^3\ \text{Pa}\times30.0\times10^{-3}\ \text{m}^3}{8.314\ \text{J}\cdot\text{mol}^{-1}\cdot\text{K}^{-1}\times300.15\ \text{K}}=7.2\ \text{mol}$$

根据 $p_B=\frac{V_B}{V}p$，则有：

$$p(CO)=600\ \text{kPa}\times0.6=360\ \text{kPa}$$

$$p(H_2)=600\ \text{kPa}\times0.1=60\ \text{kPa}$$

根据$\frac{V_B}{V}=\frac{n_B}{n}$，则有：

$$n(CO)=7.2\ \text{mol}\times0.6=4.32\ \text{mol}$$

$$m(CO)=n(CO)M(CO)=4.32\ \text{mol}\times28.01\ \text{g}\cdot\text{mol}^{-1}=121\ \text{g}$$

$$n(H_2)=7.2\ \text{mol}\times0.1=0.72\ \text{mol}$$

$$m(H_2)=n(H_2)M(H_2)=0.72\ \text{mol}\times2.02\ \text{g}\cdot\text{mol}^{-1}=1.45\ \text{g}$$

1.3　实际气体

理想气体是在实际气体的基础上抽象出来的一种理想模型，因而理想气体状态方程也是一种理想模式，只有在高温低压下才能适用于实际气体。由于实际气体的性质与理想气体之间存在较大的偏差，应用理想气体定律时就会产生偏差。因此，就必须对理想气体状态方程进行修正。

1873年，荷兰科学家范德华（van der Waals）在前人研究的基础上，针对引起实际气体与理想气体之间产生偏差的两个原因，即理想气体忽略了分子的体积和分子间的相互作用力，分别从这两个方面对理想气体状态方程进行了修正，给出了相应的修正因子，并揭示了实际气体和理想气体之间出现偏差的根本原因。

实际气体分子间存在着分子间引力，当气体分子碰撞器壁时，由于分子间的吸引作用而减弱了对器壁的碰撞作用，实测压力比按理想气体推测的压力要小一些，因此，理想气体的压力应该等于实际气体的压力加上由于分子间引力而减小的压力，则有：

$$p=p_{实}+p_{内} \tag{1.17}$$

式中，$p_{内}$表示由于分子间引力而减小的压力。由于气体分子对器壁的碰撞是弹性碰撞，$p_{内}$不仅和气体分子的浓度呈正比，也和碰撞器壁的外层分子的浓度呈正比，所以压力校正项为：

$$p_{内}=a\left(\frac{n}{V}\right)^2 \tag{1.18}$$

式中，a 为比例系数，是对气体压力的校正因子，单位为 $Pa \cdot m^6 \cdot mol^{-2}$。$a$ 可由下式计算得到：

$$a=\frac{27R^2T_c^2}{64p_c} \tag{1.19}$$

式中，R 为摩尔气体常数；T_c 为临界温度，即气体液化的最低温度，K；p_c 为临界压力，即气体在临界温度下液化时的最低压力，Pa。T_c 和 p_c 可通过实验测得。

实际气体分子是有体积的，因此要扣除这一部分空间，此时分子运动的自由空间，即理想气体的体积应该等于实际气体的体积减去分子本身占有的体积。设 1 mol 气体分子的体积为 b，则：

$$V=V_{实}-nb \tag{1.20}$$

上式中 b 是对体积的校正，也可以由临界温度和临界压力计算得到：

$$b=\frac{RT_c}{8p_c} \tag{1.21}$$

将式(1.18) 和式(1.20) 代入理想气体状态方程中，得到：

$$\left[p+a\left(\frac{n}{V}\right)^2\right](V-nb)=nRT \tag{1.22}$$

式中，p、V、n 分别为实际气体的压力、体积和物质的量；a 和 b 称为范德华常数，上式称为范德华方程。气体不同，范德华常数也不同。某些气体的范德华常数见表 1.1。

表 1.1 某些气体的范德华常数值

气体	$a/10^{-1}$ $Pa \cdot m^6 \cdot mol^{-2}$	$b/10^{-4}$ $m^3 \cdot mol^{-1}$
H_2	0.2476	0.2661
He	0.0346	0.2370
O_2	1.378	0.3183
N_2	1.408	0.3913
CH_4	2.283	0.4278
CO_2	3.640	0.4267
HCl	3.716	0.4081
NH_3	4.225	0.3707
NO_2	5.354	0.4424
H_2O	5.536	0.3049
SO_2	6.803	0.5636

从上面的数据可以看出，a 和 b 数值反映了不同的实际气体和理想气体之间的偏差程

度。a 和 b 值越大，实际气体和理想气体的偏差越大。

在范德华方程中，若实际气体的物质的量 n 为 1 mol 时，式(1.22) 就变为：

$$\left(p+\frac{a}{V_{\mathrm{m}}^2}\right)(V_{\mathrm{m}}-b)=RT \tag{1.23}$$

式中，V_{m} 表示实际气体的摩尔体积。

经过修正的范德华方程比理想气体状态方程能够在更广泛的温度和压力范围内适用，计算结果比较接近实际情况。

【例 1.4】 25 ℃时，40.0 L 的钢瓶中充有 8.0 kg 氧气。①假设氧气为理想气体，计算钢瓶中氧气的压力；②假设氧气是非理想气体，计算钢瓶中氧气的压力；③确定两者的相对偏差。

解：

$$n=\frac{m}{M(\mathrm{O_2})}=\frac{8.0\times10^3\ \mathrm{g}}{32.0\ \mathrm{g\cdot mol^{-1}}}=2.5\times10^2\ \mathrm{mol}$$

① 根据理想气体状态方程：

$$p=\frac{nRT}{V}=\frac{2.5\times10^2\ \mathrm{mol}\times8.314\ \mathrm{J\cdot mol^{-1}\cdot K^{-1}}\times298.15\ \mathrm{K}}{40.0\times10^{-3}\ \mathrm{m^3}}=1.6\times10^7\,\mathrm{Pa}$$

② 查表 1.1，$a=1.378\times10^{-1}\ \mathrm{Pa\cdot m^6\cdot mol^{-2}}$，$b=0.3183\times10^{-4}\ \mathrm{m^3\cdot mol^{-1}}$，根据范德华方程：

$$\begin{aligned}p&=\frac{nRT}{V-nb}-a\left(\frac{n}{V}\right)^2\\&=\frac{2.5\times10^2\ \mathrm{mol}\times8.314\ \mathrm{J\cdot mol^{-1}\cdot K^{-1}}\times298.15\ \mathrm{K}}{40.0\times10^{-3}\ \mathrm{m^3}-2.5\times10^2\ \mathrm{mol}\times0.3183\times10^{-4}\ \mathrm{m^3\cdot mol^{-1}}}-\\&\qquad\frac{1.378\times10^{-1}\ \mathrm{Pa\cdot m^6\cdot mol^{-2}}\times(2.5\times10^2\ \mathrm{mol})^2}{(40.0\times10^{-3}\ \mathrm{m^3})^2}\\&=1.4\times10^7\ \mathrm{Pa}\end{aligned}$$

③ 相对偏差　$d=\dfrac{1.6\times10^7-1.4\times10^7}{1.4\times10^7}\times100\%=14.3\%$

由此可见，即使在常温下，对于氧气来说，当压力达到上百个标准压力时，就产生了较大的偏差。一般来说，常见的气体在温度高于常温、压力在几个或几十个百帕下，被看作理想气体时，将不会产生很大的偏差。

1.4　气体扩散定律

一种气体可以自发地同另外一种气体混合，而且可以渗透，这种现象称为气体的扩散。各种气体扩散的速率是不同的。1831 年，英国化学家格拉罕姆（T. Graham）指出：在同温同压下，气体的扩散速率与其密度的平方根成反比，称为气体扩散定律，表达式为：

$$\frac{u_1}{u_2}=\sqrt{\frac{\rho_2}{\rho_1}} \tag{1.24}$$

式中，u、ρ 分别表示气体的扩散速率和密度。同温同压下，气体的密度与其摩尔质量（或分子量）成正比，则上式还可以写成：

$$\frac{u_1}{u_2}=\sqrt{\frac{M_{\mathrm{r(2)}}}{M_{\mathrm{r(1)}}}} \tag{1.25}$$

即同温同压下，气体的扩散速率与其摩尔质量（或分子量）的平方根成反比。这也是扩散定律的另外一种表达形式。

利用气体扩散定律，可以计算气体的摩尔质量或分子量。

【例 1.5】 某未知气体在玻璃管中以 0.01 $m \cdot s^{-1}$ 的速率扩散，CH_4 在此管中以 0.03 $m \cdot s^{-1}$ 的速率扩散，计算该未知气体的分子量。

解：CH_4 的分子量＝16.04，根据扩散定律，则有

$$\left(\frac{u_1}{u_2}\right)^2=\frac{M_{r(2)}}{M_{r(1)}}$$

$$M_{r(2)}=\left(\frac{u_1}{u_2}\right)^2 M_{r(1)}=\left(\frac{0.03}{0.01}\right)^2\times 16.04=144.4$$

1.5 气体分子运动论

气体的经验公式是从实验中总结出来的，反映了气体的一些规律。气体分子运动论可以帮助我们解释和加深认识这些规律的本质。

气体分子运动论具有如下基本假设：

① 气体分子做不规则运动，并均匀分布于整个容器空间。无规则的分子运动不做功，就没有能量的损失，体系温度不会自动降低。

② 气体分子对器壁的碰撞是弹性碰撞，即碰撞前后总动量不变。

根据上述假设可以推导出理想气体状态方程。设边长为 L 的一个立方体容器中有 N 个气体分子（如图 1.1 所示），每个分子的质量为 m，速率为 u。假设有 $N/3$ 个分子沿 x 轴方向运动，其动量为 mu。分子撞在左面器壁 A 后，以原来的速率向右运动，其动量为 $-mu$，因此每碰撞一次，分子的动量就改变了 $2mu$。一个分子与器壁 A 连续碰撞两次之后所走的距离为 $2L$，那么每个分子每秒的动量改变为：

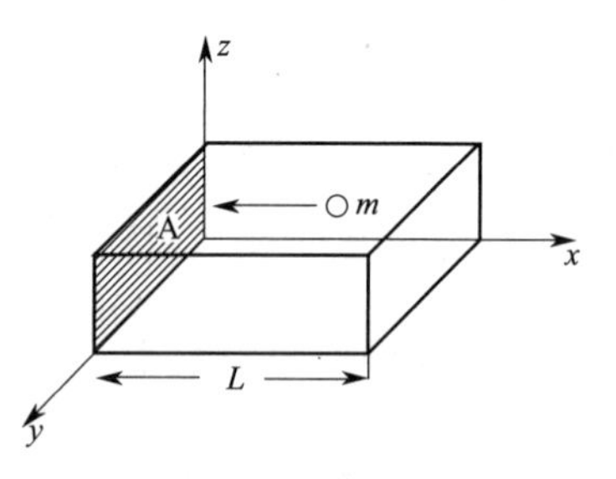

图 1.1 气体分子在立方体中的运动

$$\frac{2mu}{2L/u}=\frac{mu^2}{L}$$

$N/3$ 个分子每秒的动量改变为：

$$\frac{N}{3}\times\frac{mu^2}{L}=f$$

上式，f 表示单位时间内的动量改变值，则

$$p=\frac{f}{S}=\frac{f}{L^2}=\frac{N}{3}\times\frac{mu^2}{L^3}=\frac{N}{3}\times\frac{mu^2}{V}$$

$$pV=\frac{Nmu^2}{3} \tag{1.26}$$

若有 n_i 个分子，其速率为 u_i，则上式修正为：

$$pV=\frac{Nmu^2}{3}=\frac{m}{3}(n_1u_1^2+n_2u_2^2+\cdots+n_iu_i^2) \tag{1.27}$$

定义速率平方的平均值为：$\overline{u^2}=\dfrac{n_1u_1^2+n_2u_2^2+\cdots+n_iu_i^2}{N}$

将 $\overline{u^2}$ 表达式代入式(1.26)，得到：

$$pV=\frac{1}{3}Nm\overline{u^2} \tag{1.28}$$

上式即为理想气体分子运动方程式。

根据分子动能 $E=\dfrac{1}{2}mu^2$，代入式(1.28)，得到：

$$pV=\frac{1}{3}Nm\overline{u^2}=\frac{2N}{3}\times\frac{1}{2}m\overline{u^2}=\frac{2N}{3}\overline{E} \tag{1.29}$$

式中，$\overline{E}$ 是分子的平均动能。根据气体分子的平均动能与温度的关系，即：

$$\overline{E}=\frac{3}{2}kT \tag{1.30}$$

式中，k 为玻尔兹曼常数，将式(1.30) 代入式(1.29) 得：

$$pV=NkT \tag{1.31}$$

式(1.31) 是理想气体分子运动方程式的另一种表达形式。

应用式(1.29) 可以解释气体的经验定律。例如，对比理想气体状态方程，则：

$$pV=NkT=\frac{N}{N_A}N_AkT=nN_AkT=6.02\times10^{23}nkT$$

$6.02\times10^{23}k$ 就恰好等于摩尔气体常数 R。

又如解释扩散定律，对于 1 mol 某气体，由式(1.28) 得到：

$$u=\sqrt{\frac{3pV}{N_0m}}=\sqrt{\frac{3RT}{M}} \tag{1.32}$$

因此，可推导出气体扩散定律：

$$\frac{u_1}{u_2}=\sqrt{\frac{M_{r(2)}}{M_{r(1)}}}$$

因此，利用气体分子运动理论很好地解释了理想气体状态方程和扩散定律。当然，这个理论模型是建立在许多假设的基础之上的，因此和实际气体之间会有一定的偏差。

思　考　题

1. 什么是理想气体？实际气体在什么条件下可以近似看成理想气体，为什么？
2. 总结理想气体状态方程的应用，举例说明。
3. 分压定律的基本内容是什么？如何理解分压定律的几种数学表达式？
4. 分压定律和分体积定律的使用条件是什么？举例说明。
5. 实际气体的范德华方程是如何推导出来的？说明方程式中 a 和 b 的物理意义。在低压高温下，如何将范德华方程简化为理想气体状态方程？
6. 气体扩散定律的基本内容是什么？
7. 如何运用气体分子运动论理解理想气体状态方程和扩散定律？

习　　题

1. 氧气钢瓶的容积为 40.0 L，压力为 10.1 MPa，温度为 27 ℃。计算钢瓶中氧气的质量。

2. 在一定温度下，将 0.66 kPa 的氮气 3.0 L 和 1.00 kPa 的氧气 1.0 L 混合在 2.0 L 的容器中。假定混合前后温度不变，计算混合气体的总压。

3. 在容积为 50.0 L 的容器内，含有 140.0 g CO 和 20.0 g H_2，温度为 300 K。计算混合气体的总压和 CO、H_2 的分压。

4. 在 293 K 和 101 kPa 下，1.00 L 干燥的空气（O_2 和 N_2 的体积组成分别为 21%和 79%）通过盛水汽瓶后，饱和湿空气的总体积应为多少？潮湿的混合气体中各气体的分压是多少？（已知在 293 K 时，饱和水蒸气压力为 2.33 kPa）

5. 假定一个人每天呼出的 CO_2 体积相当于标准状况下的 5.8×10^2 L。在空间站的密封舱内，宇航员呼出的 CO_2 用 LiOH 吸收。计算每个宇航员每天需要 LiOH 的质量。

6. 为了行车安全，汽车上装有气囊。气囊内是用氮气填充的，所用氮气是由叠氮化钠与三氧化二铁在火花的引发下发生反应生成的。总反应式为：

$$6NaN_3(s)+Fe_2O_3(s)\rightleftharpoons 3Na_2O(s)+2Fe(s)+9N_2(g)$$

在 25 ℃，9.97×10^4 Pa 下，要产生 75.0 L 氮气需要叠氮化钠多少克？

7. 将 0.10 mol C_2H_2 气体放在装有 1.00 mol O_2 的 10.0 L 密闭容器中，完全燃烧生成 CO_2 和 H_2O，反应结束时温度是 150 ℃，计算此时容器内的压力。

8. 分别按照理想气体状态方程和范德华方程计算在 25 ℃、1.0 L 容器内 0.5mol N_2 的压力，并比较二者的相对偏差。

9. 某未知同核双原子分子气体的扩散速率仅是相同温度相同压力时 O_2 的 0.355 倍，通过计算说明该未知气体为何物。

拓展学习资源

拓展资源内容	二维码
➢ 学习要点 ➢ 疑难解析 ➢ 科学家简介 ——道尔顿 ➢ 习题参考答案	

第 2 章　化学热力学基础

化学反应过程总伴随有能量的吸收或释放。例如，煤燃烧时放热，氮的氧化要吸热；原电池反应能产生电能，电解饱和食盐水则消耗电能。热力学是专门研究能量相互转换规律的一门科学。利用热力学的原理、定律和方法研究化学反应，讨论化学变化过程中所伴随的能量变化的学科称为化学热力学。热力学所讨论的是物质的宏观性质，不涉及个别或少数分子、原子的微观性质。

化学热力学的研究内容主要包括：①化学反应或与化学反应密切相关的物理过程中的能量变化；②判断化学反应进行的方向和限度。

由于在后续课程中，将会系统地学习化学热力学，因此本章的主要目的是介绍一些热力学原理在无机化学中的基本应用，从而利用化学热力学原理分析、研究无机物的基本性质及反应性。本章首先介绍化学反应中的能量关系，然后在此基础上，讨论化学反应进行的方向性问题。

2.1　化学热力学的基本概念和术语

2.1.1　体系、环境和相

在进行研究时，往往把要研究的那部分物质或空间与其他部分人为地分开，作为研究的对象。通常把被划分出来的那部分物质或空间称为体系（亦称系统、物系）。在体系之外并与体系相联系的其他部分称为环境。例如，在研究烧杯中发生的酸碱反应时，烧杯里的溶液部分就是体系，烧杯以及烧杯以外的其他部分则为环境。

体系和环境之间既可以进行物质的交换，也可以进行能量的交换。按照体系和环境之间物质和能量的交换情况，可将体系分为以下三种类型：

① 敞开体系　体系和环境之间，既有物质交换，又有能量交换；

② 封闭体系　体系和环境之间，只有能量交换，没有物质交换；

③ 孤立体系　体系和环境之间，既没有物质交换，也没有能量交换。

例如，一瓶热水，若以瓶内的热水作为体系，在室温下打开瓶塞，瓶中水分子会不断蒸发进入大气（环境），空气中的气体也可以溶解到水（体系）中，同时热可以传出散失，则形成敞开体系。如果盖上瓶塞，水蒸气不可能散失到大气中，而大气中的各种分子也不可能进入体系中，但能量交换仍可进行，则形成封闭体系。如果把瓶子放在密闭的真空保温瓶中，使体系和环境之间既无物质交换又无能量交换，则可以近似地认为是孤立体系。显然，绝对的孤立体系是不存在的，孤立体系的概念只能在有限的时间和有限的空间中近似地使用。

体系中物理性质和化学性质完全相同的均匀部分称为相。相与相之间有明显的界面。气体能够无限地均匀混合，因此体系中无论包含多少种气体，只有一个气相。由于不同液体之间相互溶解的程度不同，体系中可以有一个完全互溶的液相，也可以有两个互不相溶的液相。如果体系中不同种类的固体分子达到分子程度的均匀混合，则形成了“固溶体”，一种固溶体是一个固相；如果固体物质没有形成固溶体，则体系内含有几种固体物质，就有几种固相。

通常把只有一个相的体系称为均相体系，含两个或两个以上相的体系统称为非均相体系。

2.1.2 状态和状态函数

状态是体系的各种物理性质和化学性质的综合表现。体系的状态可以用物质的量、质量、压力、温度、体积、密度等宏观物理量来描述，这些决定体系状态的宏观物理量称为体系的性质。当体系的所有性质都有确定的数值时，体系就处于一定的状态。如果一种或几种性质发生变化，则体系状态也就发生变化。在热力学中，把这些能够表征体系状态的宏观性质，称为体系的状态函数。

体系的各状态函数之间是相互联系相互制约的，只要确定了体系的某几个状态函数，其他的状态函数也随之而定。例如，对于理想气体，当温度（T）、压力（p）、体积（V）、物质的量（n）四个状态函数中的任意三个一旦确定，第四个状态函数就可以通过理想气体状态方程确定下来。

状态函数的特点就是当体系状态发生变化时，状态函数的改变量只与体系的起始状态和最终状态有关，而与状态变化的具体过程和途径无关。如果体系经历了许多复杂的变化，最后又回到原始状态，则此时体系状态函数的变化量都等于零。例如，某理想气体从始态的 273 K 变化到终态的 373 K，无论采取何种途径，温度 T 的变化值（ΔT）都是相同的，其值只由体系的始态（273 K）和终态（373 K）所决定，即 $\Delta T = 373\ \text{K} - 273\ \text{K} = 100\ \text{K}$，而与采取的具体途径无关。

2.1.3 过程和途径

体系状态发生变化的经过称为过程，完成这个过程的具体步骤称为途径。根据过程发生时的条件不同，通常将过程分为以下几类：

① 等温过程　体系的始态温度与终态温度相同的过程。人体具有温度调节系统，从而保持一定的体温，因此在体内发生的生物化学反应可以认为是等温过程。

② 等压过程　体系在变化过程中压力保持恒定的过程。

③ 等容过程　体系在变化过程中体积保持恒定的过程。

④ 循环过程　体系由始态经历一系列变化后又恢复到初始状态的过程。

2.2 热力学第一定律

热力学第一定律

2.2.1 热和功

当两个温度不同的物体相互接触时，高温的物体逐渐变冷，低温的物体逐渐变热，两个物体之间发生能量的交换，直至两个物体的温度相等。在热力学上，将体系与环境之间由于温度不同而交换或传递的能量称为热，通常用符号 Q 表示。除了热之外，其他被传递的能量统称为功，常以符号 W 表示。功有多种形式，如体积功、电功、表面功等。化学反应涉及较多的是体积功，由于体系体积变化反抗外力作用而与环境交换的功，称为体积功。体积功之外的所有功统称为非体积功。热和功的单位都以焦耳（J）或千焦（kJ）来表示。

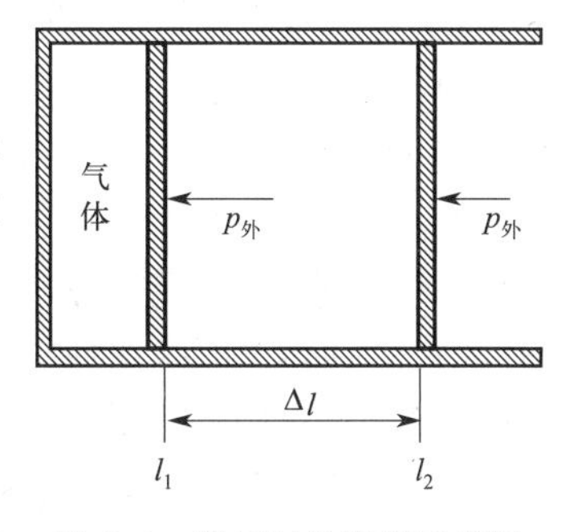

图 2.1　等压气体膨胀示意图

在热力学上规定，当体系从环境吸热时，Q 为正值；当体系向环境释放热量时，Q 为负值；当环境对体系做功时，W 为正值；反之，当体系对环境做功时，W 为负值。

体积功在热力学上具有特殊的意义。体积功的计算可用图 2.1 所示来说明。一圆柱形筒内装有气体，圆筒上假设有一无质量、无摩擦力的表面积为 A 的理想活塞，设外界的压力为 $p_外$。若气体作等压膨胀，活塞的位置从 l_1 运动到 l_2，位移为 Δl，体系反抗外力做功，则体积功为：

$$\begin{aligned} W(膨胀) &= -F\Delta l = -p_外 A\Delta l \\ &= -p_外 A(l_2 - l_1) = -p_外(Al_2 - Al_1) \\ &= -p_外(V_2 - V_1) = -p_外 \Delta V < 0 \end{aligned} \tag{2.1}$$

反之，若圆筒内气体受恒定外压被压缩（$\Delta V<0$），环境对体系做功，则：

$$W(压缩) = -p_外 \Delta V > 0 \tag{2.2}$$

式(2.1) 和式(2.2) 都是计算体积功的公式，适用于任何恒定外压的变化过程。

需要强调的是，热和功都是体系发生某过程时与环境之间交换和传递能量的两种形式，受过程的制约，只有在体系发生变化时才表现出来。热和功不是体系自身的性质，它们都不是状态函数，因此，热和功不仅与体系的始态、终态有关，而且与过程的具体途径有关。相同的始态和终态经历的途径不同，热和功的交换也不同。因此，我们不能说体系有多少功，有多少热，而只能说，在某个过程中体系做了多少功，吸收了多少热。

2.2.2　热力学能

体系内部存在着各种形式的能量，例如体系内分子运动的动能，组成体系的各质点相互吸引和排斥的能量，分子内各种粒子（原子、原子核、电子）及其相互作用的能量等，这些体系内部能量的总和称为热力学能，旧称内能，用符号 U 表示。

热力学能是状态函数。当体系状态发生变化时，只要过程的始态和终态确定，则热力学能的改变量 ΔU 就有确定的数值，即

$$\Delta U = U_终 - U_始 \tag{2.3}$$

体系内部各种粒子的运动方式和相互作用极其复杂，体系的热力学能的绝对值目前还无法求得，但对于解决实际问题并无妨碍，我们只需要知道变化过程中的热力学能改变量就足够了，可以通过体系和环境之间的能量交换求得。

2.2.3　热力学第一定律

“自然界的一切物质都具有能量，能量有各种不同的形式，能够从一种形式转化为另一种形式，在转化过程中不会自生自灭，能量的总值不变。”这就是能量守恒和转化定律。热力学第一定律就是能量守恒与转化定律在热力学范畴内的表现形式。

对于一个封闭体系，从状态 1 变化到状态 2 时，其热力学能的改变量为 ΔU，若在该过程中，体系从环境吸收的热量为 Q，环境对体系所做的功为 W，则有下列关系式：

$$\Delta U = U_2 - U_1 = Q + W \tag{2.4}$$

式(2.4) 是热力学第一定律的数学表达式。它的含义是指对于封闭体系，热力学能的改变量等于体系从环境吸收的热与环境对体系所做的功之和。热力学第一定律的实质是能量守恒定律在热传递过程中的具体描述。

例如，一封闭体系在某一过程中从环境吸收了 50 kJ 的热量，对环境做了 35 kJ 的功，则体系在该过程中热力学能的改变量 ΔU 为：

$$\Delta U = Q + W = 50\ \text{kJ} + (-35\ \text{kJ}) = 15\ \text{kJ}$$

表示体系的热力学能净增 15 kJ。

2.2.4　焓和焓变

如果封闭体系只做体积功，由热力学第一定律可得出：

$$\Delta U = Q + W = Q - p_{外}\Delta V \tag{2.5}$$

通常化学反应是在等压条件下进行的，则有

$$U_2 - U_1 = Q_p - p(V_2 - V_1)$$

$$Q_p = (U_2 + pV_2) - (U_1 + pV_1) \tag{2.6}$$

式中，U、p、V 都是状态函数，它们的组合（$U+pV$）也是状态函数。令 $H=U+pV$，在热力学中，这个新的状态函数称为焓，用 H 表示，即

$$H \equiv U + pV \tag{2.7}$$

式(2.7) 是焓的定义式。焓和热力学能一样，其绝对值目前还难以测定，能测定并且有实际意义的则是状态改变时焓的变化值 ΔH，称为焓变。焓变只与体系的始态和终态有关，而与变化的途径无关。

因此，式(2.6) 可改写为

$$\Delta H = Q_p \tag{2.8}$$

式(2.8) 表明：对于封闭体系，在等压和只做体积功的条件下，体系所吸收的热量等于体系的焓变。因此，如果某化学反应过程的焓变为正值，表示体系从环境吸收热量，反应过程是吸热的，称为吸热反应；反之，如果化学反应的焓变为负值，表示体系向环境释放热量，反应过程是放热的，称为放热反应。

但是需注意的是，式(2.8) 只是表示在等压、只做体积功的条件下，体系与环境之间的热传递 Q_p 可以用体系的焓变来量度，Q_p 不是状态函数。

2.3　化学反应的热效应

化学反应常常伴随有放热或吸热现象，研究化学反应所吸收或释放出热量的科学称为热化学。对于任一化学反应，可以将反应物看成体系的始态，生成物看作体系的终态。如果体系只做体积功，并且当反应终态的温度恢复到起始的温度时，体系所吸收或放出的热量称为化学反应的热效应，简称反应热。

在学习反应热之前，先介绍两个常用术语：化学计量数和反应进度。

2.3.1　化学计量数和反应进度

(1) 化学计量数 (ν)

对于任一化学反应：　$cC+dD = gG+hH$

可表示为：　$0=gG+hH-cC-dD$

随着反应的进行，反应物 C、D 不断减少，产物 G、H 不断增加，若

$$-c=\nu_C, -d=\nu_D, g=\nu_G, h=\nu_H$$

简化写出化学计量式的通式：

$$0=\sum_B \nu_B B \tag{2.9}$$

式中，B 表示反应中的分子、原子或离子；ν_B称为物质 B 的化学计量数，其量纲为 1。一般规定反应物的化学计量数取负值，产物的化学计量数取正值。例如合成氨反应：

$$N_2+3H_2 \rightleftharpoons 2NH_3$$

$\nu(N_2)=-1$，$\nu(H_2)=-3$，$\nu(NH_3)=2$，分别对应于该反应方程式中 N_2、H_2、NH_3 的化学计量数，表明反应中每消耗 1 mol N_2 和 3 mol H_2 必生成 2 mol NH_3。

(2) 反应进度 (ξ)

为了表示化学反应进行的程度，引入了反应进度的概念，用符号 ξ 表示。

对于化学计量方程式 $0=\sum_B \nu_B B$，反应进度 ξ 的定义为：

$$\xi=\frac{\Delta n_B}{\nu_B} \tag{2.10}$$

式中，Δn_B为物质 B 反应前后的物质的量改变量；ν_B 为物质 B 的化学计量数；ξ 的单位为 mol。反应进度数值可以是正整数、正分数，也可以是零。

例如合成氨反应：　$N_2+3H_2 \rightleftharpoons 2NH_3$

当反应进行到不同的时刻时，各物质的 Δn_B 和 ξ 的对应关系分别如下：

	$\Delta n(N_2)$/mol	$\Delta n(H_2)$/mol	$\Delta n(NH_3)$/mol	ξ/mol
(1)	-1	-3	2	1
(2)	-2	-6	4	2
(3)	$-\frac{1}{2}$	$-\frac{3}{2}$	1	$\frac{1}{2}$

可见，对同一化学反应方程式，用反应体系中任一物质来表示反应进度时，在同一时刻得到的 ξ 数值完全一致。

但是，同一化学反应方程式的写法不同（即 ν_B 不同），相同反应进度时所对应的各物质的量的变化（Δn_B）就有区别。例如，当 $\xi=1$ mol 时，合成氨反应若写成下列形式：

$$\frac{1}{2}N_2+\frac{3}{2}H_2 \rightleftharpoons NH_3$$

则 $\Delta n(N_2)=-\frac{1}{2}$ mol，$\Delta n(H_2)=-\frac{3}{2}$ mol，$\Delta n(NH_3)=1$ mol。因此，反应进度与化学反应方程式的写法有关。在计算反应进度时，必须指明对应的化学反应方程式。

需要强调的是，$\xi=1$ mol 表示按照化学反应方程式进行了 1 mol 反应。例如上面的合成

氨反应，$\xi=1$ mol 时，表示消耗了 0.5 mol 的 N_2 和 1.5 mol 的 H_2，生成了 1 mol 的 NH_3，此时进行了 1 mol 反应。

【例 2.1】 设有 10 mol N_2 和 20 mol H_2 在合成氨装置中混合，反应后有 5.0 mol NH_3 生成，试分别按下列反应方程式中各物质的化学计量数（ν_B）和物质的量的变化（Δn_B）计算反应进度并作出结论。

$$① \ \frac{1}{2}N_2+\frac{3}{2}H_2 \rightleftharpoons NH_3$$

$$② \ N_2+3H_2 \rightleftharpoons 2NH_3$$

解： ①

	$\frac{1}{2}N_2$	$+\ \frac{3}{2}H_2$	$\rightleftharpoons NH_3$
反应前 n/mol	10	20	0
反应后 n/mol	10−2.5	20−7.5	5.0

$$\xi=\frac{\Delta n(N_2)}{\nu(N_2)}=\frac{-2.5}{-\frac{1}{2}}=5.0(\text{mol})\ ;\ \xi=\frac{\Delta n(H_2)}{\nu(H_2)}=\frac{-7.5}{-\frac{3}{2}}=5.0(\text{mol})$$

$$\xi=\frac{\Delta n(NH_3)}{\nu(NH_3)}=\frac{5.0}{1}=5.0(\text{mol})$$

②

$$N_2+3H_2 \rightleftharpoons 2NH_3$$

$$\xi=\frac{\Delta n(N_2)}{\nu(N_2)}=\frac{-2.5}{-1}=2.5(\text{mol})；\ \xi=\frac{\Delta n(H_2)}{\nu(H_2)}=\frac{-7.5}{-3}=2.5(\text{mol})$$

$$\xi=\frac{\Delta n(NH_3)}{\nu(NH_3)}=\frac{5.0}{2}=2.5(\text{mol})$$

结论：用反应体系中任一物质计算得到的 ξ 数值都是相等的；ξ 与反应式的写法有关。

2.3.2 等容反应热和等压反应热

在等容条件下的化学反应的热效应，称为等容反应热，用符号 Q_V 表示。在等容过程中，体系不做体积功，即 $W=0$。根据热力学第一定律可得

$$Q_V=\Delta U-W=\Delta U \tag{2.11}$$

式(2.11) 表明：对于封闭体系，在等温、等容且只做体积功的条件下，等容反应热等于体系的热力学能的改变量。如果是吸热反应，那么体系从环境吸收的热量全部用于体系热力学能的增加。

若化学反应是在等温、等压且只做体积功的条件下进行，此过程的热效应称为等压反应热，用符号 Q_p 表示。前面已经推导出式(2.8)：

$$\Delta H=Q_p$$

将式(2.8) 代入式(2.4) 得：

$$\Delta H=\Delta U+p\Delta V \tag{2.12}$$

对于化学反应，反应体系往往是在等压条件下进行的，因此常常用 ΔH 来衡量反应的热效应。当反应物和生成物都处于固态或液态时，由于体系反应前后体积变化较小，$\Delta V\approx 0$，$p\Delta V$ 可忽略，因此，$\Delta H\approx\Delta U$。有气体参与的化学反应，ΔH 和 ΔU 在数值上差别比较大，假定气体均为理想气体，则

$$p\Delta V=p(V_2-V_1)=(n_2-n_1)RT=(\Delta n)RT$$

式中 Δn 为反应前后气体的物质的量之差。将此关系式代入式(2.12)，可得：

$$\Delta H=\Delta U+(\Delta n)RT \tag{2.13}$$

从式(2.13) 可以看出，Q_p 和 Q_V 的关系可以近似写成：

$$Q_p=Q_V+(\Delta n)RT \tag{2.14}$$

由式(2.14) 可知，当反应物和生成物中有气体参加的反应中，一般情况下 $Q_p \neq Q_V$。当反应物和生成物气体的物质的量相等（$\Delta n=0$）时，或反应物和生成物均为固态或液态时，$Q_p=Q_V$。

需要说明的是，等压反应热的热力学条件是封闭体系、等温、等压、只做体积功；等容反应热的热力学条件是封闭体系、等温、等容、只做体积功。学习热力学原理时，必须特别注意公式的适用条件。

【例 2.2】 在 100 kPa、373 K 时，反应 $H_2(g)+\frac{1}{2}O_2(g)=H_2O(g)$ 的等压反应热是 $-241.9\ kJ\cdot mol^{-1}$。求生成 1 mol $H_2O(g)$ 反应时的等压反应热 Q_p 及等容反应热 Q_V。

解：(1) $Q_p=-241.9\ kJ\cdot mol^{-1}$

(2) 设反应物、生成物皆为理想气体，则

$$p\Delta V=(\Delta n)RT=\left(1-1-\frac{1}{2}\right)\times 8.314\times 373=-1.55(kJ\cdot mol^{-1})$$

$$Q_V=Q_p-(\Delta n)RT=(-241.9)-(-1.55)=-240.35(kJ\cdot mol^{-1})$$

可见 Q_V 与 Q_p 相当接近。在研究化学反应的热效应时，等压反应热比等容反应热有更广泛更实用的意义。

2.3.3 热力学标准状态和热化学反应方程式

(1) 热力学标准状态

在热力学中，由于某些热力学函数如 U、H 以及以后要讲到的 G 的绝对值目前还测定不出来，只能测定出它们的改变值。为了比较它们的相对大小，需要规定一个状态作为比较的基准，即标准状态，简称标准态，用符号“$\ominus$”表示。标准态的规定如下：

① 理想气体的标准态，是指纯气体或气体混合物中气体组分处于标准压力 $p^{\ominus}$（$p^{\ominus}=$ 100 kPa）下的状态。

② 液体或固体的标准态，是指纯液体或纯固体处于标准压力 $p^{\ominus}$ 下的状态。

③ 溶液中各组分的标准态，溶剂的标准态与纯液体的标准态相同，即在标准压力 $p^{\ominus}$ 下纯液体的状态；溶液中溶质的标准态是指在标准压力 $p^{\ominus}$ 下，质量摩尔浓度 $b^{\ominus}=1\ mol\cdot kg^{-1}$ 的理想溶液的状态。考虑到在讨论溶液热力学性质时，溶液浓度一般较低，因此，将质量摩尔浓度近似地等于标准物质的量浓度，即 $b^{\ominus}\approx c^{\ominus}$（$c^{\ominus}=1\ mol\cdot L^{-1}$）。

应当注意的是，标准状态只规定了压力为 100 kPa，而没有指定温度。处于 $p^{\ominus}$ 下的各种物质，若改变温度时，它就有许多个标准状态。但 IUPAC 推荐选择 298.15 K 作为参考温度，所以本书查到的有关热力学数据均为 298.15 K 时的数据。

(2) 热化学反应方程式

表示化学反应与热效应关系的化学反应方程式称为热化学反应方程式。例如：

$$H_2(g)+\frac{1}{2}O_2(g)\xrightarrow[100\ kPa]{298.15\ K}H_2O(l);\quad \Delta_r H_m(298.15\ K)=-285.8\ kJ\cdot mol^{-1}$$

上式表示：在 298.15 K 、100 kPa 下，当反应进度为 1 mol 时，即 1 mol H_2 与 $\frac{1}{2}$mol O_2 反应生成 1 mol $H_2O(l)$ 时，放出 285.8 kJ 的热量。$\Delta_r H_m$ 称为摩尔反应焓变，下标 r（reaction 的词头）表示化学反应，m（molar 的词头）表示摩尔。

反应热或反应焓变与反应进行时的条件、物态等因素有关，因此书写热化学反应方程式时应注意以下几点：

① 将化学反应方程式写在左边，相应的 $\Delta_r H_m$ 写在右边，两者之间用逗号或分号隔开。

② 注明反应的温度和压力。如果是 298.15 K 和 100 kPa，可略去不写。

③ 注明反应物和产物的聚集状态或晶型。通常用 s、l 和 g 表示固态、液态和气态，用 aq 表示水溶液。因为聚集状态或晶型不同，反应焓变的数值亦不同。如上例中，若生成的 H_2O 为气态，则 $\Delta_r H_m = -241.8\ kJ\cdot mol^{-1}$。

④ 同一化学反应，化学计量数不同，对应的摩尔反应焓变也不同。如上例写成：

$$2H_2(g) + O_2 = 2H_2O(l);\ \Delta_r H_m = -571.6\ kJ\cdot mol^{-1}$$

⑤ 正、逆反应的摩尔反应焓变绝对值相同，符号相反。例如：

$$H_2(g) + \frac{1}{2}O_2(g) = H_2O(g);\ \Delta_r H_m = -241.8\ kJ\cdot mol^{-1}$$

$$H_2O(g) = H_2(g) + \frac{1}{2}O_2(g);\ \Delta_r H_m = 241.8\ kJ\cdot mol^{-1}$$

2.3.4 Hess 定律

赫斯定律

1840 年，瑞士籍俄国化学家 G. H. Hess 根据大量的实验事实，总结出一条经验规律：一个化学反应如果分几步完成，则总反应的反应热等于各步反应的反应热之和。此规律称为赫斯定律。

利用赫斯定律不仅可以根据已知的化学反应热来计算某些反应的热效应，更有实际意义的是可以求得难以测定的反应的热效应。例如，C 和 O_2 化合生成 CO 的反应热是很难准确测定的，因为在反应过程中不可避免地会有一些 CO_2 生成。但是下列两个反应的摩尔反应焓变是可以准确测定的：

$$C(s) + O_2(g) = CO_2(g);\ \Delta_r H_m(1) = -393.5\ kJ\cdot mol^{-1}$$

$$CO(g) + \frac{1}{2}O_2(g) = CO_2(g);\ \Delta_r H_m(2) = -283.0\ kJ\cdot mol^{-1}$$

三个反应之间的关系可表示如下：

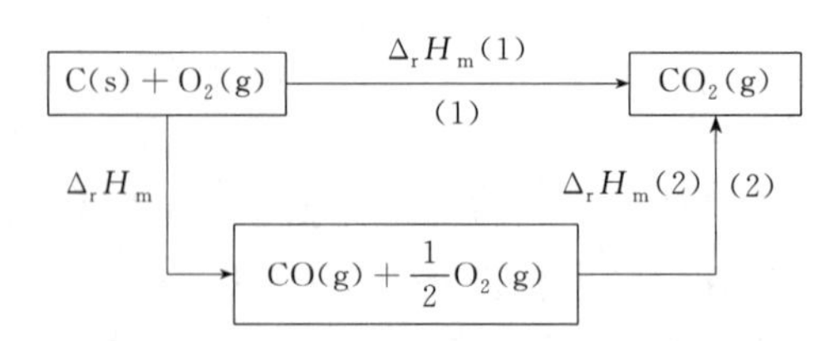

因此，根据赫斯定律：

$$\Delta_r H_m(1) = \Delta_r H_m(2) + \Delta_r H_m$$

应用赫斯定律计算反应热时，热化学反应方程式可以像简单的代数方程那样进行加减运算，从而可以利用已知反应的热效应，通过反应方程式的代数组合，计算未知反应的反应热。但需要注意，在计算过程中，把相同物质项消去时，不仅物质种类必须相同，而且聚集状态或晶型都要完全一致。例如上述 CO 生成反应的摩尔反应焓变可以利用两个反应方程式进行代数运算而求得：

$$C(s)+O_2(g)\!=\!=\!=CO_2(g);\qquad \Delta_r H_m(1)=-393.5\ kJ\cdot mol^{-1}$$

$$-)\ CO(g)+\frac{1}{2}O_2(g)\!=\!=\!=CO_2(g);\qquad \Delta_r H_m(2)=-283.0\ kJ\cdot mol^{-1}$$

$$C(s)+\frac{1}{2}O_2(g)\!=\!=\!=CO(g);\qquad \Delta_r H_m=?$$

$$\Delta_r H_m=\Delta_r H_m(1)-\Delta_r H_m(2)=(-393.5)-(-283.0)=-110.5(kJ\cdot mol^{-1})$$

【例 2.3】 已知在标准态下：

$$H_2(g)+Cl_2(g)\!=\!=\!=2HCl(g);\qquad \Delta_r H_m^{\ominus}(1)=-184.6\ kJ\cdot mol^{-1}$$

$$K(s)+HCl(g)\!=\!=\!=KCl(s)+\frac{1}{2}H_2(g);\qquad \Delta_r H_m^{\ominus}(2)=-343.5\ kJ\cdot mol^{-1}$$

计算反应 $K(s)+\frac{1}{2}Cl_2(g)\!=\!=\!=KCl(s)$ 的 $\Delta_r H_m^{\ominus}$。

解： 根据赫斯定律计算，$\frac{1}{2}\times(1)$式$+(2)$ 式：

$$\frac{1}{2}H_2(g)+\frac{1}{2}Cl_2(g)\!=\!=\!=HCl(g);\qquad \frac{1}{2}\times\Delta_r H_m^{\ominus}(1)=-92.3\ kJ\cdot mol^{-1}$$

$$+)\quad K(s)+HCl(g)\!=\!=\!=KCl(s)+\frac{1}{2}H_2(g);\ \Delta_r H_m^{\ominus}(2)=-343.5\ kJ\cdot mol^{-1}$$

$$K(s)+\frac{1}{2}Cl_2(g)\!=\!=\!=KCl(s);\qquad \Delta_r H_m^{\ominus}=?$$

$$\Delta_r H_m^{\ominus}=\frac{1}{2}\Delta_r H_m^{\ominus}(1)+\Delta_r H_m^{\ominus}(2)=\frac{1}{2}\times(-184.6)+(-343.5)=-435.8(kJ\cdot mol^{-1})$$

在热力学中，物理量符号的上下标表示很多，如前面遇到的关于焓变 ΔH、$\Delta_r H$、$\Delta_r H_m$、$\Delta_r H_m^{\ominus}$，上标“⊖”表示标准状态；下标“r”表示反应（reaction 的词头）；“m”表示摩尔（molar 的词头）；ΔH 称为焓变；$\Delta_r H$ 是化学反应的焓变，称为反应焓变；$\Delta_r H_m$ 是反应进度为 1 mol 时的反应焓变，称为摩尔反应焓变；$\Delta_r H_m^{\ominus}$ 是在标准态下反应进度为 1 mol 时的反应焓变，称为标准摩尔反应焓变。

2.3.5 化学反应的标准摩尔反应焓变的计算

(1) 标准摩尔生成焓

在标准态下，由最稳定的纯态单质生成单位物质的量的某物质的焓变，称为该物质的标准摩尔生成焓，也称标准摩尔生成热，用符号 $\Delta_f H_m^{\ominus}$ 表示，下标“f”表示生成（formation 的词头）反应，其单位用 $kJ\cdot mol^{-1}$ 表示。

根据标准摩尔生成焓的定义，最稳定的纯单质的标准摩尔生成焓为零。一种元素若有几种同素异形体，如在标准态下，碳的单质就有石墨、金刚石等，其中石墨是最稳定的。因此，石墨的标准摩尔生成焓为零，即 $\Delta_f H_m^{\ominus}$(石墨,s)$=0$，而 $\Delta_f H_m^{\ominus}$(金刚石,s)$\neq 0$。

在一定温度下，各种化合物的 $\Delta_f H_m^\ominus$ 是个常数，附录 4 列出了在 298.15 K 时一些常见化合物的标准摩尔生成焓数据。从数据可以看到，很多化合物的标准摩尔生成焓都是负值，说明由稳定单质生成化合物时是放热的。一般情况下，$\Delta_f H_m^\ominus$ 值越负，化合物越稳定，因此，根据 $\Delta_f H_m^\ominus$ 值可以判断同类型化合物的相对稳定性。

(2) 利用标准摩尔生成焓计算化学反应的标准摩尔反应焓变

化学反应的反应热可以通过实验直接测定，也可以利用化学反应中各物质的标准摩尔生成焓计算得到。

根据赫斯定律可以推导出：化学反应的标准摩尔反应焓变等于生成物的标准摩尔生成焓的总和减去反应物的标准摩尔生成焓的总和。

对于任意一个化学反应： $c\text{C}+d\text{D} = g\text{G}+h\text{H}$

若所有物质均处于温度为 T 的标准状态下，则该反应的标准摩尔反应焓变为：

$$\Delta_r H_m^\ominus = [g\Delta_f H_m^\ominus(\text{G}) + h\Delta_f H_m^\ominus(\text{H})] - [c\Delta_f H_m^\ominus(\text{C}) + d\Delta_f H_m^\ominus(\text{D})] \tag{2.15}$$

或表示为：

$$\Delta_r H_m^\ominus = \sum \nu_i \Delta_f H_m^\ominus(\text{生成物}) + \sum \nu_i \Delta_f H_m^\ominus(\text{反应物}) \tag{2.16}$$

式中，ν_i 表示化学反应方程式中各物质的化学计量数。因此，从附录查到相关物质的标准摩尔生成焓，利用上面两式就可以计算出任一化学反应的标准摩尔反应焓变。

【例 2.4】 计算下列反应的标准摩尔反应焓变，并判断此反应是吸热反应还是放热反应。

$$Fe_3O_4(s) + CO(g) = 3FeO(s) + CO_2(g)$$

解： 由附录 4 查得：

	$Fe_3O_4(s)+$	$CO(g)$	$=3FeO(s)+$	$CO_2(g)$
$\Delta_f H_m^\ominus/\text{kJ·mol}^{-1}$	-1118.4	-110.5	-272.0	-393.5

$$\Delta_r H_m^\ominus = [3\Delta_f H_m^\ominus(\text{FeO,s}) + \Delta_f H_m^\ominus(\text{CO}_2\text{,g})] - [\Delta_f H_m^\ominus(\text{Fe}_3\text{O}_4\text{,s}) + \Delta_f H_m^\ominus(\text{CO,g})]$$

$$= [3\times(-272.0)+(-393.5)] - [(-1118.4)+(-110.5)] = 19.4(\text{kJ·mol}^{-1})$$

通过计算可知，$\Delta_r H_m^\ominus = 19.4\ \text{kJ·mol}^{-1} > 0$，可判断此反应为吸热反应。

【例 2.5】 已知光合作用：

$$6CO_2(g) + 6H_2O(l) \xrightarrow{h\nu,\text{叶绿素}} C_6H_{12}O_6(s) + 6O_2(g);\ \Delta_r H_m^\ominus = 2802\ \text{kJ·mol}^{-1}$$

计算：①葡萄糖（$C_6H_{12}O_6$）的标准摩尔生成焓；②每合成 1 kg 葡萄糖所需要吸收的太阳能。

解： ① 由附录 4 查得：

	$6CO_2(g)+$	$6H_2O(l) \xrightarrow{h\nu,\text{叶绿素}}$	$C_6H_{12}O_6(s)+$	$6O_2(g)$
$\Delta_f H_m^\ominus/\text{kJ·mol}^{-1}$	-393.5	-285.8	?	0

$$\Delta_r H_m^\ominus = [\Delta_f H_m^\ominus(\text{C}_6\text{H}_{12}\text{O}_6\text{,s}) + 6\Delta_f H_m^\ominus(\text{O}_2\text{,g})] - [6\Delta_f H_m^\ominus(\text{CO}_2\text{,g}) + 6\Delta_f H_m^\ominus(\text{H}_2\text{O,l})]$$

$$\Delta_f H_m^\ominus(\text{C}_6\text{H}_{12}\text{O}_6\text{,s}) = \Delta_r H_m^\ominus + 6\Delta_f H_m^\ominus(\text{CO}_2\text{,g}) + 6\Delta_f H_m^\ominus(\text{H}_2\text{O,l})$$

$$= 2802 + 6\times(-393.5) + 6\times(-285.8) = -1274(\text{kJ·mol}^{-1})$$

$\Delta_r H_m^\ominus > 0$，表明光合作用为吸热反应，热量来自太阳能。其逆反应为放热反应，因此氧化摄入生物体内的葡萄糖提供机体所需要的能量。

② $M(C_6H_{12}O_6) = (12.01\times6)+(1.01\times12)+(16.00\times6) = 180.2(\text{g·mol}^{-1})$

$$Q_p = \frac{m}{M}\times\Delta_r H_m^\ominus = \frac{1000}{180.2}\times2802 = 1.55\times10^4(\text{kJ})$$

2.4　化学反应的方向

2.4.1　化学反应的自发性

自然界中所发生的过程都具有一定的方向性。例如，水总是自动地从高处向低处流，而绝不会自动地由低处向高处流。又如铁在潮湿的空气中易生锈，而铁锈绝不会自动还原为铁。这种在一定条件下不需要外界做功就自动进行的过程，称为自发过程。若为化学过程则称为自发反应。自发过程的逆过程叫做非自发过程。必须指出，能自发进行的反应，并不意味着其反应速率就一定很大。例如氢和氧化合生成水的反应，在室温下反应速率很小，容易被误认为是一个非自发反应，事实上这是一个自发反应，只是在室温条件下反应速率太慢而已。只要点燃或加入微量铂，即可发生爆炸性反应，并放出大量的热。因此，化学反应的自发性与反应速率是两个不同的概念。另外，非自发过程也并不是一定不能发生的过程，只是说在给定条件下或无外力做功时，反应不能自动进行。若外界条件改变，或者外力做功，反应也会发生。如用抽水机做功可把水从低处引向高处。

化学反应在指定条件下自发进行的方向问题，是科学研究和生产实践中极为重要的问题之一。那么决定这些自发过程的方向的因素是什么呢？或者说能否从理论上建立一个化学反应方向的判据呢？这就是本节所要讨论的主要问题。

2.4.2　焓变与化学反应的方向

在对自然界自发过程的研究中发现，自发过程一般是朝着能量降低的方向进行。显然，能量越低，体系的状态越稳定。因此，有人提出将反应焓变（$\Delta_r H_m$）作为化学反应自发性的判据，认为在等温、等压条件下，一切化学反应都朝着放出能量的方向进行。也就是说，放热反应能自发进行，而吸热反应不能自发进行。

大量实例表明，放热反应确实是自发反应。但是，后来发现有些吸热反应或过程也能自发进行。例如水的蒸发，KNO_3 溶于水，N_2O_4 的分解等都是吸热过程，但在 298.15 K、标准态下均能自发进行：

$$KNO_3(s) = K^+(aq) + NO_3^-(aq);\quad \Delta_r H_m^\ominus = 35\ kJ\cdot mol^{-1}$$

$$N_2O_4(g) = 2NO_2(g);\quad \Delta_r H_m^\ominus = 57.2\ kJ\cdot mol^{-1}$$

由此可见，把焓变作为化学反应自发性的判据是不准确、不全面的。除了焓变这一重要因素外，一定还有其他影响因素。

2.4.3　熵变与化学反应的方向

除了反应焓变以外，体系的混乱度也是影响化学反应方向的另一个重要因素。

KNO_3 晶体中的 K^+ 和 NO_3^-，在晶体中的排列是整齐有序的。把 KNO_3 晶体溶于 H_2O 后，晶体表面的 K^+ 和 NO_3^- 受到极性水分子的吸引而从晶体表面脱落，形成水合离子并在溶液中扩散。在 KNO_3 溶液中，无论是 K^+、NO_3^- 还是水分子，它们的分布情况要比 KNO_3 溶解前混乱得多。

N_2O_4 分解为 NO_2 的反应是一个气体的物质的量增大的反应，显然，气体分子的个数越多，分子热运动的程度就越大，整个体系的混乱程度也就增大了。上述两个在室温下自发进行的吸热反应的共同特点是反应后体系的混乱程度增大了。

由此可见，自然界中的自发过程一般朝着混乱程度（简称混乱度）增大的方向进行。

(1) 熵

为了量度体系的混乱度，引入一个新的状态函数——熵，用符号 S 表示。因此，熵定义为描述体系混乱程度大小的物理量，即体系的混乱程度越大，对应的熵值就越大。熵的单位为 $J \cdot K^{-1}$。与焓和热力学能一样，熵也是状态函数。

(2) 标准摩尔熵

在 0 K 时，物质内部的热运动停止，于是任何完整无损的纯净晶体，其组分粒子（原子、分子或离子）都只有一种排列形式。因此，把任何纯净的完整有序的晶态物质在 0 K 的熵值规定为零，即

$$S(\text{完整晶体}, 0\ \text{K}) = 0 \quad \text{或} \quad S_0 = 0 \tag{2.17}$$

上述表述称为热力学第三定律。以此为基准，可以求得物质在其他温度下的熵值（S_T）。例如，将某纯晶态物质从 0 K 升温到某一温度 T，则此过程的熵变（ΔS）为：

$$\Delta S = S_T - S_0 = S_T - 0 = S_T$$

S_T 即为该物质在温度 T 时的熵值。在温度 T、标准态下，单位物质的量的纯物质的熵值称为标准摩尔熵，用 $S_m^{\ominus}$ 表示，单位为 $J \cdot mol^{-1} \cdot K^{-1}$。附录 4 中列出了在 298.15 K 时一些常见物质的标准摩尔熵。从表中可以看到，$S_m^{\ominus}$ 均为正值。物质的标准摩尔熵具有如下规律：

① 物质的聚集状态不同，其熵值也不同。同一种物质，其 $S_m^{\ominus}(g) > S_m^{\ominus}(l) > S_m^{\ominus}(s)$。例如，$S_m^{\ominus}(H_2O, g) = 188.7\ J \cdot mol^{-1} \cdot K^{-1}$，$S_m^{\ominus}(H_2O, l) = 69.9\ J \cdot mol^{-1} \cdot K^{-1}$。

② 同类型物质的摩尔质量越大，$S_m^{\ominus}$ 越大。例如，$S_m^{\ominus}(F_2, g) = 203\ J \cdot mol^{-1} \cdot K^{-1}$，$S_m^{\ominus}(Cl_2, g) = 223\ J \cdot mol^{-1} \cdot K^{-1}$，$S_m^{\ominus}(Br_2, g) = 245\ J \cdot mol^{-1} \cdot K^{-1}$，$S_m^{\ominus}(I_2, g) = 261\ J \cdot mol^{-1} \cdot K^{-1}$。

③ 同一种物质的熵值随着温度的升高而增大。

④ 压力对气态物质的熵值影响较大，压力越大，熵值越小。

⑤ 摩尔质量相等或相近的不同物质，结构越复杂，熵值越大。如乙醇（C_2H_5OH）和二甲醚（CH_3OCH_3）是同分异构体，$S_m^{\ominus}(C_2H_5OH) > S_m^{\ominus}(CH_3OCH_3)$，因为二甲醚的原子排布对称性强于乙醇。

(3) 化学反应的标准摩尔反应熵变的计算

熵是状态函数，熵的改变量只取决于反应的始态和终态，而与变化的途径无关，故化学反应的熵变与反应焓变的计算原理相同。因此，利用物质的标准摩尔熵可以计算出化学反应的标准摩尔反应熵变（$\Delta_r S_m^{\ominus}$）。

对于任一化学反应：　　$cC + dD \longrightarrow gG + hH$

$$\Delta_r S_m^{\ominus} = [gS_m^{\ominus}(G) + hS_m^{\ominus}(H)] - [cS_m^{\ominus}(C) + dS_m^{\ominus}(D)] \tag{2.18}$$

或表示为：

$$\Delta_r S_m^{\ominus} = \sum \nu_i S_m^{\ominus}(\text{生成物}) + \sum \nu_i S_m^{\ominus}(\text{反应物}) \tag{2.19}$$

式中，ν_i 表示化学反应方程式中各物质的化学计量数。上式表明：化学反应的标准摩尔反应熵变等于生成物的标准摩尔熵的总和减去反应物的标准摩尔熵的总和。

【例 2.6】 计算下列反应在 298.15 K、标准态下的标准摩尔反应熵变。

$$2SO_2(g)+O_2(g)=\!=\!=2SO_3(g)$$

解： 由附录 4 中查得：

	$2SO_2(g)$	$+O_2(g)$	$=\!=\!=2SO_3(g)$
$S_m^{\ominus}/J\cdot mol^{-1}\cdot K^{-1}$	248.2	205.1	256.8

$$\Delta_r S_m^{\ominus}=\sum\nu_i S_m^{\ominus}(\text{生成物})+\sum\nu_i S_m^{\ominus}(\text{反应物})$$

$$=(2\times256.8)+[(-2)\times248.2+(-1)\times205.1]=-187.9(J\cdot mol^{-1}\cdot K^{-1})$$

此反应 $\Delta_r S_m^{\ominus}<0$，故在 298.15 K、标准态下该反应是熵值减小的反应，这是因为反应后气体的化学计量数小于反应前气体的化学计量数。

从上面的讨论可以看到，虽然熵值增大有利于反应的自发进行，但是与反应焓变一样，仅仅用熵变作为化学反应自发性的判据也是不准确、不全面的。如上例中 $SO_2(g)$ 氧化成 $SO_3(g)$ 的反应在 298.15 K、标准态下是一个自发反应，但其 $\Delta_r S_m^{\ominus}<0$。又如，水转化为冰的过程，$\Delta_r S_m^{\ominus}<0$，但是当 $T<273.15$ K 时，该过程为自发过程。事实表明，化学反应方向不仅与反应焓变和熵变有关，还与温度有关。

2.4.4　吉布斯自由能变与化学反应的方向

1878 年，美国物理化学家吉布斯（J. W. Gibbs）在全面研究了影响化学反应自发性的因素后，提出一个综合了焓、熵和温度关系的新函数，称为吉布斯自由能（简称自由能），用符号 G 表示，其定义式为：

$$G\equiv H-TS \tag{2.20}$$

式中，H、T、S 均为状态函数，因此，吉布斯自由能 G 也是状态函数，单位是 kJ 或 J。

在等温、等压条件下，化学反应的摩尔吉布斯自由能变（$\Delta_r G_m$）与摩尔反应焓变（$\Delta_r H_m$）、摩尔反应熵变（$\Delta_r S_m$）、温度 T 之间有如下关系：

$$\Delta_r G_m=\Delta_r H_m-T\Delta_r S_m \tag{2.21}$$

式(2.21) 称为吉布斯公式。在标准态下，上式也是成立的，即

$$\Delta_r G_m^{\ominus}=\Delta_r H_m^{\ominus}-T\Delta_r S_m^{\ominus} \tag{2.22}$$

Gibbs 首先提出，在等温、等压的封闭体系中，不做非体积功的条件下，$\Delta_r G_m$ 可以作为化学反应自发性的判据，即

$\Delta_r G_m<0$　自发过程，化学反应正向进行

$\Delta_r G_m=0$　平衡状态

$\Delta_r G_m>0$　非自发过程，化学反应逆向进行

表明在等温、等压的封闭体系内，且不做非体积功的前提下，化学反应总是朝着吉布斯自由能（G）减小的方向进行。当 $\Delta_r G_m=0$ 时，化学反应达到平衡状态，体系的吉布斯自由能（G）降低到最小值。此方向判据称为最小自由能原理。

利用最小自由能原理判断化学反应的方向，也就是只要知道了 $\Delta_r G_m$ 的正、负，就可以判断反应的方向。在使用 $\Delta_r G_m$ 判据时，有三点说明：①反应体系是封闭体系。②$\Delta_r G_m$ 是在给定的温度、压力条件下反应的可能性，并不能说明在其他温度、压力条件下反应的可能

性。③反应体系不做非体积功。

从上面吉布斯公式可以看到，在等温、等压条件下，$\Delta_r G_m$ 取决于 $\Delta_r H_m$、$\Delta_r S_m$ 和 T。下面分四种情况分别讨论：

① 若 $\Delta_r H_m<0$（放热），$\Delta_r S_m>0$（熵增），则 T 为任何值时，均有 $\Delta_r G_m<0$，故反应在任何温度下均能自发进行。

② 若 $\Delta_r H_m>0$（吸热），$\Delta_r S_m<0$（熵减），则 T 为任何值时，均有 $\Delta_r G_m>0$，故反应在任何温度下均不能自发进行。

③ 若 $\Delta_r H_m>0$（吸热），$\Delta_r S_m>0$（熵增），则只有当 $T>\frac{\Delta_r H_m}{\Delta_r S_m}$ 时，$\Delta_r G_m<0$，反应能自发进行；当 $T<\frac{\Delta_r H_m}{\Delta_r S_m}$ 时，$\Delta_r G_m>0$，反应不能自发进行。也就是说，高温有利于反应自发。

④ 若 $\Delta_r H_m<0$（放热），$\Delta_r S_m<0$（熵减），则只有当 $T<\frac{\Delta_r H_m}{\Delta_r S_m}$时，$\Delta_r G_m<0$，反应才能自发进行；但是当 $T>\frac{\Delta_r H_m}{\Delta_r S_m}$时，$\Delta_r G_m>0$，反应则不能自发进行。也就是说，低温有利于反应自发。

将上述四种情况归纳见表 2.1。

表 2.1 $\Delta_r H_m$、$\Delta_r S_m$、T 对 $\Delta_r G_m$ 及反应方向的影响

各种情况	$\Delta_r H_m$	$\Delta_r S_m$	$\Delta_r G_m$	反应情况
1	<0	>0	<0	在任何温度下均为自发反应
2	>0	<0	>0	在任何温度下均为非自发反应
3	>0	>0	<0	当 $T>\frac{\Delta_r H_m}{\Delta_r S_m}$ 时，为自发反应
			>0	当 $T<\frac{\Delta_r H_m}{\Delta_r S_m}$ 时，为非自发反应
4	<0	<0	<0	当 $T<\frac{\Delta_r H_m}{\Delta_r S_m}$ 时，为自发反应
			>0	当 $T>\frac{\Delta_r H_m}{\Delta_r S_m}$ 时，为非自发反应

从上面的讨论可以看出，$\Delta_r G_m$ 受温度的影响是很明显的。对于第三种情况和第四种情况，即 $\Delta_r H_m$、$\Delta_r S_m$ 的正、负符号相同的情况下，温度决定了反应的方向。例如，在吸热熵增的情况下，这个温度 $T=\frac{\Delta_r H_m}{\Delta_r S_m}$是反应正向进行的最低温度，低于这个温度，反应就不能正向进行。在放热熵减的情况下，这个温度是反应能正向进行的最高温度，高于这个温度，反应就不能正向进行。因此，这个温度就是反应能否正向进行的转变温度，计算方法可以利用吉布斯公式，在求解这个转变温度时，考虑到温度对焓变、熵变的影响较小，可以认为 $\Delta_r H_m^\ominus(T)\approx\Delta_r H_m^\ominus(298.15\ \text{K})$，$\Delta_r S_m^\ominus(T)\approx\Delta_r S_m^\ominus(298.15\ \text{K})$，则在标准态下可以写成：

$$T_{\text{转变}}=\frac{\Delta_r H_m^\ominus(298.15\ \text{K})}{\Delta_r S_m^\ominus(298.15\ \text{K})} \tag{2.23}$$

2.5　化学反应的摩尔吉布斯自由能变（$\Delta_r G_m$）的计算

2.5.1　标准摩尔吉布斯自由能变（$\Delta_r G_m^{\ominus}$）的计算

标态吉布斯自由能变

在标准态下，化学反应的方向可由 $\Delta_r G_m^{\ominus}$ 的正、负来确定。下面介绍两个计算 $\Delta_r G_m^{\ominus}$ 的方法。

(1) 利用吉布斯公式

根据吉布斯公式，利用化学反应的标准摩尔反应焓变和标准摩尔反应熵变，可以计算在 298.15 K 时的标准摩尔吉布斯自由能变（$\Delta_r G_m^{\ominus}$），即：

$$\Delta_r G_m^{\ominus}(298.15\ \mathrm{K}) = \Delta_r H_m^{\ominus} - 298.15 \times \Delta_r S_m^{\ominus} \tag{2.24}$$

通常化学手册中所列出的数据都是 298.15 K 下各物质的 $\Delta_f H_m^{\ominus}$、$S_m^{\ominus}$，由于温度对焓变和熵变的影响较小，但 $\Delta_r G_m^{\ominus}$ 受温度的影响较大，因此在计算其他温度时，上式可以表示为：

$$\Delta_r G_m^{\ominus}(T) \approx \Delta_r H_m^{\ominus} - T\Delta_r S_m^{\ominus} \tag{2.25}$$

(2) 利用标准摩尔生成吉布斯自由能

在标准态下，由最稳定的纯态单质生成单位物质的量的某物质时的吉布斯自由能变称为该物质的标准摩尔生成吉布斯自由能，以 $\Delta_f G_m^{\ominus}$ 表示，单位为 $\mathrm{kJ \cdot mol^{-1}}$。类似于标准摩尔生成焓的定义，不难理解，最稳定的纯态单质的标准摩尔生成吉布斯自由能均为零。附录 4 中列出了在 298.15 K 时一些常见物质的标准摩尔生成吉布斯自由能的数据。

化学反应的标准摩尔吉布斯自由能变（$\Delta_r G_m^{\ominus}$）和标准摩尔反应焓变（$\Delta_r H_m^{\ominus}$）、标准摩尔反应熵变（$\Delta_r S_m^{\ominus}$）的计算原理相同。在标准态下，化学反应的标准摩尔吉布斯自由能变（$\Delta_r G_m^{\ominus}$）按下式计算：

$$\Delta_r G_m^{\ominus} = \sum \nu_i \Delta_f G_m^{\ominus}(\text{生成物}) + \sum \nu_i \Delta_f G_m^{\ominus}(\text{反应物}) \tag{2.26}$$

式中，ν_i 表示反应式中各物质的化学计量数。上式表明：化学反应的标准摩尔吉布斯自由能变等于生成物的标准摩尔生成吉布斯自由能的总和减去反应物的标准摩尔生成吉布斯自由能的总和。

综上所述，计算 $\Delta_r G_m^{\ominus}$ 时要根据温度来选择合适的公式进行计算。若反应在 298.15 K 时，可以通过各物质的 $\Delta_f G_m^{\ominus}$ 直接利用式(2.26) 计算，也可以通过各物质的 $\Delta_f H_m^{\ominus}$、$S_m^{\ominus}$，先求出 $\Delta_r H_m^{\ominus}$、$\Delta_r S_m^{\ominus}$，再利用式(2.24) 计算 $\Delta_r G_m^{\ominus}$；若反应在其他温度 T 时，$\Delta_r G_m^{\ominus}$ 只能利用式(2.25) 近似求得。

根据上面的两种方法可以求得 $\Delta_r G_m^{\ominus}$，从而根据 $\Delta_r G_m^{\ominus}$ 的正负就可以判断化学反应在标准状态下自发进行的方向。

【例 2.7】 ①在 298.15 K、标准态下，计算石灰石热分解反应的 $\Delta_r G_m^{\ominus}$，并判断该反应的自发性。②如果温度升高到 1273 K 时，该反应是否可以自发进行？

解： ① 由附录 4 查得：

$$
\begin{array}{lccc}
 & CaCO_3(s) = & CaO(s) & + CO_2(g) \\
\Delta_f G_m^{\ominus}/kJ\cdot mol^{-1} & -1128.8 & -604.0 & -394.4 \\
\Delta_f H_m^{\ominus}/kJ\cdot mol^{-1} & -1206.9 & -635.1 & -393.5 \\
S_m^{\ominus}/J\cdot mol^{-1}\cdot K^{-1} & 92.9 & 39.8 & 213.7
\end{array}
$$

方法一：$\Delta_r G_m^{\ominus}=\sum\nu_i\Delta_f G_m^{\ominus}$(生成物)$+\sum\nu_i\Delta_f G_m^{\ominus}$(反应物)

$$=[(-394.4)+(-604.0)]+[(-1)\times(-1128.8)]=130.4\ (kJ\cdot mol^{-1})$$

$\Delta_r G_m^{\ominus}(298.15\ K)>0$，故在 298.15 K、标准态下石灰石不会自发分解。

方法二：$\Delta_r H_m^{\ominus}=\sum\nu_i\Delta_f H_m^{\ominus}$(生成物)$+\sum\nu_i\Delta_f H_m^{\ominus}$(反应物)

$$=[(-393.5)+(-635.1)]+[(-1)\times(-1206.9)]=178.3(kJ\cdot mol^{-1})$$

$\Delta_r S_m^{\ominus}=\sum\nu_i S_m^{\ominus}$(生成物)$+\sum\nu_i S_m^{\ominus}$(反应物)

$$=(213.7+39.8)+[(-1)\times 92.9]=160.6(J\cdot mol^{-1}\cdot K^{-1})$$

$$\Delta_r G_m^{\ominus}(298.15\ K)=\Delta_r H_m^{\ominus}(298.15\ K)-T\Delta_r S_m^{\ominus}(298.15\ K)$$

$$=178.3-298.15\times 160.6\times 10^{-3}=130.4(kJ\cdot mol^{-1})$$

因此，石灰石在 298.15 K、标准态下不能自发分解。

② $\Delta_r G_m^{\ominus}(1273\ K)\approx\Delta_r H_m^{\ominus}(298.15\ K)-T\Delta_r S_m^{\ominus}(298.15\ K)$

$$=178.3-1273\times 160.6\times 10^{-3}=-26.1(kJ\cdot mol^{-1})$$

所以，石灰石热分解反应在 1273 K、标准态下能自发进行。

【例 2.8】 试估算在标准态下，下列反应能自发进行的温度。

$$2CuO(s) = Cu_2O(s)+\frac{1}{2}O_2(g)$$

解：查附录 4 数据：

$$
\begin{array}{lccc}
 & 2CuO(s) = & Cu_2O(s) & + \frac{1}{2}O_2(g) \\
\Delta_f H_m^{\ominus}/kJ\cdot mol^{-1} & -157.3 & -168.6 & 0 \\
S_m^{\ominus}/J\cdot mol^{-1}\cdot K^{-1} & 42.6 & 93.1 & 205.1
\end{array}
$$

$\Delta_r H_m^{\ominus}(298.15\ K)=\sum\nu_i\Delta_f H_m^{\ominus}$(生成物)$+\sum\nu_i\Delta_f H_m^{\ominus}$(反应物)

$$=\left[\frac{1}{2}\times 0+(-168.6)\right]+[(-2)\times(-157.3)]=146.0(kJ\cdot mol^{-1})$$

$\Delta_r S_m^{\ominus}(298.15\ K)=\sum\nu_i S_m^{\ominus}$(生成物)$+\sum\nu_i S_m^{\ominus}$(反应物)

$$=\left(\frac{1}{2}\times 205.1+93.1\right)+[(-2)\times 42.6]=110.4(J\cdot mol^{-1}\cdot K^{-1})$$

若使反应自发进行，必须有

$$\Delta_r G_m^{\ominus}(T)\approx\Delta_r H_m^{\ominus}(298.15\ K)-T\Delta_r S_m^{\ominus}(298.15\ K)$$

$$=146.0-T\times 110.4\times 10^{-3}\leqslant 0$$

所以反应自发进行的温度应为

$$T\geqslant\frac{146.0}{110.4\times 10^{-3}}=1322(K)$$

即当 $T\geqslant 1322$ K 时，氧化铜的分解反应就可以自发进行。

【例 2.9】 分析用 CO 还原 Al_2O_3 制备 Al 的可行性。

解：由附录 4 查得：

	$Al_2O_3(s)+$	$3CO(g) =\!=\!=$	$2Al(s)$	$+3CO_2(g)$
$\Delta_f G_m^{\ominus}/kJ\cdot mol^{-1}$	-1582.3	-137.2	0	-394.4
$\Delta_f H_m^{\ominus}/kJ\cdot mol^{-1}$	-1675.7	-110.5	0	-393.5
$S_m^{\ominus}/J\cdot mol^{-1}\cdot K^{-1}$	50.9	197.7	28.3	213.7

$$\Delta_r G_m^{\ominus}(298.15\ K)=\sum\nu_i\Delta_f G_m^{\ominus}(生成物)+\sum\nu_i\Delta_f G_m^{\ominus}(反应物)$$
$$=[3\times(-394.4)]+[(-3)\times(-137.2)+(-1)\times(-1582.3)]$$
$$=810.7(kJ\cdot mol^{-1})$$

所以在 298.15 K、标准状态下，该反应非自发。

$$\Delta_r H_m^{\ominus}(298.15\ K)=\sum\nu_i\Delta_f H_m^{\ominus}(生成物)+\sum\nu_i\Delta_f H_m^{\ominus}(反应物)$$
$$=[3\times(-393.5)]+[(-3)\times(-110.5)+(-1)\times(-1675.7)]$$
$$=826.7(kJ\cdot mol^{-1})$$

$$\Delta_r S_m^{\ominus}(298.15\ K)=\sum\nu_i S_m^{\ominus}(生成物)+\sum\nu_i S_m^{\ominus}(反应物)$$
$$=(2\times28.3+3\times213.7)+[(-1)\times50.9+(-3)\times197.7]$$
$$=53.7(J\cdot mol^{-1}\cdot K^{-1})$$

根据吉布斯公式，$\Delta_r G_m^{\ominus}(T)\approx\Delta_r H_m^{\ominus}(298.15\ K)-T\Delta_r S_m^{\ominus}(298.15\ K)<0$

$$826.7\times10^3-T\times53.7<0$$
$$T>15395\ K$$

若用 CO 还原 Al_2O_3 制备 Al，需要温度大于 15395 K 才可以自发进行，因此，如此高的温度没有实际意义。

2.5.2　非标准态下摩尔吉布斯自由能变的计算

实际上，许多化学反应都是在非标准状态下进行的。在等温、等压、非标准状态下，就必须用 $\Delta_r G_m$ 来判断反应的方向。那么，如何计算非标准态下化学反应的摩尔吉布斯自由能变（$\Delta_r G_m$）呢？

非标态吉布斯自由能变

对于化学反应：　$cC+dD =\!=\!= gG+hH$

化学热力学中有如下关系式：

$$\Delta_r G_m=\Delta_r G_m^{\ominus}+RT\ln J \tag{2.27}$$

此式称为化学反应等温方程式，式中 J 为反应商。

若为气体反应：
$$J=\frac{\left[\frac{p(G)}{p^{\ominus}}\right]^g\left[\frac{p(H)}{p^{\ominus}}\right]^h}{\left[\frac{p(C)}{p^{\ominus}}\right]^c\left[\frac{p(D)}{p^{\ominus}}\right]^d}$$

若为水溶液中的反应：
$$J=\frac{\left[\frac{c(G)}{c^{\ominus}}\right]^g\left[\frac{c(H)}{c^{\ominus}}\right]^h}{\left[\frac{c(C)}{c^{\ominus}}\right]^c\left[\frac{c(D)}{c^{\ominus}}\right]^d}$$

书写反应商表达式时，气体用相对分压表示，溶液中离子则用相对浓度来表示。若反应方程式中有固态或液态物质，在反应商的表达式中不列出。例如反应：

$$MnO_2(s)+4H^++2Cl^-\rightleftharpoons Mn^{2+}+Cl_2+2H_2O$$

$$J=\frac{\left[\frac{c(Mn^{2+})}{c^{\ominus}}\right]\left[\frac{p(Cl_2)}{p^{\ominus}}\right]}{\left[\frac{c(H^+)}{c^{\ominus}}\right]^4\left[\frac{c(Cl^-)}{c^{\ominus}}\right]^2}$$

【例 2.10】 判断在 298.15 K 时，反应 $Ag_2O(s)=2Ag(s)+\frac{1}{2}O_2(g)$ 在空气中能否自发进行。

解： 由附录 4 查得：

$$Ag_2O(s) = 2Ag(s) + \frac{1}{2}O_2(g)$$

$\Delta_f G_m^{\ominus}/kJ\cdot mol^{-1}$　　−11.2　　0　　0

$$\Delta_r G_m^{\ominus}=\sum\nu_i\Delta_f G_m^{\ominus}(\text{生成物})+\sum\nu_i\Delta_f G_m^{\ominus}(\text{反应物})$$
$$=(-1)\times(-11.2)=11.2\ (kJ\cdot mol^{-1})$$

空气中 O_2 的体积分数为 0.21。该反应商为

$$J=\left(\frac{p(O_2)}{p^{\ominus}}\right)^{\frac{1}{2}}=\left(\frac{101.325\times0.21}{100}\right)^{\frac{1}{2}}=0.46$$

根据化学反应等温方程式，298.15 K 时 Ag_2O 分解反应的摩尔吉布斯自由能变为：

$$\Delta_r G_m=\Delta_r G_m^{\ominus}+RT\ \ln J$$
$$=11.2+8.314\times10^{-3}\times298.15\times\ln0.46=9.3(kJ\cdot mol^{-1})$$

由于 $\Delta_r G_m>0$，因此，在 298.15 K 时 Ag_2O 在空气中不能自动分解为单质 Ag 和 O_2。

在非标准态下，要判断化学反应的方向时，一般认为：若 $\Delta_r G_m^{\ominus}<-40\ kJ\cdot mol^{-1}$ 或 $\Delta_r G_m^{\ominus}>40\ kJ\cdot mol^{-1}$ 时，可以用 $\Delta_r G_m^{\ominus}$ 粗略地估计反应的方向；当 $\Delta_r G_m^{\ominus}$ 值介于 −40～40 $kJ\cdot mol^{-1}$ 时，则需结合反应条件，计算出 $\Delta_r G_m$ 值才能判断反应的方向。

必须说明的是，$\Delta_r G_m^{\ominus}$ 或 $\Delta_r G_m$ 作为化学反应自发性的判据，只是指出在给定条件下反应能否自发进行，并未涉及反应速率问题。事实表明，有些 $\Delta_r G_m<0$ 的反应，由于反应速率太慢，通常情况下观察不到反应的进行。因此，利用热力学原理判断化学反应的方向时，只能确定反应进行的可能性，至于反应什么时候发生、需要多长时间才能反应完全则是无法知道的，这需要运用化学动力学原理来解答。

思 考 题

1. 什么是状态函数？它有什么特点？

2. 区分几组概念的异同：(1) 标准状况与标准状态；(2) 化学反应方程式系数与化学计量数；(3) 恒压反应热和恒容反应热；(4) $\Delta_r G_m$ 和 $\Delta_r G_m^{\ominus}$

3. 为什么功和热只有在过程进行时才有意义？试用实例说明热和功都不是状态函数。

4. 焓的物理意义是什么？是否只有等压过程才有 ΔH？

5. 如何正确书写热化学反应方程式？

6. 下列符号分别表示什么意义？单位分别是什么？

ΔH，$\Delta_r H$，$\Delta_r H_m$，$\Delta_r H_m^{\ominus}$，$\Delta_f H_m^{\ominus}$，$\Delta_r U$，$\Delta_r U_m$，Q_p，Q_V，S_m，$S_m^{\ominus}$，$\Delta_r S_m^{\ominus}$，$\Delta_f G_m^{\ominus}$，$\Delta_r G_m^{\ominus}$

7. 比较下列各过程，哪一个过程热力学能增加得多，哪一个热力学能减少得多？

(1) 体系吸热 1000 J，同时对环境做功 500 J；

(2) 体系放热 1000 J，环境对体系做功 500 J；
(3) 体系放热 500 J，环境对体系做功 500 J；
(4) 体系吸热 500 J，同时对环境做功 500 J。

8. 下列说法是否正确？
(1) 热是一种传递中的能量。
(2) 同一体系，同一状态可能有多个热力学能值。
(3) 体系的焓等于恒压反应热。
(4) 恒压下 $\Delta H=Q_p$，$\Delta H=H_2-H_1$，因为 H_2、H_1 均为状态函数，故 Q_p 也是状态函数。
(5) 金刚石和 O_3 都是单质，它们的标准摩尔生成焓都等于零。
(6) 反应 $H_2(g)+S(g) \longrightarrow H_2S(g)$ 的 $\Delta_r H_m^{\ominus}$ 就是 $H_2S(g)$ 的标准摩尔生成焓。
(7) 体系的状态一旦恢复到原来的状态，状态函数却未必恢复到原来的数值。
(8) 由于 $CaCO_3$ 分解是吸热的，所以它的标准摩尔生成焓小于零。
(9) 同一化学反应的反应方程式写法不同，则该反应的 ΔH 和 ΔS 也不同。
(10) 放热反应均为自发反应。
(11) $\Delta_r S_m$ 小于零的反应均不能自发进行。
(12) 稳定纯单质的 $\Delta_f H_m^{\ominus}$、$\Delta_f G_m^{\ominus}$、$S_m^{\ominus}$ 皆为零。
(13) 凡 $\Delta_r G_m^{\ominus}>0$ 的反应都不能自发进行。

9. 在什么情况下，$\Delta_r H_m^{\ominus}$ 和 $\Delta_f H_m^{\ominus}$ 数值上相等？

10. 指出下列各式成立的条件：(1) $\Delta H=Q_p$；(2) $\Delta U=Q_V$

11. 什么情况下可以用 $\Delta_r G_m^{\ominus}$ 来判断反应的方向？什么情况下只能用 $\Delta_r G_m$ 来判断反应的自发性？

12. 已知：$A+B \rightleftharpoons G+H$；$\Delta_r H_m^{\ominus}(1)=35\ kJ \cdot mol^{-1}$

$2G+2H \rightleftharpoons 2D$；$\Delta_r H_m^{\ominus}(2)=-80\ kJ \cdot mol^{-1}$

则 $A+B \rightleftharpoons D$ 的 $\Delta_r H_m^{\ominus}$ 是（　　）$kJ \cdot mol^{-1}$。

13. 下列反应中哪一个反应的 $\Delta_r H_m^{\ominus}$ 等于 $\Delta_f H_m^{\ominus}(CO,g)$？
(1) $C(金刚石)+\frac{1}{2}O_2(g) \rightleftharpoons CO(g)$
(2) $2C(石墨)+O_2(g) \rightleftharpoons 2CO(g)$
(3) $C(石墨)+\frac{1}{2}O_2(g) \rightleftharpoons CO(g)$
(4) $\frac{1}{2}CO_2(g)+\frac{1}{2}C(石墨) \rightleftharpoons CO(g)$

14. 已知下列反应：

$C(s)+O_2(g) \rightleftharpoons CO_2(g)$；　$\Delta_r H_m^{\ominus}(1)=-393.5\ kJ \cdot mol^{-1}$

$Mg(s)+\frac{1}{2}O_2(g) \rightleftharpoons MgO(s)$；　$\Delta_r H_m^{\ominus}(2)=-601.8\ kJ \cdot mol^{-1}$

$Mg(s)+C(s)+\frac{3}{2}O_2(g) \rightleftharpoons MgCO_3(s)$；　$\Delta_r H_m^{\ominus}(3)=-1113\ kJ \cdot mol^{-1}$

则反应 $MgO(s)+CO_2(g) \rightleftharpoons MgCO_3(s)$ 的 $\Delta_r H_m^{\ominus}$ 等于（　　）$kJ \cdot mol^{-1}$。

15. 下列物质中，哪些物质的 $\Delta_f H_m^{\ominus}$、$\Delta_f G_m^{\ominus}$ 均等于零？

$Br_2(g)$；$Hg(l)$；$Na^+(aq)$；$I_2(s)$；$O_2(g)$；C(石墨)；$H_2O(g)$；$Fe(s)$

16. 判断下列过程中 $\Delta S^{\ominus}$ 的正负：
(1) 水煤气转化为 CO_2 和 H_2；
(2) 向 $AgNO_3$ 溶液中滴加 NaCl 溶液；
(3) 打开啤酒瓶盖的过程；

（4）KNO_3 从水溶液中结晶。

17. 判断下列反应是熵增反应还是熵减反应？

（1）$2Na(s)+Cl_2(g) \rightleftharpoons 2NaCl(s)$

（2）$2NH_4NO_3(s) \rightleftharpoons 2N_2(g)+4H_2O(g)+O_2(g)$

（3）$NH_3(g)+HCl(g) \rightleftharpoons NH_4Cl(s)$

（4）$N_2(g)+3H_2(g) \rightleftharpoons 2NH_3(g)$

18. 下列三个反应在标准态下，哪些反应在任何温度下都能自发进行？哪些反应只在高温或只在低温下才能自发进行？

（1）$N_2(g)+O_2(g) \rightleftharpoons 2NO(g)$；　$\Delta_r H_m^{\ominus}=181\ kJ \cdot mol^{-1}$，$\Delta_r S_m^{\ominus}=25\ J \cdot mol^{-1} \cdot K^{-1}$

（2）$Mg(s)+Cl_2(g) \rightleftharpoons MgCl_2(g)$；　$\Delta_r H_m^{\ominus}=-642\ kJ \cdot mol^{-1}$，$\Delta_r S_m^{\ominus}=-166\ J \cdot mol^{-1} \cdot K^{-1}$

（3）$H_2(g)+S(s) \rightleftharpoons H_2S(g)$；　$\Delta_r H_m^{\ominus}=-20\ kJ \cdot mol^{-1}$，$\Delta_r S_m^{\ominus}=43\ J \cdot mol^{-1} \cdot K^{-1}$

习　题

1. 一体系从状态 A 到状态 B，沿途径Ⅰ放热 100 J，环境对体系做功 50 J。计算：（1）体系从状态 A 沿途径Ⅱ到状态 B，对环境做功 80 J，则 Q 为多少？（2）体系由状态 A 沿途径Ⅲ到状态 B，吸热 40 J，则 W 为多少？

2. 2.0 mol 理想气体在 350 K 和 152 kPa 下，经恒压冷却至体积 35.0 L，此过程放热 1260 J。计算（1）起始体积；（2）终态温度；（3）体系做功；（4）热力学能变化；（5）焓变。

3. 用热化学方程式表示下列现象：在 25 ℃、标准态下，氧化 1 mol $NH_3(g)$ 生成 $NO(g)$ 和 $H_2O(g)$ 并放热 226.2 kJ。

4. 已知在 298.15 K 时下列反应：

$3H_2(g)+N_2(g) \rightleftharpoons 2NH_3(g)$；　$\Delta H_1^{\ominus}=-92.22\ kJ \cdot mol^{-1}$

$2H_2(g)+O_2(g) \rightleftharpoons 2H_2O(g)$；　$\Delta H_2^{\ominus}=-483.64\ kJ \cdot mol^{-1}$

计算下列反应的 $\Delta H^{\ominus}$：$4NH_3(g)+3O_2(g) \rightleftharpoons 2N_2(g)+6H_2O(g)$

5. 已知：

$$2Cu_2O(s)+O_2(g) \rightleftharpoons 4CuO(s)；\quad \Delta_r H_m^{\ominus}(1)=-362\ kJ \cdot mol^{-1}$$

$$CuO(s)+Cu(s) \rightleftharpoons Cu_2O(s)；\quad \Delta_r H_m^{\ominus}(2)=-12\ kJ \cdot mol^{-1}$$

在不查 $\Delta_f H_m^{\ominus}$ 数据的前提下，计算 $\Delta_f H_m^{\ominus}(CuO,s)$。

6. 在高温炉炼铁，主要反应有：

$$C(s)+O_2(g) \rightleftharpoons CO_2(g)$$

$$\frac{1}{2}CO_2(g)+\frac{1}{2}C(\text{石墨}) \rightleftharpoons CO(g)$$

$$CO(g)+\frac{1}{3}Fe_2O_3(s) \rightleftharpoons \frac{2}{3}Fe(s)+CO_2(g)$$

（1）分别计算各反应的 $\Delta_r H_m^{\ominus}(298.15\ K)$ 和各反应 $\Delta_r H_m^{\ominus}(298.15\ K)$ 之和。

（2）将上列三个反应式合并成一个总反应方程式，应用各物质在 298.15 时的 $\Delta_f H_m^{\ominus}$ 数据计算总反应的反应热，并与（1）计算结果比较，作出结论。

7. 已知反应：$Ag_2O(s)+2HCl(g) \rightleftharpoons 2AgCl(s)+H_2O(l)$，$\Delta_r H_m^{\ominus}=-324.9\ kJ \cdot mol^{-1}$，计算 AgCl 的标准摩尔生成焓。

8. 三油酸甘油酯（$C_{57}H_{104}O_6$）在人体内完全氧化时，标准摩尔反应焓变是 $-3.35\times10^4\ kJ \cdot mol^{-1}$，写出相应的热化学反应方程式，并计算消耗这种脂肪 1 kg 时，反应进度是多少？将有多少热量释放？

9. 葡萄糖（$C_6H_{12}O_6$）和硬脂酸（$C_{18}H_{36}O_2$）在体内完全氧化时，标准摩尔反应焓变分别是 $-2820\ kJ \cdot mol^{-1}$ 和 $-11381\ kJ \cdot mol^{-1}$。讨论动物淀粉（以葡萄糖为单体形成的高分子化合物）和脂肪酸，哪一种是更有效的体内能量储备形式？

10. 在 298.15 K 时，已知下列反应：

$$C(石墨)+O_2(g)\rightleftharpoons CO_2(g);\ \Delta_r H_m^\ominus(1)=-393.5\ kJ\cdot mol^{-1}$$

$$CO(g)+\frac{1}{2}O_2(g)\rightleftharpoons CO_2(g);\ \Delta_r H_m^\ominus(2)=-283.0\ kJ\cdot mol^{-1}$$

计算反应 $C(石墨)+\frac{1}{2}O_2(g)\rightleftharpoons CO(g)$ 的 $\Delta_r H_m^\ominus$、$\Delta_r U_m^\ominus$ 和 W。

11. 已知反应：$(NH_4)_2Cr_2O_7(s)\xrightleftharpoons{\triangle}N_2(g)+4H_2O(g)+Cr_2O_3(s)$，根据下列数据计算该反应在 298.15 等压（只做体积功）下的 $\Delta_r H_m^\ominus$ 和 $\Delta_r U_m^\ominus$。

	$(NH_4)_2Cr_2O_7(s)$	$N_2(g)$	$4H_2O(g)$	$Cr_2O_3(s)$
$\Delta_f H_m^\ominus/kJ\cdot mol^{-1}$	−1806.7	0	−241.8	−1139.7

12. 计算下列反应在 298.15 K 时的 $\Delta_r H_m^\ominus$，并根据计算结果说明，当金属钠着火时，为什么不能用水或 CO_2 灭火剂来灭火？已知：$\Delta_f H_m^\ominus(NaOH,aq)=-470.1\ kJ\cdot mol^{-1}$，$\Delta_f H_m^\ominus(Na_2O,s)=-414.2\ kJ\cdot mol^{-1}$

（1）$4Na(s)+O_2(g)\rightleftharpoons 2Na_2O(s)$

（2）$2Na(s)+2H_2O(l)\rightleftharpoons 2NaOH(aq)+H_2(g)$

（3）$2Na(s)+CO_2(g)\rightleftharpoons Na_2O(s)+CO(g)$

13. 计算下列反应在 298.15 K 时 $\Delta_r G_m^\ominus$、$\Delta_r H_m^\ominus$ 和 $\Delta_r S_m^\ominus$，并用这些数据讨论利用该反应净化汽车尾气中 NO 和 CO 的可能性。

$$CO(g)+NO(g)\rightleftharpoons CO_2(g)+\frac{1}{2}N_2(g)$$

14. 计算下列反应在 298.15 K 时的 $\Delta_r H_m^\ominus$、$\Delta_r G_m^\ominus$ 和 $\Delta_r S_m^\ominus$，并计算反应(3) 在 900 K 时的 $\Delta_r G_m^\ominus$。

（1）$MgSO_4(s)\rightleftharpoons MgO(s)+SO_3(g)$

（2）$NH_4NO_3(s)\rightleftharpoons N_2O(g)+2H_2O(l)$

（3）$CO(g)+Cl_2(g)\rightleftharpoons COCl_2(g)$

15. 用氧化钙吸收高炉废气中的 SO_3 气体，其反应方程式为：

$$CaO(s)+SO_3(g)\rightleftharpoons CaSO_4(s)$$

根据下列数据计算该反应在 373 K 时的 $\Delta_r G_m^\ominus$，判断反应进行的可能性，并计算反应逆转的温度。

	$CaO(s)$	$SO_3(g)$	$CaSO_4(s)$
$\Delta_f H_m^\ominus/kJ\cdot mol^{-1}$	−634.9	−395.7	−1434.5
$S_m^\ominus/J\cdot mol^{-1}\cdot K^{-1}$	38.1	256.8	106.5

16. SO_3 分解反应为：$2SO_3(g)\rightleftharpoons 2SO_2(g)+O_2(g)$

计算：（1）25 ℃时的 $\Delta_r G_m^\ominus$，说明反应能否自发进行？

（2）估计该反应 $\Delta_r S_m^\ominus$ 的符号。

（3）标准态下，反应自发进行的温度。

17. 根据以下热力学数据，分别计算反应：$Hg(l)+\frac{1}{2}O_2(g)\rightleftharpoons HgO(s)$ 在 25 ℃、600 ℃时的 $\Delta_r G_m^\ominus$，并根据计算结果说明 HgO(s) 的热稳定性。

	$Hg(l)$	$O_2(g)$	$HgO(s)$
$\Delta_f H_m^\ominus/kJ\cdot mol^{-1}$	0	0	−90.8
$S_m^\ominus/J\cdot mol^{-1}\cdot K^{-1}$	75.9	205.1	70.3
$\Delta_f G_m^\ominus/kJ\cdot mol^{-1}$	0	0	−58.5

18. 试计算反应 $N_2(g)+3H_2(g)\rightleftharpoons 2NH_3(g)$ 在标准状态下自发进行时的最高温度。

19. $AgNO_3$ 的分解反应为：

$$AgNO_3(s) \rightleftharpoons Ag(s) + NO_2(g) + \frac{1}{2}O_2(g)$$

（1）计算标准态下 $AgNO_3(s)$ 分解的温度。

（2）防止 $AgNO_3(s)$ 分解应采取什么措施？

20. 判断下列反应在 298 K 时自发进行的方向。

$$2NO(g) + O_2(g) \rightleftharpoons 2NO_2(g)$$

分压/Pa　　2.0×10^4　1.0×10^4　7.0×10^4

21. 通过计算说明在标准态下用以下反应合成酒精的可能性。

$$4CO_2(g) + 6H_2O(l) \rightleftharpoons 2C_2H_5OH(l) + 6O_2(g)$$

22. 已知 $\Delta_f G_m^{\ominus}(C_2H_6, g) = -32.9\ kJ\cdot mol^{-1}$，$\Delta_f G_m^{\ominus}(C_2H_4, g) = 68.1\ kJ\cdot mol^{-1}$，计算 298.15 K 时下列反应的 $\Delta_r G_m$，并判断反应向哪个方向进行。

$$C_2H_6(g, 80\ kPa) \rightleftharpoons C_2H_4(g, 3\ kPa) + H_2(g, 3\ kPa)$$

23. 糖代谢的总反应为：

$$C_{12}H_{22}O_{11}(s) + 12O_2(g) \rightleftharpoons 12CO_2(g) + 11H_2O(l)$$

已知 $\Delta_r H_m^{\ominus}(298\ K) = -5650\ kJ\cdot mol^{-1}$，$\Delta_r G_m^{\ominus}(298\ K) = -5790\ kJ\cdot mol^{-1}$。

（1）如果只有 30%的摩尔吉布斯自由能变转化为非体积功，试计算 1 mol 糖在体温（310 K）进行代谢时可以得到的非体积功。

（2）一体重为 70 kg 的人应该吃多少摩尔糖，才能获得登上高度为 2.0 km 的高山所需的能量？

拓展学习资源

拓展资源内容	二维码
➢ 课件 PPT ➢ 学习要点 ➢ 疑难解析 ➢ 科学家简介——吉布斯 ➢ 知识拓展——氢能源 ➢ 习题参考答案	

第3章　化学动力学基础

任何一个化学反应都涉及两方面的问题：一个是反应进行的方向、限度和能量的问题，属于化学热力学研究的范畴；另一个就是反应进行的速率问题，是化学动力学研究的问题。它们之间既有区别又有联系。有些化学反应进行的趋势很大，但速率太慢。因此，判断一个化学反应能否实现或有无实用价值，要从化学热力学和化学动力学两方面来讨论。本章主要讨论化学反应的速率问题。

3.1　化学反应速率

3.1.1　化学反应速率的定义

不同的化学反应，有些反应进行得很快，几乎在一瞬间就能完成，如炸药的爆炸、酸碱中和反应等；有些反应进行得很慢，如金属的腐蚀、橡胶和塑料的老化需要经长年累月后才能觉察到；煤和石油在地壳内的形成过程则更慢，需要经过几十万年。

为了比较各种化学反应进行的快慢，引入了化学反应速率的概念。化学反应速率是指在一定条件下，化学反应的反应物转变为生成物的速率。对于均匀体系的等容反应来说，通常以单位时间内某一反应物浓度的减少或生成物浓度的增加来表示，而且习惯取正值。反应速率用符号 v 来表示，单位是 $mol \cdot L^{-1} \cdot s^{-1}$、$mol \cdot L^{-1} \cdot min^{-1}$、$mol \cdot L^{-1} \cdot h^{-1}$。

例如，在给定条件下，氮气和氢气在密闭容器中合成氨，各物质浓度的变化如下：

	N_2	$+\ 3H_2$	$\rightleftharpoons 2NH_3$
起始浓度/$mol \cdot L^{-1}$	1.0	3.0	0
2s后浓度/$mol \cdot L^{-1}$	0.8	2.4	0.4

该反应的速率既可用反应物 N_2 或 H_2 的浓度变化来表示，也可以用生成物 NH_3 的浓度变化来表示：

$$\bar{v}(N_2)=-\frac{\Delta c(N_2)}{\Delta t}=-\frac{0.8-1.0}{2-0}=0.1(mol \cdot L^{-1} \cdot s^{-1})$$

$$\bar{v}(H_2)=-\frac{\Delta c(H_2)}{\Delta t}=-\frac{2.4-3.0}{2-0}=0.3(mol \cdot L^{-1} \cdot s^{-1})$$

$$\bar{v}(NH_3)=\frac{\Delta c(NH_3)}{\Delta t}=\frac{0.4-0}{2-0}=0.2(mol \cdot L^{-1} \cdot s^{-1})$$

式中，Δt 表示反应的时间；$\Delta c(N_2)$、$\Delta c(H_2)$、$\Delta c(NH_3)$ 分别表示 Δt 时间内反应物 N_2、H_2 和生成物 NH_3 的浓度变化。

显然，$\bar{v}(N_2):\bar{v}(H_2):\bar{v}(NH_3)=1:3:2$，即它们之间的反应速率比值就是反应方程式中相应物质分子式前的系数比。

以上计算的是在 Δt 时间内的平均速率，其瞬间（即 $\Delta t\to 0$）的反应速率称为瞬时速率，例如：

$$v(NH_3)=\lim_{\Delta t\to 0}\frac{\Delta c(NH_3)}{\Delta t}=\frac{dc(NH_3)}{dt}$$

可见，同一反应的反应速率，按照传统的速率定义，以体系中不同物质表示时，其数值可能有所不同。

3.1.2 化学反应速率的表示方法

根据国际纯粹与应用化学联合会（IUPAC）推荐，反应速率定义为：单位体积内反应进度随时间的变化率，即：

$$v=\frac{1}{V}\times\frac{d\xi}{dt} \tag{3.1}$$

式中，V 为体系的体积。将反应进度定义式 $d\xi=\frac{dn_B}{\nu_B}$代入式(3.1)，得：

$$v=\frac{1}{V}\times\left(\frac{dn_B/\nu_B}{dt}\right)=\frac{1}{\nu_B}\times\frac{dn_B}{Vdt}$$

令 $dc_B=\frac{dn_B}{V}$，得：

$$v=\frac{1}{\nu_B}\times\frac{dc_B}{dt} \tag{3.2}$$

对于任一化学反应： $cC+dD=\!=\!=gG+hH$

$$v=\frac{1}{\nu_B}\times\frac{dc_B}{dt}=-\frac{1}{c}\times\frac{dc(C)}{dt}=-\frac{1}{d}\times\frac{dc(D)}{dt}=\frac{1}{g}\times\frac{dc(G)}{dt}=\frac{1}{h}\times\frac{dc(H)}{dt}$$

可见，对同一化学反应来说，用反应进度定义的反应速率的数值与选择的物质无关。也就是说，用体系中任一物质表示的反应速率都是相等的。但是，同一化学反应的反应方程式的写法不同，ν_B 是不同的，因此在表示反应速率时，必须指明对应的化学反应方程式。

3.2 化学反应速率理论

自 1889 年阿仑尼乌斯提出活化分子、活化能的概念之后，在气体分子运动论和分子结构的基础上，逐渐形成了两种主要的反应速率理论：碰撞理论和过渡状态理论。

3.2.1 碰撞理论

1918 年，路易斯（Lewis）运用气体分子运动论的研究成果，提出了反应速率的碰撞理论。该理论认为：物质之间发生化学反应的必要条件是反应物分子（或原子、离子）之间必须发生碰撞。如果反应物分子之间互不碰撞，那就谈不上发生反应。然而，是不是反应物分子之间的每一次碰撞都能发生反应？气体分子运动论的理论计算表明，单位时间内分子间的碰撞次数是很大的，如标准状况下，每秒每升体积分子间的碰撞可高达 10^{32} 次或更多。碰撞次数如此之大，显然不可能每次碰撞都发生化学反应，否则反应瞬间就能完成（如不考虑其他因素，碰撞频率为 $10^{32}\ L^{-1} \cdot s^{-1}$，反应速率约为 $10^{8} mol \cdot L^{-1} \cdot s^{-1}$）。实际上，在无数次的碰撞中，只有极少数分子间碰撞才能发生化学反应。能够发生化学反应的碰撞称为有效碰撞。分子发生有效碰撞所必须具备的最低能量，称为临界能或阈能（E_c）。能量大于或等于临界能的分子称为活化分子。能量低于临界能的分子称为非活化分子或普通分子。活化分子的平均能量（$\overline{E}^*$）与反应物分子的平均能量（$\overline{E}$）之差称为反应的活化能（E_a），即：

$$E_a = \overline{E}^* - \overline{E} \tag{3.3}$$

例如，N_2O_5 的分解反应：

$$N_2O_5(g) = 2NO_2(g) + \frac{1}{2}O_2(g)$$

325 K 时 N_2O_5 的 $\overline{E}^* = 106.13\ kJ \cdot mol^{-1}$，$\overline{E} = 4.03\ kJ \cdot mol^{-1}$，则

$$E_a = \overline{E}^* - \overline{E} = 106.13 - 4.03 = 102.10(kJ \cdot mol^{-1})$$

每一个反应都有其特定的活化能，E_a 可以通过实验测得。大多数化学反应的活化能在 60～250 $kJ \cdot mol^{-1}$ 之间。活化能小于 42 $kJ \cdot mol^{-1}$ 的反应，活化分子百分数大，有效碰撞次数多，反应速率很大，可瞬间进行，如酸碱中和反应等。活化能大于 420 $kJ \cdot mol^{-1}$ 的反应，其反应速率则很小。例如：

$$(NH_4)_2S_2O_8 + 3KI = (NH_4)_2SO_4 + K_2SO_4 + KI_3$$

$E_a = 56.7\ kJ \cdot mol^{-1}$，活化能较小，反应速率较大。

$$2SO_2(g) + O_2(g) = 2SO_3(g)$$

$E_a = 250.8\ kJ \cdot mol^{-1}$，活化能较大，反应速率较小。

可见，反应的活化能是决定化学反应速率大小的重要因素。反应的活化能越小，反应速率越大。

3.2.2　过渡状态理论

碰撞理论直观明了地说明了反应速率与活化能的关系，但没有从分子微观结构的角度去揭示活化能的物理意义。1935 年，艾林（Eyring）在量子力学和统计力学的基础上提出了过渡状态理论。

过渡状态理论认为，化学反应不只是通过反应物分子之间的简单碰撞就能完成的，而是在碰撞后先要经过一个中间的过渡状态，即首先形成一个活性基团（活化配合物），然后再分解为产物。例如在 NO_2 和 CO 的反应中，当 NO_2 和 CO 的活化分子碰撞之后，就形成了一种活化配合物［ONOCO］，如图 3.1 所示。

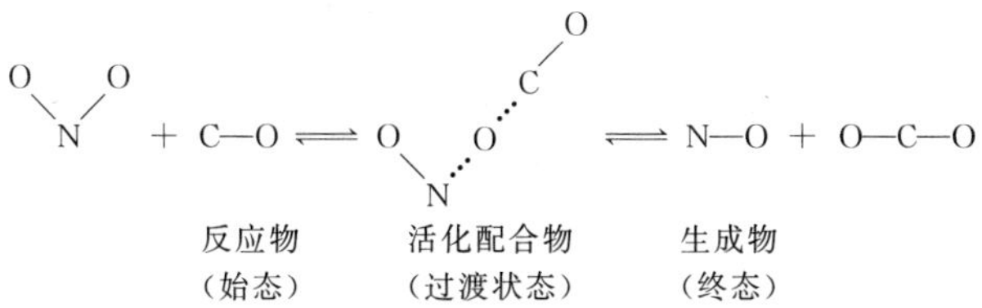

NO_2 + C—O ⇌ O—N⋯O⋯C—O ⇌ N—O + O—C—O

反应物（始态）　活化配合物（过渡状态）　生成物（终态）

图 3.1　NO_2 和 CO 的反应过程

活化配合物中的价键结构处于原有化学键被削弱、新化学键正在形成的一种过渡状态，其势能较高，极不稳定，因此活化配合物一经形成就极易分解。它既可立即分解为产物（$NO+CO_2$），也可立即分解为反应物（NO_2+CO）。反应过程中系统能量变化如图 3.2 所示。

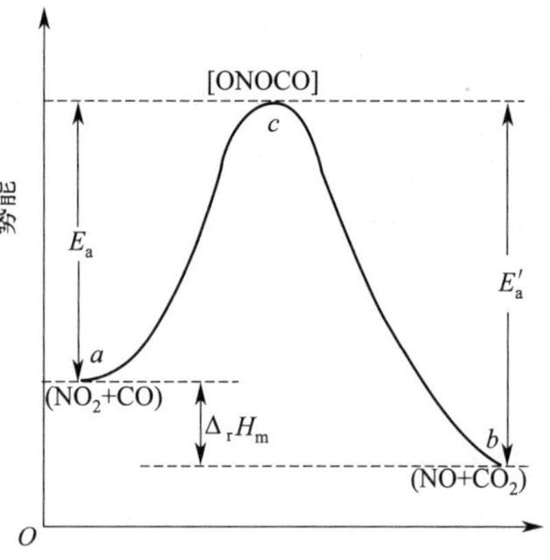

图 3.2 反应过程中势能变化示意图

在图 3.2 中，c 点表示活化配合物［ONOCO］的势能，a 点表示反应物 NO_2 和 CO 分子的平均势能，b 点表示生成物 NO 和 CO_2 分子的平均势能。在反应历程中，NO_2 和 CO 分子必须越过势能垒才能经由活化配合物［ONOCO］生成 NO 和 CO_2 分子。

从图中可以看到，反应物分子的平均势能与活化配合物的势能之差为正反应的活化能 E_a，生成物分子的平均势能与活化配合物的势能之差为逆反应的活化能 E'_a。在过渡状态理论中，活化能的实质为反应进行所必须克服的势能垒。由此可见，过渡状态理论中活化能的定义与分子碰撞理论不同，但实质上是一致的。

过渡状态理论为认识化学反应奠定了理论基础。在过去的几十年里，化学家们一直在通过各种方法试图直接观察到过渡态，以求对化学反应有一个全面深入的理解。20 世纪 50 年代，科学家们用快速动力学方法，可分辨出千分之一秒（ms）的化学中间体。60 年代，又采用了分子束技术来探讨分子碰撞的动态过程，实现了单个分子碰撞过程的研究，但仍只是停留在对成分进行分析的水平上。70 年代末，激光技术和分子束技术相结合用于研究化学反应的过程。到了 80 年代中期，超短激光脉冲和分子束技术相结合制成了分子“照相机”，其分辨率可达 6 fs[1]，远远小于分子的振动周期，使得跟踪化学反应的过程成为了现实，人们终于可以直接观察到过渡态，并以此为基础，形成了一门新的学科——飞秒化学。它是以飞秒为时标来研究化学反应的过程，对研究化学键的断裂和形成是非常有用的。如，$C_2I_2F_4$ 分子中有两个相同的 C—I 键，但在进行化学反应的过程中，C—I 键的断裂却是分步进行的，通过飞秒化学对化学反应的探究可以得到证实。研究表明，第一个 C—I 键在不到 0.5 ps[2] 时间内断裂，而第二个 C—I 键则需要 50 ps 以上的时间才能断裂。由此可见，飞秒化学的产生和发展是人们真正从微观层次上研究化学的过程，更新、深化和丰富了人们对化学反应过程的认识，从而达到有效控制化学反应，并能通过激光对分子进行选键分解（即分子剪裁）。

3.3 影响化学反应速率的因素

反应速率的快慢，首先取决于反应物的内在因素，即反应活化能的大小。其次还与反应物的浓度（或压力）、温度、催化剂等外界条件有关。

[1] fs，飞秒；1 fs=10^{-15} s。

[2] ps，皮秒；1 ps=10^{-12} s。

3.3.1　浓度（或压力）对化学反应速率的影响

(1) 基元反应与复合反应

化学反应方程式只表明哪些反应物参加反应了，生成了什么产物，以及反应物与产物之间的计量关系，但它并不能说明化学反应进行的具体途径。化学反应进行时所经历的具体途径称为反应机理（历程）。根据反应机理不同，可将化学反应分为基元反应和复合反应。

反应物分子一步直接转化为产物的反应称为基元反应。例如：

$$SO_2Cl_2 = SO_2 + Cl_2$$

$$2NO_2 = 2NO + O_2$$

$$NO_2 + CO = NO + CO_2$$

然而绝大多数化学反应并不是简单的一步就能完成的，往往是经过若干步骤（即通过若干个基元反应）才能完成。这类包含两个或两个以上基元反应的复杂反应，称为复合反应。例如 HI(g) 的合成反应：

$$H_2(g) + I_2(g) = 2HI(g)$$

一般认为是分两步进行的复合反应：

第一步　$I_2(g) = 2I(g)$

第二步　$H_2(g) + 2I(g) = 2HI(g)$

其中每一步均为基元反应。判断一个化学反应是基元反应还是复合反应，并不能根据化学反应方程式来判断，必须通过实验测定。

在复合反应中，各步反应的反应速率并不相同，其中速率最慢的步骤决定了复合反应的反应速率。在复合反应中，速率最慢的步骤称为复合反应的速率控制步骤。

(2) 质量作用定律

当其他条件一定时，反应物浓度越大，化学反应的速率越快。反应物浓度对反应速率的影响可用反应速率理论来定性解释：在一定温度下，活化分子占反应物分子总数的分数是一定的，增加反应物浓度时，单位体积内的活化分子总数也相应增大。活化分子总数增大，有效碰撞次数增多，因此化学反应速率加快。

对于有气体参加的化学反应，增大体系的压力，单位体积内反应物分子数增多，活化分子总数也相应增多，因此，化学反应速率也加快。

对于任一基元反应：　$cC + dD = gG + hH$

在一定温度下，其反应速率与各反应物浓度幂的乘积成正比。浓度的幂次在数值上等于基元反应方程式中各反应物的系数。这一定律称为质量作用定律，其数学表示式为：

$$v = k[c(C)]^c[c(D)]^d \tag{3.4}$$

式(3.4) 称为经验速率方程，式中 v 为瞬时速率，物质的浓度为瞬时浓度；k 称为反应速率常数。各浓度项的幂次的总和 $(c+d)$ 称为反应的总级数，简称反应级数。c 和 d 分别称为反应物 C 和反应物 D 的分级数。

一定温度下，不同反应的 k 值往往不同。对同一个反应来说，k 值与反应物浓度、分压无关，只与反应的性质、温度、催化剂等因素有关。k 值越大，表明给定条件下化学反应的速率越大。

应用质量作用定律时应注意以下几个问题：

① 质量作用定律只适用于基元反应（包括复合反应中的每一步基元反应）。例如：

$$A_2+B \longrightarrow A_2B$$

该反应分两步进行：

第一步（基元反应） $A_2 \longrightarrow 2A$ （慢反应）

第二步（基元反应） $2A+B \longrightarrow A_2B$ （快反应）

在上述两步反应中，第一步反应慢，是总反应速率的控制步骤，它的速率方程即为总反应的速率方程。因此，该复合反应的速率方程为：

$$v=kc(A_2)$$

对于复合反应来说，不能根据总反应方程式直接书写速率方程，要通过实验才能确定。

② 稀溶液中溶剂参加的化学反应，溶剂的浓度不必列入速率方程中。在稀溶液中，溶剂的量很大，在整个反应过程中，溶剂量的变化甚微，因此溶剂的浓度可近似地看作常数而合并到速率常数项中。例如蔗糖稀溶液中，蔗糖水解为葡萄糖和果糖的反应：

$$\underset{\text{蔗糖}}{C_{12}H_{22}O_{11}}+\underset{\text{溶剂}}{H_2O}\xlongequal{\text{酸催化}}\underset{\text{葡萄糖}}{C_6H_{12}O_6}+\underset{\text{果糖}}{C_6H_{12}O_6}$$

根据质量作用定律，则 $v=k'c(C_{12}H_{22}O_{11})c(H_2O)$

令 $k=k'c(H_2O)$

可得： $v=kc(C_{12}H_{22}O_{11})$

③ 固体或纯液体参加的化学反应，不必列入速率方程中，可视为常数而合并到速率常数项中。

3.3.2 温度对化学反应速率的影响

温度对反应速率的影响比较复杂。一般来说，升高温度可以增大反应速率。例如氢气和氧气化合生成水的反应，在常温下反应极慢，几乎察觉不到有水生成，但当温度升到 873 K 时，反应速率急剧增大，以致发生爆炸。又如碳在常温下与空气作用非常缓慢，但加热到高温时会剧烈燃烧。

1884 年，范特霍夫（J. H. van't Hoff）根据实验结果归纳出一条近似规则：对一般反应来说，在反应物浓度（或分压）相同的情况下，温度每升高 10 K，反应速率一般增加 2～4 倍。这一规则称为范特霍夫规则，可用温度因子（系数）γ 表示。即：

$$\gamma=\frac{v(T+10)}{v(T)}=\frac{k(T+10)}{k(T)}=2\sim4$$

升高温度之所以能够增大反应速率，一方面是由于温度升高，反应物分子的运动速率加快，从而增加了反应物分子间的碰撞次数，更重要的是升高温度使一些能量较低的反应物分子吸收能量成为活化分子，增大了活化分子百分数，使单位时间内有效碰撞次数显著增大，导致反应速率成倍增大。

1889 年，阿仑尼乌斯（S. A. Arrhenius）总结了大量实验事实，归纳出反应速率常数和温度之间的定量关系，提出了一个经验公式：

$$k=Ae^{-\frac{E_a}{RT}} \tag{3.5}$$

或

$$\ln k=-\frac{E_a}{RT}+\ln A \tag{3.6}$$

式中，T 为热力学温度；R 为摩尔气体常数；E_a 为给定反应的活化能；A 为反应的特征常数，称为指前因子（或称为频率因子）。上面两式都称为阿仑尼乌斯公式，较好地反映了速

率常数 k 随温度变化的关系。由于 k 值与 T 之间呈指数关系，即使温度 T 有微小的变化，也会使 k 值发生较大的变化，从而体现了温度对反应速率的显著影响。

3.3.3　催化剂对化学反应速率的影响

对于一般的化学反应，可以通过增大反应物浓度（压力）或升高温度的办法来提高反应速率。但是对某些化学反应，即使在高温下，反应速率仍较慢。另外，有些反应升高温度常常会引起某些副反应的发生或加速副反应的进行，也可能会使放热的主反应进行的程度降低，因此，在这些情况下采用升高温度的方法以加大反应速率，就受到了限制。如果采用催化剂，则可以有效增大反应速率。

催化剂是指能显著改变反应速率，而其本身的组成、质量和化学性质在反应前后都保持不变的物质。催化剂又可分为两种，一类是能加快反应速率的称为正催化剂，例如合成氨生产中使用的铁，硫酸生产中使用的 V_2O_5 以及促进生物体化学反应的各种酶（如淀粉酶、蛋白酶、脂肪酶）等均为正催化剂；一类是能减慢反应速率的称为负催化剂，例如减慢金属腐蚀的缓蚀剂，防止橡胶、塑料老化的防老化剂等均为负催化剂。但是通常所说的催化剂一般是指正催化剂。

催化剂之所以能显著增大化学反应速率，是由于催化剂参加了化学反应，生成了中间化合物，改变了反应途径，降低了反应的活化能，从而使更多的反应物分子成为活化分子，导致反应速率显著增大。图 3.3 形象地表示出有催化剂存在时，由于改变了反应途径，使反应沿着活化能低的途径进行，因而加快了反应速率。

催化剂在反应前后的质量和化学性质虽然没有改变，但由于它参与了反应，所以它的物理性质往往有改变。例如，有些球形催化剂经使用后变成粉状；氯酸钾分解过程中使用的 MnO_2 晶体会变成粉末状。

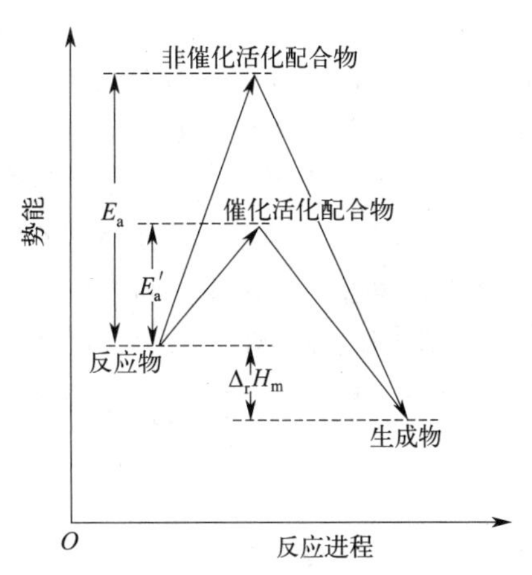

图 3.3　催化剂改变反应活化能示意图

需要注意以下几点：

① 催化剂只能通过改变反应途径来改变反应速率，但不能改变反应的焓变（$\Delta_r H_m$）、方向和限度（$\Delta_r G_m$）。也就是说，它不改变反应物与生成物的相对能量，不管有无催化剂，反应过程中体系的始、终态是相同的。

② 在反应速率方程式中，催化剂对反应速率的影响体现在反应速率常数（k）上。对于一定的反应而言，在一定温度下，使用不同的催化剂有不同的 k 值，故 v 随之改变。

③ 对同一可逆反应，催化剂同等程度地降低正、逆反应的活化能。

④ 催化剂具有选择性。这表现在不同的反应要用不同的催化剂，例如 SO_2 的氧化需用 Pt 或 V_2O_5 作催化剂，而乙烯的氧化则要用 Ag 作催化剂。催化剂的选择性还表现在同样的反应物可能有许多平行反应时，如果选用不同的催化剂，可增大工业上所需要的某个反应的速率，同时对其它不需要的反应加以抑制。例如乙醇的热分解反应，使用不同的催化剂可以得到不同的产物：

$$C_2H_5OH \xrightarrow[623\sim633\ K]{Al_2O_3} C_2H_4 + H_2O$$

$$C_2H_5OH \xrightarrow[473\sim523\ K]{Cu} CH_3CHO + H_2$$

$$2C_2H_5OH \xrightarrow[413\ K]{浓\ H_2SO_4} CH_3CH_2OCH_2CH_3 + H_2O$$

催化剂在现代化学、化工生产中占有极其重要的地位。据统计，化工生产中约有85%的化学反应需要使用催化剂。尤其在当前大型化工、石油工业中，许多化学反应在找到了优良的催化剂后才应用于实际生产中。

在生命过程中催化剂也起着重要的作用，生物体中进行的各种化学反应如食物的消化、细胞的合成等几乎都是在酶的催化作用下进行的。酶是一种特殊的生物催化剂，是具有催化作用的蛋白质，与一般非生物催化剂相比，具有以下几个显著特点：①高度的选择性。酶对所作用的反应物有高度选择性，一种酶通常只能催化一种特定的反应。②高度的催化活性。对于同一反应来说，酶的催化能力比非生物催化剂可高出 $10^6 \sim 10^{13}$ 倍。例如，过氧化氢酶催化 H_2O_2 分解为 O_2 和 H_2O 的效率是 Fe^{3+} 催化的 10^{10} 倍。由于过氧化氢酶的高效催化作用，可保证 H_2O_2 不在体内积蓄，从而对机体起到保护作用。③温和的催化条件。酶在常温常压下就具有良好的催化活性，人体中各种酶最适宜的温度为37 ℃，温度过高会引起酶变性，失去催化活性。④酶只能在一定的pH范围内发挥作用。如果pH值偏离这个范围，酶的活性就会降低，甚至完全丧失。

对于多相反应，由于反应在相与相间的界面上进行，因此，反应速率除了以上讨论的浓度（压力）、温度、催化剂外，还与反应物接触面积大小及接触机会的多少有关，因此，在化工生产中，常采用适当方法来增加反应物分子之间的相互接触机会。例如化工生产中往往把固态物质破碎成颗粒或研磨成粉末；将液态物质淋洒成线流、滴流或喷成雾状；使气态物质成为气泡以及在反应过程中采用搅拌、振荡、鼓风等方法，增加反应物的碰撞频率并使生成物及时脱离反应界面。但是，对于一些破坏性的反应，例如面粉厂中易发生的“尘炸”反应（大量飘逸在厂房内的粉尘与空气充分混合，遇火燃烧、爆炸），则务必要严防粉尘扩散，并且在车间安设防尘、防火、防爆装置。

此外，超声波、激光以及高能射线的作用，也可能影响某些化学反应的反应速率。

思 考 题

1. 区别下列基本概念

（1）平均速率与瞬时速率；（2）基元反应与复合反应；（3）活化分子与活化能，活化分子与活化配合物；（4）反应速率与反应速率常数。

2. 下列说法是否正确？说明理由。

（1）质量作用定律是一个普遍的规律，适用于任何化学反应。

（2）反应速率常数只取决于温度和催化剂，而与反应物、生成物的浓度无关。

（3）在化学反应体系中加催化剂将增加平衡时产物的浓度。

（4）反应的活化能越大，在一定温度下反应速率也越大。

（5）催化剂能加快反应速率，是因为它降低了反应的活化能。

（6）催化剂能提高化学反应的转化率。

3. 用Zn与稀 H_2SO_4 制取 H_2 时，在反应开始后的一段时间内反应速率加快，后来反应速率变慢。试从浓度、温度等因素来解释这个现象（已知该反应为放热反应）。

4. 压力与浓度的改变对反应速率有何影响？举例说明。

5. 催化剂的主要特点是什么？为什么能改变化学反应速率？

习 题

1. 已知反应 $2H_2(g)+2NO(g)\longrightarrow 2H_2O(g)+N_2(g)$ 的速率方程 $v=kc(H_2)[c(NO)]^2$。在一定温度下，若使容器体积缩小到原来的1/2时，问反应速率如何变化？

2. 肺进行呼吸时，吸入的 O_2 与肺脏血液中的血红蛋白（Hb）反应，生成氧合血红蛋白（HbO_2），反应方程式为：

$$Hb(aq)+O_2(aq)\longrightarrow HbO_2(aq)$$

该反应对 Hb 和 O_2 均为一级反应，为保持肺脏血液中血红蛋白的正常浓度（$8.0\times10^6\ mol\cdot L^{-1}$），则肺脏血液中 O_2 的浓度必须保持为 $1.6\times10^6\ mol\cdot L^{-1}$。已知上述反应在体温（310 K）下的速率常数 $k=2.1\times10^6\ L\cdot mol^{-1}\cdot s^{-1}$。

（1）计算正常情况下氧合血红蛋白在肺脏血液中的生成速率；

（2）患某种疾病时，HbO_2 的生成速率已达 $1.1\times10^4\ L\cdot mol^{-1}\cdot s^{-1}$，为保持 Hb 的正常浓度，需要给患者进行输氧。问肺脏血液中 O_2 的浓度为多少时才能保持 Hb 的正常浓度。

3. 在一定温度下，反应 $A+2B\longrightarrow C$ 的速率常数是 $0.4\ mol^{-2}\cdot s^{-1}\cdot L^2$，当 $c(A)=0.3\ mol\cdot L^{-1}$，$c(B)=0.5\ mol\cdot L^{-1}$ 时开始反应，求反应速率。经过一段时间后，$c(A)=0.1\ mol\cdot L^{-1}$，求此时的反应速率（时间均以 s 计）。假设该反应为基元反应。

4. 反应 $2NO(g)+Cl_2(g)\longrightarrow 2NOCl(g)$ 在 263 K 时测得下列数据，见下表。试确定其反应级数并计算反应速率常数。

次数	初始浓度/$mol\cdot L^{-1}$		生成 NOCl 的速率/$mol\cdot L^{-1}\cdot min^{-1}$
	$c(NO)$	$c(Cl_2)$	
1	0.10	0.10	0.18
2	0.10	0.20	0.35
3	0.20	0.20	1.45

拓展学习资源

拓展资源内容	二维码
➤ 课件 PPT ➤ 学习要点 ➤ 科学家简介——阿仑尼乌斯 ➤ 习题参考答案	

第4章　化学平衡

上一章学习了化学反应速率，属于化学动力学的范畴。在研究某个化学反应时，不仅要知道化学反应进行的快慢，还要了解在一定条件下反应物可以转化为生成物的最大限度，这就涉及化学平衡问题。化学平衡属于化学热力学的研究内容。本章将从标准平衡常数概念出发，重点介绍化学平衡及其移动的定量计算，也进一步讨论各种化学热力学函数之间的关系。

4.1　化学平衡

4.1.1　可逆反应和化学平衡

绝大多数化学反应都可以在同一条件下同时向正、逆两个方向进行，这种反应称为可逆反应。在化学方程式中用符号“$\rightleftharpoons$”表示，如

$$2SO_2(g)+O_2(g)\rightleftharpoons 2SO_3(g)$$

当反应从左向右进行，SO_2 和 O_2 的浓度较大，而 SO_3 浓度几乎为零，因此，正反应速率较快（$v_正$较大），而 SO_3 分解为 SO_2 和 O_2 的逆反应速率（$v_逆$）几乎为零。随着反应的进行，反应物浓度逐渐减小，$v_正$不断降低；生成物浓度逐渐增大，$v_逆$不断升高。当反应进行到一定程度后，正反应速率和逆反应速率相等，即 $v_正=v_逆$，此时反应物和生成物的浓度不再随时间而改变，反应达到了极限，如图4.1所示，此时反应体系所处的状态称为化学平衡状态。同样，若反应从右向左进行，最终同样可以达到化学平衡状态。

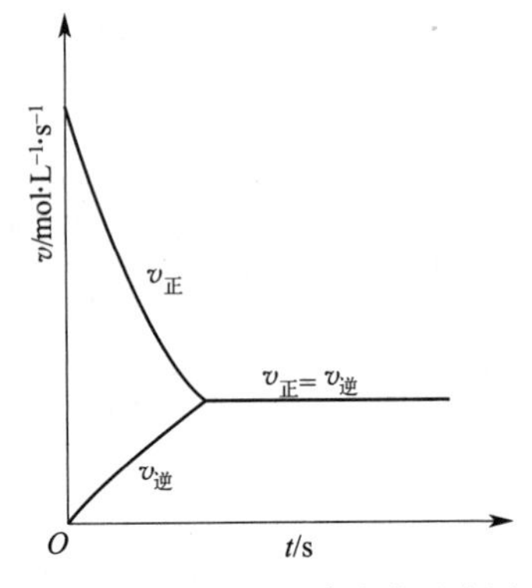

图4.1　可逆反应速率变化示意图

化学平衡状态具有以下几个特征：

① 化学平衡最主要的特征是正、逆反应速率相等（$v_正=v_逆$）。

② 化学平衡是一种动态平衡。可逆反应达平衡后，表面上看反应似乎是“停止”了，只是由于 $v_正=v_逆$，单位时间内各物质（生成物或反应物）的生成量和消耗量相等，所以，总的结果是各物质的浓度不随时间而变化。

③ 化学平衡是有条件的、相对的、暂时的。当外界条件改变时，正、逆反应速率就会改变，原平衡就会被破坏，在新的条件下建立起新的平衡。

④ 根据最小自由能原理，在等温、等压、只做体积功的条件下，当体系达到平衡状态时，$\Delta_rG_m=0$。

4.1.2 化学平衡常数

标准平衡常数

(1) 浓度平衡常数 (K_c) 和分压平衡常数 (K_p)

对任何可逆反应，在一定温度下达到平衡时，各生成物平衡浓度幂的乘积与反应物平衡浓度幂的乘积之比为一常数，称为化学平衡常数。

对于任意化学反应：$c\text{C(g)}+d\text{D(g)} \rightleftharpoons g\text{G(g)}+h\text{H(g)}$

$$K_c=\frac{[c(\text{G})]^g[c(\text{H})]^h}{[c(\text{C})]^c[c(\text{D})]^d} \tag{4.1}$$

式中，K_c 称为浓度平衡常数。

温度一定时，气体的分压与浓度成正比，可用平衡时各气体的分压代替浓度，则有：

$$K_p=\frac{[p(\text{G})]^g[p(\text{H})]^h}{[p(\text{C})]^c[p(\text{D})]^d} \tag{4.2}$$

式中，K_p 称为分压平衡常数。

K_c 和 K_p 都是从考察实验数据得到的，因此也称为实验平衡常数或经验平衡常数，从其表达式可以看出，实验平衡常数的量纲一般不为 1，只有当生成物的化学计量数之和和反应物的化学计量数之和相等时（即 $\Delta n=0$），量纲才为 1。

K_p 和 K_c 一般来说是不相等的，利用理想气体状态方程和分压定律，可以推导出二者之间的关系式：

$$K_p=K_c(RT)^{\Delta n} \tag{4.3}$$

$$\Delta n=(g+h)-(c+d)$$

(2) 标准平衡常数

由化学反应等温方程式：

$$\Delta_r G_m=\Delta_r G_m^{\ominus}+RT\ln J$$

当体系达到平衡时，$\Delta_r G_m=0$，此时 $J=K^{\ominus}$，则

$$\Delta_r G_m^{\ominus}+RT\ln K^{\ominus}=0$$

可推出

$$\Delta_r G_m^{\ominus}=-RT\ln K^{\ominus} \tag{4.4}$$

则

$$\ln K^{\ominus}=-\frac{\Delta_r G_m^{\ominus}}{RT} \tag{4.5}$$

或

$$\lg K^{\ominus}=-\frac{\Delta_r G_m^{\ominus}}{2.303RT} \tag{4.6}$$

式中，$K^{\ominus}$ 称为标准平衡常数，上面三个公式反映了 $K^{\ominus}$ 与 $\Delta_r G_m^{\ominus}$、T 之间的关系。在一定温度下，$\Delta_r G_m^{\ominus}$ 越小，$K^{\ominus}$ 越大。

$K^{\ominus}$ 的表达式和 J 是一样的，但它是平衡状态下的。因此，标准平衡常数表达式中，溶质要用平衡时的相对浓度（$c/c^{\ominus}$）表示，气相物质要用平衡时的相对分压（$p/p^{\ominus}$）表示，纯固体、纯液体和稀溶液中溶剂的浓度均不列入。例如下列可逆反应：

$$\text{Zn(s)}+2\text{H}^+\text{(aq)} \rightleftharpoons \text{H}_2\text{(g)}+\text{Zn}^{2+}\text{(aq)}$$

$$K^{\ominus}=\frac{[c(\text{Zn}^{2+})/c^{\ominus}][p(\text{H}_2)/p^{\ominus}]}{[c(\text{H}^+)/c^{\ominus}]^2}$$

与实验平衡常数不同，$K^{\ominus}$ 是无单位的，其量纲为 1。

K_p 与 $K^\ominus$ 不论是数值还是单位一般不相同，计算 $K^\ominus$ 时要代入相对分压值。溶液反应的 K_c 与 $K^\ominus$ 在数值上相等，但 K_c 的量纲通常不为 1。需要说明的是，在后面章节中，用到的平衡常数一般是 $K^\ominus$（如酸碱平衡的解离常数 $K_a^\ominus$、沉淀-溶解平衡的溶度积常数 $K_{sp}^\ominus$、配位平衡的稳定常数 $K_f^\ominus$ 等），但其表达式中的相对浓度经常用实际浓度来代表，这样写只是为了简化计算，一定要明晰 $K^\ominus$ 表达式中浓度均为相对浓度。

不管是 $K^\ominus$ 还是 K_p 和 K_c，都是衡量在一定条件下化学反应进行限度大小的特征常数。在一定温度下，不同的反应有其特征的平衡常数。在给定条件下，平衡常数越大，表示正反应进行得越彻底。平衡常数只与温度等因素有关，与物质浓度、分压无关。

书写标准平衡常数时，还要注意平衡常数是与化学反应方程式一一对应的，即同一反应，方程式写法不同，平衡常数的数值不同。

标准平衡常数在热力学计算中是非常重要的，除非特别说明，后面讲到的热力学公式中的平衡常数均为 $K^\ominus$。

【例 4.1】 写出温度 T 时下列反应的标准平衡常数表达式。

① $Cr_2O_7^{2-}(aq)+H_2O(l) \rightleftharpoons 2CrO_4^{2-}(aq)+2H^+(aq)$

② $C(s)+2H_2O(g) \rightleftharpoons CO_2(g)+2H_2(g)$

解： ①

$$K^\ominus=\frac{[c(CrO_4^{2-})/c^\ominus]^2[c(H^+)/c^\ominus]^2}{[c(Cr_2O_7^{2-})/c^\ominus]}$$

②

$$K^\ominus=\frac{[p(CO_2)/p^\ominus][p(H_2)/p^\ominus]^2}{[p(H_2O)/p^\ominus]^2}$$

(3) 多重平衡规则

相同温度下，假设有多个化学平衡体系，当多个反应式相加（或相减）得到一个总反应式，则总反应的平衡常数等于各反应的平衡常数之积（或商），这个规则称为多重平衡规则。例如下列反应：

$$① \ H_2(g)+\frac{1}{2}O_2(g) \rightleftharpoons H_2O(g),\ K_1^\ominus$$

$$② \ CO_2(g) \rightleftharpoons CO(g)+\frac{1}{2}O_2(g),\ K_2^\ominus$$

上述两个反应式相加得：

$$③ \ H_2(g)+CO_2(g) \rightleftharpoons H_2O(g)+CO(g),\ K_3^\ominus$$

则

$$K_3^\ominus=K_1^\ominus K_2^\ominus$$

根据多重平衡规则，可以由若干已知反应的平衡常数求得某个反应的平衡常数，而无须通过实验求得。

思考一下，利用热力学原理如何推导出上述多重平衡规则。

4.1.3 标准平衡常数的应用

$K^\ominus$ 是表明化学反应处在平衡状态的数量标志，能解决许多重要问题，如计算平衡组成、判断反应限度、预测反应方向等。

(1) 计算平衡组成、平衡转化率

利用平衡常数可以计算平衡时有关物质的浓度（或分压）和反应的平衡转化率（又称理

论转化率），以及从理论上求算欲达到一定转化率所需的合理原料配比等问题。

平衡转化率是指化学反应达到平衡后，某反应物转化为生成物的百分数，是理论上能达到的最大转化率，以 α 表示：

$$\alpha=\frac{\text{某反应物已转化的量}}{\text{反应开始时该反应物的总量}}\times 100\% \tag{4.7}$$

若反应前后体积不变，又可表示为：

$$\alpha=\frac{\text{某反应物起始浓度}-\text{某反应物平衡浓度}}{\text{反应物的起始浓度}}\times 100\% \tag{4.8}$$

转化率越大，表示反应进行的程度越大。转化率与平衡常数不同，转化率与反应体系的起始状态有关，而且必须明确是指反应物中哪个物质的转化率。

【例 4.2】 在 1 L 密闭容器中将 1.0 mol CO 和 1.0 mol H_2O 混合，加热到 473 K，反应如下：

	CO +	H_2O $\rightleftharpoons$	CO_2 +	H_2
起始浓度/$mol\cdot L^{-1}$	1.0	1.0	0	0
平衡浓度/$mol\cdot L^{-1}$	0.6	0.6	0.4	0.4

若反应容器中开始加的是 2.0 mol 的 CO_2 和 2.0 mol 的 H_2，求反应后各物质的平衡浓度和 CO_2 的转化率？

解： 由题可知，反应 $CO_2+H_2 \rightleftharpoons CO+H_2O$ 的平衡常数 K_c' 与反应 $CO+H_2O \rightleftharpoons CO_2+H_2$ 的平衡常数 K_c 互为倒数，即

$$K_c'=\frac{1}{K_c}$$

$$K_c=\frac{c(CO_2)c(H_2)}{c(CO)c(H_2O)}=\frac{0.4\times 0.4}{0.6\times 0.6}=0.44$$

$$K_c'=\frac{1}{0.44}=2.27$$

设达平衡时 $c(CO)$ 为 $x(mol\cdot L^{-1})$，即

	CO_2 +	H_2 $\rightleftharpoons$	CO +	H_2O
开始浓度/$mol\cdot L^{-1}$	2.0	2.0	0	0
平衡浓度/$mol\cdot L^{-1}$	$2.0-x$	$2.0-x$	x	x

因为温度不变，故 K_c' 值仍为 2.27。

$$\frac{x^2}{(2.0-x)^2}=2.27$$

$$x=1.2(mol\cdot L^{-1})$$

所以，各物质的平衡浓度为 $c(CO)=c(H_2O)=1.2(mol\cdot L^{-1})$

$$c(CO_2)=c(H_2)=2.0-1.2=0.8(mol\cdot L^{-1})$$

$$CO_2\text{ 的转化率 }\alpha=\frac{2.0-0.8}{2.0}\times 100\%=60\%$$

【例 4.3】 在 1000 K 下，在等容容器中发生下列反应：$2NO(g)+O_2(g) \rightleftharpoons 2NO_2(g)$，反应前，$p(NO)=1\times 10^5$ Pa，$p(O_2)=3\times 10^5$ Pa，$p(NO_2)=0$。平衡时，$p(NO_2)=1.2\times 10^4$ Pa。计算 NO、O_2 的平衡分压及 $K^{\ominus}$。

解：该反应在等温等容条件下进行，各物质的分压变化同浓度变化一样，与物质的量变化成正比，因此，可以根据反应方程式来确定分压的变化。

$$2NO(g) + O_2(g) \rightleftharpoons 2NO_2(g)$$

	$2NO(g)$	$O_2(g)$	$2NO_2(g)$
始态分压/$\times 10^5$ Pa	1	3	0
平衡分压/$\times 10^5$ Pa	$1-0.12$	$3-\frac{0.12}{2}$	0.12

$$K^{\ominus} = \frac{[p(NO_2)/p^{\ominus}]^2}{[p(NO)/p^{\ominus}]^2[p(O_2)/p^{\ominus}]}$$

$$= \frac{(0.12\times 10^5/10^5)^2}{[(1-0.12)\times 10^5/10^5]^2\times[(3-0.06)\times 10^5/10^5]}$$

$$= 6.3\times 10^{-3}$$

平衡分压为：　$p(NO)=8.8\times 10^4$ Pa，$p(O_2)=2.94\times 10^5$ Pa

【例 4.4】 在 298.15 K、总压力为 $2.0p^{\ominus}$ 时，N_2O_4 的解离度为 13.3%，求该温度下反应 $N_2O_4(g) \rightleftharpoons 2NO_2(g)$ 的标准平衡常数。

解：假设 N_2O_4 起始的物质的量为 1.00 mol。

	N_2O_4	$\rightleftharpoons$	$2NO_2$
起始时物质的量/mol	1.00		0
平衡时物质的量/mol	$1-0.133=0.867$		$2\times 0.133=0.266$
平衡时总物质的量/mol	$0.867+0.266=1.133$		
平衡分压/$p^{\ominus}$	$2.0\times\frac{0.867}{1.133}$		$2.0\times\frac{0.266}{1.133}$

$$K^{\ominus} = \frac{[p(NO_2)/p^{\ominus}]^2}{p(N_2O_4)/p^{\ominus}} = \frac{\left[\left(2.0\times\frac{0.266}{1.133}\right)p^{\ominus}/p^{\ominus}\right]^2}{\left(2.0\times\frac{0.867}{1.133}\right)p^{\ominus}/p^{\ominus}} = \frac{0.47^2}{1.53} = 0.144$$

【例 4.5】 298.15 K 时，已知下列可逆反应：

(1) $2N_2(g)+O_2(g) \rightleftharpoons 2N_2O(g)$；$K_1^{\ominus}=4.8\times 10^{-37}$

(2) $N_2(g)+2\,O_2(g) \rightleftharpoons 2NO_2(g)$；$K_2^{\ominus}=8.8\times 10^{-19}$

计算 298.15 K 时可逆反应 $2N_2O(g)+3O_2(g) \rightleftharpoons 4NO_2(g)$ 的标准平衡常数。

解：待求反应＝2×反应(2)－反应(1)，根据多重平衡规则，得：

$$K^{\ominus} = \frac{(K_2^{\ominus})^2}{K_1^{\ominus}} = \frac{(8.8\times 10^{-19})^2}{4.8\times 10^{-37}} = 1.6$$

（2）预测化学反应的方向

对于某一可逆反应：　$cC+dD \rightleftharpoons gG+hH$

化学等温方程式：　$\Delta_r G_m = \Delta_r G_m^{\ominus} + RT\ln J$

将式 $\Delta_r G_m^{\ominus} = -RT\ln K^{\ominus}$ 代入上式得到：

$$\Delta_r G_m = -RT\ln K^{\ominus} + RT\ln J = RT\ln\frac{J}{K^{\ominus}} \tag{4.9}$$

上式也称为化学反应等温方程式，它表明了在等温、等压条件下，化学反应的自由能变化与 $K^{\ominus}$、参加反应的各物质浓度（或分压）之间的关系。根据最小自由能原理和式(4.9)

可得：

$$\begin{cases} \Delta_r G_m = 0 \text{ 时，} J = K^{\ominus} & \text{平衡状态} \\ \Delta_r G_m < 0 \text{ 时，} J < K^{\ominus} & \text{正向移动} \\ \Delta_r G_m > 0 \text{ 时，} J > K^{\ominus} & \text{逆向移动} \end{cases}$$

这就是化学反应进行方向的反应商判据，通过比较 $K^{\ominus}$ 和某一时刻反应商 J 的大小来判断反应进行的方向。需要说明的是，也可以利用 K_c 或 K_p 与相应的反应商 J 相比较来判断反应方向，但需注意 K 和 J 表达式的一致性。

4.2　化学平衡的移动

在一定条件下建立的化学平衡，当外界条件发生改变，原有的平衡状态就会被破坏，体系内各物质的浓度（分压）就会发生变化，直到建立新的平衡状态为止。这种因外界条件改变，使可逆反应从一种平衡状态向另一种平衡状态的转变过程叫做化学平衡的移动。

前面已经得到了反应商判据，下面将从 $K^{\ominus}$ 和 J 的关系来分别讨论浓度、压力、温度对化学平衡移动的影响。

4.2.1　浓度对化学平衡的影响

例如合成氨反应　　$N_2(g) + 3H_2(g) \rightleftharpoons 2NH_3(g)$

在一定温度下，反应达到平衡时，则有：

$$J = K^{\ominus}, \Delta_r G_m = 0$$

当增大 N_2 或 H_2 的浓度或减小 NH_3 的浓度时，则导致：

$$J < K^{\ominus}, \Delta_r G_m < 0$$

体系不再处于平衡状态，而是朝着正反应方向进行。随着正反应的进行，$c(H_2)$ 和 $c(N_2)$ 逐渐减小，$c(NH_3)$ 逐渐增大，因而 J 逐渐增大，当 J 增大到重新等于 $K^{\ominus}$ 时，此时体系在新的条件下建立起新的平衡，也就是说化学平衡向着正反应方向移动了。同理，减小反应物的浓度或增加生成物的浓度，化学平衡向逆反应的方向移动。

由此可见，如果增大反应物的浓度或减小生成物的浓度，将使 J 变小，此时 $J < K^{\ominus}$，平衡向正反应方向移动；反之，如果减小反应物的浓度或增大生成物的浓度，J 变大，此时 $J > K^{\ominus}$，平衡向逆反应方向移动。

【例 4.6】 已知下列反应：$CO(g) + H_2O(g) \rightleftharpoons CO_2(g) + H_2(g)$

在某温度时 $K^{\ominus} = 1.0$，①若起始浓度为 $c(CO) = 2.0\ mol \cdot L^{-1}$，$c(H_2O) = 3.0\ mol \cdot L^{-1}$，求反应达平衡时 CO 转化为 CO_2 的转化率。②在①平衡状态的基础上增加水蒸气的浓度，使之达到 $6.0\ mol \cdot L^{-1}$，求 CO 转化成 CO_2 的转化率。

解： ① 设反应达到平衡时 $c(CO_2) = x(mol \cdot L^{-1})$，则

	$CO(g)$	$+ H_2O(g) \rightleftharpoons$	$CO_2(g)$	$+ H_2(g)$
起始浓度/$mol \cdot L^{-1}$	2.0	3.0		
平衡浓度/$mol \cdot L^{-1}$	$2.0 - x$	$3.0 - x$	x	x

$$K^{\ominus}=\frac{[c(CO_2)/c^{\ominus}][c(H_2)/c^{\ominus}]}{[c(CO)/c^{\ominus}][c(H_2O)/c^{\ominus}]}$$

$$\frac{x^2}{(2.0-x)(3.0-x)}=1.0$$

$$x=1.2(mol\cdot L^{-1})$$

达平衡时 CO 的浓度为：$c(CO)=2.0-1.2=0.8(mol\cdot L^{-1})$

CO 转变为 CO_2 的转化率为：

$$\alpha=\frac{2.0-0.8}{2.0}\times 100\%=60\%$$

② 设新平衡时生成 $y(mol\cdot L^{-1})$ CO_2，则

	CO(g)	+ $H_2O(g)$ ⇌	$CO_2(g)$ +	$H_2(g)$
起始浓度/$mol\cdot L^{-1}$	0.8	6.0	1.2	1.2
平衡浓度/$mol\cdot L^{-1}$	$0.8-y$	$6.0-y$	$1.2+y$	$1.2+y$

温度不变，平衡常数保持不变，故

$$\frac{(1.2+y)^2}{(0.8-y)(6.0-y)}=1.0$$

$$y=0.37(mol\cdot L^{-1})$$

$$c(CO)=0.8-0.37=0.43(mol\cdot L^{-1})$$

在原平衡状态的基础上增加水蒸气的浓度，则 CO 的转化率

$$\alpha'=\frac{2.0-0.43}{2.0}\times 100\%=78.5\%$$

因此，增加水蒸气的浓度，可使 CO 的转化率由 60%增加到 78.5%，即平衡向生成产物的方向移动。

由此可见，增大某反应物的浓度，可使平衡向正反应方向移动，并且提高了另一反应物的转化率。

4.2.2 压力对化学平衡的影响

对有气体参加的可逆反应，压力的变化并不影响平衡常数，但可能会改变反应商，使 $J\neq K^{\ominus}$，从而导致平衡发生移动。

(1) 反应物或产物分压的变化对化学平衡的影响

在等温等容条件下，当增大反应物的分压或减小产物的分压时，J 减小，导致 $J<K^{\ominus}$，平衡向正反应方向移动。同理，当减小反应物的分压或增大产物的分压时，J 增大，导致 $J>K^{\ominus}$，平衡向逆反应方向移动。这种情形和浓度变化对平衡移动的影响是一致的。

(2) 体积改变引起压力的变化对化学平衡的影响

对有气体参加的可逆反应，改变反应体系的体积，会导致体系总压和各组分的分压发生相应变化，可能导致化学平衡发生移动。

对于化学反应： $$cC(g)+dD(g)\rightleftharpoons gG(g)+hH(g)$$

平衡时， $$K^{\ominus}=\frac{[p(G)/p^{\ominus}]^g[p(H)/p^{\ominus}]^h}{[p(C)/p^{\ominus}]^c[p(D)/p^{\ominus}]^d}$$

在等温下将反应体系压缩到原来的$\frac{1}{x}$($x>1$)时，体系总压力增大到x倍，相应的各组分的分压也都增大到x倍，此时反应商为：

$$J=\frac{[xp(\mathrm{G})/p^{\ominus}]^{g}[xp(\mathrm{H})/p^{\ominus}]^{h}}{[xp(\mathrm{C})/p^{\ominus}]^{c}[xp(\mathrm{D})/p^{\ominus}]^{d}}=x^{\Delta n}K^{\ominus}$$

$$\Delta n=(g+h)-(c+d)$$

对于$\Delta n>0$的反应，即气体分子数增加的反应，压缩体积以增大体系总压力，此时$J>K^{\ominus}$，平衡向逆反应方向移动，即平衡向气体分子数减少的方向移动。

对于$\Delta n<0$的反应，即气体分子数减小的反应，压缩体积以增大体系总压力，此时$J<K^{\ominus}$，平衡向正反应方向移动，即平衡向气体分子数减少的方向移动。

对于$\Delta n=0$的反应，即反应前后气体分子数不变，压缩体积以增大体系总压力，此时$J=K^{\ominus}$，平衡不移动。

同理，在等温下将反应体系膨胀至原来的x($x>1$)倍时，体系总压力减小到原来的$\frac{1}{x}$，相应的各组分的分压也都减小到原来的$\frac{1}{x}$，此时反应商为：

$$J=\left(\frac{1}{x}\right)^{\Delta n}K^{\ominus}=\frac{K^{\ominus}}{x^{\Delta n}}$$

对于$\Delta n>0$的反应，即气体分子数增加的反应，增大体积以减小体系总压力，此时$J<K^{\ominus}$，平衡向正反应方向移动，即平衡向气体分子数增加的方向移动。

对于$\Delta n<0$的反应，即气体分子数减小的反应，增大体积以减小体系总压力，此时$J>K^{\ominus}$，平衡向逆反应方向移动，即平衡向气体分子数增加的方向移动。

对于$\Delta n=0$的反应，即反应前后气体分子数不变，增大体积以减小体系总压力，此时$J=K^{\ominus}$，平衡不移动。

从上面的推导可以得出结论：在一定温度下，减小反应体系的体积，总压增大，平衡向气体分子数减少的方向移动；增大反应体系的体积，总压减小，平衡向气体分子数增加的方向移动；对于反应前后气体分子数不变的反应，体积变化而改变压力时，平衡不发生移动。

(3) 惰性气体对化学平衡的影响

惰性气体为不参与化学反应的气态物质，对平衡的影响可分为如下两种情况。

① 在等温、等压下加入惰性气体：为保持总压不变，体系的体积相应增大，在这种情况下，反应物和产物的分压相应减小相同倍数。若$\Delta n\neq 0$，则$J\neq K^{\ominus}$，平衡向气体分子数增加的方向移动。

② 在等温、等容下加入惰性气体：体系的总压增大，但反应物和产物的分压不变，$J=K^{\ominus}$，平衡不移动。

【例 4.7】 某容器中充有$N_2O_4(g)$和$NO_2(g)$混合物，$n(N_2O_4):n(NO_2)=10.0:1.0$。在308 K、100 kPa条件下发生反应：$N_2O_4(g)\rightleftharpoons 2NO_2(g)$，$K^{\ominus}=0.315$。

① 计算平衡时各物质的分压；

② 使该反应体系的体积减小到原来的1/2，在308 K、200 kPa条件下进行，平衡向何方移动？在新的平衡条件下，体系内各组分的分压是多少？

解： ① 反应在等温等压条件下进行。设平衡时分解的N_2O_4为x mol。

以1 mol N_2O_4为计算基准。$n_{总}=1.10+x$，$p_{总}=100$ kPa

	$N_2O_4(g)$ $\rightleftharpoons$	$2NO_2(g)$
开始时 n_B/mol	1.00	0.100
平衡时 n_B/mol	$1.00-x$	$0.10+2x$
平衡时 p_B/kPa	$\frac{1.00-x}{1.10+x}\times100$	$\frac{1.00+2x}{1.10+x}\times100$

$$K^{\ominus}=\frac{[(p(NO_2)/p^{\ominus}]^2}{p(N_2O_4)/p^{\ominus}}=\frac{\left(\frac{0.10+2x}{1.10+x}\right)^2}{\frac{1.00-x}{1.10+x}}=0.315$$

$$x=0.234(mol)$$

$$p(N_2O_4)=\frac{1.00-0.234}{1.10+0.234}\times100=57.4(kPa)$$

$$p(NO_2)=\frac{0.10+2\times0.234}{1.10+0.234}\times100=42.6(kPa)$$

② 在上述平衡状态时，对体系施加压力达到 200 kPa 时，

$$p(N_2O_4)=2\times57.4=114.8(kPa)$$

$$p(NO_2)=2\times42.6=85.2(kPa)$$

$$J=\frac{[(p(NO_2)/p^{\ominus}]^2}{p(N_2O_4)/p^{\ominus}}=\frac{(85.2/100)^2}{114.8/100}=0.632$$

$J>K^{\ominus}$，平衡逆向移动，即向分子数减少的方向移动。

计算在新的平衡条件下各物质的分压。研究平衡状态可不管反应的途径。从本例的最初状态①开始。设平衡时分解的 N_2O_4 为 y mol。

	$N_2O_4(g)$ $\rightleftharpoons$	$2NO_2(g)$
开始时 n_B/mol	1.00	0.100
平衡(Ⅱ)时 n_B/mol	$1.00-y$	$0.10+2y$
平衡(Ⅱ)时 p_B/kPa	$\frac{1.00-y}{1.10+y}\times200$	$\frac{1.00+2y}{1.10+y}\times200$

$$K^{\ominus}=\frac{[(p(NO_2)/p^{\ominus}]^2}{p(N_2O_4)/p^{\ominus}}=\frac{\left(\frac{0.10+2y}{1.10+y}\times2\right)^2}{\frac{1.00-y}{1.10+y}\times2}=0.315$$

$$y=0.154(mol)$$

$$p(N_2O_4)=\frac{1.00-0.154}{1.10+0.154}\times200=135(kPa)$$

$$p(NO_2)=\frac{0.10+2\times0.154}{1.10+0.154}\times200=65(kPa)$$

4.2.3 温度对化学平衡的影响

温度对化学平衡的影响与前两种情况有着本质的区别。浓度或压力对化学平衡的影响是通过改变反应商 J，但是 $K^{\ominus}$ 并不变。而温度变化会导致平衡常数 $K^{\ominus}$ 的改变，从而使平衡发生移动。

对于一定的平衡体系来说：

$$\Delta_r G_m^{\ominus}(T)=-RT\ln K^{\ominus}(T)$$

$$\Delta_r G_m^{\ominus}(T)=\Delta_r H_m^{\ominus}(T)-T\Delta_r S_m^{\ominus}(T)$$

将两式合并得：

$$\ln K^{\ominus}(T)=\frac{\Delta_r S_m^{\ominus}(T)}{R}-\frac{\Delta_r H_m^{\ominus}(T)}{RT} \tag{4.10}$$

因 $\Delta_r H_m^{\ominus}$、$\Delta_r S_m^{\ominus}$ 一般随温度变化较小，可认为 $\Delta_r H_m^{\ominus}(T)\approx\Delta_r H_m^{\ominus}(298.15\ \text{K})$，$\Delta_r S_m^{\ominus}(T)\approx\Delta_r S_m^{\ominus}(298.15\ \text{K})$，则上式可变为：

$$\ln K^{\ominus}(T)\approx\frac{\Delta_r S_m^{\ominus}(298.15\ \text{K})}{R}-\frac{\Delta_r H_m^{\ominus}(298.15\ \text{K})}{RT} \tag{4.11}$$

设某一可逆反应在温度为 T_1、T_2 时，平衡常数分别为 $K_1^{\ominus}$ 和 $K_2^{\ominus}$，则有：

$$\ln K_1^{\ominus}\approx\frac{\Delta_r S_m^{\ominus}(298.15\ \text{K})}{R}-\frac{\Delta_r H_m^{\ominus}(298.15\ \text{K})}{RT_1}$$

$$\ln K_2^{\ominus}\approx\frac{\Delta_r S_m^{\ominus}(298.15\ \text{K})}{R}-\frac{\Delta_r H_m^{\ominus}(298.15\ \text{K})}{RT_2}$$

将上面两式相减得：

$$\ln\frac{K_2^{\ominus}}{K_1^{\ominus}}=\frac{-\Delta_r H_m^{\ominus}(298.15\ \text{K})}{R}\left(\frac{1}{T_2}-\frac{1}{T_1}\right) \tag{4.12}$$

或

$$\ln\frac{K_2^{\ominus}}{K_1^{\ominus}}=\frac{\Delta_r H_m^{\ominus}(298.15\ \text{K})}{R}\left(\frac{T_2-T_1}{T_2T_1}\right) \tag{4.13}$$

式(4.12)和式(4.13)清楚地表示出 $K^{\ominus}$ 与 T 的变化关系，而且其变化关系和 $\Delta_r H_m^{\ominus}$ 也有关。

对于放热反应，$\Delta_r H_m^{\ominus}<0$，当温度升高（$T_2>T_1$）时，$K_2^{\ominus}<K_1^{\ominus}$，即 $K^{\ominus}$ 随温度升高而减小，平衡向逆反应方向移动，即反应向吸热方向进行。同理，当温度降低（$T_2<T_1$）时，$K_2^{\ominus}>K_1^{\ominus}$，平衡向正反应方向移动，即向放热方向进行。

对于吸热反应，$\Delta_r H_m^{\ominus}>0$，当温度升高（$T_2>T_1$）时，$K_2^{\ominus}>K_1^{\ominus}$，即 $K^{\ominus}$ 随温度升高而增大，平衡向正反应方向移动，即反应向吸热方向进行。同理，当温度降低（$T_2<T_1$）时，$K_2^{\ominus}<K_1^{\ominus}$，平衡向逆反应方向移动，即向放热方向进行。

因此可得出结论：在其他条件一定时，升高温度，平衡向吸热反应方向移动；降低温度，平衡向着放热反应方向移动。

【例 4.8】 已知 1048 K 时，$CaCO_3$ 的分解压力为 14.59 kPa，分解反应的标准摩尔反应焓变 $\Delta_r H_m^{\ominus}=109.32\ \text{kJ}\cdot\text{mol}^{-1}$。计算 1128 K 时 $CaCO_3$ 的分解压力。

解： $CaCO_3$ 分解反应为：

$$CaCO_3(s)\rightleftharpoons CaO(s)+CO_2(g)$$

1048 K 时，$CaCO_3$ 分解反应的标准平衡常数为：

$$K^{\ominus}(1048\ \text{K})=\frac{p(CO_2)}{p^{\ominus}}=\frac{14.59}{100}=0.146$$

1128 K 时，$CaCO_3$ 分解反应的标准平衡常数为：

$$\ln\frac{K_2^{\ominus}}{K_1^{\ominus}}=\frac{\Delta_r H_m^{\ominus}(298.15\ \text{K})}{R}\left(\frac{T_2-T_1}{T_2T_1}\right)$$

$$\ln\frac{K^{\ominus}(1128\ \mathrm{K})}{0.146}=\frac{109.32\times10^{3}}{8.314}\times\frac{1128-1048}{1128\times1048}$$

$$K^{\ominus}(1128\ \mathrm{K})=0.355$$

1128 K 时，$CaCO_3$ 的分解压力为：

$$p(CO_2)=p^{\ominus}K^{\ominus}(1128\ \mathrm{K})=100\times0.355=35.5(\mathrm{kPa})$$

4.2.4 催化剂对化学平衡的影响

对于可逆反应，催化剂同倍数地增加了正、逆反应的速率，因此，在平衡体系中加入催化剂后，正、逆反应速率仍然相等，不会引起平衡常数的变化，也不会使化学平衡发生移动。但加入催化剂后，由于反应速率增大，可以缩短到达平衡的时间，有利于提高生产效率。

综合以上影响化学平衡移动的诸因素，1884 年法国科学家吕·查德里(Le Chatelier) 归纳总结了一个普遍原理：当体系达到平衡后，若改变平衡状态的任一条件（如浓度、压力、温度），平衡就向着能减弱其改变的方向移动。此原理适用于所有平衡体系，但不适用于尚未达到平衡的体系。

思 考 题

1. 区别下列基本概念

(1) 经验平衡常数和标准平衡常数；　(2) 浓度平衡常数和压力平衡常数；

(3) 反应商与平衡常数；　(4) 平衡转化率和产率

2. 对于可逆反应：

$$C(s)+H_2O(g)\rightleftharpoons CO(g)+H_2(g);\ \Delta_r H_m^{\ominus}>0$$

下列说法是否正确？为什么？

(1) 达到平衡时，各反应物和生成物的分压一定相等。

(2) 改变生成物的分压，使 $J<K^{\ominus}$，平衡将右移。

(3) 升高温度使 $v_{正}$ 增大，$v_{逆}$ 减小，故平衡右移。

(4) 由于反应前后分子数目相等，所以增加压力对平衡无影响。

(5) 加入催化剂使 $v_{正}$ 增加，故平衡向右移动。

3. 推导化学等温方程式。

4. 在 298.15 K 时，针对下列平衡体系，要使平衡正向移动，可采取哪些方法？并指出所用方法对平衡常数有无影响？怎样影响（变大还是变小）？

(1) $CaCO_3(s)\rightleftharpoons CaO(s)+CO_2(g);\ \Delta_r H_m^{\ominus}>0$

(2) $2SO_2(g)+O_2(g)\rightleftharpoons 2SO_3(g);\ \Delta_r H_m^{\ominus}<0$

(3) $N_2(g)+3H_2(g)\rightleftharpoons 2NH_3(g);\ \Delta_r H_m^{\ominus}<0$

5. 如何利用物质的 $\Delta_f H_m^{\ominus}(298.15\ \mathrm{K})$、$S_m^{\ominus}(298.15\ \mathrm{K})$、$\Delta_f G_m^{\ominus}(298.15\ \mathrm{K})$ 的数据，计算反应的 $K^{\ominus}$ 值？写出有关的计算公式。

6. 如何推导出平衡常数与温度的关系式？如何用该公式讨论温度是如何影响化学平衡的？

7. 根据平衡移动原理，讨论下列反应：

$$2Cl_2(g)+2H_2O(g)\rightleftharpoons 4HCl(g)+O_2(g);\ \Delta_r H_m^{\ominus}(298.15\ \mathrm{K})>0$$

Cl_2、H_2O、HCl、O_2 四种气体混合后，反应达平衡时，若进行下列各项操作，对平衡数值各有何影响（操作项目中没有注明的是指温度不变、体积不变）？

操作项目	平衡数值
(1) 加 O_2	H_2O 的物质的量
(2) 加 O_2	HCl 的物质的量
(3) 加 O_2	O_2 的物质的量
(4) 增大容器的体积	H_2O 的物质的量
(5) 减小容器的体积	Cl_2 的物质的量
(6) 减小容器的体积	Cl_2 的分压
(7) 减小容器的体积	$K^{\ominus}$
(8) 升高温度	$K^{\ominus}$
(9) 升高温度	HCl 的分压
(10) 加催化剂	HCl 的物质的量

8. 已知下列反应的平衡常数：

$$CoO(s)+CO(g) \rightleftharpoons Co(s)+CO_2(g);\quad K_1^{\ominus}$$

$$CO_2(g)+H_2(g) \rightleftharpoons CO(g)+H_2O(l);\quad K_2^{\ominus}$$

$$H_2O(l) \rightleftharpoons H_2O(g);\quad K_3^{\ominus}$$

$CoO(s)+H_2(g) \rightleftharpoons Co(s)+H_2O(g)$ 的平衡常数是下列哪一个？

(1) $K_1^{\ominus}+K_2^{\ominus}+K_3^{\ominus}$　(2) $K_1^{\ominus}-K_2^{\ominus}-K_3^{\ominus}$　(3) $K_1^{\ominus}K_2^{\ominus}K_3^{\ominus}$　(4) $K_1^{\ominus}K_3^{\ominus}/K_2^{\ominus}$

9. 向 5 L 密闭容器中加入 3 mol HCl(g) 和 2 mol O_2(g)，反应：$4HCl(g)+O_2(g) \rightleftharpoons 2H_2O(g)+2Cl_2(g)$ 的 $\Delta_r H_m^{\ominus}=-114.5\ kJ\cdot mol^{-1}$，在 723 K 达到平衡，其平衡常数为 $K^{\ominus}$，试问：

(1) 从这些数据能计算出平衡常数吗？若不能，还需要什么数据？

(2) 标准态下，比较 723 K 和 823 K 时 $K^{\ominus}$ 的大小。

(3) 若下列两反应的平衡常数分别为 $K_1^{\ominus}$ 和 $K_2^{\ominus}$，则 $K^{\ominus}$ 与 $K_1^{\ominus}$、$K_2^{\ominus}$ 之间有什么关系（以公式表示）？

$$2H_2O(g) \rightleftharpoons 2H_2(g)+O_2(g);\ K_1^{\ominus}$$

$$2HCl(g) \rightleftharpoons H_2(g)+Cl_2(g);\ K_2^{\ominus}$$

习　题

1. 写出下列反应的 K_c、K_p、$K^{\ominus}$ 的表达式。

(1) $CH_4(g)+H_2O(g) \rightleftharpoons CO(g)+3H_2(g)$

(2) $3Fe(s)+4H_2O(g) \rightleftharpoons Fe_3O_4(s)+4H_2(g)$

(3) $2N_2O_5(g) \rightleftharpoons 4NO_2(g)+O_2(g)$

2. 写出下列反应的 $K^{\ominus}$ 表达式。

(1) $Mg(s)+2H^+(aq) \rightleftharpoons Mg^{2+}(aq)+H_2(g)$

(2) $2MnO_4^-(aq)+5SO_3^{2-}(aq)+6H^+(aq) \rightleftharpoons 2Mn^{2+}(aq)+5SO_4^{2-}(aq)+3H_2O(l)$

(3) $AgCl(s) \rightleftharpoons Ag^+(aq)+Cl^-(aq)$

3. 密闭容器中反应：$2NO(g)+O_2(g) \rightleftharpoons 2NO_2(g)$ 在 1000 K 条件下达到平衡。若始态 $p(NO)=101.3$ kPa，$p(O_2)=303.9$ kPa，$p(NO_2)=0$；平衡时 $p(NO_2)=12.16$ kPa。计算平衡时 NO、O_2 的分压及平衡常数 $K^{\ominus}$。

4. 在一密闭容器中进行如下反应：

$$2SO_2(g)+O_2(g) \rightleftharpoons 2SO_3(g)$$

SO_2 的起始浓度是 0.4 $mol\cdot L^{-1}$，而 O_2 的起始浓度为 1.0 $mol\cdot L^{-1}$，达到平衡时有 80% 的 SO_2 转化为 SO_3，求平衡时三种气体的浓度和平衡常数。

5. 在 749 K 条件下，在密闭容器中进行下列反应：

$$CO(g)+H_2O(g) \rightleftharpoons CO_2(g)+H_2(g)$$

$K_c=2.6$，求：(1) 当 H_2O 与 CO 的物质的量之比为 1 时，CO 的转化率为多少？

(2) 当 H_2O 与 CO 的物质的量之比为 3 时，CO 的转化率为多少？

(3) 根据计算结果，你能得出什么结论？

6. 在 1.0 L 容器中含有 N_2、H_2 和 NH_3 的平衡混合物，其中含 0.30 mol N_2、0.40 mol H_2 和 0.10 mol NH_3。如果温度保持不变，需向容器中加入多少摩尔的 H_2 才能使 NH_3 的平衡浓度增加一倍？

7. 在 308 K、总压 100 kPa 时，N_2O_4 有 50%分解为 NO_2。

(1) 计算反应 $N_2O_4(g) \rightleftharpoons 2NO_2(g)$ 的 $\Delta_r G_m^{\ominus}$。

(2) 计算 308 K、总压为 200 kPa 时 N_2O_4 的解离率。

(3) 从计算结果说明压力对平衡移动的影响。

8. HI 分解反应为：$2HI(g) \rightleftharpoons H_2(g)+I_2(g)$，若反应开始时有 1 mol 的 HI(g)，达到平衡时有 24.4%的 HI 发生了分解，欲将分解百分数降低到 10%，计算应往此平衡体系中加入多少摩尔 I_2？

9. 反应：$PCl_5(g) \rightleftharpoons PCl_3(g)+Cl_2(g)$

(1) 523 K 时，将 0.70 mol PCl_5 注入容积为 2.0 L 的密闭容器内；平衡时有 0.50 mol PCl_5 分解。计算该温度下的平衡常数 $K^{\ominus}$ 和 PCl_5 的分解百分数。

(2) 若在上述容器中反应已达平衡后，再加入 0.10 mol Cl_2，则 PCl_5 的分解百分数与未加 Cl_2 时相比有何不同？

(3) 如开始时注入 0.70 mol PCl_5 的同时，注入了 0.10 mol Cl_2，则平衡时 PCl_5 的分解百分数又是多少？比较 (2)、(3) 所得结果，可以得出什么结论？

10. 反应 $CaCO_3(s) \rightleftharpoons CaO(s)+CO_2(g)$ 在 1037 K 时平衡常数 $K^{\ominus}=1.16$，若将 0.20 mol $CaCO_3$ 置于 10.0 L 容器中并加热至 1037 K。计算达到平衡时 $CaCO_3$ 的分解百分数。

11. 已知 NH_4Cl 按下式分解

$$NH_4Cl(s) \rightleftharpoons NH_3(g)+HCl(g)$$

在 298 K 时反应的 $\Delta_r G_m^{\ominus}=92\ kJ\cdot mol^{-1}$，求上述平衡体系中的总压力。

12. 将 NO 和 O_2 注入一保持在 673 K 的固定容器中，在反应发生以前，它们的分压分别为 $p(NO)=101\ kPa$，$p(O_2)=286\ kPa$；当反应：$2NO(g)+O_2(g) \rightleftharpoons 2NO_2(g)$ 达到平衡时，$p(NO_2)=79.2\ kPa$。计算：(1) 该反应的平衡常数 $K^{\ominus}$；(2) 该反应的 $\Delta_r G_m^{\ominus}$。

13. 已知反应：$\frac{1}{2}H_2(g)+\frac{1}{2}Cl_2(g) \rightleftharpoons HCl(g)$ 在 298 K 时的 $K^{\ominus}=4.9\times10^6$，$\Delta_r H_m^{\ominus}(298\ K)=-92.31\ kJ\cdot mol^{-1}$。求在 500 K 时的 $K^{\ominus}$ [近似计算，不查 $S_m^{\ominus}(298\ K)$、$\Delta_f G_m^{\ominus}(298\ K)$ 的数据]。

14. 已知：$\Delta_f G_m^{\ominus}(NiSO_4\cdot 6H_2O,s)=-2221.7\ kJ\cdot mol^{-1}$，$\Delta_f G_m^{\ominus}(NiSO_4,s)=-773.6\ kJ\cdot mol^{-1}$，$\Delta_f G_m^{\ominus}(H_2O,g)=-228.4\ kJ\cdot mol^{-1}$。

(1) 计算反应 $NiSO_4\cdot 6H_2O(s) \rightleftharpoons NiSO_4(s)+6\ H_2O(g)$ 的 $K^{\ominus}$。

(2) H_2O 在固体 $NiSO_4\cdot 6H_2O$ 上的平衡蒸气压为多少？

15. 已知反应：$CaCO_3(s) \rightleftharpoons CaO(s)+CO_2(g)$，在 973 K 时 $K^{\ominus}=5.43\times10^{-2}$，在 1173 K 时 $K^{\ominus}=2.33$。求：(1) 上述正向反应是吸热反应还是放热反应？

(2) 上述正向反应的焓变是多少？

(3) 确定 1273 K 时的 $K^{\ominus}$ 值。

16. 反应 $CO_2(g)+H_2(g) \rightleftharpoons CO(g)+H_2O(g)$ 在 973 K 时 $K^{\ominus}=0.64$。当体系中各组分气体的分压分别为 $p(CO_2)=p(H_2)=1.27\times10^5$ Pa，$p(CO)=p(H_2O)=0.76\times10^5$ Pa 时，判断反应进行的方向。

17. 454 K 时，反应 $3Al_2Cl_6(g) \rightleftharpoons 2Al_3Cl_9(g)$ 的 $K^{\ominus}=1.04\times10^{-4}$。在一密闭容器中有 Al_2Cl_6 和 Al_3Cl_9 两种气体，$p(Al_2Cl_6)=47.3$ kPa，$p(Al_3Cl_9)=1.02$ kPa。判断在此条件下反应向何方进行，

$p(Al_3Cl_9)$ 是增大还是减小？

18. 已知在 700 K 时反应 $N_2(g)+3H_2(g) \rightleftharpoons 2NH_3(g)$ 中各物质的热力学函数数值如下：

	$N_2(g)$	$H_2(g)$	$NH_3(g)$
$\Delta_f H_m^{\ominus}/kJ \cdot mol^{-1}$	0	0	−45.2
$S_m^{\ominus}/J \cdot mol^{-1} \cdot K^{-1}$	217.0	155.9	243.5

在该温度下，反应达到平衡时，$c(N_2)=1.0\ mol \cdot L^{-1}$，$c(H_2)=3.0\ mol \cdot L^{-1}$，计算此时 NH_3 的浓度。

拓展学习资源

拓展资源内容	二维码
➢ 课件 PPT ➢ 学习要点 ➢ 疑难解析 ➢ 知识拓展——化学平衡和化学反应速率在化工生产中的调控作用 ➢ 习题参考答案	

第 5 章 酸碱解离平衡

酸和碱是比较普通且又很重要的两类物质，酸碱反应是基本的化学反应之一，涉及面广。本章以化学平衡原理和质子理论为基础，着重讨论水溶液中弱酸、弱碱的解离平衡，并以解离平衡为主线，分析酸、碱在水溶液中的平衡规律，以及溶液酸度的计算和应用。

5.1 酸碱理论

随着化学科学的发展，人们对酸、碱的认识和研究经历了一个由浅入深、由低级到高级的过程，提出了不同的酸碱理论，如电离理论、质子理论、溶剂理论、电子理论、软硬酸碱理论等。在此仅简单介绍电离理论和质子理论。

5.1.1 电离理论

1884 年，瑞典化学家阿仑尼乌斯（S. A. Arrhenius）提出了酸碱电离理论，指出：在水溶液中解离出的阳离子全部是氢离子（H^+）的物质称为酸；在水溶液中解离出的阴离子全部是氢氧根离子（OH^-）的物质称为碱。酸碱中和反应的实质就是 H^+ 和 OH^- 结合生成 H_2O 的反应。酸碱的相对强弱可以根据它们在水溶液中解离出 H^+ 或 OH^- 程度的大小来衡量。

电离理论对化学科学的发展起到了积极的作用，至今仍普遍使用。但这个理论的局限性就是把酸和碱限制在以水为溶剂的体系中，对于非水体系和无溶剂体系都不适用。此外，仅把碱看成是氢氧化物，无法解释像氨之类的碱。

5.1.2 质子理论

质子理论是 1923 年由丹麦物理化学家布朗斯特（J. N. Brönsted）和英国化学家劳里（T. M. Lowry）同时独立地提出，所以又称为 Brönsted-Lowry 酸碱理论。

(1) 酸碱的定义

质子理论认为：凡能给出质子（H^+）的分子或离子都是酸；凡能接受质子的分子或离子都是碱。也就是说，酸是质子给予体，碱是质子接受体。例如：

$$\underset{(酸)}{HCl} \longrightarrow H^+ + \underset{(碱)}{Cl^-}$$

$$\underset{(酸)}{HAc} \rightleftharpoons H^+ + \underset{(碱)}{Ac^-}$$

$$\underset{(酸)}{H_3PO_4} \rightleftharpoons H^+ + \underset{(碱)}{H_2PO_4^-}$$

$$\underset{(酸)}{H_2PO_4^-} \rightleftharpoons H^+ + \underset{(碱)}{HPO_4^{2-}}$$

$$\underset{(酸)}{NH_4^+} \rightleftharpoons H^+ + \underset{(碱)}{NH_3}$$

$$\underset{(酸)}{[Al(H_2O)_6]^{3+}} \rightleftharpoons H^+ + \underset{(碱)}{[Al(OH)(H_2O)_5]^{2+}}$$

从上面的解离反应式可以看出，酸可以是分子、阳离子、阴离子，酸给出质子后余下的部分就是碱，碱也可以是分子、阳离子、阴离子。因此，相比电离理论，质子理论扩大了酸、碱的范围。

质子理论强调酸与碱之间的相互依赖关系。酸给出质子后生成相应的碱，碱结合质子后又生成相应的酸，这种相互依存关系称为共轭关系，对应的一对酸碱称为共轭酸碱对。例如 HAc 的共轭碱是 Ac^-，Ac^- 的共轭酸是 HAc，HAc 和 Ac^- 互为共轭酸碱对。

（2）酸碱反应

质子理论认为：酸碱解离反应是质子转移的反应。如 HAc 在水溶液中的解离反应，HAc 给出质子后成为其共轭碱 Ac^-，而水接受 H^+ 生成其共轭酸 H_3O^+。也就是说，HAc 在水溶液中的解离反应是由给出质子的半反应和接受质子的半反应组成的，每个酸碱半反应中就有一对共轭酸碱对，即 HAc-Ac^-、H_2O-H_3O^+，可以用下式表示：

$$\underset{酸(1)}{HAc} \rightleftharpoons H^+ + \underset{碱(1)}{Ac^-}$$

$$+)\quad \underset{碱(2)}{H_2O} + H^+ \rightleftharpoons \underset{酸(2)}{H_3O^+}$$

$$\underset{酸(1)}{HAc} + \underset{碱(2)}{H_2O} \rightleftharpoons \underset{酸(2)}{H_3O^+} + \underset{碱(1)}{Ac^-}$$

简言之,也可以表示为：

$$HAc + H_2O \xrightarrow{H^+} \rightleftharpoons H_3O^+ + Ac^-$$

又如，NH_3 在水溶液中的解离反应也是由下列两个酸碱半反应组成的：

$$\underset{酸(1)}{H_2O} + \underset{碱(2)}{NH_3} \rightleftharpoons \underset{酸(2)}{NH_4^+} + \underset{碱(1)}{OH^-} \quad (H^+ \text{ 由 } H_2O \text{ 转移至 } NH_3)$$

H_2O 给出质子生成其共轭碱 OH^-，H_2O-OH^- 构成一对共轭酸碱对；NH_3 接受 H_2O 转移的质子后生成其共轭酸 NH_4^+，NH_3-NH_4^+ 构成另一对共轭酸碱对。由此可见，酸碱反应的实质就是两对共轭酸碱对之间发生了质子的转移。

在酸的解离反应中，H_2O 是质子接受体，是碱；在碱的解离反应中，H_2O 是质子给予体，是酸。所以，水既能给出质子又能接受质子，这类物质称为两性物质，从水的自身解离反应也可以看出：

$$\underset{酸(1)}{H_2O} + \underset{碱(2)}{H_2O} \rightleftharpoons \underset{酸(2)}{H_3O^+} + \underset{碱(1)}{OH^-} \quad (H^+ \text{ 由第一个 } H_2O \text{ 转移至第二个 } H_2O)$$

其他两性物质还有 $H_2PO_4^-$、HPO_4^{2-}、HCO_3^- 等。

在质子理论中，没有盐的概念，盐类的水解反应实际上也是离子酸碱的质子转移反应，如 NaAc 的水解反应：

$$\underset{\text{酸(1)}}{H_2O} + \underset{\text{碱(2)}}{Ac^-} \rightleftharpoons \underset{\text{酸(2)}}{HAc} + \underset{\text{碱(1)}}{OH^-}$$

（H^+ 由 H_2O 转移给 Ac^-）

反应中也有两对共轭酸碱对 H_2O-OH^-、HAc-Ac^-，H_2O 与 Ac^- 之间发生了质子转移反应，生成了 OH^- 和 HAc，Na^+ 没有参与反应。

质子酸或碱的强度取决于它们给出质子或接受质子的能力大小。共轭酸碱对中，若酸给出质子的能力愈强，则其共轭碱接受质子的能力愈弱。例如，HCl 在水中是强酸，其共轭碱 Cl^- 就是弱碱；HAc 是弱酸，其共轭碱 Ac^- 就是较强的碱。

质子理论不仅适用于水溶液中的酸碱反应，也适用于气相和非水溶液中的酸碱反应。

5.2 弱酸、弱碱的解离平衡

弱酸、弱碱是指酸、碱的主要存在形式是中性分子。在水溶液中，它们与水发生质子转移反应，部分解离为阴、阳离子。按照弱酸（弱碱）给出（接受）质子的数量来划分，只能给出一个质子的称为一元弱酸，能给出多个质子的为多元弱酸；只能接受一个质子的称为一元弱碱，能接受多个质子的为多元弱碱。

弱酸、弱碱属于弱电解质，在水溶液中部分解离，因此，在溶液中存在着未解离的弱电解质分子和已解离的离子之间的平衡，称为弱电解质的解离平衡。因此，弱酸、弱碱的质子转移平衡完全服从化学平衡及其移动的一般规律。

5.2.1 一元弱酸（弱碱）的解离平衡和解离常数

一元弱酸

弱酸、弱碱在水溶液中达到平衡时，可以用解离平衡常数（简称解离常数）来表示。例如 HAc 在水溶液中存在如下平衡：

$$HAc + H_2O \rightleftharpoons H_3O^+ + Ac^-$$

可简写为：

$$HAc \rightleftharpoons H^+ + Ac^-$$

但是不能认为酸碱反应是一对共轭酸碱对之间的质子转移反应，而是在体系中两对共轭酸碱对之间发生的质子转移反应，水是作为质子的接受体或质子的给予体。

在平衡体系中各组分之间有下列关系：

$$K_a^\ominus = \frac{[c(H^+)/c^\ominus][c(Ac^-)/c^\ominus]}{[c(HAc)/c^\ominus]} \tag{5.1}$$

式中，$K_a^\ominus$ 为弱酸 HAc 的解离常数，若为弱碱，则用$K_b^\ominus$ 表示。未指明是弱酸或弱碱时，统一用 $K_i^\ominus$ 代表。考虑到$c^\ominus = 1\ mol \cdot L^{-1}$，为演算简便起见，本书后面书写的解离平衡常数表达式中，不再出现 $c^\ominus$项，因此式(5.1) 可以简写为：

$$K_a^\ominus = \frac{c(H^+)c(Ac^-)}{c(HAc)}$$

$K_a^\ominus$、$K_b^\ominus$ 是表征弱酸、弱碱解离程度大小的特征常数，其值越小，表示其解离程度越小，酸性、碱性越弱。$K_a^\ominus$、$K_b^\ominus$ 与浓度无关，与温度有关。但温度的影响不显著，因此，在温度变化不大时，通常用常温下的数值。附录 5 列出了一些常见弱酸、弱碱的解离常数。

弱酸、弱碱的解离常数可以利用 pH 计测定溶液 pH 值计算求得，也可以利用热力学数据进行计算。

【例 5.1】 根据热力学数据计算 298.15 K、标准态下乙酸的 $K_a^\ominus$。

解：

$$HAc \rightleftharpoons H^+ + Ac^-$$

$\Delta_f G_m^\ominus / kJ \cdot mol^{-1}$　　-396.46　　0　　-369.31

计算得：$\Delta_r G_m^\ominus = 27.15(kJ \cdot mol^{-1})$

$$\lg K_a^\ominus = \frac{-\Delta_r G_m^\ominus}{2.303RT} = \frac{-27.15\times 10^3}{2.303\times 8.314\times 298.15} = -4.75$$

$$K_a^\ominus(HAc) = 1.8\times 10^{-5}$$

5.2.2　解离度和稀释定律

弱电解质在水溶液中达到平衡后，已解离的分子与分子总数之比称为解离度，用 α 表示。在等容反应中，已解离的弱电解质浓度与原始弱电解质浓度之比等于解离度，可表示为：

$$\alpha = \frac{\text{已解离部分的弱电解质浓度}}{\text{未解离弱电解质浓度}}\times 100\% \tag{5.2}$$

解离度的大小也可表示弱电解质的相对强弱。在温度、浓度相同的条件下，解离度愈大，$K_i^\ominus$ 愈大，说明是较强的弱电解质；解离度愈小，K_i 愈小，说明是较弱的弱电解质。$K_i^\ominus$ 不随浓度而变化，而 α 则在一定温度下，随浓度而变化。因此，$K_i^\ominus$ 比 α 能更好地反映出弱电解质的特征，应用范围更为广泛。α 和 $K_i^\ominus$ 之间的定量关系可以推导如下：

设一元弱酸 HA 的解离常数为 $K_a^\ominus$，解离度为 α，浓度为 c，则

$$HA \rightleftharpoons H^+ + A^-$$

平衡浓度$/mol \cdot L^{-1}$　　$c - c\alpha$　　$c\alpha$　　$c\alpha$

$$K_a^\ominus = \frac{c(H^+)c(A^-)}{c(HA)} = \frac{c\alpha \cdot c\alpha}{c - c\alpha} = \frac{c\alpha^2}{1-\alpha}$$

当 $\frac{c}{K_a^\ominus} \geqslant 500$ 时，HAc 解离程度很小，$1-\alpha \approx 1$，则上式可写为：

$$K_a^\ominus = c\alpha^2 \quad \text{或} \quad \alpha = \sqrt{\frac{K_a^\ominus}{c}} \tag{5.3}$$

推广到一般得：

$$\alpha = \sqrt{\frac{K_i^\ominus}{c}} \tag{5.4}$$

式(5.4) 表示解离度、解离常数、溶液浓度三者之间的定量关系，称为稀释定律。它表明：在一定温度下，弱电解质的解离度与其浓度的平方根成反比，即溶液越稀，解离度越大。

需要注意的是，溶液越稀，解离度越大，溶液中离子浓度未必也大。

5.2.3　一元弱酸（弱碱）溶液中相关离子浓度的计算

严格来讲，一元弱酸水溶液中存在两种质子转移平衡，以 HAc 为例：

$$HAc + H_2O \rightleftharpoons H_3O^+ + Ac^-$$

$$H_2O + H_2O \rightleftharpoons H_3O^+ + OH^-$$

要精确计算一元弱酸溶液中 H^+ 的浓度，既要考虑弱酸自身的解离，又要考虑水的解离，相当复杂，实际工作中也没有必要，通常在允许的误差范围内可采用近似计算。当 $cK_a^\ominus \geqslant 20K_w^\ominus$ 时，可以忽略水的解离，在本教材的计算中，一般均忽略水的解离，只考虑一元弱酸的解离平衡。一元弱酸的解离过程简写为：

	HAc	$\rightleftharpoons$	H^+	+	Ac^-
起始浓度/$mol \cdot L^{-1}$	c_a		0		0
平衡浓度/$mol \cdot L^{-1}$	$c_a - c(H^+)$		$c(H^+)$		$c(Ac^-)$

$$K_a^\ominus = \frac{c(H^+)c(Ac^-)}{c(HAc)} = \frac{[c(H^+)]^2}{c_a - c(H^+)} \tag{5.5}$$

式中，c_a 为 HAc 的起始浓度；$c(H^+)$、$c(HAc)$ 分别为 H^+ 和 HAc 的平衡浓度，展开上式得：

$$[c(H^+)]^2 + K_a^\ominus c(H^+) - K_a^\ominus c_a = 0$$

$$c(H^+) = \frac{-K_a^\ominus + \sqrt{K_a^{\ominus 2} + 4K_a^\ominus c_a}}{2} \tag{5.6}$$

式(5.6) 是计算一元弱酸溶液中 $c(H^+)$ 的近似式。

当 $\frac{c_a}{K_a^\ominus} \geqslant 500$ 时，解离的 HAc 极少，$c_a - c(H^+) \approx c_a$，则式(5.5) 可写成：

$$K_a^\ominus = \frac{[c(H^+)]^2}{c_a}$$

则

$$c(H^+) = \sqrt{c_a K_a^\ominus} \tag{5.7}$$

式(5.7) 为计算一元弱酸溶液中 $c(H^+)$ 的最简式。

对于一元弱碱溶液，同理可以得到计算 $c(OH^-)$ 的近似式(5.8) 和最简式(5.9)。

$$K_b^\ominus = \frac{[c(OH^-)]^2}{c_b - c(OH^-)}$$

$$c(OH^-) = \frac{-K_b^\ominus + \sqrt{K_b^{\ominus 2} + 4K_b^\ominus c_b}}{2} \tag{5.8}$$

$$c(OH^-) = \sqrt{c_b K_b^\ominus} \tag{5.9}$$

【例 5.2】 计算 0.10 $mol \cdot L^{-1}$ HAc 溶液的 pH 值及解离度 α。

解： 已知 $K_a^\ominus(HAc) = 1.8 \times 10^{-5}$，$c = 0.10\ mol \cdot L^{-1}$

因 $cK_a^\ominus = 0.10 \times 1.8 \times 10^{-5} > 20K_w^\ominus$，可以忽略水的解离。

因 $\frac{c}{K_a^\ominus} = \frac{0.10}{1.8 \times 10^{-5}} > 500$，故按最简式计算：

$$c(H^+) = \sqrt{cK_a^\ominus} = \sqrt{0.10 \times 1.8 \times 10^{-5}} = 1.34 \times 10^{-3} (mol \cdot L^{-1})$$

$$pH = -\lg(1.34 \times 10^{-3}) = 2.87$$

$$\alpha = \frac{c(H^+)}{c} \times 100\% = \frac{1.34 \times 10^{-3}}{0.10} \times 100\% = 1.34\%$$

【例 5.3】 计算 $0.10\ mol \cdot L^{-1}$ 一氯乙酸（$CH_2ClCOOH$）溶液的 pH 值和解离度 α。

解： 已知 $K_a^{\ominus}=1.40\times10^{-3}$，$c=0.10\ mol\cdot L^{-1}$

因 $cK_a^{\ominus}=0.10\times1.40\times10^{-3}>20K_w^{\ominus}$，$\dfrac{c}{K_a^{\ominus}}=\dfrac{0.10}{1.40\times10^{-3}}<500$，故不能用最简式计算，可按近似式计算。

$$c(H^+)=\frac{-K_a^{\ominus}+\sqrt{K_a^{\ominus2}+4K_a^{\ominus}c_a}}{2}$$

$$=\frac{-1.40\times10^{-3}+\sqrt{(1.40\times10^{-3})^2+4\times1.40\times10^{-3}\times0.10}}{2}$$

$$=1.11\times10^{-2}(mol\cdot L^{-1})$$

$$pH=-\lg(1.11\times10^{-2})=1.95$$

$$\alpha=\frac{c(H^+)}{c}\times100\%=\frac{1.11\times10^{-2}}{0.10}\times100\%=11.1\%$$

5.2.4　同离子效应和盐效应

弱电解质的解离平衡和其他化学平衡一样，是一个动态平衡，当外界条件改变时，将发生平衡移动。

例如，在 HAc 溶液中加入强电解质 NaAc，由于 NaAc 完全解离，溶液中 $c(Ac^-)$ 增大，使 HAc 的解离平衡向左移动，$c(H^+)$ 减小，故 HAc 的解离度降低。

$$NaAc \longrightarrow Na^+ + \boxed{Ac^-}$$
$$HAc \rightleftharpoons H^+ + \boxed{Ac^-}$$
$$\longleftarrow$$

平衡移动方向

又如，在 $NH_3\cdot H_2O$ 溶液中加入 NH_4Cl，使 NH_3 的解离度降低。

这种在弱电解质溶液中，加入含有相同离子的易溶的强电解质，使弱电解质解离度降低的现象称为同离子效应。

【例 5.4】 在 1 L $0.10\ mol\cdot L^{-1}$ 的 HAc 溶液中加入固体 NaAc（忽略体积变化），使其浓度为 $0.10\ mol\cdot L^{-1}$，计算此溶液的 $c(H^+)$ 和解离度。

解：

$$NaAc \longrightarrow Na^+ + Ac^-$$
$$HAc \rightleftharpoons H^+ + Ac^-$$

平衡浦度/$mol\cdot L^{-1}$　$0.10-c(H^+)$　$c(H^+)$　$0.10+c(H^+)$

$\dfrac{c}{K_a^{\ominus}}=\dfrac{0.10}{1.8\times10^{-5}}>500$，且同离子效应抑制了 HAc 的解离，平衡时：

$c(HAc)=0.10-c(H^+)\approx0.10\ mol\cdot L^{-1}$，$c(Ac^-)=0.10+c(H^+)\approx0.10\ mol\cdot L^{-1}$，

故
$$K_a^{\ominus}=\frac{c(H^+)c(Ac^-)}{c(HAc)}=c(H^+)\times\frac{0.10}{0.10}$$

$$c(H^+)=1.8\times10^{-5}\times\frac{0.10}{0.10}=1.8\times10^{-5}(mol\cdot L^{-1})$$

$$\alpha=\frac{c(H^+)}{c}\times100\%=\frac{1.8\times10^{-5}}{0.10}\times100\%=0.018\%$$

与例 5.2 的计算结果比较可知，由于同离子效应，使 HAc 的解离度由 1.34%下降到

0.018%，下降幅度相当大。因此，利用同离子效应可以控制溶液中某离子的浓度和调节溶液的 pH 值，对生产实践和科学实验都具有实际意义。

若在 HAc 溶液中加入不含相同离子的易溶的强电解质 NaCl 时，由于溶液中的离子浓度增大，则离子强度增大，溶液中离子之间相互牵制作用增强，反而使 HAc 的解离度略微增大。这种在弱电解质溶液中加入不含相同离子的易溶的强电解质，使弱电解质的解离度增大的作用称为盐效应。例如在 0.10 $mol \cdot L^{-1}$ HAc 溶液中，加入 NaCl 使其浓度为 0.10$mol \cdot L^{-1}$，则溶液中的 $c(H^+)$ 由 1.34×10^{-3} $mol \cdot L^{-1}$增大到 $1.82 \times 10^{-3} mol \cdot L^{-1}$，HAc 的解离度由 1.34%增大到 1.82%。

注意：在产生同离子效应的同时，必然也有盐效应存在，但盐效应与同离子效应相比，要弱得多，故在同离子效应明显时，盐效应往往不予考虑。

5.2.5 多元弱酸的解离平衡及相关计算

多元弱酸

多元弱酸在水溶液中的解离过程是分步进行的，每一步平衡都有其对应的解离平衡常数。例如二元弱酸 H_2S 在水溶液中分两步解离，达到平衡时，主要存在如下两个平衡：

$$H_2S \rightleftharpoons H^+ + HS^-$$

$$K_{a_1}^{\ominus} = \frac{c(H^+)c(HS^-)}{c(H_2S)} = 1.1 \times 10^{-7}$$

$$HS^- \rightleftharpoons H^+ + S^{2-}$$

$$K_{a_2}^{\ominus} = \frac{c(H^+)c(S^{2-})}{c(HS^-)} = 1.3 \times 10^{-13}$$

式中，$K_{a_1}^{\ominus}$、$K_{a_2}^{\ominus}$ 分别为 H_2S 的第一步、第二步解离的平衡常数。很显然，解离平衡常数逐级减小，这是因为第一步解离出来的 H^+ 对第二步解离有抑制作用，因此，多元弱酸的强弱主要取决于$K_{a_1}^{\ominus}$ 的大小。推而广之，对于多数多元弱酸的解离常数，也都是$K_{a_1}^{\ominus} \gg K_{a_2}^{\ominus} \gg K_{a_3}^{\ominus}$。

严格来讲，溶液中的 $c(H^+)$ 来自 H_2S 的两步解离及水的解离。当 $cK_{a_1}^{\ominus} \geqslant 20 K_w^{\ominus}$ 时，可以忽略水的解离；当$K_{a_1}^{\ominus}/K_{a_2}^{\ominus} > 10^4$ 时，溶液中的 $c(H^+)$ 主要来自 H_2S 的第一步解离，因此，计算 $c(H^+)$ 时就可以按一元弱酸的情况处理。

【例 5.5】 计算 0.10 $mol \cdot L^{-1} H_2S$ 水溶液中 $c(H^+)$、$c(HS^-)$ 及 $c(S^{2-})$。

解：已知$K_{a_1}^{\ominus} = 1.1 \times 10^{-7}$，$K_{a_2}^{\ominus} = 1.3 \times 10^{-13}$，$c = 0.10\ mol \cdot L^{-1}$

因 $cK_{a_1}^{\ominus} = 0.10 \times 1.1 \times 10^{-7} > 20 K_w^{\ominus}$，可忽略水的解离；又因$\frac{K_{a_1}^{\ominus}}{K_{a_2}^{\ominus}} = \frac{1.1 \times 10^{-7}}{1.3 \times 10^{-13}} > 10^4$，$\frac{c}{K_{a_1}^{\ominus}} = \frac{0.10}{1.1 \times 10^{-7}} > 500$，因此，可按一元弱酸最简式计算。

$$c(H^+) = \sqrt{cK_{a_1}^{\ominus}} = \sqrt{0.10 \times 1.1 \times 10^{-7}} = 1.0 \times 10^{-4} (mol \cdot L^{-1})$$

$c(S^{2-})$ 按第二步解离平衡计算：

$$HS^- \rightleftharpoons H^+ + S^{2-}$$

$$K_{a_2}^{\ominus} = \frac{c(H^+)c(S^{2-})}{c(HS^-)}$$

由于 H_2S 的第二步解离程度很小，所以 $c(HS^-) \approx c(H^+)$，则

$$c(HS^-)=1.0\times10^{-4}(mol\cdot L^{-1})$$

$$c(S^{2-})\approx K_{a_2}^{\ominus}=1.3\times10^{-13}(mol\cdot L^{-1})$$

上面的计算结果表明，对于多元弱酸溶液，可得到如下结论：

① 当多元弱酸的 $K_{a_1}^{\ominus}\gg K_{a_2}^{\ominus}\gg K_{a_3}^{\ominus}$，且 $K_{a_1}^{\ominus}/K_{a_2}^{\ominus}>10^4$ 时，可当作一元弱酸处理计算 $c(H^+)$。

② 二元弱酸的酸根离子浓度近似等于 $K_{a_2}^{\ominus}$，与弱酸的浓度关系不大。如 $c(S^{2-})\approx K_{a_2}^{\ominus}$。但是，这个结论不能简单地推论到三元弱酸溶液中。利用上面的方法可以推导出，在 H_3PO_4 溶液中，$c(HPO_4^{2-})\approx K_{a_2}^{\ominus}$。

③ 在二元弱酸（如 H_2S）溶液中，$c(H^+)\neq 2c(S^{2-})$。这是因为 H_2S 的第二步解离程度很小。

利用多重平衡规则，也可以推导出 H_2S 溶液中的 $c(S^{2-})$。将 H_2S 的两步解离平衡相加得到：

$$H_2S \rightleftharpoons 2H^+ + S^{2-} \qquad K_a^{\ominus}=K_{a_1}^{\ominus}K_{a_2}^{\ominus}=\frac{[c(H^+)]^2c(S^{2-})}{c(H_2S)}$$

上式表明了二元弱酸 H_2S 溶液中 $c(H^+)$、$c(S^{2-})$ 与未解离 $c(H_2S)$ 之间的关系。常温常压，H_2S 饱和溶液中，$c(H_2S)=0.10\ mol\cdot L^{-1}$，则：

$$c(S^{2-})=\frac{c(H_2S)K_{a_1}^{\ominus}K_{a_2}^{\ominus}}{[c(H^+)]^2}=\frac{0.10\times1.1\times10^{-7}\times1.3\times10^{-13}}{[c(H^+)]^2}=\frac{1.4\times10^{-21}}{[c(H^+)]^2} \qquad (5.10)$$

式(5.10) 表明，在 H_2S 饱和溶液中，$c(S^{2-})$ 与 $[c(H^+)]^2$ 成反比。如果往 H_2S 饱和溶液中加入强酸，则可以显著降低 $c(S^{2-})$，因此，可以通过改变溶液中 $c(H^+)$ 来控制 $c(S^{2-})$。

多元弱碱如 $Al(OH)_3$、中强酸如 H_3PO_4 在水溶液中也是分步解离的，可根据类似的方法进行计算。

5.3　缓冲溶液

缓冲溶液

5.3.1　缓冲溶液和缓冲作用

在水溶液中进行的许多反应都与溶液的 pH 值有关，其中有些反应必须要求在一定的 pH 范围内进行，这就需要使用缓冲溶液。

当溶液中加入少量强酸或强碱，或适当稀释时，溶液的 pH 值只引起很小的变化，这种对 pH 值的稳定作用称为缓冲作用。具有保持 pH 值相对稳定的溶液称为缓冲溶液。

缓冲溶液不仅在化学、化工生产中，而且在生命活动中都极为重要。例如，生物体内的酶催化反应，往往需要在一定的 pH 条件下才能正常进行；人体血液中含有 H_2CO_3-$NaHCO_3$、NaH_2PO_4-Na_2HPO_4、Na 蛋白质-H 蛋白质等缓冲溶液，使血液 pH 范围维持在 7.35～7.45，确保细胞代谢正常进行。如果血液的 pH 值低于 7.3 或高于 7.5，就会出现酸中毒或碱中毒，严重时可危及生命。在植物体内也含有有机酸（酒石酸、柠檬酸、草酸等）及其盐类所组成的缓冲系统。土壤常是由碳酸-碳酸盐、土壤腐植质酸及其盐类所

组成的缓冲系统，土壤溶液的缓冲作用是保证植物生长的必要条件。

5.3.2 缓冲溶液的作用机理

在 1 L 纯水中加入 0.01 mol HCl 或 0.01 mol NaOH，水的 pH 值将从 7 降至 2 或升高至 12，都改变了 5 个 pH 单位，即 pH 发生了显著变化。显然，纯水不具有缓冲作用。为什么缓冲溶液具有缓冲作用呢？下面以 HAc-NaAc 缓冲体系为例说明缓冲溶液的缓冲机理。

在 HAc-NaAc 混合溶液中，NaAc 是强电解质，完全解离，HAc 是弱电解质，在溶液中只部分解离，由于来自 NaAc 的 Ac^- 同离子效应，抑制了 HAc 的解离，使其解离度减小，所以在 HAc-NaAc 混合溶液中，存在着大量的 HAc 和 Ac^-，两者之间存在如下平衡：

$$\xleftarrow{\text{加入适量酸(H}^+\text{)，平衡向左移动}}$$
$$HAc \rightleftharpoons H^+ + Ac^-$$
$$\xrightarrow{\text{加入适量碱(OH}^-\text{)，平衡向右移动}}$$

当加入少量强酸时，溶液中 Ac^- 与加入的 H^+ 结合生成 HAc，平衡向左移动，结果是 $c(Ac^-)$ 略有减小，$c(HAc)$ 略有增大，而溶液中的 $c(H^+)$ 没有明显增大，溶液的 pH 值基本保持不变。因此，Ac^- 发挥了抵抗外来强酸的作用，故称为缓冲溶液的抗酸成分。

当加入少量强碱时，OH^- 与 H^+ 作用，HAc 分子进一步解离以补充消耗掉的 H^+，平衡向右移动，结果是 $c(HAc)$ 略有减小，$c(Ac^-)$ 略有增大，$c(H^+)$ 也没有明显减小，溶液的 pH 值基本保持不变。因此，HAc 发挥了抵抗外来强碱的作用，故称为缓冲溶液的抗碱成分。

当适当稀释溶液时，由于 $c(HAc)$ 和 $c(Ac^-)$ 以同等倍数减小，其比值不变，因此，$c(H^+)$ 和 pH 值也变化不大。

从上面的讨论可以看到，缓冲溶液都含有两种物质，一种是能抵消酸的成分，另一种是能抵消碱的成分，这两种物质合称为缓冲溶液混合物（又称缓冲对）。除了弱酸-弱酸盐、弱碱-弱碱盐可以组成缓冲溶液外，由多元弱酸所组成的两种不同酸度的盐如 $NaHCO_3$-Na_2CO_3 混合溶液、NaH_2PO_4-Na_2HPO_4 混合溶液等也具有缓冲作用。在实际中，有时只需对 H^+ 或对 OH^- 有抵消作用，可以根据需要选用合适的弱碱（或弱酸盐）作为抗酸成分；选用合适的弱酸（或弱碱盐）作为抗碱成分。例如，工业上常选用单一的柠檬酸、NaAc、HAc 等作为缓冲试剂。

5.3.3 缓冲溶液 pH 的计算

缓冲溶液实际上就是含有同离子效应的弱酸或弱碱溶液，因此，其 pH 值的计算方法与同离子效应的计算方法相同。

弱酸（HA）及其弱酸盐（NaA）组成的缓冲溶液中，存在以下解离平衡：

$$HA \rightleftharpoons H^+ + A^-$$

$$c(H^+) = K_a^{\ominus} \frac{c(HA)}{c(A^-)}$$

将等式两边分别取负对数，得：

$$pH=pK_a^{\ominus}-\lg\frac{c(HA)}{c(A^-)} \quad 或 \quad pH=pK_a^{\ominus}+\lg\frac{c(A^-)}{c(HA)} \tag{5.11}$$

式中，$c(A^-)$ 和 $c(HA)$ 均为平衡浓度，但是由于同离子效应的存在，HA 的解离度很小，因此，平衡时 $c(A^-)$ 和 $c(HA)$ 可以近似等于其初始浓度 $c_0(HA)$ 和 $c_0(A^-)$。故上式可写为：

$$pH=pK_a^{\ominus}+\lg\frac{c_0(A^-)}{c_0(HA)}=pK_a^{\ominus}+\lg\frac{c_0(弱酸盐)}{c_0(弱酸)} \tag{5.12}$$

利用式(5.12) 计算缓冲溶液的 pH 值，不会产生较大的误差。

弱碱及其弱碱盐（如 NH_3-NH_4^+）组成的缓冲溶液，其 pH 值的计算公式为：

$$pOH=pK_b^{\ominus}+\lg\frac{c_0(弱碱盐)}{c_0(弱碱)} \tag{5.13}$$

【例 5.6】 用 0.10 $mol\cdot L^{-1}$ HAc 溶液和 0.20 $mol\cdot L^{-1}$ NaAc 溶液等体积混合配制缓冲溶液 1.0 L。求此缓冲溶液的 pH 值。当加入 0.01 mol HCl 或 0.01 mol NaOH 时，溶液的 pH 值又为多少？（忽略体积变化）

解： 查表 $pK_a^{\ominus}(HAc)=4.75$，将数据代入式(5.12)，得：

$$pH=pK_a^{\ominus}+\lg\frac{c(NaAc)}{c(HAc)}=4.75+\lg\frac{0.20/2}{0.10/2}=5.05$$

加入 0.01 mol HCl，由于 H^+ 与溶液中的 Ac^- 作用，使溶液中 Ac^- 浓度减小，HAc 浓度增大，此时缓冲溶液的 pH 值为：

$$pH=4.75+\lg\frac{0.10-0.01}{0.05+0.01}=4.93$$

加入 0.01 mol NaOH，由于 OH^- 与溶液中的 HAc 作用，使溶液中 HAc 浓度减小，Ac^- 浓度增大，此时缓冲溶液的 pH 值为：

$$pH=4.75+\lg\frac{0.10+0.01}{0.05-0.01}=5.19$$

【例 5.7】 在 100.0 mL 0.10$mol\cdot L^{-1}$ $NH_3\cdot H_2O$ 溶液中，溶入 1.07 g NH_4Cl 固体，溶液的 pH 值为多少？（忽略体积变化）

解： 查表 $pK_b^{\ominus}(NH_3)=4.75$，又

$$c(NH_4^+)=\frac{1.07}{53.5\times 0.1}=0.20(mol\cdot L^{-1}),\ c(NH_3)=0.10(mol\cdot L^{-1})$$

将数据代入式(5.13)，得：

$$pOH=pK_b^{\ominus}+\lg\frac{c_0(弱碱盐)}{c_0(弱碱)}=4.75+\lg\frac{0.20}{0.10}=5.05$$

$$pH=14-5.05=8.95$$

5.3.4 缓冲溶液的缓冲容量和缓冲范围

(1) 缓冲容量

任何缓冲溶液的缓冲能力都是有一定限度的，缓冲能力的大小常以缓冲容量（β）来量度。缓冲容量指单位体积缓冲溶液的 pH 改变 1 个单位时，所需加入一元强酸或一元强碱的物质的量。在一定条件下，β 愈大，缓冲溶液的缓冲能力愈强。

对于同一缓冲溶液，当缓冲组分的比值一定时，总浓度越大，缓冲能力就越强；当总浓度一定时，缓冲组分的浓度比值越接近 1，缓冲能力就越强；当缓冲组分的浓度比值等于 1 时，缓冲容量最大。

(2) 缓冲范围

研究证明：当缓冲组分的浓度比值$\frac{c_0(\text{弱酸盐})}{c_0(\text{弱酸})}$在（1∶10）～（10∶1）范围时，pH 在 $pK_a^{\ominus}\pm1$ 范围内，缓冲溶液具有缓冲性能。因此，通常把 $pH=pK_a^{\ominus}\pm1$ 作为缓冲作用的有效区间，称为缓冲溶液的缓冲范围。

5.3.5 缓冲溶液的选择和配制

在实际工作中，需要配制一定 pH 值的缓冲溶液，应按下列原则和步骤进行。

(1) 选择合适的缓冲体系

为使缓冲溶液具有较大的缓冲容量，所选缓冲体系中弱酸的 $pK_a^{\ominus}$ 与所配缓冲溶液 pH 值应尽量接近。如配制 pH 值为 5.0 的缓冲溶液，可选择 HAc-NaAc 缓冲体系，因为 HAc 的 $pK_a^{\ominus}=4.75$。

(2) 缓冲溶液的浓度要适当

为使缓冲溶液具有较大的缓冲容量，所配缓冲溶液要有较大的浓度，缓冲组分的浓度比值尽量接近 1。在实际工作中，一般总浓度在 0.05～0.20 $mol\cdot L^{-1}$范围为宜。

(3) 计算所需缓冲体系的用量

选择好缓冲体系之后，利用缓冲溶液 pH（或 pOH）的计算公式计算出弱酸（弱碱）及其弱酸盐（弱碱盐）的浓度或体积。在实际工作中，两种缓冲组分常使用相同的浓度。

【例 5.8】 如何配制 pH=5.0 的缓冲溶液 500 mL?

解： ① 根据 $pK_a^{\ominus}(HAc)=4.75$，选用 HAc-NaAc 缓冲体系。

② 选择合适的浓度，选 0.10 $mol\cdot L^{-1}$ HAc 和 0.10 $mol\cdot L^{-1}$ NaAc 溶液。

③ 计算所需 HAc 和 NaAc 溶液的体积。

因为配制时所用 HAc 和 NaAc 浓度相同，所以其浓度之比就等于其体积之比，代入公式得：

$$pH=pK_a^{\ominus}+\lg\frac{V(NaAc)}{V(HAc)}$$

将数据代入上式，得：

$$5.0=4.75+\lg\frac{V(NaAc)}{500\ mL-V(NaAc)}$$

$$\lg\frac{V(NaAc)}{500\ mL-V(NaAc)}=0.25$$

解之，得：$V(NaAc)=320\ mL$，$V(HAc)=180\ mL$

配制：将 180 mL 0.10 $mol\cdot L^{-1}$HAc 溶液和 320 mL 0.10 $mol\cdot L^{-1}$ NaAc 溶液混合均匀，即可配成 500 mL pH 为 5.0 的缓冲溶液（这里忽略溶液混合引起的体积变化）。必要时可用 pH 计校正。

在实际工作中，常采用在弱酸（HAc）溶液中加入适量的强碱（NaOH）或在弱碱溶液中加入适量的强酸，均可配制缓冲溶液。

5.4 盐类的水解平衡

盐类的水解反应

5.4.1 水解平衡和水解常数

(1) 水解平衡

盐类的水解平衡是指盐的组分离子与水解离出来的 H^+ 或 OH^- 结合生成弱酸电解质的反应，它是酸碱中和反应的逆反应。盐类发生水解后，导致水的解离平衡发生移动，从而改变了溶液中 H^+ 或 OH^- 的相对浓度，使溶液表现出酸性或碱性。

① 一元强碱弱酸盐　例如，NaAc 在水溶液中的水解过程如下：

$$NaAc \longrightarrow Na^+ + Ac^-$$
$$+$$
$$H_2O \rightleftharpoons OH^- + H^+$$
$$\Updownarrow$$
$$HAc$$

水解平衡的离子方程式为：　$Ac^- + H_2O \rightleftharpoons HAc + OH^-$

因此，强碱弱弱盐的水解实际上是阴离子发生水解，溶液呈碱性。

② 一元强酸弱碱盐　例如，NH_4Cl 在水溶液中的水解过程如下：

$$NH_4Cl \longrightarrow NH_4^+ + Cl^-$$
$$+$$
$$H_2O \rightleftharpoons OH^- + H^+$$
$$\Updownarrow$$
$$NH_3 \cdot H_2O$$

水解平衡的离子方程式为：$NH_4^+ + H_2O \rightleftharpoons NH_3 \cdot H_2O + H^+$

因此，强酸弱碱盐的水解实际上是阳离子发生水解，溶液呈酸性。

③ 一元弱酸弱碱盐　弱酸弱碱盐解离出来的阳离子和阴离子都能发生水解，生成相应的弱酸和弱碱。例如，NH_4Ac 在水溶液中的水解过程如下：

$$NH_4^+ + H_2O \rightleftharpoons NH_3 \cdot H_2O + H^+$$

$$Ac^- + H_2O \rightleftharpoons HAc + OH^-$$

水解平衡的离子方程式为：$NH_4^+ + Ac^- + H_2O \rightleftharpoons NH_3 \cdot H_2O + HAc$

弱酸弱碱盐溶液的酸碱性取决于水解产物 $K_a^\ominus$ 和 $K_b^\ominus$ 的相对大小。若 $K_a^\ominus > K_b^\ominus$，则溶液显酸性；若 $K_a^\ominus < K_b^\ominus$，则溶液显碱性；若 $K_a^\ominus \approx K_b^\ominus$，则溶液显中性。

(2) 水解常数

水解平衡和水的解离平衡、弱酸（弱碱）的解离平衡有关。例如，强酸弱碱盐 NH_4Cl 的水解平衡可以通过下面两个解离平衡相减得到：

$$
\begin{array}{lll}
 & H_2O \rightleftharpoons OH^- + H^+ & K_w^{\ominus} \\
-) & NH_3 \cdot H_2O \rightleftharpoons NH_4^+ + OH^- & K_b^{\ominus} \\
\hline
 & NH_4^+ + H_2O \rightleftharpoons NH_3 \cdot H_2O + H^+ & K_h^{\ominus} = \dfrac{K_w^{\ominus}}{K_b^{\ominus}}
\end{array} \tag{5.14}
$$

式中，$K_h^{\ominus}$ 称为水解平衡常数，简称水解常数。

同理，可推出一元强碱弱酸盐水解常数关系式：

$$K_h^{\ominus} = \frac{K_w^{\ominus}}{K_a^{\ominus}} \tag{5.15}$$

一元弱酸弱碱盐水解常数关系式为：

$$K_h^{\ominus} = \frac{K_w^{\ominus}}{K_a^{\ominus} K_b^{\ominus}} \tag{5.16}$$

$K_h^{\ominus}$ 值表示盐水解程度的大小。$K_h^{\ominus}$ 值越大，盐的水解程度越大。各种盐的水解常数值没有现成数据可查，需要通过计算求得。

盐的水解程度也可以用水解度（h）来衡量：

$$\text{水解度}(h) = \frac{\text{盐水解部分的物质的量(或浓度)}}{\text{始态盐的物质的量(或浓度)}} \times 100\% \tag{5.17}$$

水解度 h 也是平衡转化率的一种形式，其大小随温度和浓度的变化而改变。

5.4.2　分步水解

与多元弱酸（碱）的分步解离相似，多元弱酸（碱）盐的水解也是分步进行的。例如，Na_2CO_3 的水解分两步进行：

$$CO_3^{2-} + H_2O \rightleftharpoons HCO_3^- + OH^-$$
$$HCO_3^- + H_2O \rightleftharpoons H_2CO_3 + OH^-$$

按照多重平衡规则可推出：

$$K_{h_1}^{\ominus} = \frac{K_w^{\ominus}}{K_{a_2}^{\ominus}} = \frac{1.0 \times 10^{-14}}{4.7 \times 10^{-11}} = 2.13 \times 10^{-4}$$

$$K_{h_2}^{\ominus} = \frac{K_w^{\ominus}}{K_{a_1}^{\ominus}} = \frac{1.0 \times 10^{-14}}{4.5 \times 10^{-7}} = 2.22 \times 10^{-8}$$

可以看出，多元弱酸盐（或多元弱碱盐）的水解常数是逐步减小的。由于$K_{h_1}^{\ominus} \gg K_{h_2}^{\ominus}$，所以，计算多元弱酸盐（或多元弱碱盐）的 $c(OH^-)$ 或 $c(H^+)$ 时，一般只需考虑第一步水解。

5.4.3　盐溶液 pH 值的近似计算

计算各类盐溶液的 pH 值时，先书写出水解平衡离子方程式，然后计算出水解常数，按照解离平衡的计算方法进行计算即可。

【例 5.9】 计算 0.10 mol·L^{-1} NaAc 溶液的 pH 值和水解度。

解： 水解平衡方程式 $Ac^- + H_2O \rightleftharpoons HAc + OH^-$

$$K_h^\ominus = \frac{K_w^\ominus}{K_a^\ominus(HAc)} = \frac{1.0\times10^{-14}}{1.8\times10^{-5}} = 5.6\times10^{-10}$$

因 $cK_h^\ominus = 0.10\times5.6\times10^{-10} > 20K_w^\ominus$，所以可忽略水的解离。

$$Ac^- \quad + H_2O \rightleftharpoons \quad HAc \quad + \quad OH^-$$

平衡浓度/mol·L^{-1} $\qquad 0.10-c(OH^-) \qquad c(OH^-) \quad c(OH^-)$

$$\frac{[c(OH^-)]^2}{0.10-c(OH^-)} = 5.6\times10^{-10}$$

又因 $\frac{c}{K_h^\ominus} = \frac{0.10}{5.6\times10^{-10}} > 500$，则 $0.10-c(OH^-)\approx0.10$，故

$$c(OH^-) = \sqrt{cK_h^\ominus} = \sqrt{0.10\times5.6\times10^{-10}} = 7.5\times10^{-6}(mol\cdot L^{-1})$$

$$pOH = -\lg(7.5\times10^{-6}) = 5.12$$

$$pH = 14 - pOH = 14 - 5.12 = 8.88$$

$$h = \frac{7.5\times10^{-6}}{0.10}\times100\% = 7.5\times10^{-3}\%$$

【例 5.10】 计算 0.10 mol·L^{-1} Na_2CO_3 溶液的 pH 值。

解： 水解平衡离子方程式 $CO_3^{2-} + H_2O \rightleftharpoons HCO_3^- + OH^-$

$$K_{h_1}^\ominus = \frac{K_w^\ominus}{K_{a_2}^\ominus} = \frac{1.0\times10^{-14}}{4.7\times10^{-11}} = 2.13\times10^{-4}$$

$$HCO_3^- + H_2O \rightleftharpoons H_2CO_3 + OH^-$$

$$K_{h_2}^\ominus = \frac{K_w^\ominus}{K_{a_1}^\ominus} = \frac{1.0\times10^{-14}}{4.5\times10^{-7}} = 2.22\times10^{-8}$$

因为 $cK_{h_1}^\ominus > 20\,K_w^\ominus$，可忽略水的解离；$\frac{K_{h_1}^\ominus}{K_{h_2}^\ominus} = \frac{2.13\times10^{-4}}{2.22\times10^{-8}} \approx 10^4$，又可忽略第二步水解，按第一步水解计算。

又由于 $\frac{c}{K_{h_1}^\ominus} = \frac{0.10}{2.13\times10^{-4}} > 500$，故按最简式计算，则

$$c(OH^-) = \sqrt{cK_h^\ominus} = \sqrt{0.1\times2.13\times10^{-4}} = 4.62\times10^{-3}(mol\cdot L^{-1})$$

$$pOH = 2.34,\ pH = 11.66$$

5.4.4 影响盐类水解的因素

各类盐水解程度的大小，主要由盐的本性（$K_h^\ominus$ 的大小）决定。当水解产物——弱酸或弱碱越弱（即$K_a^\ominus$ 或$K_b^\ominus$ 越小），则$K_h^\ominus$ 越大，h 越大。另外，水解产物的难溶性和挥发性亦是增大水解度的重要因素之一。如果水解产物是溶解度很小的难溶物质或挥发性气体，则水解度很大，甚至可完全水解。例如，Cr_2S_3 的水解就是完全水解的典型示例：

$$Cr_2S_3 + 6H_2O \longrightarrow 2Cr(OH)_3\downarrow + 3H_2S\uparrow$$

此外，盐的水解还受浓度、温度及酸度等因素的影响。水解反应是吸热反应，升高温度可促进水解的进行。稀释定律同样适用于盐类的水解，当温度一定时，盐溶液浓度越大，水解度越小。因此，加热和稀释都有利于水解的进行。

溶液的酸碱度可以抑制或促进盐的水解。例如，含有 Sn^{2+}、Sb^{3+}、Bi^{3+}、Fe^{3+}、Pb^{2+}、Hg^{2+} 等离子的盐溶液中，如果 pH 控制不当，都易发生水解而产生沉淀。如：

$$SnCl_2 + H_2O \rightleftharpoons Sn(OH)Cl\downarrow + HCl$$

$$SbCl_3 + H_2O \rightleftharpoons SbOCl\downarrow + 2HCl$$

$$Bi(NO_3)_3 + H_2O \rightleftharpoons BiONO_3\downarrow + 2HNO_3$$

所以，在配制这些盐溶液时，一般是先把盐溶于少量的相应浓酸中（抑制水解），再用水稀释到所需浓度。又如，KCN 是剧毒物质，在水溶液中易发生水解，生成具有挥发性的剧毒物质——氢氰酸：

$$CN^- + H_2O \rightleftharpoons HCN + OH^-$$

因此，在配制 KCN 溶液时，常常先在水中加入适量的浓碱来抑制水解，以避免 HCN 的生成。

生产中利用水解的例子很多。如用 NaOH 和 Na_2CO_3 的混合液作为化学除油剂，就是利用了 Na_2CO_3 的水解性。在分析化学中，也常利用盐类水解反应达到物质的分离、鉴定和提纯的目的。

思 考 题

1. 解释下列化学名词

质子理论，共轭酸碱对，水的离子积，同离子效应，盐效应，稀释定律，缓冲溶液，缓冲容量，盐类水解，水解度

2. 根据酸碱质子理论，下列物质哪些是酸？哪些是碱？哪些是两性物质？并写出它们的共轭酸或共轭碱。

NH_3、H_2O、H_2S、HSO_4^-、HPO_4^{2-}、NH_4^+、HCO_3^-、Ac^-、HS^-、S^{2-}

3. H_3PO_4 水溶液中存在着哪几种离子？请按各种离子浓度的大小排出顺序。其中 H^+ 浓度是否为 PO_4^{3-} 浓度的 3 倍？

4. 在 HAc 溶液中加入下列物质时，HAc 的解离度和溶液的 pH 将如何变化？

（1）NaAc （2）HCl （3）NaOH （4）水

5. 下列说法是否正确，为什么？

（1）酸性水溶液中不含 OH^-，碱性水溶液中不含 H^+；在一定温度下，改变溶液的 pH，水的离子积发生变化；

（2）氨水的浓度越小，解离度越大，溶液中 OH^- 浓度就越大；

（3）若 HCl 溶液的浓度是 HAc 溶液的 2 倍，则 HCl 溶液中的 $c(H^+)$ 也是 HAc 溶液中 $c(H^+)$ 的 2 倍。

（4）H_2S 溶液中 $c(H^+)=2c(S^{2-})$。

（5）因为 NH_3-NH_4Cl 缓冲溶液的 pH 大于 7，所以不能抵抗少量的强碱。

6.（1）将 pH=5.0 与 pH=9.0 的两种强电解质溶液等体积混合，其 pH 为多少？

（2）将 pH=1.0 的 HCl 溶液与 pOH=13.0 的 HCl 溶液等体积混合，其 pH 为多少？

7. 浓度为 0.01 mol·L^{-1}的一元弱碱（$K_b^\ominus=1.0\times10^{-8}$），其 pH 值为多少？此碱溶液与水等体积混合

后，pH 值为多少？

8. 比较下列溶液的 pH 值，按 pH 值从大到小的顺序排列，并说明理由（假设浓度相同）。

（1）NaAc （2）NaCN （3）NH_4Ac （4）NH_4CN

9. NaH_2PO_4 水溶液呈弱酸性，而 Na_2HPO_4 水溶液呈弱碱性，为什么？

10. 回答下列问题。

（1）如何配制 $SnCl_2$、Na_2S 和 $Bi(NO_3)_3$ 溶液？

（2）将 $Al_2(SO_4)_3$ 溶液和 $NaHCO_3$ 溶液混合，会出现什么现象，其产物是什么？

习 题

1. 计算下列溶液的 pH。

（1）0.01 $mol \cdot L^{-1}$的 NaOH；

（2）0.01 $mol \cdot L^{-1}$的 HAc；

（3）0.1 $mol \cdot L^{-1}$的 Na_2CO_3。

2. 现有 0.20 $mol \cdot L^{-1}$ HCl 溶液，问：

（1）如改变酸度到 pH=4.0，应该加入 HAc 还是 NaAc?

（2）如果加入等体积的 0.40 $mol \cdot L^{-1}$ NaAc 溶液，则混合溶液的 pH 是多少？

3. 在 20.00 mL 0.100 $mol \cdot L^{-1}$ NH_3 的水溶液中，加入 0.100 $mol \cdot L^{-1}$ HCl 溶液。试计算：

（1）当加入 10.00 mL HCl 溶液后，混合溶液的 pH 值；

（2）当加入 20.00 mL HCl 溶液后，混合溶液的 pH 值；

（3）当加入 30.00 mL HCl 溶液后，混合溶液的 pH 值。

4. 计算饱和 H_2S 水溶液中的 H^+ 和 S^{2-} 的浓度。如用 HCl 调节溶液的 pH 为 2.0，此时溶液中的 S^{2-} 浓度又是多少？计算结果说明什么？

5. 计算下列溶液的 pH 值

（1）0.20 $mol \cdot L^{-1}$ HAc 溶液和 0.10 $mol \cdot L^{-1}$ NaOH 溶液等体积混合；

（2）28.0 mL 0.067 $mol \cdot L^{-1}$ Na_2HPO_4 溶液和 56.0 mL 0.067 $mol \cdot L^{-1}$ NaH_2PO_4 溶液混合。

6. 要配制 pH 为 4.75 的缓冲溶液，需称取多少克 $NaAc \cdot 3H_2O$ 固体溶解于 500 mL 0.20 $mol \cdot L^{-1}$ HAc 溶液中（忽略体积变化）？若向此溶液中通入 0.01 mol 的 HCl 气体后，溶液的 pH 变为多少？

7. 临床检验测得三人血浆中 HCO_3^- 和 CO_2 溶解的浓度如下：

甲：$c(HCO_3^-)=24.0\ mmol \cdot L^{-1}$，$c(CO_2)_{溶解}=1.20\ mmol \cdot L^{-1}$；

乙：$c(HCO_3^-)=21.6\ mmol \cdot L^{-1}$，$c(CO_2)_{溶解}=1.34\ mmol \cdot L^{-1}$；

丙：$c(HCO_3^-)=56.0\ mmol \cdot L^{-1}$，$c(CO_2)_{溶解}=1.40\ mmol \cdot L^{-1}$。

计算三人血浆的 pH 值，并判断何人属于正常，何人属于酸中毒（pH<7.35），何人属于碱中毒（pH>7.45）。已知 $pK_{a_1}^{\ominus}(H_2CO_3)=6.10$(37 ℃)。

8. 以下三种情况下各形成什么缓冲溶液？它们的理论缓冲范围各是多少？

（1）等体积的 0.10 $mol \cdot L^{-1}$ H_3PO_4 溶液与 0.05 $mol \cdot L^{-1}$ NaOH 溶液混合；

（2）等体积的 0.10 $mol \cdot L^{-1}$ H_3PO_4 溶液与 0.15 $mol \cdot L^{-1}$ NaOH 溶液混合；

（3）等体积的 0.10 $mol \cdot L^{-1}$ H_3PO_4 溶液与 0.25 $mol \cdot L^{-1}$ NaOH 溶液混合。

9. 配制 pH=10.0 的缓冲溶液 1.0L：

（1）今有缓冲体系 HAc-NaAc、KH_2PO_4-Na_2HPO_4、NH_3-NH_4Cl，问选用何种缓冲体系最好？

（2）如选用的缓冲体系的总浓度为 0.20 $mol \cdot L^{-1}$，问需要固体酸多少克（忽略体积变化）？需要 0.50 $mol \cdot L^{-1}$的共轭碱溶液多少毫升？

10. 已知 0.1 $mol \cdot L^{-1}$的钠盐 NaX 溶液的 pH=9.0，试计算弱酸 HX 的$K_a^{\ominus}$ 值。

拓展学习资源

拓展资源内容	二维码
➢ 课件 PPT ➢ 学习要点 ➢ 疑难解析 ➢ 科学家简介——侯德榜 ➢ 知识拓展——酸碱质子理论和路易斯酸碱理论 ➢ 习题参考答案	

第6章　沉淀-溶解平衡

酸碱平衡属于单相离子平衡。在含有难溶电解质的饱和溶液中，存在着难溶电解质与其解离产生的离子之间的平衡，叫做沉淀－溶解平衡。这是一种多相离子平衡。沉淀的生成和溶解现象随处可见。例如，肾结石通常是难溶盐草酸钙和磷酸钙生成所致；自然界中石笋和钟乳石的形成，与碳酸钙沉淀的生成和溶解有关。在化学实验和化工生产中，常利用沉淀反应进行某些产品的制备以及离子的分离、提纯、鉴定等。本章以化学平衡及其移动原理为依据，重点讨论难溶电解质的沉淀和溶解之间的平衡原理及应用。

6.1　溶解度和溶度积常数

溶解度与溶度积的关系

6.1.1　溶度积常数

不同的固体物质在水中的溶解度不同，按照溶解度的大小可把电解质分为易溶电解质和难溶电解质两大类。通常将溶解度大于 0.1 g/(100 g H_2O) 的物质称为易溶物质，溶解度在 0.01～0.1 g/(100 g H_2O) 的物质称为微溶物质，溶解度小于 0.01 g/(100 g H_2O) 的物质称为难溶物质。

在一定温度下，将固态的难溶强电解质（如 $BaSO_4$）放入水中时，就发生溶解和沉淀两个过程。在极性水分子作用下，$BaSO_4$ 固体表面上的 Ba^{2+} 和 SO_4^{2-} 将离开固体表面进入溶液，成为水合离子 $Ba^{2+}(aq)$ 和 $SO_4^{2-}(aq)$，为溶解过程。同时，随着溶液中 $Ba^{2+}(aq)$ 和 $SO_4^{2-}(aq)$ 的浓度增大，水合离子受固体表面正、负离子的吸引，又会重新析出或回到固体表面，为沉淀过程。

在一定温度下，当溶解速率等于沉淀速率时，沉淀过程和溶解过程达到平衡，即未溶解的 $BaSO_4$ 晶体和溶液中的 Ba^{2+} 和 SO_4^{2-} 之间建立了平衡，是固-液两相之间的平衡，此过程可表示为：

$$BaSO_4(s) \rightleftharpoons Ba^{2+}(aq) + SO_4^{2-}(aq)$$

其平衡常数表达式为：

$$K_{sp}^{\ominus} = [c(Ba^{2+})/c^{\ominus}][c(SO_4^{2-})/c^{\ominus}]$$

式中，$K_{sp}^{\ominus}$ 称为溶度积常数，简称溶度积。式中浓度项应为相对浓度，为书写方便，用浓度代替相对浓度，在本章及后面一些章节中均采用这种方式，因此，上式可简化为：

$$K_{sp}^{\ominus} = c(Ba^{2+})c(SO_4^{2-})$$

推而广之，对于一般难溶电解质（A_mB_n），其沉淀-溶解平衡的通式可表示为：

$$A_mB_n(s) \rightleftharpoons mA^{n+}(aq) + nB^{m-}(aq)$$

则溶度积常数表达式的通式为：

$$K_{sp}^{\ominus}(A_mB_n)=[c(A^{n+})]^m[c(B^{m-})]^n \quad (6.1)$$

$K_{sp}^{\ominus}$ 是表征难溶电解质溶解能力的特征常数。与其他平衡常数一样，$K_{sp}^{\ominus}$ 也是温度的函数，与浓度无关。通常温度升高，$K_{sp}^{\ominus}$ 增大，但这种变化不明显。在实际工作中，常用 25 ℃时的 $K_{sp}^{\ominus}$。本书附录 6 列出了常温下某些难溶电解质的溶度积常数。

需要指出的是，溶度积常数表达式(6.1) 虽是根据难溶强电解质的多相离子平衡推导出来的，但其结论同样适用于难溶弱电解质的多相离子平衡体系。例如 AB 型难溶弱电解质的多相体系中存在着下列平衡：

$$AB(s) \rightleftharpoons AB(aq) \qquad K_1^{\ominus}=c(AB)$$

$$AB(aq) \rightleftharpoons A^+ + B^- \qquad K_2^{\ominus}=\frac{c(A^+)c(B^-)}{c(AB)}$$

根据多重平衡规则，两式相加得：

$$AB(s) \rightleftharpoons A^+(aq)+B^-(aq)$$

$$K_1^{\ominus}K_2^{\ominus}=c(A^+)c(B^-)=K_{总}^{\ominus}(AB)$$

$$K_{sp}^{\ominus}(AB)=c(A^+)c(B^-)$$

6.1.2 溶度积常数和溶解度的相互换算

溶度积常数和溶解度都可以表征难溶电解质的溶解能力。在一定条件下，它们之间可以进行相互换算。在换算时，应注意所用的浓度单位为 $mol \cdot L^{-1}$。从一些手册查到的溶解度常以 $g/(100\ g\ H_2O)$ 或 $g \cdot L^{-1}$ 表示，所以计算前，需要进行换算。另外，由于难溶电解质的溶解度很小，溶液浓度很稀，难溶电解质饱和溶液的密度可近似认为等于水的密度。

现以一定温度下难溶强电解质 A_mB_n 在水中的沉淀-溶解平衡为例来计算溶解度。

设溶解度为 $s\ mol \cdot L^{-1}$，则：

$$A_mB_n(s) \rightleftharpoons mA^{n+} + nB^{m-}$$

平衡浓度/$mol \cdot L^{-1}$ $\qquad ms \qquad ns$

$$K_{sp}^{\ominus}=[c(A^{n+})]^m[c(B^{m-})]^n=(ms)^m(ns)^n$$

则

$$s=\sqrt[m+n]{\frac{K_{sp}^{\ominus}}{m^m n^n}} \quad (6.2)$$

式(6.2) 说明，不同类型的难溶电解质，其溶度积和溶解度之间有不同的定量关系。

【例 6.1】 已知 $BaSO_4$ 在 298.15 K 时的溶度积为 1.08×10^{-10}，求 $BaSO_4$ 在 298.15 K 时的溶解度。

解： $BaSO_4$ 为 AB 型难溶强电解质，且 Ba^{2+}、SO_4^{2-} 基本上不水解，所以在 $BaSO_4$ 饱和溶液中，有：

$$BaSO_4(s) \rightleftharpoons Ba^{2+} + SO_4^{2-}$$

平衡浓度/$mol \cdot L^{-1}$ $\qquad s \qquad s$

$$K_{sp}^{\ominus}=c(Ba^{2+})c(SO_4^{2-})=s^2$$

$$s=\sqrt{K_{sp}^{\ominus}}=\sqrt{1.08 \times 10^{-10}}=1.04 \times 10^{-5}(mol \cdot L^{-1})$$

【例 6.2】 $Mg(OH)_2$ 在 298.15 K 时 $K_{sp}^{\ominus}$ 值为 5.61×10^{-12}，求该温度时 $Mg(OH)_2$ 的

溶解度。

解：$Mg(OH)_2$ 为 AB_2 型难溶强电解质，其溶解度为：

$$s=\sqrt[3]{\frac{K_{sp}^{\ominus}}{1\times 2^2}}=\sqrt[3]{\frac{5.61\times 10^{-12}}{4}}=1.12\times 10^{-4}(\mathrm{mol\cdot L^{-1}})$$

【例 6.3】 $Fe(OH)_2$ 在 298.15 K 时溶解度为 $2.30\times 10^{-6}\ \mathrm{mol\cdot L^{-1}}$，计算其溶度积。

解：$Fe(OH)_2$ 为 AB_2 型难溶强电解质，其溶度积为：

$$K_{sp}^{\ominus}=m^m n^n (s)^{m+n}=2^2\times 1\times (2.30\times 10^{-6})^3=4.87\times 10^{-17}$$

由上述讨论可以看出，对于同一类型难溶电解质，可以用 $K_{sp}^{\ominus}$ 大小来比较溶解度的大小。如例 6.2 与例 6.3 中，$K_{sp}^{\ominus}[Mg(OH)_2]>K_{sp}^{\ominus}[Fe(OH)_2]$，则 $s[Mg(OH)_2]>s[Fe(OH)_2]$。但对不同类型的难溶电解质，则不能直接利用 $K_{sp}^{\ominus}$ 比较溶解度的大小，必须通过计算进行比较。如例 6.1 与例 6.2 中，$K_{sp}^{\ominus}(BaSO_4)>K_{sp}^{\ominus}[Mg(OH)_2]$，但 $s(BaSO_4)<s[Mg(OH)_2]$。

应用溶度积常数不但可以计算难溶电解质的溶解度，更重要的是可以用于判断溶液中沉淀的生成和溶解。

6.2　沉淀的生成和溶解

溶度积规则

6.2.1　溶度积规则

根据吉布斯自由能变判据：

$$\Delta_r G_m \begin{Bmatrix} < \\ = \\ > \end{Bmatrix} 0 \begin{cases} \text{反应正向进行} \\ \text{平衡状态} \\ \text{反应逆向进行} \end{cases}$$

根据式(4.9) 可知：

$$\Delta_r G_m=-RT\ln K^{\ominus}+RT\ln J=RT\ln\frac{J}{K^{\ominus}}$$

对于任一沉淀-溶解平衡：　$A_mB_n(s)\rightleftharpoons mA^{n+}+nB^{m-}$

$$J=[c(A^{n+})]^m[c(B^{m-})]^n$$

式中，J 为难溶电解质的离子积。

因此，可以得出如下结论：

$$J\begin{Bmatrix} < \\ = \\ > \end{Bmatrix} K_{sp}^{\ominus} \begin{cases} \text{沉淀溶解或无沉淀析出} \\ \text{平衡状态,饱和溶液} \\ \text{沉淀析出} \end{cases}$$

以上规律称为溶度积规则。应用溶度积规则可以判断沉淀的生成和溶解。

6.2.2　沉淀的生成

根据溶度积规则，当 $J>K_{sp}^{\ominus}$ 时，就会生成沉淀。

【例 6.4】 判断下列条件下是否有沉淀生成（均忽略体积的变化）：①将 0.020 $\mathrm{mol\cdot L^{-1}}$

$CaCl_2$ 溶液 10 mL 与等体积同浓度的 $Na_2C_2O_4$ 溶液相混合；②在 1.0 mol·L^{-1} $CaCl_2$ 溶液中通入 CO_2 气体至饱和。已知 $K_{sp}^{\ominus}(CaC_2O_4)=2.32\times10^{-9}$，$K_{sp}^{\ominus}(CaCO_3)=3.36\times10^{-9}$。

解：① 溶液等体积混合后，$c(Ca^{2+})$、$c(C_2O_4^{2-})$ 分别为：

$$c(Ca^{2+})=\frac{1}{2}\times0.020=0.010(\text{mol}\cdot\text{L}^{-1})$$

$$c(C_2O_4^{2-})=\frac{1}{2}\times0.020=0.010(\text{mol}\cdot\text{L}^{-1})$$

$$J=c(Ca^{2+})c(C_2O_4^{2-})=(1.0\times10^{-2})\times(1.0\times10^{-2})=1.0\times10^{-4}$$

由于 $J>K_{sp}^{\ominus}(CaC_2O_4)$，因此溶液混合后有 CaC_2O_4 沉淀析出。

② 饱和 CO_2 水溶液中，

$$c(CO_3^{2-})=K_{a_2}^{\ominus}(H_2CO_3)=4.68\times10^{-11}(\text{mol}\cdot\text{L}^{-1})$$

$$J=c(Ca^{2+})c(CO_3^{2-})=1.0\times(4.68\times10^{-11})=4.68\times10^{-11}$$

$$J<K_{sp}^{\ominus}(CaCO_3)=3.36\times10^{-9}$$

因此，$CaCO_3$ 沉淀不会析出。

6.2.3 沉淀的溶解

根据溶度积规则，沉淀溶解的必要条件是 $J<K_{sp}^{\ominus}$。因此，在多相离子平衡体系中，能有效地降低难溶电解质溶液中阳离子或阴离子的浓度，均能促使平衡向着沉淀溶解的方向移动。常用的方法有生成弱电解质、生成配离子和发生氧化还原反应等。

(1) 生成弱电解质使沉淀溶解

① 生成 H_2O

难溶的氢氧化物如 $Al(OH)_3$、$Fe(OH)_3$、$Cu(OH)_2$ 等都可以用强酸溶解，生成难解离的 H_2O。

例如，$Mg(OH)_2$ 可溶于 HCl：

$$Mg(OH)_2(s)+2H^+\rightleftharpoons Mg^{2+}+2H_2O$$

加入 HCl 后生成 H_2O，$c(OH^-)$ 降低，$J<K_{sp}^{\ominus}[Mg(OH)_2]$，使沉淀溶解。

② 生成弱酸或弱碱

难溶弱酸盐如 $CaCO_3$、$BaCO_3$ 和 FeS 等都可溶于强酸，这是由于这些弱酸盐的酸根离子能与强酸提供的 H^+ 结合生成难解离的弱酸，甚至生成气体。

例如，$CaCO_3$ 可溶于 HCl：

$$CaCO_3(s)\rightleftharpoons Ca^{2+}+CO_3^{2-}$$

平衡移动方向

$$CO_3^{2-}+H^+\rightleftharpoons HCO_3^-\overset{H^+}{\rightleftharpoons}CO_2+H_2O$$

由于加入 HCl 后，H^+ 与溶液中的 CO_3^{2-} 反应首先生成难解离的 HCO_3^-，然后继续反应生成 CO_2 和水，降低了溶液中 $c(CO_3^{2-})$，使 $J<K_{sp}^{\ominus}(CaCO_3)$，致使 $CaCO_3$ 固体溶解。

有些难溶的氢氧化物如 $Mg(OH)_2$、$Mn(OH)_2$ 除了可溶于强酸外，还可以溶于铵盐，

这是因为 NH_4^+ 与 OH^- 反应，生成了弱碱 $NH_3 \cdot H_2O$，降低了 $c(OH^-)$，导致 $J < K_{sp}^{\ominus}$。例如，$Mg(OH)_2$ 固体溶解在 NH_4Cl 溶液中：

$$Mg(OH)_2(s) + 2NH_4^+ \rightleftharpoons Mg^{2+} + 2NH_3 \cdot H_2O$$

③ 生成弱酸盐

如 $PbSO_4$ 沉淀可溶于饱和 NaAc 溶液中，其原因是能形成难解离的 $Pb(Ac)_2$：

$$PbSO_4(s) + 2Ac^- \rightleftharpoons Pb(Ac)_2 + SO_4^{2-}$$

(2) 生成配离子使沉淀溶解

某些难溶电解质，如 AgCl、AgBr、PbI_2 等，它们的阳离子可以和某些配位剂生成配合物，导致溶液中相关离子浓度降低，$J < K_{sp}^{\ominus}$，从而使沉淀溶解。例如，AgCl 沉淀可溶于氨水：

$$AgCl(s) + 2NH_3 \rightleftharpoons [Ag(NH_3)_2]^+ + Cl^-$$

同理，PbI_2 沉淀可溶于 KI 溶液中，是由于 Pb^{2+} 能与 I^- 生成配离子 $[PbI_4]^{2-}$ 所致。

(3) 发生氧化还原反应使沉淀溶解

利用氧化还原反应也可以降低难溶电解质组分离子的浓度。例如 CuS（$K_{sp}^{\ominus} = 6.3 \times 10^{-36}$）溶度积太小，即便加入高浓度的 HCl 也不能有效地降低 $c(S^{2-})$。如果加入具有强氧化性的 HNO_3，则可以把溶液中的 S^{2-} 氧化成 S，$c(S^{2-})$ 显著降低，$J < K_{sp}^{\ominus}$，使沉淀溶解，反应式为：

$$3CuS + 8HNO_3 \xlongequal{} 3Cu(NO_3)_2 + 3S\downarrow + 2NO\uparrow + 4H_2O$$

对某些溶度积极小的难溶电解质，常联合使用氧化还原反应和配位反应的方法。如 HgS（$K_{sp}^{\ominus} = 6.44 \times 10^{-53}$）常用王水（浓 HCl 和浓 HNO_3 按体积比 3∶1 混合）溶解 HgS。其中 HNO_3 起着氧化 S^{2-} 的作用，浓 HCl 中的 Cl^- 与 Hg^{2+} 生成配合物，二者同时发挥作用，有效降低溶液中阴、阳离子浓度，使 $J < K_{sp}^{\ominus}$，以致 HgS 沉淀溶解，反应式为：

$$3HgS + 2NO_3^- + 12Cl^- + 8H^+ \xlongequal{} 3[HgCl_4]^{2-} + 3S\downarrow + 2NO\uparrow + 4H_2O$$

6.2.4　沉淀-溶解平衡的移动

(1) 同离子效应与盐效应

① 同离子效应

同离子效应不仅会使弱电解质的解离度降低，而且会使难溶电解质的溶解度降低。例如，在 $BaSO_4$ 饱和溶液中，加入易溶的强电解质 $BaCl_2$ 或 Na_2SO_4，可以降低 $BaSO_4$ 的溶解度。

$$BaSO_4 \rightleftharpoons Ba^{2+} + SO_4^{2-}$$

$$\xleftarrow[\text{平衡移动方向}]{\text{加入 } BaCl_2 \text{ 或 } Na_2SO_4}$$

【例 6.5】 已知在 298.15 K 时 $K_{sp}^{\ominus}(Ag_2CrO_4) = 1.12 \times 10^{-12}$。分别计算 Ag_2CrO_4：①在纯水中的溶解度；②在 0.10 $mol \cdot L^{-1}$ $AgNO_3$ 溶液中的溶解度；③在 0.10 $mol \cdot L^{-1}$ Na_2CrO_4 溶液中的溶解度。计算结果说明了什么？

解： ① 设 Ag_2CrO_4 在纯水中的溶解度为 s_1，则

$$s_1 = \sqrt[3]{\frac{K_{sp}^{\ominus}}{4}} = \sqrt[3]{\frac{1.12 \times 10^{-12}}{4}} = 6.5 \times 10^{-5} (mol \cdot L^{-1})$$

② 设 Ag_2CrO_4 在 0.10 $mol \cdot L^{-1}$ $AgNO_3$ 溶液中的溶解度为 s_2，则

$$Ag_2CrO_4(s) \rightleftharpoons 2Ag^+ + CrO_4^{2-}$$

平衡浓度/$mol \cdot L^{-1}$　　$(2s_2+0.10)\approx 0.10$　　s_2

$$s_2=c(CrO_4^{2-})=\frac{K_{sp}^{\ominus}(Ag_2CrO_4)}{[c(Ag^+)]^2}=\frac{1.12\times10^{-12}}{0.10^2}=1.12\times10^{-10}(mol \cdot L^{-1})$$

③ 设 Ag_2CrO_4 在 0.10 $mol \cdot L^{-1}$ Na_2CrO_4 溶液中的溶解度为 s_3，

$$Ag_2CrO_4(s) \rightleftharpoons 2Ag^+ + CrO_4^{2-}$$

平衡浓度/$mol \cdot L^{-1}$　　$2s_3$　　$0.10+s_3\approx 0.10$

$$K_{sp}^{\ominus}(Ag_2CrO_4)=[c(Ag^+)]^2c(CrO_4^{2-})=(2s_3)^2\times0.10=0.4s_3^2$$

$$s_3=\sqrt{\frac{K_{sp}^{\ominus}(Ag_2CrO_4)}{0.4}}=1.67\times10^{-6}(mol \cdot L^{-1})$$

计算表明，Ag_2CrO_4 的溶解度比在纯水中降低了几十倍。

由此可见，同离子效应的作用非常明显。因此，在实际工作中，可以利用同离子效应来降低难溶电解质的溶解度。即加入适当过量的沉淀剂，使沉淀反应趋于完全，从而达到分离或纯化的目的。在定性分析中，溶液中某离子浓度小于 $10^{-5}mol \cdot L^{-1}$，可以认为已沉淀完全。

② 盐效应

实验证明，将易溶的强电解质加入难溶电解质的饱和溶液中，在有些情况下，难溶电解质的溶解度比在纯水中的溶解度大。例如，AgCl 在 KNO_3 溶液中的溶解度比其在纯水中的溶解度大，并且 KNO_3 的浓度越大，AgCl 的溶解度越大。这种因加入易溶强电解质，导致难溶电解质溶解度增大的现象叫盐效应。

因此，在利用同离子效应降低沉淀溶解度时，沉淀剂不能过量太多，一般以过量 20%～50%为宜，否则将会引起盐效应，反而使沉淀的溶解度增大。表 6.1 中 $PbSO_4$ 在不同浓度的 Na_2SO_4 溶液中的溶解度，进一步说明了盐效应和同离子效应对难溶电解质溶解度的影响。

表 6.1　$PbSO_4$ 在不同浓度 Na_2SO_4 溶液中的溶解度　　单位：$mol \cdot L^{-1}$

$c(Na_2SO_4)$	0	0.001	0.01	0.02	0.04	0.10	0.20
$s(PbSO_4)$	1.5×10^{-4}	2.4×10^{-5}	1.6×10^{-5}	1.4×10^{-5}	1.3×10^{-5}	1.6×10^{-5}	2.3×10^{-5}

从表中可看出，Na_2SO_4 的浓度较小时，$PbSO_4$ 溶解度降低，同离子效应起主导作用；但当 Na_2SO_4 的浓度大于 0.04 $mol \cdot L^{-1}$时，$PbSO_4$ 的溶解度随着 Na_2SO_4 浓度的增加而增大，此时盐效应起主导作用。

总之，同离子效应与盐效应相比，前者比后者的影响要显著得多。当两种效应共存时，可忽略盐效应的影响。一般来说，若难溶电解质的溶度积常数很小，盐效应的影响可忽略不计；若难溶电解质的溶度积常数较大，溶液中各种离子的浓度也较大时，就应该考虑盐效应的影响。

(2) pH 值对溶解度的影响

许多难溶电解质的溶解度都受溶液酸度的影响，其中以氢氧化物和硫化物沉淀最典型。

① 难溶金属氢氧化物

由于难溶金属氢氧化物的溶度积不同，故沉淀时所需的 OH^- 浓度或 pH 值也不相同。例如，在 $M(OH)_n$ 型难溶氢氧化物的多相离子平衡中：

$$M(OH)_n(s) \rightleftharpoons M^{n+} + nOH^-$$

$$K_{sp}^{\ominus}[M(OH)_n] = c(M^{n+})[c(OH^-)]^n$$

$$c(OH^-) = \sqrt[n]{\frac{K_{sp}^{\ominus}[M(OH)_n]}{c(M^{n+})}} \tag{6.3}$$

若溶液中 $c(M^{n+}) = 1\ mol \cdot L^{-1}$，则氢氧化物开始沉淀时 OH^- 的最低浓度为：

$$c(OH^-) > \sqrt[n]{K_{sp}^{\ominus}[M(OH)_n]}\ mol \cdot L^{-1} \tag{6.4}$$

M^{n+} 沉淀完全时，溶液中 OH^- 的最低浓度为：

$$c(OH^-) > \sqrt[n]{\frac{K_{sp}^{\ominus}[M(OH)_n]}{10^{-5}}}\ mol \cdot L^{-1} \tag{6.5}$$

② 难溶金属硫化物

很多金属硫化物在水中都是难溶的，但是它们的溶度积常数彼此有一定的差异，不同溶度积的硫化物开始沉淀和沉淀完全时的 pH 值是不同的，并各有其特征的颜色。因此，在实际工作中，常利用硫化物的这些性质来分离或鉴定某些金属离子。

例如，MS 型难溶金属硫化物的多相离子平衡：

$$MS(s) \rightleftharpoons M^{2+}(aq) + S^{2-}(aq)$$

$$K_{sp}^{\ominus}(MS) = c(M^{2+})c(S^{2-})$$

$$c(S^{2-}) = \frac{K_{sp}^{\ominus}(MS)}{c(M^{2+})} \tag{6.6}$$

对于弱酸 H_2S 存在下列解离平衡：

$$H_2S \rightleftharpoons 2H^+(aq) + S^{2-}(aq)$$

$$K_{a_1}^{\ominus} K_{a_2}^{\ominus} = \frac{[c(H^+)]^2 c(S^{2-})}{c(H_2S)}$$

把式(6.6) 代入上式则有：

$$c(H^+) = \sqrt{\frac{K_{a_1}^{\ominus} K_{a_2}^{\ominus} c(H_2S)}{c(S^{2-})}} = \sqrt{\frac{K_{a_1}^{\ominus} K_{a_2}^{\ominus} c(H_2S) c(M^{2+})}{K_{sp}^{\ominus}(MS)}} \tag{6.7}$$

利用式(6.7) 可求出 MS 型金属硫化物开始沉淀和沉淀完全时的 pH 值。因此，对于不同的难溶金属硫化物来说，如果 $c(M^{2+})$ 相同，溶度积越小的金属硫化物，开始沉淀和沉淀完全时的 $c(H^+)$ 就越大。

由上面讨论可知，影响难溶金属氢氧化物和难溶金属硫化物的溶解度的因素主要有两个方面：第一是溶度积的大小；第二是酸度。

6.3　分步沉淀和沉淀的转化

分步沉淀

6.3.1　分步沉淀

在实际工作中，常常会遇到体系中同时含有多种离子，这些离子可能与加入的沉淀剂均发生沉淀反应，生成难溶电解质。在此情况下，离子积首先大于溶度积（$J > K_{sp}^{\ominus}$）的难溶电解质先沉淀。这种在混合溶液中多种离子发生先后沉淀的现象，称为分步沉淀。

例如，溶液中含有相同浓度的 I^- 和 Cl^-，逐滴加入 $AgNO_3$ 溶液，最先看到淡黄色 AgI 沉淀，直至加到一定量 $AgNO_3$ 溶液后，才生成白色 AgCl 沉淀，这是因为 AgI 的溶度积（8.52×10^{-17}）比 AgCl（1.77×10^{-10}）小得多，其离子积最先达到溶度积而首先沉淀。

对于同一类型的难溶电解质，在离子浓度相同或相近的情况下，溶度积较小的难溶电解质首先析出沉淀。它们的溶度积差别越大，分步沉淀进行得越完全；若不是同一类型的难溶电解质，就应该通过计算说明。

【例 6.6】 在含有 $0.10\ mol\cdot L^{-1}$ 的 CrO_4^{2-} 和 $0.10\ mol\cdot L^{-1}$ 的 Cl^- 的溶液中，逐滴加入 $AgNO_3$ 溶液，哪种离子先沉淀？当第二种离子开始沉淀时，溶液中第一种离子的浓度是多少（忽略溶液体积的变化）？

解： ① Cl^- 开始沉淀时 Ag^+ 的浓度为：

$$c(Ag^+)>\frac{K_{sp}^{\ominus}(AgCl)}{c(Cl^-)}=\frac{1.77\times10^{-10}}{0.010}=1.77\times10^{-8}(mol\cdot L^{-1})$$

CrO_4^{2-} 开始沉淀时 Ag^+ 的浓度为：

$$c(Ag^+)>\sqrt{\frac{K_{sp}^{\ominus}(Ag_2CrO_4)}{c(CrO_4^{2-})}}=\sqrt{\frac{1.12\times10^{-12}}{0.10}}=3.35\times10^{-6}(mol\cdot L^{-1})$$

计算结果说明，生成 AgCl 沉淀比生成 Ag_2CrO_4 沉淀所需 Ag^+ 的浓度小，所以 AgCl 沉淀先析出。只有当溶液中 Ag^+ 的浓度大于 $3.35\times10^{-6}\ mol\cdot L^{-1}$ 时，才有 Ag_2CrO_4 沉淀析出。

② 当 CrO_4^{2-} 开始沉淀时，溶液中的 $c(Ag^+)$ 应同时满足下列两个关系式：

$$c(Ag^+)c(Cl^-)=K_{sp}^{\ominus}(AgCl)$$

$$[c(Ag^+)]^2c(CrO_4^{2-})=K_{sp}^{\ominus}(Ag_2CrO_4)$$

此时的 Cl^- 浓度为：

$$c(Cl^-)=\frac{K_{sp}^{\ominus}(AgCl)}{c(Ag^+)}=\frac{1.77\times10^{-10}}{3.35\times10^{-6}}=5.28\times10^{-5}(mol\cdot L^{-1})$$

【例 6.7】 在含有 $0.2\ mol\cdot L^{-1} Ni^{2+}$、$0.3\ mol\cdot L^{-1}\ Fe^{3+}$ 的混合溶液中，滴加 NaOH 溶液（忽略溶液体积的变化）分离这两种离子，溶液的 pH 应控制在什么范围？

解： 查表知 $K_{sp}^{\ominus}[Ni(OH)_2]=5.5\times10^{-16}$，$K_{sp}^{\ominus}[Fe(OH)_3]=2.79\times10^{-39}$

根据溶度积规则，混合溶液中开始析出 $Ni(OH)_2$ 所需 OH^- 最低浓度为：

$$c_1(OH^-)>\sqrt{\frac{K_{sp}^{\ominus}[Ni(OH)_2]}{c(Ni^{2+})}}=\sqrt{\frac{5.5\times10^{-16}}{0.20}}=5.2\times10^{-8}(mol\cdot L^{-1})$$

开始析出 $Fe(OH)_3$ 所需 OH^- 最低浓度为：

$$c_2(OH^-)>\sqrt[3]{\frac{K_{sp}^{\ominus}[Fe(OH)_3]}{c(Fe^{3+})}}=\sqrt[3]{\frac{2.79\times10^{-39}}{0.30}}=2.1\times10^{-13}(mol\cdot L^{-1})$$

因 $c_1(OH^-)\gg c_2(OH^-)$，则 $Fe(OH)_3$ 先沉淀。

$Fe(OH)_3$ 沉淀完全时所需 OH^- 最低浓度为：

$$c_3(OH^-)\geqslant\sqrt[3]{\frac{K_{sp}^{\ominus}[Fe(OH)_3]}{c(Fe^{3+})}}=\sqrt[3]{\frac{2.79\times10^{-39}}{1.0\times10^{-5}}}=6.5\times10^{-12}(mol\cdot L^{-1})$$

$Ni(OH)_2$ 不析出，所容许的 OH^- 最高浓度为：$c(OH^-) \leqslant 5.2\times10^{-8}\,mol\cdot L^{-1}$。

$c(OH^-)$ 应控制在 $6.5\times10^{-12}\sim5.2\times10^{-8}\,mol\cdot L^{-1}$，对应的 pH 值为：

$$pH_{min}=14.00-[-\lg(6.5\times10^{-12})]=2.81$$

$$pH_{max}=14.00-[-\lg(5.2\times10^{-8})]=6.72$$

因此，控制溶液 pH 值在 2.81～6.72 之间，可将这两种离子分离，即 Fe^{3+} 生成 $Fe(OH)_3$ 沉淀析出，Ni^{2+} 留在溶液中，从而达到 Ni^{2+} 和 Fe^{3+} 分离的目的。

6.3.2 沉淀的转化

把一种难溶电解质转化为另一种难溶电解质的过程，称为沉淀的转化。例如，为了除去附在锅炉内壁的锅垢（主要成分是既难溶于水，又难溶于酸的 $CaSO_4$），可借助于 Na_2CO_3，将 $CaSO_4$ 转化为疏松且可溶于酸的 $CaCO_3$，其反应过程为：

$$\begin{array}{c} CaSO_4(s) \rightleftharpoons Ca^{2+}(aq)+SO_4^{2-}(aq) \\ + \\ Na_2CO_3(aq) = CO_3^{2-}(aq)+2Na^+(aq) \\ \Updownarrow \\ CaCO_3(s) \end{array}$$

由于 $K_{sp}^{\ominus}(CaSO_4)=4.93\times10^{-5}>K_{sp}^{\ominus}(CaCO_3)=2.8\times10^{-9}$，$Ca^{2+}$ 与 CO_3^{2-} 结合生成溶度积更小的 $CaCO_3$，从而降低了溶液中 Ca^{2+} 的浓度，破坏了 $CaSO_4$ 的溶解平衡，使 $CaSO_4$ 不断转化为 $CaCO_3$。沉淀转化的总反应式可表示为：

$$CaSO_4(s)+CO_3^{2-}(aq) \rightleftharpoons CaCO_3(s)+SO_4^{2-}(aq)$$

$$K^{\ominus}=\frac{c(SO_4^{2-})}{c(CO_3^{2-})}=\frac{c(SO_4^{2-})c(Ca^{2+})}{c(CO_3^{2-})c(Ca^{2+})}=\frac{K_{sp}^{\ominus}(CaSO_4)}{K_{sp}^{\ominus}(CaCO_3)}=\frac{4.93\times10^{-5}}{2.8\times10^{-9}}=1.8\times10^{4}$$

计算表明，上述沉淀转化反应向右进行的趋势较大。

可见，类型相同的难溶电解质，沉淀转化程度的大小取决于两种难溶电解质溶度积的相对大小。一般来说，溶解度大的沉淀可以转化成溶解度小的沉淀。对于同类型的难溶电解质，溶度积较大的难溶电解质易转化为溶度积较小的难溶电解质。两种难溶电解质的溶度积相差越大，沉淀转化越完全。

思 考 题

1. 阐述下列基本概念：

（1）溶度积和溶度积规则

（2）分步沉淀和沉淀的转化

（3）沉淀-溶解平衡中的同离子效应和盐效应

2. 有了溶解度的概念，为什么还要引入溶度积的概念？二者有何区别和联系？

3. 要使沉淀溶解，可采取哪些措施？举例说明。

4. 洗涤 $BaSO_4$ 沉淀时，往往使用稀 H_2SO_4 而不用蒸馏水，为什么？

5. HgS 不溶于浓硝酸，但可以溶于王水，为什么？

6. 写出下列难溶电解质的沉淀-溶解平衡方程式和溶度积常数表达式。

（1）Ag_2CrO_4 （2）CaC_2O_4 （3）$Ca_3(PO_4)_2$ （4）$Al(OH)_3$

7. 为何 CaC_2O_4 能溶于盐酸而 $CaSO_4$ 却不溶？

习　题

1. 通过计算说明下列情况有无沉淀生成。

（1）0.010 mol•L^{-1} $BaCl_2$ 溶液 2 mL 和 0.10 mol•L^{-1} K_2SO_4 溶液 3 mL 相混合。

（2）0.020 mol•L^{-1}的 K_2CrO_4 溶液与 0.020 mol•L^{-1}的 $AgNO_3$ 溶液等体积混合。

2. 计算：（1）CaF_2 在纯水中的溶解度；（2）CaF_2 在 0.02 mol•L^{-1} NaF 溶液中的溶解度；

（3）CaF_2 在 0.02 mol•$L^{-1}$$Ca(NO_3)_2$ 溶液中的溶解度。

3. 已知 298 K 时，1 L 水中可溶解 0.10 g $FeC_2O_4\cdot 2H_2O$，求 $FeC_2O_4\cdot 2H_2O$ 的溶度积。

4. 通过计算说明 AgCl 和 Ag_2CrO_4 沉淀：

（1）哪个溶解度大？为什么？

（2）在 0.01 mol•L^{-1} $AgNO_3$ 溶液中，哪一个沉淀的溶解度大？

5. 在含有 0.10 mol•$L^{-1}$$Fe^{2+}$ 和 0.10 mol•$L^{-1}$$Cu^{2+}$ 的混合溶液中，不断通入 H_2S 气体，计算说明是否会有 FeS 沉淀生成？

6. 某溶液中含有 Fe^{3+} 和 Mg^{2+}，它们的浓度均为 0.10 mol•L^{-1}，如果只要 $Fe(OH)_3$ 沉淀，溶液的 pH 应控制在什么范围内？

7. 将 100 mL 0.10 mol•L^{-1} $MgSO_4$ 溶液与 100 mL 0.10 mol•L^{-1} $NH_3\cdot H_2O$ 混合，问有无 $Mg(OH)_2$ 沉淀生成？若要使溶液中无沉淀生成，应加入多少克 NH_4Cl？

8. 要使 0.10 mol 的 $Mg(OH)_2$ 全部溶解在 1.0 L 的 NH_4Cl 溶液中，NH_4Cl 溶液的最低浓度为多少？

9. 混合溶液中含有 0.010 mol•$L^{-1}$$Pb^{2+}$ 和 0.10 mol•$L^{-1}$$Ba^{2+}$，向溶液中逐滴加入 K_2CrO_4 溶液，何者先沉淀？当第二种沉淀出现时，第一种离子的浓度是多少？能否用 K_2CrO_4 将两者完全分离？

10. AgI 沉淀用 Na_2S 溶液处理使之转化为 Ag_2S 沉淀，该转化反应的平衡常数为多少？如在 1.0 L Na_2S 溶液中转化 0.010 mol AgI，Na_2S 溶液的最初浓度应该是多少？

11. 计算下列反应的平衡常数，并估计反应方向。

（1）$PbS(s)+2HAc \rightleftharpoons Pb^{2+}+H_2S+2Ac^-$

（2）$PbCrO_4(s)+S^{2-} \rightleftharpoons PbS+CrO_4^{2-}$

（3）$CuS(s)+Zn^{2+} \rightleftharpoons ZnS(s)+Cu^{2+}$

12. 在含有 0.10 mol•L^{-1} HCl 和 0.10 mol•$L^{-1}$$CuSO_4$ 的混合溶液中，持续通入 H_2S 气体达饱和，计算溶液中残留 Cu^{2+} 的浓度。

13. 1.0 L 0.10 mol•L^{-1} NH_4Cl 溶液最多能溶解多少克 $Mg(OH)_2$ 沉淀？

14. 要使 0.010 mol ZnS 全部溶解在 1.0 L 盐酸溶液中，求所需盐酸的最低浓度。

拓展学习资源

拓展资源内容	二维码
➤ 课件 PPT	
➤ 学习要点	
➤ 疑难解析	
➤ 科学家简介——路易斯和王夔	
➤ 知识拓展——自然界和生活中的沉淀-溶解平衡	
➤ 习题参考答案	

第 7 章　氧化还原反应

氧化还原反应是一类非常重要的反应，早在远古时代，“燃烧”这一最早被应用的氧化还原过程就促进了人类的进化。地球上植物的光合作用也是氧化还原过程，为生命体提供能量。在现代社会，金属的冶炼、化工产品的合成、食品的防霉保鲜、面粉的增白等过程，无一不和氧化还原反应有关。

本章在氧化还原反应基本概念的基础上，应用电极电势着重讨论电极电势的应用和氧化还原反应的方向及限度。

7.1　氧化还原反应的基本概念

7.1.1　氧化值

为了表示各元素在化合物中所处的化合状态，无机化学中引入了氧化值（也称氧化数）的概念。国际纯粹和应用化学联合会（IUPAC）规定：氧化值是指某元素一个原子的表观荷电数，这个表观荷电数是假设把每个化学键中的电子指定给电负性较大的原子而求得的。因此，元素的氧化值是指元素原子在其化合态中的形式电荷数。在离子化合物中，阳、阴离子所带的电荷数就是该元素原子的氧化值。例如，NaCl 中 Na 的氧化值是+1，Cl 的氧化值是−1。对于共价化合物，共用电子对偏向吸引电子能力较大的原子。例如，HCl 中共用电子对偏向 Cl 原子，因此 Cl 的氧化值是−1，H 的氧化值是+1。

根据这个定义，确定氧化值的规则如下：

① 单质中，元素的氧化值皆为零。

② 正常氧化物中，O 的氧化值为−2，过氧化物（如 H_2O_2、Na_2O_2）中为−1；在超氧化物（如 KO_2）中为$-\frac{1}{2}$；氟化物（如 O_2F_2、OF_2）中，O 的氧化值分别为+1、+2。

③ H 的氧化值一般为+1，只有在活泼金属氢化物（如 NaH、CaH_2）中为−1。

④ 中性分子中，各元素原子的氧化值的代数和等于零；复杂离子中，各元素原子氧化值的代数和等于离子的总电荷数。

【例 7.1】 求 NH_4^+ 中 N 的氧化值。

解： 已知 H 的氧化值为+1。设 N 的氧化值为 x，则有：

$$x+(+1)\times 4=+1$$

$$x=-3$$

所以 N 的氧化值为−3。

【例 7.2】 求 Fe_3O_4 中 Fe 的氧化值。

解：已知O的氧化值为-2。设Fe的氧化值为x，则有：

$$3x+(-2)\times 4=0$$

$$x=+\frac{8}{3}$$

所以Fe的氧化值为$+\frac{8}{3}$。

由此可知，氧化值可以是整数，也可以是分数。必须强调的是，在共价化合物中，判断元素原子的氧化值时，不要与共价数（某元素原子形成的共价键的数目）相混淆。例如，H_2分子中H的氧化值为0，共价数为1。

当某些元素具体以何种物种存在并不十分明确的情况下，该元素的氧化值以罗马数字表示比较合适。例如，盐酸溶液中的$FeCl_3$，Fe除了以物种Fe^{3+}存在外，还有其他形式的物种存在，此时用罗马数字表示它的氧化态，写成Fe(Ⅲ)或铁(Ⅲ)，意思是说，Fe的氧化值是+3，而不强调它究竟以何种物种存在。

7.1.2 氧化还原反应方程式的配平

常用的配平方法有氧化值法和离子-电子法。中学阶段已经学过氧化值配平法，本节仅介绍离子-电子法。

离子-电子法适用于水溶液中发生的氧化还原反应方程式的配平，其配平原则是：

① 氧化剂得到的电子数必须等于还原剂失去的电子数；

② 反应前后各元素的原子总数要相等。

下面以$K_2Cr_2O_7$和KI在H_2SO_4介质中发生的反应为例，说明离子-电子法的配平步骤：

① 写出未配平的离子反应方程式。

$$Cr_2O_7^{2-}+I^-+H^+\longrightarrow Cr^{3+}+I_2+H_2O$$

② 将上述方程式分解成两个半反应方程式，并使两边相同元素的原子数相等。

氧化反应： $2I^-\longrightarrow I_2$

还原反应： $Cr_2O_7^{2-}+14H^+\longrightarrow 2Cr^{3+}+7H_2O$

③ 用加、减电子数方法使两边电荷数相等。

氧化反应： $2I^- -2e^-\longrightarrow I_2$

还原反应： $Cr_2O_7^{2-}+14H^+ +6e^-\longrightarrow 2Cr^{3+}+7H_2O$

④ 根据氧化剂和还原剂得失电子总数相等的原则，求出最小公倍数，将两个半反应方程式分别乘以适当的系数，然后将两个半反应方程式相加，整理后即得到配平的离子反应方程式。

$$\begin{array}{r|l} 3\times & 2I^- -2e^-\longrightarrow I_2 \\ +)\quad 1\times & Cr_2O_7^{2-}+6e^-+14H^+\longrightarrow 2Cr^{3+}+7H_2O \\ \hline \end{array}$$

$$Cr_2O_7^{2-}+6I^-+14H^+ = 2Cr^{3+}+3I_2+7H_2O$$

在配平半反应式时，如果反应物和生成物内所含的氧原子数不等，可以根据反应介质的酸碱性，分别在半反应方程式中加H^+、OH^-或H_2O，使反应式两边的氧原子数相等。需要注意的是，在酸性介质中的反应，其产物不应有碱（OH^-）；在碱性介质中的反应，其产物也不应有酸（H^+）；而在中性介质中的反应，其产物可能有酸或有碱。不同介质条件下的经验规则如表 7.1 所示。

表 7.1　不同介质条件下配平氧原子的经验规则

介质条件	反应式中左边添加物	
	反应式左边氧原子数多于右边时	反应式左边氧原子数少于右边时
酸性	H^+	H_2O
碱性	H_2O	OH^-
中性	H_2O	H_2O

【例 7.3】 配平 $KMnO_4$ 在 H_2SO_4 介质中与 Na_2SO_3 的反应方程式。

解： ①写出未配平的离子反应方程式：

$$MnO_4^- + SO_3^{2-} + H^+ \longrightarrow Mn^{2+} + SO_4^{2-} + H_2O$$

② 将上式分解成两个半反应式并配平。

$$MnO_4^- + 8H^+ \longrightarrow Mn^{2+} + 4H_2O$$

$$SO_3^{2-} + H_2O \longrightarrow SO_4^{2-} + 2H^+$$

③ 用加、减电子数法使两边电荷数相等。

$$MnO_4^- + 8H^+ + 5e^- \longrightarrow Mn^{2+} + 4H_2O$$

$$SO_3^{2-} + H_2O - 2e^- \longrightarrow SO_4^{2-} + 2H^+$$

④ 两个半反应式乘以适当系数，使得失电子总数相等后并相加。

$$\begin{array}{r|l} 2\times & MnO_4^- + 8H^+ + 5e^- \longrightarrow Mn^{2+} + 4H_2O \\ +)\quad 5\times & SO_3^{2-} + H_2O - 2e^- \longrightarrow SO_4^{2-} + 2H^+ \\ \hline \end{array}$$

$$2MnO_4^- + 5SO_3^{2-} + 6H^+ = 2Mn^{2+} + 5SO_4^{2-} + 3H_2O$$

⑤ 在离子反应方程式中添加不参加反应的阳离子和阴离子，写出相应的化学式，就得到配平的分子反应方程式。

$$2KMnO_4 + 5Na_2SO_3 + 3H_2SO_4 = 2MnSO_4 + 5Na_2SO_4 + K_2SO_4 + 3H_2O$$

用离子-电子法配平氧化还原反应方程式的关键是配平半反应式，确保得失电子数相等、各元素原子总数相等。

离子-电子法适用于在水溶液中进行的反应，不需要知道元素的氧化值，直接写出离子反应方程式，反映出在水溶液中氧化还原反应的实质。但是对于气相或固相反应方程式的配平，离子-电子法就不适用了，此时可以采用氧化值法配平。

7.2　电极电势

原电池及电极电势

事实上并非任意一个氧化剂和一个还原剂在一起都能发生反应。究竟哪些氧化剂和还原剂在一起能发生反应？如何判断氧化还原反应进行的方向？这些问题就是本节和下一节要讨论的主要内容。

7.2.1 原电池

(1) 原电池的组成

把一块锌片放入硫酸铜溶液中时，观察到锌片会慢慢地溶解，红色铜不断析出，这是由于发生了氧化还原反应：$Zn+Cu^{2+} \longrightarrow Zn^{2+}+Cu$。

显然反应中发生了电子转移。由于 Zn 和 $CuSO_4$ 溶液直接接触，反应在锌片与 $CuSO_4$ 溶液接触的界面上进行，电子从 Zn 原子直接转移给 Cu^{2+}，由于电子的转移是无序的，因而不能形成电流。若利用一种装置，使 Cu^{2+} 不直接从 Zn 片上获得电子，而是让 Zn 片上的电子经过金属导线再传给 Cu^{2+}，使氧化还原反应中的氧化反应和还原反应分别在两处进行，就可以把化学能转变成电能，这种装置称为原电池。图 7.1 是铜锌原电池的装置示意图。在盛有 $ZnSO_4$ 和 $CuSO_4$ 溶液的两个烧杯中，分别插入 Zn 片和 Cu 片，两烧杯中的溶液用盐桥沟通，用金属导线把两个金属片和电位计连接起来，就可以观察到电位计指针发生偏转，说明导线中有电流通过。从指针偏转的方向，可以确定电子从锌极流向铜极，即电流由正极（电子流入的电极）流向负极（电子流出的电极）。因此，原电池是借助于氧化还原反应将化学能转变为电能的装置。

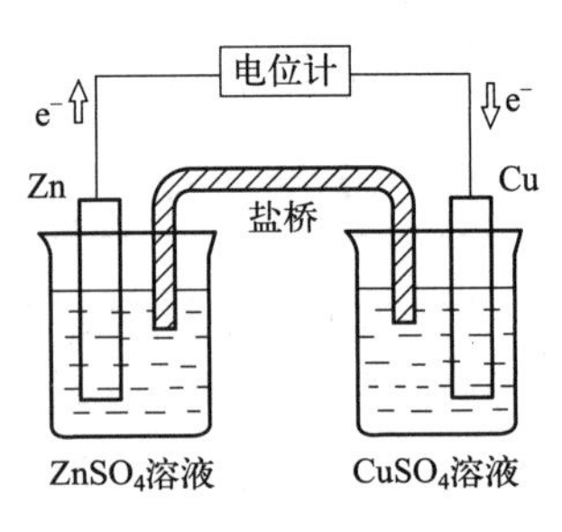

图 7.1 铜锌原电池

原电池由两个半电池组成。在 Cu-Zn 原电池中，Zn 和 $ZnSO_4$ 溶液组成一个半电池，Cu 和 $CuSO_4$ 溶液组成另一个半电池。半电池又称电极，两个半电池中分别发生氧化反应和还原反应，称为半电池反应或电极反应。原电池中所发生的氧化和还原的总反应称为电池反应。

在原电池中，负极（如锌电极）发生氧化反应，正极（如铜电极）发生还原反应，其电极反应分别为：

负极：$Zn-2e^- \rightleftharpoons Zn^{2+}$（氧化反应）

正极：$Cu^{2+}+2e^- \rightleftharpoons Cu$（还原反应）

电池反应：$Zn+Cu^{2+} \rightleftharpoons Zn^{2+}+Cu$

(2) 氧化还原电对

从原电池的组成可知，任何一个电池是由两个半电池（电极）组成的，每一个电极含有同一元素不同氧化值的两种物质，其中高氧化值的称为氧化型物质，用符号 Ox 表示，如 Cu-Zn 原电池中锌电极的 Zn^{2+} 和铜电极的 Cu^{2+}；低氧化值的称为还原型物质，用符号 Red 表示，如锌电极的 Zn 和铜电极的 Cu。同一种元素的氧化型物质和还原型物质构成一个氧化还原电对，简称电对，通常表示为 Ox/Red 或氧化型/还原型，如 Zn^{2+}/Zn、Cu^{2+}/Cu、H^+/H_2、MnO_4^-/Mn^{2+}、AgCl/Ag、Fe^{3+}/Fe^{2+}。

在氧化还原电对中，氧化型物质与还原型物质之间存在下列转化关系：

$$Ox+ne^- \rightleftharpoons Red$$

这种关系与质子酸碱中共轭酸碱对的关系相似，电对中的氧化型物质得电子，在反应中作氧化剂；电对中的还原型物质失电子，在反应中作还原剂。电对中氧化型物质的氧化能力越强，其对应的还原型物质的还原能力就越弱；反之亦然。例如，在 MnO_4^-/Mn^{2+} 电对中，氧化型物质 MnO_4^- 氧化能力强，是强氧化剂，而还原型物质 Mn^{2+} 还原能力弱，是弱还原剂；在 Zn^{2+}/Zn 电对中，Zn^{2+} 是弱氧化剂，而 Zn 是强还原剂。

(3) 原电池的表示方法

电化学中常用化学符号表示原电池。例如 Cu-Zn 原电池可以表示为：

$$(-)Zn|ZnSO_4(c_1) \parallel CuSO_4(c_2)|Cu(+)$$

习惯上把负极写在左边，正极写在右边，并用“+”、“−”标明正极、负极，“|”表示两相之间的界面，“‖”表示盐桥，盐桥两侧是两个电极的电解质溶液。若溶液中存在几种离子时，离子间用逗号隔开。c 表示溶液的浓度（气体以分压表示）。如果组成电极的物质中没有电极导体，则需外加一惰性电极（铂或石墨）作导体。惰性电极是一种能够导电而不参与电极反应的导体。例如氢电极和氯电极的电极符号分别为：$Pt|H_2(p^\ominus)|H^+$、$Pt|Cl_2(p^\ominus)|Cl^-$。

例如，以锌电极与氢电极组成原电池，该电池的符号为：

$$(-)Zn|ZnSO_4(c_1) \parallel H_2SO_4(c_2)|H_2(p^\ominus)|Pt(+)$$

又如，以 Fe^{3+}/Fe^{2+} 电极和氯电极组成原电池，其电池符号为：

$$(-)Pt|Fe^{2+}(c_1),Fe^{3+}(c_2) \parallel Cl^-(c_3)|Cl_2(p^\ominus)|Pt(+)$$

7.2.2　电极电势的产生

在原电池中，两个电极用导线连接后就有电流产生，这说明两个电极之间存在着一定的电势差。既然两个电极之间有电势差，也说明每个电极都有不同的电势。为什么不同的电极有不同的电势？电极电势又是怎样产生的？这与金属与其盐溶液之间的相互作用有关。

当把金属浸入其金属离子的盐溶液中时，在金属与其盐溶液的接触界面上就会发生两个不同的过程：一个是金属表面的阳离子受极性水分子的吸引而进入溶液；另一个是溶液中的水合金属离子由于碰撞到金属表面，受自由电子的吸引而重新沉积在金属表面。当这两种方向相反的过程进行的速率相等时，即达到动态平衡：

$$M(s) \rightleftharpoons M^{n+}(aq) + ne^-$$

如果金属越活泼或溶液中金属离子浓度越小，金属溶解的趋势将大于溶液中金属离子沉积到金属表面的趋势，达到平衡时金属表面带负电，靠近金属表面附近的溶液带正电，如图 7.2(a) 所示。反之，如果金属越不活泼或溶液中金属离子浓度越大，金属溶解的趋势将小于金属离子沉积的趋势，达到平衡时，金属表面带正电荷，而金属附近的溶液带负电荷，如图 7.2(b)。这时在金属与其盐溶液之间就产生了电势差，这种产生于金属表面与其金属离子盐溶液之间的电势差，称为金属的平衡电极电势（简称电极电势）。

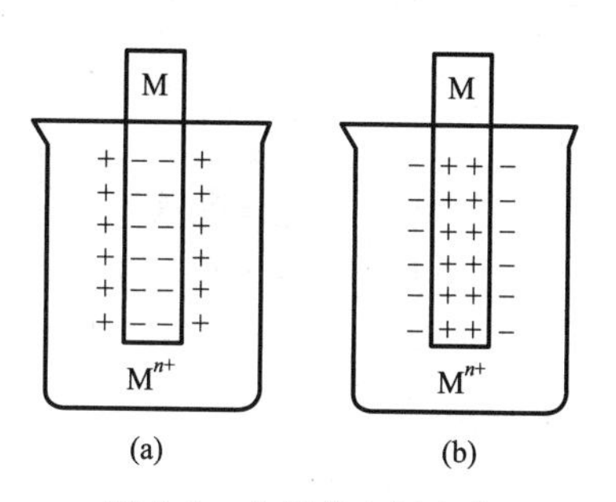

图 7.2　金属的电极电势

由于金属的活泼性不同，各种金属的电极电势也不同。金属电极的电极电势主要取决于金属的本性。

7.2.3　电极电势的测定

(1) 标准氢电极

迄今为止，还无法测定电极电势的绝对值。为了对不同电极的电势大小作出定量的比较，就必须选择一个电极（参比电极），以其平衡电势作为比较标准，确定其他电极的相对电极电势。通常选作参比电极的是标准氢电极。

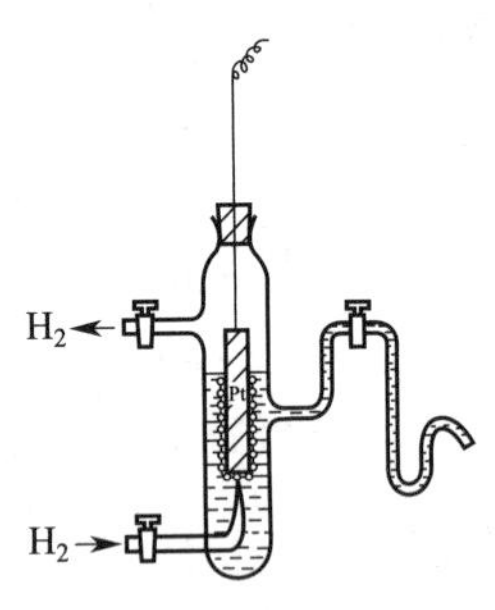

图 7.3 标准氢电极

标准氢电极是将镀有一层海绵状铂黑的铂片浸入 H^+ 浓度为 $1\ mol\cdot L^{-1}$溶液中，在 298.15 K 时不断通入压力为 100 kPa 的纯氢气，使铂黑吸附 H_2 至饱和，此时铂片就像用氢气制成的电极一样，如图 7.3 所示。铂片在标准氢电极中只是作为电子的导体和氢气的载体，它并不参与反应。于是，被铂黑吸附的 H_2 与溶液中的 H^+ 建立了如下的动态平衡：

$$2H^+(aq)+2e^- \rightleftharpoons H_2(g)$$

在铂片上饱和的 H_2 与溶液中的 H^+ 组成电对 H^+/H_2，构成了标准氢电极，规定其电极电势为零：

$$\varphi^{\ominus}(H^+/H_2)=0\ V$$

欲测定某电极的电极电势，可将待测电极与标准氢电极组成原电池，按照 IUPAC 规定，标准氢电极为负极，待测电极为正极，测出该原电池的电动势 E，其数值等于正极的电极电势减去负极的电极电势：

$$E=\varphi_{(+)}-\varphi_{(-)} \tag{7.1}$$

由此即可算出待测电极相对于标准氢电极的电极电势。

实际上为了便于比较，提出了标准电极电势的概念。若待测电极处于标准状态，则所测得的电池的电动势称为标准电动势（$E^{\ominus}$），电对的电极电势称为标准电极电势，以符号 $\varphi^{\ominus}$（Ox/Red）表示。

例如，欲测定铜电极的标准电极电势，可将铜电极与标准氢电极组成下列原电池：

$$(-)Pt|H_2(100\ kPa)|H^+(1\ mol\cdot L^{-1})\parallel Cu^{2+}(1\ mol\cdot L^{-1})|Cu(+)$$

在 298.15 K 时，测得该电池的标准电动势 $E^{\ominus}=0.340$ V，即

$$E^{\ominus}=\varphi^{\ominus}(Cu^{2+}/Cu)-\varphi^{\ominus}(H^+/H_2)=0.340\ V$$

因为
$$\varphi^{\ominus}(H^+/H_2)=0\ V$$

所以
$$\varphi^{\ominus}(Cu^{2+}/Cu)=0.340\ V$$

(2) 标准电极电势表

用上述测定铜电极标准电极电势的方法，可以测得一系列其他电对的标准电极电势。附录 7 列出了 298.15 K 时一些常用电对的标准电极电势的数据，它们是按标准电极电势的代数值递增顺序排列的，该表称为标准电极电势表（分酸表和碱表）。

由标准电极电势表可以看出，电极电势代数值越小，表示该电对所对应的还原型物质的还原能力越强，氧化型物质的氧化能力越弱；电极电势代数值越大，表示该电对所对应的还原型物质的还原能力越弱，氧化型物质的氧化能力越强。因此，根据 $\varphi^{\ominus}$ 值的大小，可以判断电对中氧化型物质氧化能力和还原型物质还原能力的相对强弱。

使用标准电极电势表时，要注意以下几点：

① 本书采用国际上广泛使用的还原电势。所有半电池反应一律都写成还原反应的形式，即：氧化型$+ne^- \rightleftharpoons$还原型。

② 电极电势数值的大小反映物质得失电子的倾向，其数值大小与半反应中的系数无关。例如：

$$Zn^{2+} + 2e^- \rightleftharpoons Zn \qquad \varphi^{\ominus}_{(1)} = -0.763\ \text{V}$$

$$2Zn^{2+} + 4e^- \rightleftharpoons 2Zn \qquad \varphi^{\ominus}_{(2)} = -0.763\ \text{V}$$

③ $\varphi^{\ominus}$是水溶液体系中电对的标准电极电势，在非水溶液体系、非标准态下，不能用 $\varphi^{\ominus}$ 比较物质的氧化能力或还原能力。

④ 根据电对及其反应介质的性质，确定查用酸表或碱表。若电极反应中无 H^+ 和 OH^- 出现，可从存在状态考虑。例如，电对 Fe^{3+}/Fe^{2+}，Fe^{3+} 和 Fe^{2+} 只能在酸性溶液中存在，故查酸表。又如，$[Zn(OH)_4]^{2-}/Zn$ 只能在强碱性溶液中存在，故查碱表。另外，没有介质参与电极反应的电极电势也列在酸表中，如 Cl_2/Cl^-。

7.2.4 影响电极电势的因素——能斯特方程式

影响电极电势的因素

(1) 能斯特方程式

电极电势的大小，不仅取决于电极的性质，还与温度和溶液中离子的浓度、气体的分压有关。

能斯特（W. Nernst）从理论上推导出电极电势与浓度之间的关系：

对于任一电极反应： $Ox + ne^- \rightleftharpoons Red$

$$\varphi(Ox/Red) = \varphi^{\ominus}(Ox/Red) + \frac{RT}{nF}\ln\frac{[Ox]}{[Red]} \tag{7.2}$$

此式称为能斯特方程式。式中，φ 为电对在某一浓度时的电极电势；$\varphi^{\ominus}$ 为电对的标准电极电势；Ox、Red 分别表示电极反应中在氧化型、还原型一侧各物种相对浓度幂的乘积；R 为摩尔气体常数；T 为热力学温度；F 为法拉第常数；n 为电极反应转移的电子数。

当电极电势以 V、浓度以 $mol \cdot L^{-1}$、压力以 Pa 为单位时，则 $R = 8.314\ J \cdot K^{-1} \cdot mol^{-1}$。将自然对数改为常用对数，$F = 96485\ J \cdot V^{-1} \cdot mol^{-1}$，则在 298.15 K 时：

$$\varphi(Ox/Red) = \varphi^{\ominus}(Ox/Red) + \frac{0.0592\ \text{V}}{n}\lg\frac{[Ox]}{[Red]} \tag{7.3}$$

书写能斯特方程式时，若电极反应中出现固体或纯液体时，则不列入方程式中；若是气体，则用相对分压（$p/p^{\ominus}$）表示；若是溶液，则用相对浓度（$c/c^{\ominus}$）表示。由于 $c^{\ominus} = 1\ mol \cdot L^{-1}$，为书写方便，在表达式中 $c^{\ominus}$不列出。例如：

$$Zn^{2+} + 2e^- \rightleftharpoons Zn$$

$$\varphi(Zn^{2+}/Zn) = \varphi^{\ominus}(Zn^{2+}/Zn) + \frac{0.0592\ \text{V}}{2}\lg c(Zn^{2+})$$

$$Br_2 + 2e^- \rightleftharpoons 2Br^-$$

$$\varphi(Br_2/Br^-) = \varphi^{\ominus}(Br_2/Br^-) + \frac{0.0592\ \text{V}}{2}\lg\frac{1}{[c(Br^-)]^2}$$

$$MnO_2(s) + 4H^+ + 2e^- \rightleftharpoons Mn^{2+} + 2H_2O$$

$$\varphi(MnO_2/Mn^{2+}) = \varphi^{\ominus}(MnO_2/Mn^{2+}) + \frac{0.0592\ \text{V}}{2}\lg\frac{[c(H^+)]^4}{c(Mn^{2+})}$$

从能斯特方程式可看出，当温度一定时，电对的电极电势主要与 $\varphi^{\ominus}$有关，其次与［氧化型］/［还原型］的比值有关。

(2) 影响电极电势的因素

① 氧化型和还原型物质浓度的改变对电极电势的影响

【例 7.4】 在 298.15 K 时，计算：

a. $c(Co^{2+})=1.0\ mol\cdot L^{-1}$，$c(Co^{3+})=0.1\ mol\cdot L^{-1}$ 时的 $\varphi(Co^{3+}/Co^{2+})$ 值；

b. $c(Co^{2+})=0.01\ mol\cdot L^{-1}$，$c(Co^{3+})=1.0\ mol\cdot L^{-1}$ 时的 $\varphi(Co^{3+}/Co^{2+})$ 值。

解： 已知 $\varphi^{\ominus}(Co^{3+}/Co^{2+})=1.92\ V$，电极反应为：

$$Co^{3+}+e^- \rightleftharpoons Co^{2+}$$

$$\varphi(Co^{3+}/Co^{2+})=\varphi^{\ominus}(Co^{3+}/Co^{2+})+0.0592\ V\ \lg\frac{c(Co^{3+})}{c(Co^{2+})}$$

a. $\varphi(Co^{3+}/Co^{2+})=1.92\ V+0.0592\ V\ \lg\dfrac{0.1}{1.0}=1.86\ V$

b. $\varphi(Co^{3+}/Co^{2+})=1.92\ V+0.0592\ V\ \lg\dfrac{1.0}{0.01}=2.04\ V$

由此可见，减小氧化型物质的浓度或增大还原型物质的浓度，电对的电极电势减小；增大氧化型物质的浓度或减小还原型物质的浓度，电对的电极电势增大。

【例 7.5】 已知 $\varphi^{\ominus}(Ag^+/Ag)=0.799\ V$，若在 $AgNO_3$ 溶液中加入 NaCl 溶液至 $c(Cl^-)$ 维持在 $1\ mol\cdot L^{-1}$，问此时 $\varphi(Ag^+/Ag)$ 为多少？

解： 加入 NaCl，生成 AgCl 沉淀，即

$$Ag^+ + Cl^- \rightleftharpoons AgCl(s),\ K_{sp}^{\ominus}(AgCl)=1.77\times10^{-10}$$

平衡时：$c(Ag^+)=\dfrac{K_{sp}^{\ominus}(AgCl)}{c(Cl^-)}=\dfrac{1.77\times10^{-10}}{1.0}=1.77\times10^{-10}(mol\cdot L^{-1})$

$$Ag^+ + e^- \rightleftharpoons Ag \qquad \varphi^{\ominus}(Ag^+/Ag)=0.799\ V$$

$$\begin{aligned}\varphi(Ag^+/Ag)&=\varphi^{\ominus}(Ag^+/Ag)+0.0592\ V\ \lg c(Ag^+)\\&=0.799\ V+0.0592\ V\ \lg(1.77\times10^{-10})\\&=0.222\ V\end{aligned}$$

由于 AgCl 沉淀的生成，使 Ag^+ 浓度大大降低，Ag^+/Ag 电对的电极电势下降了 0.577 V，表示 Ag^+ 的氧化能力降低。或者说 Ag 在 NaCl 溶液中比在 $AgNO_3$ 溶液中容易失去电子，还原性增强。

【例 7.6】 若以电对 Ag^+/Ag 和 AgCl/Ag 组成原电池，在体系中加入 NaCl 溶液直至 Cl^- 的平衡浓度保持为 $1.0\ mol\cdot L^{-1}$，计算 $\varphi^{\ominus}(AgCl/Ag)$。

解： 两个电对的电极反应分别为：

$$Ag^+ + e^- \rightleftharpoons Ag$$

$$AgCl(s)+e^- \rightleftharpoons Ag+Cl^-$$

当原电池反应达到平衡时，两个电对的电极电势相等，即

$$\varphi(Ag^+/Ag)=\varphi(AgCl/Ag)$$

则有：$\varphi^{\ominus}(Ag^+/Ag)+0.0592\ V\ \lg c(Ag^+)=\varphi^{\ominus}(AgCl/Ag)+0.0592\ V\ \lg\dfrac{1}{c(Cl^-)}$

$$\begin{aligned}\varphi^{\ominus}(AgCl/Ag)&=\varphi^{\ominus}(Ag^+/Ag)+0.0592\ V\ \lg[c(Ag^+)c(Cl^-)]\\&=\varphi^{\ominus}(Ag^+/Ag)+0.0592\ V\ \lg K_{sp}^{\ominus}(AgCl)\\&=0.799\ V+0.0592\ V\ \lg1.77\times10^{-10}\\&=0.222\ V\end{aligned}$$

对比上例 7.7 计算得到的 $\varphi(Ag^+/Ag)$ 值就是本题求得的 $\varphi^{\ominus}(AgCl/Ag)$ 值。

【例 7.7】 电极反应 $2H^+ + 2e^- \rightleftharpoons H_2$，若在体系中加入 NaAc 生成 HAc，当平衡时 $c(HAc)=c(Ac^-)=1.0\ mol \cdot L^{-1}$，$p(H_2)=100\ kPa$，计算 $\varphi(H^+/H_2)$。

解：根据 HAc 的解离平衡，则

$$c(H^+)=\frac{K_a^{\ominus}(HAc)c(HAc)}{c(Ac^-)}=K_a^{\ominus}(HAc)=1.8\times10^{-5}(mol\cdot L^{-1})$$

$$\varphi(H^+/H_2)=\varphi^{\ominus}(H^+/H_2)+\frac{0.0592\ V}{2}\lg\frac{[c(H^+)]^2}{[p(H_2)/p^{\ominus}]}$$

$$=\frac{0.0592\ V}{2}\lg[c(H^+)]^2$$

$$=-0.282\ V$$

由于弱电解质 HAc 的生成，使 H^+ 浓度大大降低，H^+/H_2 电对的电极电势下降 0.282 V，表示 H^+ 的氧化能力降低。

同理可知，例 7.7 计算得到的 $\varphi(H^+/H_2)$ 值，实际上是 $\varphi^{\ominus}(HAc/H_2)$ 值，其电极反应为：

$$2HAc+2e^- \rightleftharpoons H_2+2Ac^-$$

从以上讨论可以得出以下结论：

a. 氧化型物质或还原型物质浓度的改变对电极电势有影响，但通常情况下影响不是很大。如果生成难溶电解质、弱电解质，则电对的电极电势明显改变。

b. 若电对中氧化型物质的浓度降低或还原型物质的浓度增大，则电对的电极电势变小，表明氧化型物质的氧化能力减弱，稳定性增强；其还原型物质的还原能力增强，稳定性减小。

② 介质的酸碱度对电极电势的影响

对于有 H^+ 或 OH^- 参加的电极反应，其浓度的变化也会影响电极电势。例如，电极反应：

$$Cr_2O_7^{2-}+14H^++6e^- \rightleftharpoons 2Cr^{3+}+7H_2O,\quad \varphi^{\ominus}(Cr_2O_7^{2-}/Cr^{3+})=1.36\ V$$

$$\varphi(Cr_2O_7^{2-}/Cr^{3+})=\varphi^{\ominus}(Cr_2O_7^{2-}/Cr^{3+})+\frac{0.0592\ V}{6}\lg\frac{c(Cr_2O_7^{2-})[c(H^+)]^{14}}{[c(Cr^{3+})]^2}$$

若 $c(Cr_2O_7^{2-})=c(Cr^{3+})=1\ mol\cdot L^{-1}$，$c(H^+)$ 为 $10^{-6}\ mol\cdot L^{-1}$ 时，电极电势由 1.36 V 降低到 0.53 V。这就是说，在强酸性溶液中，$K_2Cr_2O_7$ 的氧化性强，而在中性或弱酸性溶液中，则氧化性大大降低。所以，有 H^+ 或 OH^- 参加的电极反应，溶液的酸度对电对的电极电势的影响是很大的。这也是许多含氧酸盐在强酸性介质中具有强氧化性的原因。

7.3　电极电势的应用

电极电势的应用

7.3.1　比较氧化剂和还原剂的相对强弱

电极电势代数值的大小反映了电对中氧化型物质得电子和还原型物质失电子能力的相对强弱。因此，根据电极电势代数值的相对大小，可以比较氧化剂或还原剂的相对强弱。

【例 7.8】 在 298.15 K、标准态下，比较下列各电对氧化型物质的氧化能力和还原型物质的还原能力的强弱顺序。

MnO_4^-/Mn^{2+}、Fe^{3+}/Fe^{2+}、Cu^{2+}/Cu、I_2/I^-、Sn^{4+}/Sn^{2+}、Cl_2/Cl^-

解： 由附录 7 查得：$\varphi^{\ominus}(MnO_4^-/Mn^{2+})=1.51\ V$，$\varphi^{\ominus}(Fe^{3+}/Fe^{2+})=0.771\ V$，$\varphi^{\ominus}(Cu^{2+}/Cu)=0.34\ V$，$\varphi^{\ominus}(I_2/I^-)=0.535\ V$，$\varphi^{\ominus}(Sn^{4+}/Sn^{2+})=0.154\ V$，$\varphi^{\ominus}(Cl_2/Cl^-)=1.3583\ V$。

在上述电对中，$\varphi^{\ominus}(MnO_4^-/Mn^{2+})$ 最大，$\varphi^{\ominus}(Sn^{4+}/Sn^{2+})$ 最小。因此，在标准态下，电对 MnO_4^-/Mn^{2+} 中的氧化型物质 MnO_4^- 是最强的氧化剂；电对 Sn^{4+}/Sn^{2+} 中的还原型物质 Sn^{2+} 是最强的还原剂。

因此，上述电对中氧化型物质的氧化能力由强到弱的顺序为：

$$MnO_4^- > Cl_2 > Fe^{3+} > I_2 > Cu^{2+} > Sn^{4+}$$

还原型物质的还原能力由强到弱的顺序为：

$$Sn^{2+} > Cu > I^- > Fe^{2+} > Cl^- > Mn^{2+}$$

需要注意的是，用电极电势的大小来比较氧化剂和还原剂的相对强弱时，要考虑浓度及 pH 等因素的影响。当电对处于非标准状态，且各电对的标准电极电势相差不大时，必须利用能斯特方程计算出各电对的电极电势，然后再进行比较。若电对的标准电极电势相差较大（一般大于 0.3 V 以上）时，可以直接利用标准电极电势进行比较。

实验室中常用强氧化剂电对的 $\varphi^{\ominus}$ 值一般大于 1.0 V，如 $KMnO_4$、$K_2Cr_2O_7$、H_2O_2、HNO_3 等；常用的强还原剂，其 $\varphi^{\ominus}$ 值一般小于 0 或稍大于 0，如 Fe、Zn、Sn^{2+} 等。在化工生产中，选择氧化剂和还原剂要综合考虑其性能、成本、安全性、来源等因素。

7.3.2 判断原电池的正、负极，计算原电池的电动势

在原电池中，电极电势代数值较大的电极为正极，电极电势代数值较小的为负极。原电池的电动势等于正极的电极电势减去负极的电极电势，即式(7.1) 所示：

$$E=\varphi_{(+)}-\varphi_{(-)}$$

如果各电对均处在标准态，则：

$$E^{\ominus}=\varphi^{\ominus}_{(+)}-\varphi^{\ominus}_{(-)} \tag{7.4}$$

【例 7.9】 在 298.15 K，将银丝插入 $AgNO_3$ 溶液中，铂片插入 $FeSO_4$ 和 $Fe_2(SO_4)_3$ 的混合溶液中，组成原电池。试计算下列情况下原电池的电动势，并写出原电池符号、电极反应和电池反应。已知：$c(Ag^+)=0.010\ mol\cdot L^{-1}$，$c(Fe^{3+})=1.0\ mol\cdot L^{-1}$，$c(Fe^{2+})=0.010\ mol\cdot L^{-1}$。

解： 由附录 7 查得：$\varphi^{\ominus}(Ag^+/Ag)=0.799\ V$，$\varphi^{\ominus}(Fe^{3+}/Fe^{2+})=0.771\ V$

根据能斯特方程式，Ag^+/Ag 电极和 Fe^{3+}/Fe^{2+} 电极的电极电势分别为：

$$\begin{aligned}\varphi(Ag^+/Ag)&=\varphi^{\ominus}(Ag^+/Ag)+0.0592\ V\ \lg c(Ag^+)\\&=0.799\ V+0.0592\ V\ \lg 0.010\\&=0.681\ V\end{aligned}$$

$$\varphi(Fe^{3+}/Fe^{2+})=\varphi^{\ominus}(Fe^{3+}/Fe^{2+})+0.0592\ V\ \lg\frac{c(Fe^{3+})}{c(Fe^{2+})}$$

$$=0.771\ \text{V}+0.0592\ \text{V}\ \lg\frac{1.0}{0.010}$$
$$=0.889\ \text{V}$$

由于 $\varphi(Fe^{3+}/Fe^{2+})>\varphi(Ag^{+}/Ag)$，所以 Fe^{3+}/Fe^{2+} 为正极，Ag^{+}/Ag 为负极，原电池的电动势为：

$$E=\varphi_{(+)}-\varphi_{(-)}=0.889\ \text{V}-0.681\ \text{V}=0.208\ \text{V}$$

原电池符号为：

$(-)Ag|Ag^{+}(0.010\ mol\cdot L^{-1})\|Fe^{3+}(1.0\ mol\cdot L^{-1}),Fe^{2+}(0.010\ mol\cdot L^{-1})|Pt(+)$

电极反应和电池反应分别为：

正极：　$Fe^{3+}+e^{-}\rightleftharpoons Fe^{2+}$

负极：　$Ag-e^{-}\rightleftharpoons Ag^{+}$

电池反应：　$Fe^{3+}+Ag\rightleftharpoons Fe^{2+}+Ag^{+}$

7.3.3　判断氧化还原反应进行的方向和次序

根据吉布斯自由能变判据可知，化学反应自发进行的条件是 $\Delta_r G_m<0$。热力学研究表明，在等温等压下，可逆电池中体系的 $\Delta_r G_m$ 与电池电动势 E 之间存在如下关系：

$$\Delta_r G_m=-zFE=-zF[\varphi_{(+)}-\varphi_{(-)}] \tag{7.5}$$

式中，z 为电池反应中转移的电子数；F 为法拉第常数；E 为电池的电动势。

当 $\Delta_r G_m<0$ 时，$E>0$，$\varphi_{(+)}>\varphi_{(-)}$，该反应可以正向自发进行。因此，原电池电动势 E 可以作为氧化还原反应自发进行的判据。也就是说，只有电极电势代数值较大的电对的氧化型物质才能与电极电势代数值较小的电对的还原型物质反应。

若在标准态下判断反应的方向，则式(7.5) 变为：

$$\Delta_r G_m^{\ominus}=-zFE^{\ominus}=-zF(\varphi_{+}^{\ominus}-\varphi_{-}^{\ominus}) \tag{7.6}$$

【例 7.10】 判断下列两种情况下反应进行的方向。

① $Pb^{2+}(1.0\ mol\cdot L^{-1})+Sn\rightleftharpoons Sn^{2+}(1.0\ mol\cdot L^{-1})+Pb$

② $Pb^{2+}(0.1mol\cdot L^{-1})+Sn\rightleftharpoons Sn^{2+}(1.0mol\cdot L^{-1})+Pb$

解： 反应①处于标准态，查表可知：

$$\varphi^{\ominus}(Sn^{2+}/Sn)=-0.136\ \text{V},\quad \varphi^{\ominus}(Pb^{2+}/Pb)=-0.126\ \text{V}$$
$$E^{\ominus}=\varphi_{(+)}^{\ominus}-\varphi_{(-)}^{\ominus}=-0.126\ \text{V}-(-0.136\ \text{V})=0.010\ \text{V}>0$$

因此，在标准态下，该反应自发向右进行。

反应②中 Pb^{2+}/Pb 处于非标准态，其电极电势为：

$$\varphi(Pb^{2+}/Pb)=\varphi^{\ominus}(Pb^{2+}/Pb)+\frac{0.0592\ \text{V}}{2}\lg c(Pb^{2+})$$
$$=-0.126\ \text{V}+\frac{0.0592\ \text{V}}{2}\lg 0.1$$
$$=-0.156\ \text{V}$$
$$E=\varphi_{(+)}-\varphi_{(-)}=-0.156\ \text{V}-(-0.136\ \text{V})=-0.020\ \text{V}<0$$

在此条件下该反应自发向左进行。

由上例可知，当两个电对的标准电极电势相差不大时，各物质浓度的变化对反应的方向起着决定性的作用。

对于某些含氧酸或含氧酸盐参与的氧化还原反应，溶液的酸度将影响电极电势，从而有可能改变反应的方向。例如下列反应：

$$H_3AsO_4+2I^-+2H^+ \rightleftharpoons HAsO_2+I_2+2H_2O$$

已知：　$H_3AsO_4+2H^++2e^- \rightleftharpoons HAsO_2+2H_2O$　　$\varphi^{\ominus}=0.560\ V$

$I_2+2e^- \rightleftharpoons 2I^-$　　$\varphi^{\ominus}=0.535\ V$

在标准状态下，H_3AsO_4 可将 I^- 氧化为 I_2。

由于电对 $H_3AsO_4/HAsO_2$ 中有 H^+ 参与反应，溶液的酸度对电极电势的影响较大。若在溶液中加入 $NaHCO_3$，使 pH＝8.0，其他物质的浓度仍为 1.0 mol·L^{-1}，则电对 $H_3AsO_4/HAsO_2$ 的电极电势为：

$$\varphi(H_3AsO_4/HAsO_2)=\varphi^{\ominus}(H_3AsO_4/HAsO_2)+\frac{0.0592\ V}{2}\lg\frac{c(H_3AsO_4)[c(H^+)]^2}{c(HAsO_2)}$$

$$=0.560\ V+\frac{0.0592\ V}{2}\lg(10^{-8})^2$$

$$=0.0864\ V$$

此时 $\varphi(I_2/I^-)=\varphi^{\ominus}(I_2/I^-)>\varphi(H_3AsO_4/HAsO_2)$，所以反应逆向自发进行，$I_2$ 能氧化 $HAsO_2$。

由上例可以看出，当两个电对的标准电极电势相差不大，又有 H^+ 参与反应时，pH 的变化就能改变反应的方向。因此，判断氧化还原反应的方向时，严格来说，应该根据能斯特方程式计算出各电对的电极电势值，然后再进行比较和判断。不过，当两个电对的标准电极电势相差较大时（$E^{\ominus}>0.2$ V），反应正向进行；但是如果相差较小时（$E^{\ominus}<-0.2$ V），离子浓度的变化较大时，有可能导致氧化还原反应逆向进行。这一经验规则在多数情况下是适用的。

当一种氧化剂遇到几种还原剂或一种还原剂遇到几种氧化剂时，在不考虑反应速率的情况下，反应将按照两个电对的电极电势差值（ΔE）由大到小的顺序进行，这就是氧化还原反应进行的次序或分步氧化还原的原理。

在化工生产和科学实验中，经常会对一个复杂体系中的某一或某些组分进行选择性氧化或还原处理，就是上述原理的具体应用。比如，工业上常把 Cl_2 通于盐卤（含 Cl^-、Br^-、I^-）溶液中，使 I^- 和 Br^- 氧化来制取 I_2 和 Br_2。有关的电极反应和标准电极电势如下：

$I_2+2e^- \rightleftharpoons 2I^-$　　$\varphi^{\ominus}=0.535\ V$

$Br_2+2e^- \rightleftharpoons 2Br^-$　　$\varphi^{\ominus}=1.065\ V$

$2IO_3^-+12H^++10e^- \rightleftharpoons I_2+6H_2O$　　$\varphi^{\ominus}=1.195\ V$

$Cl_2+2e^- \rightleftharpoons 2Cl^-$　　$\varphi^{\ominus}=1.3583\ V$

假定上述电极反应中各物质都处于标准态，Cl_2 作为氧化剂不仅可以使 I^- 和 Br^- 分别氧化成 I_2 和 Br_2，而且还可以使 I_2 继续氧化为 IO_3^-。按照标准电池电动势（$E^{\ominus}$）值从大到小的次序，Cl_2 首先氧化 I^-，然后氧化 Br^-，最后再氧化 I_2 到 IO_3^-。因此，在反应时需要控制 Cl_2 的用量，可以达到分离 I_2 和 Br_2 的目的。

试问：①在上述体系中，若其他条件不变，$c(H^+)$ 由 1.0 mol·L^{-1}变为 10^{-7} mol·L^{-1}时，上述反应顺序有无变化？②在盐卤中，如果只制取 I_2，在常用的氧化剂如 $Fe_2(SO_4)_3$

和 $KMnO_4$ 中如何选择？请尝试自己分析。

应当指出，氧化还原反应的次序还与反应速率有关。一般来说，氧化还原反应的速率比酸碱反应和沉淀反应的速率要慢一些，特别是结构复杂的含氧酸盐参与的反应更是如此。

7.3.4 判断氧化还原反应的限度

氧化还原反应进行的限度由平衡常数的大小来衡量。由 4.1.2 节中式(4.6) 知：

$$\lg K^{\ominus} = -\frac{\Delta_r G_m^{\ominus}}{2.303RT}$$

在标准态下，将式(7.6) 代入上式：

$$\Delta_r G_m^{\ominus} = -zFE^{\ominus}$$

$$\lg K^{\ominus} = \frac{zFE^{\ominus}}{2.303RT} \tag{7.7}$$

在 298.15 K 下，将 R、T、F 值代入上式可得：

$$\lg K^{\ominus} = \frac{zE^{\ominus}}{0.0592\ \text{V}} \quad 或 \quad \lg K^{\ominus} = \frac{z[\varphi_{(+)}^{\ominus} - \varphi_{(-)}^{\ominus}]}{0.0592\ \text{V}} \tag{7.8}$$

由此可知，氧化还原反应的平衡常数（$K^{\ominus}$）的大小，只与组成反应的两个电对的标准电极电势有关，而与物质的浓度无关。$E^{\ominus}$ 值越大，$K^{\ominus}$ 值越大，反应向右进行的限度越大。

注意：同一反应的方程式写法不同，$E^{\ominus}$ 是不变的，但因 z 不同，故 $K^{\ominus}$ 亦不同。

【例 7.11】试计算下列反应在 298.15 K 时的平衡常数。

$$Cu^{2+} + Zn \rightleftharpoons Zn^{2+} + Cu$$

解：由附录 7 查得 $\varphi^{\ominus}(Cu^{2+}/Cu) = 0.340\ \text{V}$，$\varphi^{\ominus}(Zn^{2+}/Zn) = -0.763\ \text{V}$

$$\lg K^{\ominus} = \frac{z[\varphi_{(+)}^{\ominus} - \varphi_{(-)}^{\ominus}]}{0.0592\ \text{V}}$$

$$= \frac{2\times[0.340\ \text{V} - (-0.763\ \text{V})]}{0.0592\ \text{V}} = 37.26$$

$$K^{\ominus} = 1.8\times10^{37}$$

该反应平衡常数 $K^{\ominus}$ 值很大，表明该反应进行得很完全。

【例 7.12】计算反应：$Pb^{2+} + Sn \rightleftharpoons Pb + Sn^{2+}$

① 在 298.15 K 时的平衡常数 $K^{\ominus}$；

② 若 Pb^{2+} 的初始浓度为 2.0 mol·L^{-1}，反应达平衡时 $c(Pb^{2+})$ 多大？

解：① 由附录 7 查得：$\varphi^{\ominus}(Pb^{2+}/Pb) = -0.126\ \text{V}$，$\varphi^{\ominus}(Sn^{2+}/Sn) = -0.136\ \text{V}$，则

$$\lg K^{\ominus} = \frac{z[\varphi_{(+)}^{\ominus} - \varphi_{(-)}^{\ominus}]}{0.0592\ \text{V}} = \frac{2\times[(-0.126\ \text{V}) - (-0.136\ \text{V})]}{0.0592\ \text{V}} = 0.34$$

$$K^{\ominus} = 2.2$$

②
$$Pb^{2+} + Sn \rightleftharpoons Pb + Sn^{2+}$$

平衡浓度/mol·L^{-1}　　$2.0 - x$　　　　x

$$K^{\ominus} = \frac{c(Sn^{2+})}{c(Pb^{2+})} = \frac{x}{2.0 - x} = 2.2$$

$$x = 1.375(\text{mol·L}^{-1})$$

所以
$$c(Pb^{2+}) = 2.0 - 1.375 = 0.625(\text{mol·L}^{-1})$$

由于 $K^{\ominus}$ 较小，平衡时 $c(Pb^{2+})$ 仍较大，故该反应进行得很不完全。

通过上面的讨论可知，根据电极电势的相对大小，能够判断氧化还原反应自发进行的方向和限度。但是要指明，不能根据电极电势的大小判断反应速率的大小。例如：$KMnO_4$ 在硫酸介质中与单质锌的反应：

$$2MnO_4^- + 5Zn + 16H^+ = 2Mn^{2+} + 5Zn^{2+} + 8H_2O$$

$\varphi^{\ominus}(MnO_4^-/Mn^{2+})=1.51$ V，$\varphi^{\ominus}(Zn^{2+}/Zn)=-0.763$ V，则 $E^{\ominus}=2.273$ V，$K^{\ominus}=1.0\times10^{384}$，热力学上表示反应理应进行得非常完全。然而实验证明，在该条件下，因反应速率极小而难以察觉，只有在 Fe^{3+} 的催化下，反应才能明显进行。

7.4 元素电势图及其应用

电势图

许多元素都具有多种氧化值，同一元素的不同氧化值物质的氧化或还原能力是不同的。为了表示同一元素不同氧化值物质的氧化还原能力以及相互之间的关系，拉铁莫尔（W. M. Latimer）建议把同一元素的不同氧化值的物质所对应电对的标准电极电势，按该元素氧化值由高到低的顺序排列起来，并在两种氧化值物质之间标出对应电对的标准电极电势值。这种表示元素各种氧化值物质之间标准电极电势变化的关系图，称为元素标准电极电势图，简称元素电势图。例如，在标准态下，氯在酸、碱性介质中的标准电极电势图分别如下：

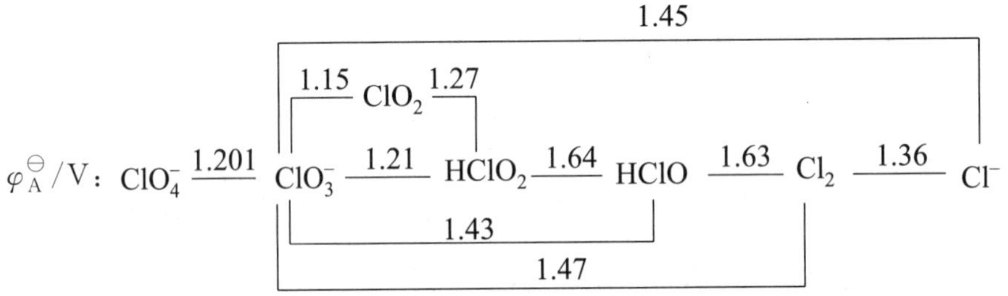

1.45

1.15 ClO_2 1.27

$$\varphi_A^{\ominus}/V:\ ClO_4^- \overset{1.201}{\text{——}} ClO_3^- \overset{1.21}{\text{——}} HClO_2 \overset{1.64}{\text{——}} HClO \overset{1.63}{\text{——}} Cl_2 \overset{1.36}{\text{——}} Cl^-$$

1.43

1.47

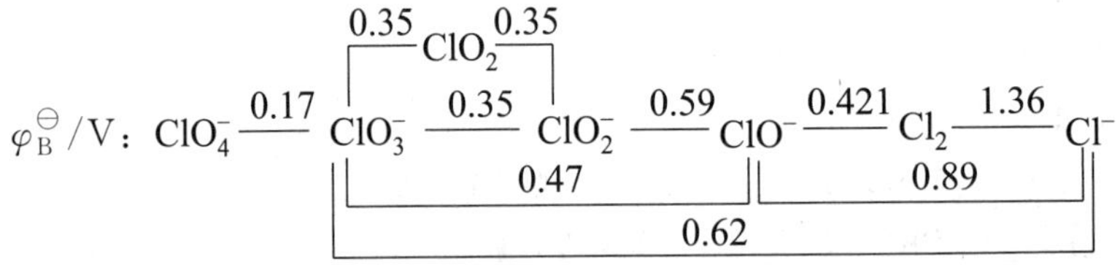

0.35 ClO_2 0.35

$$\varphi_B^{\ominus}/V:\ ClO_4^- \overset{0.17}{\text{——}} ClO_3^- \overset{0.35}{\text{——}} ClO_2^- \overset{0.59}{\text{——}} ClO^- \overset{0.421}{\text{——}} Cl_2 \overset{1.36}{\text{——}} Cl^-$$

0.47 0.89

0.62

元素电势图清楚地表明了同种元素的不同氧化值物质的氧化、还原能力的相对大小。元素电势图的主要用途有以下几个方面。

（1）计算未知电对的标准电极电势

例如，有下列元素电势图：

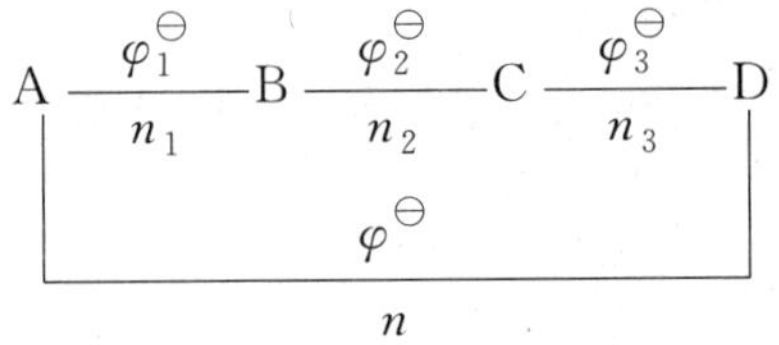

$$A \overset{\varphi_1^{\ominus}}{\underset{n_1}{\text{——}}} B \overset{\varphi_2^{\ominus}}{\underset{n_2}{\text{——}}} C \overset{\varphi_3^{\ominus}}{\underset{n_3}{\text{——}}} D$$

$\varphi^{\ominus}$

n

从热力学原理可以推导出下列公式：

$$n\varphi^{\ominus}=n_1\varphi_1^{\ominus}+n_2\varphi_2^{\ominus}+n_3\varphi_3^{\ominus} \tag{7.9}$$

$$\varphi^{\ominus}=\frac{n_1\varphi_1^{\ominus}+n_2\varphi_2^{\ominus}+n_3\varphi_3^{\ominus}}{n} \tag{7.10}$$

式中，n_1、n_2、n_3、n 分别代表各电对的电极反应中元素的一个原子转移的电子数，即各电对中氧化型物质与还原型物质的氧化值之差（均取正值）。

【例 7.13】 根据溴在碱性介质中的电势图，求算：$\varphi^{\ominus}(BrO_3^-/Br^-)$ 和 $\varphi^{\ominus}(BrO_3^-/BrO^-)$。

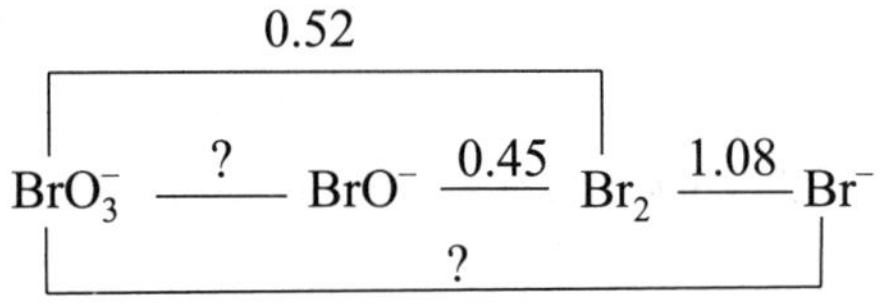

$$\overbrace{BrO_3^- \xrightarrow{?} BrO^- \xrightarrow{0.45}}^{0.52} Br_2 \xrightarrow{1.08} Br^-$$

（BrO_3^- 至 Br_2：0.52；BrO_3^- 至 Br^-：?）

解：根据式(7.9) 和式(7.10)，

① $\varphi^{\ominus}(BrO_3^-/Br^-)=\dfrac{5\times\varphi^{\ominus}(BrO_3^-/Br_2)+1\times\varphi^{\ominus}(Br_2/Br^-)}{6}$

$=\dfrac{5\times0.52+1\times1.08}{6}$

$=0.613(V)$

② $5\times\varphi^{\ominus}(BrO_3^-/Br_2)=4\times\varphi^{\ominus}(BrO_3^-/BrO^-)+1\times\varphi^{\ominus}(BrO^-/Br_2)$

$\varphi^{\ominus}(BrO_3^-/BrO^-)=\dfrac{5\times\varphi^{\ominus}(BrO_3^-/Br_2)-1\times\varphi^{\ominus}(BrO^-/Br_2)}{4}$

$=\dfrac{5\times0.52-1\times0.45}{4}$

$=0.54(V)$

(2) 判断能否发生歧化反应

当一种元素处于中间氧化值时，它同时发生氧化值的升高和降低，这类反应称为歧化反应。歧化反应是一种自身氧化还原反应。利用元素电势图，可以判断歧化反应是否发生。

例如：铜的元素电势图为

$\varphi_A^{\ominus}/V$　　$Cu^{2+} \xrightarrow{0.16} Cu^+ \xrightarrow{0.52} Cu$（$Cu^{2+}$ 至 Cu：0.34）

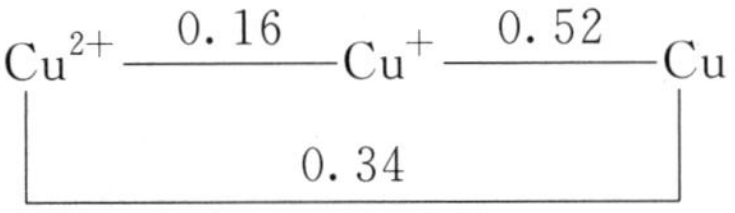

因为 $\varphi^{\ominus}(Cu^+/Cu)=0.52\ V>\varphi^{\ominus}(Cu^{2+}/Cu^+)=0.16\ V$，即 $E^{\ominus}=\varphi^{\ominus}(Cu^+/Cu)-\varphi^{\ominus}(Cu^{2+}/Cu^+)>0$，根据氧化还原反应方向的判据，发生下列反应：

$$2Cu^+ \rightleftharpoons Cu^{2+}+Cu$$

在反应中，一部分 Cu^+ 氧化为 Cu^{2+}，氧化值升高；另一部分 Cu^+ 还原为金属 Cu，氧化值降低。

推而广之，判断歧化反应能否进行的一般规则如下：

在元素电势图中：　$M^{2+} \xrightarrow{\varphi_{左}^{\ominus}} M^+ \xrightarrow{\varphi_{右}^{\ominus}} M$

若 $\varphi_{右}^{\ominus}>\varphi_{左}^{\ominus}$，$M^+$ 将发生歧化反应：

$$2M^+ \rightleftharpoons M^{2+}+M$$

若 $\varphi^{\ominus}_{右}<\varphi^{\ominus}_{左}$，$M^{+}$不能发生歧化反应，而发生歧化反应的逆反应：

$$M^{2+}+M \rightleftharpoons 2M^{+}$$

(3) 了解元素的氧化还原特性

根据元素电势图，还可以较全面地描绘出某一元素不同氧化值物质的一些氧化还原特性。例如，金属铁在酸性介质中的元素电势图为：

$$\varphi^{\ominus}_{A}/V \quad Fe^{3+} \xrightarrow{+0.771} Fe^{2+} \xrightarrow{-0.44} Fe$$

因为 $\varphi^{\ominus}(Fe^{2+}/Fe)<0$，$\varphi^{\ominus}(Fe^{3+}/Fe^{2+})>0$，因此，单质铁在盐酸或稀硫酸等非氧化性酸中被氧化为 Fe^{2+} 而非 Fe^{3+}：

$$Fe+2H^{+} \rightleftharpoons Fe^{2+}+H_2\uparrow$$

但是在酸性介质中，Fe^{2+} 是不稳定的，易被空气中的氧所氧化。

因为 $$Fe^{3+}+e^{-} \rightleftharpoons Fe^{2+},\quad \varphi^{\ominus}=0.771\ V$$

$$O_2+4H^{+}+4e^{-} \rightleftharpoons 2H_2O,\quad \varphi^{\ominus}=1.229\ V$$

所以 $$4Fe^{2+}+O_2+4H^{+} \rightleftharpoons 4Fe^{3+}+2H_2O$$

又由于 $\varphi^{\ominus}(Fe^{2+}/Fe)<\varphi^{\ominus}(Fe^{3+}/Fe^{2+})$，故 Fe^{2+} 不会发生歧化反应，却可以发生歧化反应的逆反应：

$$Fe+2Fe^{3+} \rightleftharpoons 3Fe^{2+}$$

因此，在 Fe^{2+} 溶液中，加入少量金属铁，能避免 Fe^{2+} 被空气中的氧氧化为 Fe^{3+}。

由此可见，在酸性介质中铁最稳定的离子是 Fe^{3+}，而非 Fe^{2+}。

思 考 题

1. 分别将 Mn、N 元素在下列两组物质中的氧化值按从低到高的顺序排列。

(1) $KMnO_4$、MnO_2、K_2MnO_4、$MnO(OH)$

(2) N_2、N_2O_5、N_2O、N_2O_3、NO_2、NO、NH_3

2. 分别写出碳在下列各物质中的共价键数目和氧化值。

CH_3Cl、CH_4、$CHCl_3$、CH_2Cl_2、CCl_4

3. 试把下列氧化还原反应设计成原电池，并用原电池符号表示。

(1) $Zn(s)+Ni^{2+}(1.0\ mol\cdot L^{-1}) \rightleftharpoons Zn^{2+}(1.0\ mol\cdot L^{-1})+Ni(s)$

(2) $2Fe^{2+}(0.01\ mol\cdot L^{-1})+Cl_2(100\ kPa) \rightleftharpoons 2Fe^{3+}(0.1\ mol\cdot L^{-1})+2Cl^{-}(2.0\ mol\cdot L^{-1})$

(3) $Pb^{2+}(1.0\ mol\cdot L^{-1})+Cu(s)+S^{2-}(1.0\ mol\cdot L^{-1}) \rightleftharpoons Pb(s)+CuS(s)$

4. 氧化还原电对中氧化型或还原型物质发生下列变化时，电极电势将发生怎样的变化？

(1) 氧化型物质生成沉淀；　　(2) 还原型物质生成弱酸

5. 填空

(1) 下列氧化剂：$KClO_3$、Br_2、$FeCl_3$、$KMnO_4$、H_2O_2，当溶液中 H^{+} 浓度增大时，氧化能力增强的是__________，不变的是__________。

(2) 下列电对中 $\varphi^{\ominus}$ 值从大到小依次是____________________。

H^{+}/H_2　H_2O/H_2　OH^{-}/H_2　HF/H_2　HCN/H_2

(3) 下列电对中，若 H^{+} 浓度增大，电极电势增大的是________，不变的是________，减小的是________。

Cl_2/Cl^{-}　$Cr_2O_7^{2-}/Cr^{3+}$　$Fe(OH)_3/Fe(OH)_2$

6. 下列说法是否正确？为什么？

(1) 某物质的 $\varphi^{\ominus}$ 代数值越小，则说明它的氧化性越弱，还原性越强。

(2) 由于 $\varphi^{\ominus}(Cu^{+}/Cu)=0.52$ V，$\varphi^{\ominus}(I_2/I^{-})=0.535$ V，故 Cu^{+} 和 I_2 不能发生氧化还原反应；而 $\varphi^{\ominus}(Fe^{2+}/Fe)=-0.44$ V，$\varphi^{\ominus}(Fe^{3+}/Fe^{2+})=0.771$ V，所以 Fe^{3+} 和 Fe^{2+} 能发生氧化还原反应。

(3) 因为电极反应：$Mg^{2+}+2e^{-}\rightleftharpoons Mg$ 的 $\varphi^{\ominus}=-2.37$ V，$\Delta_r G_m^{\ominus}=454.8\ kJ\cdot mol^{-1}$，所以 $2Mg^{2+}+4e^{-}\rightleftharpoons 2Mg$ 的 $\varphi^{\ominus}=-4.74$ V，$\Delta_r G_m^{\ominus}=909.6\ kJ\cdot mol^{-1}$。

7. 回答下列问题：

(1) 为何 H_2S 水溶液不能长期保存？

(2) 能否用铁制容器盛放 $CuSO_4$ 溶液？为什么？

(3) 为何可用 $FeCl_3$ 浓溶液腐蚀印刷电路板？为何至今未制得 FeI_3？

(4) 配制 $SnCl_2$ 溶液时，为防止 Sn^{2+} 被空气中氧所氧化，通常在溶液中加入少许 Sn 粒，为什么？

(5) 铁溶于过量盐酸或过量稀硝酸，其氧化产物有何不同？写出离子反应式。

(6) H_2O_2 在碱性介质中可把 $Cr(OH)_4^{-}$ 氧化为 CrO_4^{2-}；而在酸性介质中 H_2O_2 却能把 $Cr_2O_7^{2-}$ 还原为 Cr^{3+}。写出相应的方程式，并加以说明。

(7) 为何金属 Ag 不能从稀 H_2SO_4 或 HCl 中置换出 H_2，却能从 HI 溶液中置换出 H_2。

(8) 化学反应的 $\Delta_r H_m$、$\Delta_r S_m$、$\Delta_r G_m$、电池的电动势和电极电势的数值的大小，哪些与化学反应方程式的写法无关？

8. 根据下列元素电势图：

$\varphi_A^{\ominus}/V$　$Cu^{2+}\xrightarrow{+0.17}Cu^{+}\xrightarrow{+0.52}Cu$　　$Ag^{2+}\xrightarrow{+2.00}Ag^{+}\xrightarrow{+0.799}Ag$

$Fe^{3+}\xrightarrow{+0.771}Fe^{2+}\xrightarrow{-0.44}Fe$　　$Au^{3+}\xrightarrow{+1.41}Au^{+}\xrightarrow{+1.68}Au$

试问：(1) 哪些离子能发生歧化反应？

(2) 在空气中，上述四种元素的氧化态中各自最稳定的是哪种离子？

9. 如何判断一个氧化还原反应能否进行完全？$K^{\ominus}$ 大的氧化还原反应，其反应速率一定就快？$K^{\ominus}$ 与标准电极电势的关系如何？

10. 制备 $FeCl_3\cdot 6H_2O$，首先用盐酸与铁作用制取 $FeCl_2$ 溶液，然后考虑到原料来源、成本、反应速率、产品纯度、设备安全、环境污染等因素，要把 Fe^{2+} 氧化成 Fe^{3+}，现有双氧水、氯气、硝酸三种候选氧化剂，选择何种为宜？提示：

成本：$H_2O_2>HNO_3>Cl_2$；　　反应速率：$HNO_3>H_2O_2>Cl_2$；

习　　题

1. 用离子-电子法配平下列反应方程式。(1)～(8) 是酸性介质，(9)～(11) 是碱性介质。

(1) $MnO_4^{-}+H_2S\longrightarrow Mn^{2+}+S$

(2) $Cr_2O_7^{2-}+Fe^{2+}\longrightarrow Cr^{3+}+Fe^{3+}$

(3) $H_3AsO_4+I^{-}\longrightarrow H_3AsO_3+I_2$

(4) $Mn^{2+}+NaBiO_3\longrightarrow MnO_4^{-}+Bi^{3+}$

(5) $IO_3^{-}+I^{-}\longrightarrow I_2+H_2O$

(6) $MnO_4^{-}+SO_3^{2-}\longrightarrow Mn^{2+}+SO_4^{2-}$

(7) $S_2O_3^{2-}+I_2\longrightarrow S_4O_6^{2-}+I^{-}$

(8) $SO_3^{2-}+Cl_2\longrightarrow Cl^{-}+SO_4^{2-}$

(9) $Cl_2+OH^{-}\longrightarrow Cl^{-}+ClO^{-}$

(10) $Cr(OH)_4^{-}+H_2O_2\longrightarrow CrO_4^{2-}+H_2O$

(11) $MnO_4^{-}+SO_3^{2-}\longrightarrow MnO_4^{2-}+SO_4^{2-}$

（12）$MnO_4^- + SO_3^{2-} \longrightarrow MnO_2 + SO_4^{2-}$（中性介质）

2. 下列物质在一定条件下都可作为氧化剂：$KMnO_4$、$K_2Cr_2O_7$、$FeCl_3$、H_2O_2、I_2、Br_2、Cl_2、F_2、PbO_2，试根据它们在酸性介质中的 $\varphi^\ominus$ 值，按照氧化能力强弱顺序重新排列，并写出相应的还原产物。

3. 判断下列反应在标准状态下自发进行的方向。

（1）$2I^-(aq) + Br_2(aq) \rightleftharpoons I_2(s) + 2Br^-(aq)$

（2）$2Br^-(aq) + 2Fe^{3+}(aq) \rightleftharpoons Br_2(aq) + 2Fe^{2+}(aq)$

（3）$PbO_2(s) + 4HCl \rightleftharpoons PbCl_2(s) + Cl_2(g) + 2H_2O$　　$\varphi^\ominus(PbO_2/PbCl_2) = 1.597\ V$

（4）$2H_2S + H_2SO_3 \rightleftharpoons 3S(s) + 3H_2O$　　$\varphi^\ominus(H_2SO_3/S) = 0.45\ V$

（5）$Sn^{4+} + 2Fe^{2+} \rightleftharpoons 2Fe^{3+} + Sn^{2+}$

4. 判断下列各组物质能否共存，为什么？

（1）Fe^{2+} 和 $K_2Cr_2O_7$（酸性介质）　　（2）Cl^-、Br^- 和 I^-

（3）I_2 和 Sn^{2+}　　（4）MnO_4^- 和 Fe^{2+}（酸性介质）

（5）Fe^{3+} 和 Sn^{4+}　　（6）Cu^{2+} 和 I^-

5. 已知：$MnO_4^- + 8H^+ + 5e^- \rightleftharpoons Mn^{2+} + 4H_2O$　　$\varphi^\ominus = 1.51\ V$

$Fe^{3+} + e^- \rightleftharpoons Fe^{2+}$　　$\varphi^\ominus = 0.771\ V$

（1）判断下列反应进行的方向：

$$MnO_4^- + 5Fe^{2+} + 8H^+ \rightleftharpoons Mn^{2+} + 5Fe^{3+} + 4H_2O$$

（2）将上述反应组成原电池，用电池符号表示该原电池的组成，并计算标准电池电动势。

（3）当 $c(H^+)$ 为 10.0 mol·L^{-1}，其他各离子浓度均为 1 mol·L^{-1}时，计算该条件下的电池电动势。

6. 实验测得原电池的 E 值，试分别计算两个原电池中 Cu^{2+} 的浓度。

（1）$(-)Zn|Zn(1.0\ mol \cdot L^{-1}) \| Cu^{2+}(?)|Cu(+)$；　　$E = 0.96\ V$

（2）$(-)Cu|Cu^{2+}(?) \| Ag^+(0.1mol \cdot L^{-1})|Ag(+)$；　　$E = 0.48\ V$

7. 下列两个反应中，假定气体分压为 100 kPa，除 HCl 外，其他离子浓度均为 1.0 mol·L^{-1}，欲使下列反应自发进行，HCl 的最低浓度应为多少？

（1）$MnO_2 + HCl \longrightarrow MnCl_2 + Cl_2 + H_2O$

（2）$K_2Cr_2O_7 + HCl \longrightarrow KCl + CrCl_3 + Cl_2 + H_2O$

8. 试计算：

（1）已知电极反应：$Ag^+ + e^- \rightleftharpoons Ag$　　$\varphi^\ominus = 0.799\ V$

$AgBr(s) + e^- \rightleftharpoons Ag + Br^-$　　$\varphi^\ominus = 0.071\ V$

试计算 $K_{sp}^\ominus(AgBr)$。

（2）下列反应：$S_4O_6^{2-} + 2I^- \rightleftharpoons I_2 + 2S_2O_3^{2-}$，$\Delta_r G_m^\ominus = 85.9\ kJ \cdot mol^{-1}$。利用这一数据和 $\varphi^\ominus(I_2/I^-)$ 值，计算 $\varphi^\ominus(S_4O_6^{2-}/S_2O_3^{2-})$。

9. 分别计算下列情况在 298.15 K 时各电对的电极电势：

（1）金属 Cu 放在 0.5 mol·L^{-1}的 Cu^{2+} 溶液中，计算 $\varphi(Cu^{2+}/Cu)$。

（2）在（1）中的溶液中加入固体 Na_2S，使溶液中的 $c(S^{2-}) = 1.0\ mol \cdot L^{-1}$，计算 $\varphi(Cu^{2+}/Cu)$。

（3）101.325 kPa 氢气通入 0.10 mol·L^{-1} HCl 溶液中，计算 $\varphi(H^+/H_2)$。

（4）在 1.0 L（3）的溶液中加入 0.10 mol 固体 NaOH（忽略体积变化），计算 $\varphi(H^+/H_2)$。

（5）在 1.0 L（3）的溶液中加入 0.10 mol 固体 NaAc（忽略体积变化），计算 $\varphi(H^+/H_2)$。

10. 计算下列反应在 298.15 K 下的标准平衡常数。

（1）$2Ag^+ + Zn \rightleftharpoons 2Ag + Zn^{2+}$

（2）$Cr_2O_7^{2-} + 6Fe^{2+} + 14H^+ \rightleftharpoons 2Cr^{3+} + 6Fe^{3+} + 7H_2O$

（3）$MnO_2 + 2Cl^- + 4H^+ \rightleftharpoons Mn^{2+} + Cl_2 + 2H_2O$

(4) $H_3AsO_4 + 2I^- + 2H^+ \rightleftharpoons HAsO_2 + I_2 + 2H_2O$

(5) $2Ag + 2HI \rightleftharpoons 2AgI + H_2$

11. 已知反应：$2Ag^+ + Zn \rightleftharpoons 2Ag + Zn^{2+}$，开始时 Ag^+ 和 Zn^{2+} 的浓度分别为 0.1 mol·L^{-1} 和 0.3 mol·L^{-1}，求达到平衡时，溶液中剩余 Ag^+ 的浓度是多少？

12. 对于反应：$3A(s) + 2B^{3+} \rightleftharpoons 3A^{2+} + 2B(s)$，平衡时 $c(B^{3+})$、$c(A^{2+})$ 分别为 0.02 mol·L^{-1} 和 0.005 mol·L^{-1}，计算该反应的 $K^\ominus$、$E^\ominus$ 和 $\Delta_r G_m^\ominus$。

13. 已知 $\varphi^\ominus(Cu^{2+}/Cu) = 0.34$ V，$\varphi^\ominus(Cu^{2+}/Cu^+) = 0.16$ V，$K_{sp}^\ominus(CuCl) = 1.72 \times 10^{-7}$。计算：

(1) 反应 $Cu + Cu^{2+} \rightleftharpoons 2Cu^+$ 的平衡常数。

(2) $Cu + Cu^{2+} + 2Cl^- \rightleftharpoons 2CuCl$ 的平衡常数。

14. 在 Ag^+、Cu^{2+} 浓度分别为 1.0×10^{-2} mol·L^{-1} 和 0.1 mol·L^{-1} 的混合溶液中加入 Fe 粉，哪种离子先被还原？当第二种离子被还原时，第一种金属离子的浓度为多少？

15. 已知锰的元素电势图：

$$\varphi_A^\ominus/V \quad MnO_4^- \xrightarrow{+0.56} MnO_4^{2-} \xrightarrow{+2.26} MnO_2 \xrightarrow{+0.95} Mn^{3+} \xrightarrow{?} Mn^{2+} \xrightarrow{-1.18} Mn$$

（MnO_4^- 至 MnO_2：+1.70；Mn^{3+} 至 Mn：−0.27）

(1) 计算 $\varphi^\ominus(MnO_4^-/Mn^{2+})$、$\varphi^\ominus(Mn^{3+}/Mn^{2+})$。

(2) 指出图中哪些物质能发生歧化反应。

(3) 指出金属 Mn 溶于稀 H_2SO_4 的产物是 Mn^{2+} 还是 Mn^{3+}，为什么？

拓展学习资源

拓展资源内容	二维码
➢ 课件 PPT ➢ 学习要点 ➢ 疑难解析 ➢ 科学家简介——法拉第和戴维 ➢ 知识拓展——中国学科发展战略：电化学 ➢ 习题参考答案	

第 8 章　原子结构和元素周期系

在物质的世界，物质种类繁多、性质各异，这种差异是由于物质的组成和结构不同所致。前几章从宏观角度讨论了酸碱解离平衡、沉淀-溶解平衡、氧化还原反应的方向、速率和限度的问题。从本章开始至第 10 章，将进入原子、分子领域，从微观角度讨论物质的结构及其与性质间的关系。本章主要讨论原子的核外电子运动规律，揭示元素周期律的本质，进而了解元素性质变化规律的内在原因。

8.1　近代原子结构理论

8.1.1　原子结构模型

古希腊哲学家德谟克利特（Democritus）在公元前 5 世纪提出，每种物质都是由原子组成的，原子是最小的、不可再分的微粒。到 19 世纪初，随着质量守恒定律、当量定律、倍比定律等的发现，人们对原子的认识不断深入。特别是在电子、放射性和 X 射线等重大发现的基础上，人们建立了现代原子结构模型。

1897 年，汤姆森（J. J. Thomson）实验证实了阴极射线是带负电荷的电子流，测定了电子的荷质比 $e/m=1.7588\times10^{8}\ \mathrm{C\cdot g^{-1}}$。1909 年，密立根（R. A. Millikan）通过油滴实验测定出电子的电量为 1.602×10^{-19} C，进而计算出电子质量为 9.109×10^{-28} g。1911 年，英国物理学家卢瑟福（E. Rutherford）在 α 粒子散射实验的基础上，提出了新的有核原子结构模型，也称为行星式原子模型，他认为：原子中的正电荷集中在很小的区域，原子质量主要来自于正电荷部分，即原子核；原子中质量很小的电子则围绕原子核作旋转运动，就像行星绕着太阳运转一样。卢瑟福的有核原子模型为近代原子结构的研究奠定了基础。

1913 年，丹麦物理学家玻尔（N. Bohr）在卢瑟福原子结构模型的基础上，提出了玻尔理论，推动了原子结构理论的发展。

8.1.2　氢原子光谱

光谱学研究结果证明，每种元素的原子辐射都具有由一定频率构成的特征光谱，这些光谱是一条条离散的谱线，称为线状光谱，也就是原子光谱。不同的原子都有其各自不同的特征光谱，氢原子光谱是最简单的一种原子光谱，如图 8.1 所示，氢原子光谱在可见区有五条比较明显的谱线，通常用 H_α、H_β、H_γ、H_δ、H_ε 标记。

人们发现氢原子光谱中各谱线的频率有一定的规律性。1885 年，瑞士的一位中学物理教师巴尔末（J. J. Balmer）和瑞典物理学家里德伯（J. R. Rydberg）将若干光谱线系的实验数据归纳成一个统一的公式，称为巴尔末-里德伯方程式：

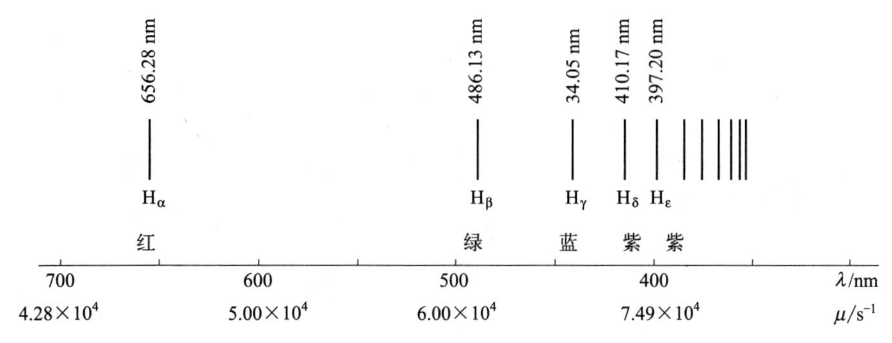

图 8.1　氢原子光谱图

$$\nu=R_{H}\left(\frac{1}{n_1^2}-\frac{1}{n_2^2}\right) \tag{8.1}$$

式中，ν 为光谱频率；R_H 为里德伯常数，实验值为 $1.097\times10^7 m^{-1}$；n_1 和 n_2 都是正整数，且 $n_2>n_1$。

如何解释氢原子光谱是线状光谱这一实验事实，卢瑟福的行星原子模型是无能为力的。按照经典的电磁理论，绕核高速旋转的电子应不断地、连续地辐射出电磁波，因此，氢原子光谱应该是含有各种波长的连续光谱；同时，由于电子不断辐射出电磁波，其本身能量逐渐减小，速度变慢，最终电子会沿着螺旋线的轨迹坠入带正电的原子核中，使原子毁灭。事实上，原子是稳定存在的，而且原子光谱是线状光谱且有一定规律性。可见，卢瑟福的原子结构模型不能解释和描述核外电子的运动状态。

8.1.3　玻尔理论

玻尔理论的基础是普朗克（M. Planck）的量子论和爱因斯坦（A. Einstein）的光子学说。1913 年，玻尔提出了原子结构理论的三点假设：

① 核外电子只能在某些特定的、有确定的半径和能量的圆形轨道上绕核运动，电子在这些符合量子化条件的轨道上运动时，处于稳定状态，这些轨道的能量状态不随时间而改变，因而被称为定态轨道。在定态轨道上运动的电子既不吸收能量，也不放出能量。

② 电子在不同轨道上运动时，其能量是不同的。在正常情况下，原子中的电子尽可能处于离核最近的轨道上，即原子处于最低的能量状态，称为基态。当原子从外界获得能量时，电子可以跃迁到离核较远、能量较高的轨道上，这种状态称为激发态。电子的能量是量子化的，根据量子化条件，推导出氢原子轨道的能量为：

$$E_n=-2.18\times10^{-18}\frac{z^2}{n^2} \tag{8.2}$$

式中，n 为量子数，$n=1$，2，3…；能量取负值，是因为把电子离核无穷远处的能量规定为 0。当 n 由小到大时，氢原子轨道的能量由低到高。

③ 电子在能量不同的轨道间跃迁时，原子才会吸收或放出能量。处于激发态的电子不稳定，可以跃迁到离核较近的轨道上，同时释放出光能。光能（光的频率）的大小取决于两个轨道之间的能量差，其关系为：

$$\Delta E=E_2-E_1=h\nu \tag{8.3}$$

式中，E_2 为高能级的能量；E_1 为低能级的能量。氢原子的轨道能级如图 8.2 所示。

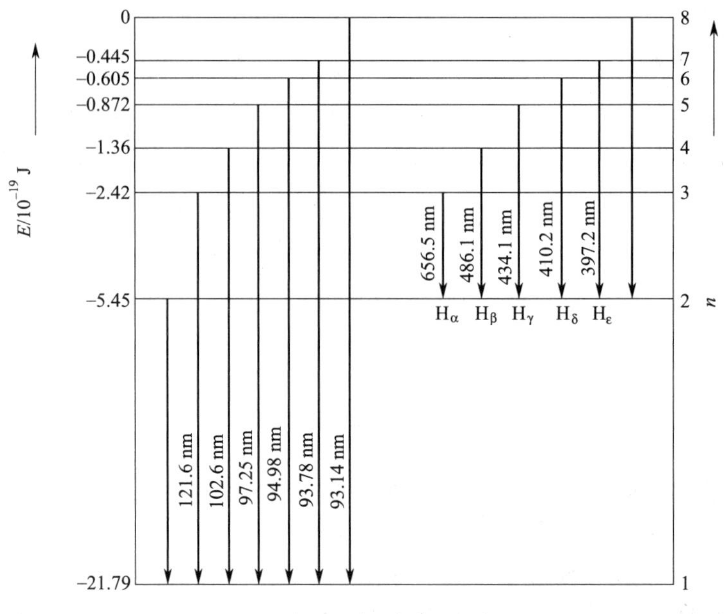

图 8.2 氢原子轨道能级示意图

玻尔理论成功地解释了原子的稳定性、氢原子和类氢原子光谱的产生和不连续性。氢原子在正常状态下，核外电子处于能量最低的基态，既不吸收能量也不放出能量，电子的能量自然就不会减少，因而不会坠入原子核内，原子不会毁灭。当氢原子从外界获得能量时，电子就会跃迁到能量较高的激发态，处于激发态的电子不稳定，就会自发地回到能量较低的轨道，同时将能量以光能的形式释放出来。由于能级间的能量差是确定的，并且轨道能量是不连续的，所以发射的光的频率就有确定的值，因此，得到的氢原子光谱是线状光谱，且每条谱线都有确定的频率。

时至今日，玻尔提出的原子轨道能级、量子化、电子跃迁等概念仍然被广泛使用。由于他在原子理论和原子辐射方面的卓越贡献，荣获 1922 年诺贝尔物理学奖。然而，玻尔的原子模型虽然引用了普朗克的量子化概念，但毕竟是建立在经典物理学的基础上，因此对多电子原子的光谱、氢原子光谱的精细结构都无法解释。而电子这样微小、运动速度又极快的微粒在极小的原子体积内的运动，是不可能遵循经典力学的运动定律的。玻尔理论的局限性，促使人们研究和建立能描述核外电子运动规律的量子力学原子结构模型。

8.2 量子力学原子模型

微观粒子运动的特殊性

8.2.1 微观粒子运动的特性

(1) 微观粒子的波粒二象性

20 世纪初人们就发现，光不仅具有微观粒子的性质，而且有波动的性质，即具有波粒二象性。对于电子来说，有确定的体积和质量，其粒子性自然无需论证。但是对于电子运动的波动性，则认识得比较晚。

1924 年，法国物理学家德布罗依（L. V. de Broglie）提出了微观粒子具有波粒二象性的假设。他指出：质量为 m，运动速率为 v 的微观粒子，其相应的波长 λ 为：

$$\lambda=\frac{h}{mv}=\frac{h}{p} \tag{8.4}$$

式中，h 为普朗克常数；p 为动量。公式左边是微观粒子的波长（频率），表明波动性特征；右边是微观粒子的动量，代表粒子性特征。式(8.4) 就是著名的德布罗依关系式，它的重要意义就是把微观粒子的粒子性和波动性统一起来。这种实物微粒所具有的波称为德布罗依波或物质波。

德布罗依预言：一束电子通过一个非常小的孔时，有可能会产生衍射现象。1927 年，戴维森（C. J. Davisson）和革末（L. H. Germer）的电子衍射实验证实了德布罗依的假设。电子衍射是一束高速的电子流从 A 处射出，然后通过衍射光栅（或晶体）B，经光栅的狭缝投射到感光屏 C 上，结果得到了与 X 射线衍射图像相似的明暗相间的环纹图，如图 8.3 所示。这表明电子确实具有波动性。根据电子衍射图计算得到的电子波长，与德布罗依关系式计算得到的一致，结果表明，动量和波长之间的关系的确符合公式(8.4)，与德布罗依的预测完全一致。后来，英国物理学家汤姆逊（G. P. Thomson）采用多晶金属薄膜进行电子衍射实验，也得到了衍射图像。衍射是波动的典型特征，三位科学家的电子衍射实验是电子具有波动性的确实证据。

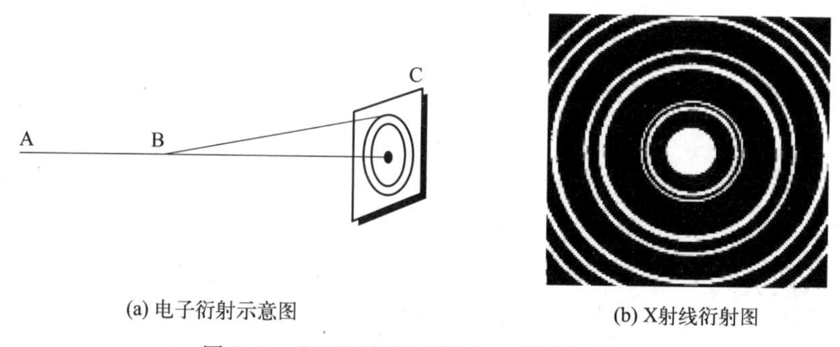

(a) 电子衍射示意图　　(b) X射线衍射图

图 8.3　电子衍射示意图和 X 射线衍射图

实验进一步证明，不但电子，其他如中子、质子、原子等微观粒子都具有波动性。由此可见，波粒二象性是微观粒子运动的特征。因此，不能用经典的力学定律来描述微观粒子的运动规律。

(2) 不确定原理

在经典力学中，一个宏观物体在任一瞬间的位置和动量是可以同时准确测定的。例如，发出一颗炮弹，若知道它的质量、初速度及起始位置，就能准确地知道某一时刻炮弹的位置、速度（或动量）。对于具有波粒二象性的微观粒子，能否也像经典力学中确定宏观物体的运动状态一样，同时用位置和动量来准确地描述它们的运动状态呢？

1927 年，德国物理学家海森堡（W. Heisenberg）提出了不确定原理：对运动的微观粒子来说，不能同时准确确定它的位置和动量。其数学表达式为：

$$\Delta x \cdot \Delta P \geqslant \frac{h}{2\pi} \tag{8.5}$$

上式也称为测不准关系式。式中 Δx 为粒子的位置的不确定度；ΔP 为粒子的动量的不确定度；h 为普朗克常量。

测不准关系式表明，用位置和动量两个物理量来描述微观粒子的运动时，位置的不确定度与其动量的不确定度的乘积大于或等于常数$\frac{h}{2\pi}$。也就是说，微观粒子的位置确定得愈准确（Δx 愈小），则相应的动量确定得就愈不准确（ΔP 愈大）。反之亦然。

例如，对于质量 $m=10^{-15}$ kg 的微小尘埃，若它所在位置的不确定度 $\Delta x \approx 10^{-8}$ m（宏观物体位置的不确定度 10^{-8} m 已相当准确），由测不准关系式可得：

$$\Delta P \geqslant \frac{h}{2\pi \Delta x}=\frac{6.63\times 10^{-34}}{2\times 3.14\times 10^{-8}}=1.06\times 10^{-26}(\text{kg}\cdot\text{m}\cdot\text{s}^{-1})$$

则相应速度的不确定度为：$$\Delta v \geqslant \frac{\Delta P}{m}=\frac{1.06\times 10^{-26}}{10^{-15}}=1.06\times 10^{-11}\ \text{m}\cdot\text{s}^{-1}$$

这个偏差已经小到在宏观上无法察觉的程度，由此可见，与微小尘埃运动的速度相比完全可忽略不计。但对于微观粒子如电子来说，若运动速度约为 10^6 $\text{m}\cdot\text{s}^{-1}$，其位置的不确定度小于 10^{-11} m 才有意义（原子的半径的数量级为 10^{-10} m），此时电子运动速度的不确定度为：

$$\Delta v \geqslant \frac{h}{2\pi m \Delta x}=\frac{6.63\times 10^{-34}}{2\times 3.14\times 9.11\times 10^{-31}\times 10^{-11}}=1.16\times 10^{7}(\text{m}\cdot\text{s}^{-1})$$

在这种情况下，电子运动速度的不确定量甚至超过了电子本身的速度，显然是不能忽略的。

实际上，不确定原理正是反映了微观粒子具有波粒二象性，是对微观物体运动规律认识的深化，它的运动不服从经典力学规律，而是遵循量子力学所描述的运动规律。

(3) 微观粒子运动的统计性

不确定原理说明微观粒子的运动不可能和宏观物体一样，可以精确测定它在空间出现的具体位置。

在电子衍射实验中，若用慢射电子枪取代电子束进行实验，结果发现，在感光屏上只会出现一些无规则分布的衍射斑点（显示出电子的粒子性），说明每个电子的位置是无法预料的，其运动是没有确定的轨道的；但是当单个的电子不断发射以后，屏幕上就出现了明暗相间的衍射环纹，说明电子的运动还是有规律的。衍射环纹中亮的地方，衍射强度大，说明电子出现的机会多，暗的地方则是电子出现的机会少。显然，微观粒子的运动是具有统计意义的，从数学角度上看，这里的机会称为概率（或几率）。微观粒子的运动具有概率分布的规律。

8.2.2 核外电子运动状态的描述

1926 年，奥地利物理学家薛定谔（E. Schrodinger）建立了描述微观粒子运动规律的量子力学理论，逐步形成了原子结构的近代概念。

(1) 微观粒子的运动方程——薛定谔方程

薛定谔根据微观粒子具有波粒二象性，提出了一个描述微观粒子运动的基本方程，即薛定谔方程。这个方程是一个二阶偏微分方程，其形式如下：

$$\frac{\partial^2 \Psi}{\partial x^2}+\frac{\partial^2 \Psi}{\partial y^2}+\frac{\partial^2 \Psi}{\partial z^2}+\frac{8\pi^2 m}{h^2}(E-V)\Psi=0 \tag{8.6}$$

式中，Ψ 称为波函数，是波动性的体现；E 是体系的总能量；V 是势能；m 是粒子的质量；h 是普朗克常量；x、y、z 是粒子的空间坐标。

薛定谔方程可以作为处理原子、分子中电子运动的基本方程，解一个体系的薛定谔方程，一般可以得到一系列的波函数（Ψ_i）和相应的一系列的能量（E_i）。方程式的每一个合理的解（Ψ_i，E_i）都描述该电子的一种可能的运动状态。薛定谔方程在量子力学中的地位相当于牛顿运动定律在经典力学中的地位。正是由于薛定谔在发展原子理论方面的巨大贡献，他获得了 1933 年诺贝尔物理学奖。

解薛定谔方程涉及较深的数学基础，本书不讨论如何求解，在此只简要介绍量子力学处理原子结构问题的思路和一些重要结论，重点讨论方程的解 Ψ 及其图示表示方法。

薛定谔方程的解包含 n、l、m 三个常数项的三变量（x,y,z）的函数，通常可表示为 $\Psi_{n,l,m}(x,y,z)$，简写为 $\Psi(x,y,z)$。为了得到合理的解，就要求 n、l、m 不是任意常数，而要符合一定的取值要求。在量子力学中，n、l、m 这类特定常数称为量子数。

因 $\Psi(x,y,z)$ 是个三变量函数，为了便于方程式求解，需要进行变量分离，变为三个只含一个变量的常微分方程。先将直角坐标 x，y，z 变换为球坐标 r，θ，φ。球坐标与直角坐标的关系如图 8.4 所示。

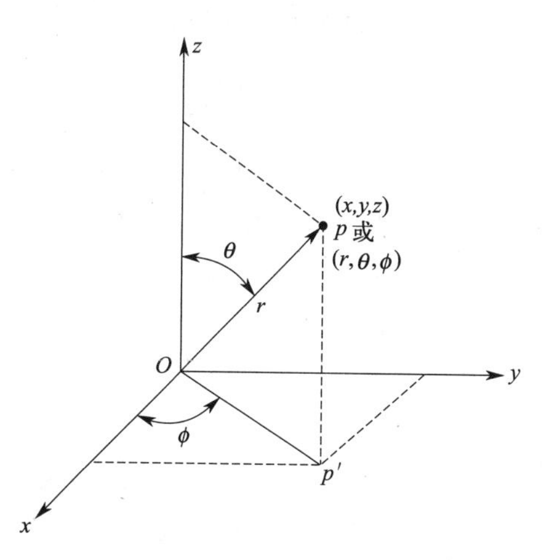

图 8.4　球坐标与直角坐标的关系

坐标变换后，$\Psi(x,y,z)$ 可表示为 $\Psi(r,\theta,\varphi)$。变量分离后可写成：

$$\Psi(r,\theta,\varphi)=R(r)\Theta(\theta)\Phi(\varphi) \tag{8.7}$$

式中，$R(r)$ 与电子离核的远近（或 r 的大小）有关，称为径向分布函数；$\Theta(\theta)\Phi(\varphi)$ 与角度有关，称为角度分布函数。若将角度分布函数中的两个函数 $\Theta(\theta)\Phi(\varphi)$ 合并起来，用于讨论角度分布。即令：

$$Y(\theta,\varphi)=\Theta(\theta)\Phi(\varphi) \tag{8.8}$$

式中，$Y(\theta,\varphi)$ 也称为角度波函数。于是式(8.7) 可写成：

$$\Psi(r,\theta,\varphi)=R(r)Y(\theta,\varphi) \tag{8.9}$$

(2) 波函数和原子轨道

从前面的讨论可知，在量子力学中是用波函数和与其对应的能量来描述微观粒子运动状态的。原子中电子的波函数 Ψ 既是描述电子运动状态的数学表达式，又是空间坐标的函数，其空间图像可以形象地理解为电子运动的空间范围，习惯上称为“原子轨道”。需要特别指出的是，此处提到的原子轨道与玻尔原子模型所指的原子轨道截然不同。这里的“轨道”代表原子中电子的一种运动状态，即电子在原子核外运动的某个空间范围，而玻尔原子轨道则是指原子核外电子运动的某个确定的圆形轨道。为了避免与经典力学中的玻尔原子轨道混淆，又称为原子轨函（原子轨道函数之意），亦即波函数的空间图像就是原子轨道，原子轨道的数学表示式就是波函数。原子轨道和波函数常常作为同义语混用。

原子轨道图形

根据式(8.9)，若将波函数的径向部分 $R(r)$ 随距离（r）的变化作图，所得的图像称为原子轨道的径向分布图；以角度部分 $Y(\theta,\varphi)$ 随角度（θ,φ）的变化作图，所得的图像则称为原子轨道的角度分布图。由于波函数角度部分对整个波函数的图像影响较大，并且原子轨道的角度分布图对原子间的成键作用也很重要，因此本节只讨论原子轨道的角度分布图。

原子轨道角度分布图的具体画法是：先计算出不同（θ,φ）时的 $Y(\theta,\varphi)$ 值，借助球坐标，以原子核为原点，引出方向为（θ,φ）的直线，使线段的长度与 Y 值相同。将所有直线的端点连接起来，在空间形成的曲面就是原子轨道的角度分布图。现以 $2p_z$ 轨道为例讨论原子轨道角度分布图形的画法。

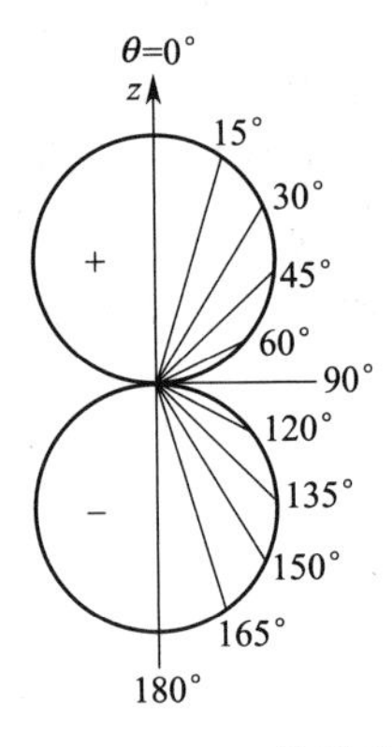

图 8.5 $2p_z$ 轨道的角度分布图

$2p_z$ 轨道波函数的角度部分为：

$$Y_{p_z}=\cos\theta$$

式中，不同 θ 值时对应的 Y_{p_z} 值在表 8.1 列出。利用表中的数据画出如图 8.5 所示的 p_z 轨道的角度分布图。需要注意的是，此图形分布在 xy 平面上下两侧，在 z 轴上出现极值，且对称分布在 z 轴周围，z 轴是对称轴，而图 8.5 只是分布图的 xz 截面。图中出现的"+"或"−"号，表示 Y_{p_z} 值的正、负。在讨论化学键的形成时，原子轨道角度分布的正、负号是十分重要的。

表 8.1 不同 θ 值时对应的 Y_{p_z}

θ	0°	30°	45°	60°	90°	120°	135°	150°	180°
Y_{p_z}	1	0.866	0.707	0.5	0	−0.5	−0.707	−0.866	−1

其他原子轨道角度分布图依据类似的方法画出，图 8.6 给出了 s、p、d 原子轨道角度分布图。

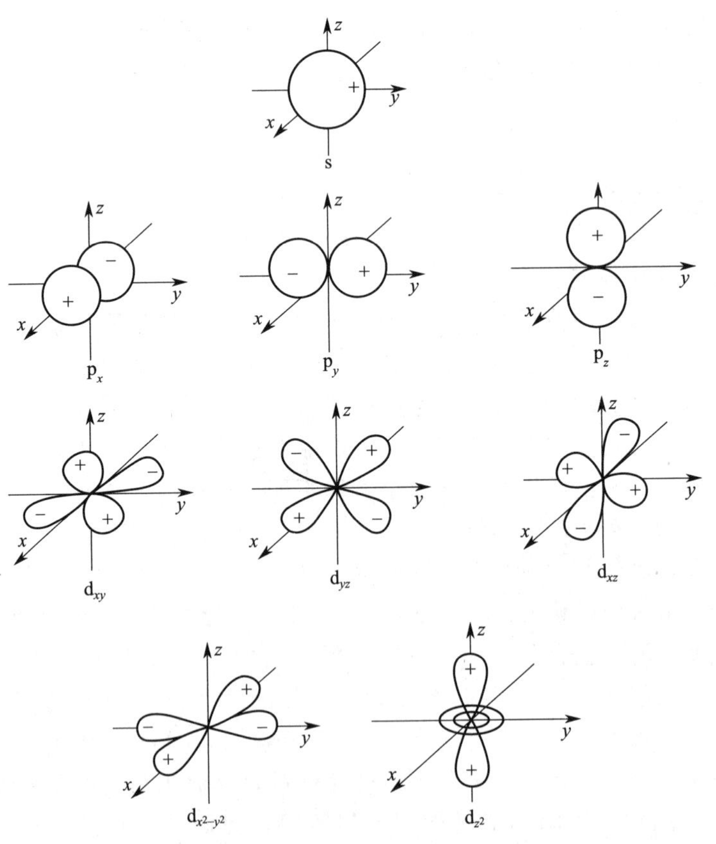

图 8.6 s、p、d 原子轨道角度分布图

需要强调的是，原子轨道角度分布图并不是电子运动的具体轨道，它只反映波函数的角度部分，而不是原子轨道的实际形状。

(3) 概率密度和电子云

概率密度是指单位体积中电子出现的概率，即：

$$概率=概率密度\times体积=|\Psi|^2 d\tau \tag{8.10}$$

式中，$d\tau$ 为空间的微体积。电子的运动状态用波函数 Ψ 来描述，$|\Psi|^2$ 则是电子在核外空间某处出现的概率密度。

所谓电子云就是电子出现的概率密度的形象化描述。$|\Psi|^2$ 的空间图像可用小黑点的疏密来表示，在核外空间某点，$|\Psi|^2$ 值越大，表明电子在该点出现的概率密度越大；$|\Psi|^2$ 值越小，表明电子在该点出现的概率密度就越小。

既然用小黑点的疏密来表示概率密度大小的图像称为电子云，概率密度可以直接用 $|\Psi|^2$ 来表示，那么以 $|\Psi|^2$ 作图，则可以得到电子云的空间图像。将 $|\Psi|^2$ 的角度分布部分 $|Y|^2$ 随 θ、φ 变化作图，所得图像就称为电子云的角度分布图（图 8.7）。

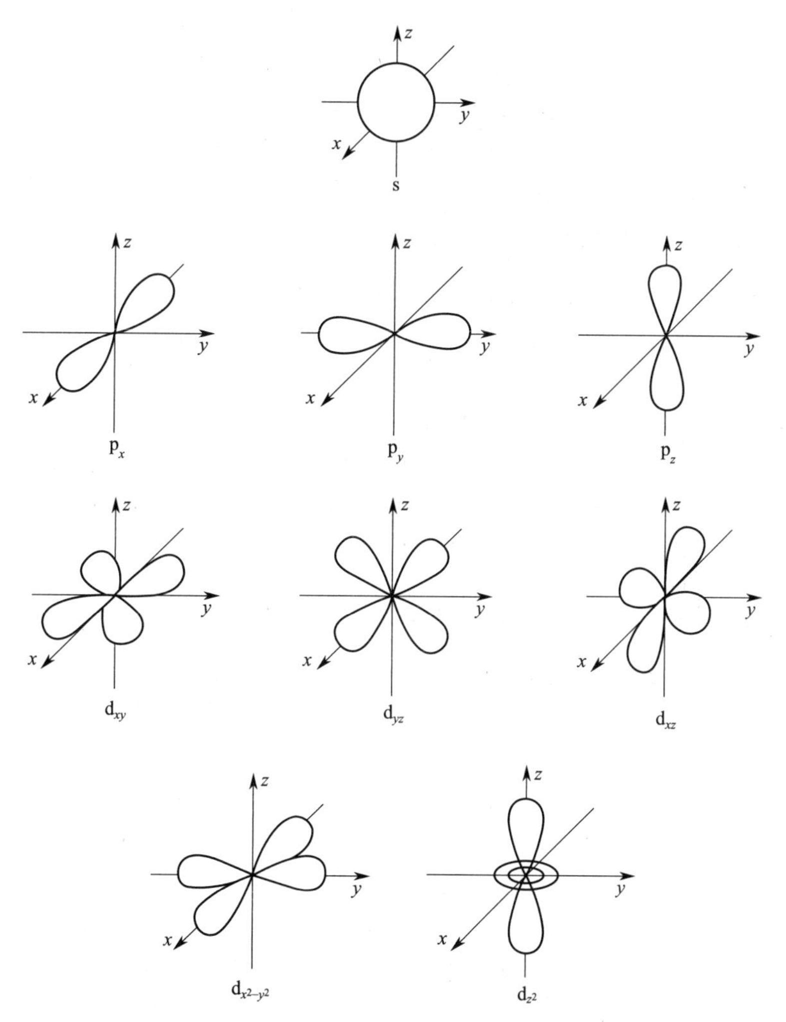

图 8.7　电子云的角度分布图

电子云角度分布图与原子轨道角度分布图的形状基本相似。但有两点不同：①原子轨道

角度分布图有正、负号之分，而电子云角度分布均为正值（习惯上不标出正号），这是由于 Y 值平方后，没有正、负号的区别了。②电子云的角度分布要比原子轨道的角度分布“瘦”一些，因为 Y 值小于 1，所以 $|Y|^2$ 更小。

从以上的讨论要明确两点：①无论是原子轨道的角度分布图还是电子云的角度分布图，都不是电子运动的实际轨迹。它们既不是通过实验，更不是直接观察到的，而是根据量子力学计算得到的数据绘制出来的。②除 s 轨道外，其他轨道的角度分布是有方向性的。这是共价键具有方向性的根本原因。

(4) 四个量子数

量子数

描述原子中各电子的运动状态需要四个参数 n，l，m，m_s，它们的取值决定了电子能量、原子轨道的能级、形状、在空间的伸展方向，以及电子的自旋方向。

① 主量子数（n）

主量子数 n 决定核外电子的能量和电子出现最大概率区域离核的平均距离。n 可取任意的非零正整数，即 $n=1$，2，3…∞，相应的电子层是第一、第二、第三…电子层，用光谱符号表示就是 K，L，M，…电子层。其对应关系如表 8.2 所列。

表 8.2 主量子数与电子层的对应关系和光谱符号

主量子数(n)	1	2	3	4	5	6…
电子层	第一	第二	第三	第四	第五	第六…
光谱符号	K	L	M	N	O	P…

随着 n 值的增加，电子的能量增加，电子离核的平均距离也增大。在氢原子或类氢原子中，电子的能量仅由主量子数决定。

② 角量子数（l）

角量子数 l 的取值受主量子数 n 值的限制，它可以取 n 个从 0 开始到（$n-1$）的正整数，即 $l=0$，1，2，3…($n-1$)。例如，当 $n=1$ 时，l 只能为 0；$n=2$ 时，l 可以为 0，1。

l 的每一个数值都表示一个亚层。l 数值与光谱学规定的亚层符号之间的对应关系为：

副量子数 l	0	1	2	3	4	5…
亚层符号	s	p	d	f	g	h…

即 $l=0$ 表示 s 亚层，$l=1$ 表示 p 亚层。

另外，l 的每一个数值还表示一种形状的原子轨道或电子云。如：$l=0$ 表示圆球形的 s 轨道或电子云；$l=1$ 表示哑铃形的 p 轨道或电子云；$l=2$ 表示花瓣形的 d 原子轨道或电子云等。

在多电子原子中，n 相同时，角量子数 l 不同的电子能量是不同的，l 的数值越大，能量越高，即：

$$E_{ns}<E_{np}<E_{nd}<E_{nf}\cdots$$

由于 l 的不同，引起能量的不同，可以理解为能量的再分级形成了亚层。所以 n 决定电子层，l 决定能级。例如 $n=2$、$l=0$ 的能级叫 2s 能级（或 2s 亚层）；$n=2$、$l=1$ 的能级叫 2p 能级（2p 亚层）。

多电子原子中，电子的能量由 n 和 l 决定。若 n 和 l 的数值确定了，电子的能量也就确定了。

③ 磁量子数（m）

磁量子数 m 的取值受到 l 的限制，在 l 确定后，它可以取如下的整数值：0，±1，±2，±3，$\cdots\pm l$，有（$2l+1$）个取值。

m 的每一个值表示原子轨道的一个伸展方向，相应于 1 个原子轨道。例如：$l=0$，$m=0$，m 只有一个取值，表示 s 轨道在核外空间只有一种伸展方向，即以核为球心的球形。

$l=1$ 时，m 有 -1，0，$+1$ 三个取值，表示 p 亚层在空间有 3 个分别沿着 y 轴、z 轴和 x 轴取向的轨道，即 p_y、p_z、p_x 轨道，三个 p 轨道相互垂直。

$l=2$ 时，m 有 -2，-1，0，$+1$，$+2$ 五个取值，表示 d 亚层有 5 个不同伸展方向的 d_{xy}、d_{yz}、d_{z^2}、d_{xz}、$d_{x^2-y^2}$ 轨道。

同理，可推知 $l=3$ 的 f 亚层应有 7 个不同伸展方向的轨道。

同一原子中，n 和 l 都相同，但 m 不同的原子轨道，其能量是相同的。常把这些能量相同的原子轨道称为等价轨道（或简并轨道）。

亚层	p	d	f
等价轨道	3 个 p 轨道	5 个 d 轨道	7 个 f 轨道

n、l、m 三个量子数可以决定一个特定的原子轨道，故 n、l、m 称为轨道量子数。

④ 自旋量子数（m_s）

电子除了轨道运动，还有自旋运动。处于同一原子轨道上的电子自旋运动状态只有两种，因此，自旋量子数 m_s 取值只有 $+1/2$ 和 $-1/2$，每一个数值表示电子的一种自旋方向（如顺时针或逆时针方向），通常用正反两个箭头↑和↓来表示。例如，在原子核外第四电子层上 s 亚层的 4s 轨道内，以顺时针方向自旋为特征的那个电子的运动状态，可以用 $n=4$，$l=0$，$m=0$，$m_s=+1/2$ 四个量子数来描述。

综上所述，n、l、m 三个量子数可以确定一个原子轨道，n、l、m、m_s 四个量子数可以确定一个电子的运动状态。

电子层、亚层、原子轨道、运动状态与量子数之间的关系列于表 8.3 中。

表 8.3　核外电子运动的可能状态数

电子层（n）	符号	电子亚层（l）	轨道符号 nl	磁量子数 m	轨道空间取向数	电子层中总轨道数 n^2	各轨道电子数	每层最大容量（$2n^2$）
1	K	0	1s	0	1	1	2	2
2	L	0	2s	0	1	4	2	8
		1	2p	−1、0、+1	3		6	
3	M	0	3s	0	1	9	2	18
		1	3p	−1、0、+1	3		6	
		2	3d	−2、−1、0、+1、+2	5		10	
4	N	0	4s	0	1	16	2	32
		1	4p	−1、0、+1	3		6	
		2	4d	−2、−1、0、+1、+2	5		10	
		3	4f	−3、−2、−1、0、+1、+2、+3	7		14	
…	…	…	…	………	…	…	…	…

量子力学原子模型克服了玻尔原子模型的缺陷，能够解释多电子原子光谱，因而较好地反映了核外电子层的结构、电子运动的状态和规律，还能解释化学键的形成，是目前得到公认的近代原子结构理论。

8.3 多电子原子结构和元素周期系

氢原子和类氢原子的核外只有一个电子，该电子仅受到核的吸引，其波动方程可以精确求解，其原子轨道能级的高低只取决于主量子数 n，n 愈大，能量愈高。即同一主量子数的各轨道能量是相等的，亦即 $E_{2s}=E_{2p}$，$E_{3p}=E_{3d}$。

但是对于多电子原子来说，电子除受核的吸引外，电子之间还有互相排斥作用。因此，原子轨道的能级次序变得比较复杂。多电子原子的波动方程目前还无法精确求解，只能作近似处理。对多电子原子体系，首先需要知道核外原子轨道的能级次序，然后才能讨论核外电子的排布问题。

8.3.1 鲍林原子轨道近似能级图

鲍林（L. Pauling）根据大量的光谱数据和理论计算，得到了如图 8.8 所示的多电子原子的原子轨道近似能级图。

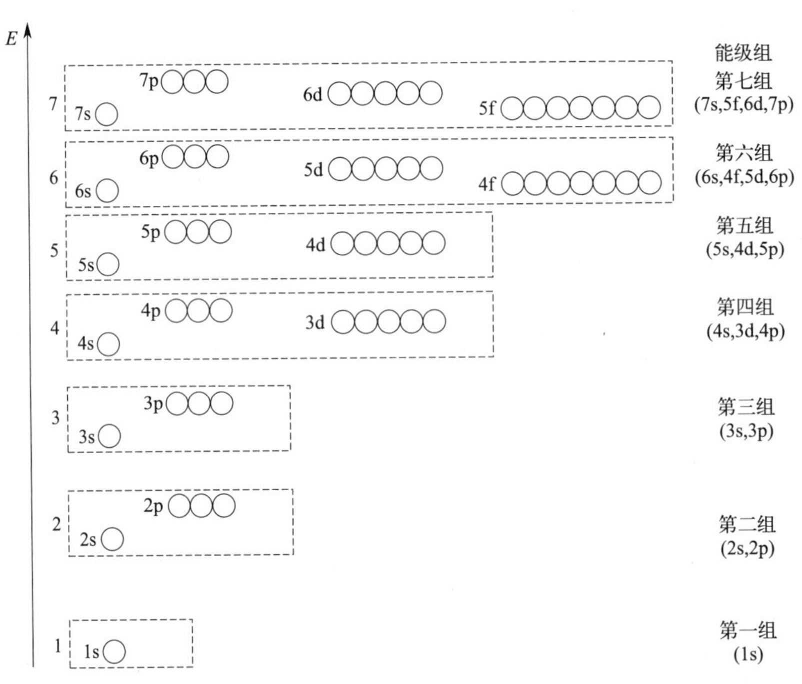

图 8.8 鲍林原子轨道近似能级图

对图 8.8 作如下几点说明：

① 近似能级图是按原子轨道能量高低的顺序排列的，图中每一个小圆圈代表一个原子轨道。每个小圆圈所在位置的高低，表示轨道能量的相对高低。能量相近的能级划为一组放在一个方框中称为能级组。不同能级组之间的能量差别较大，同一能级组内各能级之间的能量差别较小。图中共依次列出 7 组。

第一能级组：1s。

第二能级组：2s，2p。

第三能级组：3s，3p。

第四能级组：4s，3d，4p。

第五能级组：5s，4d，5p。

第六能级组：6s，4f，5d，6p。

第七能级组：7s，5f，6d，7p。

② 主量子数 n 相同，角量子数 l 不同者，它们的能量有较小的差别，l 值越大，能量也越大，即 $E_{ns}<E_{np}<E_{nd}<E_{nf}$。这种在同一能级组中的能量差别称为能级分裂。

③ 角量子数 l 相同，其能级次序则由主量子数 n 决定，n 越大，能量越高。例如，$E_{2p}<E_{3p}<E_{4p}$。

④ 主量子数 n 和角量子数 l 同时变化时，能量级序就比较复杂。这种情况常发生在第三层以上的电子层中，即 $E_{ns}<E_{(n-2)f}<E_{(n-1)d}<E_{np}$，这种现象称为能级交错。例如，$E_{4s}<E_{3d}<E_{4p}$。

必须指出，鲍林的近似能级图是假定所有元素原子的能级高低顺序都是相同的，忽略了不同元素原子的个性，显然是不现实的。光谱实验和量子力学的理论证明，随着元素原子序数的增加，核对电子的引力增加，轨道的能量都有所下降，由于下降的程度不同，所以能级的相对位置就随之而变。

8.3.2　屏蔽效应和钻穿效应

(1) 屏蔽效应

在单电子体系中，电子的能量仅由主量子数 n 决定，即式(8.2) 所示：

$$E=-2.18\times10^{-18}\frac{Z^2}{n^2}$$

在多电子原子中，每个电子不仅受到原子核的吸引作用，而且还受到其他电子的排斥作用。由于电子高速不停地运动，要准确地确定这种排斥作用是不可能的。一种近似的处理方法是把多电子原子中其他电子对某个指定电子的排斥作用，简单地看成是抵消（屏蔽）掉一部分核电荷对该指定电子的吸引作用。被其他电子屏蔽后的核电荷数称有效核电荷数，用符号 Z^* 表示。Z^* 与核电荷数 Z 有如下关系：

$$Z^*=Z-\sigma \tag{8.11}$$

式中，σ 叫做屏蔽常数，它是核电荷减小值，相当于被抵消的正电荷数。因其他电子对指定电子的排斥作用而抵消了一部分核电荷，从而使有效核电荷降低，削弱了核电荷对该指定电子的吸引，这种抵消作用称为屏蔽效应。

这样就可以把多电子原子体系近似地看作具有适当有效核电荷的单电子体系。因此，多电子原子中每个电子的轨道能量为：

$$E=-2.18\times10^{-18}\times\frac{(Z^*)^2}{n^2}=-2.18\times10^{-18}\times\frac{(Z-\sigma)^2}{n^2} \tag{8.12}$$

由上式可知，σ 的大小影响到各电子轨道能量。对于某一电子来说，σ 的数值既与起屏蔽作用的电子的多少以及这些电子所处的轨道有关，也与该电子所在的轨道有关。一般来说，内层电子对外层电子的屏蔽作用较大，同层电子的屏蔽作用较小，外层电子对较内层电子可近似看做不产生屏蔽作用。由于原子轨道的能量不仅取决于 n，也取决于 l。因此，在多电子原子中，l 不同的电子受到的屏蔽效应不同，随着 l 的增大，能级依次增高，各亚层的能级高低顺序为：

$$E_{ns}<E_{np}<E_{nd}<E_{nf}$$

（2）钻穿效应

从量子力学观点看，各种状态的电子在整个原子空间都有可能出现，只是随着 n 的增加，电子离核的平均距离增加。对于 n 较大的电子，出现概率最大的地方离核较远，但在离核较近的地方也有出现的可能，也就是说外层电子也有可能钻入内层，在原子核附近运动，从而部分地避免了内层电子对它的屏蔽。这种外层电子进入原子内部空间的作用称为钻穿效应。

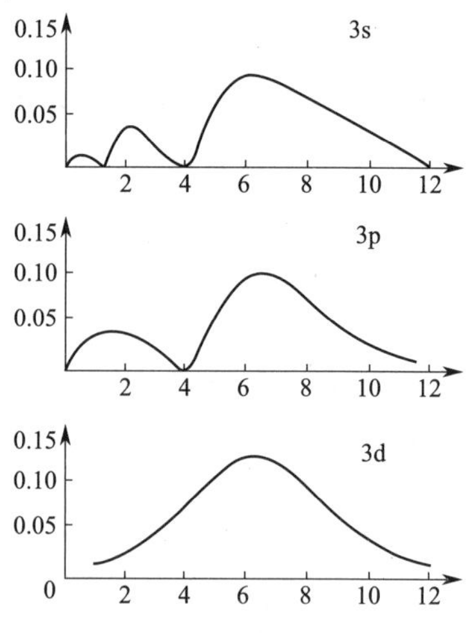

图 8.9　3s、3p、3d 电子云的径向分布图

事实上，各种电子的钻穿效应是不同的。当 n 相同时，随着 l 的增加，钻穿效应减弱。从氢原子的径向分布图（图 8.9）可以说明多电子原子中，n 相同 l 越大的电子，钻穿效应越小。

由图可见，第三电子层的 3s、3p、3d 轨道，其电子云的径向分布有很大不同。3s 有三个峰，这说明 3s 电子除有较多机会出现在离核较远的区域外，它还可以钻入到内部空间靠近原子核。3p 有两个峰，这说明 3p 电子虽也有钻穿效应，但小于 3s。3d 有一个峰，它几乎不存在钻穿效应。钻穿效应的大小对轨道的能量有明显的影响。不难理解，电子钻得越深，它受其他电子的屏蔽作用就越小，受核的吸引力越强，因而本身能量也越低。由此可解释能级分裂的光谱实验结果：$E_{ns}<E_{np}<E_{nd}<E_{nf}$。

当 n 和 l 都不同时，例如 3d 和 4s 能级高低的问题。由于 4s 电子的钻穿效应大于 3d 电子，平均受到核场的引力比 3d 电子大，使得 4s 电子的能量反而比 3d 电子低，从而形成了能级交错现象：

$$E_{4s}<E_{3d}<E_{4p}$$

同理可解释以下各能级间的交错现象：

$$E_{5s}<E_{4d}<E_{5p}, E_{6s}<E_{4f}<E_{5d}<E_{6p}$$

这样，屏蔽效应和钻穿效应就解释了近似能级图中各原子轨道的能级分裂和能级交错现象。两种效应是相互联系的，钻穿效应大的电子，必然对其他电子的屏蔽效应也大，而本身受到的屏蔽作用就小；反之，钻穿效应小的电子，必然对其他电子的屏蔽效应也小，而本身受到的屏蔽作用就大。

8.3.3　基态原子核外电子排布的原则

核外电子的排布

根据光谱实验数据和量子力学理论，归纳出多电子原子中核外电子排布应遵从三条原则：即能量最低原理、泡利不相容原理和洪特规则。

（1）泡利（Pauli）不相容原理

在同一原子中，不可能有四个量子数完全相同的电子存在。换言之，在同一轨道上最多只能容纳两个自旋方向相反的电子。

（2）能量最低原理

多电子原子在基态时，核外电子的排布在不违反泡利不相容原理的前提下，总是尽可能地先占据能量最低的轨道，使原子处于能量最低的状态。

(3) 洪特 (Hund) 规则

电子在同一亚层上的等价轨道（简并轨道）上排布时，总是尽可能分占不同的轨道且自旋方向相同。采取这种排布方式，原子的能量最低。例如，碳原子（$1s^2 2s^2 2p^2$）的核外电子排布如图 8.10 所示，2p 轨道上的 2 个电子以相同的自旋方式分占两个轨道。

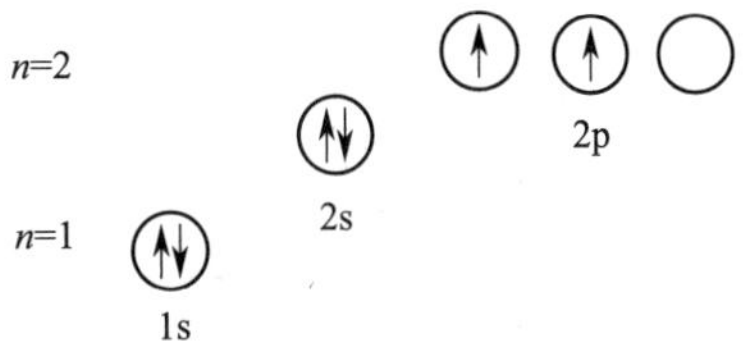

图 8.10　碳原子的核外电子排布示意图

推而广之，对于同一亚层的等价轨道，在全充满（p^6、d^{10}、f^{14}）、半充满（p^3、d^5、f^7）和全空（p^0、d^0、f^0）的情况下，原子处于比较稳定的状态。

8.3.4　基态原子中核外电子的排布

(1) 基态原子的核外电子排布

根据鲍林近似能级图和核外电子排布的三个原则，表 8.4 列出了原子序数 1～118 号元素基态原子的核外电子排布情况。

118 种元素中，只有 19 种元素原子外层电子排布稍有例外。例如，Cr 的电子排布式是：$1s^2 2s^2 2p^6 3s^2 3p^6 3d^5 4s^1$（亦可写为 $[Ar]3d^5 4s^1$），而不是 $1s^2 2s^2 2p^6 3s^2 3p^6 3d^4 4s^2$；Cu 的电子排布式是：$[Ar]3d^{10} 4s^1$，而不是 $[Ar]3d^9 4s^2$。这是因为根据洪特规则，在同一电子亚层，全满的 d^{10} 和半满的 d^5 比较稳定。同理，第五周期中 42 号和 47 号元素、第六周期的 79 号元素的电子排布方式也可以用洪特规则来解释。但对于 44 号、45 号元素，则很难用排布规则来解释。第六、第七周期中也有类似问题。

对于原子的电子排布有几点需要加以说明：

① 电子排布式中，能级的书写次序与电子填充的先后次序并不完全一致。电子填充时是按鲍林近似能级图的顺序，如 4s 先于 3d；但书写时，一般应按主量子数 n 和角量子数 l 数值由低到高排列，即把 3d 放在 4s 前面，和同层的 3s、3p 放在一起。如，Mn 的电子排布应书写为：$1s^2 2s^2 2p^6 3s^2 3p^6 3d^5 4s^2$，而不是 $1s^2 2s^2 2p^6 3s^2 3p^6 4s^2 3d^5$。

② 在化学反应中，原子失去电子的顺序不一定是原子中填充电子顺序的逆方向。一般有如下经验规律。

基态原子外层电子填充顺序：$\rightarrow ns \rightarrow (n-2)f \rightarrow (n-1)d \rightarrow np$

价电子电离顺序：$\rightarrow np \rightarrow ns \rightarrow (n-1)d \rightarrow (n-2)f$

③ 在书写原子核外电子排布式时，也可用该元素前一周期的稀有气体元素符号作为原子实（原子实是指原子中除去最高能级组以外的原子实体，由于内层电子比较稳定，在一般化学反应中不起变化，故称原子实），代替相应的电子排布部分。如 Fe 的电子排布式为：$[Ar]3d^6 4s^2$。

(2) 基态原子的价层电子构型

价电子所在的亚层统称价层。原子的价层电子构型是指价层的电子排布式，它能反映出该元素原子电子层结构的特征。所谓价层电子构型，对主族元素而言，即最外电子层结构；对副族元素（镧系、锕系元素除外）而言，是最外层的 ns 亚层和 $(n-1)d$ 亚层的结构。元素的化学性质主要取决于价电子层结构。如 Fe 的价层电子构型为：$3d^6 4s^2$；Br 的价层电子构型为：$4s^2 4p^5$。

表 8.4 基态原子的核外电子排布

周期	原子序数	元素符号	中文名称	英文名称	电子结构式
一	1	H	氢	Hydrogen	$1s^1$
	2	He	氦	Helium	$1s^2$
二	3	Li	锂	Lithium	$[He]2s^1$
	4	Be	铍	Beryllium	$[He]2s^2$
	5	B	硼	Boron	$[He]2s^2 2p^1$
	6	C	碳	Carbon	$[He]2s^2 2p^2$
	7	N	氮	Nitrogen	$[He]2s^2 2p^3$
	8	O	氧	Oxygen	$[He]2s^2 2p^4$
	9	F	氟	Fluorine	$[He]2s^2 2p^5$
	10	Ne	氖	Neon	$[He]2s^2 2p^6$
三	11	Na	钠	Sodium	$[Ne]3s^1$
	12	Mg	镁	Magnesium	$[Ne]3s^2$
	13	Al	铝	Aluminum	$[Ne]3s^2 3p^1$
	14	Si	硅	Silicon	$[Ne]3s^2 3p^2$
	15	P	磷	Phosphorus	$[Ne]3s^2 3p^3$
	16	S	硫	Sulfur	$[Ne]3s^2 3p^4$
	17	Cl	氯	Chlorine	$[Ne]3s^2 3p^5$
	18	Ar	氩	Argon	$[Ne]3s^2 3p^6$
四	19	K	钾	Potassium	$[Ar]4s^1$
	20	Ca	钙	Calcium	$[Ar]4s^2$
	21	Sc	钪	Scandium	$[Ar]3d^1 4s^2$
	22	Ti	钛	Titanium	$[Ar]3d^2 4s^2$
	23	V	钒	Vanadium	$[Ar]3d^3 4s^2$
	24	Cr	铬	Chromium	$[Ar]3d^5 4s^1$
	25	Mn	锰	Manganese	$[Ar]3d^5 4s^2$
	26	Fe	铁	Iron	$[Ar]3d^6 4s^2$
	27	Co	钴	Cobalt	$[Ar]3d^7 4s^2$
	28	Ni	镍	Nickel	$[Ar]3d^8 4s^2$
	29	Cu	铜	Copper	$[Ar]3d^{10} 4s^1$
	30	Zn	锌	Zinc	$[Ar]3d^{10} 4s^2$
	31	Ga	镓	Gallium	$[Ar]3d^{10} 4s^2 4p^1$
	32	Ge	锗	Germanium	$[Ar]3d^{10} 4s^2 4p^2$
	33	As	砷	Arsenic	$[Ar]3d^{10} 4s^2 4p^3$
	34	Se	硒	Selenium	$[Ar]3d^{10} 4s^2 4p^4$
	35	Br	溴	Bromine	$[Ar]3d^{10} 4s^2 4p^5$
	36	Kr	氪	Krypton	$[Ar]3d^{10} 4s^2 4p^6$
五	37	Rb	铷	Rubidium	$[Kr]5s^1$
	38	Sr	锶	Strontium	$[Kr]5s^2$
	39	Y	钇	Yttrium	$[Kr]4d^1 5s^2$
	40	Zr	锆	Zirconium	$[Kr]4d^2 5s^2$
	41	Nb	铌	Niobium	$[Kr]4d^4 5s^1$
	42	Mo	钼	Molybdenum	$[Kr]4d^5 5s^1$
	43	Tc	锝	Technetium	$[Kr]4d^5 5s^2$
	44	Ru	钌	Ruthenium	$[Kr]4d^7 5s^1$
	45	Rh	铑	Rhodium	$[Kr]4d^8 5s^1$
	46	Pd	钯	Palladium	$[Kr]4d^{10}$
	47	Ag	银	Silver	$[Kr]4d^{10} 5s^1$
	48	Cd	镉	Cadmium	$[Kr]4d^{10} 5s^2$
	49	In	铟	Indium	$[Kr]4d^{10} 5s^2 5p^1$
	50	Sn	锡	Tin	$[Kr]4d^{10} 5s^2 5p^2$

续表

周期	原子序数	元素符号	中文名称	英文名称	电子结构式
五	51	Sb	锑	Antimony	[Kr]$4d^{10}5s^{2}5p^{3}$
	52	Te	碲	Tellurium	[Kr]$4d^{10}5s^{2}5p^{4}$
	53	I	碘	Iodine	[Kr]$4d^{10}5s^{2}5p^{5}$
	54	Xe	氙	Xenon	[Kr]$4d^{10}5s^{2}5p^{6}$
六	55	Cs	铯	Cesium	[Xe]$6s^{1}$
	56	Ba	钡	Barium	[Xe]$6s^{2}$
	57	La	镧	Lanthanum	[Xe]$5d^{1}6s^{2}$
	58	Ce	铈	Cerium	[Xe]$4f^{1}5d^{1}6s^{2}$
	59	Pr	镨	Praseodymium	[Xe]$4f^{3}6s^{2}$
	60	Nd	钕	Neodymium	[Xe]$4f^{4}6s^{2}$
	61	Pm	钷	Promethium	[Xe]$4f^{5}6s^{2}$
	62	Sm	钐	Samarium	[Xe]$4f^{6}6s^{2}$
	63	Eu	铕	Europium	[Xe]$4f^{7}6s^{2}$
	64	Gd	钆	Gadolinium	[Xe]$4f^{7}5d^{1}6s^{2}$
	65	Tb	铽	Terbium	[Xe]$4f^{9}6s^{2}$
	66	Dy	镝	Dysprosium	[Xe]$4f^{10}6s^{2}$
	67	Ho	钬	Holmium	[Xe]$4f^{11}6s^{2}$
	68	Er	铒	Erbium	[Xe]$4f^{12}6s^{2}$
	69	Tm	铥	Thulium	[Xe]$4f^{13}6s^{2}$
	70	Yb	镱	Ytterbium	[Xe]$4f^{14}6s^{2}$
	71	Lu	镥	Lutetium	[Xe]$4f^{14}5d^{1}6s^{2}$
	72	Hf	铪	Hafnium	[Xe]$4f^{14}5d^{2}6s^{2}$
	73	Ta	钽	Tantalum	[Xe]$4f^{14}5d^{3}6s^{2}$
	74	W	钨	Tungsten	[Xe]$4f^{14}5d^{4}6s^{2}$
	75	Re	铼	Rhenium	[Xe]$4f^{14}5d^{5}6s^{2}$
	76	Os	锇	Osmium	[Xe]$4f^{14}5d^{6}6s^{2}$
	77	Ir	铱	Iridium	[Xe]$4f^{14}5d^{7}6s^{2}$
	78	Pt	铂	Platinum	[Xe]$4f^{14}5d^{9}6s^{1}$
	79	Au	金	Gold	[Xe]$4f^{14}5d^{10}6s^{1}$
	80	Hg	汞	Mercury	[Xe]$4f^{14}5d^{10}6s^{2}$
	81	Tl	铊	Thallium	[Xe]$4f^{14}5d^{10}6s^{2}6p^{1}$
	82	Pb	铅	Lead	[Xe]$4f^{14}5d^{10}6s^{2}6p^{2}$
	83	Bi	铋	Bismuth	[Xe]$4f^{14}5d^{10}6s^{2}6p^{3}$
	84	Po	钋	Polonium	[Xe]$4f^{14}5d^{10}6s^{2}6p^{4}$
	85	At	砹	Astatine	[Xe]$4f^{14}5d^{10}6s^{2}6p^{5}$
	86	Rn	氡	Radon	[Xe]$4f^{14}5d^{10}6s^{2}6p^{6}$
七	87	Fr	钫	Trancium	[Rn]$7s^{1}$
	88	Ra	镭	Radium	[Rn]$7s^{2}$
	89	Ac	锕	Actinium	[Rn]$6d^{1}7s^{2}$
	90	Th	钍	Thorium	[Rn]$6d^{2}7s^{2}$
	91	Pa	镤	Protactinium	[Rn]$5f^{2}6d^{1}7s^{2}$
	92	U	铀	Uranium	[Rn]$5f^{3}6d^{1}7s^{2}$
	93	Np	镎	Neptunium	[Rn]$5f^{4}6d^{1}7s^{2}$
	94	Pu	钚	Plutonium	[Rn]$5f^{6}7s^{2}$
	95	Am	镅	Americium	[Rn]$5f^{7}7s^{2}$
	96	Cm	锔	Curium	[Rn]$5f^{7}6d^{1}7s^{2}$
	97	Bk	锫	Berkelium	[Rn]$5f^{9}7s^{2}$
	98	Cf	锎	Californium	[Rn]$5f^{10}7s^{2}$
	99	Es	锿	Einsteinium	[Rn]$5f^{11}7s^{2}$
	100	Fm	镄	Fermium	[Rn]$5f^{12}7s^{2}$

续表

周期	原子序数	元素符号	中文名称	英文名称	电子结构式
	101	Md	钔	Mendelevium	$[Rn]5f^{13}7s^2$
	102	No	锘	Nobelium	$[Rn]5f^{14}7s^2$
	103	Lr	铹	Lawrencium	$[Rn]5f^{14}6d^1 7s^2$
	104	Rf	𬬻	Rutherfordium	$[Rn]5f^{14}6d^2 7s^2$
	105	Du	𬭊	Dubnium	$[Rn]5f^{14}6d^3 7s^2$
	106	Sg	𬭳	Seaborgium	$[Rn]5f^{14}6d^4 7s^2$
	107	Bh	𬭛	Bohrium	$[Rn]5f^{14}6d^5 7s^2$
	108	Hs	𬭶	Hassium	$[Rn]5f^{14}6d^6 7s^2$
七	109	Mt	鿏	Meitnerium	$[Rn]5f^{14}6d^7 7s^2$
	110	Ds	𫟼	Darmstadtium	$[Rn]5f^{14}6d^8 7s^2$
	111	Rg	𬬭	Roentgenium	$[Rn]5f^{14}6d^9 7s^2$
	112	Cn	鿔	Copernicium	$[Rn]5f^{14}6d^{10}7s^2$
	113	Nh	鿭	Nihonium	$[Rn]5f^{14}6d^{10}7s^2 7p^1$
	114	Fl	𫓧	Flerovium	$[Rn]5f^{14}6d^{10}7s^2 7p^2$
	115	Mc	镆	Moscovium	$[Rn]5f^{14}6d^{10}7s^2 7p^3$
	116	Lv	𫟷	Livermorium	$[Rn]5f^{14}6d^{10}7s^2 7p^4$
	117	Ts	鿬	Tennessine	$[Rn]5f^{14}6d^{10}7s^2 7p^5$
	118	Og	鿫	Oganesson	$[Rn]5f^{14}6d^{10}7s^2 7p^6$

8.3.5 元素周期系与原子核外电子排布的关系

(1) 周期

原子中电子排布与元素周期表中周期的划分有内在联系。鲍林原子轨道近似能级图中能级组的序号对应周期序数。元素周期表中的七个周期，分别对应7个能级组。也就是说，元素在周期表中所属的周期数等于该元素原子的电子层数（即主量子数 n）。能级组的划分是周期划分的本质原因。

因此，各周期所包含元素的数目等于相应能级组中原子轨道所能容纳的电子总数。

(2) 族

周期表中族的划分与原子的价电子数目和价电子排布密切相关。如果元素原子最后填入电子的亚层为s或p亚层，该元素属于主族元素，其族号数等于原子最外层电子数（稀有气体除外）。周期表中共有7个主族，ⅠA～ⅦA，稀有气体用零族表示。例如，元素$_{16}$S，核外电子排布为：$1s^2 2s^2 2p^6 3s^2 3p^4$，价电子构型为：$3s^2 3p^4$，最后的电子填入3p亚层，故属于ⅥA族。

如果最后填入电子的亚层为d或f亚层的，该元素属于副族元素，也称为过渡元素（其中填入f亚层的镧系和锕系元素，称为内过渡元素）。ⅢB～ⅦB族元素，价电子总数等于其族号数，即原子最外层 ns 电子数与次外层 $(n-1)$d电子数之和。例如，元素$_{25}$Mn的电子排布式：$1s^2 2s^2 2p^6 3s^2 3p^6 3d^5 4s^2$，价电子构型：$3d^5 4s^2$，所以属于ⅦB族。ⅠB、ⅡB族由于其 $(n-1)$d亚层已经填满，所以最外层上的s电子数等于其族数。第Ⅷ族处在周期表的中间，共有三列，其价电子构型为：$(n-1)d^{6\sim10}ns^{0\sim2}$。

(3) 区

根据元素原子最后一个电子填充的能级不同，可将周期表中元素所在位置划分为s、p、d、ds、f五个区，如图8.11所示。

s区元素：最后1个电子填充在s轨道上的元素，价层电子构型：$ns^{1\sim2}$，包括ⅠA和ⅡA族，容易失去电子形成氧化值为+1或+2的离子，属于活泼金属。

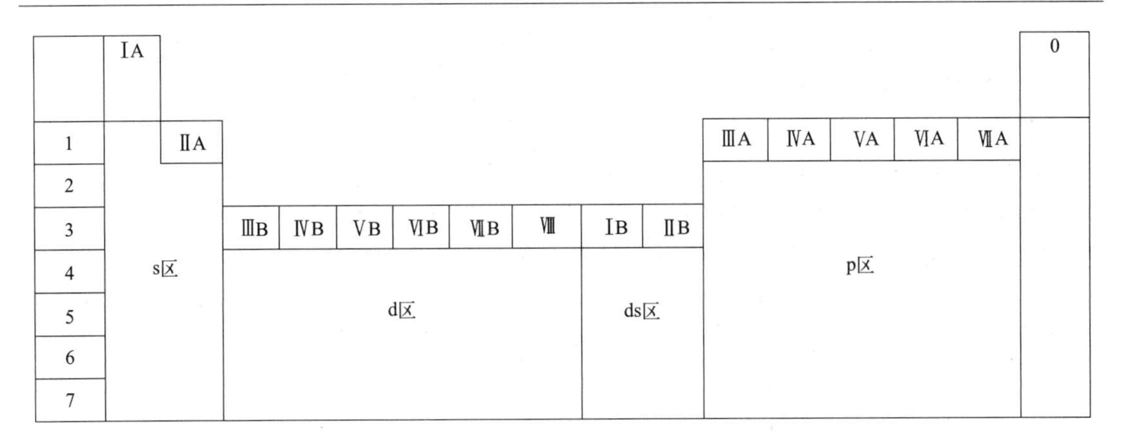

图 8.11　周期表中元素的分区

p 区元素：最后 1 个电子填充在 p 轨道上的元素，价层电子构型：$ns^2np^{1\sim6}$，包括ⅢA～ⅦA 族和零族。

d 区元素：最后 1 个电子一般是填充在 $(n-1)$d 轨道上的元素，价层电子构型：$(n-1)d^{1\sim10}ns^{0\sim2}$，包括ⅢB～ⅦB 和Ⅷ族元素。

ds 区元素：次外层 d 轨道是充满的，最外层 s 轨道上有 1～2 个电子，价层电子构型：$(n-1)d^{10}ns^{1\sim2}$，包括 ⅠB 和ⅡB 族。

f 区元素：最后 1 个电子一般是填充在 $(n-2)$f 轨道上，价层电子构型：$(n-2)f^{0\sim14}(n-1)d^{0\sim2}ns^2$，包括镧系和锕系元素，均属于ⅢB 族。

元素的分区与价层电子构型的关系见表 8.5。

表 8.5　元素分区和价层电子构型的关系

区	原子价层电子构型	最后一个电子填入的亚层(轨道)	包括的元素(族)
s	$ns^{1\sim2}$	最外层的 s 亚层	ⅠA 和ⅡA
p	$ns^2np^{1\sim6}$	最外层的 p 亚层	ⅢA～ⅦA 族和零族
d	$(n-1)d^{1\sim10}ns^{0\sim2}$	次外层的 d 亚层	ⅢB～ⅦB，Ⅷ族
ds	$(n-1)d^{10}ns^{1\sim2}$	次外层的 d 亚层	ⅠB 和ⅡB 族
f	$(n-2)f^{0\sim14}(n-1)d^{0\sim2}ns^2$	一般为倒数第三层的 f 亚层	镧系，锕系

由此可见，元素在周期表中的位置（周期、族、区）是由该元素原子核外电子的排布决定的。

8.4　元素性质的周期性

随着原子序数的递增，元素原子的核外电子排布呈现周期性的变化，而元素的性质取决于原子的核外电子排布。因此，元素性质如原子半径、电离能、电子亲和能、电负性等，也呈现周期性变化。

8.4.1　原子半径

按照量子力学的观点，电子在核外运动没有固定轨道，只是概率分布不同。因此，对原子来说并没有一个截然分明的界面，原子核到最外层的距离是难以确定的。根据原子与原子间作用力的不同，原子半径一般可分为三种：共价半径、金属半径和范德华半径。

同种元素的两个原子以共价键结合时，其核间距的一半称为该原子的共价半径。如果没有特别注明，通常指的是形成共价单键时的共价半径。

金属晶体中，相邻两个金属原子的核间距的一半称为金属半径。

在分子晶体中，分子间以范德华力结合的，相邻分子核间距的一半，称为范德华半径。

表 8.6 列出元素周期表中各元素的原子半径，其中金属原子取金属半径，非金属原子取共价半径，稀有气体取范德华半径。

原子半径的大小主要取决于原子的有效核电荷数和电子层数，从表中数据可以归纳出原子半径的变化规律：

① 同一周期的主族元素，从左到右，随着核电荷数的增加，原子半径变化的趋势是逐渐减小。

② 同一周期的副族元素，从左到右，随着核电荷数的增加，原子半径只是略有减小，从ⅠB 元素起，由于次外层的（$n-1$)d 轨道已经全满，屏蔽作用较大，显著抵消了核电荷对外层 ns 电子的吸引，因此原子半径范围有所增大。

③ 同一周期的 f 区内过渡元素，从左到右，随着核电荷数的增加，由于新增加的电子填充到了倒数第三层的（$n-2$)f 轨道上，f 电子层对外层电子的屏蔽作用更大，其结果与 d 区元素基本相似，只是原子半径减小的平均幅度更小。例如，镧系元素从镧（La）到镱（Yb）原子半径依次更缓慢减小，这种现象称为镧系收缩。镧系收缩的幅度虽然很小，但影响很大，使镧系后面的过渡元素锆（Zr）、铌（Nb）、钼（Mo）的原子半径与其同族相应的铪（Hf）、钽（Ta）、钨（W）原子半径极为接近，导致 Zr 和 Hf、Nb 和 Ta、Mo 和 W 在性质上极为相似，分离困难。

表 8.6　原子半径（单位：pm）

ⅠA	ⅡA	ⅢB	ⅣB	ⅤB	ⅥB	ⅦB	Ⅷ			ⅠB	ⅡB	ⅢA	ⅣA	ⅤA	ⅥA	ⅦA	0
H																	He
37																	140
Li	Be											B	C	N	O	F	Ne
152	111											88	77	70	66	64	160
Na	Mg											Al	Si	P	S	Cl	Ar
186	160											143	117	110	104	99	191
K	Ca	Se	Ti	V	Cr	Mn	Fe	Co	Ni	Cu	Zn	Ga	Ge	As	Se	Br	Kr
227	197	161	145	132	125	124	124	125	124	128	133	122	122	121	117	114	198
Rb	Sr	Y	Zr	Nb	Mo	Te	Ru	Rh	Pd	Ag	Cd	In	Sn	Sb	Te	I	Xe
248	215	181	160	143	136	136	133	135	138	144	149	163	141	141	137	133	217
Cs	Ba		Hf	Ta	W	Re	Os	Ir	Pt	Au	Hg	Tl	Pb	Bi	Po	At	Rn
265	217		159	143	137	137	134	136	136	144	160	170	175	155	153	145	

镧系元素														
La	Ce	Pr	Nd	Pm	Sm	Eu	Gd	Tb	Dy	Ho	Er	Tm	Yb	Lu
188	183	183	182	181	180	204	180	178	177	177	176	175	194	173

注：引自 MacMillian. Chemical and Physical Data（1992）。

④ 同一主族中，从上到下，原子半径显著增大。这是因为从上到下，价层电子构型相同，电子层数增多起主要作用，所以原子半径增大。

⑤ 副族元素的原子半径从上到下的变化不很明显。由于镧系收缩，第六周期元素原子半径和同族第五周期元素的原子半径比较接近。

综上所述，随着原子序数的递增，原子半径呈现周期性的变化规律。

8.4.2　电离能

基态的气态原子失去 1 个电子成为+1 氧化值的气态离子所需要的能量，称为该元素的第一电离能，用符号 I_1 表示，单位为 $kJ\cdot mol^{-1}$。从+1 氧化值正离子再失去 1 个电子，成为+2 氧化值正离子所需要的能量称为第二电离能 I_2，其余类推。电离能的大小反映原子失去电子的难易程度，电离能愈大，失电子愈难。各级电离能的大小按 $I_1<I_2<I_3\cdots$次序递增，因为随着离子电荷的递增，离子半径递减，失去电子需要的能量增大。表 8.7 列出了周期表中各元素的第一电离能。

电离能的大小主要取决于原子的有效核电荷、半径和电子层构型。元素原子的第一电离能随原子序数的增加，呈现明显的周期性变化。从表中数据可以归纳出电离能的变化规律：

同一周期主族元素，从左向右，元素的有效核电荷数逐渐增大，原子半径逐渐减小，电离能逐渐增大。在同周期中，稀有气体的电离能最大，ⅠA 的电离能最小。从图 8.12 看到，在同一周期中，原子的电离能从左到右，总的趋势是增大的，但在某些地方出现曲折状况。以第二周期为例，B 的电离能比 Be 小，O 的电离能比 N 小。这是因为 Be 和 N 的价层电子构型分别为全满、半满状态，比较稳定，失电子相对较难，因此电离能也就相对较大。

同一周期副族元素，从左向右，由于新增加的电子是填入 $(n-1)$d 轨道或 $(n-2)$f 轨道，而最外层基本相同，有效核电荷数增加不多，原子半径减小缓慢，电离能的变化仅略有增加，变化规律不明显。

同一主族元素，从上到下，电子层数增加，原子核对外层电子的引力减少，电离能逐渐减小。副族元素从上到下原子半径只是略微增大，加上镧系收缩的影响，电离能的变化没有显示明显的规律性。

表 8.7　元素的第一电离能 I_1（单位：$kJ\cdot mol^{-1}$）

ⅠA	ⅡA	ⅢB	ⅣB	ⅤB	ⅥB	ⅦB	Ⅷ			ⅠB	ⅡB	ⅢA	ⅣA	ⅤA	ⅥA	ⅦA	0
H																	He
1312																	2372
Li	Be											B	C	N	O	F	Ne
520	900											800	1086	1402	1314	1681	2081
Na	Mg											Al	Si	P	S	Cl	Ar
496	734											577	786	1012	1000	1251	1521
K	Ca	Se	Ti	V	Cr	Mn	Fe	Co	Ni	Cu	Zn	Ga	Ge	As	Se	Br	Kr
419	590	633	659	651	653	717	762	760	737	745	906	579	762	945	941	1140	1351
Rb	Sr	Y	Zr	Nb	Mo	Te	Ru	Rh	Pd	Ag	Cd	In	Sn	Sb	Te	I	Xe
403	549	600	640	652	684	702	710	720	804	731	868	558	709	831	870	1008	1170
Cs	Ba	La	Hf	Ta	W	Re	Os	Ir	Pt	Au	Hg	Tl	Pb	Bi	Po	At	Rn
376	503	538	558	728	759	756	814	865	864	890	1007	590	716	703	812	920	1037

La	Ce	Pr	Nd	Pm	Sm	Eu	Gd	Tb	Dy	Ho	Er	Tm	Yd	Lu
538	534	528	533	539	545	547	593	566	573	581	589	597	603	524

注：引自 Huheey J. E.，Inorganic Chemistry：Principles of Structure and Reactivity. 2nd Ed. 和 CRC　Handbook of Chemistry and Physics 93rd Ed.。

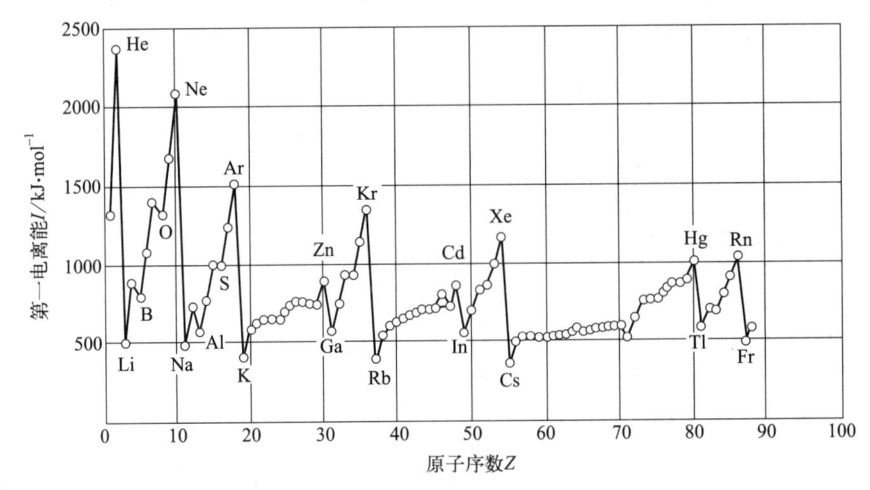

图 8.12　元素第一电离能的周期性变化

元素的第一电离能愈小，表示愈容易失去电子，该元素的金属性也愈强。因此，元素第一电离能可用来衡量元素的金属活泼性。

8.4.3　电子亲和能

元素的气态原子得到1个电子形成−1氧化值的气态负离子时所放出的能量称为该元素的第一电子亲和能，用 E_A 表示。与第一电离能的定义类似，元素也有第一电子亲和能 E_{A_1}、第二电子亲和能 E_{A_2}…。元素原子的第一电子亲和能一般是负值，因为电子落入中性原子的核场里势能降低，体系能量减少。只有稀有气体原子（ns^2np^6）和ⅡA族原子（ns^2）最外电子层已全满，要得到一个电子，环境必须对体系做功，亦即体系吸收能量才能实现，所以第一电子亲和能为正值。所有元素原子的第二电子亲和能都为正值，因为阴离子本身是个负电场，对外加电子有排斥作用，要再得到一个电子时，环境也必须对体系做功。例如：

$$O(g)+e^- \longrightarrow O^-(g) \qquad \Delta H^{\ominus}_{A_1}=-141\ kJ\cdot mol^{-1}$$

$$O^-(g)+e^- \longrightarrow O^{2-}(g) \qquad \Delta H^{\ominus}_{A_2}=780\ kJ\cdot mol^{-1}$$

显然，元素的电子亲和能反映了元素原子得到电子的难易程度。元素的电子亲和能代数值愈小，表示元素原子得到电子的倾向愈大，元素的非金属性也愈强。

电子亲和能的大小也取决于原子的有效核电荷、原子半径和电子层构型。

一般来说，无论是在周期或族中，主族元素的电子亲和能的代数值都是随原子半径的减小而减小的。因为半径减小，核电荷对电子的吸引力增大，因此，主族元素的电子亲和能在同周期中从左向右，总的变化趋势是减小的；在同族中，从上到下，总的变化趋势是增大的。

但应该注意的是，对于ⅥA和ⅦA族，电子亲和能最大的并不是同族第二周期的元素，而是第三周期的元素。这一反常现象可以解释为，第二周期的氧和氟原子半径较小，电子云密度大，电子间的排斥力大。当原子得到电子形成负离子时放出的能量较小，而第三周期相应的硫和氯的半径较大，且同一层中有空的d轨道可容纳电子，电子的排斥力小，因此形成负离子时放出的能量最大。

8.4.4　电负性

电离能和电子亲和能分别反映了原子失去电子和得到电子的难易程度。某原子难失去电子，并不一定就容易得到电子；反之，某原子难得到电子，并不意味着就容易失去电子。因此，不能仅从电离能来衡量元素的金属性或从电子亲和能来衡量元素的非金属性。

为了衡量不同元素原子在分子中吸引电子的能力，引入了电负性的概念。电负性是指元素原子在分子中吸引电子的能力。鲍林电负性标度是指定氟的电负性为 4.0（后经改进，$\chi_F=3.98$），然后通过热力学方法计算求出其他元素的电负性数值。表 8.8 列出了周期表中各元素原子的 Pauling 电负性数据。

表 8.8　元素的电负性

H 2.18																H 2.18	He —
Li 0.98	Be 1.57											B 2.04	C 2.55	N 3.04	O 3.44	F 3.98	Ne —
Na 0.93	Mg 1.31											Al 1.61	Si 1.90	P 2.19	S 2.58	Cl 3.16	Ar —
K 0.82	Ca 1.00	Sc 1.36	Ti 1.54	V 1.63	Cr 1.66	Mn 1.55	Fe 1.8	Co 1.88	Ni 1.91	Cu 1.90	Zn 1.65	Ga 1.81	Ge 2.01	As 2.18	Se 2.55	Br 2.96	Kr —
Rb 0.82	Sr 0.95	Y 1.22	Zr 1.33	Nb 1.60	Mo 2.16	Tc 1.9	Ru 2.28	Rh 2.2	Pd 2.20	Ag 1.93	Cd 1.69	In 1.73	Sn 1.96	Sb 2.05	Te 2.1	I 2.66	Xe —
Cs 0.79	Ba 0.89	La 1.10	Hf 1.3	Ta 1.5	W 2.36	Re 1.9	Os 2.2	Ir 2.2	Pt 2.28	Au 2.54	Hg 2.00	Tl 2.04	Pb 2.33	Bi 2.02	Po 2.0	At 2.2	Rn —

注：引自 Mac Millian，Chemical and Physical Data（1992）。

从表 8.8 可见，元素原子的电负性呈现周期性的变化：

同一周期中，从左到右，电负性逐渐增大；同一主族中，从上到下，电负性逐渐减小。副族元素原子的电负性没有明显的变化规律。

元素电负性的大小可用来衡量元素的金属性和非金属性的强弱。一般来说，金属元素原子的电负性在 2.0 以下，非金属元素原子的电负性在 2.0 以上，但这不是一个严格的界限。同一周期从左向右，电负性递增，元素的非金属性增强，金属性减弱；同一主族从上到下，电负性递减，元素的金属性增强，非金属性减弱。过渡元素都是金属，但金属性不及ⅠA 和ⅡA 元素。

思　考　题

1. 氢原子光谱为什么是线状光谱？谱线的频率有何规律性？谱线的波长与能级间的能量差有何关系？
2. 微观粒子的运动具有什么特性？证实这些特性的实验是什么？
3. 区别下列概念：

（1）连续光谱和线状光谱；　　（2）基态原子和激发态原子；

（3）概率和概率密度；　　（4）原子轨道和电子云。

4. 玻尔的原子轨道和量子力学的轨道概念有何异同？
5. 写出四个量子数的符号、名称、取值条件，并简述它们各表示的意义。
6. 电子层、能级、原子轨道各需要哪些量子数确定？用合理的量子数表示 3d 能级、$3d_{xy}$ 原子轨道、$3s^1$ 电子。
7. 下列说法是否正确，为什么？

（1）一个原子中不可能存在两个运动状态完全相同的电子。

（2）多电子原子轨道的能量和氢原子的原子轨道的能量一样，均由主量子数 n 确定。

（3）氢原子的核电荷数与它的有效核电荷数相等。

（4）p 轨道的角度分布为哑铃形，表明电子沿哑铃形轨道运动。

（5）元素在周期表中所属的族数就是它的最外层电子数。

（6）价电子构型为 ns^1 的元素一定是碱金属元素。

（7）氟是最活泼的非金属元素，故其电子亲和能最大。

8. 哪些轨道有等价轨道？它们最多可容纳多少电子？

9. 鲍林原子轨道近似能级图中各原子轨道的能量高低顺序是什么？

10. 过渡元素在化学反应中失去电子的顺序和电子填充顺序一致吗？

11. 解释下列事实：根据泡利不相容原理推知每一电子层最多可容纳 $2n^2$ 个电子，为什么原子最外层电子数不超过 8 个、次外层不超过 18 个、外数第三层不超过 32 个；各周期所包含的元素数目分别为 2、8、8、18、18、32。

12. 什么是屏蔽效应和钻穿效应？如何解释能级分裂和能级交错现象？

13. 在周期表中，共有几个周期、几个区，每区各包含哪几个族（说明主族和副族）？怎么区分主族和副族？

14. 试写出 s、p、d、ds 区元素的价层电子构型？

15. 量子力学中是如何定义原子半径的？原子半径在周期和族中的递变规律如何？

16. 什么叫电离能、电子亲和能和电负性？它们在周期中的递变规律以及和元素的金属性、非金属性的关系如何？

习　题

1. 当氢原子的一个电子从 $n=2$ 的能级跃迁到 $n=1$ 的能级时，发射光子的波长是 121.6 nm；当电子从 $n=3$ 的能级跃迁到 $n=2$ 的能级时，发射光子的波长是 656.3 nm。问：

（1）哪一个光子的能量大？

（2）根据（1）的计算结果，说明原子中电子在各能级上所具有的能量是连续的还是量子化的？

2. 在氢原子中 3s 和 3p 的能级相同，而在氯原子中 3s 能级却比 3p 能级低得多，为什么？

3. 下列各组量子数组合哪些是不合理的？为什么？（其顺序是 n、l、m）

（1）2　1　0；（2）2　2　−1；

（3）3　0　+1；（4）2　0　−1；

（5）2　3　+2；（6）4　3　+2。

4. 写出下列各轨道的名称：

（1）$n=2$，$l=0$；（2）$n=3$，$l=2$；（3）$n=4$，$l=1$；（4）$n=4$，$l=3$。

5. 氮原子的价电子构型是 $2s^2 2p^3$，试用四个量子数分别表示每个电子的状态。

6. 已知某元素原子的电子具有下列四个量子数（顺序为 n、l、m、m_s），试排出它们能量高低的顺序。

（1）3，2，+1，$+\frac{1}{2}$；（2）2，1，+1，$+\frac{1}{2}$；（3）2，1，0，$+\frac{1}{2}$；

（4）3，1，−1，$+\frac{1}{2}$；（5）3，0，0，$-\frac{1}{2}$；（6）2，0，0，$-\frac{1}{2}$。

7. 在下列元素基态原子的电子排布中，各违背了什么原理？写出改正后的电子分布。

（1）B：$1s^2 2s^3$；（2）$1s^2 2p^3$；（3）$1s^2 2s^2 2p_x^2 2p_y^1$。

8. 下列电子分布中，哪种属于基态？哪种属于激发态？哪种是错误的？

（1）$1s^2 2s^1 2p^2$；（2）$1s^2 2s^2 2p^6 3s^1 3d^1$；（3）$1s^2 2s^2 2d^1$；

（4）$1s^2 2s^2 2p^4 3s^1$；（5）$1s^2 2s^3 2p^1$；　　（6）$1s^2 2s^2 2p^6 3s^1$。

9. 试预测：

（1）114 号元素原子的电子排布？并指出它将属于哪个周期、哪个族？可能与哪个已知元素的性质最为相似？

（2）第七周期倒数第二种元素的原子序数是多少？

10. 试填出下表：

原子序数	核外电子排布式	各层电子数	周期	族	区	金属还是非金属
11						
23						
53						
60						
80						

11. 填写下表：

元素	周期	族	最高氧化值	核外电子排布式	价层电子构型	原子序数
A	3	ⅡA				
B	6	ⅦB				
C	4	ⅣA				
D	5	ⅡB				
E	6	ⅦA				

12. 已知某副族元素的 A 原子，电子最后填入 3d 轨道，最高氧化值为+4；元素 B 的原子，电子最后填入 4p 轨道，最高氧化值为 6。回答下列问题：

（1）写出 A、B 元素原子的电子排布式；

（2）指出它们在周期表中的位置（周期、区、族）。

13. 填充题（填出价层电子排布式及元素名称）

（1）第四周期第七个过渡元素是________________。

（2）第一个出现 5s 亚层的元素是________________。

（3）4p 亚层填充一半的元素是________________。

14. 元素原子的最外层仅有一个电子，该电子的量子数是 $n=4$，$l=0$，$m=0$，$m_s=+\frac{1}{2}$，问：

（1）符合上述条件的元素有几种？原子序数各为多少？

（2）写出相应元素原子的电子排布式，并指出在周期表中的位置。

15. 第四周期元素，其原子最外层有两个电子，次外层有 13 个电子，问：

（1）该元素在周期表中属于哪一族？

（2）最高氧化值是多少？是金属还是非金属？

（3）其原子失去 4 个电子后，在副量子数为 2 的轨道内还有多少电子？

16. 第四周期元素原子中，未成对电子数最多的可达多少个？分别写出这些电子的量子数。该元素属于哪一区、哪一族、原子序数为多少？

17. 某元素的原子序数小于 36，当此元素原子失去 3 个电子后，它的副量子数等于 2 的轨道内电子数恰好半满。

（1）写出此元素原子的价层电子排布式；

（2）指出此元素在周期表中的位置，并写出元素符号。

18. 设有元素 A、B、C、D、E、G、M，试按下列所给的条件，推断它们的元素符号及在周期表中的位置（周期、族），并写出它们的价层电子构型。

（1）A、B、C 为同一周期的金属元素，已知 C 有三个电子层，它们的原子半径在所属周期中为最大，并且 A＞B＞C；

（2）D、E 为非金属元素，与氢化合生成 HD 和 HE，在室温时 D 的单质为液体，E 的单质为固体；

（3）G 是所有元素中电负性最大的元素；

（4）M 是金属元素，它有四个电子层，它的最高氧化值与氯的最高氧化值相同。

19. 现有 A、B、C、D 四种元素，其价电子数依次为 1、2、6、7，其电子层数依次减少。已知 D^- 的电子层结构与 Ar 原子相同，A 和 B 次外层各有 8 个电子，C 次外层有 18 个电子。试判断这四个元素：

（1）原子半径从小到大的顺序；

（2）第一电离能由小到大的顺序；

（3）电负性由小到大的顺序；

（4）金属性由弱到强的顺序。

20. 不参看周期表，试推测下列每一对原子中哪一个原子具有较大的原子半径、哪一个原子具有较高的第一电离能和较大的电负性？

（1）19 号和 29 号；（2）37 号和 55 号；（3）37 号和 38 号；（4）15 号和 32 号

21. ⅠA 族和ⅠB 族最外层电子数都是 1，但它们的金属性强弱却不相同，为什么？

22. 已知 SF_6、PCl_5、XeF_4 和 Na_2SiF_6 存在，问下列每对物质中哪一个更可能存在？为什么？

（1）OF_6 和 TeF_6；　　（2）NCl_5 和 $AsCl_5$；

（3）Na_2SiCl_6 和 Na_2GeF_6；　　（4）RnF_4 和 NeF_4。

拓展学习资源

拓展资源内容	二维码
➢ 课件 PPT	
➢ 学习要点	
➢ 疑难解析	
➢ 科学家简介——玻尔、薛定谔、鲍林和门捷列夫	
➢ 知识拓展——扫描隧道显微镜	
➢ 习题参考答案	

第 9 章　共价键理论和分子结构

化学上把分子或晶体中直接相邻的原子或离子间的强烈相互作用称为化学键，主要分为离子键、共价键和金属键三种类型。分子中的原子是按照一定的规律通过化学键结合成整体的，使分子在空间呈现出一定的几何构型。此外，在分子之间还普遍存在一种较弱的相互作用力，即分子间力（范德华力）。

本章将在原子结构的基础上，着重讨论共价键理论以及分子结构等问题。

9.1　现代价键理论

价键理论

对于两个相同的原子或电负性相差不大的原子之间的成键，早在 1916 年，美国化学家路易斯（G. N. Lewis）就提出了共价键的设想，认为这类原子之间是通过共用电子对结合成键的。该理论初步揭示了共价键与离子键的区别，但无法阐明共价键的本质。1927 年，海特勒（W. Heitler）和伦敦（F. London）用量子力学处理 H_2 结构，才从理论上初步阐明了共价键的本质。后经鲍林（L. Pauling）等人发展建立了现代价键理论（Valence Bond Theory），也称为电子配对法（VB 法）。

9.1.1　共价键的形成与本质

海特勒和伦敦在用量子力学处理氢分子的形成过程中，得到了氢分子的能量 E 与核间距 R 之间的关系曲线，如图 9.1 所示。

如果两个氢原子的电子自旋相反，当它们相互接近时，随着核间距的减小，两个氢原子的 1s 轨道发生重叠，核间形成一个电子概率密度较大的区域［图 9.2(a)］，既降低了两个原子核间的正电排斥，又增加了两个原子核对核间电子概率密度较大区域的吸引，体系能量逐渐降低。当核间距 $R_0=87$ pm（实验值约为 74 pm）时，能量降低到最低值（E_0），此时的状态称为 H_2 分子的基态。如果两个 H 原子核再靠近，原子核间斥力开始增大，使体系的能量迅速升高。

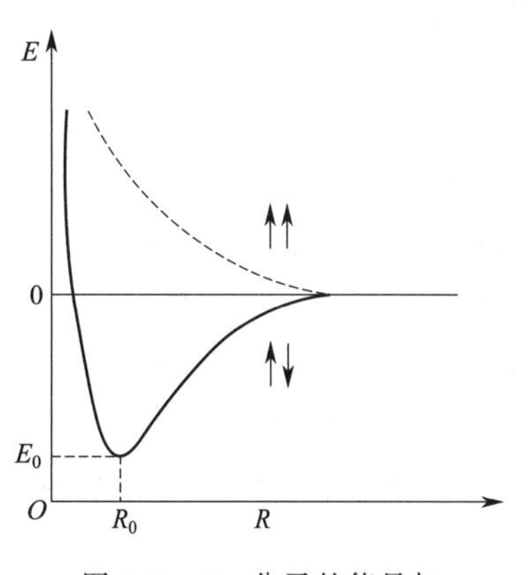

图 9.1　H_2 分子的能量与核间距的关系

如果两个氢原子的电子自旋相同，当它们相互接近时，随着核间距的减小，两个原子轨道异号叠加［图 9.2(b)］，两核间电子出现的概率密度降低，增大了两个原子核的排斥力，使体系能量升高，且比两个单独存在的氢原子能量还高，不能形成稳定的氢分子。这种状态称为 H_2 分子的排斥态。

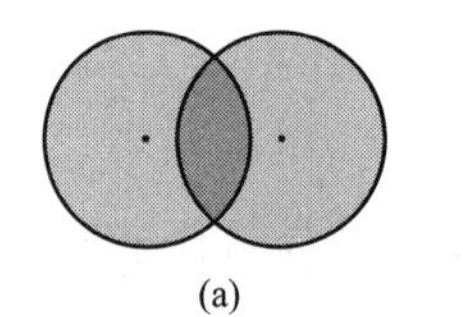
(a)

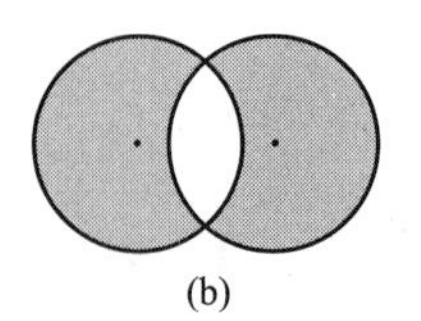
(b)

图 9.2 两个氢原子相互接近时原子轨道重叠的示意图

由此可见，共价键形成的本质就是通过原子间成键电子的原子轨道重叠而形成的化学键。

9.1.2 价键理论的基本要点

① 两原子接近时，自旋方向相反的未成对的价电子进行配对，形成共价键。也就是说，一个原子有几个未成对的价电子，就可与几个自旋相反的未成对电子配对成键。例如，N_2 分子，氮原子最外层有 3 个未成对电子，它可以与另一个氮原子的 3 个自旋相反的成单电子配对，形成共价叁键。

② 原子轨道叠加时，成键电子的原子轨道重叠越多，两核间电子概率密度就越大，形成的共价键就越牢固。因此，共价键将尽可能沿着原子轨道最大重叠的方向形成，这就是原子轨道最大重叠原理。

9.1.3 共价键的特征

基于价键理论的两个基本要点，决定了共价键具有饱和性和方向性。

(1) 共价键的饱和性

形成共价键时，几个未成对电子只能和几个自旋相反的单电子配对成键。例如，氢原子（$1s^1$）只有 1 个未成对电子，它只能与另一个氢原子自旋相反的电子配对后形成 H_2，不能再与第三个原子的单电子配对；又如，氮原子（$2p^3$）有三个未成对电子，它和氢形成分子时，只能分别同 3 个氢原子的 1s 轨道上的单电子配对形成三个共价单键。这说明一个原子形成共价键的能力是有限的，因此，共价键具有饱和性。

(2) 共价键的方向性

由最大重叠原理可知，成键电子的原子轨道总是尽可能地沿着原子轨道最大重叠的方向成键，这就决定了共价键具有方向性。除了 s 轨道呈球形对称无方向性外，p、d、f 轨道在空间都有一定的伸展方向，在形成共价键时，只有沿着一定的方向才能实现最大程度的重叠。例如，当 H 的 1s 轨道与 Cl 的 $3p_x$ 轨道发生重叠形成 HCl 时，H 的 1s 轨道只有沿着 x 轴才能与 Cl 的 $3p_x$ 轨道发生最大程度的重叠，形成稳定的共价键［图 9.3(a)］；而沿其他方向相互接近，则原子轨道不能重叠［图 9.3(b)］或重叠很少［图 9.3(c)］，不能形成稳定的共价键。

共价键的方向性决定着分子的空间构型，因而影响分子的性质。

9.1.4 共价键的类型

按原子轨道重叠方式的不同，共价键可以分为 σ 键和 π 键两种类型。

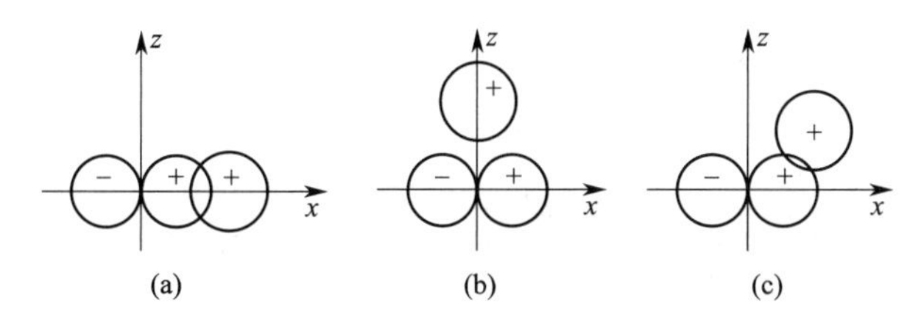

图 9.3　H 的 1s 轨道与 Cl 的 $3p_x$ 轨道三种方向重叠的示意图

(1) σ 键

若原子轨道沿键轴（两原子核间连线）方向以“头碰头”方式重叠所形成的共价键称为 σ 键。形成 σ 键时，原子轨道的重叠部分对于键轴呈圆柱形对称，沿键轴方向旋转任意角度，其形状和符号均不改变。图 9.4(a) 给出了几种不同组合形成的 σ 键示意图。形成 σ 键的电子叫做 σ 电子。

由于形成 σ 键时，成键原子轨道沿键轴方向重叠，达到了最大程度的重叠，所以，σ 键的键能大，分子稳定性高。

(2) π 键

若原子轨道垂直于键轴以“肩并肩”方式重叠所形成的化学键称为 π 键。形成 π 键时，原子轨道的重叠部分对等地分布在包括键轴在内的平面上、下两侧，形状相同，符号相反，呈镜面反对称。如图 9.4(b) 所示。形成 π 键的电子叫做 π 电子。

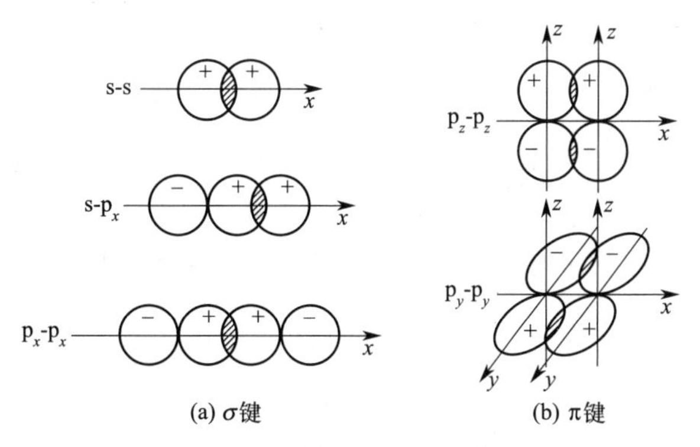

图 9.4　σ 键和 π 键的示意图

从原子轨道重叠程度来看，π 键的重叠程度要比 σ 键的重叠程度小，因此，π 键的键能小，稳定性低，π 电子活泼，是化学反应的积极参与者。

当两个原子之间形成共价单键时，原子轨道总是沿键轴方向达到最大程度的重叠，所以单键都是 σ 键；形成共价双键时，有一个 σ 键和一个 π 键；形成共价叁键时，有一个 σ 键和两个 π 键。例如，基态 N 原子的价层电子结构为 $2s^2 2p_x^1 2p_y^1 2p_z^1$，有 3 个未成对电子，当两个 N 原子沿 x 轴接近时，一个 N 原子的 $2p_x$ 轨道与另一个 N 原子的 $2p_x$ 轨道“头碰头”重叠，形成一个 σ 键，2 个氮原子将进一步靠近，此时垂直于键轴（x 轴）的 $2p_y$ 轨道和 $2p_z$ 轨道只能分别以“肩并肩”的方式重叠，形成两个互相垂直的 p_y-p_y、p_z-p_z π 键，如图 9.5 所示。

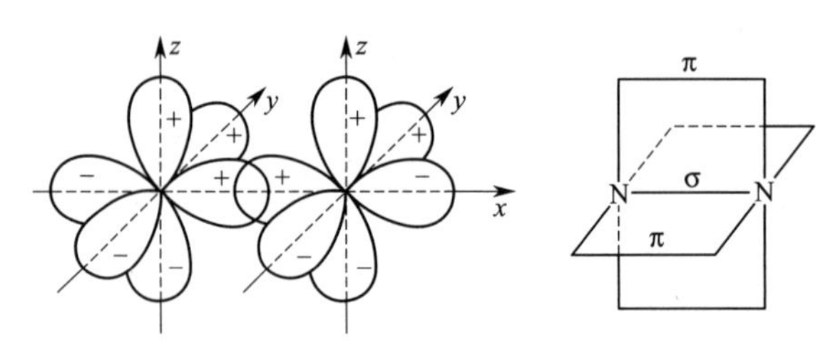

图 9.5 N_2 分子成键的示意图

9.1.5 配位共价键

前面所讨论的共价键，共用电子对都是由成键的两个原子各自提供一个电子，还有一类共价键，共用电子对是由一个原子单独提供的。这种由一个原子单独提供共用电子对而形成的共价键称为配位共价键，简称配位键。配位键用箭头“→”表示，箭头方向由电子对给予体指向电子对接受体，以区别于正常共价键。例如 CO 分子的成键过程：

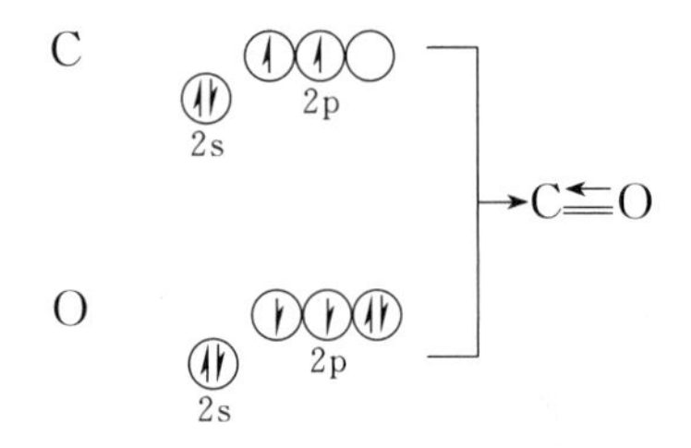

由此可见，形成配位键必须具备两个条件：①一个原子的价电子层有孤电子对（即未共用的电子对）；②另一个原子的价电子层有可接受孤电子对的空轨道。只要具备这两个条件，分子内、分子间、离子间及分子与离子间都有可能形成配位键。如 NH_4^+、$H[BF_4]$、$[Cu(NH_3)_4]^{2+}$ 等。

9.1.6 共价键参数

共价键参数是表征共价键性质的物理量，常见的共价键参数有键能、键长、键角和键的极性等。

(1) 键能 (E_b)

键能是衡量化学键强弱的物理量，不同类型的化学键有不同的键能，本节仅讨论共价键的键能。在标准状态下，单位物质的量的气态分子 AB 解离成气态原子 A 和 B 所需要的能量称为键的解离能，用符号 E_d 表示。对于双原子分子来说，键能就是键的解离能，用符号 E_b 表示。例如：

$$H_2(g) \longrightarrow 2H(g) \qquad E_b = E_d = 436\ kJ\cdot mol^{-1}$$

对于多原子分子来说，要断裂其中的键成为单个原子，需要多次解离，因此，键的解离能不等于键能。一般来说，该键键能等于同种键逐级解离能的平均值。键能可以通过光谱实验测定，还可以通过热力学原理计算求得。

键能越大，表明键越牢固，形成的分子也就越稳定。

(2) 键长

分子中两个成键原子核间的平衡距离称为键长。用量子力学近似方法可以求算键长。实际上对于复杂分子，往往是通过光谱或 X 射线衍射方法测得。表 9.1 列出了一些化学键的键长和键能数据。

表 9.1 一些化学键的键长和键能数据

共价键	键长/pm	键能/kJ·mol^{-1}	共价键	键长/pm	键能/kJ·mol^{-1}
H—H	76	436	Cl—Cl	198.8	240
H—F	91.8	570	Br—Br	228.4	190
H—Cl	127.4	431	I—I	266.6	149
H—Br	140.8	362	C—C	154	345
H—I	160.8	295	C═C	134	602
F—F	141.8	155	C≡C	120	835

从表 9.1 数据可见，H—F、H—Cl、H—Br、H—I 键长依次递增，表明核间距增大，键的强度减弱。因而，从 HF 到 HI，分子的热稳定性逐渐减小。另外，碳原子间形成单键、双键、叁键的键长逐渐减小，键的强度递增，稳定性增大。

(3) 键角

在分子中，两个相邻的化学键之间的夹角称为键角。键角可通过光谱和 X 射线衍射方法测得。键角和键长是表征分子几何构型的重要参数。如果已知分子中共价键的键长和键角，那么分子的几何构型也就确定了。例如，NH_3 中 N—H 键的键角为 107°18′，N—H 键的键长为 101.9 pm，因此，NH_3 的几何构型为三角锥形。

(4) 键的极性

在共价键中，根据成键两原子吸引电子能力的相对大小，即两原子电负性差值的大小 ($\Delta\chi$)，可把共价键分为非极性共价键 ($\Delta\chi=0$) 和极性共价键 ($\Delta\chi\neq0$)。例如，H_2、N_2、O_2、Cl_2 等双原子分子及金刚石、晶体硅中的共价键都属于非极性共价键；而 HCl、H_2O、NO 等分子中的共价键则属于极性共价键。

成键两原子的电负性差值越大，键的极性就越大。离子键和共价键是有本质差别的，然而，如果从键的极性考虑，离子键和共价键又没有本质的区别。离子键是极性键的一个极端，电负性差值很大，非极性共价键是另一个极端，电负性差值为零，在两者之间存在着一系列不同极性的极性共价键。

9.2 杂化轨道理论

杂化轨道理论

价键理论揭示了共价键的本质，成功地解释了共价键的方向性和饱和性，但在阐明多原子分子的几何构型时常常遇到困难。例如，对 CH_4 分子来说，根据价键理论，C 原子价层只有两个未成对电子，只能形成两个共价键；如果考虑将 C 原子的一个 2s 电子激发到 2p 轨道上去，则有四个成单电子 (1 个 s 电子和 3 个 p 电子)，可分别与四个 H 原子的 1s 电子配对形成四个 C—H 键。由于 C 原子的 2s 电子与 2p 电子的能量是不同的，那么这四个 C—H 键应该是不等同的。但是实验测知，CH_4 的几何构型是正四面体，C 原子位于正四面体的中心，四个 H 原子占据四面体的四个顶点，4 个 C—H 键都是等同的（键长和键能都相等），键角 109°28′。显然，由价键理论推测得到的结论是与事实不符的。为了解释多原子分子的几何构型，鲍林于 1931 年提出了杂化轨道理论。

9.2.1　杂化轨道理论的基本要点

① 某原子在成键时，在键合原子的作用下，价层中若干个能量相近的原子轨道可能改变原有的状态，混杂起来并重新组合成一组有利于成键的新轨道，即杂化轨道。这一过程称为原子轨道的杂化，简称杂化。

② 同一原子中能量相近的 n 个原子轨道，组合后只能得到 n 个杂化轨道。例如，同一原子的一个 ns 轨道和一个 np 轨道，只能杂化成 2 个 sp 杂化轨道。这 2 个杂化轨道的形成过程如图 9.6 所示。

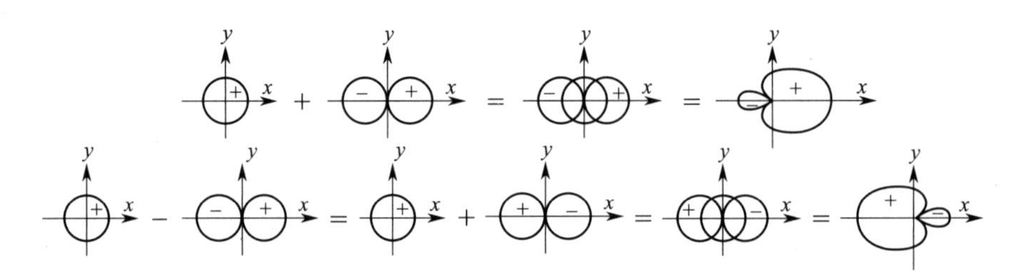

图 9.6　sp 杂化轨道的形成示意图

如果把这 2 个 sp 杂化轨道图形合绘到一起，则得图 9.7。2 个 sp 杂化轨道的形状一样，但其角度分布最大值在 x 轴上的取向相反。

③ 杂化轨道比原来未杂化的轨道成键能力强，形成的化学键键能大，分子更稳定。

由于成键原子轨道杂化后，轨道角度分布图的形状发生了变化（一头大一头小），杂化轨道在某些方向上的角度分布比未杂化的轨道的角度分布大得多，成键时从分布集中的一方（大的一头）与别的原子成键轨道重叠，能实现更大程度的重叠，因此形成的共价键更牢固。

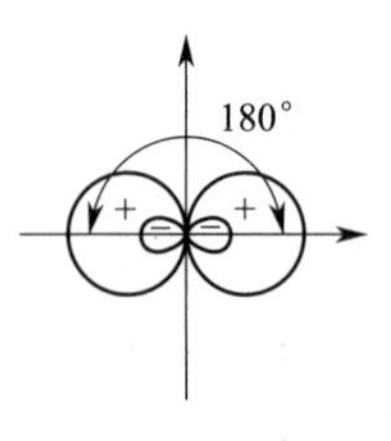

图 9.7　两个 sp 杂化轨道

9.2.2　杂化类型与分子几何构型

（1）sp 杂化

同一原子内由一个 ns 轨道和一个 np 轨道参与的杂化称为 sp 杂化，所形成的两个杂化轨道称为 sp 杂化轨道。每个 sp 杂化轨道含有 1/2 的 s 成分和 1/2 的 p 成分，杂化轨道间的夹角为 180°，空间构型为直线形，如图 9.7 所示。下面以 $BeCl_2$ 为例来说明。

基态 Be 原子的价层电子构型为 $2s^2$，在成键时先发生激发，成为激发态 $2s^1 2p^1$，然后 Be 原子的一个 2s 轨道和一个 2p 轨道进行杂化，形成两个 sp 杂化轨道，每个杂化轨道中各有一个未成对电子。

Be　2s　2p　$\xrightarrow{\text{激发}}$　2s　2p　$\xrightarrow{\text{sp 杂化}}$　sp

两个 Cl 原子的 3p 轨道以“头碰头”方式分别与两个杂化轨道大的一端重叠，形成两个

σ 键。由于 Be 的两个 sp 杂化轨道间的夹角是 180°，因此，$BeCl_2$ 的几何构型为直线形，如图 9.8 所示。

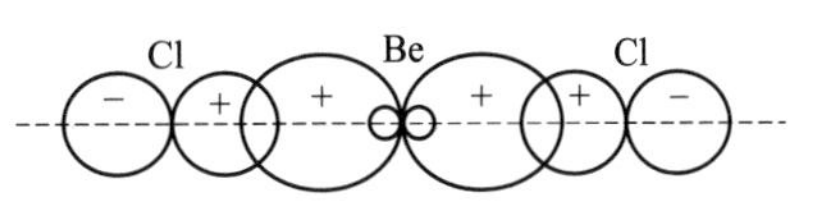

图 9.8　$BeCl_2$ 的几何构型

（2）sp^2 杂化

同一原子内由一个 ns 轨道和两个 np 轨道参与的杂化称为 sp^2 杂化，所形成的三个杂化轨道称为 sp^2 杂化轨道。每个杂化轨道都含有 1/3 的 s 成分和 2/3 的 p 成分，杂化轨道间的夹角为 120°，空间构型为平面正三角形，如图 9.9(a) 所示。下面以 BF_3 为例说明。

基态 B 原子的价层电子构型为 $2s^2 2p^1$，只有一个未成对电子。因此，在成键时先发生激发，成为激发态 $2s^1 2p_x^1 2p_y^1$，然后 B 原子的一个 2s 轨道和两个 2p 轨道进行 sp^2 杂化，形成三个能量相等的 sp^2 杂化轨道，每个杂化轨道中各有一个未成对电子。

B　2s 2p $\xrightarrow{\text{激发}}$ 2s 2p $\xrightarrow{sp^2\text{ 杂化}}$ sp^2

成键时，B 用杂化轨道大的一端与 F 原子含有未成对电子的 2p 轨道重叠而形成 3 个 σ 键。由于三个 sp^2 杂化轨道间的夹角为 120°，所以，BF_3 的几何构型是平面正三角形［如图 9.9(b) 所示］。

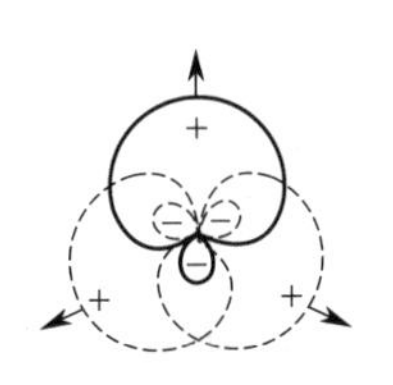

(a) 三个sp^2杂化轨道

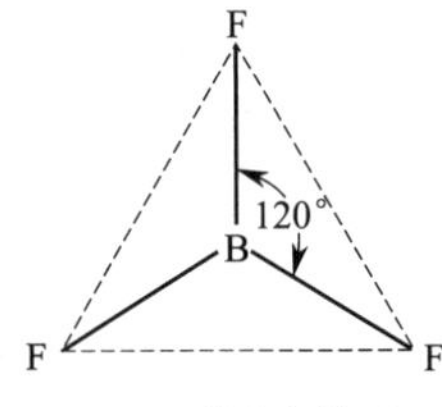

(b) BF_3的几何构型

图 9.9　sp^2 杂化轨道和 BF_3 的几何构型示意图

（3）sp^3 杂化

同一原子内由一个 ns 轨道和三个 np 轨道参与的杂化称为 sp^3 杂化，所形成的四个杂化轨道称 sp^3 杂化轨道。每个杂化轨道均含有 1/4 的 s 成分和 3/4 的 p 成分，杂化轨道间的夹角为 109°28′，空间构型为正四面体，如图 9.10(a) 所示。下面以 CH_4 的形成为例说明。

基态 C 原子的价层电子构型是 $2s^2 2p^2$，只有两个未成对电子，在形成 CH_4 时，C 原子的一个 2s 轨道和三个 2p 轨道进行 sp^3 杂化，形成四个 sp^3 杂化轨道，每个 sp^3 杂化轨道中各有一个未成对电子。

C　2s 2p $\xrightarrow{\text{激发}}$ 2s 2p $\xrightarrow{sp^3\text{ 杂化}}$ sp^3

成键时，用杂化轨道大的一头与 H 原子的 1s 轨道重叠而形成 4 个 σ 键。由于 C 的四个 sp^3 杂化轨道间的夹角为 109°28′，所以，CH_4 的几何构型为正四面体［如图 9.10(b)］。

SiH_4、NH_4^+ 中的中心原子 Si、N 原子也是采取 sp^3 杂化，分子呈正四面体。

不仅 s、p 轨道可以杂化，d 轨道也可参与杂化，如 sp^3d^2 杂化、d^2sp^3 杂化等，该部分内容在第 11 章配合物中详细描述。

（4）等性杂化和不等性杂化

以上讨论的三种 sp 型杂化，在杂化过程中形成的是一组能量简并的轨道，参与杂化的各个原子轨道所含的 s、p 成分相同，这样的杂化轨道称为等性杂化轨道，这种杂化属于等

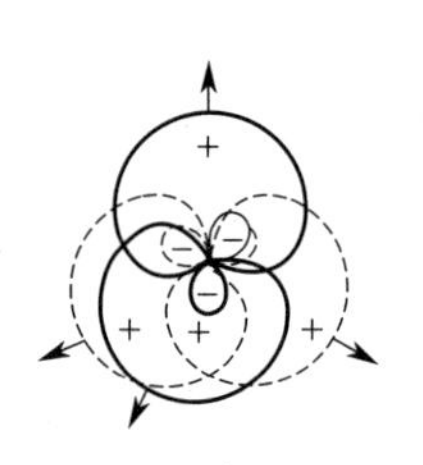

(a) 四个sp^3杂化轨道

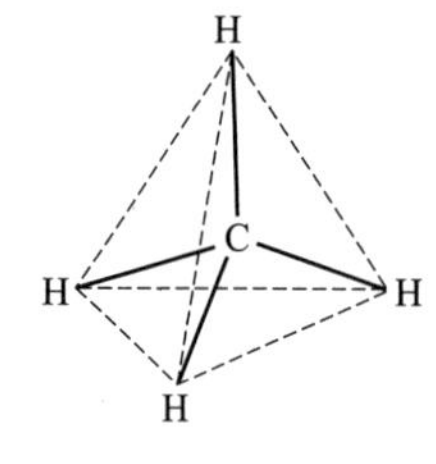

(b) CH_4的几何构型

图 9.10　sp^3 杂化轨道和 CH_4 的几何构型

性杂化。如 $BeCl_2$、BF_3、CH_4 等分子均为等性杂化。若在杂化过程中，参与杂化的各原子轨道所含的 s、p 成分并不相同，形成的杂化轨道是一组能量彼此不相等的轨道，这样的杂化轨道称为不等性杂化轨道，这种杂化属于不等性杂化。例如 NH_3、H_2O 等分子都属于不等性杂化。

在 NH_3 分子中，N 原子的价层电子构型为 $2s^22p^3$，成键时进行 sp^3 杂化。但由于原先 s 轨道中已含一对孤电子对，4 个 sp^3 杂化轨道所含 s、p 的成分不完全相等。成键时，N 原子用 3 个各含一个未成对电子的 sp^3 杂化轨道分别与三个

2s　2p　$\xrightarrow{sp^3\ 不等性杂化}$　不等性 sp^3

H 原子 1s 轨道重叠，形成三个 N—H 键，而含孤电子对的 sp^3 杂化轨道没有参加成键。由于孤电子对靠近 N 原子，其电子云在 N 原子核外占据较大空间，对 3 个 N—H 键的电子云有较大的排斥作用，使键角从 109°28′被压缩到 107°18′，以致 NH_3 分子呈三角锥形，如图 9.11(a) 所示。因此，N 原子的 4 个杂化轨道是不完全等同的，有孤电子对的杂化轨道含较多的 s 轨道成分，其余 3 个杂化轨道则含较多的 p 轨道成分，这种杂化方式就是不等性杂化。

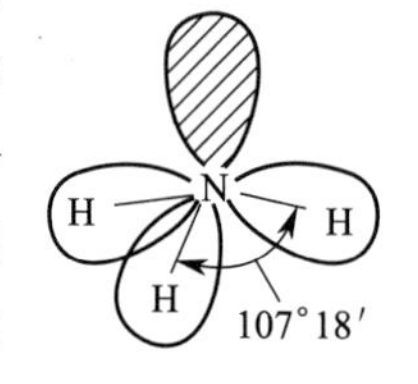

(a) NH_3的几何构型

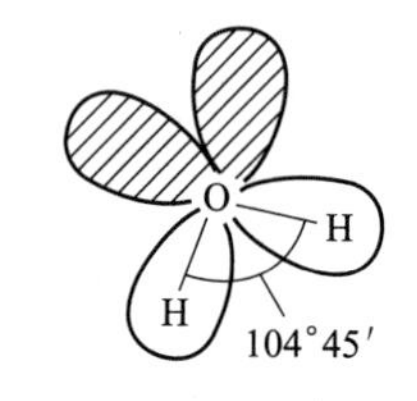

(b) H_2O的几何构型

图 9.11　NH_3 和 H_2O 的几何构型示意图

H_2O 分子中，基态 O 原子的价层电子构型为 $2s^22p^4$，含 2 对孤电子对，在形成 H_2O 分子时，O 原子采取 sp^3 不等性杂化，得到能量不同的两组 sp^3 杂化轨道。成键时，O 原子用 2 个

2s　2p　$\xrightarrow{sp^3\ 不等性杂化}$　不等性 sp^3

各含有一个未成对电子的 sp^3 成键杂化轨道分别与两个 H 原子 1s 轨道重叠，形成两个 O—H 键，而 2 个含孤电子对的杂化轨道没有参与成键。两对孤电子对靠近 O 原子，其电子云对两个 O—H 键的电子云产生更大的排斥力，使键角从 109°28′被压缩到 104°45′。因此，H_2O 分子的几何构型为 V 形结构［如图 9.11(b) 所示］。

以上介绍了三种 s-p 型的杂化方式，现简要归纳于表 9.2 中。

表 9.2　杂化与分子几何构型

杂化类型	sp	sp^2	sp^3		
杂化轨道几何构型	直线形	三角形	四面体		
杂化轨道中孤电子对数	0	0	0	1	2
分子几何构型	直线形	正三角形	正四面体形	三角锥形	折线(V)形
实例	$BeCl_2$、$HgCl_2$	BF_3、SO_3	CH_4、CCl_4、SiH_4	NH_3、PH_3	H_2O、H_2S
键角	180°	120°	109°28′	107°18′	104°45′
分子极性	无	无	无	有	有

价层电子对互斥理论

9.3　价层电子对互斥理论

杂化轨道理论成功地解释了多原子分子的几何构型。但是，应用该理论预测分子的几何构型，未必都能得到满意的结果。1940年，西奇威克（H. N. Sidgwick）和鲍威尔（H. M. Powell）提出了价层电子对互斥理论（Valence Shell Electron Pair Repulsion，简称VSEPR理论），用于判断共价分子的空间构型，简便、实用，并且与实验事实吻合。

9.3.1　价层电子对互斥理论的基本要点

① 多原子分子或离子（以 AB_nL_m 表示，A代表中心原子，B为配体，n 为配体的数目，L代表A原子价层内的孤电子对，m 为孤电子对数）的空间构型取决于中心原子周围的价层电子对数。价层电子对是指A原子价层内的成键电子对和孤电子对。例如，CH_4 分子中C原子的价层电子对数为4，均为成键电子对；H_2O 分子中O原子的价层电子对数也是4，但其中有2对成键电子对、2对孤电子对。

② 中心原子的价层电子对之间尽可能远离，以使斥力最小。假设中心原子的价电子为一个球面，球面上相距最远的两点是直径的两个端点，相距最远的三点是通过球心的内接三角形的3个顶点，由此类推，不难得到价层电子对空间排布方式和价层电子对数的关系，如表9.3所示。

表9.3　价层电子对数与电子对空间构型的关系

价层电子对数	2	3	4	5	6
电子对空间构型	直线形	平面三角形	四面体	三角双锥形	八面体

9.3.2　共价分子结构的判断

利用VSEPR理论预测多原子分子或离子（AB_nL_m）几何构型的步骤如下：

① 确定中心原子的价层电子对数。

$$\text{价层电子对数}=\frac{\text{A的价电子数}+\text{B提供的电子数}\pm\text{离子电荷数}\begin{pmatrix}\text{负离子}\\\text{正离子}\end{pmatrix}}{2} \tag{9.1}$$

式中，A的价电子数等于A所在的族数，主要针对主族元素化合物。计算配体B中配位原子提供的电子数时，氢和卤素作为配位原子时，均提供1个电子；氧和硫作为配位原子时，提供的电子数为0，但作为中心原子时则为6。若 AB_nL_m 为阳离子（或阴离子），中心原子的价层电子数还应减去（或加上）相应的电荷数。例如：NH_4^+ 中，N的价层电子对数为（5＋4－1）/2＝4；PO_4^{3-} 中，P的价层电子对数为（5＋0＋3）/2＝4。

如果中心原子的价电子总数为单数（即除以2后还余一个电子），则把单电子也作为电子对处理。如 NO_2 分子中，N的价层电子对数为3。

② 根据中心原子的价层电子对数，确定价层电子对的空间构型，参见表9.3。

③ 确定中心原子的孤电子对数，根据斥力最小原则，推断分子的空间构型。

若中心原子的价层电子对全部是成键电子对，则电子对的空间构型就是该分子或离子的空间构型。如 $BeCl_2$、BF_3、CH_4 分别为直线形、平面三角形、正四面体。

若中心原子价层电子对中有孤电子对，分子或离子的空间构型与电子对的空间构型不相同。例如，NH_3 分子的价层电子对数为 4，电子对空间构型为四面体，但 NH_3 分子的空间构型为三角锥，因为四面体的一个顶点被孤电子对占据。又如 H_2O 分子，电子对空间构型为四面体，而分子的空间构型为 V 形，2 对孤电子对占据了四面体的两个顶点。

根据 VSEPR 理论，把共价分子 AB_nL_m 的空间结构与中心原子价层电子对数、成键电子对数及孤电子对数的对应关系总结成表 9.4。

表 9.4 AB_nL_m 型分子的中心原子价层电子对分布和分子几何构型的对应关系

价层电子对数	价层电子对几何构型	成键电子对数(n)	孤电子对数(m)	分子类型 AB_nL_m	电子对的分布方式	分子几何构型	实例
2	直线形	2	0	AB_2		直线形	$BeCl_2$、CO_2
3	平面三角形	3	0	AB_3		平面三角形	BF_3、BCl_3、SO_3、CO_3^{2-}
		2	1	AB_2L		V 形	$PbCl_2$、SO_2、O_3、NO_2
4	四面体	4	0	AB_4		四面体	CH_4、CCl_4、$SiCl_4$、NH_4^+、SO_4^{2-}、PO_4^{3-}
		3	1	AB_3L		三角锥	NH_3、PF_3、H_3O^+
		2	2	AB_2L_2		V 形	H_2O、H_2S、SF_2、SCl_2
5	三角双锥	5	0	AB_5		三角双锥	PF_5、PCl_5
		4	1	AB_4L		变形四面体	SF_4、$TeCl_4$
		3	2	AB_3L_2		T 形	ClF_3、BrF_3
		2	3	AB_2L_3		直线形	XeF_2、I_3^-

续表

价层电子对数	价层电子对几何构型	成键电子对数(n)	孤电子对数(m)	分子类型 AB_nL_m	电子对的分布方式	分子几何构型	实例
6	八面体	6	0	AB_6		八面体	SF_6、SiF_6^{2-}
		5	1	AB_5L		四角锥	ClF_5、BrF_5
		4	2	AB_4L_2		平面正方形	XeF_4、ICl_4^-

9.3.3　价层电子对互斥理论的应用实例

(1) 判断 NO_2 分子的几何构型

在 NO_2 分子中，N 原子的价层电子对数为 2.5，当作 3 对处理，价层电子对的几何构型是平面三角形。配位原子 O 不提供价电子，因此 N 原子的 3 对价层电子对中，有 2 对是成键电子对，一个成单电子当作一对孤电子对。因此，NO_2 的空间构型为 V 形。

(2) 判断 PCl_5 的几何构型

在 PCl_5 中，P 原子的价层电子对数为 $(5+5)/2=5$，价层电子对的几何构型为三角双锥。中心原子的价层电子对全部是成键电子对，因此，PCl_5 的几何构型和价层电子对的几何构型一致，也是三角双锥。

(3) 判断 IF_2^- 的几何构型

在 IF_2^- 中，中心原子 I 的价层电子对数为 $(7+2+1)/2=5$，价层电子对的几何构型为三角双锥。在中心原子的 5 对价层电子对中，有 2 对成键电子对和 3 对孤电子对，查表 9.4 可知，IF_2^- 的几何构型为直线形。

综上所述，应用 VSEPR 理论可以预测大多数主族元素的原子所形成的共价化合物分子或离子的空间构型，简单方便。但预测过渡元素以及长周期主族元素化合物的几何构型与实验结果有出入。此外，VSEPR 理论也不能说明共价键的形成本质和键的相对稳定性。

9.4　分子轨道理论

分子轨道理论

现代价键理论直观简明，较好地说明了共价键的形成、特征和本质。但是，该理论将成键电子对定域在两成键原子之间，没有考虑到整个分子的情况，对某些分子的结构和性质无法解释。例如，它无法解释 H_2^+ 的存在、O_2 中有两个未成对电子的事实等。1932 年，密立根（R. S. Mulliken）和洪特（F. Hund）提出了分子轨道理论，建立了分子的离域电子模型，圆满解释了 O_2 的顺磁性、奇电子分子或离子的稳定性等实验现象，能更广泛地阐释共价分子的结构和性质，因而在共价键理论中占有非常重要的地位。

9.4.1 分子轨道理论的基本要点

分子轨道理论是把原子电子层结构的概念，推广到分子体系而形成的分子结构理论，基本要点如下：

① 在分子中，电子不再属于某个原子，也不局限于两个相邻原子之间，而是在整个分子中运动，分子中每个电子的运动状态用波函数 Ψ（称为分子轨道）来描述，每一个波函数 Ψ 都有相对应的能量和形状。

② 分子轨道由组成分子的原子轨道线性组合而成，组合形成的分子轨道数与组合前的原子轨道数相等。分子轨道与原子轨道的不同之处，主要在于分子轨道是多中心的，即多核的，而原子轨道是一个中心的，即单核的。原子轨道常用 s、p、d、f、……表示，分子轨道则常用 σ、π、δ、……表示。

③ 组合形成的分子轨道中，能量高于原子轨道的称为反键分子轨道，简称反键轨道；能量低于原子轨道的称为成键分子轨道，简称成键轨道。

④ 原子轨道组合形成分子轨道时，要遵循成键三原则，即对称性匹配、能量相近和最大重叠原则。

a. 对称性匹配原则　只有对称性相同的原子轨道才能组合形成分子轨道。原子轨道都有一定的对称性，如 s 轨道是球形对称的，而 p_x 轨道可以绕着 x 轴旋转任意角度，其图形和符号都不会改变。假定以 x 轴为键轴，s-s、s-p、p_x-p_x 等原子轨道组合成分子轨道，当绕着键轴旋转时，各轨道的形状和符号不变；而 p_y-p_y、p_z-p_z、d_{xy}-p_y 等原子轨道组合成分子轨道时，各原子轨道对于通过键轴的节面具有反对称性。如图 9.12 中，(a)、(c) 为两个原子轨道对称性不匹配；(b)、(d)、(e) 为两个原子轨道对称性匹配。可见，同号重叠（即＋、＋重叠或－、－重叠）满足对称性匹配，异号重叠则对称性不匹配，这就是对称性匹配原则。

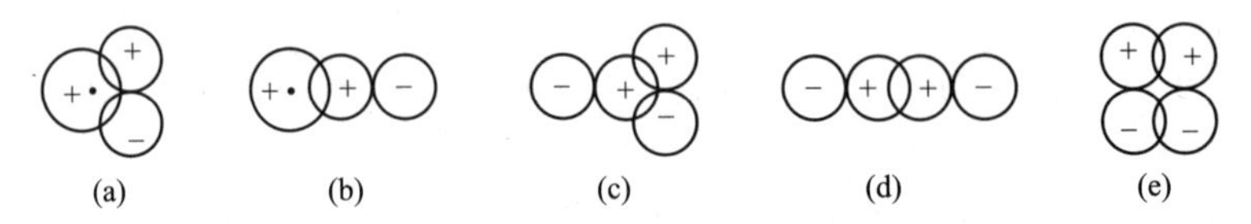

图 9.12　原子轨道对称性示意图

b. 能量相近原则　只有能量相近的原子轨道才能组合形成有效的分子轨道，而且原子轨道的能量越接近越好。这个原则可以确定两种不同类型的原子轨道之间能否组成分子轨道。例如，H、Cl、O、Na 各原子的有关原子轨道的能量分别为：

$$E_{1s}(\mathrm{H}) = -1318\ \mathrm{kJ \cdot moL^{-1}}$$

$$E_{3p}(\mathrm{Cl}) = -1259\ \mathrm{kJ \cdot moL^{-1}}$$

$$E_{2p}(\mathrm{O}) = -1322\ \mathrm{kJ \cdot moL^{-1}}$$

$$E_{3s}(\mathrm{Na}) = -502\ \mathrm{kJ \cdot moL^{-1}}$$

由于 H 的 1s 同 Cl 的 3p 和 O 的 2p 轨道能量相近，所以可组成分子轨道，而 Na 的 3s 轨道同 Cl 的 3p 和 O 的 2p 轨道能量相差甚大，不能组成分子轨道，只会发生电子的转移而形成离子键。

c. 轨道最大重叠原则　在满足对称性匹配和能量相近原则下，原子轨道重叠程度越大，成键效应越显著，形成的共价键越稳定。

在上述三个原则中，对称性匹配原则是首要因素，决定原子轨道能否组成分子轨道，而另外两个原则决定组合的效率。

9.4.2 分子轨道的形成

根据分子轨道对称性的不同，可以将分子轨道分为 σ 分子轨道和 π 分子轨道。两个原子轨道沿着连接两个原子核轴线以“头碰头”方式组合成的分子轨道称为 σ 分子轨道；两个原子轨道垂直于轴线以“肩并肩”方式组合成的分子轨道称为 π 分子轨道。

下面就原子轨道重叠组合成分子轨道的类型加以描述。

(1) s-s 原子轨道组合

一个原子的 ns 原子轨道与另一个原子的 ns 原子轨道重叠，可得到两个 σ 分子轨道，其中能量较低的分子轨道称为成键 σ 轨道，用 σ_{ns} 表示；能量较高的称为反键 σ 轨道，用 σ_{ns}^* 表示。如图 9.13 所示。

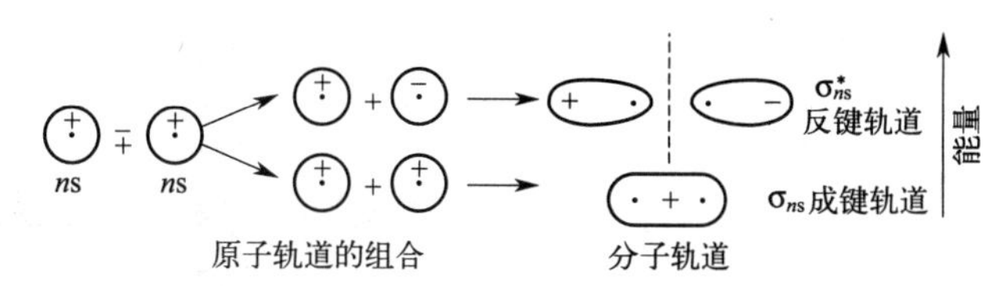

图 9.13　s-s 原子轨道组合成分子轨道的示意图

由图 9.13 可见，成键 σ 轨道的电子云在两原子核之间分布密集，原子核对电子的吸引力增强，形成的化学键更稳定；而反键 σ 轨道的电子云在两原子核之间分布很少，核对电子的吸引力较弱，不利于形成稳定的化学键。

(2) p-p 原子轨道组合

p 轨道在空间有 p_x、p_y、p_z 三种取向，当两原子沿 x 轴（键轴）方向彼此靠拢时，np_x 与 np_x 原子轨道将以“头碰头”方式重叠，形成沿键轴对称分布的成键 σ_{np_x} 分子轨道与反键 $\sigma_{np_x}^*$ 分子轨道，如图 9.14 所示。

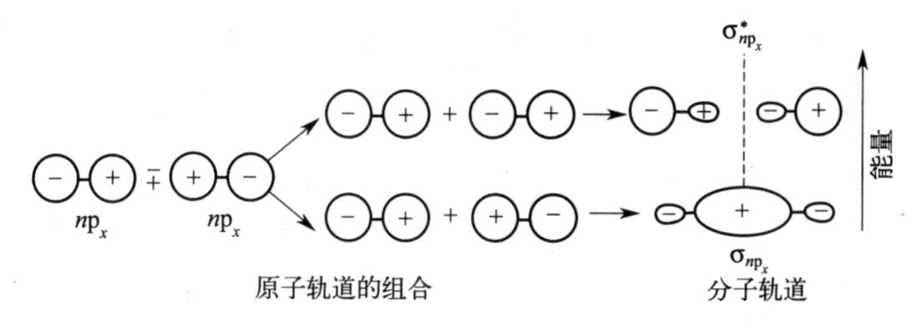

图 9.14　p_x-p_x 原子轨道组合成 σ 分子轨道的示意图

两个原子的 np_z 轨道和 np_z 轨道以“肩并肩”方式重叠，形成成键 π_{np_z} 分子轨道和反键 $\pi_{np_z}^*$ 分子轨道，如图 9.15 所示。

同理，两个原子的 np_y 轨道和 np_y 轨道也以“肩并肩”方式重叠，形成成键 π_{np_y} 分子轨道和反键 $\pi_{np_y}^*$ 分子轨道。π_{np_z} 轨道和 π_{np_y} 轨道，$\pi_{np_z}^*$ 轨道和 $\pi_{np_z}^*$ 轨道，形状相同，能量相等，是两组简并轨道。

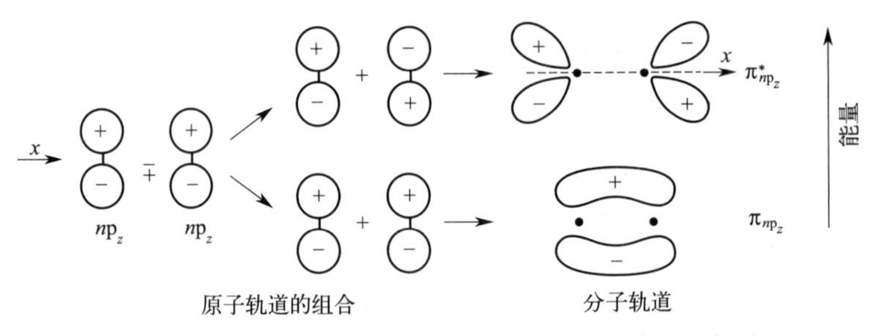

图 9.15 p_z-p_z 原子轨道组合形成 π 分子轨道的示意图

9.4.3 分子轨道的能级

每个分子轨道都有确定的能量。分子轨道的能量从理论上计算很复杂，目前主要通过光谱实验来确定。$n=2$ 的同核双原子分子轨道相对能级示意如图 9.16 所示。

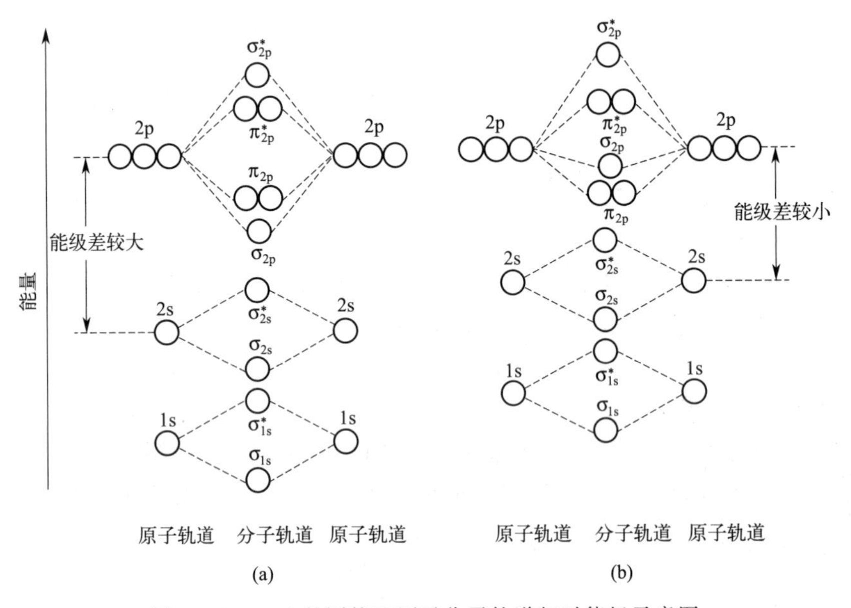

图 9.16 $n=2$ 的同核双原子分子轨道相对能级示意图

对于第一、第二周期元素形成的同核双原子分子（除 O_2、F_2 外），其分子轨道能量高低次序如图 9.16(b) 所示，排列如下：

$$\sigma_{1s}<\sigma^*_{1s}<\sigma_{2s}<\sigma^*_{2s}<\pi_{2p_y}=\pi_{2p_z}<\sigma_{2p_x}<\pi^*_{2p_y}=\pi^*_{2p_z}<\sigma^*_{2p_x}$$

O_2、F_2 分子有所不同，分子中 π_{2p} 分子轨道比 σ_{2p} 分子轨道能量稍高些，如图 9.16(a) 所示，其分子轨道能量高低次序排列如下：

$$\sigma_{1s}<\sigma^*_{1s}<\sigma_{2s}<\sigma^*_{2s}<\sigma_{2p_x}<\pi_{2p_y}=\pi_{2p_z}<\pi^*_{2p_y}=\pi^*_{2p_z}<\sigma^*_{2p_x}$$

对于第一、二周期同核双原子分子来说，其分子中的电子在分子轨道上的排布，也遵循能量最低原理、泡利不相容原理和洪特规则。

下面应用分子轨道理论来描述某些同核双原子分子的结构。

① F_2 分子的结构

F 原子的电子排布式为：$1s^2 2s^2 2p^5$。F_2 分子轨道能量的相对高低可用图 9.16(a) 表示。

F_2 分子中的 18 个电子在各分子轨道中的分布为：

$$F_2\quad [(\sigma_{1s})^2(\sigma_{1s}^*)^2(\sigma_{2s})^2(\sigma_{2s}^*)^2(\sigma_{2p_x})^2(\pi_{2p_y})^2(\pi_{2p_z})^2(\pi_{2p_y}^*)^2(\pi_{2p_z}^*)^2]$$

其中，σ_{1s} 和 σ_{1s}^* 轨道上的电子为内层电子。量子力学认为，内层电子由于离核近，受到核的束缚，在形成分子时实际上不起作用，可以认为它们基本上仍留在原来的原子轨道中运动。因此，电子的排布有时不写 σ_{1s} 和 σ_{1s}^* 轨道，而用符号 KK 表示，每一个 K 代表 K 层原子轨道上的 2 个电子。这样，F_2 分子的分子轨道式又可表示为：

$$F_2\quad [KK(\sigma_{2s})^2(\sigma_{2s}^*)^2(\sigma_{2p_x})^2(\pi_{2p_y})^2(\pi_{2p_z})^2(\pi_{2p_y}^*)^2(\pi_{2p_z}^*)^2]$$

其中，$(\sigma_{2s})^2$ 和 $(\sigma_{2s}^*)^2$，$(\pi_{2p_y})^2$ 和 $(\pi_{2p_y}^*)^2$，$(\pi_{2p_z})^2$ 和 $(\pi_{2p_z}^*)$ 一为成键，一为反键，能量变化一升一降，因而，对成键起作用的主要是 σ_{2p_x} 轨道上的 2 个 σ 电子，表示 F—F 之间形成一个 σ 键，即 F_2 分子中 2 个 F 原子之间是以一个 σ 单键结合的。这一点和价键理论的结果一致。

② N_2 分子的结构

N 原子的电子排布式为：$1s^2 2s^2 2p^3$。N_2 分子轨道能量的相对高低可用图 9.16(b) 表示。N_2 分子中的 14 个电子在各分子轨道中的分布为：

$$N_2\quad [KK(\sigma_{2s})^2(\sigma_{2s}^*)^2(\pi_{2p_y})^2(\pi_{2p_z})^2(\sigma_{2p_x})^2]$$

$(\sigma_{2s})^2$ 和 $(\sigma_{2s}^*)^2$ 一为成键，一为反键，因而，对成键起作用的主要是 π_{2p_y} 和 π_{2p_z} 轨道上的 4 个 π 电子和 σ_{2p_x} 轨道上的 2 个 σ 电子，即 N_2 分子中 2 个 N 原子间形成了 2 个 π 键和 1 个 σ 键，或者说形成了叁键，这一点和价键理论的结果也是一致的。

9.4.4　分子轨道理论的应用

(1) 推测分子的存在和阐明分子的结构

第一、第二周期元素的同核双原子分子中，H_2、N_2、O_2、F_2 分子早已熟悉；H_2^+、He_2^+、Li_2、B_2、C_2 虽较少见，但在气相中已被观测到；而 Be_2 和 Ne_2 分子至今未发现。下面选择几个例子应用分子轨道理论加以说明。

① H_2^+ 分子离子和 Li_2 分子

H_2^+ 只有 1 个电子，其分子轨道式为：$[(\sigma_{1s})^1]$，形成一个单电子 σ 键。由于有 1 个电子进入 σ_{1s} 轨道，体系能量降低了，因此从理论上推测，H_2^+ 分子离子是可能存在的。因为所形成的单电子 σ 键的键能较小，故 H_2^+ 易解离。

Li_2 分子有 6 个电子，其分子轨道式为：$[KK(\sigma_{2s})^2]$。由于有 2 个电子进入 σ_{2s} 轨道，体系能量也降低了，因此从理论上推测，Li_2 分子也是可能存在的。

② He_2 分子和 He_2^+ 分子离子

He_2 分子有 4 个电子。假设 He_2 分子存在，其分子轨道式为：$[(\sigma_{1s})^2(\sigma_{1s}^*)^2]$。由于进入 σ_{1s} 和 σ_{1s}^* 轨道的电子都是 2 个，对体系能量的影响相互抵消，因此从理论上可以推测，He_2 分子是不存在的。事实上 He_2 分子至今未发现，这正是稀有气体为单原子分子的原因。

He_2^+ 有 3 个电子，其分子轨道式为：$[(\sigma_{1s})^2(\sigma_{1s}^*)^1]$。可以看出，进入 σ_{1s} 成键轨道的电子有 2 个，而进入 σ_{1s}^* 轨道的电子只有 1 个，体系总的能量还是降低了，说明 He_2^+ 分子离子是可能存在的。区别于 H_2^+ 分子离子的单电子 σ 键，He_2^+ 分子离子则形成了一个三电

子 σ 键。光谱实验也证实了 He_2^+ 的存在。

（2）描述分子结构的稳定性

分子轨道理论引入了一个键参数——键级，来描述分子结构的稳定性。键级的定义为分子中净成键电子数的一半，即：

$$键级=\frac{成键轨道的电子数-反键轨道的电子数}{2} \tag{9.2}$$

键级的大小与键能有关。一般来说，键级越大，键能越大，分子结构越稳定。若键级为零，表示不能形成稳定的分子。

需要说明的是，键级只能定性地推断键能的大小，粗略估计分子结构稳定性的大小。事实上，键级相同的分子，其稳定性也可能有差别。

（3）预言分子的磁性

物质的磁性实验发现，凡有未成对电子的分子，在外加磁场中必顺着磁场方向排列，分子的这种性质叫做顺磁性。具有这种性质的物质叫做顺磁性物质。反之，电子完全配对的分子则具有反磁性。

例如 O_2 分子，其分子轨道式为：

$$[KK(\sigma_{2s})^2(\sigma_{2s}^*)^2(\sigma_{2p_x})^2(\pi_{2p_y})^2(\pi_{2p_z})^2(\pi_{2p_y}^*)^1(\pi_{2p_z}^*)^1]$$

根据洪特规则，最后两个电子要分别填入能量相等的 $\pi_{2p_y}^*$ 和 $\pi_{2p_z}^*$ 轨道上，因此，O_2 分子中含有 2 个自旋方向相同的未成对电子，所以 O_2 分子具有顺磁性，和磁性实验的结果相一致。从分子轨道式可知，对成键有贡献的是 $(\sigma_{2p_x})^2$、$(\pi_{2p_y})^2$、$(\pi_{2p_z})^2$、$(\pi_{2p_y}^*)^1$、$(\pi_{2p_z}^*)^1$，$(\sigma_{2p_x})^2$ 形成一个 σ 键，$(\pi_{2p_y})^2$ 和 $(\pi_{2p_y}^*)^1$ 形成一个三电子 π 键，$(\pi_{2p_z})^2$ 和 $(\pi_{2p_z}^*)^1$ 也形成一个三电子 π 键，键级为：(10－6)/2＝2。O_2 的价键结构式为：

```
[ ·   ·· ]
:O — O:
[ ··   · ]
```

如果在 O_2 分子的最高被占轨道 π_{2p}^* 上移去或填入一个电子，就分别得到氧分子离子 O_2^+ 和 O_2^-，键级分别为 2.5 和 1.5，因此，它们的稳定性顺序为 $O_2^+ > O_2 > O_2^-$。

综上所述，分子轨道理论把分子中电子的分布统筹安排，使分子具有整体性，使得它的应用范围宽广，能阐明一些价键理论不能解释的问题。但是分子轨道理论计算方法复杂，描述分子的几何构型也不够直观。

思 考 题

1. 区别下列各组概念：

（1）σ 键和 π 键；　　（2）共价键和配位键；　　（3）原子轨道和分子轨道；

（4）极性键和非极性键

2. 共价键的本质是什么？如何理解共价键具有方向性和饱和性？
3. BF_3 的几何构型是平面三角形，但 NF_3 的几何构型却是三角锥形，试用杂化轨道理论加以说明。
4. 实测的 H_2O 的键角是多少？试用杂化轨道理论加以解释。
5. 简述价层电子对互斥理论的主要内容，并总结该理论与杂化轨道理论的联系。
6. 用分子轨道理论解释 O_2 具有顺磁性，N_2 具有反磁性。

习 题

1. 判断下列两组化合物中，哪个化合物中键的极性最小？哪个化合物中键的极性最大？

（1）LiCl、$BeCl_2$、BCl_3、CCl_4；　　（2）SiF_4、$SiCl_4$、$SiBr_4$、SiI_4。

2. PCl_3 的几何构型是三角锥形，键角略小于 109°28′；$SiCl_4$ 的几何构型是正四面体，键角为 109°28′。试用杂化轨道理论加以说明。

3. 试用杂化轨道理论说明下列分子的中心原子可能采取的杂化类型，并预测分子或离子的几何构型：

BBr_3，H_2S，PH_3，SiF_4，CS_2，NH_4^+

4. 用价层电子对互斥理论判断下列分子或离子的空间构型。

$BeCl_2$，BCl_3，NH_4^+，H_2O，ClF_3，PCl_5，I_3^-，ICl_4^-，ClO_2^-，PO_4^{3-}，CO_2，SO_2。

5. 写出 O_2^+，O_2，O_2^-，O_2^{2-} 的分子轨道式，并指出它们的稳定性顺序。

6. 写出下列同核双原子分子的分子轨道式；并计算键级，判断磁性。

H_2、He_2、Li_2、Be_2、B_2、C_2、N_2、O_2、F_2

拓展学习资源

拓展资源内容	二维码
➢ 课件 PPT	
➢ 学习要点	
➢ 疑难解析	
➢ 科学家简介——徐光宪	
➢ 知识拓展——超分子化学	
➢ 习题参考答案	

第 10 章　晶体结构

物质通常有三种聚集状态：气态、液态和固态。固态物质又分为晶体和非晶体两大类，多数固体物质都是晶体。本章将在原子和分子结构的基础上，主要介绍晶体结构的基本概念及各类晶体的组成、结构与性质。

10.1　晶体与非晶体

10.1.1　晶体的特征

与非晶体相比，晶体具有以下特征：

(1) 有一定的几何外形

从外观上看，晶体一般具有规则的几何外形。例如食盐晶体是立方体，石英（SiO_2）是六角柱体等，如图 10.1 所示。

与晶体相反，非晶体没有固定的几何外形，又称无定形体。例如，玻璃、橡胶、沥青、动物胶、松香等。

(2) 有固定的熔点

在一定压力下将晶体加热，当达到某一温度时，晶体才开始熔化，在没有全部熔化以前，即使继续加热，温度保持不变，这时所吸收的热量都用于晶体从固态转变为液态，直到晶体全部熔化后，温度才继续上升，说明晶体有固定的熔点。非晶体没有固定的熔点，如加热玻璃先变软，然后慢慢地熔化成黏滞性很大的流体，在这一过程中温度是不断上升的，从软化到熔体，有一段温度范围。

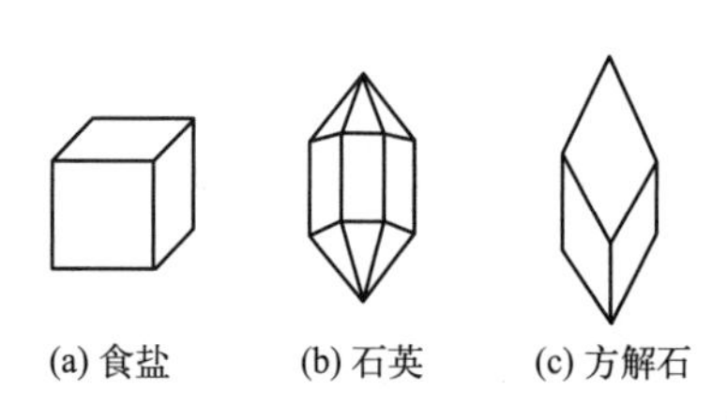

图 10.1　几种晶体的外形

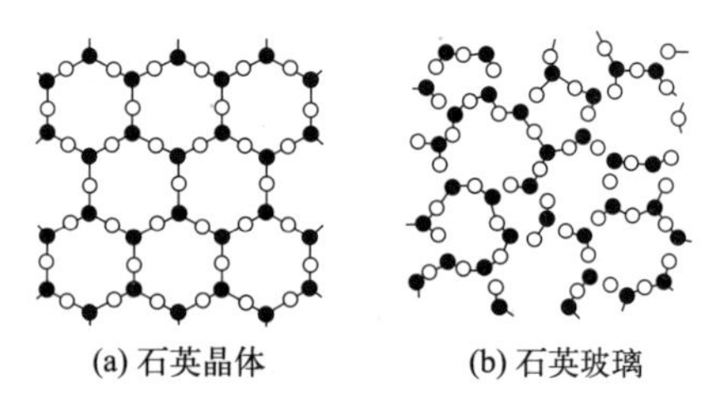

图 10.2　石英晶体与石英玻璃结构特点示意图

(3) 各向异性

晶体的某些性质，如导电性、导热性、光学性质、力学性质等，在晶体的不同方向上表现出明显的差别。例如，云母特别容易按纹理面的方向裂成薄片；石墨晶体内平行于石墨层方向比垂直于石墨层的热导率要大 4～6 倍，电导率要大 5000 倍。晶体的这些性质称为各向异性。而非晶体是各向同性的。

晶体的特性由晶体的内部结构决定。X 射线衍射研究表明，晶体内部的微粒（离子、原子或分子）在空间的排列是有次序、有规律的，总是按照某种确定的规则重复排列。非晶体内部微粒的排列是无次序、不规律的。图 10.2 为石英晶体和石英玻璃（非晶体）中微粒排列的示意图。

晶体与非晶体之间并不存在不可逾越的鸿沟。在一定条件下，晶体与非晶体是可以相互转化的，例如，把石英晶体加热熔化后，迅速冷却，可以得到非晶态的石英玻璃。而石英玻璃反复熔化，缓慢冷却后，可以得到晶态的石英晶体。

10.1.2　晶体的内部结构

为了便于研究晶体的几何结构，法国结晶学家布拉维（A. Bravais）提出：把晶体中的微粒抽象为几何学中的点，称为结点。这些结点的总和称为空间点阵。沿着一定的方向按某种规则把结点连接起来，可以得到描述各种晶体内部结构的几何图像，称为晶体的空间格子（简称晶格）。图 10.3 为最简单的立方晶格的示意图。

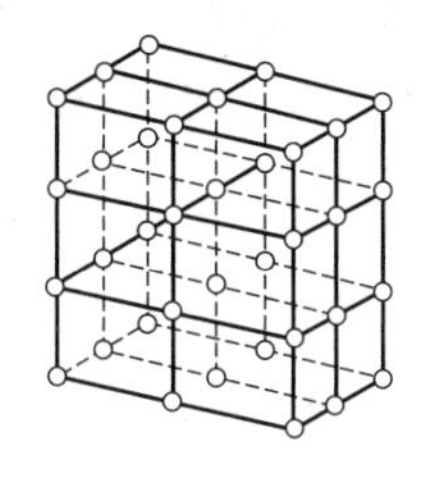

图 10.3　晶格

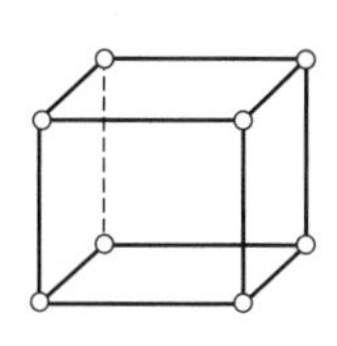

(a) 简单立方晶格

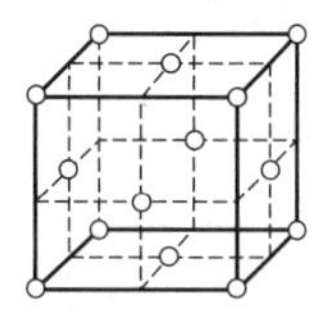

(b) 面心立方晶格

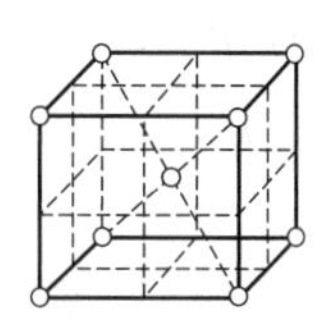

(c) 体心立方晶格

图 10.4　立方晶格

在晶格中，能表现出其结构的一切特征的最小部分称为晶胞。晶胞在三维空间中的无限重复就形成了晶格。晶胞可以看做是晶体的缩影。根据晶胞的形状和大小，可以划分成七大晶系，每一个又可分为若干种晶格，七大晶系共有十四种晶格。最简单的是立方晶系，立方晶系有三种晶格，即简单立方晶格、体心立方晶格和面心立方晶格（见图 10.4）。

10.2　分子晶体和分子间力

分子晶体是由极性分子和非极性分子通过分子间力或氢键聚集在一起的。分子间力是决定物质熔点、沸点、汽化热、溶解度、表面张力等物理性质的主要因素。由于分子间力本质上属于电学性质的范畴，因此，为了更好地理解分子间力，先了解分子的两种电学性质——分子的极性和变形性。

10.2.1　分子的极性和变形性

(1) 分子的极性

分子中都含有带正电荷的原子核和带负电荷的电子，由于原子核所带正电荷与电子所带负电荷相等，因此分子是电中性的。但在不同分子中，正、负电荷的分布会有所不同。设想分子中都有一个“正电荷中心”和一个“负电荷中心”，如果分子的正、负电荷中心重合，则为非极性分子；如果正、负电荷的中心不重合，则为极性分子，这两个电荷中心又可称为分子的两个极（正极和负极）。

对于双原子分子，分子的极性与键的极性是一致的。即有非极性键的一定是非极性分子；有极性键的分子一定是极性分子。例如，H_2 为非极性分子，HCl 则为极性分子。

在多原子分子中，分子的极性不仅与键的极性有关，还与分子的几何构型等因素有关。例如，NH_3 和 BF_3，N—H 键和 B—F 键都是极性共价键，但是 BF_3 分子具有平面正三角形构型，其正、负电荷中心重合，是非极性分子。而具有三角锥构型的 NH_3，其正、负电荷中心不重合，是极性分子。又如 CO_2 分子，C═O 键为极性共价键，由于 CO_2 是直线形分子，2 个 C═O 键的极性互相抵消，整个分子中正、负电荷中心重合，所以 CO_2 是非极性分子。

总之，共价键是否有极性，取决于相邻两原子间共用电子对是否发生偏移，即成键两原子间的电负性差值是否为 0；而分子是否有极性，取决于整个分子中正、负电荷中心是否重合。

为了衡量分子极性的大小，引入一个物理量——分子的偶极矩，用 $\boldsymbol{\mu}$ 表示。偶极矩等于正电荷中心（或负电荷中心）的电量 q 与正、负电荷中心间的距离 $\boldsymbol{d}$ 的乘积：

$$\boldsymbol{\mu}=q\times\boldsymbol{d} \tag{10.1}$$

偶极矩越大，表示分子的极性越强。显然，偶极矩不等于 0 的分子就是极性分子，偶极矩为 0 的分子，则为非极性分子。因此，根据偶极矩的大小可以判断分子极性的相对强弱。表 10.1 列出了一些分子的偶极矩和几何构型。

表 10.1　一些分子的偶极矩与几何构型

分子	$\mu/\times10^{-30}$ C·m	几何构型	分子	$\mu/\times10^{-30}$ C·m	几何构型
H_2	0	直线形	SO_2	5.28	V 形
N_2	0	直线形	$CHCl_3$	3.63	四面体
CO_2	0	直线形	CO	0.33	直线形
CS_2	0	直线形	O_3	1.67	V 形
CCl_4	0	正四面体	HF	6.47	直线形
CH_4	0	正四面体	HCl	3.60	直线形
H_2S	3.63	V 形	HBr	2.60	直线形
H_2O	6.17	V 形	HI	1.27	直线形
NH_3	4.29	三角锥形	BF_3	0	平面正三角形

（2）分子的变形性

上面在讨论分子的极性时，是在没有任何外界影响下分子本身的属性。如果分子受到外加电场（E）的作用，分子内部电荷的分布可能会发生某些变化。例如，将非极性分子放在电容器的两个极板之间，如图 10.5 所示。分子中带正电荷的原子核将被引向负极，而带负电荷的电子云将被引向正极，其结果是原子核和电子云发生了相对位移，导致分子发生变形，此过程称为分子的变形极化，分子的这种性质称为变形性。于是，非极性分子在电场的作用下，原来重合的正、负电荷中心彼此分离，分子出现了偶极，这种偶极称为诱导偶极。

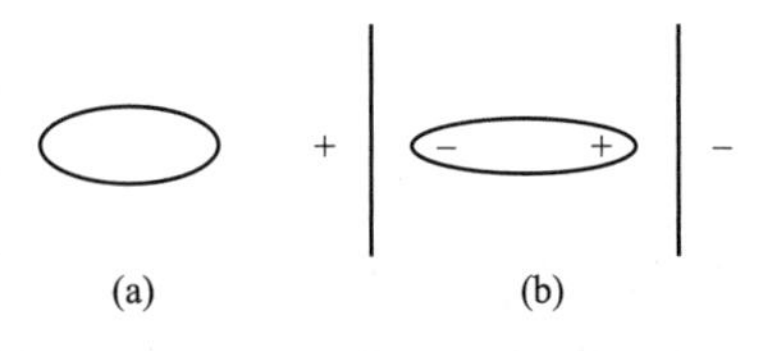

图 10.5　非极性分子在电场中的变形极化

电场越强，分子变形性越显著，诱导偶极越大。当取消外电场后，诱导偶极随之消失，分子又恢复为非极性分子。为了衡量分子变形性的大小，也引入一个物理量——极化率。诱导偶极与电场强度 $\boldsymbol{E}$ 成正比，即：

$$\boldsymbol{\mu}_{\text{诱导}}=\alpha\times\boldsymbol{E} \tag{10.2}$$

式中，α 称为分子诱导极化率，简称极化率，可作为衡量分子在电场作用下变形性大小的量度。电场强度一定时，α 越大的分子，$\boldsymbol{\mu}_{\text{诱导}}$ 越大，分子的变形性也就越大。

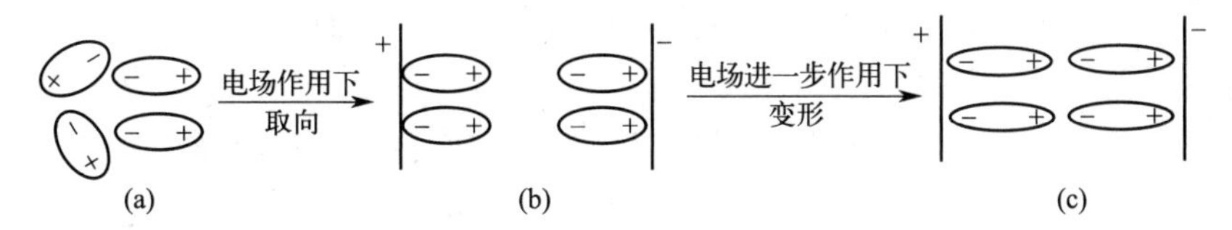

图 10.6　极性分子在电场中的变形极化

对极性分子来说，本身就存在着偶极，这种偶极称为固有偶极或永久偶极。如果没有外电场的作用，极性分子通常都做不规则的热运动［图 10.6(a)］。但在外电场的作用下，极性分子的正极转向负电极，负极转向正电极，都是按电场的方向整齐排列［图 10.6(b)］，此过程称为取向过程，亦称分子的定向极化。而且电场也使分子正、负电荷中心之间的距离拉大，分子发生变形，产生诱导偶极，此时分子的偶极为固有偶极和诱导偶极之和，分子的极性有所增强，如图 10.6(c) 所示。由此可见，极性分子在电场中的极化包括分子的定向极化和变形极化两方面。

分子的极化不仅在外电场中发生，由于极性分子自身就存在正、负极，可以看做一个微电场，所以极性分子与极性分子、极性分子与非极性分子之间同样也会发生极化作用。这种极化作用对分子间力具有重要影响。

10.2.2　分子间力

分子间力按产生的原因和特点可分为取向力、诱导力和色散力。

(1) 色散力

在非极性分子中，正、负电荷中心是重合的，分子没有极性。但是由于电子的运动和原子核的振动，使电子云和原子核之间经常发生瞬时的相对位移，在一瞬间分子的正、负电荷中心不重合，产生瞬时偶极。虽然每一个瞬时偶极存在时间极短，但是由于电子和原子核时刻都在运动着，瞬时偶极不断地出现，使非极性分子之间只要接近到一定距离，就始终存在着持续不断的相互吸引作用。分子之间由于瞬时偶极而产生的作用力称为色散力，如图 10.7 所示。

色散力主要与分子的变形性有关，分子的变形性越大，色散力越强。由于电子与原子核的相对运动，不仅非极性分子内部会产生瞬时偶极，极性分子内部也会产生瞬时偶极，因此，非极性分子与极性分子之间、极性分子之间也同样存在色散力。

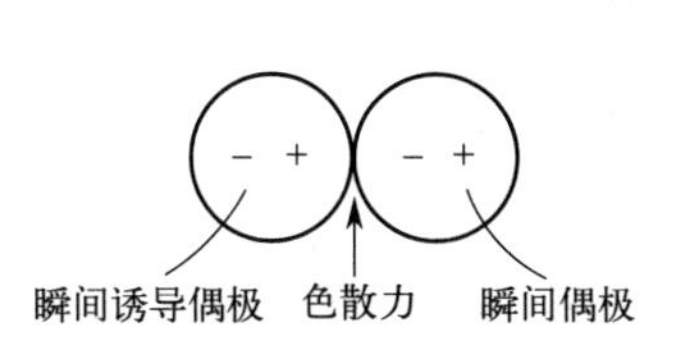

图 10.7　非极性分子相互作用示意图

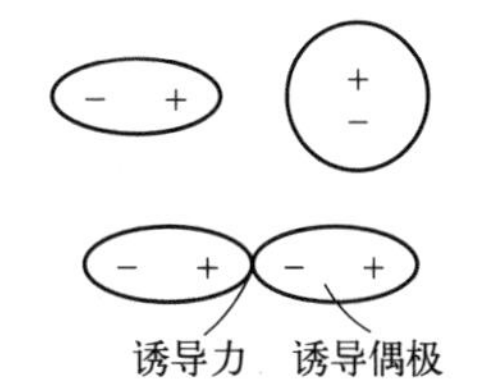

图 10.8　极性分子与非极性分子相互作用示意图

(2) 诱导力

从前面的讨论可知，非极性分子在极性分子固有偶极作用下，还发生变形极化，产生诱导偶极，如图 10.8 所示，使非极性分子与极性分子之间产生一种相互吸引作用，这种极性分子的固有偶极与非极性分子的诱导偶极间产生的作用力称为诱导力。

极性分子与极性分子相互接近时，在固有偶极的相互影响下，也将产生诱导偶极，因此诱导力也存在于极性分子之间。

诱导力随分子极性的增大而增大，也随分子的变形性增大而增大。

(3) 取向力

极性分子存在固有偶极，当极性分子相互接近时，就会发生定向极化，由于固有偶极的取向而产生的作用力称为取向力，如图 10.9 所示。取向力的大小与极性分子的偶极矩有关。分子的极性越大，取向力就越大。此外，当温度升高时，取向力会减少。

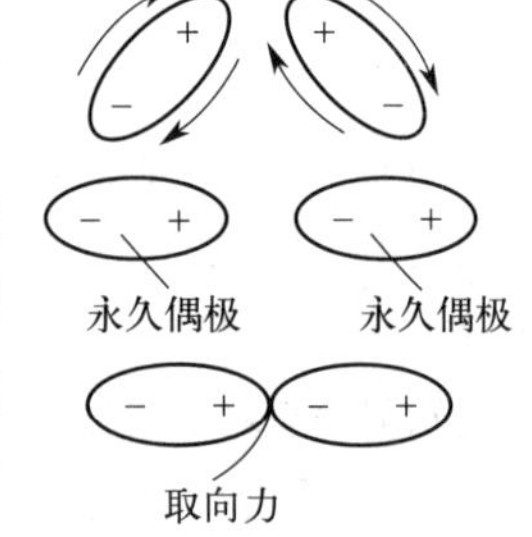

图 10.9 极性分子相互作用示意图

综上所述，在极性分子之间存在色散力、诱导力和取向力；在极性分子与非极性分子之间有色散力和诱导力；在非极性分子之间只有色散力。在三种作用力中，对大多数分子，色散力是分子间主要的作用力。只有当分子的极性很大时，取向力才较显著，诱导力通常很小。

分子间力都与分子间距离有关，随着分子间距离的增大，作用力迅速减弱。其作用能一般是每摩尔几千焦到几十千焦，而通常共价键可达 150～500 $kJ \cdot mol^{-1}$。然而，分子间这种微弱的作用力是决定物质熔点、沸点、表面张力、稳定性等物理性质的主要因素。液态物质分子间力越大，汽化热就越大，沸点就越高；固态物质分子间力越大，熔化热就越大，熔点就越高。一般来说，结构相似的同系列物质的分子量越大，分子变形性越大，分子间力越大，物质的熔点、沸点就越高。例如卤素分子（X_2）是非极性分子，分子间只存在色散力。随着分子量的增加，色散力增大，其熔点、沸点升高，在常温下，F_2、Cl_2 是气体，Br_2 是液体，而 I_2 是固体。稀有气体的熔、沸点也是随着分子量的增大而增大的。

分子间力对液体的互溶性以及固、气态非电解质在液体中的溶解度也有一定影响。溶质和溶剂之间的分子间力愈大，则在溶剂中的溶解度也愈大。

另外，分子间力对分子型物质的硬度也有一定影响。极性小的聚乙烯、聚异丁烯等物质，分子间力较小，因而硬度不大；含有极性基团的有机玻璃等物质，分子间力较大，具有一定的硬度。

10.2.3 氢键

表 10.2 列出了ⅦA 族和ⅥA 族元素氢化物的沸点。从表中可以看出，H_2O 和 HF 比相应的同族元素氢化物沸点明显偏高，原因是这些分子之间除有分子间力外，还有氢键。

表 10.2 ⅦA 族和ⅥA 族元素氢化物的沸点

ⅥA 族元素氢化物	沸点/℃	ⅦA 族元素氢化物	沸点/℃
H_2O	100	HF	20
H_2S	−60	HCl	−85
H_2Se	−41	HBr	−67
H_2Te	−2	HI	−35

(1) 氢键的形成

氢原子核外只有一个电子，当它与电负性大、半径小的原子 X（X=F、O、N）以共价键结合时，由于 X 吸引成键电子的能力大，共用电子对强烈地偏向于 X，使氢原子核几乎裸露出来，这个半径很小、无内层电子的带部分正电荷的氢原子，与另一个电负性大、半径小的原子 Y（Y＝F、O、N）中的孤电子对之间产生静电吸引作用，这种静电吸引力称为氢键。如 HF 分子之间形成的氢键如下：

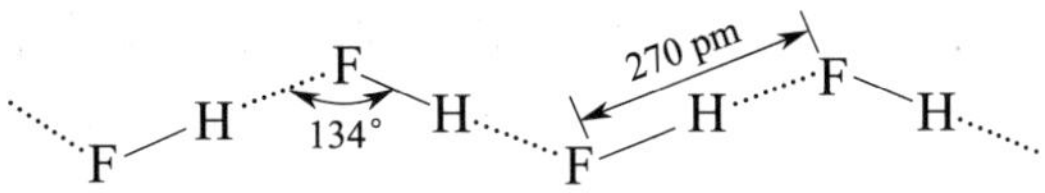

通常氢键用 X—H ···Y 表示，其中 X 和 Y 可以是同种原子，也可以是不同原子，X 和 Y 一般是电负性大、半径小的非金属原子（F、O、N）。氢键的键能比化学键的键能小得多。

氢键可分为分子间氢键和分子内氢键两种类型。一个分子的 X—H 键与另一个分子中的 Y 形成的氢键称为分子间氢键。一个分子的 X—H 键与该分子内的 Y 形成的氢键称为分子内氢键。例如，邻硝基苯酚中的羟基可与硝基中的氧原子生成分子内氢键，如图 10.10 所示。

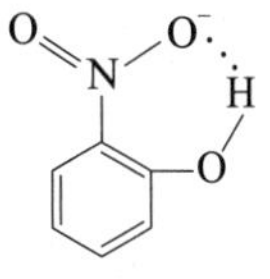

图 10.10　分子内氢键

（2）氢键的特点

① 具有方向性和饱和性　氢键的方向性是指形成氢键 X—H ···Y 时，X、H、Y 尽可能在同一直线上，这样可使 X 与 Y 间距离最远，排斥力最小。氢键的饱和性是指一个 X—H 分子只能与一个 Y 形成氢键，当 X—H 分子与一个 Y 形成氢键后，如果再有一个 Y 接近时，则这个原子受到氢键 X—H ···Y 上的 X、Y 的排斥力远大于 H 对它的吸引力，不可能形成第 2 个氢键。

② 氢键的强度　氢键的强弱与 X 和 Y 的电负性大小有关。X、Y 的电负性越大，则形成的氢键越强。此外，氢键的强弱也与 X 和 Y 的半径大小有关，较小的原子半径有利于形成较强的氢键。例如，F 原子的电负性最大，半径小，形成的氢键最强。Cl 原子的电负性虽大，但原子半径较大，因而形成的氢键很弱。C 原子的电负性较小，一般不易形成氢键。根据电负性大小，形成氢键的强弱顺序如下：

$$\mathrm{F{-}H\cdots F > O{-}H\cdots O > O{-}H\cdots N > N{-}H\cdots N}$$

（3）氢键对物质性质的影响

① 对沸点和熔点的影响　分子间有氢键时，物质的沸点和熔点升高。因为物质汽化或熔化时，除了要克服纯粹的分子间力外，还必须破坏分子间的氢键，需要消耗更多的能量。因此，物质的熔、沸点比没有形成氢键的同类化合物高。

分子内形成氢键，沸点和熔点常常会降低。例如，邻硝基苯酚、间硝基苯酚和对硝基苯酚的熔点分别为 45 ℃、96 ℃和 114 ℃。这是因为间硝基苯酚和对硝基苯酚中都有分子间氢键，而邻硝基苯酚存在分子内氢键。

② 对溶解度的影响　如果溶质分子与溶剂分子形成分子间氢键，则溶质在溶剂中的溶解度增大。例如，乙醇与水能任意互溶，HF 和 NH_3 在水中的溶解度较大，就是这个原因。

③ 对黏度的影响　分子间有氢键的液体，一般黏度较大。例如，甘油、磷酸、浓硫酸等多羟基化合物，由于分子间可形成众多的氢键，这些物质通常为黏稠状液体。

④ 对密度的影响　液体分子间若形成氢键，有可能发生缔合现象。例如，液态 HF 在通常条件下，除了正常简单的 HF 分子外，还有通过氢键联系在一起的复杂分子 $(HF)_n$。这种由若干个简单分子联成复杂分子而又不会改变原物质化学性质的现象，称为分子缔合。

分子缔合的结果会影响液体的密度。水分子之间也有缔合，冰就是温度降到 0 ℃以下时水分子的巨大缔合物，使冰的密度小于水，并浮在水面上，这样江河湖泊中的生物在冬季免遭冻死。

氢键在生命过程中具有非常重要的意义。与生命现象密切相关的蛋白质和核酸分子中都含有大量氢键，蛋白质分子的 α-螺旋结构就是通过羰基（C═O）上的氧和氨基（—NH）上的氢通过氢键（C═O…H—N）彼此连接而成。DNA 的双螺旋结构也是利用氢键的堆积效应来增强稳定性的。

10.2.4 分子晶体

凡靠分子间力（还包括氢键）结合而成的晶体称为分子晶体。分子晶体的晶格结点上排列的微粒是分子（也包括像稀有气体那样的单原子分子）。例如，固体 CO_2（干冰）是典型的分子晶体。如图 10.11 所示，其晶胞为立方体，CO_2 分子占据立方体的 8 个顶角和 6 个面的中心位置。CO_2 分子之间存在的是极弱的色散力。

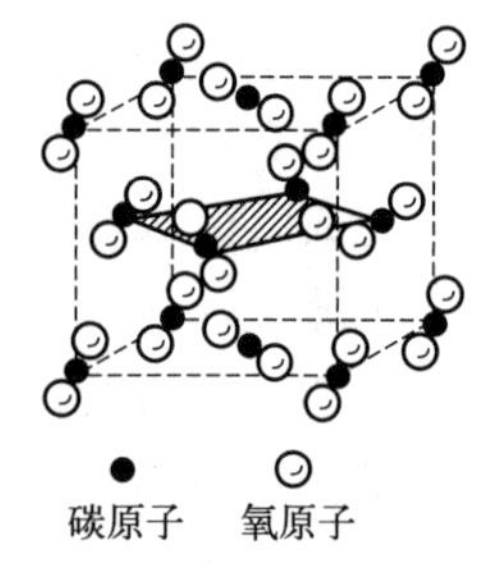

图 10.11 干冰的晶体结构

由于分子间力比共价键要弱得多，所以分子晶体通常熔点、沸点低，硬度小、不导电、易挥发。如常温常压下，CO_2 为气体，水是液体。有些分子晶体物质可以不经熔化而直接升华，如碘、萘等。

稀有气体、大多数非金属单质及非金属元素之间形成的化合物，以及绝大多数有机化合物，在固态时都是分子晶体。有一些分子晶体，分子间除了分子间力外，还同时存在氢键，如冰、草酸、硼酸、间苯二酚等。

10.3 离子晶体和离子键

人们熟悉的由活泼金属元素和非金属元素组成的化合物，如 NaCl、KCl、CaO 等，大多数是结晶状固体，具有较高的熔点和沸点，熔融状态时能够导电，多数都能溶于水，水溶液也能够导电。为了说明这类化合物的原子之间相互作用的本质，1916 年，德国化学家柯塞尔（W. Kossel）提出了离子键的概念。

10.3.1 离子键的形成和特征

电负性较小的活泼金属原子与电负性较大的非金属原子相互接近时，金属原子失去最外层电子形成带正电荷的阳离子，非金属原子得到电子形成带负电荷的阴离子。阴、阳离子之间通过强烈的静电作用所形成的化学键就称为离子键。因此，离子键的本质是阴、阳离子之间的静电引力。

由于离子电场具有球形对称性，离子在其任何方向上均可与带相反电荷的离子相互吸引而形成离子键，因此离子键无方向性。而且只要空间条件允许，每种离子周围均可结合尽可能多的异种电荷离子，因此离子键无饱和性。

键的极性强弱取决于成键的两个原子之间电负性差值的大小（$\Delta\chi$）。从键的极性分析，离子键可以看作是强极性键的极限，也就是说，离子键形成的必要条件就是两原子间的电负性差要足够大。一般来说，当成键两原子的电负性差值大于 1.7 时，主要形成离子键；当电负性值小于 1.7 时，主要形成共价键。应该指出的是，$\Delta\chi=1.7$ 并不是离子键和共价键的绝对分界线，只是一个大致的参考数据。

10.3.2　离子的特征

离子的电荷、电子构型和离子半径是离子的三个重要特征，也是影响离子键强度的重要因素。

(1) 离子的电荷

阴、阳离子所带的电荷数越高，离子键强度越大，化合物越稳定，离子化合物的熔点和沸点就高。如碱土金属氯化物的熔点高于碱金属氯化物的熔点。

(2) 离子半径

与原子半径一样，离子半径也没有确切的含义。离子间的距离是用相邻两个离子的核间距来衡量的，核间距是指当正、负离子间的静电吸引作用和它们的核外电子之间及原子核之间的排斥作用达到平衡时，正、负离子间保持的平衡距离，用 d 表示。如果把正、负离子近似看成是两个相互接触的球体，如图 10.12 所示，核间距 d 可以看成是两个离子半径 r_+ 和 r_- 之和。核间距 d 可以用 X 射线衍射法测定，如果已知一个离子的半径，就可求出另一个离子的半径。

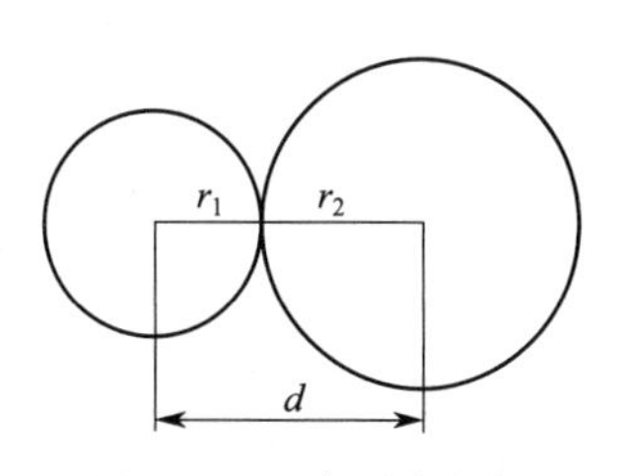

图 10.12　离子半径与核间距的关系

离子半径具有如下递变规律：

① 同一主族从上到下，具有相同电荷数的离子半径依次增大。如：$Li^+ < Na^+ < K^+ < Rb^+ < Cs^+$，$F^- < Cl^- < Br^- < I^-$。

② 同一周期主族元素从左向右，阳离子的电荷数越高，离子半径越小。如：$Na^+ > Mg^{2+} > Al^{3+}$。

③ 同一元素能形成几种不同的阳离子时，电荷数高的阳离子半径小。如：$r_{Fe^{3+}}$(64 pm)$<r_{Fe^{2+}}$(76 pm)。

④ 阴离子的半径一般较大，阳离子的半径一般较小。

离子半径也是决定离子间引力的重要因素，对离子型化合物的性质有很大影响。离子半径越小，离子间引力就越大，离子化合物的熔点、沸点就越高。

(3) 离子的电子构型

对简单阴离子来说，通常具有稳定的 8 电子构型。如 F^-、Cl^-、S^{2-} 等的最外层都是稳定的稀有气体电子构型（ns^2np^6），即 8 电子构型。但阳离子的电子构型比较复杂，除 8 电子构型外，还有其他多种构型。

① 2 电子构型　价层电子构型为 $1s^2$，如 Li^+、Be^{2+} 等。

② 8 电子构型　价层电子构型为 ns^2np^6，如 Na^+、Ca^{2+} 等。

③ 18 电子构型　价层电子构型为 $ns^2np^6nd^{10}$，如 Ag^+、Zn^{2+} 等。

④ (18+2) 电子构型　价层电子构型为 $(n-1)s^2(n-1)p^6(n-1)d^{10}ns^2$，如 Sn^{2+}、Pb^{2+}、Bi^{3+} 等。

⑤ 9～17 电子构型　价层电子构型为 $ns^2np^6nd^{1\sim9}$，如 Fe^{3+}、Cr^{3+} 等。

离子的电子构型与离子键的强度有关，对离子化合物的性质有影响，这方面的内容将在离子极化一节中介绍。

10.3.3 离子晶体

(1) 离子晶体的特征和性质

由阳离子和阴离子通过离子键结合而成的晶体都称为离子晶体。离子型化合物在常温下均为离子晶体，如 NaCl、NaF、$CaCl_2$ 等。

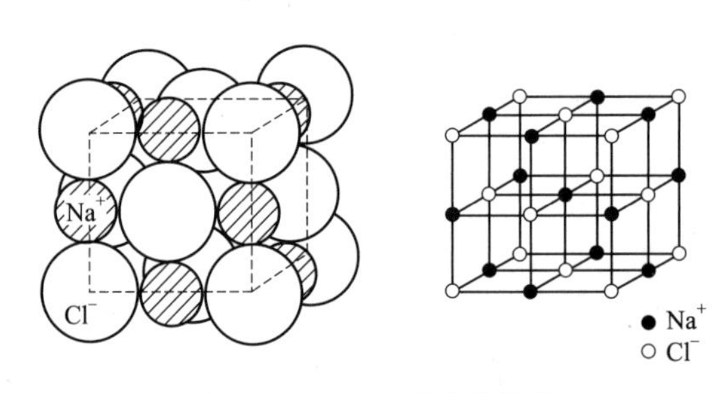

图 10.13　NaCl 的晶体结构

在离子晶体中，晶体结点上交替排列着阴离子和阳离子。如图 10.13 所示，NaCl 晶体中，Na^+ 和 Cl^- 按一定的规则在空间交替排列，每个 Na^+ 的周围有 6 个 Cl^-，而每个 Cl^- 的周围有 6 个 Na^+。在整个晶体中，Na^+ 周围的空间环境和物质环境都是相同的，同样对于 Cl^- 周围的环境也是相同的，周期性重复排列。在离子晶体中，不存在单个分子，整个晶体可以看成是一个巨型分子，没有确定的分子量。对于氯化钠晶体，没有单独的 NaCl 分子，NaCl 是化学式，不是分子式，只表示 Na^+ 和 Cl^- 的个数比为 1∶1。

离子晶体中，晶格结点上阴、阳离子之间的静电引力较大，破坏离子晶体就需要更多的能量，因此，离子晶体具有较高的熔点、沸点和硬度，难以挥发。如 NaF 的熔点为 993 ℃，MgF_2 的熔点为 1261 ℃。

离子晶体的硬度虽大，但比较脆，延展性较差。这是由于离子晶体中阴、阳离子是有规则地交替排列的，当晶体受到外力作用时，各层晶格结点上的离子发生了位移，使异号离子相间排列的稳定状态转变为同号离子相邻的排斥状态，引力大大减弱，晶体结构即被破坏。

离子晶体物质一般易溶于水，其水溶液或熔融态都能导电，但在固体状态，由于离子被限制在晶格结点上振动，因此不导电。

(2) 离子晶体中最简单的结构类型

在离子晶体中，由于阳、阴离子在空间的排列方式不同，离子晶体的空间结构不同。对于最简单的 AB 型（即含有一种阳离子和一种阴离子并且两者电荷数相同）离子晶体，常见的有 CsCl 型、NaCl 型和 ZnS 型三种典型的晶体结构类型。

① NaCl 型晶体　NaCl 型晶体是 AB 型晶体中最常见的晶体构型，它的晶胞是正立方体[图 10.14(a)]。每个 NaCl 晶胞中含 4 个 Na^+ 和 4 个 Cl^-。在 NaCl 晶体中，每个 Na^+ 被 6 个 Cl^- 所包围，同时每个 Cl^- 也被 6 个 Na^+ 所包围。如 KI、LiF、NaBr、MgO、CaS 等均属于 NaCl 型。

② CsCl 型晶体　CsCl 型晶体的晶胞是正立方体［图 10.14(b)］，1 个 Cs^+ 处于立方体的中心，8 个 Cl^- 位于立方体的 8 个顶点。每个 CsCl 晶胞中含有 1 个 Cs^+ 和 1 个 Cl^-。在 CsCl 晶体中，每个 Cs^+ 被 8 个 Cl^- 所包围，同时每个 Cl^- 也被 8 个 Cs^+ 所包围。如 TlCl、CsBr、CsI 等均属于 CsCl 型。

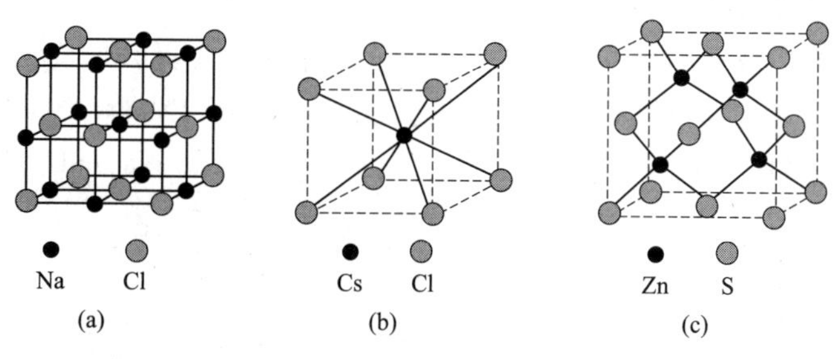

图 10.14　NaCl 型、CsCl 型和 ZnS 型晶体结构

③ ZnS 型晶体　ZnS 型晶体的晶胞也是正立方体［图 10.14(c)］，每个晶胞中含有 4 个 Zn^{2+} 和 4 个 S^{2-}。在 ZnS 晶体中，每个 Zn^{2+} 被 4 个 S^{2-} 所包围，同时每个 S^{2-} 也被 4 个 Zn^{2+} 所包围。如 BeO、ZnSe 等均属于 ZnS 型。

(3) 离子晶体的离子半径比

离子晶体的结构类型与离子半径、电荷数、电子构型有关，其中与离子半径的关系更为密切。只有当阳、阴离子紧密接触时，所形成的离子晶体才是最稳定的。阳、阴离子能否紧密接触决定于阳、阴离子的半径之比 r_+/r_-。现以 NaCl 型晶体为例说明半径比与晶体构型的关系。

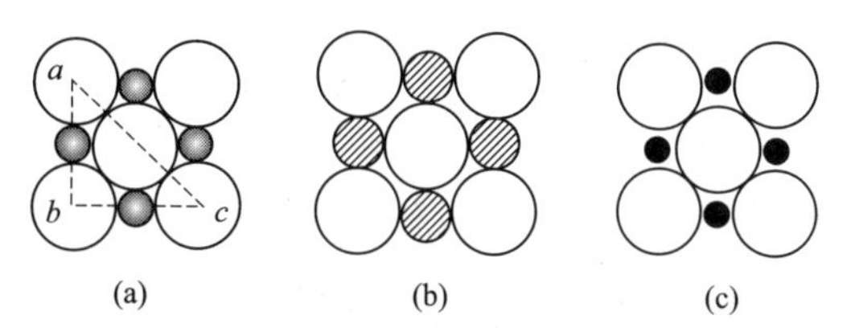

图 10.15　阳、阴离子半径比与晶体构型的关系示意图

由图 10.15(a) 可以求出阳、阴离子的半径比为：

$$\frac{r_+}{r_-}=\frac{0.414r_-}{r_-}=0.414$$

当 $r_+/r_-=0.414$ 时［10.15(a)］，阳、阴离子是直接接触的，阴离子间也是直接接触的。

当 $r_+/r_->0.414$ 时［图 10.15(b)］，阳、阴离子直接接触，而阴离子不再接触，这种构型比较稳定，这就是 NaCl 型晶体的情况。但当 $r_+/r_->0.732$ 时，阳离子相对较大，它有可能接触更多的阴离子，从而有可能转化成 CsCl 型晶体。

当 $r_+/r_-<0.414$ 时［图 10.15(c)］，阴离子之间互相接触，而阳、阴离子间接触不良，显然这种结构是不稳定的。由于阳离子相对较小，它有可能接触更少的阴离子，从而有可能形成 ZnS 型晶体。

在离子晶体中，阳、阴离子的半径比与晶体构型的这种关系称为离子半径比规则，应用该规则可以判断离子晶体的构型。

此外，晶体构型还受外界条件的影响，如 CsCl 晶体在常温下为 CsCl 型，但在高温下，离子有可能离开其原来晶格的格点而重新排列，可能转化为 NaCl 型。这种化学组成相同而晶体构型不同的现象称为同质多晶现象。

（4）离子晶体的晶格能

离子键强度通常用离子晶体的晶格能来量度。标准态下，拆开单位物质的量的离子晶体使其变为气态阳离子和气态阴离子时所吸收的能量称为离子晶体的晶格能（U）。例如，298.15 K、标准态下拆开单位物质的量的 NaCl 晶体变为气态 Na^+ 和气态 Cl^- 时的能量变化为：

$$NaCl(s) \xrightarrow[\text{标准态下}]{298.15\ K} Na^+(g) + Cl^-(g);\quad U = 785.4\ kJ \cdot mol^{-1}$$

由于实验技术上的困难，目前还不能直接测定离子晶体的晶格能。目前大多数离子晶体的晶格能是利用热化学循环法间接计算得到的。

晶格能是衡量离子键强度的物理量，晶格能越大，离子键强度就越大，因此，可以根据晶格能大小，预测和解释离子化合物的一些性质，如稳定性、熔点、硬度等。对于相同类型的离子晶体来说，离子电荷数越高，半径越小，则晶格能越大，熔点越高，硬度越大。表10.3 列出一些 NaCl 型离子晶体的晶格能和对应的物理性质。

表 10.3 离子晶体的物理性质与晶格能

NaCl 型晶体	NaI	NaBr	NaCl	NaF	BaO	SrO	CaO	MgO
离子电荷	1	1	1	1	2	2	2	2
核间距/pm	318	294	279	231	277	257	240	210
晶格能/$kJ \cdot mol^{-1}$	704	747	785	923	3054	3223	3401	3791
熔点/℃	661	747	801	993	1918	2430	2614	2852
硬度(金刚石＝10)	—	—	2.5	2～2.5	3.3	3.5	4.5	5.5

10.4 离子极化

10.4.1 离子极化的概念

分子极化的概念推广到离子体系，可以引出离子极化的概念。

对孤立的简单离子来说，离子的电荷分布基本上是球形对称的，离子本身正、负电荷中心是重合的，不存在偶极（如图 10.16 所示）。但当离子置于外加电场中，离子的原子核就会受到正电场的排斥和负电场的吸引，而离子中的电子则会受到正电场的吸引和负电场的排斥，原子核与电子发生相对位移，导致离子变形而产生诱导偶极（如图 10.17 所示），这个过程称为离子极化。

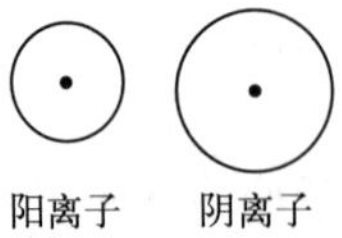

图 10.16 未极化的简单离子示意

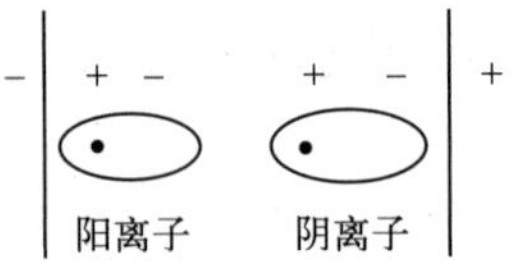

图 10.17 离子在电场中的极化

在离子晶体中，每个离子都带有电荷，本身就会在其周围产生相应的电场，所以离子极化现象普遍存在于离子晶体之中。阳离子的电场使阴离子发生极化（即阳离子吸引阴离子的电子云而引起阴离子变形），阴离子的电场使阳离子发生极化（即阴离子排斥阳离子的电子云而引起阳离子变形)，如图 10.18 所示。显然，离子极化的强弱取决于两个因素：一是离子的极化力；二是离子的变形性。

(1) 离子的极化力和变形性

离子的极化力是指离子使异号离子极化（即变形）的能力。离子极化力与离子的电荷、离子半径以及离子的电子构型等因素有关。

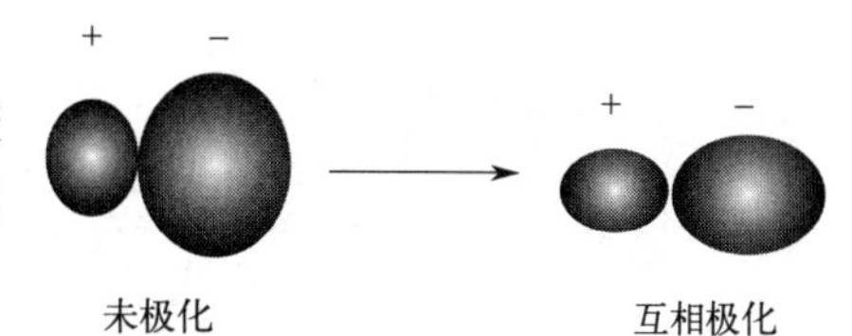

图 10.18　离子的相互极化

① 离子半径　离子所带电荷相同时，离子半径越小，离子的极化力越强。

② 离子电荷　离子半径相近时，离子的电荷数越多，离子的极化力就越强。

③ 离子的电子构型　当离子电荷相同、半径相近时，电子构型对离子的极化力起到决定性的影响。18 电子、(18＋2) 电子以及 2 电子构型的离子具有很强的极化力；(9～17) 电子构型的离子次之；8 电子构型的离子极化力最弱。

离子的变形性是指离子被异号离子极化而发生变形的能力。离子的变形性主要取决于离子半径的大小。离子半径越大，外层电子与核距离越远，联系越不牢固，在外电场作用下，外层电子与核越容易发生相对位移，因此变形性也越大。

但是离子的电荷数、电子构型对变形性也有影响。对于电子构型相同的离子来说，阳离子的电子数少于核电荷数，外层电子与核的联系较牢固，而阴离子的电子数多于核电荷数，所以阴离子一般比阳离子容易发生变形。

当离子电荷相同、离子半径相近时，(9～17) 电子、18 电子和 (18＋2) 电子构型的离子，其变形性比 8 电子构型的离子要大得多。

前面已经讨论过，分子的变形性可以用极化率来衡量的，离子的变形性也是如此。离子极化率 (α) 是指离子在单位电场中被极化所产生的诱导偶极矩。α 越大，离子的变形性越大。表 10.4 为实验测得的一些常见离子的极化率。

表 10.4　离子的极化率

离子	极化率/10^{-40} C·m^2·V^{-1}	离子	极化率/10^{-40} C·m^2·V^{-1}	离子	极化率/10^{-40} C·m^2·V^{-1}
Li^+	0.034	Ca^{2+}	0.52	OH^-	1.95
Na^+	0.199	Sr^{2+}	0.96	F^-	1.16
K^+	0.923	B^{3+}	0.0033	Cl^-	4.07
Rb^+	1.56	Al^{3+}	0.058	Br^-	5.31
Cs^+	2.69	Hg^{2+}	1.39	I^-	7.9
Be^{2+}	0.009	Ag^+	1.91	O^{2-}	4.32
Mg^{2+}	0.105	Zn^{2+}	0.317	S^{2-}	11.3

由表 10.4 可见，最容易变形的是体积大的阴离子和 18 电子及 (18＋2) 电子构型、少电荷的阳离子；最不容易变形的是半径小、电荷数多的稀有气体构型的阳离子。

(2) 离子极化的规律

一般来说，阳离子由于带正电荷，外层电子数少，半径小，所以极化力较强，而变形性不大；而阴离子半径一般较大，外层电子数多，所以容易变形，极化力较弱。因此，当阳、阴离子相互作用时，主要考虑阳离子对阴离子的极化作用，即阳离子使阴离子发生变形，产生诱导偶极；而阴离子对阳离子的极化作用可以忽略。离子极化的一般规律如下：

① 阴离子半径相同时，阳离子电荷越多，阴离子越容易被极化，产生的诱导偶极越大[图 10.19(a)]；

② 阳离子的电荷相同时，阳离子半径越大，阴离子被极化的程度越小，产生的诱导偶极越小［图 10.19(b)］；

③ 阳离子的电荷相同、离子半径相近时，阴离子半径越大，越容易被极化，产生的诱导偶极越大［图 10.19(c)］。

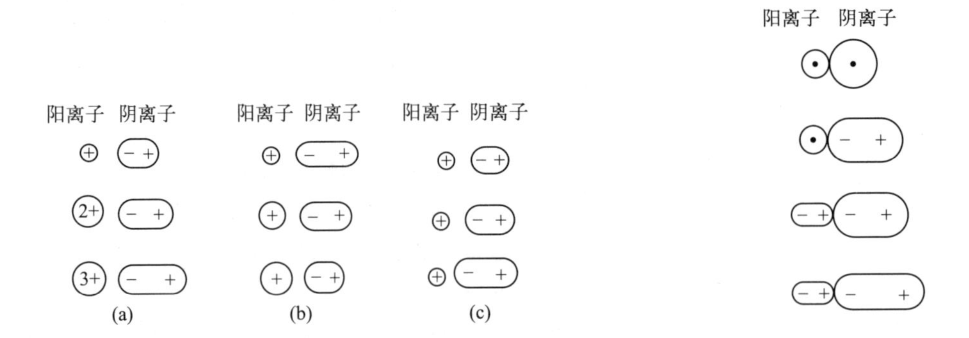

图 10.19 阴离子极化规律示意

图 10.20 离子的附加极化作用示意图

(3) 离子的附加极化作用

当半径大的某些阳离子［如 18 电子、(18+2) 电子、(9～17) 电子构型的离子］与阴离子一样，也容易变形时，除了要考虑阳离子对阴离子的极化外，还必须考虑阴离子对阳离子的极化作用。

如图 10.20 所示，阳离子使阴离子极化变形产生诱导偶极，阴离子产生的诱导偶极会反过来诱导变形性大的非稀有气体构型的阳离子，使阳离子也发生变形，于是阳离子所产生的诱导偶极就加强了阳离子对阴离子的极化能力，从而使阴离子诱导偶极增大，这种效应叫做附加极化作用。例如，18 电子构型的阳离子容易变形，阴离子的变形性越大，相互的附加极化作用越强。阴离子相同时，同族自上而下，18 电子构型阳离子的附加极化作用增强。例如 ZnI_2、CdI_2、HgI_2 中，离子极化作用按 $Zn^{2+}<Cd^{2+}<Hg^{2+}$ 顺序增大。

在离子晶体中，每个离子的总极化能力等于该离子固有的极化力和附加极化力之和。

10.4.2 离子极化对物质结构和性质的影响

(1) 离子极化对键型的影响

如果阴、阳离子之间完全没有极化作用，则所形成的化学键为离子键。但实际上，阴、阳离子之间存在着不同程度的极化作用。

当极化力强、变形性又大的阳离子与变形性大的阴离子相互接近时，由于阳、阴离子相互极化作用显著，阴离子的电子云会向阳离子方面偏移，同时阳离子的电子云也会发生相应变形，导致阳、阴离子外层轨道发生不同程度的重叠，阳、阴离子的核间距离缩短（即键长缩短），键的极性减弱，从而使键型由离子键向共价键过渡，如图 10.21 所示。

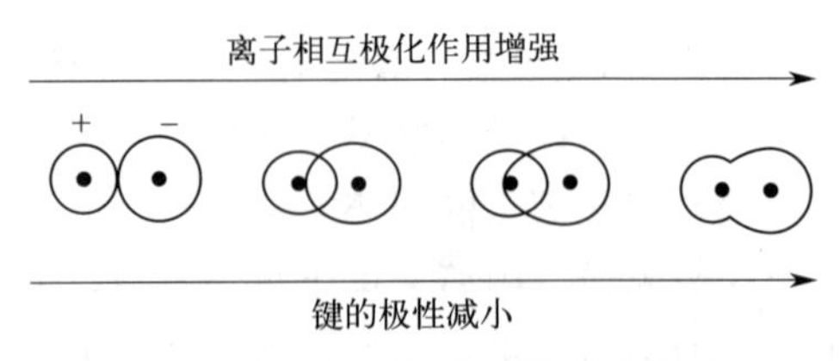

图 10.21 离子极化对键型的影响

表 10.5 列出了卤化银的键型过渡情况。

表 10.5　卤化银的键型

卤化银	AgF	AgCl	AgBr	AgI
卤素离子半径/pm	136	181	195	216
阴、阳离子半径之和/pm	262	307	321	342
实测键长/pm	246	277	288	299
键型	离子键	过渡键型	过渡键型	共价键

Ag^+ 是 18 电子构型的阳离子，极化力强，变形性也大。在 AgF 中，由于 F^- 离子半径很小，变形性不大，Ag^+ 和 F^- 之间相互极化作用不明显，因此，所形成的化学键属于离子键。随着 Cl^-、Br^-、I^- 离子半径依次增大，变形性增强，Ag^+ 与 X^- 之间相互极化作用不断增强，所形成化学键的极性不断减弱，AgBr、AgCl 是过渡键型，而 AgI 已经是典型的共价键。

由此看出，离子键和共价键之间没有绝对的界限。无机化合物中，不少化学键属于过渡键型。

(2) 离子极化对晶体构型的影响

当离子极化作用显著时，阳、阴离子的外层轨道将发生部分重叠，共价键成分增大，使离子晶体过渡到原子晶体或分子晶体。例如，氯化物 NaCl、$MgCl_2$、$AlCl_3$、$SiCl_4$，由于 Na^+、Mg^{2+}、Al^{3+}、Si^{4+} 电荷数依次递增而半径减小，离子的极化力依次增强，引起 Cl^- 的变形程度也依次增大，致使 M—Cl 键的共价成分依次增大，相应的晶体类型由 NaCl 离子晶体转变为 $MgCl_2$、$AlCl_3$ 过渡型晶体，最后到 $SiCl_4$ 分子晶体。

如果阳、阴离子间存在强烈的相互极化作用，会使键长缩短，晶体构型发生转变。例如，按离子半径比规则判断，AgCl、AgBr、AgI 晶体都属于 NaCl 型，但由于 AgI 中存在较强的离子极化作用，其晶体构型属于 ZnS 型。许多 18 电子构型阳离子所形成的晶体，如 CuX、ZnS、CdS、HgS 等，都属于 ZnS 型晶体，其原因也是由于阳、阴离子间较强的极化作用。

(3) 离子极化对物质物理性质的影响

① 对溶解度的影响

键型过渡在性质上的表现，最明显的是化合物溶解度的降低。离子晶体通常是可溶于水的，这是由于水的介电常数很大，会削弱阴、阳离子间的静电吸引，从而使阴、阳离子受热运动的作用而互相分离。当离子极化作用显著时，离子键过渡到共价键。由于水不能有效地减弱共价键的结合力，所以化合物在水中的溶解度减小。例如，在卤化银中，由于离子极化作用依次增强，化学键中离子成分依次减小，共价成分依次增大，AgF、AgCl、AgBr、AgI 在水中的溶解度依次减小。

② 对化合物颜色的影响

影响化合物颜色的因素很多，其中离子极化作用是重要的影响因素之一。

物质呈现出不同的颜色，是对不同波长的可见光选择性吸收的结果。物质对可见光的吸收取决于组成物质粒子的基态与激发态的能量差，只有当光子的能量恰好等于这个能量差时，可见光才能被吸收。典型的离子化合物，其基态与激发态的能量差较大，激发时一般不吸收可见光，因此在白光照射下为无色物质。离子极化使晶体中的化学键由离子键向共价键过渡，使基态与激发态之间的能量差减小，当白光照射在物质上时，某些波长的可见光被吸收，因而呈现颜色。总之，离子极化作用越强，基态与激发态的能量差越小，吸收的可见光波长越长，物质呈现的颜色越深。例如，在卤化银中，随着卤离子半径的增大，离子极化作用增强，卤化银的颜色由白色到淡黄色再到黄色。

③ 对化合物熔点和沸点的影响

离子极化作用的结果，使离子键向共价键过渡，引起晶格能降低，导致化合物的熔点和沸点降低。例如，AgCl 和 NaCl，由于 Ag^+ 的极化能力大于 Na^+，导致键型不同，所以 AgCl 的熔点低（728 K），而 NaCl 的熔点高（1074 K）。又如 $HgCl_2$，Hg^{2+} 是 18 电子构型，极化能力强，又有较大的变形性，Cl^- 也具有一定的变形性，附加极化作用使 $HgCl_2$ 的化学键有显著的共价性，因此，$HgCl_2$ 的熔点 550 K、沸点 577 K，都较低。

离子极化理论在阐明无机化合物的性质时有一定的作用，是对离子键理论的重要补充。但该理论也存在很大的局限性，因此在应用时会遇到无法解释甚至矛盾的情况。

10.5 原子晶体

原子晶体中，晶格结点上排列的是原子，原子与原子之间通过共价键结合。例如金刚石就是一种典型的原子晶体，如图 10.22 所示。

在金刚石晶体中，每个碳原子通过 4 个 sp^3 杂化轨道与其他 4 个碳原子形成 4 个等同的 C—C 共价键，形成一个正四面体结构，把晶体内所有的碳原子连接起来成一个整体。因此，在金刚石中不存在独立的小分子，整个晶体可以看成是一个巨型分子。

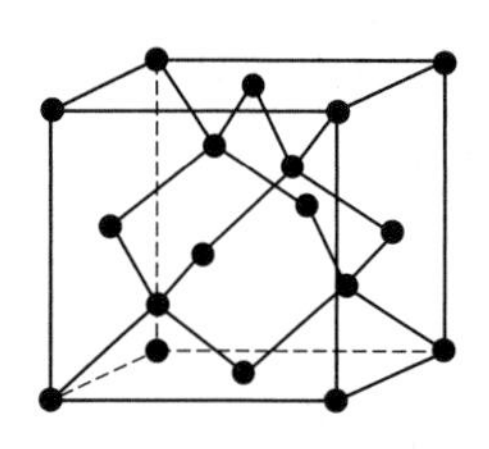

图 10.22 金刚石的晶体结构

在原子晶体中，原子与原子之间都是以共价键相结合的。由于键的强度高，因此原子晶体的熔点高、硬度大。金刚石的熔点可高达 3550 ℃，硬度是 10，是自然界中最坚硬的单质。原子晶体的延展性很小，性脆，固态、熔融态都不导电。

除金刚石外，单质硅（Si）、单质硼（B）、碳化硅（SiC）、石英（SiO_2）、碳化硼（B_4C）、氮化硼（BN）亦属原子晶体。

10.6 金属晶体

10.6.1 金属晶体的内部结构

金属晶体中，晶格结点上排列的粒子就是金属原子。对于金属单质而言，晶体中原子在空间的排布情况，可以近似地看成是等径圆球的堆积。为了形成稳定的金属结构，金属原子将尽可能采取紧密的方式堆积起来，所以金属一般密度较大，而且每个原子都被较多的相同原子包围着，配位数较大。

等径圆球的密堆积有三种基本构型：面心立方密堆积、六方密堆积和体心立方密堆积（见图 10.23）。

这三种类型密堆积的晶胞如图 10.24 所示。

不同的金属单质，可能具有不同的晶格类型；同种金属在不同的温度下，也可能发生晶

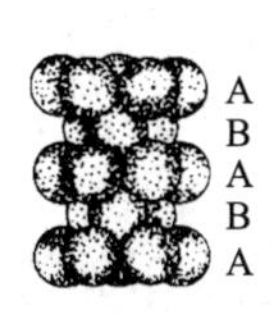

(a) 六方密堆积

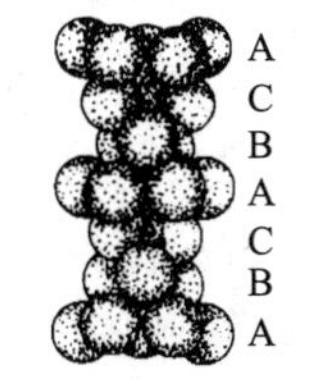

(b) 面心立方密堆积

(c) 体心立方密堆积

图 10.23　等径圆球密堆积

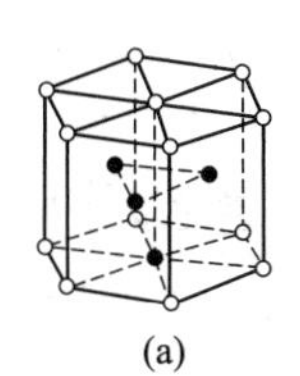
(a)

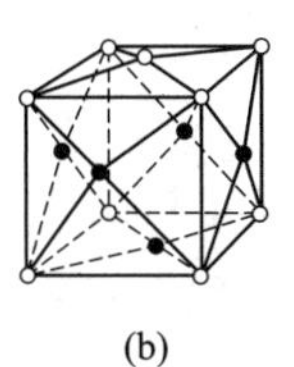
(b)

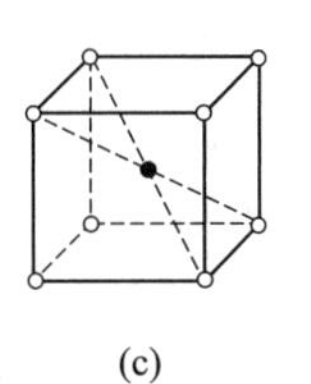
(c)

图 10.24　三种类型密堆积的晶胞

格类型的转变。例如，纯铁在室温下为体心立方结构，称为 α-Fe；在 910～1390 ℃时为面心立方结构，称为 γ-Fe。表 10.6 列出一些金属单质的晶格类型。

表 10.6　一些金属单质的晶格类型

晶格类型	配位数	金属单质
六方	12	Mg、Ca、Co、Ni、Zn、Cd 及部分镧系元素等
面心立方	12	Ca、Al、Cu、Au、Ag、γ-Fe 等
体心立方	8	Ba、Ti、Cr、Mo、α-Fe 及碱金属等

10.6.2　金属键

1916 年，荷兰科学家洛伦茨（H. A. Lorentz）提出自由电子模型，认为在金属晶体中存在自由电子。由于金属原子的电离能和电负性都比较小，最外层的价电子容易脱离金属原子，在整个金属晶格中自由运动，形成了自由电子。自由电子把金属离子紧密地键合在晶格结点上形成金属晶体。金属晶体中金属原子间的结合力称为金属键。金属键没有饱和性和方向性。

自由电子的存在使金属具有良好的导电性、导热性和延展性。但金属结构很复杂，某些金属的熔点、硬度相差很大，例如：

金属	熔点	金属	硬度
汞	−38.87 ℃	钠	0.4
钨	3410 ℃	铬	9.0

10.7　混合型晶体

有一些晶体，晶体内可能同时存在着若干种不同的作用力，具有若干种晶体的结构和性质，这类晶体称为混合型晶体。石墨晶体就是一种典型的混合型晶体，如图10.25所示。

石墨晶体具有层状结构。在每一层内，每个碳原子是以3个sp^2杂化轨道与另外3个相邻碳原子形成3个σ键；6个碳原子在同一平面内形成正六边形，重复伸展形成相互平行的平面网状结构。每个碳原子上还剩下一个p电子，其轨道与杂化轨道平面垂直，这些p电子“肩并肩”重叠形成同层碳原子之间的π键。石墨中C—C键长（142 pm）比通常C—C单键（154 pm）略短，比C═C双键（134 pm）略长。这种由多个原子共同形成的π键叫做大π键。大π键中的电子沿层面方向的活动能力强，与金属中的自由电子有相似之处，故石墨可作电极材料，沿层面方向电导率大。

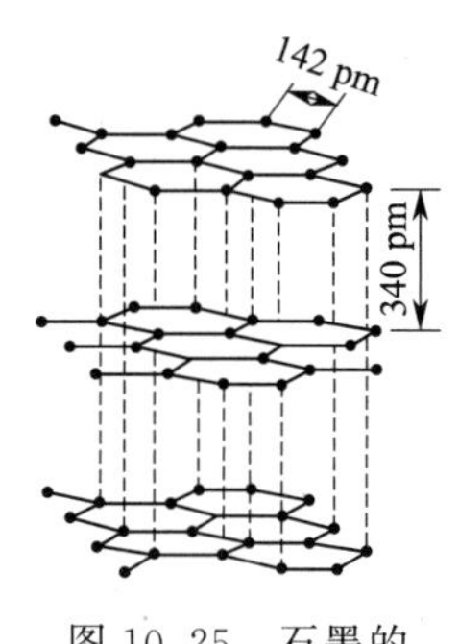

图10.25 石墨的层状结构

石墨晶体中，碳原子是一层一层堆积起来的，层与层之间的距离为340 pm，相对较远，是以弱的分子间力相结合，所以，石墨各层之间容易滑动，在工业上经常用作润滑剂。

因此，在石墨晶体中，同时存在着层间的分子间力、层内碳原子间的共价键和类似金属键的非定域键，是混合键型的晶体。

云母、黑磷等也都属于层状过渡晶体；纤维状石棉属于链状过渡晶体，链中Si和O之间以共价键结合，带负电荷的硅氧链之间由阳离子以离子键结合。由于链间的离子键不如链内共价键强，故石棉容易被撕成纤维。

10.8 四种晶体类型的比较

以上介绍了分子晶体、离子晶体、原子晶体和金属晶体四种晶体类型，不同类型的晶体具有不同的物理性质，现将这四种晶体的结构与性质列于表10.7。

表10.7 四种晶体的结构和性质

晶体类型	晶格结点上的粒子种类	粒子间的作用力	晶体的一般性质	物质示例
离子晶体	阳、阴离子	离子键	熔点较高，略硬而脆，除固体电解质外，固态时一般不导电（熔化或溶于水时能导电）	活泼金属和非金属形成的氧化物和盐类
原子晶体	原子	共价键	熔点高，硬度大，不导电	金刚石、Si、B、SiC、SiO_2、BN等
分子晶体	分子	分子间作用力、氢键	熔点低、易挥发、硬度小、不导电	稀有气体、多数非金属单质、非金属之间化合物、有机化合物等
金属晶体	金属原子或金属阳离子	金属键	导电性、导热性、延展性好，有金属光泽，熔点、硬度差别大	金属或合金

思 考 题

1. 晶体与非晶体有何区别？晶体可分为哪几种基本类型？
2. 离子键的键能与晶格能的区别是什么？

3. 离子的极化力、变形性与离子的电荷数、半径、电子构型有何关系？离子极化对化合物的性质有何影响？

4. 常用的硫粉是硫的微晶，熔点为 112.8 ℃，溶于 CS_2、CCl_4 等溶剂中，试判断它属于哪一类晶体？

5. 解释下列问题：

（1）NaF 的熔点高于 NaCl；

（2）BeO 的熔点高于 LiF；

（3）SiO_2 的熔点高于 CO_2；

（4）冰的熔点高于干冰（固态 CO_2）；

（5）石墨软而导电，而金刚石坚硬且不导电。

6. 下列说法是否正确？

（1）稀有气体是由原子组成的，属于原子晶体；

（2）熔化或压碎离子晶体所需要的能量，数值上等于晶格能；

（3）溶于水能导电的晶体必为离子晶体；

（4）共价化合物呈固态时，均为分子晶体，因此熔、沸点都低；

（5）离子晶体具有脆性，是由于阴、阳离子交替排列，不能错位的缘故；

（6）凡有规则外形的固体都是晶体。

7. 组成分子晶体的分子中，原子间是共价键结合，组成原子晶体的原子间也是共价键结合，为什么原子晶体与分子晶体有很大区别？

8. 用分子间力说明以下事实。

（1）在常温下，F_2、Cl_2 是气体，Br_2 是液体，而 I_2 是固体；

（2）HCl、HBr、HI 的熔点、沸点随分子量的增大而增高；

（3）稀有气体 He、Ne、Ar、Ke、Xe 的沸点随着分子量的增大而升高。

9. 试解释：

（1）为什么水的沸点比同族元素氢化物的沸点高？

（2）为什么 NH_3 易溶于水，而 CH_4 则难溶于水？

（3）HBr 的沸点比 HCl 高，但又比 HF 的低？

（4）为什么室温下 CCl_4 是液体，CH_4 和 CF_4 是气体，而 CI_4 是固体？

10. 离子半径 $r(Cu^+)<r(Ag^+)$，所以 Cu^+ 的极化力大于 Ag^+。但 Cu_2S 的溶解度却大于 Ag_2S，何故？

11. 试用离子极化作用解释 AB 型离子晶体中由于离子间相互极化作用的加强，晶体结构由 CsCl 型→NaCl 型→ZnS 型→分子晶体的转化过程。

习　题

1. 已知下列各晶体：NaF、ScN、TiC、MgO，它们的核间距相差不大，试推测并排出这些化合物熔点高低、硬度大小的次序。

2. 下列物质中，试推测何者熔点最低？何者最高？

（1）NaCl、KBr、KCl、MgO；（2）N_2、Si、NH_3、NaCl；（3）SiO_2、NaF、CO_2、HCl

3. 试推测下列物质分别属于哪一类晶体？

物质	B	LiCl	BCl_3
熔点/℃	2300	605	−107.3

4. 下列物质形成何种类型的晶体？熔化时需要克服何种作用力？

O_2、KCl、Si、Al、HF

5. 根据所学晶体结构知识，完成下表。

物质	晶格结点上的粒子	晶格结点上粒子间的作用力	晶体类型	预测熔点(高或低)
N_2				
SiC				
Cu				
冰				
$BaCl_2$				

6. 已知 KI（s）的晶格能为 649.0 $kJ\cdot mol^{-1}$，K(s) 的标准摩尔升华焓变为 90.0 $kJ\cdot mol^{-1}$，K 的电离能为 418.9 $kJ\cdot mol^{-1}$，$I_2(g)$ 的解离能为 152.5 $kJ\cdot mol^{-1}$，I(g) 的电子亲和能为 295 $kJ\cdot mol^{-1}$，$I_2(s)$ 的标准摩尔升华焓变为 62.4 $kJ\cdot mol^{-1}$。计算 KI(s) 的标准摩尔生成焓。

7. 写出下列各种离子的电子构型，并指出阳离子分别属于哪种类型：

Fe^{2+}，Ti^{4+}，V^{3+}，Sn^{4+}，Bi^{3+}，Hg^{2+}，I^-，Al^{3+}，S^{2-}。

8. 将下列两组离子分别按离子极化力及变形性由小到大的次序重新排列。

（1）Al^{3+}，Na^+，Si^{4+}；　（2）Sn^{2+}，Ge^{2+}，I^-。

9. 将下列物质按离子极化作用由强到弱的顺序排列。

$MgCl_2$，$SiCl_4$，NaCl，$AlCl_3$。

10. 比较下列每组中化合物的离子极化作用的强弱，并预测溶解度的相对大小。

（1）ZnS，CdS，HgS；　（2）CaS，FeS，ZnS。

11. 比较下列各组分子偶极矩的大小：

（1）CO_2 和 SO_2；（2）CCl_4 和 CH_4；（3）PH_3 和 NH_3；（4）BF_3 和 NH_3；（5）H_2O 和 H_2S。

12. 判断下列各组分子之间存在什么形式的作用力？

（1）C_6H_6 和 CCl_4；（2）He 和 H_2O；（3）CO_2 气体；（4）HBr 气体；（5）CH_3OH 和 H_2O。

13. 下列化合物中是否存在氢键？若存在氢键，是属于分子间氢键，还是分子内氢键？

（1）NH_3；（2）H_3BO_3；（3）CFH_3；（4）　；（5）　。

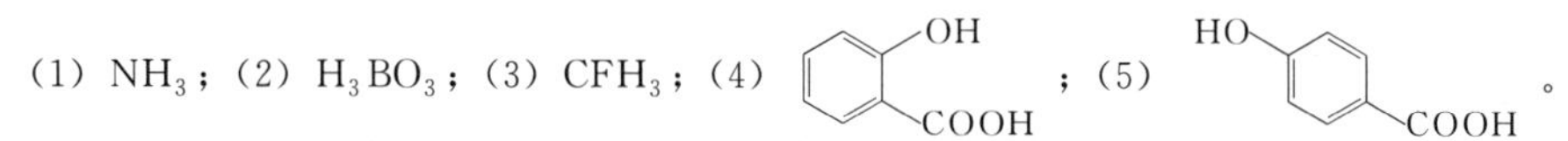

拓展学习资源

拓展资源内容	二维码
➤ 课件 PPT ➤ 学习要点 ➤ 疑难解析 ➤ 科学家简介——塔曼和卢嘉锡 ➤ 知识拓展——液晶 ➤ 习题参考答案	

第 11 章　配位化学基础

配位化学是在无机化学的基础上发展起来的一个分支学科，配位化合物简称配合物，旧称络合物，是一类组成复杂、用途广泛的化合物。历史上最早有记载的配合物是 1704 年德国涂料工人 Diesbach 合成并作为染料和颜料使用的普鲁士蓝，其化学式为 $KFe[Fe(CN)_6]$。配合物的研究始于 1789 年法国化学家 B. M. Tassaert 对分子加合物 $CoCl_3 \cdot 6NH_3$ 的发现。1893 年瑞士化学家维尔纳（A. Werner）提出了配位理论，揭示了配合物的成键本质，奠定了现代配位化学的基础，他也因此在 1913 年获诺贝尔化学奖。

20 世纪以来，配位化学的研究范围不断扩展，已经远远超越了无机化学的范围，并且处在现代化学的中心地位，逐渐渗透到有机化学、物理化学、固体化学、材料化学、生命科学、环境科学等许多学科中，成为众多学科的交叉点。

元素周期表中绝大多数金属元素都能形成配合物。设计具有特殊的光、电、热、磁的功能配合物，具有高选择性和高活性的金属有机化合物，被广泛应用于信息材料、光电技术、激光能源、工业催化、生物医药等高新技术领域，促进了配位化学的蓬勃发展。

本章主要介绍配合物的一些基本知识，包括配合物的组成、命名、结构、化学键理论及配合物在水溶液中的稳定性。

11.1　配位化合物的基本概念

配合物组成和命名

11.1.1　配位化合物的定义和组成

(1) 配合物的定义

为了说明什么是配合物，我们先看一下向 $CuSO_4$ 溶液中滴加过量氨水的实验事实。

在盛有 $CuSO_4$ 溶液的试管中滴加氨水，边加边摇，开始时有大量天蓝色的沉淀生成，继续滴加氨水时，沉淀逐渐消失，最后得到了深蓝色透明溶液。

若向这种深蓝色溶液中加入 NaOH 溶液，无天蓝色 $Cu(OH)_2$ 沉淀生成，但若向该溶液加入少量 $BaCl_2$ 溶液时，则有白色 $BaSO_4$ 沉淀析出。这说明溶液中存在着 SO_4^{2-}，却几乎检测不出 Cu^{2+}。

若向这种深蓝色溶液中加入乙醇，立即有深蓝色晶体析出。经 X 射线单晶衍射分析，该深蓝色结晶的化学组成是 $[Cu(NH_3)_4]SO_4 \cdot H_2O$。它在水溶液中能够完全解离为 $[Cu(NH_3)_4]^{2+}$ 和 SO_4^{2-}，而 $[Cu(NH_3)_4]^{2+}$ 是由 1 个 Cu^{2+} 和 4 个 NH_3 分子相互结合形成的复杂离子。这类复杂的离子称为配离子。

通常把具有空轨道的中心原子或阳离子和提供孤电子对的配体以配位键形成的复杂离子（或分子）称为配位单元。含有配位单元的化合物称为配位化合物。

配位单元可以是配阳离子，如$[Cu(NH_3)_4]^{2+}$、$[Ag(NH_3)_2]^{+}$，可以是配阴离子，如$[HgI_4]^{2-}$、$[Fe(SCN)_4]^{-}$，也可以是中性分子，如$[Fe(CO)_5]$、$[PtCl_2(NH_3)_2]$。

（2）配合物的组成

配合物由内界和外界两部分组成。内界为配合物的特征部分，即配位单元，是一个在溶液中相当稳定的整体，在配合物的化学式中以方括号标明。方括号以外的离子构成配合物的外界，内界与外界之间以离子键结合。内界与外界离子所带电荷的总量相等，符号相反。

需要注意，有些配合物不存在外界，如$[Fe(CO)_5]$、$[PtCl_2(NH_3)_2]$。

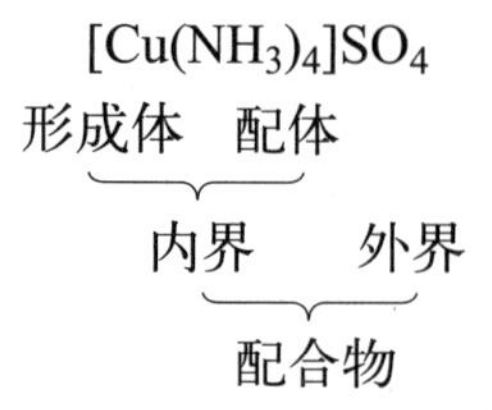

① 形成体

在内界中，能够接受孤电子对的离子或原子统称为形成体，也称为中心原子（或中心离子）。一般是带正电荷的阳离子，以过渡金属离子居多，如Fe^{3+}、Co^{2+}、Ag^{+}、Cu^{2+}等；少数高氧化值的非金属离子也可作为形成体，如$[BF_4]^{-}$、$[SiF_6]^{2-}$中的B(Ⅲ)、Si(Ⅳ)等。$[Ni(CO)_4]$、$[Fe(CO)_5]$中的形成体分别为Ni、Fe原子；$[HCo(CO)_4]$中的形成体是Co(－Ⅰ)。

② 配体和配位原子

在配合物中，与形成体以配位键结合的阴离子或中性分子称为配位体，简称配体，如$[Ag(NH_3)_2]^{+}$中的NH_3、$H[Cu(CN)_2]$中的CN^{-}、$[Ni(CO)_4]$中的CO和$[SiF_6]^{2-}$中的F^{-}都是配体。配体中能提供孤电子对直接与形成体形成配位键的原子称为配位原子，如NH_3中的N原子、CO中的C原子。常见的配位原子是电负性较大的非金属原子，如N、O、C、S、卤素等。

按配体中配位原子数目的多少，可将配体分为单齿配体和多齿配体。

单齿配体：一个配体中只有一个配位原子的配体。如NH_3、H_2O、CN^{-}、F^{-}、Cl^{-}等。

多齿配体：一个配体中有2个或2个以上配位原子的配体。如乙二胺$H_2NCH_2CH_2NH_2$（简写为en）、二亚乙基三胺$H_2NCH_2CH_2NHCH_2CH_2NH_2$（简写为DEN）、乙二胺四乙酸根（简写为EDTA），表11.1列出了一些常见的配体。在表中，配体NCS^{-}、SCN^{-}有相同的化学式，当S作配位原子时，称为硫氰根（SCN^{-}），当N作配位原子时，称为异硫氰根（NCS^{-}），这类配体称为两可配体。

③ 配位数

在配位单元中，直接与形成体结合成键的配位原子的总数称为配位数，例如，配离子$[Cu(NH_3)_4]^{2+}$中配位数是4，$[CoCl_3(NH_3)_3]$中配位数是6。

表 11.1　常见的配体

配体类型	配位原子	实例
单齿配体	C	CN^-(氰)、CO(羰基)
	N	NH_3(氨)、NO(亚硝酰)、NCS^-(异硫氰根)、NO_2^-(硝基)、NC^-(异氰基)、NH_2^-(氨基)、CH_3NH_2(甲胺)、C_6H_5N(吡啶)
	O	H_2O(水)、ONO^-(亚硝酸根)、OH^-(羟基)、$RCOO^-$(羧酸根)、SO_4^{2-}(硫酸根)
	S	SCN^-(硫氰根)、$S_2O_3^{2-}$(硫代硫酸根)
	X	F^-(氟)、Cl^-(氯)、Br^-(溴)、I^-(碘)
双齿配体	N	$H_2\ddot{N}CH_2CH_2\ddot{N}H_2$ 乙二胺(en)；邻菲啰啉(*o*-phen)；联吡啶(dipy)
	O	$^-OOC—COO^-$　草酸根 (ox)
	N，O	$H_2NCH_2COO^-$　氨基乙酸根 (gly)
四齿配体	N，O	$:N(CH_2CO\ddot{O}^-)_3$ 氨基三乙酸根(NTA)
六齿配体	N，O	$(^-\ddot{O}OCH_2C)_2\ddot{N}CH_2CH_2\ddot{N}(CH_2CO\ddot{O}^-)_2$ 乙二胺四乙酸根 (Y^{4-})

从本质上讲，配位数就是形成体与配体形成配位键的数目。如果配体均为单齿配体，则配位数与配体个数相等。如果配体中有多齿配体，配位数不等于配体的数目。例如，配离子 $[Cu(en)_2]^{2+}$ 中，配体 en 是双齿配体，1 个 en 分子中有 2 个 N 原子与 Cu^{2+} 形成配位键，因此配位数是 4 而不是 2。一般中心原子的配位数有 2、4、6、8 等，其中最常见的配位数为 6 和 4（5 和 7 不常见）。

配位数的多少一般取决于形成体和配体的性质（电荷、半径、电子构型等）。形成体的电荷越多，对配体的吸引能力越强，越有利于形成高配位数的配位单元。如 Pt^{2+} 与 Cl^- 形成 $[PtCl_4]^{2-}$，Pt^{4+} 却可形成 $[PtCl_6]^{2-}$。形成体相同时，配体所带的电荷越多，配体间的斥力就越大，配位数相应变小。如 Ni^{2+} 与 NH_3 可形成配位数为 6 的 $[Ni(NH_3)_6]^{2+}$，而与 CN^- 只能形成配位数为 4 的 $[Ni(CN)_4]^{2-}$。形成体的半径较大时，其周围可容纳较多的配体，易形成高配位数的配位单元，如形成体 B(Ⅲ) 的半径比 Al^{3+} 小，Al^{3+} 与 F^- 可形成配位数为 6 的 $[AlF_6]^{3-}$，而 B(Ⅲ) 只能形成配位数为 4 的 $[BF_4]^-$。当配体的半径较大时，使形成体周围可容纳的配体数减少，故易形成低配位数的配位单元，如 Al^{3+} 与 F^- 可形成配位数为 6 的 $[AlF_6]^{3-}$，而与 Cl^- 只能形成配位数为 4 的 $[AlCl_4]^-$。

此外，配位数的大小还与配体的浓度、形成配合物时的温度等因素有关。温度升高，由于热振动导致配位数减小；配体浓度增大，有利于形成高配位数。

④ 配离子的电荷数　配离子的电荷数等于形成体和配体总电荷的代数和。例如，在 $[Cu(NH_3)_4]^{2+}$ 中，配离子的电荷数等于形成体的电荷数+2。而在 $[HgI_4]^{2-}$ 中，配离子的电荷数=1×(+2)+4×(−1)=−2。

由于配合物是电中性的，因此，外界离子的电荷总数和配离子的电荷总数相等，而符号相反，所以由外界离子的电荷可以推断出配离子的电荷数和形成体的氧化值。例如，$K_4[Fe(CN)_6]$中，外界离子的电荷总数＝4×(＋1)＝＋4，所以配离子$[Fe(CN)_6]^{4-}$的电荷数为－4，可以推出形成体铁的氧化值为＋2。

11.1.2 配位化合物化学式的书写原则和命名

（1）配合物化学式的书写原则

配合物化学式的书写应遵循以下两条原则：

① 内界与外界之间应遵循无机化合物的书写顺序，即化学式中阳离子写在前，阴离子写在后。

② 将整个内界的化学式括在方括号内，在方括号内的形成体与配体的书写顺序是：先写出形成体元素符号，再依次书写阴离子和中性配体[1]。

对于含有多种配体的配合物，无机配体列在前面，有机配体列在后面；若含有同类配体，同类配体的先后次序是以配位原子元素符号的英文字母次序为准。例如 NH_3、H_2O 两种中性配体的配位原子分别为 N 原子和 O 原子，因而 NH_3 写在 H_2O 之前。

两可配体具有相同的化学式，但由于配位原子不同，要用不同的名称来表示。书写时要把配位原子写在前面。

（2）配合物的命名

配合物的命名遵循一般无机物的命名原则：

① 配合物的内界与外界之间先阴离子，后阳离子。若配位单元为配阳离子，则称为某化某、某酸某或氢氧化某；若配位单元为配阴离子，则内外界之间用“酸”字连接，当外界为氢离子时，在配阴离子的名称之后缀以“酸”字即可。

②配位单元的命名顺序：将配体名称列在形成体的名称之前，配体的数目用中文数字一、二、三、四等表示，不同配体之间以中圆点“·”分开，在最后一种配体名称之后缀以“合”字，形成体后用加括号的罗马数字表示其氧化值。即

配体个数→配体名称→“合”→形成体名称(氧化值)

例如：配离子$[Cu(NH_3)_4]^{2+}$名称为：四氨合铜(Ⅱ)配离子

③ 配体的命名顺序：

(ⅰ) 先无机配体后有机配体，有机配体一般加括号，以避免混淆。

例如：$[PtCl_2(Ph_3P)_2]$　　二氯·二(三苯基膦)合铂(Ⅱ)

(ⅱ) 先阴离子配体，后中性分子配体。

例如：$K[PtCl_3(NH_3)]$　　三氯·一氨合铂(Ⅱ)酸钾

(ⅲ) 同类配体中，以配位原子元素符号的英文字母次序为准。

例如：$[Co(NH_3)_5(H_2O)]Cl_3$　　三氯化五氨·一水合钴(Ⅲ)

(ⅳ) 若配位原子相同时，先命名原子数少的配体。如 NH_3、NH_2OH，先命名 NH_3。

需要说明的是，这 4 条中每一条都是以前一条为基础的。

④ 复杂的配体名称写在圆括号中，以免混淆。例如：

$Na_3[Ag(S_2O_3)_2]$的名称为：二(硫代硫酸根)合银(Ⅰ)酸钠

$NH_4[Cr(NCS)_4(NH_3)_2]$的名称为：四(异硫氰根)·二氨合铬(Ⅲ)酸铵

[1] 但有时对某些配合物因习惯不按此规定顺序书写。例如，常把二氯·二氨合铂(Ⅱ)写成$[Pt(NH_3)_2Cl_2]$。

⑤ 虽然两可配体具有相同的化学式，但由于配位原子不同，命名时有不同的名称。如硝基 NO_2^-（N 是配位原子）、亚硝酸根 ONO^-（O 是配位原子）、硫氰根 SCN^-（S 是配位原子）、异硫氰根 NCS^-（N 是配位原子）等。另外，有些分子或基团，作配体后读法上有所改变，例如，CO 称羰基（C 为配位原子）、NO 称亚硝酰、OH^- 称羟基等（见表 11.2）。

表 11.2　一些配合物的化学式、系统命名实例

类别	化学式	系统命名
配位酸	$H_2[PtCl_6]$	六氯合铂(Ⅳ)酸
	$H[AuCl_4]$	四氯合金(Ⅲ)酸
配位碱	$[Ag(NH_3)_2]OH$	氢氧化二氨合银(Ⅰ)
	$[Ni(NH_3)_4](OH)_2$	氢氧化四氨合镍(Ⅱ)
配位盐	$[Fe(en)_3]Cl_3$	三氯化三(乙二胺)合铁(Ⅲ)
	$[Co(NH_3)_5(H_2O)]_2(SO_4)_3$	硫酸五氨·一水合钴(Ⅲ)
	$NH_4[Co(NO_2)_4(NH_3)_2]$	四硝基·二氨合钴(Ⅲ)酸铵
中性分子	$[Ni(CO)_4]$	四羰基合镍(0)
	$[Cr(OH)_3(H_2O)(en)]$	三羟基·一水·一(乙二胺)合铬(Ⅲ)

11.1.3　配位化合物的分类

配合物的范围极其广泛。根据其结构特征，可将配合物分为以下几种类型。

(1) 简单配合物

由单齿配体与形成体直接配位形成的配合物叫做简单配合物。在简单配合物中，只有一个形成体，且每个配体只有一个配位原子与形成体结合，如 $[Ag(SCN)_2]^-$、$[Fe(CN)_6]^{4-}$、$[Cu(NH_3)_4]^{2+}$、$[PtCl_6]^{2-}$ 等。

(2) 螯合物

由多齿配体与同一个形成体形成的具有环状结构的配合物叫做螯合物。例如：Cu^{2+} 与两个乙二胺可形成含有两个五元环结构的二(乙二胺)合铜(Ⅱ)配离子。

$$\begin{matrix} CH_2-H_2N \\ | \\ CH_2-H_2N \end{matrix} + Cu^{2+} + \begin{matrix} NH_2-CH_2 \\ | \\ NH_2-CH_2 \end{matrix} \longrightarrow \left[\begin{matrix} CH_2-H_2N \\ | \\ CH_2-H_2N \end{matrix} \rightrightarrows Cu \leftleftarrows \begin{matrix} NH_2-CH_2 \\ | \\ NH_2-CH_2 \end{matrix}\right]^{2+}$$

乙二胺为双齿配体，2 个 N 各提供一对孤电子对与 Cu^{2+} 形成配位键，犹如螃蟹以双螯钳住中心原子，形成环状结构，将 Cu^{2+} 嵌在中间。螯合物的名称便由此而得。

螯合物的环状结构又称螯合环，环上的原子数为 n 就称作 n 元环。由于螯合物的形成使稳定性大大高于简单配合物，在周期表中，几乎所有金属离子都能形成较稳定的螯合物。

螯合物除了具有很高的稳定性外，还具有特征颜色、难溶于水而易溶于有机溶剂等特点，因而被广泛用于沉淀分离、溶剂萃取、比色测定等分离分析工作。

(3) 多核配合物

分子中含有两个或两个以上形成体的配合物称多核配合物。例如：$[(RuCl_5)_2O]^{4-}$。

$$\left[Cl_5Ru-O-RuCl_5\right]^{4-}$$

（4）羰基配合物

以一氧化碳为配体的配合物称为羰基配合物（简称羰合物）。一氧化碳几乎可以和全部过渡金属形成稳定的配合物，如 $Fe(CO)_5$、$Ni(CO)_4$、$Co_2(CO)_8$、$Mn_2(CO)_{10}$ 等，一般是中性分子，也有少数是配离子，如 $[Co(CO)_4]^-$、$[Mn(CO)_6]^+$、$[V(CO)_6]^-$ 等，金属元素处于低氧化值。

羰基配合物用途广泛，如利用羰基配合物的分解可以提纯金属；$Fe(CO)_5$ 或 $Ni(CO)_4$ 还可以用作汽油的抗震剂替代四乙基铅，以减少汽车尾气中铅的污染；羰基配合物在配位催化领域也有广泛的应用。羰基配合物的熔、沸点一般不高，难溶于水，易溶于有机溶剂，较易挥发、有毒，因此必须警惕，切勿将其蒸气吸入人体。

（5）金属簇状配合物

具有两个或两个以上的金属原子以金属-金属键（M—M 键）直接结合而形成的化合物称为金属簇状配合物（简称簇合物）。簇状配合物由于其性质、结构和成键方式等方面的特殊性，在合成化学、理论化学、材料科学等领域应用广泛。

（6）夹心配合物

1951 年制得的第一个夹心配合物为双环戊二烯基合铁(Ⅱ)。如图 11.1 所示。

$$2C_5H_5Na + FeCl_2 \longrightarrow (C_5H_5)_2Fe + 2NaCl$$

环戊二烯的结构式为⬠，是具有离域 π 键的平面分子，C_5H_5Na 为其钠盐，环戊二烯离子（$C_5H_5^-$）又称茂，故（$C_5H_5)_2Fe$ 俗称二茂铁。经 X 射线衍射确定其结构为：二价铁离子被夹在两个反向平行的茂环之间，形成所谓夹心配合物。它是一种没有极性且很稳定的固体，具有芳香性。二茂铁及其衍生物可用作火箭染料的添加剂、汽油的抗震剂、硅树脂和橡胶的熟化剂、紫外线的吸收剂等。

（7）大环配合物

环状骨架上带有 O、N、P、S 等多个配位原子的多齿配体形成的环状配合物称为大环配合物。1967 年，美国 Pederson 等人首次合成了二苯并 18-冠-6（$C_{20}H_{24}O_6$ 大环配体，称王冠醚，简称冠醚），如图 11.2 所示。

由于环上的配位原子数目较一般非环状配体的配位原子数目多，配位能力很强。冠醚类配合物已广泛用于许多有机反应、金属有机反应以及镧系元素的萃取分离。

大环配合物也广泛存在于自然界中，例如，血红素是在生物体内起重要作用的天然大环配合物之一，它是亚铁离子与卟啉环形成的螯合物；在植物光合作用中起着关键作用的叶绿素也是大环配合物。

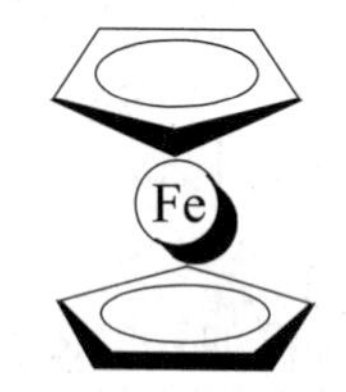

图 11.1　二茂铁的结构

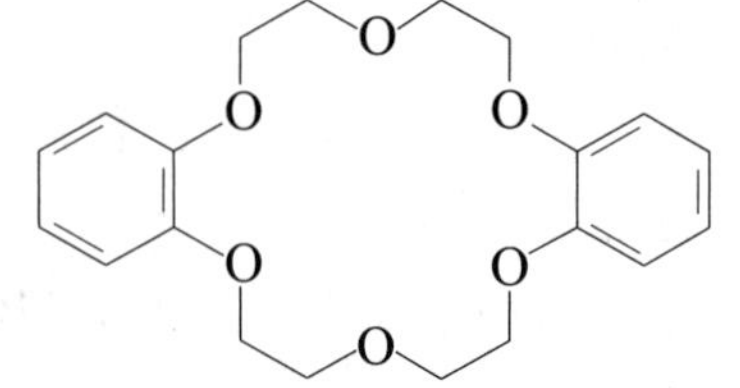

图 11.2　二苯并 18-冠-6

11.1.4　配位化合物的异构现象

化学组成相同的配合物，由于原子间的连接方式或空间排列方式不同而引起的结构和性质不同的现象，称为配合物的异构现象，这些配合物互称为异构体。

异构现象在配合物中极为普遍，通常可分为结构异构和立体异构两大类。

(1) 结构异构

配合物组成相同，但键联关系不同是结构异构的主要特点。结构异构包括解离异构、配位异构、配体异构和键合异构。

① 解离异构

指组成相同的配合物在水溶液中解离得到不同离子的现象。如$[Co(SO_4)(NH_3)_5]Br$(红色)与$[CoBr(NH_3)_5]SO_4$(紫色)互为解离异构体，前者在水溶液中解离出$[Co(SO_4)(NH_3)_5]^+$和 Br^-，加入 $AgNO_3$ 可得 AgBr 沉淀，后者在水溶液中解离出 $[CoBr(NH_3)_5]^{2+}$ 和 SO_4^{2-}，加入 $BaCl_2$ 可得 $BaSO_4$ 沉淀。

② 配位异构

指配体在两个金属离子之间进行交换引起的异构。出现配位异构的必要条件是仅当组成盐的正、负离子都是配离子或存在双核配合物时，才可能出现此种异构。如$[Co(NH_3)_6][Cr(CN)_6]$中 Co^{3+} 与 Cr^{3+} 交换配体，得到其配位异构体$[Cr(NH_3)_6][Co(CN)_6]$。

③ 键合异构

指由于两可配体使用不同的配位原子与形成体配位引起的异构。如$[CoNO_2(NH_3)_5]Cl_2$(黄色)与$[Co(ONO)(NH_3)_5]Cl_2$(红色)属于键合异构体，前者的配体 NO_2^- 中的 N 原子为配位原子，后者的配体 NO_2^- 中的 O 原子为配位原子。

④ 配体异构

如果两个配体互为异构体，则分别形成的配合物互为配体异构体。如 1,2-二氨基丙烷 $NH_2CH_2CHNH_2CH_3$ 和 1,3-二氨基丙烷 $NH_2CH_2CH_2CH_2NH_2$ 互为异构体，因此形成的配离子$[CoCl_2(NH_2CH_2CHNH_2CH_3)_2]^+$和$[CoCl_2(NH_2CH_2CH_2CH_2NH_2)_2]^+$互为配体异构体。

(2) 立体异构

配合物的立体异构是指配体相同、内外界相同而仅是配体在形成体周围空间分布不同的现象，其特点是键联关系相同。其中配体相互位置不同的称为几何异构或顺反异构；配体相互位置相同但配体在空间的取向不同的称为对映异构或旋光异构。

① 几何异构

在平面四方形或八面体配合物中，若两个相同配体与中心原子之间的键角$\angle LML \approx 90°$，则称该配合物为顺式，用 *cis*-表示；若$\angle LML \approx 180°$，则称该配合物为反式，用 *trans*-表示。例如，在平面四方形配合物$[PtCl_2(NH_3)_2]$中，2 个 Cl 可以相邻，也可以相对[如图 11.3(a)]，分别命名为顺-二氯·二氨合铂(Ⅱ)(化学式为 *cis*-$[PtCl_2(NH_3)_2]$)和反-二氯·二氨合铂(Ⅱ)(化学式为 *trans*-$[PtCl_2(NH_3)_2]$)，两者互为顺反异构体。*cis*-$[PtCl_2(NH_3)_2]$是一种广泛使用的抗癌药物，能与 DNA 的碱基结合；而 *trans*-$[PtCl_2(NH_3)_2]$则没有药理活性。八面体配合物的几何异构如图 11.3(b) 所示。

组成相同的几何异构体，可能具有不同的颜色。例如 *cis*-$[CoCl_2(en)_2]^+$ 为紫色，*trans*-$[CoCl_2(en)_2]^+$ 为绿色。

配体数目越多，配体种类越多，其几何异构现象也越复杂。

② 对映异构

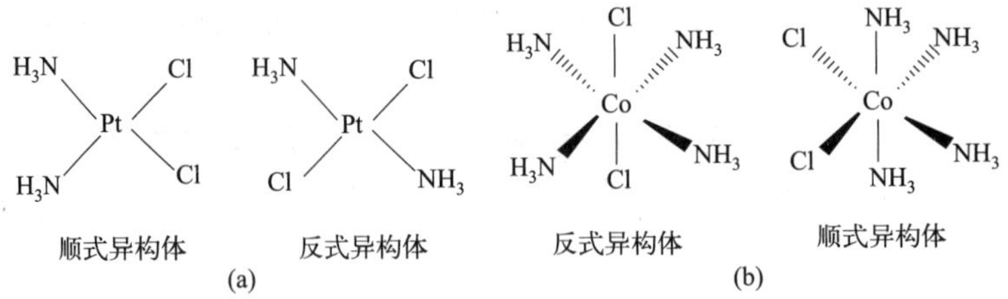

顺式异构体　　反式异构体　　(a)　　反式异构体　　顺式异构体　　(b)

图 11.3　配合物的几何异构

配合物的对映异构体就像一个人的左手和右手一样，互成镜像，但却不能重合在一起。两种对映异构体可使平面偏振光发生方向相反的偏转，故又称旋光异构。使偏振光向右旋转的称为右旋异构体，用符号 D 或（+）表示；使偏振光向左旋转的称为左旋异构，用符号 L 或（−）表示。例如，*cis*-$[CoCl(NH_3)(en)_2]^+$ 有对映体存在（如图 11.4）。

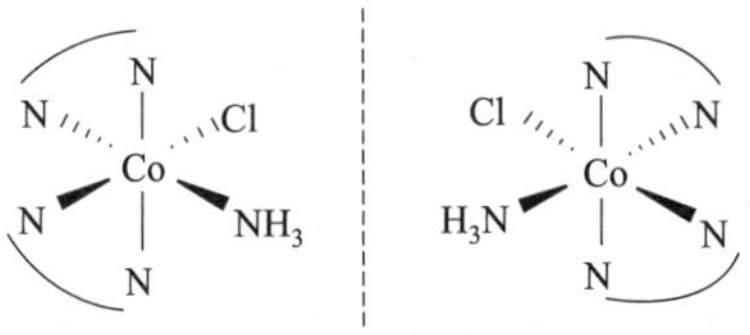

图 11.4　配合物的旋光异构

不同的旋光异构体在生物体内的作用和活性不同，因此，旋光异构体的拆分在药物合成方面具有非常重要的意义。

11.2　配位化合物的化学键理论

为了解释形成体与配体之间成键的本性和配合物的性质，科学家们曾提出多种理论，本节将介绍其中的价键理论和晶体场理论。

配合物价键理论

11.2.1　价键理论

(1) 基本要点

1931 年，美国化学家鲍林把杂化轨道理论应用于研究配合物的结构和成键，提出了配合物的价键理论，也称为配合物的杂化轨道理论，基本要点如下：

① 形成体与配体中配位原子之间以配位键结合，即配位原子提供孤电子对，填入形成体的价电子层空轨道形成配位键。

② 为了增强成键能力，形成体所提供的空轨道首先进行杂化，形成数目相等、能量相同、具有一定空间伸展方向的杂化轨道，形成体的杂化轨道与配位原子的孤电子对轨道在键轴方向重叠成键。

③ 配合物的空间构型由形成体的杂化轨道方式决定。

表 11.3 为形成体常见的杂化轨道类型和配合物的空间构型。

表 11.3　形成体的杂化轨道类型和配合物的空间构型

配位数	杂化类型	空间构型	实例
2	sp	直线形	$[Ag(NH_3)_2]^+$、$[AgCl_2]^-$、$[Au(CN)_2]^-$
4	sp^3	四面体	$[Ni(CO)_4]$、$[Cd(CN)_4]^{2-}$、$[ZnCl_4]^{2-}$、$[Ni(NH_3)_4]^{2+}$
	dsp^2	平面四方形	$[Ni(CN)_4]^{2-}$、$[PtCl_4]^{2-}$、$[Pt(NH_3)_2Cl_2]$
6	sp^3d^2	八面体	$[FeF_6]^{3-}$、$[Fe(NCS)_6]^{3-}$、$[Co(NH_3)_6]^{2+}$、$[Ni(NH_3)_6]^{2+}$
	d^2sp^3	八面体	$[Fe(CN)_6]^{3-}$、$[Co(NH_3)_6]^{3+}$、$[Fe(CN)_6]^{4-}$、$[PtCl_6]^{2-}$

(2) 外轨型配合物和内轨型配合物

根据形成体杂化时所提供的空轨道所属电子层的不同，配合物可分为两种类型，即外轨型配合物和内轨型配合物。

若形成体全部用最外层空轨道（ns、np、nd）杂化成键，所形成的配位键称为外轨配键，对应的配合物称外轨型配合物；若形成体用次外层轨道 $(n-1)d$ 和最外层的 ns、np 轨道进行杂化成键，所形成的配位键称内轨配键，对应的配合物称为内轨型配合物。因此，形成体采取 sp、sp^3、sp^3d^2 杂化轨道成键形成配位数为 2、4、6 的配合物都是外轨型配合物，形成体采取 dsp^2、d^2sp^3 杂化轨道成键形成配位数为 4 或 6 的配合物都是内轨型配合物。

【例 11.1】 讨论$[Ni(NH_3)_4]^{2+}$和$[Ni(CN)_4]^{2-}$中 Ni^{2+} 的杂化情况。

解： $[Ni(NH_3)_4]^{2+}$，正四面体

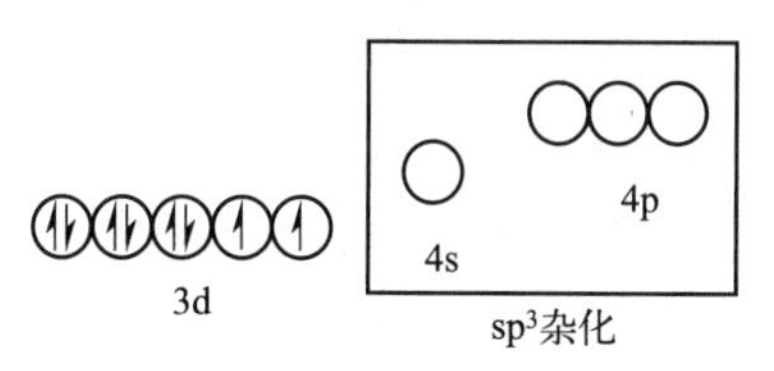

$[Ni(CN)_4]^{2-}$，平面四方形

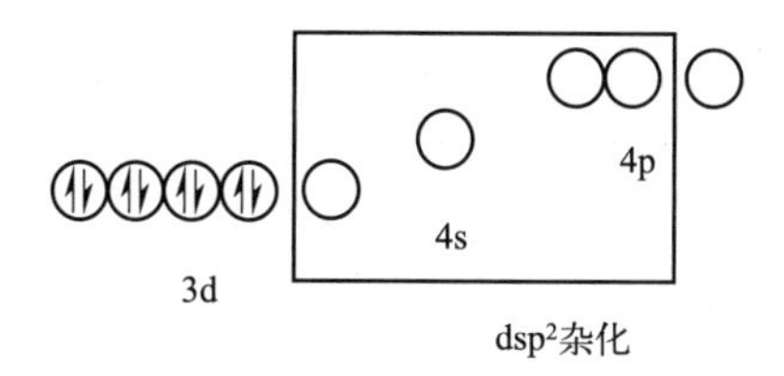

【例 11.2】 讨论$[FeF_6]^{3-}$和$[Fe(CN)_6]^{3-}$的杂化与成键情况。

解：

Fe^{3+}：

对于 F^- 配体，由于 F 原子电负性大，不易给出孤电子对，所以对 Fe^{3+} 的 3d 轨道上的电子不发生明显的影响，因此，Fe^{3+} 中 3d 轨道上的电子排布不发生改变，仍保持 5 个单电子，Fe^{3+} 只能采取 sp^3d^2 杂化来接受 6 个 F^- 配体的孤电子对。配离子$[FeF_6]^{3-}$为正八面体构型。

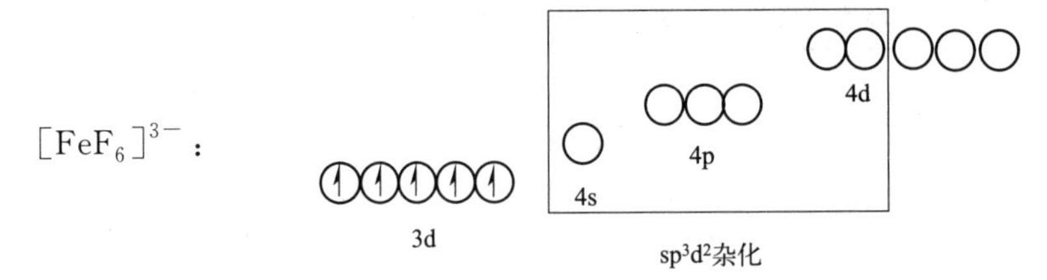

对于 CN^- 配体，配位原子 C 电负性小，较易给出孤电子对，对 Fe^{3+} 的 3d 轨道发生重大影响，由于 3d 轨道能量的变化而发生了电子重排，重排后 Fe^{3+} 的价电子层结构是：

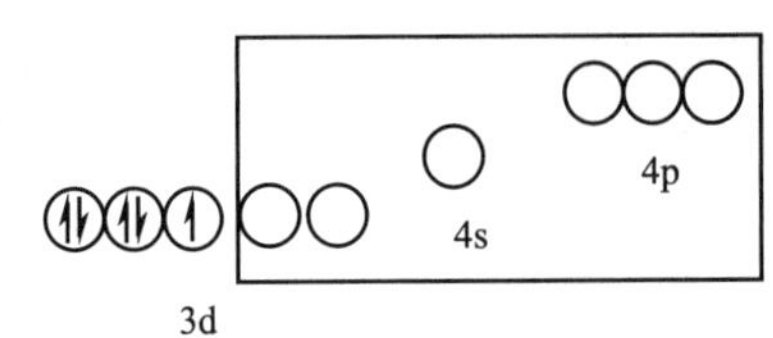

所以 Fe^{3+} 采取 d^2sp^3 杂化，配离子 $[Fe(CN)_6]^{3-}$ 为正八面体构型。

配合物是内轨型还是外轨型，主要取决于形成体的电子构型、离子电荷和配位原子的电负性。

具有 $(n-1)d^{10}$ 构型的离子，只能用外层轨道形成外轨型配合物；具有 $(n-1)d^8$ 构型的离子如 Ni^{2+}、Pt^{2+}、Pd^{2+} 等，在大多数情况下形成内轨型配合物；具有 $(n-1)d^4 \sim d^7$ 构型的离子，既可形成内轨型，也可形成外轨型配合物；具有 $(n-1)d^1 \sim d^3$ 构型的离子，一般形成内轨型配合物，如 Cr^{3+} 和 Ti^{3+} 分别有 3 个和 1 个 3d 电子，所形成的 $[Cr(H_2O)_6]^{3+}$ 和 $[Ti(H_2O)_6]^{3+}$ 均为内轨型配离子，这类配合物往往含有空的 $(n-1)$d 轨道，大多不稳定。

形成体的电荷增多有利于形成内轨型配合物。因为形成体的电荷较多时，它对配位原子的孤对电子引力增强，有利于以其内层 $(n-1)$d 轨道参与成键。例如 $[Co(NH_3)_6]^{2+}$ 为外轨型，而 $[Co(NH_3)_6]^{3+}$ 为内轨型。

电负性大的原子如 F、O 等，与电负性较小的 C 原子比较，通常不易提供孤电子对，它们作为配位原子时，形成体以外层轨道与之成键，因而形成外轨型配合物。C 原子作为配位原子时（如在 CN^- 中），则常形成内轨型配合物。

内轨型配合物和外轨型配合物，其稳定性是不同的。对于相同形成体、相同配位数的配离子时，内轨型配合物比外轨型配合物稳定。

（3）配合物的磁性与键型的关系

磁性是配合物的重要性质，对配合物结构的研究提供了重要的实验数据。

物质的磁性与组成物质的原子、分子或离子中的电子自旋运动有关，根据磁学理论：如有未成对的电子，由于电子自旋产生的磁矩不能抵消，就表现出顺磁性，未成对的电子越多，磁矩就越大。若没有未成对电子，则物质表现为反磁性。物质的磁矩 μ 与未成对电子数 n 之间存在如下关系：

空间结构及磁性

$$\mu \approx \sqrt{n(n+2)} \tag{11.1}$$

磁矩的单位为 μ_B，称为玻尔磁子。

根据上式，可以估算出未成对电子数的磁矩理论值（见表 11.4）。相反，通过测定配合物的磁矩，可以了解配合物的磁性（$\mu>0$，具有顺磁性；$\mu=0$，具有反磁性），推算出形成体的未成对电子数，从而可以分析和解释配合物的成键情况、空间构型和类型。

表 11.4　单电子数与磁矩的理论值 μ

n	0	1	2	3	4	5
μ/μ_B	0	1.73	2.83	3.87	4.90	5.92

假定配体和外界离子的电子都已成对，那么配合物的单电子数就是中心原子的单电子数。因此，将测得配合物的磁矩与理论值对比，确定形成体的单电子数 n，由此即可判断配合物中成键轨道的杂化类型和配合物的空间构型，并可区分出内轨型配合物和外轨型配合物。表 11.5 列出了几种配合物的磁矩实验值，据此可以判断配合物的类型。

表 11.5　几种配合物的单电子数与磁矩的实验值

配合物	形成体的 d 电子数	μ/μ_B	形成体的单电子数	配合物类型
$[Fe(H_2O)_6]SO_4$	6	4.91	4	外轨型
$K_3[FeF_6]$	5	5.45	5	外轨型
$Na_4[Mn(CN)_6]$	5	1.57	1	内轨型
$K_3[Fe(CN)_6]$	5	2.13	1	内轨型
$[Co(NH_3)_6]Cl_3$	6	0	0	内轨型

从上述讨论可知，价键理论较好地解释了配合物的空间构型、磁性和稳定性等，在配位化学的发展过程中起了很大的作用。但是，由于价键理论只孤立地看到配体与形成体之间的成键，忽略了配体对形成体的作用。还不能定量说明配合物的某些性质，如无法定量说明过渡金属配离子的稳定性随形成体的 d 电子数不同而变化的事实。也不能解释配离子的吸收光谱和特征颜色。事实上，配体对形成体 d 轨道的影响是很大的，不仅影响了 d 电子云的分布，而且也影响了 d 轨道的能量，正是这种能量变化与配合物的性质有着密切的关系。

11.2.2　晶体场理论

晶体场理论（Crystal Field Theory，CFT）是由 H. Bethe 在 1929 年首先提出的，揭示了过渡金属配合物的一些性质，1932 年 J. H. van Vleck 又发展了这一理论，但直到 1953 年化学家们用它成功地解释了金属配合物$[Ti(H_2O)_6]^{3+}$的吸收光谱后，才使该理论真正受到重视。

(1) 基本要点

① 形成体与配体之间的结合力是静电作用力。即形成体是带正电的点电荷，配体（或配位原子）是带负电的点电荷。

② 形成体的 5 个能量相同的 d 轨道在周围配体所形成的负电场作用下，能级发生了分裂。有些 d 轨道能量升高，有些 d 轨道能量则降低。

③ 由于 d 轨道能级的分裂，形成体 d 轨道上的电子将重新排布，优先占据能量较低的轨道，使体系的总能量降低，配合物更稳定。

(2) 在正八面体配位场中 d 轨道能级的分裂

配合物的形成体大多为过渡金属离子，与配体作用前，自由离子的 5 个 d 轨道虽然空间取向不同，但具有相同的能量 E_o。如果该离子处在一个带负电荷的球形场中心，则离子的 5 个 d 轨道都垂直地指向球壳，并受到球形场（平均电场）的静电排斥，5 个 d 轨道的能量都升高到 E_s，由于受到静电排斥的程度相同，因而能级并不发生分裂，如图 11.5 所示。

但由于过渡金属离子价电子层 5 个简并 d 轨道的空间取向不同，所以在具有不同对称性的配体静电场作用下，将受到不同的影响。在正八面体场中，如图 11.6 所示，有 6 个相同

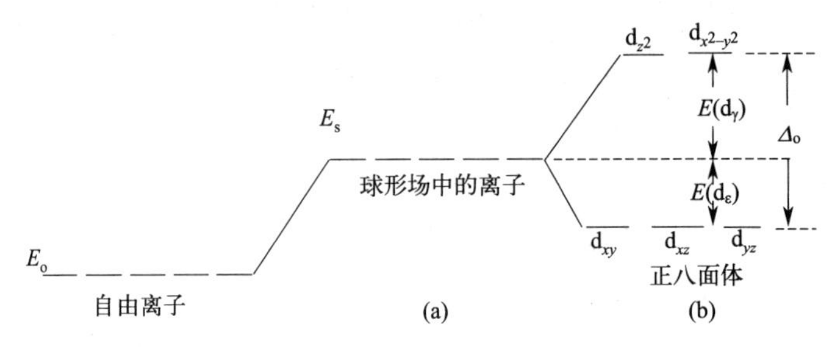

图 11.5 形成体 d 轨道在正八面体场中的能级分裂

的配体，分别沿着 3 个坐标轴正负两个方向（$\pm x$、$\pm y$、$\pm z$）接近形成体，即形成八面体配离子时，带正电的中心离子与配体阴离子（或极性分子带负电的一端）相互吸引；但同时形成体 d 轨道上的电子受到配体负电性的排斥，5 个 d 轨道的能量相对于前面的 E_o 皆升高。由于 d_{z^2} 和 $d_{x^2-y^2}$ 轨道的电子云极大值方向正好与配体迎头相碰，因而受到较大的排斥，使这两个轨道的能量升高（与球形场相比），而其余 3 个 d 轨道 d_{xy}、d_{yz}、d_{xz} 的电子云极大值方向正插在配体空隙之间，受到排斥作用较小，能量虽也升高，但比球形场中的低些。也就是说，在配体的影响下，原来能量相等的 5 个 d 轨道的能级分裂成两组：一组为高能量的 d_{z^2} 和 $d_{x^2-y^2}$ 二重简并轨道，称为 d_γ 能级；一组为低能量的 d_{xy}、d_{xz} 和 d_{yz} 三重简并轨道，称为 d_ε 能级，如图 11.5 所示。

必须指出：①在不同构型的配合物中，形成体 d 轨道能级分裂情况不同；②配体场越强，d 轨道能级分裂程度越大。

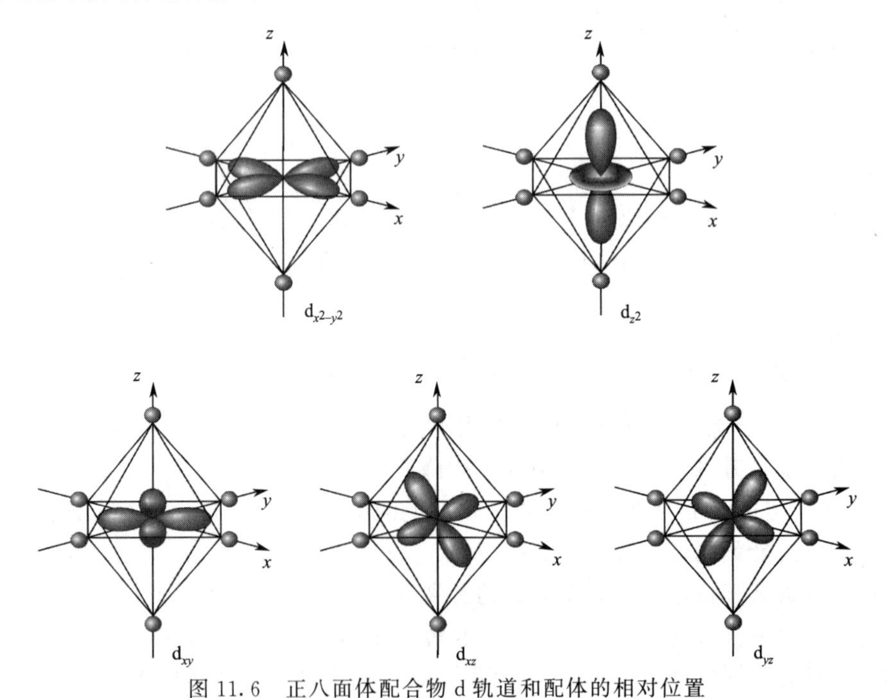

图 11.6 正八面体配合物 d 轨道和配体的相对位置

(3) 分裂能及其影响因素

在不同构型的配合物中，形成体 d 轨道分裂的方式和程度都不相同。d 轨道能级分裂后，最高能级与最低能级之间的能量差称为分裂能，用符号 Δ 表示。正八面体场的分裂能

为 d_γ 与 d_ε 两能级之间的能量差，用符号 Δ_o[1] 表示。

影响分裂能大小的因素主要有如下几个方面。

① 配合物的几何构型

在配体相同时，接近形成体距离相同的条件下，根据计算得出，正四面体场中 d 轨道的分裂能 Δ_t 仅为正八面体场的 4/9，即

$$\Delta_t=\frac{4}{9}\Delta_o \tag{11.2}$$

当中心原子与配体相同时，平面四边形场的分裂能 Δ_p 最大，四面体场的分裂能 Δ_t 最小，即

$$\Delta_p>\Delta_o>\Delta_t \tag{11.3}$$

② 配体的性质

相同的形成体与不同配体形成相同构型的配离子时，其分裂能的大小与配体的场强有关。配体场强越强，分裂能值就越大。从正八面体配合物的光谱实验得出的配体场强由弱到强的顺序如下：

$$I^-<Br^-<SCN^-\approx Cl^-<F^-<S_2O_3^{2-}<OH^-<ONO^-<C_2O_4^{2-}<H_2O<NCS^-$$
$$<EDTA<NH_3<en<SO_3^{2-}<NO_2{}^-<CN^-\approx CO$$

这一顺序称光谱化学序列。由光谱化学序列可看出，I^- 把 d 轨道能级分裂为 d_γ 与 d_ε 的 Δ 值最小，而 CN^-、CO 最大，因此 I^- 为弱场配体，CN^-、CO 称为强场配体，其他配体是强场还是弱场，常因形成体不同而不同。一般来说，位于 H_2O 以前的都是弱场配体，位于 NH_3 以后的都是强场配体，介于 H_2O 和 NH_3 之间的称为中等场配体。

从上述光谱化学序列还可以看出，配位原子相同的列在一起，如 OH^-、$C_2O_4^{2-}$、H_2O 均为 O 作配位原子，NH_3、en 中的 N 作配位原子。因此，从配位原子来说，分裂能 Δ 的大小顺序为 $I<Br<Cl<F<O<N<C$。

③ 形成体的氧化值

同种配体与同一过渡元素原子形成的配合物，形成体的氧化值越高，其分裂能就越大。例如：$[Co(H_2O)_6]^{2+}$ 的 Δ_o 为 111.3 kJ·mol^{-1}，$[Co(H_2O)_6]^{3+}$ 的 Δ_o 为 222.5 kJ·mol^{-1}。这是因为形成体的氧化值越高，对配体的吸引力越大，形成体与配体之间的距离越近，中心原子外层的 d 电子与配体之间的斥力越大，所以分裂能也就越大。

④ 形成体所在的周期数

当配体相同时，分裂能与形成体在元素周期表中所处的周期数有关。相同氧化值同族过渡元素离子形成的配合物，一般第二过渡系比第一过渡系的分裂能值大 40%～50%，第三过渡系比第二过渡系大 20%～25%。这主要是由于后两个过渡系金属离子的 d 轨道离核较远，受配体场的排斥作用较强所致。

(4) 八面体场中形成体的 d 电子排布

在八面体配合物中，形成体的 d 电子排布仍须遵守电子排布三个原则，即能量最低原理、泡利不相容原理和洪特规则。

对于具有 d^1～d^3 构型的形成体，电子将优先成单排布在 d_ε 能级各个轨道上，且自旋方

---

[1] Δ_o 中的脚标“o”表示八面体（octahedron）。

向相同。

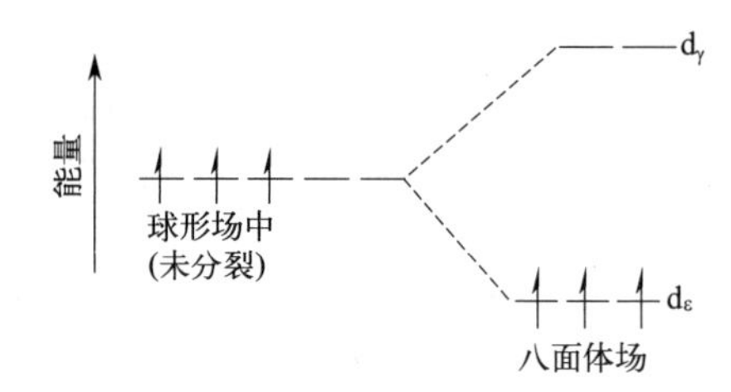

对于 d^4～d^7 构型的形成体，d 电子可以有两种排布方式：一种排布方式是形成体的 d 电子尽量排布在能量较低的 $d_ε$ 轨道上；另一种排布方式是形成体的 d 电子尽量分占不同的 d（$d_ε$ 和 $d_γ$）轨道且自旋平行。究竟采取何种排布方式，取决于分裂能 $Δ_o$ 和电子成对能 P 的相对大小。

电子成对能是指当轨道中已排布一个电子时，如果另有一个电子进入该轨道而与前一个电子成对，为克服电子之间的相互排斥作用所需的能量。例如，具有 d^4 构型的离子（如 Cr^{2+}、Mn^{3+}），在正八面体配合物中，前 3 个电子应成单排布在 $d_ε$ 能级的各个轨道上，且自旋方向相同，第 4 个电子可以再填入 $d_ε$ 能级的一个轨道上与原来占据该轨道的电子成对形成低自旋的配合物，此时需要克服电子成对能；这个电子也可以填入 $d_γ$ 能级的一个轨道上形成高自旋的配合物，此时需要克服分裂能 $Δ_o$。

那么形成体 d 轨道上的电子排布到底采取何种方式，取决于分裂能和电子成对能的相对大小。若 $Δ_o>P$，电子尽可能排布在能量低的 $d_ε$ 轨道上，成单电子数减少，形成低自旋配合物；若 $Δ_o<P$，电子较难成对，将尽量分占不同的轨道，成单电子数较多，形成高自旋配合物。

对于 d^8～d^{10} 构型的形成体，d 电子只有一种排布方式，无高、低自旋之分。

因此，形成体的 d 电子组态为 d^1～d^3 和 d^8～d^{10}，无论是强场还是弱场配体，d 电子只有一种排布方式。形成体的 d 电子组态为 d^4～d^7，若与强场配体（NO_2^-、CN^- 和 CO 等）结合时，$Δ_o>P$，电子尽可能排布在 $d_ε$ 能级的各轨道上，此时易形成低自旋配合物；若与弱场配体（X^-、H_2O 等）结合时，$Δ_o<P$，电子将尽量分占 $d_ε$ 和 $d_γ$ 能级的各轨道，此时易形成高自旋配合物。

除上述两种情况外，少数情况下 $Δ_o$ 和 P 值相近，这时高自旋和低自旋两种状态具有相近的能量，在外界条件（如温度、溶剂）的影响下，这两种状态可以互变。表 11.6 列出了正八面体配合物中心原子 d 电子的排布情况。

表 11.6 正八面体配合物中 d 电子的排布

d 电子数	弱场（$P>Δ_o$）		未成对电子数	强场（$P<Δ_o$）		未成对电子数
	$d_ε$	$d_γ$		$d_ε$	$d_γ$	
1	↑		1	↑		1
2	↑ ↑		2	↑ ↑		2
3	↑ ↑ ↑		3	↑ ↑ ↑		3
4	↑ ↑ ↑	↑	4	↑↓ ↑ ↑		2
5	↑ ↑ ↑	↑ ↑	5	↑↓ ↑↓ ↑		1
6	↑↓ ↑ ↑	↑ ↑ 高	4	↑↓ ↑↓ ↑↓	低	0
7	↑↓ ↑↓ ↑	↑ ↑ 自	3	↑↓ ↑↓ ↑↓	↑ 自	1
8	↑↓ ↑↓ ↑↓	↑ ↑ 旋	2	↑↓ ↑↓ ↑↓	↑ ↑ 旋	2
9	↑↓ ↑↓ ↑↓	↑↓ ↑	1	↑↓ ↑↓ ↑↓	↑↓ ↑	1
10	↑↓ ↑↓ ↑↓	↑↓ ↑↓	0	↑↓ ↑↓ ↑↓	↑↓ ↑↓	0

对于四面体配合物，由于晶体场分裂能较小，一般小于电子成对能，因此通常为高自旋配合物。

(5) 晶体场稳定化能

形成体 d 轨道在八面体场中分裂为两组（d_γ 和 d_ε）。根据晶体场理论，可以计算出分裂后的 d_γ 和 d_ε 轨道的相对能量。在八面体配合物中，形成体 5 个 d 轨道在球形负电场作用下能量均升高，升高后的平均能量 $E_s=0$ 作为计算相对能量的比较标准，在八面体场中 d 轨道分裂前后的总能量保持不变，即

$$\begin{cases}2E_{d_\gamma}+3E_{d_\varepsilon}=0\\E_{d_\gamma}-E_{d_\varepsilon}=\Delta_o\end{cases}$$

解此联立方程得：$E_{d_\gamma}=+0.6\Delta_o$，$E_{d_\varepsilon}=-0.4\Delta_o$

因此，正八面体场中 d 轨道能级分裂的结果是：d_γ 能级中每个轨道的能量上升 $0.6\Delta_o$，而 d_ε 能级中每个轨道的能量下降 $0.4\Delta_o$。由于 d 电子优先进入能量较低的 d_ε 轨道，使电子进入分裂后的轨道比处于未分裂 d 轨道（在球形场中）时的总能量有所降低。体系所降低的总能量，称为晶体场稳定化能，用 CFSE 表示。CFSE 的绝对值越大，表示体系能量降低得越多，配合物就越稳定。

在晶体场理论中，配合物的稳定性主要是因为形成体与配体之间靠异性电荷吸引，使配合物的总能量降低而形成的。图 11.5 中的 E_s 没有反映出这个总能量降低，仅反映出 d 轨道能量升高，而晶体场稳定化能体现了形成配合物后体系能量比未分裂时能量下降的情况，使配合物更趋于稳定。

晶体场稳定化能与形成体的 d 电子数目有关，也与配体所形成的晶体场的强弱有关，此外还与配合物的空间构型有关。

(6) 晶体场理论的应用

① 根据分裂能 Δ 和电子成对能 P 判断高、低自旋配合物

例如，Co^{3+}（d^6 构型）与弱场配体 F^- 形成$[CoF_6]^{3-}$，测知其 $\Delta_o=155\ kJ\cdot mol^{-1}$，$P=251\ kJ\cdot mol^{-1}$，根据 $\Delta_o<P$，可推知其 d 电子的排布方式为：

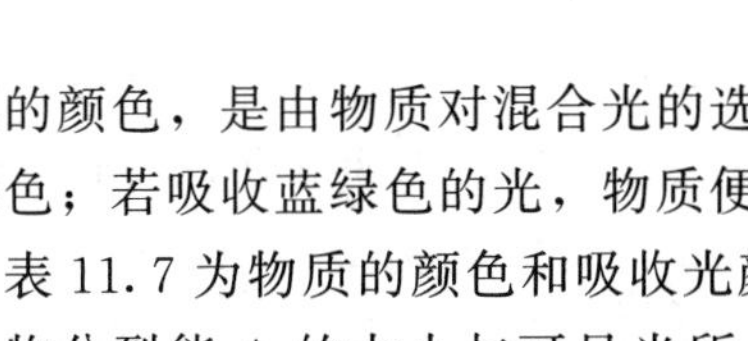

$Co^{3+}(d^6)$ Δ_o

即有 4 个未成对电子，$[CoF_6]^{3-}$ 属于高自旋配离子。

② 解释配合物的颜色

物质在可见光照射下呈现的颜色，是由物质对混合光的选择吸收引起的。物质若吸收可见光中的红色光，便呈现蓝绿色；若吸收蓝绿色的光，物质便显红色。即物质呈现的颜色是该物质选择吸收光的互补色，表 11.7 为物质的颜色和吸收光颜色的互补关系。

实验测定结果表明，配合物分裂能 Δ 的大小与可见光所具有的能量相当。当过渡金属离子在配体负电场的作用下发生能级分裂，通常在高能级处大多具有未充满电子的 d 轨道，处于低能级的 d 电子选择吸收了与分裂能相当的可见光的某一波长的光子后，从低能级 d 轨道跃迁到高能级 d 轨道，这种跃迁称为 d-d 跃迁。发生 d-d 跃迁所需要的能量即为分裂能，

从而使配合物呈现被吸收光的互补色。例如，d-d 跃迁吸收的是紫外光或红外光，则化合物为无色或白色。

表 11.7　物质颜色与吸收光颜色的关系

物质呈现的颜色	被吸收光颜色	吸收波长范围/nm
黄绿	紫	400～425
黄	深蓝	425～450
橙黄	蓝	450～480
橙	绿蓝	480～490
红	蓝绿	490～500
紫红	绿	500～530
紫	黄绿	530～560
深蓝	橙黄	560～600
绿蓝	橙	600～640
蓝绿	红	640～750

例如，$[Ti(H_2O)_6]^{3+}$配离子显红色，Ti^{3+}的电子构型为 $3d^1$，在正八面体场中，这个电子排布在能量较低的 d_ε 能级轨道上，当用可见光照射$[Ti(H_2O)_6]^{3+}$时，处于 d_ε 能级轨道上的电子吸收了波长为 492.7nm（为蓝绿色光）的光子，跃迁到 d_γ 能级轨道上（图 11.7）。波长 492.7 nm（相当于光子的能量为 242.79 kJ·mol^{-1}）若用波数 $\bar{\nu}$（$\bar{\nu}=1/\lambda$）表示，则为 20300 cm^{-1}(1 cm^{-1}= 11.96 J·mol^{-1})，恰好等于该配离子的分裂能 Δ_o，这时可见光中蓝绿色的光被吸收，故$[Ti(H_2O)_6]^{3+}$配离子的溶液呈现出蓝绿色光的互补色——红色。如图 11.8 所示。

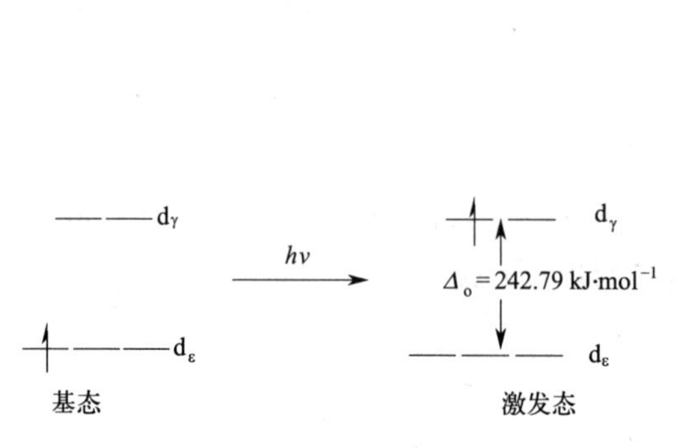

图 11.7　$[Ti(H_2O)_6]^{3+}$的 d-d 跃迁

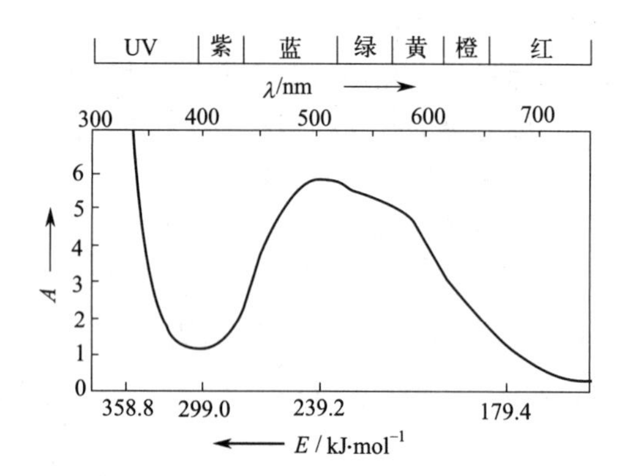

图 11.8　$[Ti(H_2O)_6]^{3+}$的吸收光谱

分裂能的大小不同，配合物选择吸收可见光的波长就不同，配合物就呈现不同的颜色。配体的场强愈强，则分裂能愈大，d-d 跃迁时吸收的光子能量就愈大，即吸收光的波长愈短。

电子构型为 d^{10} 的离子（如 Zn^{2+}、Ag^+ 等），因 d_γ 能级轨道上已充满电子，配合物不可能产生 d-d 跃迁，所以配合物没有颜色。同理，电子组态为 d^0 的离子（如 Sc^{3+}等），因 d 轨道上没有电子，也不可能产生 d-d 跃迁，因而其配合物同样没有颜色。

晶体场理论比较满意地解释了配合物的构型、稳定性、颜色、磁性等，因而从 20 世纪 50 年代以来得到了很大的发展。但是它假设配体是点电荷或偶极子，只考虑形成体与配体之间的静电作用，没有考虑两者之间有一定程度的共价结合。因此，不能合理解释配体在光谱化学序列中的次序，也不能说明 CO 分子不带电荷，却使中心原子 d 轨道能级分裂且产生很大的分裂能，这些可以用配体场理论进一步阐明。

11.3 配位化合物在水溶液中的稳定性

在水溶液中，可溶性配合物的解离有两种情况：一是发生在内界与外界之间的解离，为完全解离；另一个是配离子的解离，即中心原子与配体之间的解离，为部分解离（类似弱电解质），本节主要讨论配离子在水溶液中的配位解离平衡，简称配位平衡。

11.3.1 配合物的稳定常数

配位平衡

在配离子$[Cu(NH_3)_4]^{2+}$中，存在下列配位解离平衡：

$$Cu^{2+} + 4NH_3 \rightleftharpoons [Cu(NH_3)_4]^{2+}$$

其标准平衡常数用 $K_f^\ominus$（或 $K_稳^\ominus$）表示。

$$K_f^\ominus = \frac{c([Cu(NH_3)_4]^{2+})}{c(Cu^{2+})[c(NH_3)]^4}$$

式中，$K_f^\ominus$ 称为配合物的稳定常数，$K_f^\ominus$ 值越大，表示配位反应进行得越完全，配合物越稳定。一些常见配离子的 $K_f^\ominus$ 值见附录 8。对于相同类型的配合物（配离子），$K_f^\ominus$ 值越大，配合物越稳定，但对于不同类型的配合物（配离子），不能简单地从 $K_f^\ominus$ 来判断稳定性，而要通过计算来说明。例如 $K_f^\ominus([Cu(en)_2]^{2+}) = 1\times10^{21}$，$K_f^\ominus([Cu(EDTA)]^{2-}) = 5.0\times10^{18}$，但$[Cu(EDTA)]^{2-}$比$[Cu(en)_2]^{2+}$稳定。

11.3.2 稳定常数的应用

(1) 计算配合物溶液中有关离子的浓度

【例 11.3】 计算溶液中与 1.0×10^{-3} mol·L^{-1} $[Cu(NH_3)_4]^{2+}$ 溶液和 1.0 mol·L^{-1} NH_3 处于平衡状态时游离 Cu^{2+} 离子的浓度。已知 $K_f^\ominus([Cu(NH_3)_4]^{2+}) = 2.09\times10^{13}$。

解： 设平衡时 $c(Cu^{2+}) = x$ mol·L^{-1}，溶液中存在下列平衡：

$$Cu^{2+} + 4NH_3 \rightleftharpoons [Cu(NH_3)_4]^{2+}$$

平衡浓度/mol·L^{-1} $\quad x \quad 1.0 \quad 1.0\times10^{-3}$

$$K_f^\ominus = \frac{c([Cu(NH_3)_4]^{2+})}{c(Cu^{2+})[c(NH_3)]^4} = \frac{1.0\times10^{-3}}{x\times(1.0)^4} = 2.09\times10^{13}$$

解得： $x = 4.8\times10^{-17}$

即游离 Cu^{2+} 的浓度为 4.8×10^{-17} mol·L^{-1}。

(2) 判断配离子与沉淀之间转化的可能性

若在 AgCl 沉淀中加入大量氨水，可使白色 AgCl 沉淀溶解生成无色透明的配离子$[Ag(NH_3)_2]^+$，向该溶液中加入 NaBr 溶液，立即出现淡黄色沉淀，反应如下：

$$\begin{array}{l} AgCl \rightleftharpoons Ag^+ + Cl^- \\ \qquad\qquad\quad + \\ \qquad\qquad 2NH_3 \\ \qquad\qquad\quad \updownarrow \\ \qquad\quad [Ag(NH_3)_2]^+ \end{array}$$

平衡移动方向 ↓

$$\begin{array}{l} [Ag(NH_3)_2]^+ \rightleftharpoons Ag^+ + 2NH_3 \\ \qquad\qquad\qquad\quad + \\ \qquad\qquad\qquad Br^- \\ \qquad\qquad\qquad\quad \updownarrow \\ \qquad\qquad\qquad AgBr \end{array}$$

平衡移动方向 ↓

前者因加入配位剂 NH_3 而使沉淀平衡转化为配位平衡，后者因加入沉淀剂而使配位平衡转化为沉淀平衡。配离子稳定性愈差，沉淀剂与形成体形成沉淀的 $K_{sp}^{\ominus}$ 愈小，配位平衡就愈容易转化为沉淀平衡；配体的配位能力愈强，沉淀的 $K_{sp}^{\ominus}$ 愈大，就愈容易使沉淀平衡转化为配位平衡。

【例 11.4】 计算在 1.0 L 氨水中溶解 0.10 mol AgCl(s) 时所需氨水的最低浓度应为多少？

解： 设 $NH_3 \cdot H_2O$ 的最小浓度为 x mol·L^{-1}，则有

$$AgCl(s) + 2NH_3 \rightleftharpoons [Ag(NH_3)_2]^+ + Cl^-$$

平衡浓度/ mol·L^{-1}　　x　　0.10　　0.10

$$K^{\ominus} = \frac{c([Ag(NH_3)_2]^+)c(Cl^-)}{[c(NH_3)]^2} = K_f^{\ominus}([Ag(NH_3)_2]^+)K_{sp}^{\ominus}(AgCl)$$

$$\frac{0.1 \times 0.1}{x^2} = 1.12 \times 10^7 \times 1.77 \times 10^{-10}$$

$$x = 2.2$$

由于生成 0.10 mol·L^{-1}$[Ag(NH_3)_2]^+$ 需消耗 0.2 mol·L^{-1}NH_3，所以氨水的最低浓度为：

$$c(NH_3) = 2.2 + 0.10 \times 2 = 2.4(mol \cdot L^{-1})$$

(3) 判断配离子之间转化的可能性

配离子之间的转化，与沉淀之间的转化类似，反应向着生成更稳定的配离子的方向进行。两种配离子的稳定常数相差越大，转化越完全。

【例 11.5】 ① 在 298.15 K 时，反应 $[Zn(NH_3)_4]^{2+} + 4OH^- \rightleftharpoons [Zn(OH)_4]^{2-} + 4NH_3$ 能否正向进行？② 在 1 mol·L^{-1}NH_3 溶液中，$[Zn(NH_3)_4]^{2+}/[Zn(OH)_4]^{2-}$ 等于多少？在该溶液中 Zn^{2+} 主要以哪种配离子形式存在？

解： ① $[Zn(NH_3)_4]^{2+} + 4OH^- \rightleftharpoons [Zn(OH)_4]^{2-} + 4NH_3$

利用多重平衡规则，得到：

$$K^{\ominus} = \frac{K_f^{\ominus}([Zn(OH)_4]^{2-})}{K_f^{\ominus}([Zn(NH_3)_4]^{2+})} = \frac{3.16 \times 10^{15}}{2.88 \times 10^9} = 1.10 \times 10^6$$

$K^{\ominus}$ 值很大，说明在水溶液中，由 $[Zn(NH_3)_4]^{2+}$ 转化为 $[Zn(OH)_4]^{2-}$ 的反应是可以实现的。由此可见，配离子转化反应总是向生成 $K_f^{\ominus}$ 值大的配离子方向进行。

② 在 1 mol·L^{-1} 氨溶液中存在下面两个配位平衡：

$$Zn^{2+} + 4NH_3 \rightleftharpoons [Zn(NH_3)_4]^{2+} \tag{1}$$

$$Zn^{2+} + 4OH^- \rightleftharpoons [Zn(OH)_4]^{2-} \tag{2}$$

由式(1) $K_f^{\ominus}([Zn(NH_3)_4]^{2+}) = \dfrac{c([Zn(NH_3)_4]^{2+})}{c(Zn^{2+})[c(NH_3)]^4}$

$$c([Zn(NH_3)_4]^{2+}) = K_f^{\ominus}([Zn(NH_3)_4]^{2+})c(Zn^{2+})[c(NH_3)]^4 \tag{3}$$

由式(2) $K_f^{\ominus}([Zn(OH)_4]^{2-}) = \dfrac{c([Zn(OH)_4]^{2-})}{c(Zn^{2+})[c(OH^-)]^4}$

$$c([Zn(OH)_4]^{2-}) = K_f^{\ominus}([Zn(OH)_4]^{2-})c(Zn^{2+})[c(OH^-)]^4 \tag{4}$$

将(3)、(4)两式相除，得到：

$$\frac{c([Zn(NH_3)_4]^{2+})}{c([Zn(OH)_4]^{2-})}=\frac{K_f^{\ominus}([Zn(NH_3)_4]^{2+})c(Zn^{2+})[c(NH_3)]^4}{K_f^{\ominus}([Zn(OH)_4]^{2-})c(Zn^{2+})[c(OH^-)]^4}=\frac{K_f^{\ominus}([Zn(NH_3)_4]^{2+})}{K_f^{\ominus}([Zn(OH)_4]^{2-})}\times\frac{[c(NH_3)]^4}{[c(OH^-)]^4} \quad (5)$$

在 298.15 K 时，1 $mol\cdot L^{-1}$ NH_3溶液中，设 OH^- 的平衡浓度为 x $mol\cdot L^{-1}$

即 $$NH_3+H_2O \rightleftharpoons OH^- +NH_4^+$$

平衡浓度/$mol\cdot L^{-1}$ $1-x$ x x

$$K_b^{\ominus}(NH_3)=\frac{c(NH_4^+)c(OH^-)}{c(NH_3)}=\frac{xx}{1-x}=\frac{x^2}{1-x}=1.8\times10^{-5}$$

$$1-x\approx1,则\ x=4.23\times10^{-3}$$

$c(OH^-)=4.23\times10^{-3}(mol\cdot L^{-1})$，$c(NH_3)=1-4.23\times10^{-3}\approx1(mol\cdot L^{-1})$

所以由式(5)得：

$$\frac{c([Zn(NH_3)_4]^{2+})}{c([Zn(OH)_4]^{2-})}=\frac{K_f^{\ominus}([Zn(NH_3)_4]^{2+})}{K_f^{\ominus}([Zn(OH)_4]^{2-})}\times\frac{[c(NH_3)]^4}{[c(OH^-)]^4}=\frac{2.88\times10^9}{3.16\times10^{15}}\times\frac{1^4}{(4.23\times10^{-3})^4}=2.84\times10^3$$

可见，在 1 $mol\cdot L^{-1}$ NH_3 溶液中，反应$[Zn(NH_3)_4]^{2+}+4OH^- \rightleftharpoons [Zn(OH)_4]^{2-}+4NH_3$ 发生逆转，此时 Zn^{2+} 主要以配离子$[Zn(NH_3)_4]^{2+}$的形式存在。

在一般情况下，只需比较反应方程式两侧配离子的 $K_f^{\ominus}$ 值就可以判断反应进行的方向，但是，如果溶液中两个配位剂浓度相差较大时，也可以影响反应的方向。

(4) 计算配离子电对的电极电势

氧化还原电对的电极电势随着配合物的形成会发生变化，进而改变其氧化还原能力的相对强弱。这是由于配合物的形成使金属离子的浓度发生变化，从而导致电极电势发生变化。

【例 11.6】 已知 $\varphi^{\ominus}(Au^+/Au)=1.83$ V，$K_f^{\ominus}([Au(CN)_2]^-)=1.99\times10^{38}$，计算 $\varphi^{\ominus}([Au(CN)_2]^-/Au)$。

解： 电对$[Au(CN)_2]^-/Au$ 的电极反应式为：

$$[Au(CN)_2]^- +e^- \rightleftharpoons Au+2CN^-$$

在标准状态下，$c([Au(CN)_2]^-)=c(CN^-)=1$ $mol\cdot L^{-1}$，

$$Au^+ +2CN^- \rightleftharpoons [Au(CN)_2]^-$$

$$K_f^{\ominus}=\frac{c([Au(CN)_2]^-)}{c(Au^+)[c(CN^-)]^2}$$

$$c(Au^+)=\frac{1}{K_f^{\ominus}}=\frac{1}{1.99\times10^{38}}$$

将 $c(Au^+)$ 代入能斯特方程式：

$$\varphi^{\ominus}([Au(CN)_2]^-/Au)=\varphi(Au^+/Au)=\varphi^{\ominus}(Au^+/Au)+0.0592\lg c(Au^+)$$

$$=1.83+0.0592\lg\frac{1}{1.99\times10^{38}}=-0.44(V)$$

因此，当 Au^+ 形成配离子以后，$\varphi^{\ominus}([Au(CN)_2]^-/Au) \ll \varphi^{\ominus}(Au^+/Au)$，由 +1.83 V 降至 −0.44 V，金的还原能力大大增强，易被氧化为 $[Au(CN)_2]^-$ 配离子。

由此可见，由金属离子 M^{n+} 与其单质 M 组成的电对，若 M^{n+} 所形成的配离子越稳定（$K_f^{\ominus}$ 越大），则其电对的电极电势代数值越小，配离子比相应的金属离子的氧化能力降低，难被还原为金属，而相应的金属易失去电子被氧化形成配离子。

当同一金属的两种不同氧化值的离子组成氧化还原电对，而且均可以与一种配位剂形成相同类型的配合物时，情况就比较复杂。具体可以通过下面的例子来说明。

【例 11.7】 已知 $\varphi^{\ominus}(Co^{3+}/Co^{2+})=1.92\ V$，$K_f^{\ominus}([Co(NH_3)_6]^{3+})=1.58\times10^{35}$，$K_f^{\ominus}([Co(NH_3)_6]^{2+})=1.29\times10^5$，求 $\varphi^{\ominus}([Co(NH_3)_6]^{3+}/[Co(NH_3)_6]^{2+})$ 为多少？

解： 形成配合物后，存在如下配位解离平衡：

$$Co^{3+}+6NH_3 \rightleftharpoons [Co(NH_3)_6]^{3+}$$

$$Co^{2+}+6NH_3 \rightleftharpoons [Co(NH_3)_6]^{2+}$$

溶液中 Co^{3+} 和 Co^{2+} 的浓度分别为：

$$c(Co^{3+})=\frac{c([Co(NH_3)_6]^{3+})}{K_f^{\ominus}([Co(NH_3)_6]^{3+})[c(NH_3)]^6}$$

$$c(Co^{2+})=\frac{c([Co(NH_3)_6]^{2+})}{K_f^{\ominus}([Co(NH_3)_6]^{2+})[c(NH_3)]^6}$$

在标准状态下，配离子和配体的浓度均为 $1\ mol\cdot L^{-1}$，则：

$$c(Co^{3+})=\frac{1}{K_f^{\ominus}([Co(NH_3)_6]^{3+})}=\frac{1}{1.58\times10^{36}}$$

$$c(Co^{2+})=\frac{1}{K_f^{\ominus}([Co(NH_3)_6]^{2+})}=\frac{1}{1.29\times10^{5}}$$

代入能斯特方程式：

$$\begin{aligned}\varphi^{\ominus}([Co(NH_3)_6]^{3+}/[Co(NH_3)_6]^{2+}) &= \varphi(Co^{3+}/Co^{2+}) \\ &= \varphi^{\ominus}(Co^{3+}/Co^{2+})+0.0592\lg\frac{c(Co^{3+})}{c(Co^{2+})} \\ &= 1.92+0.0592\lg\frac{\dfrac{1}{1.58\times10^{36}}}{\dfrac{1}{1.29\times10^{5}}}=0.08(V)\end{aligned}$$

形成氨配合物后，Co(Ⅱ) 的还原性增强了，同时 Co(Ⅲ) 的稳定性也大大地增加。

由以上计算可以看出，对于同一金属不同氧化值的配离子电对的标准电极电势与其稳定常数的比值有关，如果高氧化值配合物比低氧化值配合物的稳定常数大，则电对的电极电势减小。反之，则电对的电极电势增大。

思 考 题

1. 配合物与简单化合物的区别是什么？螯合物与简单配合物的区别是什么？

2. 何谓形成体、配体、配位原子和配位数？

3. 有三种组成相同的配合物，化学式均为 $CoCl_3\cdot6H_2O$，但颜色各不相同。当加入 $AgNO_3$ 溶液后，亮绿色者有 2/3 的 Cl^- 沉淀析出；暗绿色者有 1/3 的 Cl^- 沉淀析出；紫色者能沉淀全部的 Cl^-。写出这三种配合物的结构式。

4. 简述配合物价键理论的要点。并回答：（1）形成体的杂化类型与配合物的几何构型的关系如何？（2）判断内轨型配合物与外轨型配合物的依据是什么？

5. 区别下列名词：

（1）内界与外界；（2）单齿配体与多齿配体；（3）配位数与配体个数；（4）d^2sp^3 杂化和 sp^3d^2 杂化；（5）内轨型配合物和外轨型配合物；（6）强场配体和弱场配体；（7）低自旋配合物和高自旋配合物；（8）晶体场分裂能与晶体场稳定化能

6. 简述配合物晶体场理论的要点。晶体场分裂能的大小与哪些因素有关？

7. 判断下列说法是否正确？说明理由。

（1）配合物的形成体都是金属元素。

（2）配体的数目就是形成体的配位数。

（3）配离子的电荷数等于形成体的电荷数。

（4）配体的场强愈强，形成体在该配体的八面体场作用下，分裂能愈大。

（5）外轨型配合物的磁矩一定比内轨型配合物的磁矩大。

（6）同一形成体的低自旋配合物比高自旋配合物稳定。

（7）某一配离子的 $K_f^{\ominus}$ 值越小，该配离子的稳定性越差。

8. 向含有$[Ag(NH_3)_2]^+$的溶液中分别加入下列物质：（1）稀 HNO_3；（2）$NH_3 \cdot H_2O$；（3）Na_2S 溶液，试问下列平衡向哪个方向移动？

$$[Ag(NH_3)_2]^+ \rightleftharpoons Ag^+ + 2NH_3$$

9. AgI 在下列相同浓度的溶液中，溶解度最大的是哪一个？

（1）KCN；（2）KSCN；（3）$NH_3 \cdot H_2O$；（4）$Na_2S_2O_3$

10. 根据配离子的 $K_f^{\ominus}$ 值判断下列 $E^{\ominus}$ 值哪个最小？哪个最大？

（1）$\varphi^{\ominus}(Ag^+ / Ag)$　　（2）$\varphi^{\ominus}([Ag(NH_3)_2]^+ / Ag)$

（3）$\varphi^{\ominus}([Ag(S_2O_3)_2]^{3-} / Ag)$　　（4）$\varphi^{\ominus}([Ag(CN)_2]^- / Ag)$

习　题

1. 指出下列配合物（或配离子）的形成体、配体、配位原子及配位数。

（1）$H_2[PtCl_6]$；　（2）$[Co(ONO)(NH_3)_5]SO_4$；（3）$NH_4[Co(NO_2)_4(NH_3)_2]$；

（4）$[Ni(CO)_4]$；（5）$Na_3[Ag(S_2O_3)_2]$；（6）$[PtCl_5(NH_3)]^-$；（7）$[Al(OH)_4]^-$

2. 命名下列配合物（或配离子），并指出配离子的电荷数和形成体的氧化值。

（1）$[Co(NO_2)_3(NH_3)_3]$；（2）$[Co(en)_3]_2(SO_4)_3$；（3）$Na_2[SiF_6]$；（4）$[Pt\ Cl(NO_2)(NH_3)_4]$；

（5）$[CoCl_2(NH_3)_3(H_2O)]Cl$；（6）$[PtCl_4]^{2-}$；（7）$[PtCl_2(en)]$；（8）$K_3[Fe(CN)_6]$

3. 写出下列配合物的化学式：

（1）六氯合铂(Ⅳ)酸；　　（2）四(异硫氰根)·二氨合铬(Ⅲ)酸铵；

（3）高氯酸六氨合钴(Ⅱ)；　　（4）五氰·一羰基合铁(Ⅲ)酸钠

（5）一羟基·一草酸根·一水·一(乙二胺)合铬(Ⅲ)

4. 已知 $[PdCl_4]^{2-}$ 为平面四方形结构，$[Cd(CN)_4]^{2-}$ 为四面体结构，根据价键理论分析它们的成键杂化轨道，并指出配离子是顺磁性还是反磁性。

5. 根据实测磁矩，推断下列配合物的空间构型，并指出是内轨型还是外轨型配合物。

（1）$[Fe(CN)_6]^{3-}$，$\mu=2.3\mu_B$；　　（2）$[Fe(C_2O_4)_3]^{3-}$，$\mu=5.75\ \mu_B$；

（3）$[Co(en)_3]^{2+}$，$\mu=3.82\ \mu_B$；　　（4）$[Co(en)_2Cl_2]Cl$，$\mu=0\ \mu_B$

6. 计算下列反应的平衡常数，并判断下列反应进行的方向。

（1）$[Hg(NH_3)_4]^{2+} + Y^{4-} \rightleftharpoons HgY^{2-} + 4NH_3$

（2）$[Cu(NH_3)_4]^{2+} + Zn^{2+} \rightleftharpoons [Zn(NH_3)_4]^{2+} + Cu^{2+}$

（3）$[Fe(C_2O_4)_3]^{3-} + 6CN^- \rightleftharpoons [Fe(CN)_6]^{3-} + 3C_2O_4^{2-}$

7. 10 mL 0.10 $mol \cdot L^{-1}$ $CuSO_4$ 溶液与 10 mL 6.0 $mol \cdot L^{-1}$ $NH_3 \cdot H_2O$ 混合并达平衡，计算溶液中 Cu^{2+}、$NH_3 \cdot H_2O$ 及$[Cu(NH_3)_4]^{2+}$的浓度。若向此混合溶液中加入 0.0010 mol NaOH 固体，问是否有 $Cu(OH)_2$ 沉淀生成？

8. 向 0.10 $mol \cdot L^{-1}$ $AgNO_3$ 溶液 50mL 中加入质量分数为 18.3%（$\rho = 0.929$ $kg \cdot L^{-1}$）的氨水 30.0 mL，然后用水稀释至 100mL，求：（1）溶液中 Ag^+、$[Ag(NH_3)_2]^+$、NH_3 的浓度；（2）加 0.100 $mol \cdot L^{-1}$ KCl 溶液 10.0 mL 时，是否有 AgCl 沉淀生成？通过计算指出，溶液中无 AgCl 沉淀生成时，NH_3 的最低平衡浓度应为多少？

9. 将 0.20 $mol \cdot L^{-1}$的 $AgNO_3$ 溶液与 0.60 $mol \cdot L^{-1}$的 KCN 溶液等体积混合后，加入固体 KI（忽略体积的变化），使 I^- 浓度为 0.10 $mol \cdot L^{-1}$，问能否产生 AgI 沉淀？溶液中 CN^- 浓度低于多少时才可出现 AgI 沉淀？

10. 计算 $\varphi^{\ominus}([Zn(NH_3)_4]^{2+}/Zn)$。

11. 计算 $\varphi^{\ominus}([Fe(CN)_6]^{3-}/[Fe(CN)_6]^{4-})$。

*12. 298.15 K 时，在 1 L 0.05 $mol \cdot L^{-1}$ $AgNO_3$ 过量氨溶液中，加入固体 KCl，使 Cl^- 的浓度为 9×10^{-3} $mol \cdot L^{-1}$（忽略因加入固体 KCl 而引起的体积变化），回答下列问题：

（1）为了阻止 AgCl 沉淀生成，上述溶液中 NH_3 浓度至少应为多少 $mol \cdot L^{-1}$？

（2）$\varphi^{\ominus}([Ag(NH_3)_2]^+/Ag)$为多少？

（3）上述溶液中 $\varphi([Ag(NH_3)_2]^+/Ag)$为多少？

*13. 要使 0.10 mol AgBr(s) 完全溶解在 1.0 L $Na_2S_2O_3$ 溶液中，则 $Na_2S_2O_3$ 溶液的最初浓度应为多少？

*14. 在标准状态下，下列两个歧化反应能否发生？

（1）$2Cu^+ = Cu^{2+} + Cu$

（2）$2[Cu(NH_3)_2]^+$（无色）$= [Cu(NH_3)_4]^{2+}$（深蓝色）$+ Cu$

拓展学习资源

拓展资源内容	二维码
➤ 课件 PPT ➤ 学习要点 ➤ 疑难解析 ➤ 科学家简介 ——维尔纳 ➤ 知识拓展——配位化学的应用 ➤ 习题参考答案	

第 12 章　氢和稀有气体

12.1　氢

氢是宇宙中含量最丰富的元素，约占所有原子总数的 90%以上。在地球大气中只存在极稀少的游离态氢，主要以化合态存在于水、碳氢化合物及生物体的组织中。

氢有三种同位素：^1_1H（氕，符号 H）、^2_1H（氘，符号 D）及^3_1H（氚，符号 T）。其中氕的丰度最大，占总量的 99.98%；氘约占 0.016%；氚约占 0.004%。氚是一种不稳定的放射性元素。

12.1.1　氢气

(1) 氢气的性质和用途

氢气是无色、无味的气体，是所有气体中最轻的。因此，可以填充气球。氢气球可以携带干冰、碘化银等试剂在云层中喷洒，进行人工降雨。

氢气扩散性好、导热性强。由于分子间力小，致使熔点（−259.14 ℃）、沸点（−252.8 ℃）极低，很难液化。氢可用作超低温制冷剂，可将除氦外的所有气体冷冻呈固体。液态氢也是重要的高能燃料。

在常温下，氢不活泼，但可用合适的催化剂使之活化。在高温下，氢很活泼，除稀有气体外，几乎所有的元素都能与氢生成化合物。非金属元素的氢化物通常称为某化氢，如卤化氢、硫化氢等；金属元素的氢化物称为金属氢化物，如氢化锂、氢化钙等。

氢气与卤素或氧的混合物经点燃或光照剧烈反应，生成卤化氢或水，同时放出大量的热。氢气在氧气中燃烧，温度可达到 3000 ℃的高温，适用于金属的切割和焊接。其反应为：

$$H_2(g)+\frac{1}{2}O_2(g)=\!=\!=H_2O(l);\Delta_r H_m^{\ominus}=-285.83\ kJ\cdot mol^{-1}$$

氢气同活泼金属在高温下反应生成金属氢化物，如：

$$H_2+2Na\xlongequal{653\ K}2NaH$$

$$H_2+Ca\xlongequal{423\sim573\ K}CaH_2$$

在高温下，氢气可以从某些氧化物或卤化物中夺取氧或氯，将金属或非金属还原为单质：

$$3H_2+WO_3=\!=\!=W+3H_2O$$

氢气是重要的化工原料，可用于有机合成，在无机工业中用作生产合成氨、硝酸、盐酸的原料，在电子工业中用于制备高纯度硅、锗。氢气在空气中燃烧，火焰温度高达 3273K，可用来切割和焊接金属。

(2) 氢气的制备

实验室中常利用活泼金属与盐酸或稀硫酸反应制取氢气：

$$Zn + 2H^+ \xlongequal{} Zn^{2+} + H_2\uparrow$$

用直流电电解 25% NaOH 溶液，在阴极上析出氢气，在阳极上析出氧气。

$$\text{阴极}: 2H_2O + 2e^- \xlongequal{} H_2 + 2OH^-$$

$$\text{阳极}: 4OH^- - 4e^- \xlongequal{} O_2 + 2H_2O$$

用电解法制得的氢气含杂质少，纯度达到 99.7% ～ 99.8%。

在氯碱工业中，电解饱和食盐水溶液，除得到氯气和氢氧化钠外，同时可制得氢气。

工业上大量生成氢气主要是将天然气（Ni 催化）或红热的碳与水蒸气作用，得到的 CO 与 H_2 的混合气体称为水煤气：

$$CH_4 + H_2O(g) \xlongequal{800\sim900\ ℃} CO + 3H_2$$

$$C(\text{红热}) + H_2O(g) \xlongequal{1000\ ℃} CO + H_2$$

将水煤气与水蒸气一起通过红热的氧化铁，得到 CO_2 和 H_2：

$$CO + H_2O(g) \xlongequal{723\ K} CO_2 + H_2$$

除去 CO_2 后可得到较纯的氢气。

由于氢气燃烧迅速、放热量大且无污染，因此，氢气有可能作为未来的理想能源。目前，科学家面对的最大挑战是如何从最丰富的源泉——水来制备氢气。

12.1.2 氢化物

氢跟其他元素生成的二元化合物叫氢化物。氢化物按其结构大致分成三类：离子型氢化物（又称盐型氢化物）、分子型氢化物（又称共价型氢化物）、金属型氢化物。

(1) 离子型氢化物

碱金属和碱土金属（铍、镁除外）与氢在高温下直接化合，生成离子型氢化物，其中氢以 H^- 形式存在：

$$2M + H_2 \xlongequal{} 2MH(M=\text{碱金属})$$

$$M + H_2 \xlongequal{} MH_2(M=Ca、Sr、Ba)$$

离子型氢化物都是白色盐状晶体，但常因含少量金属而呈灰色。离子型氢化物的性质类似无机盐，具有离子化合物的基本特征，如较高的熔点、熔融时导电等，其密度也比相应的金属大得多。

电解熔融的氢化物，阳极产生氢气，这一事实可以证明 H^- 的存在。

离子型氢化物具有强还原性，遇水分解生成氢氧化物，并放出氢气：

$$MH + H_2O \xlongequal{} MOH + H_2\uparrow$$

在高温下可从金属氯化物、氧化物中还原出金属单质：

$$TiCl_4 + 4NaH \xlongequal{} Ti + 4NaCl + 2H_2\uparrow$$

离子型氢化物在非极性溶剂中可以与 B_2H_6、$AlCl_3$ 作用，形成复合氢化物：

$$2NaH + B_2H_6 \xlongequal{\text{无水乙醚}} 2Na[BH_4]$$

$$4LiH + AlCl_3 \xlongequal{\text{无水乙醚}} Li[AlH_4] + 3LiCl$$

$Na[BH_4]$和 $Li[AlH_4]$是有机化学中重要的还原剂。

氢化物被广泛用作无机和有机合成中还原剂和氢负离子的来源，或作为生氢剂。

(2) 分子型氢化物

分子型氢化物中氢以共价键与其他元素结合。元素周期表中多数 p 区元素的单质（稀有气体以及铟、铊除外）都能与氢作用，生成分子型氢化物。如 B_2H_6、CH_4、NH_3、H_2O 等。分子型氢化物具有分子型化合物的基本特点，熔、沸点较低，常温常压下多为气体。

分子型氢化物由于键极性的不同，化学性质差别也比较大。如卤化氢、硫化氢溶于水时解离而显酸性，NH_3 溶于水显碱性，CH_4 跟水不发生任何作用，SiH_4 遇水剧烈作用，并产生氢气：

$$SiH_4 + 4H_2O \Longrightarrow H_4SiO_4 + 4H_2\uparrow$$

在乙硼烷中，氢元素比硼元素电负性大，氧化值为-1，故具有较强还原性，遇水时反应生成大量氢气，并放出大量的热：

$$B_2H_6 + 6H_2O \Longrightarrow 2H_3BO_3 + 6H_2;\quad \Delta_r H_m^{\ominus} = -504.6\ kJ\cdot mol^{-1}$$

分子型氢化物也具有还原性，而且同族氢化物的还原能力随原子序数的增加而增强。

(3) 金属型氢化物

金属型氢化物认为是氢原子填充到金属的晶格。元素周期系中 d 区和 ds 区元素几乎都能形成金属型氢化物。这类氢化物中，氢与金属的比值有的是整数比，如 BeH_2、MgH_2、CoH_2、CrH_3、UH_3；有的是非整数比，如 $VH_{0.56}$、$TaH_{0.76}$、$ZrH_{1.92}$、$LaH_{2.87}$ 等。金属型氢化物基本保留着金属的外观特征，有金属光泽，密度比相应金属小。

金属型氢化物在有机合成、储氢材料方面有着重要用途。例如，1 体积钯可吸收 700～900 体积的氢气成为金属氢化物，加热后又释放出氢气。某些金属合金能可逆吸收和释放氢气，如 $LaNi_5$：

$$LaNi_5 + 3H_2 \Longrightarrow LaNi_5H_6$$

在空气中稳定，且随着吸氢、放氢过程的反复进行，性质不发生改变。

12.2 稀有气体

12.2.1 稀有气体的发现

稀有气体中最早被发现的是 He。1868 年，法国天文学家詹逊（P. Janssen）和英国天文学家洛克耶（J. N. Lockyer）同时发现太阳光谱上有一条当时地球上尚未发现的橙黄色谱线。经过查对发现，这条黄色谱线只能是太阳上的一种未知的新元素发出的。这是有史以来第一次从地球上发现存在于太阳上的新元素，命名为氦（Helium，希腊文原意是“太阳”）。1895 年，英国化学家拉姆塞（W. Ramsay）在给钇铀矿加热时，从放出的气体中也发现了与氦相同的光谱，从而知道地球上也有氦存在。

1894 年，拉姆塞注意到，从空气中分离出的氮气密度（1.2572 $g\cdot L^{-1}$）与从含氮物质制得的氮气密度（1.2507 $g\cdot L^{-1}$）的微小差异。通过实验对空气进行了进一步研究，拉姆塞在空气中加入过量的氧，用放电法使氮变为氧化氮，然后用碱吸收，剩余的氧用红热的铜除去。可是，即使把所有的氮和氧除尽，仍有极少量的残余气体存在。拉姆塞就将除去二氧化碳、水和氧气的空气通过灼热的镁以吸收其中的氮，也得到少量的残余气体（约占原空气体积的1%），这种残留气体的密度比氮气的密度要大得多，其光谱线过去从未见过。毫无疑问，它是一种新元素，由于这种气体极不活泼，所以命名为氩（Argon，其希腊文原意是"懒惰"）。

氖、氪和氙是拉姆塞和他的助手特拉威斯（M. W. Travers）等人分别在1894年和1898发现的。发现的过程都是在蒸发大量液态空气后，在所得到的残余物中将这些元素分离出来，并用光谱分别确定了它们的存在，其命名都源于希腊语，氖的意思是"新奇（Neon）"，氪的意思是"隐匿（Krypton）"，氙的意思是"异国人、陌生人（Xenon）"。

空气是制取稀有气体的主要原料，通过液态空气分级蒸馏得到稀有气体混合物，再用活性炭低温选择吸附法，就可以将稀有气体分离开。

12.2.2 稀有气体的性质和用途

稀有气体都是无色、无臭、无味的气体，微溶于水，溶解度随分子量的增加而增大。稀有气体分子都是单原子分子，分子之间仅存在微弱的色散力，其熔点和沸点都很低，随着分子量的增加，熔点和沸点逐渐增大。在低温时稀有气体都可以液化。

稀有气体原子的最外层电子结构为$1s^2$（氦）和ns^2np^6，为最稳定的结构，在通常条件下不与其他物质反应，因此长期以来被认为是化学性质极不活泼、不能发生化学反应的惰性气体。直到1962年，英国化学家巴特利特（N. Bartlett）利用强氧化剂PtF_6与氙作用，制得了第一个惰性气体化合物$Xe[PtF_6]$。后来又陆续合成了其他惰性气体化合物，并将"惰性气体"更名为"稀有气体"。

稀有气体的很多用途都是基于其化学惰性，最初主要应用于光学方面，后来逐步扩展到冶金、医学等其他各个方面。

氦是化学性质最不活泼的元素，基本上不与任何物质发生化学反应，在焊接或冶炼金属时用做保护气。氦是除氢外最轻的气体，用于充填探空气球和气艇。在所有物质中，氦的沸点最低（4.2 K），因此液氦的低温常用于超导设备、粒子加速器等尖端技术中。氦的密度和黏度都较小，用氦、氧混合气（人造空气）供深水潜水员呼吸可防潜水病。另外，氦还用于制造激光器、霓虹灯等。

氖在低压放电时被激发出亮橘红色光，常用于制造霓虹灯、激光器、指示灯。液态氖可用作冷冻剂。

氩是稀有气体中丰度最大的元素，在大气中约占总体积的0.94%。氩化学性质稳定，导电性和导热性都很小，常用于充填电灯泡和日光灯管，也用于切割或焊接金属作保护气体。电流通过充氩的灯管时产生蓝光，用少量氖与其混合可制成蓝色或绿色放电管。

氪的化学性质不活泼，常用于充填电灯泡和电子器件，氪与氩混合可充填霓虹灯管。氪能吸收X射线，用作X射线工作时的遮光材料。

氙在电场作用下能发出强烈的白光，在照明上用来充填光电管、闪光灯。在石英玻璃管里充入氙气，通电时能发出比荧光灯强几万倍的强光，被称作"人造小太阳"，用于广场、体育场、飞机场等的照明。氙能溶于细胞质的油脂中，引起细胞的膨胀和麻醉，从而使神经末梢的作用暂时停止。将80%的氙和20%的氧混合，可作为无副作用的麻醉剂，用于外科手术。

氡是地壳中放射性元素铀、镭和钍的蜕变产物。氡具有放射性，衰变时释放出高能量的

α 粒子，可用于癌症的放射治疗，用充满氡的金针插进生病的组织，可杀死癌细胞。但如果长期呼吸高浓度氡，将会对上呼吸道和肺造成伤害，甚至引发肺癌。氡为 19 种致癌物质之一。

12.2.3 稀有气体化合物

1962 年，英国化学家巴特利特利用强氧化剂 PtF_6 与 Xe 作用，制得了第一个稀有气体化合物六氟铂(Ⅴ)酸氙：

$$Xe + PtF_6 = Xe^+[PtF_6]^-$$

以后又陆续合成了其他许多种稀有气体化合物。由于氡具有放射性，故对其化合物的研究较少；氪比氙的第一电离能高，其化合物的稳定性相对较差；氦、氖、氩化合物极不稳定，所以研究较多的是氙化合物。

在一定条件下，Xe 可与 F_2 发生反应，生成三种较为稳定的 Xe 的氟化物：XeF_2、XeF_4 和 XeF_6，三种氟化氙都是无色晶体，能够长期贮存在镍制容器里。

在 673 K、1.03×10^5 Pa，Xe 过量的情况下，将 Xe 和 F_2 在镍反应器内直接反应可得到 XeF_2：

$$Xe(g) + F_2(g) = XeF_2(g)$$

如果合成 XeF_4，需要 F_2 过量，且反应时间不能太长，以防止生成 XeF_6：

$$Xe(g) + 2F_2(g) = XeF_4(g)$$

当 F_2 大量过量，且反应时间较长时，可得到 XeF_6：

$$Xe(g) + 3F_2(g) = XeF_6(g)$$

XeF_6 可以与 SiO_2 发生化学反应，所以不能用玻璃或石英器皿盛放 XeF_6：

$$2XeF_6 + SiO_2 = 2XeOF_4 + SiF_4$$

XeF_2、XeF_4 和 XeF_6 都是强氧化剂，能将许多低氧化值物质氧化：

$$XeF_2 + 2Cl^- = Xe + Cl_2 + 2F^-$$

$$XeF_4 + 2H_2 = Xe + 4HF$$

$$XeF_4 + Pt = Xe + PtF_4$$

在干燥、室温条件下，氟化氙非常稳定，但遇水水解：

$$2XeF_2 + 2H_2O = 2Xe + O_2 + 4HF$$

$$6XeF_4 + 12H_2O = 2XeO_3 + 4Xe + 24HF + 3O_2$$

XeF_6 不完全水解时，产物为无色透明液体 $XeOF_4$：

$$XeF_6 + H_2O = XeOF_4 + 2HF$$

完全水解时，产物为 XeO_3：

$$XeF_6 + 3H_2O = XeO_3 + 6HF$$

XeO_3 是无色透明晶体，易潮解，易爆炸，在水溶液中较稳定，以分子状态存在，故其溶液不导电，在碱性溶液中生成氙酸盐。在水中 XeO_3 具有很强氧化性，可将 Mn^{2+} 氧化为 MnO_4^-，将 NH_3 氧化为 N_2，XeO_3 固体在摩擦、挤压时易发生爆炸性分解：

$$2XeO_3 = 2Xe + 3O_2$$

思　考　题

1. 氢气是工业生产中重要的原料气，用什么方法制备？

2. 稀有气体元素可分为哪几类？在元素周期表中的位置有何特殊？

3. 试比较三种氢化物的物理性质、化学性质和制备方法有何不同。

4. 为什么稀有气体原子与 F、O 形成化合物的可能性最大？

5. 根据你对稀有气体的了解，选择哪一种稀有气体作为：

（1）最低温的冷冻剂；

（2）电离能低且安全的放电光源；

（3）最廉价的稀有气体。

习 题

1. BaH_2、SiH_4、NH_3、$PdH_{0.9}$ 分别属于哪种氢化物？室温下各是什么状态？是否具有导电性？

2. 若用 CaH_2 与 H_2O 反应产生的氢气充装标准状态下容量为 350 L 的气球，已知 CaH_2 与 H_2O 的反应产率为 92%，试计算所需 CaH_2 的质量。

3. 完成下列反应方程式：

（1）$NaH+B_2H_6 =\!=\!=$

（2）$Li+H_2 =\!=\!=$

（3）$CaH_2+H_2O =\!=\!=$

（4）$LiH+AlCl_3 \xlongequal{\text{无水乙醚}}$

（5）$XeF_6+SiO_2 =\!=\!=$

（6）$XeF_2+Cl^- =\!=\!=$

（7）$XeF_2+H_2O =\!=\!=$

（8）$XeF_4+H_2O =\!=\!=$

（9）$XeF_6+H_2O =\!=\!=$

（10）$Xe+PtF_6 =\!=\!=$

4. 利用价层电子对互斥理论判断 XeF_2、XeF_4、XeF_6 分子的几何构型。

拓展学习资源

拓展资源内容	二维码
➢ 课件 PPT ➢ 学习要点 ➢ 疑难解析 ➢ 科学家简介——拉姆塞 ➢ 习题参考答案	

第 13 章　碱金属和碱土金属

13.1　概述

s 区元素包括元素周期表中ⅠA 和ⅡA 族。ⅠA 族包括锂、钠、钾、铷、铯、钫六种元素，又称碱金属元素。ⅡA 族包括铍、镁、钙、锶、钡、镭六种元素，由于钙、锶、钡的氧化物在性质上介于“碱性的”碱金属氧化物和“土性的”难溶氧化物 Al_2O_3 之间，因此称为碱土金属元素。现在习惯上把铍和镁元素也包括在碱土金属元素之内。钠、钾、钙和镁都是生命必需元素，钾也是植物生长的必需元素，叶绿素中含有镁，对植物的光合作用至关重要；镁是许多酶的激活剂，DNA 的复制和蛋白质的合成都需要镁。钙是组成动物牙齿、骨骼和细胞壁的重要成分。

碱金属元素和碱土金属元素的基本性质分别列于表 13.1 和表 13.2 中。

表 13.1　碱金属元素的一些性质

元素	Li	Na	K	Rb	Cs
原子序数	3	11	19	37	55
价电子层结构	$2s^1$	$3s^1$	$4s^1$	$5s^1$	$6s^1$
金属半径/pm	152	186	227	248	265
离子半径/pm	68	97	133	147	167
沸点/℃	1341	881.4	759	691	668.2
熔点/℃	180.54	97.82	63.38	39.31	28.44
密度/$g \cdot cm^{-3}$	0.534	0.968	0.89	1.532	1.8785
第一电离能/$kJ \cdot mol^{-1}$	521	499	421	405	371
第二电离能/$kJ \cdot mol^{-1}$	7295	4591	3088	2675	2436
电负性	0.98	0.93	0.82	0.82	0.79
$\varphi^{\ominus}(M^+/M)/V$	−3.040	−2.714	−2.936	−2.943	−3.027
氧化值	+1	+1	+1	+1	+1

表 13.2　碱土金属元素的一些性质

元素	Be	Mg	Ca	Sr	Ba
原子序数	4	12	20	38	56
价电子层结构	$2s^2$	$3s^2$	$4s^2$	$5s^2$	$6s^2$
金属半径/pm	111.3	160	197.3	215.1	217.3
离子半径/pm	35	66	99	112	134
沸点/℃	2467	1100	1484	1366	1845
熔点/℃	1287	651	842	757	727
密度/$g \cdot cm^{-3}$	1.8477	1.738	1.55	2.64	3.51
第一电离能/$kJ \cdot mol^{-1}$	905	742	593	552	564

续表

元素	Be	Mg	Ca	Sr	Ba
第二电离能/kJ·mol^{-1}	1768	1460	1152	1070	971
电负性	1.57	1.31	1.00	0.95	0.89
$\varphi^{\ominus}(M^{2+}/M)/V$	−1.968	−2.357	−2.869	−2.899	−2.906
氧化值	+2	+2	+2	+2	+2

碱金属元素的价层电子结构为 ns^1，由于它们都是各自周期的第一个元素，其原子比前一周期元素的原子多了一个电子层，所以它们的原子半径在同一周期中都是最大的。其原子的次外层又具有稀有气体原子的稳定的电子层结构，对核电荷的屏蔽作用较大，所以它们的第一电离能在同一周期中是最小的。碱金属原子很容易失去一个电子而呈+1 氧化值，金属性很强。从碱金属元素具有很大的第二电离能来看，它们不会失去第二个电子，不会表现出其他氧化值。

碱土金属元素的价层电子结构为 ns^2。碱土金属元素原子的核电荷数比相邻碱金属元素原子增大了 1，因此原子核对最外层的两个 s 电子的吸引作用增强，使其原子半径较同周期的碱金属小，所以碱土金属原子失去一个电子比同一周期的碱金属原子要难。碱土金属元素仍是活泼性相当强的金属元素，只是仅次于碱金属元素而已。碱土金属元素的第二电离能约为第一电离能的 2 倍，在化学反应中能失去两个电子，因此，碱土金属元素在化合物中呈现+2 氧化值。

碱金属元素和碱土金属元素在与非金属元素化合时，虽然多以形成离子键为特征，但在某些情况下仍呈现出一定程度的共价性。锂和铍元素由于原子半径小，电离能较其他同族元素高，所以形成共价键的倾向比较显著（少数镁的化合物也是共价型的），常常表现出与同族其他元素不同的化学性质。在同一族中，碱金属元素和碱土金属元素从上至下，原子半径依次增大，电离能和电负性依次减小，金属活泼性依次增强。

碱金属元素和碱土金属元素的金属性很强，只能以化合物的形式存在于自然界中。钙、钠、钾和镁元素在地壳中的丰度均很高，而锂、铍、铷、铯含量很低，属于稀有金属。钫和镭为放射性元素。

13.2 金属单质

13.2.1 物理性质

碱金属和碱土金属都具有金属光泽，有良好的导电性和延展性。除了铍和镁单质以外，其他碱金属和碱土金属都很软，可以用刀子切割。金属锂、钠和钾的密度小于 1 g·cm^{-3}，比水的密度小，浮在水面上。碱金属元素的原子只有一个价电子，且原子半径较大，形成的金属键很弱，所以碱金属单质的熔点、沸点较低。其中铯的熔点最低，只有 28.44 ℃，是熔点仅高于汞的低熔点金属。金属铯中的自由电子活动性极高，当其表面受到光照时，电子便可获得能量从表面逸出。利用这种特性，铯被用来制作光电管中的阴极。碱土金属元素的原子有两个价电子，与同周期的碱金属元素相比，所形成的金属键显然比碱金属强得多，因此碱土金属单质的熔点、沸点、密度和硬度都比碱金属单质高。

13.2.2　化学性质

碱金属和碱土金属都是很活泼的金属，它们能与大多数非金属反应，如它们极易在空气中燃烧。除金属铍和镁由于表面形成一层致密的保护膜对水稳定外，其他单质都容易与水发生反应，形成稳定的氢氧化物，这些氢氧化物大多是强碱。例如：

$$2Na+2H_2O \xlongequal{} 2NaOH+H_2\uparrow;\quad \Delta_r H_m^{\ominus}=-281.8\ kJ\cdot mol^{-1}$$

$$Ca+2H_2O \xlongequal{} Ca(OH)_2+H_2\uparrow;\quad \Delta_r H_m^{\ominus}=-414.4\ kJ\cdot mol^{-1}$$

这些反应放出大量的热，如金属钠与水发生猛烈作用，金属钾、铷、铯遇水发生燃烧，甚至发生爆炸。金属锂、钙、锶和钡与水反应比较缓慢，其原因是这几种金属的熔点较高，反应中放出的热不足以使它们熔化成液体；另外这几种金属元素的氢氧化物的溶解度较小，覆盖在金属表面，减慢了金属与水的反应速率。

从碱金属元素和碱土金属元素的电负性和单质所在电对的标准电极电势看，不论在固态或在水溶液中，它们都具有很强的还原性。但由于 Li^+ 的半径相当小，水合时放出的热比其他碱金属多，$\varphi^{\ominus}(Li^+/Li)$最小，锂在水溶液中的还原性相当强。

碱金属元素和碱土金属元素化合物在高温火焰中，可以使火焰呈现出特征的颜色，这种现象称为焰色反应。金属原子的电子受高温火焰的激发而跃迁到高能级轨道上，当电子从高能级轨道返回到低能级轨道时，就会发射出一定波长的光束，从而使火焰呈现出特征的颜色：锂-深红色，钠-黄色，钾-紫色，铷-紫红色，铯-蓝色，钙-橙红色，锶-洋红色，钡-绿色。

13.3　化合物

碱金属和碱土金属化合物大多数是离子型的。它们的离子易和水分子结合成稳定无色的水合离子 $M^+(aq)$和 $M^{2+}(aq)$。碱金属离子和碱土金属离子的最外电子层结构都是 8 电子构型（Li^+、Be^{2+}除外），但碱金属离子比同周期的碱土金属离子有较大的离子半径和较小的电荷，所以碱金属的氢氧化物和盐大多数易溶于水，比碱土金属氢氧化物和盐的溶解度大。

13.3.1　氧化物和氢氧化物

(1) 氧化物

碱金属和碱土金属与氧能形成多种氧化物，如正常氧化物、过氧化物和超氧化物等，主要与反应的条件及金属的性质有关。

① 正常氧化物

碱金属在空气中燃烧时，金属锂主要生成 Li_2O，而钠、钾、铷和铯主要生成 Na_2O_2、KO_2、RbO_2 和 CsO_2。虽然在缺氧条件下也可以制得除锂元素之外的其他碱金属氧化物，但由于反应条件不易控制，因此通常采用碱金属还原其过氧化物、硝酸盐或亚硝酸盐的方法制取氧化物。例如：

$$Na_2O_2+2Na \xlongequal{} 2Na_2O$$

$$2KNO_3+10K \xlongequal{} 6K_2O+N_2\uparrow$$

碱土金属与氧气反应，一般生成正常氧化物。工业生产上，制取碱土金属氧化物是利用碱土金属的碳酸盐、氢氧化物、硝酸盐或硫酸盐的热分解反应。例如：

$$CaCO_3 \xlongequal{\triangle} CaO + CO_2\uparrow$$

碱金属氧化物和碱土金属氧化物的某些性质分别列于表 13.3 和表 13.4。

表 13.3 碱金属氧化物的某些性质

物理性质	Li_2O	Na_2O	K_2O	Rb_2O	Cs_2O
颜色	白色	白色	淡黄色	亮黄色	橙黄色
熔点/K	>1973	1548(升华)	623(分解)	673(分解)	673(分解)
$\Delta_f H_m^\ominus$ / $kJ\cdot mol^{-1}$	−595.8	−415.9	−493.7	330.1	317.6

表 13.4 碱土金属氧化物的某些性质

物理性质	BeO	MgO	CaO	SrO	BaO
颜色	白色	白色	白色	白色	白色
熔点/K	2803	3125	2887	2693	2191
$\Delta_f H_m^\ominus$ / $kJ\cdot mol^{-1}$	−610.9	−601.7	−635.5	−590.4	−558.1

由表 13.3 和表 13.4 可见，碱金属氧化物由 Li_2O 到 Cs_2O 颜色依次加深，而碱土金属氧化物都是白色的。

碱金属氧化物和碱土金属氧化物的热稳定性，总的趋势是从 Li_2O 到 Cs_2O，从 BeO 到 BaO 逐渐降低。熔点的变化趋势与热稳定性的变化趋势相同，Li_2O 的熔点高达 1973 K 以上，Na_2O 在 1548 K 时升华，而其他碱金属氧化物在未达到熔点时已经分解。而碱土金属离子的电荷数为 +2，离子半径又比较小，所以碱土金属氧化物的熔点都很高。因此，BeO 和 MgO 常用于制造耐火材料。

经过煅烧的 BeO 和 MgO 难溶于水，而 CaO，SrO 和 BaO 与水剧烈反应，生成相应的氢氧化物并放出大量的热：

$$CaO(s)+H_2O(l) \xlongequal{} Ca(OH)_2(s); \quad \Delta_r H_m^\ominus = -65.2\ kJ\cdot mol^{-1}$$

$$SrO(s)+H_2O(l) \xlongequal{} Sr(OH)_2(s); \quad \Delta_r H_m^\ominus = -81.2\ kJ\cdot mol^{-1}$$

$$BaO(s)+H_2O(l) \xlongequal{} Ba(OH)_2(s); \quad \Delta_r H_m^\ominus = -105.4\ kJ\cdot mol^{-1}$$

三种氧化物与水反应放出的热按 CaO、SrO、BaO 的顺序增多。

② 过氧化物

碱金属和碱土金属除铍和镁外，都能生成过氧化物。过氧化物含有过氧链（—O—O—），可以把它们看成是过氧化氢的盐。最重要的过氧化物是过氧化钠。

工业上制备过氧化钠，是将钠加热至熔化，通入除去 CO_2 的干燥空气，维持反应温度在 573～673 K 得到 Na_2O_2：

$$4Na + 2O_2 \xlongequal{573\sim673\ K} 2Na_2O_2$$

过氧化钠为黄色粉末，易吸潮，在 773 K 仍很稳定。过氧化钠与水或稀酸作用，生成过氧化氢：

$$Na_2O_2 + 2H_2O \xlongequal{} H_2O_2 + 2NaOH$$

$$Na_2O_2 + H_2SO_4 \xlongequal{} H_2O_2 + Na_2SO_4$$

在潮湿空气中，过氧化钠吸收二氧化碳并放出氧气：

$$2Na_2O_2 + 2CO_2 \xlongequal{} 2Na_2CO_3 + O_2\uparrow$$

因此，过氧化钠常用作高空飞行或潜水时的供氧剂和二氧化碳吸收剂。

过氧化钠是强氧化剂，工业上用作漂白剂。过氧化钠在熔融时几乎不分解，但遇棉花、木炭或铝粉等还原性物质时，就会发生剧烈燃烧，甚至发生爆炸。因此，使用过氧化钠时要注意安全。

③ 超氧化物

除了锂、铍、镁外，其他碱金属和碱土金属都能形成超氧化物。超氧化物中含超氧离子 O_2^-，它比 O_2 多一个电子，氧氧之间除形成一个 σ 键外，还有一个三电子 π 键，键级为 1.5。只有半径大的阳离子的超氧化物稳定，如 KO_2、RbO_2、CsO_2、$Sr(O_2)_2$、$Ba(O_2)_2$ 都比较稳定，而 NaO_2 稳定性较差。

碱金属超氧化物和碱土金属超氧化物都是很强的氧化剂，与水剧烈反应，生成氧气和过氧化氢。例如：

$$2KO_2+2H_2O \xlongequal{} H_2O_2+2KOH+O_2\uparrow$$

超氧化物也与二氧化碳反应，放出氧气。例如：

$$4KO_2+2CO_2 \xlongequal{} 2K_2CO_3+3O_2\uparrow$$

因此，碱金属超氧化物和碱土金属超氧化物也可用于除去 CO_2 和再生 O_2，所以，常用作供氧剂和二氧化碳吸收剂。

(2) 氢氧化物

碱金属和碱土金属的氢氧化物都是白色晶体，在空气中易吸水潮解，所以 NaOH 和 $Ca(OH)_2$ 晶体是常用的干燥剂。碱金属氢氧化物易溶于水，溶解度从 LiOH 到 CsOH 依次增大，而碱土金属氢氧化物在水中的溶解度较小，溶解度也是从 $Be(OH)_2$ 到 $Ba(OH)_2$ 依次递增，但 $Be(OH)_2$ 和 $Mg(OH)_2$ 难溶于水。

在碱金属和碱土金属的氢氧化物中，$Be(OH)_2$ 为两性氢氧化物，其他则是强碱和中强碱。这两族元素氢氧化物碱性的递变顺序如下：

	LiOH<	NaOH<	KOH<	RbOH<	CsOH
碱性	中强	强	强	强	强

	$Be(OH)_2<$	$Mg(OH)_2<$	$Ca(OH)_2<$	$Sr(OH)_2<$	$Ba(OH)_2$
碱性	两性	中强	强	强	强

金属氢氧化物的酸碱性取决于它们的解离方式。如果以 MOH 代表金属氢氧化物，它可以有以下两种解离方式：

$$M—O—H \xrightarrow{\text{碱式解离}} M^++OH^-$$

$$M—O—H \xrightarrow{\text{酸式解离}} MO^-+H^+$$

金属氢氧化物的解离方式与金属离子电荷数 z 和金属离子半径 r 有关。定义金属离子的电荷数除以其离子半径为离子势（ϕ）：

$$\phi=\frac{z}{r}$$

ϕ 越大，M^{z+} 的电场越强，对氧原子上电子云的吸引越强，导致氧原子和氢原子之间的电子云密度越小，O—H 键被削弱，则 H^+ 易于解离出来，MOH 以酸式解离为主，表现为酸性。反之，ϕ 越小，M^{z+} 的电场越弱，对氧原子上电子云的吸引也就越弱，导致氧原子和氢原子之间的电子云密度越大，O—H 键较强，而 OH^- 易于解离出来，MOH 以碱式解离为主，表现为碱性。

因此，提出了可以判断金属氢氧化物酸碱性的经验公式：

$$\sqrt{\phi} < 0.22，碱性$$

$$0.22 < \sqrt{\phi} < 0.32，两性$$

$$\sqrt{\phi} > 0.32，酸性$$

表 13.5 列出了碱金属和碱土金属氢氧化物的酸碱性。

表 13.5 碱金属和碱土金属氢氧化物的酸碱性

	碱金属氢氧化物的$\sqrt{\phi}$		碱土金属氢氧化物的$\sqrt{\phi}$		
碱性增强↓	LiOH	0.13	$Be(OH)_2$	0.27	$\sqrt{\phi}$值减少↓
	NaOH	0.10	$Mg(OH)_2$	0.17	
	KOH	0.085	$Ca(OH)_2$	0.14	
	RbOH	0.081	$Sr(OH)_2$	0.13	
	CsOH	0.077	$Ba(OH)_2$	0.12	
		←$\sqrt{\phi}$值减少，碱性增强			

同一族的碱金属氢氧化物和碱土金属氢氧化物，由于离子的电荷数和电子层结构均相同，因此$\sqrt{\phi}$主要取决于离子半径。所以，碱金属和碱土金属氢氧化物的碱性均随离子半径的增大而增强。

碱金属氢氧化物中，比较重要的是氢氧化钠。NaOH 溶液和熔融 NaOH 既能溶解某些两性金属（铝、锌等）及其氧化物，也能溶解许多非金属单质（硅、硼等）及其氧化物。例如：

$$2Al + 2NaOH + 6H_2O = 2Na[Al(OH)_4] + 3H_2\uparrow$$

$$Al_2O_3 + 2NaOH = 2NaAlO_2 + H_2O$$

$$Si + 2NaOH + H_2O = Na_2SiO_3 + 2H_2\uparrow$$

$$SiO_2 + 2NaOH = Na_2SiO_3 + H_2O$$

由于氢氧化钠溶液能腐蚀玻璃，因此盛放氢氧化钠溶液的试剂瓶要用橡皮塞，而不能用玻璃塞。以免长时间存放时，NaOH 与玻璃塞的主要成分 SiO_2 反应生成黏性的 Na_2SiO_3，把玻璃塞粘住而无法打开。

工业上用电解饱和食盐水的方法制备 NaOH：

$$2NaCl + 2H_2O = 2NaOH + Cl_2\uparrow + H_2\uparrow$$

制备少量 NaOH 时，可将消石灰或石灰乳与碳酸钠浓溶液混合：

$$Na_2CO_3 + Ca(OH)_2 = CaCO_3\downarrow + 2NaOH$$

氢氧化钠在空气中易潮解，易与 CO_2 反应生成碳酸盐，所以要密封保存。

氢氧化钠的腐蚀性极强，熔融氢氧化钠的腐蚀性更强，因此工业上熔化氢氧化钠一般用铸铁容器，在实验室可用银或镍制器皿。

KOH 与 NaOH 的性质相似，但价格比 NaOH 高，除非有特殊需要，一般很少使用 KOH。

$Ca(OH)_2$ 的价格低廉，来源充足，且有较强碱性，因此生产上常用它来调节溶液的 pH 或沉淀分离某些物质。由于 $Ca(OH)_2$ 的溶解度较小，因此通常使用的是它的悬浮液——石灰乳。

13.3.2　盐类

(1) 碱金属盐类

绝大多数碱金属盐属于离子晶体。由于 Li^+ 的离子半径特别小，使得某些锂盐（如 LiX）具有不同程度的共价性。

不论是在晶体中，还是在水溶液中，所有碱金属离子都是无色的。所以，除了与有色阴离子形成的盐具有颜色外，其他碱金属盐类均无色。

碱金属盐除少数难溶于水外，一般都易溶于水。钠的难溶盐有 $Na[Sb(OH)_6]$、$NaZn(UO_2)_3(Ac)_9 \cdot 6H_2O$；钾、铷和铯的难溶盐有 $MB(C_6H_5)_4$、$M_3[Co(NO_2)_6]$、$MClO_4$、$M_2[PtCl_6]$，其中铷、铯的盐类比相应的钾盐的溶解度还要小。许多锂盐难溶于水，如 LiF、Li_2CO_3、$Li_3PO_4 \cdot 5H_2O$ 等。

碱金属弱酸盐在水中发生水解，使溶液呈碱性。因此，碳酸钠、磷酸钠、硅酸钠等均可在不同反应中作为碱使用。

碱金属盐有形成结晶水合物的倾向，碱金属离子的半径越小，越易形成结晶水合盐类。因此，锂盐和钠盐多带结晶水，而铷盐和铯盐仅有少数结晶水合物。

碱金属盐通常具有较高的熔点，这是因为阳离子与阴离子之间形成的是较强的离子键。而其熔融时存在着自由移动的阳离子和阴离子，所以具有很强的导电能力。

一般来说，碱金属盐具有较高的热稳定性。卤化物在高温时挥发而不分解；硫酸盐在高温时既不挥发又难分解；碳酸盐（除 Li_2CO_3 外）均难分解。但碱金属硝酸盐的热稳定性较低，加热时容易分解，一般分解为亚硝酸盐和氧气。

(2) 碱土金属盐类

大多数碱土金属盐为无色的离子晶体。碱土金属的硝酸盐、氯酸盐、高氯酸盐和醋酸盐等易溶于水；碱土金属的卤化物（除氟化物外）也易溶于水；其碳酸盐、磷酸盐和草酸盐等难溶于水。碱土金属的硫酸盐和铬酸盐的溶解度差别较大，$BaSO_4$ 和 $BaCrO_4$ 难溶于水，而 $MgSO_4$ 和 $MgCrO_4$ 等易溶于水。钙、锶、钡的硫酸盐在浓硫酸中因发生下列反应而使溶解度增大：

$$MSO_4 + H_2SO_4 \longrightarrow M(HSO_4)_2$$

因此，在浓硫酸溶液中不能使 Ca^{2+}、Sr^{2+}、Ba^{2+} 等离子沉淀完全。

向难溶于水的碱土金属碳酸盐的悬浮液中通入过量的 CO_2，碱土金属碳酸盐形成可溶性的碳酸氢盐而溶解。例如：

$$CaCO_3 + CO_2 + H_2O \longrightarrow Ca^{2+} + 2HCO_3^-$$

把所得溶液加热时放出 CO_2，又会重新析出 $CaCO_3$ 沉淀。

碱土金属的碳酸盐、草酸盐、铬酸盐、磷酸盐等，均能溶于强酸溶液（如盐酸）中。因此，要使这些难溶碱土金属盐沉淀完全，应控制溶液 pH 为中性或微碱性。

除 $BeCO_3$ 外，碱土金属的碳酸盐在常温下是稳定的，只有在强热的条件下，才能分解为相应的氧化物和二氧化碳。碱土金属的碳酸盐按 $BeCO_3$、$MgCO_3$、$CaCO_3$、$SrCO_3$、$BaCO_3$ 顺序，热稳定性依次递增，这是由于碱土金属离子的半径按 Be^{2+}、Mg^{2+}、Ca^{2+}、Sr^{2+}、Ba^{2+} 顺序逐渐增大，离子极化作用减小的缘故。

碱土金属的重要卤化物有氯化钙和氯化钡。氯化钙可用作制冷剂，按质量比 7∶5 将

$CaCl_2 \cdot 6H_2O$ 与冰水混合，可获得 218 K 的低温。无水氯化钙是工业生产和实验室中常用的干燥剂之一。氯化钡（$BaCl_2 \cdot 2H_2O$）是最重要的可溶性钡盐，它是制备各种钡盐的原料。可溶性钡盐对人、畜皆有毒，对人的致死剂量为 0.8 g，使用时切忌入口。

一些常见碱金属、碱土金属离子的鉴定反应见表 13.6。

表 13.6 K^+、Na^+、Mg^{2+}、Ca^{2+}、Ba^{2+} 的鉴定

离子	鉴定试剂	鉴定反应
K^+	KH_2SbO_4	$Na^+ + H_2SbO_4^- \xrightarrow{中性或弱碱性} NaH_2SbO_4\downarrow$（白色）
Na^+	$Na_3[Co(NO_2)_6]$	$2K^+ + Na^+ + [Co(NO_2)_6]^{3-} \xrightarrow{中性或弱酸性} K_2Na[Co(NO_2)_6]\downarrow$（亮黄色）
Mg^{2+}	镁试剂	Mg^{2+} + 镁试剂 $\xrightarrow{碱性}$ 天蓝色$\downarrow$
Ca^{2+}	$(NH_4)_2C_2O_4$	$Ca^{2+} + C_2O_4^{2-} \longrightarrow CaC_2O_4\downarrow$（白色）
Ba^{2+}	K_2CrO_4	$Ba^{2+} + CrO_4^{2-} \longrightarrow BaCrO_4\downarrow$（黄色）

（3）某些盐类的应用

碱金属和碱土金属碳酸盐中，最重要的是碳酸钠（Na_2CO_3），又称为纯碱，是重要的基本化工产品之一。除了用作化工原料外，还用于玻璃、造纸、肥皂、洗涤剂的生产及水处理等。

碳酸氢钠（$NaHCO_3$）俗称小苏打，常用于食品、医疗等行业中。制取纯度较高的 $NaHCO_3$，可在溶液中通入 CO_2 使其析出：

$$Na_2CO_3 + CO_2 + H_2O \longrightarrow 2NaHCO_3$$

$CaSO_4 \cdot 2H_2O$ 俗称石膏、生石膏，为白色粉末，微溶于水。$CaSO_4 \cdot 1/2H_2O$ 称熟石膏，有吸潮性，熟石膏粉末与水混合，可逐渐硬化并膨胀，故可用来制造模型、塑像、粉笔和石膏绷带等。工业上用氯化钙与硫酸铵反应制备二水硫酸钙：

$$CaCl_2 + (NH_4)_2SO_4 + 2H_2O \longrightarrow CaSO_4 \cdot 2H_2O + 2NH_4Cl$$

二水硫酸钙经煅烧、脱水，可得到半水硫酸钙。

思 考 题

1. 简述碱金属和碱土金属元素的基本性质及其变化规律，并加以比较。锂、铍元素及其化合物有哪些特殊性？试从原子结构及电离能方面加以解释。
2. 锂电对的标准电极电势比钠的小，但为什么锂同水的作用却不如钠同水的作用剧烈？
3. 金属钠着火时能否用 H_2O、CO_2、石棉毯扑灭？为什么？
4. 钠、钾、铷和铯在过量氧气中燃烧时分别生成何种氧化物？各类氧化物与水的作用情况如何？
5. 为什么商品 NaOH 中常含有 Na_2CO_3？怎样简便地检验和除去？
6. 为什么过氧化钠能被用作潜水密封舱中的供氧剂和二氧化碳吸收剂？
7. 土壤呈碱性主要是由碳酸钠引起的，加入石膏为什么有降低碱性的作用？
8. 在配制冷冻剂时，采用 $CaCl_2 \cdot 6H_2O$ 好，还是采用 $CaCl_2$ 好？为什么？
9. 试解释 Na 元素的第二电离能远大于其第一电离能，而 Mg 元素的第二电离能却与其第一电离能相差不大的原因。
10. Li 的电离能比 Cs 大，但 $\varphi^{\ominus}(Li^+/Li)$ 却比 $\varphi^{\ominus}(Cs^+/Cs)$ 小。试解释其原因。

11. 盛 $Ba(OH)_2$ 溶液的试剂瓶，在空气中放置一段时间后，其内壁会生成一层白色薄膜，这层白膜是什么物质？欲除去这层白膜，在水、盐酸和硫酸溶液中，应选择哪一种进行洗涤？

习　　题

1. 完成下列反应方程式：

（1）$Na + H_2 =\!=\!=$

（2）$Na_2O_2 + H_2O =\!=\!=$

（3）$KO_2 + H_2O =\!=\!=$

（4）$Na_2O_2 + CO_2 =\!=\!=$

（5）$KO_2 + CO_2 =\!=\!=$

（6）$Be(OH)_2 + NaOH =\!=\!=$

（7）$BaO_2 + H_2SO_4$(稀) $=\!=\!=$

（8）$Na_2O_2 + KMnO_4 + H_2SO_4 =\!=\!=$

2. 有一白色固体混合物，其中可能含有 KCl、$MgSO_4$、$BaCl_2$、$CaCO_3$。根据下列实验现象，判断混合物中含有哪些化合物。

（1）混合物溶于水，得澄清透明溶液；

（2）将溶液进行焰色反应，透过钴玻璃观察到紫色；

（3）向溶液中加入 NaOH 溶液，产生白色胶状沉淀。

3. 从下列反应的 $\Delta_r G_m^{\ominus}$ 值可得出 BeO—CaO—BaO 系列中何种性质的变化规律性？

反应	$\Delta_r G_m^{\ominus}$/kJ·mol^{-1}
$BeO(s) + CO_2(g) =\!=\!= BeCO_3(s)$	+21.01
$CaO(s) + CO_2(g) =\!=\!= CaCO_3(s)$	−130.2
$BaO(s) + CO_2(g) =\!=\!= BaCO_3(s)$	−218.0

4. 现有五种白色晶体粉末，分别是 $MgCO_3$、$BaCO_3$、Na_2CO_3、$CaCl_2$、Na_2SO_4。试设法加以区别。

5. 完成下列转化，并写出反应方程式。

（1）$NaCl \rightarrow NaOH \rightarrow Na_2CO_3 \rightarrow NaCl$

（2）$Na_2SO_4 \rightarrow Na_2S \rightarrow NaCl \rightarrow Na_2CO_3$

6. 实现下列各物质的转变，写出反应方程式：

（1）

$Mg \xrightarrow{1} Mg(OH)_2 \xrightarrow{2} MgO$

$Mg \underset{5}{\overset{4}{\rightleftarrows}} MgCl_2$（4 向下，5 向上）；$MgO \xrightarrow{3} Mg(NO_3)_2$

$MgCl_2 \underset{7}{\overset{6}{\rightleftarrows}} MgCO_3 \xrightarrow{8} Mg(NO_3)_2$

（2）

$CaCO_3 \xrightarrow{1} CaO \xrightarrow{2} Ca(NO_3)_2$

$CaCO_3 \underset{4}{\overset{3}{\rightleftarrows}} CaCl_2$（3 向下，4 向上）；$Ca(OH)_2 \xrightarrow{7} Ca(NO_3)_2$

$CaCl_2 \xrightarrow{5} Ca \xrightarrow{6} Ca(OH)_2$

7. 有一种白色晶体，易溶于水，焰色反应呈紫色。白色晶体与盐酸作用放出 CO_2 气体；在所得溶液中加入 $CaCl_2$ 溶液不产生沉淀。这种白色晶体是什么物质？

拓展学习资源

拓展资源内容	二维码
➢ 课件 PPT ➢ 学习要点 ➢ 疑难解析 ➢ 知识拓展——光谱分析法与铯、铷的发现 ➢ 习题参考答案	

第 14 章　卤素和氧族元素

本章简要介绍 p 区元素的特点，着重讨论卤素和氧族元素的通性，及其重要的单质和化合物的性质。主要涉及卤素单质、卤化氢的制备、性质及其递变规律；卤化物的键型特征、性质和制备；氯的含氧酸及其盐的性质和递变规律。氧、臭氧、过氧化氢等分子的结构和性质；硫化氢的性质和金属硫化物的溶解性；硫的不同含氧酸及其盐的性质。

14.1　p 区元素的通性

p 区元素包括了除氢外所有的非金属元素和部分金属元素。p 区元素性质的递变符合元素周期表的一般规律，其特点如下：

① 同一周期，元素从左向右随着核电荷数的增加，原子核对核外电子的引力增强，原子半径逐渐变小，原子失去电子的倾向减弱，获得电子的能力增强，因而非金属性依次增强，金属性依次减弱；同一主族，自上而下原子半径逐渐增大，非金属性逐渐减弱，金属性逐渐增强。除ⅦA 族和零族元素外，同一族元素都是由典型的非金属元素经准金属过渡到典型的金属元素。同一族中，第一个元素的半径最小，电负性最大，获得电子的能力最强，它与同族的其他元素相比，化学性质有较大的差异。

② p 区元素（零族除外）原子的价层电子构型为 $ns^2np^{1\sim5}$。ns、np 电子均可参与成键，因此，p 区元素（除氟外）一般有多种氧化值，这点不同于 s 区元素。并且，随着价层 np 电子的增多，失电子倾向减弱。所以 p 区非金属元素除有正氧化值外，还有负氧化值。ⅢA～ⅤA 族的同族元素自上往下低氧化值化合物的稳定性增强，高氧化值化合物的稳定性减弱。同族元素这种自上而下低氧化值化合物比高氧化值化合物稳定的现象，称为“惰性电子对效应”。

③ p 区金属的熔点一般较低，例如 Al(660.4 ℃)、Ga(29.78 ℃)、In(156.6 ℃)、Sn(231.9 ℃)、Pb(327.5 ℃)、Sb(630.5 ℃)、Bi(271.3℃)。这些金属彼此可形成低熔点合金。

④ p 区某些金属具有半导体性质，是制造半导体的重要材料。如超纯锗、砷化镓、锑化镓等。

⑤ 由于 d 区和 f 区元素的插入，使 p 区元素自上而下性质的递变远不如 s 区元素有规律。

14.2　卤素

14.2.1　概述

卤素是指周期表中第ⅦA 族元素，包括氟（F）、氯（Cl）、溴（Br）、碘（I）、砹

(At)。因为它们易形成盐，故而称为卤素。卤素的希腊文原意为成盐元素。

在自然界中，氟主要以萤石 CaF_2、冰晶石 Na_3AlF_6 和氟磷灰石 $Ca_5F(PO_4)_3$ 等矿物存在。氯、溴主要以钠、钾、钙、镁的无机盐形式存在于海水中。碘通常以碘化物的形式存在，海水中仅含极少量的碘，且被海藻类植物吸收富集，所以海藻等海洋生物是碘的重要来源。砹为放射性元素，仅以微量且短暂地存在于铀和钍的蜕变产物中。

卤素的基本性质见表 14.1。

表 14.1　卤素的基本性质

元素	氟(F)	氯(Cl)	溴(Br)	碘(I)
原子序数	9	17	35	53
价层电子构型	$2s^22p^5$	$3s^23p^5$	$4s^24p^5$	$5s^25p^5$
主要氧化数	−1、0	−1、0、+1、+3、+5、+7	−1、0、+1、+3、+5、+7	−1、0、+1、+3、+5、+7
原子半径/pm	64	99	114	133
第一电离能 I_1/kJ·mol^{-1}	1681	1251	1140	1008
电子亲和能 E_{A1}/kJ·mol^{-1}	−327.9	−349	−324.7	−295.1
电负性 (Pauling)	4.0	3.2	3.0	2.7

卤素是相应各周期中（稀有气体除外）原子半径最小，电负性最大的元素，它们的非金属性是同周期元素中最强的。从表 14.1 数据可看出，卤素原子的第一电离能都比较大，说明卤素原子在化学变化中失去电子比较困难，难以形成阳离子。事实上在卤素中只有半径最大、电离能最小的碘才有可能失去电子，形成阳离子，如 $I(CH_3COO)_3$、$I(ClO_4)_3$ 等。

同族中，从氟到碘电离能、电负性逐渐减小。但由于氟的原子半径太小，电子云密度大，因此，氟的电子亲和能反而低于氯和溴。

卤素原子的价层电子构型为 ns^2np^5，得到 1 个电子即可呈稳定的稀有气体外层电子构型（ns^2np^6），因此卤素在化合物中最常见的氧化值为−1。例如，与活泼金属形成的离子型化合物 LiF、NaCl、KCl、$CaCl_2$ 等；与电负性较大的非金属元素形成的共价化合物 HCl、$CHCl_3$ 等。氯、溴、碘与电负性较大的元素化合（如卤素的含氧酸及其盐、卤素互化物 ClF_3、BrF_5、IF_7 等）时，可表现出正氧化值：+1、+3、+5 和 +7，并且相邻氧化值之间的差数均为 2。这是由于卤素原子的价层电子构型为 ns^2np^5，其中一个电子未成对，其他 6 个电子已成对，所以反应时，首先是未成对的电子参与成键，以后每拆开一对电子就可同时多形成两个共价键。

卤族元素中，氟是元素周期表所有元素中电负性最大的元素，所以氟元素在化合物中的氧化值只能为−1，而与其化合的元素往往呈现最高氧化值。这主要是由于氟原子半径小，空间位阻较小，中心原子周围可以接受较多的氟原子。

卤素标准电极电势图如图 14.1 所示。

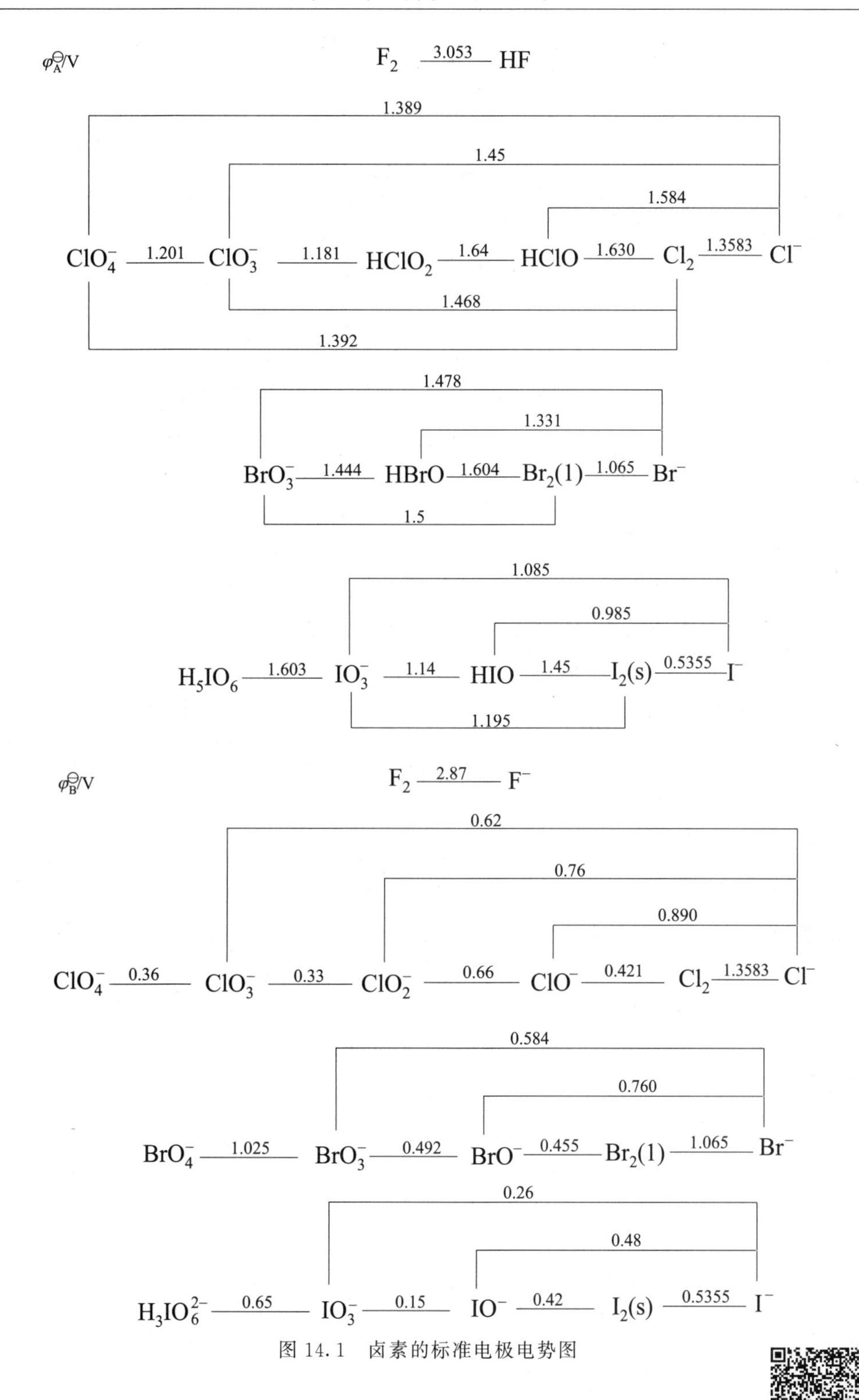

图 14.1　卤素的标准电极电势图

14.2.2　卤素单质

卤素单质

(1) 物理性质

卤素单质都是双原子分子，固态时为分子晶体，所以熔、沸点都比较低。

从 F_2 到 I_2，随着分子量的依次增大，分子间色散力逐渐增大，因而卤素单质的熔点、沸点、汽化焓和密度等依次增大。常温常压下，氟和氯是气体，溴是液体，碘是带有金属光泽、易于升华的固体。卤素单质的物理性质见表 14.2。

表 14.2 卤素单质的物理性质

卤素单质	氟(F_2)	氯(Cl_2)	溴(Br_2)	碘(I_2)
聚集状态	气	气	液	固
颜色	浅黄	黄绿	红棕	紫黑
熔点/℃	−219.6	−101	−7.2	113.5
沸点/℃	−188	−34.6	58.78	184.3
$\Delta_{vap}H_m^{\ominus}$/kJ·mol^{-1}	6.32	20.41	30.71	46.61
溶解度/g·(100 g H_2O)$^{-1}$	分解水	0.732	3.58	0.029
密度/g·cm^{-3}	1.11(l)	1.57(l)	3.12(l)	4.93(s)

卤素单质均有刺激性气味，强烈刺激眼、鼻、气管的黏膜，吸入较多卤素单质的蒸气会引起严重中毒。少量的氯气具有杀菌作用，可用于自来水消毒。但液溴可灼伤皮肤，不能直接接触。若溅到身上，应立即用大量水冲洗，再用 5% $NaHCO_3$ 溶液淋洗后敷上药膏。

卤素单质都有颜色。随着原子序数和原子半径的逐渐增加，外层轨道之间的能级差逐渐变小，电子跃迁时需要的能量逐渐降低，吸收光波长逐渐增加，使得单质的颜色逐渐加深。所以，卤素单质的颜色从 F_2 到 I_2 为浅黄、黄绿、红棕、紫黑。

氟与水剧烈反应而放出氧气。常温下，Cl_2、Br_2、I_2 在水中的溶解度（g/100 g H_2O）分别为 0.732、3.580、0.029，其水溶液分别称为氯水、溴水和碘水。卤素单质在有机溶剂中的溶解度比在水中的溶解度大得多。溴在有机溶剂中随着浓度的增大，颜色逐渐加深，呈黄到棕红的颜色。碘溶液的颜色则随着溶剂的不同而有所不同，在介电常数较大的溶剂如水、醇、醚中呈棕色或红棕色，在介电常数较小的溶剂如四氯化碳、二硫化碳中则呈本身的紫色。利用碘在有机溶剂中的易溶性，可以把它从溶液中分离出来。

碘难溶于水，但易溶于碘化物（如 KI）的溶液中，这主要是由于 I_2 与 I^- 形成了 I_3^- 的缘故，碘化物溶液的浓度愈大，溶解的碘愈多，溶液颜色愈深。

（2）化学性质

由于卤素原子都有获得一个电子而形成卤素阴离子的强烈趋势，所以卤素化学活泼性高、氧化能力强。除 I_2 外，其他均为强氧化剂，F_2 是卤素单质中最强的氧化剂，也是所有元素单质中最强的氧化剂（见表 14.3）。随着 X 原子半径的增大，卤素单质的氧化能力依次减弱。由图 14.1 可知：

卤素单质的氧化能力顺序为：$F_2>Cl_2>Br_2>I_2$

卤素离子的还原能力顺序为：$I^->Br^->Cl^->F^-$

表 14.3 卤素单质相关电对的电极电势

电对	F_2/F^-	Cl_2/Cl^-	Br_2/Br^-	I_2/I^-	O_2/H_2O		
					pH=0	pH=7	pH=14
$\varphi^{\ominus}$/V	2.87	1.36	1.07	0.54	1.23	0.816	0.401

卤素的化学性质主要表现为以下几点。

① 卤素与金属、非金属单质的反应　F_2 能与所有金属直接反应生成高价态氟化物，但在干燥状态下 F_2 与 Cu、Ni 和 Mg 作用时，由于在金属表面形成一种致密的金属氟化物保

护膜，阻止进一步的氧化，因此 F_2 可以储存在铜、镍、镁或它们的合金制成的容器中。Cl_2 能与多数金属直接反应生成相应化合物，但反应比氟平稳得多。Cl_2 在干燥的情况下不与铁作用，因此 Cl_2 可以储存于铁制的容器中。Br_2 和 I_2 只能与较活泼的金属直接反应生成相应化合物，与其他金属的反应需在加热情况下进行。

F_2 能与除 O_2、N_2、稀有气体以外的所有非金属单质直接化合，并且反应非常激烈，常伴随着燃烧和爆炸；Cl_2、Br_2 能与多数非金属直接反应，但反应比 F_2 平稳得多；I_2 只能与少数非金属直接反应生成共价型化合物。

卤素单质都可与 H_2 进行反应，F_2 与 H_2 在冷、暗处即可发生爆炸；Cl_2 与 H_2 在室温下反应缓慢，但在强光照射或高温下反应迅速，并可发生爆炸；Br_2 与 H_2 的反应需加热或紫外线照射下才能进行，且反应不完全；I_2 与 H_2 的反应需要催化剂和更高的温度，转化率比 Br_2 与 H_2 的反应更低。

② 卤素单质与水的反应　卤素与水可发生两类化学反应。一类反应是卤素对水的氧化作用，即卤素单质从水中置换出氧气的反应：

$$2X_2+2H_2O = 4HX+O_2\uparrow$$

由相关电对的电极电势可以看出，F_2、Cl_2、Br_2 都能与 H_2O 发生氧化还原反应，但反应进行的速率和程度不同，而 I_2 不能与水反应。

F_2 氧化性最强，与水反应剧烈：

$$2F_2+2H_2O = 4HF+O_2\uparrow$$

Cl_2 须在光照下缓慢与水反应放出 O_2；Br_2 与水作用放出 O_2 的反应非常缓慢，而当溴化氢浓度高时，HBr 会与 O_2 作用而析出 Br_2；碘不能置换出水中的氧，相反，HI 可被 O_2 氧化，而析出 I_2：

$$2I^-+2H^++\frac{1}{2}O_2 = I_2+H_2O$$

卤素与水可发生的第二类反应是水解作用，即卤素在水中的歧化反应：

$$X_2+H_2O \rightleftharpoons H^++X^-+HXO$$

F_2 只能与水发生第一类反应。Cl_2、Br_2、I_2 与水之间的反应较弱，主要以歧化反应为主。卤素与水之间的歧化反应是可逆反应，反应的标准平衡常数从 Cl_2 到 I_2 依次降低 [$K^\ominus(Cl_2)=4.2\times10^{-4}$, $K^\ominus(Br_2)=7.2\times10^{-9}$, $K^\ominus(I_2)=2.0\times10^{-13}$]，加酸能抑制卤素的水解；加碱则促进水解。

(3) 卤素单质的制备和用途

在自然界中，卤素大多以 −1 价离子的化合物形式存在，因此，卤素单质的制备一般采用氧化卤素阴离子的方法制得。

$$2X^- - 2e^- = X_2$$

由于 X^- 还原能力各不相同，也决定了其制备方法各有不同。

① 氟的制备　F_2 主要采用电解法制备。这是由于氟是很强的氧化剂，很少有比氟更强的氧化剂能将 F^- 氧化。通常是电解三份氟氢化钾（KHF_2）与两份无水氟化氢的熔融混合物（熔点为 72 ℃），目的是减少 HF 的挥发，并且可降低电解质的熔点，增强导电性。

$$2KHF_2 \xlongequal{电解} 2KF+F_2(阳极)\uparrow+H_2(阴极)\uparrow$$

由于 F^- 还原性最差，所以过去一直无法通过化学的方法制备 F_2。直到 1986 年才由化学家 K. Christe 设计出制备 F_2 的化学反应：

$$K_2MnF_6 + 2SbF_5 \xlongequal{150\ ℃} 2KSbF_6 + MnF_3 + \frac{1}{2}F_2\uparrow$$

但目前使用的仍然是电解法。

氟在核燃料工业上用于分离 ^{235}U 和 ^{238}U，因铀的化合物中只有 UF_6 具有挥发性，先将铀氧化成 UF_6，然后用气体扩散法将两种铀的同位素分离，可把 ^{235}U 富集到 97.6%。另外氟还用来合成各种冷却剂（如氟里昂 F-12：CF_2Cl_2，F-13：$CClF_3$）、合成高化学稳定性的材料 Teflon（聚四氟乙烯）。氟化烃可作血液的临时代用品，氟化物玻璃（主要成分为 ZrF_4-BaF_2-NaF）可制作光电纤维，氟与金属锂可制成高能量电池。

② 氯气的制备　实验室通常用 MnO_2 和浓盐酸反应制取氯气，也可用 $KMnO_4$、$K_2Cr_2O_7$ 等与浓盐酸反应制取氯气：

$$MnO_2 + 4HCl(浓) \xlongequal{\triangle} MnCl_2 + Cl_2\uparrow + 2H_2O$$

$$2KMnO_4 + 16HCl(浓) \xlongequal{} 2MnCl_2 + 2KCl + 5Cl_2\uparrow + 8H_2O$$

在工业上，氯气是电解饱和食盐水溶液制备烧碱的副产品：

$$2NaCl(aq) + 2H_2O \xlongequal{电解} 2NaOH + Cl_2\uparrow(阳极) + H_2\uparrow(阴极)$$

氯是重要的工业原料，大量氯气用于制造盐酸、农药、染料、聚氯乙烯塑料、有机溶剂等，也用于纸浆和棉布的漂白以及饮用水的消毒。但氯可与水中所含的有机烃形成致癌的氯代烃，近年来逐步改用臭氧或二氧化氯（ClO_2）作饮用水的消毒剂。

③ 单质溴的制备　工业上从海水或卤水中提取溴时，先将氯气通入晒盐后留下的苦卤中（pH 为 3.5 左右）置换出单质 Br_2：

$$Cl_2 + 2Br^- \xlongequal{} 2Cl^- + Br_2$$

再用空气把生成的 Br_2 吹出，并用 Na_2CO_3 溶液吸收。Br_2 在碱中歧化：

$$3CO_3^{2-} + 3Br_2 \xlongequal{} 5Br^- + BrO_3^- + 3CO_2\uparrow$$

将溶液浓缩后用硫酸酸化就制得单质溴：

$$5Br^- + BrO_3^- + 6H^+ \xlongequal{} 3Br_2 + 3H_2O$$

溴主要用于制造染料、照相感光剂、药剂、农药和汽油抗爆剂等。

④ 单质碘的制备　碘主要从富含 I^- 的海藻中提取，制备原理与制溴相似。将 Cl_2 通入用水浸取海藻所得的溶液，则 I^- 可被氧化为 I_2：

$$Cl_2 + 2I^- \xlongequal{} 2Cl^- + I_2$$

$$I_2 + I^- \rightleftharpoons I_3^-$$

再用离子交换树脂加以浓缩。注意，用此法制取碘时，氯气不能过量，因为过量的氯气可将 I_2 进一步氧化：

$$I_2 + 5Cl_2 + 6H_2O \xlongequal{} 2IO_3^- + 10Cl^- + 12H^+$$

智利硝石提取 $NaNO_3$ 后的母液中含有一定量的 $NaIO_3$，向其中加入还原剂 $NaHSO_3$ 也可得到碘：

$$2NaIO_3 + 5NaHSO_3 \xlongequal{} I_2 + 3NaHSO_4 + 2Na_2SO_4 + H_2O$$

碘是制造各种无机及有机碘化物的重要原料，也是人体和动植物中不可缺少的元素之一。碘和碘化钾的酒精溶液（碘酒）在医药上用作消毒剂。在食盐中加碘（主要是 KIO_3），能预防甲状腺肿病。碘化银用于人工降雨和人工防雹。

14.2.3　卤化氢和氢卤酸

(1) 性质

卤素的氢化物称为卤化氢，包括 HF、HCl、HBr、HI。常温下卤化氢均为无色、有强刺激性气味的气体，在潮湿的空气中产生白色酸雾。卤化氢是极性较强的分子，易溶于水，卤化氢的水溶液称为氢卤酸。液态 HX 都不导电。卤化氢的一些主要性质列于表 14.4 中。

卤素氢化物

表 14.4　卤化氢的一些性质

性质	HF	HCl	HBr	HI
熔点/℃	−83.1	−114.8	−88.5	−50.8
沸点/℃	19.54	−84.9	−67	−35.38
$\Delta_f H_m^\ominus$/kJ·mol^{-1}	−271.1	−92.307	−36.4	26.48
键能/kJ·mol^{-1}	568.6	431.8	365.7	298.7
$\Delta_{vap} H_m^\ominus$/kJ·mol^{-1}	30.31	16.12	17.62	19.77
分子偶极矩 $\mu/10^{-30}$C·m	6.40	3.61	2.65	1.27
表观解离度(0.1 mol·L^{-1},18℃)/%	10	93	93.5	95
溶解度/g·(100g H_2O)$^{-1}$	35.3	42	49	57

从表中数据可以看出，卤化氢的极性按 HF、HCl、HBr、HI 的顺序依次减弱；分子间作用力依 HCl、HBr、HI 顺序依次增强，因此，它们的熔、沸点依次升高。但 HF 在许多性质上表现出例外，如熔、沸点和汽化热偏高。这是由于 HF 分子间存在较强的氢键。从化学性质来看，氢卤酸也表现出规律性的变化，同样氢氟酸也表现出一些特殊性。

① 酸性

在氢卤酸中，氢氯酸（盐酸）、氢溴酸和氢碘酸都是强酸，且酸性依次增强，只有氢氟酸是一种弱酸。无机化合物的酸性与酸根离子的电荷、半径有关系。如果酸根离子电荷数越多、半径越小，则对 H^+ 的静电引力越强，酸性较弱。相反，如果酸根离子电荷数越少、半径越大，对 H^+ 的作用力越弱，酸性越强。盐酸、氢溴酸、氢碘酸中离子半径相对大小为：$Cl^- < Br^- < I^-$，故酸性依次增强；F^- 半径很小，对 H^+ 的作用力较强，则显弱酸性。

氢氟酸不同于一般弱酸，它的酸性随着溶液浓度的增大而增强，当其浓度大于 5 mol·L^{-1}时已呈强酸性。这一反常现象是因为当 HF 浓度增大时，生成了缔合离子 HF_2^-、$H_2F_3^-$ 等，促使 HF 进一步解离。

$$HF \rightleftharpoons H^+ + F^- \qquad K_a^\ominus(HF) = 6.3\times10^{-4}$$

$$HF + F^- \rightleftharpoons HF_2^- \qquad K_a^\ominus(HF_2^-) = 5.1$$

$$2HF \rightleftharpoons H^+ + HF_2^- \qquad K_a^\ominus = K_a^\ominus(HF)K_a^\ominus(HF_2^-) = 3.2\times10^{-3}$$

② 还原性

卤化氢的还原能力按 HF、HCl、HBr、HI 顺序依次增强。氢碘酸还原性较强，室温下即可被空气中的氧氧化，生成碘单质；氢溴酸与氧的反应进行得很慢；HCl 需遇强氧化剂（F_2、MnO_2、$KMnO_4$、PbO_2 等）才能被氧化；HF 还原性极弱，不能被一般氧化剂所氧化。

X^- 还原性的强弱可以通过卤化物与浓硫酸的反应来比较：

$$NaCl + H_2SO_4(浓) = NaHSO_4 + HCl$$

$$2NaBr + 2H_2SO_4(浓) = SO_2 + Br_2 + Na_2SO_4 + 2H_2O$$

$$8NaI + 5H_2SO_4(浓) = H_2S + 4I_2 + 4Na_2SO_4 + 4H_2O$$

浓硫酸未将 Cl^- 氧化，而 Br^- 和 I^- 均被氧化成单质，不同的是 Br^- 和 I^- 将 +6 价的 S 分别还原成 SO_2 和 H_2S。

③ 热稳定性

卤化氢受热时分解为卤素单质：

$$2HX = H_2 + X_2$$

从卤化氢标准摩尔生成焓的数据可以看出：卤化氢的热稳定性按照从 HF 到 HI 的顺序依次降低。HF 的 $\Delta_f H_m^\ominus$ 为 $-271.1\ kJ \cdot mol^{-1}$，加热至 1000 ℃ 还无明显分解现象。而 HI 的 $\Delta_f H_m^\ominus$ 仅为 $26.48\ kJ \cdot mol^{-1}$，加热到 300 ℃左右即分解为碘单质和氢气。

④ 氢氟酸的特殊性

氢氟酸溶液（或 HF 气体）都能和 SiO_2 作用生成气态 SiF_4：

$$SiO_2 + 4HF = SiF_4(g) + 2H_2O$$

因此，氢氟酸或 HF 气体对玻璃、陶瓷等含有 SiO_2 组分的器皿都有强腐蚀作用，必须用塑料容器或内涂石蜡的容器贮存。

氢氟酸被广泛用于测定矿物或钢样中 SiO_2 的含量，还用在玻璃器皿上刻蚀标记和花纹。氟化氢有氟源之称，利用它可制取单质氟和许多氟化物。氟化氢对皮肤会造成难以治疗的灼伤，所以使用时必须注意安全。

（2）制备

卤化氢的制备方法主要有单质合成、复分解反应、卤化物水解等。

① 利用萤石（CaF_2）与浓 H_2SO_4 的复分解反应制备 HF：

$$CaF_2(s) + H_2SO_4(浓) = CaSO_4(s) + 2HF\uparrow$$

因为 HF 腐蚀玻璃，一般在铂制器皿中进行。

② 在实验室中，少量的氯化氢可用 NaCl 与浓 H_2SO_4 反应制得 HCl：

$$NaCl(s) + H_2SO_4(浓) = NaHSO_4 + HCl\uparrow$$

工业上，盐酸主要是利用氯碱工业副产的 Cl_2 和 H_2 在合成炉中燃烧化合得到：

$$H_2 + Cl_2 = 2HCl$$

经冷却、用水或稀盐酸吸收，可以制得含量约 30％的浓盐酸。

③ HBr 和 HI 也可通过复分解反应制得，但要用非氧化性酸（如 H_3PO_4）代替浓硫酸。否则浓 H_2SO_4 会将生成的 HBr 和 HI 氧化为单质：

$$2HBr + H_2SO_4(浓) = Br_2 + SO_2\uparrow + 2H_2O$$

$$8HI + H_2SO_4(浓) = 4I_2 + H_2S\uparrow + 4H_2O$$

实验室中制备溴化氢和碘化氢，常用非金属卤化物水解的方法。例如三溴化磷、三碘化磷极易水解，遇水即反应生成溴化氢和碘化氢：

$$PBr_3 + 3H_2O = H_3PO_3 + 3HBr\uparrow$$

$$PI_3 + 3H_2O = H_3PO_3 + 3HI\uparrow$$

实际操作中并不需要先制备 PBr_3 或 PI_3，而是将 Br_2 逐滴加在磷和少许水的混合物上，或把水滴加到碘和磷的混合物中，即可不断产生溴化氢或碘化氢：

$$3Br_2 + 2P + 6H_2O = 2H_3PO_3 + 6HBr\uparrow$$

$$3I_2 + 2P + 6H_2O = 2H_3PO_3 + 6HI\uparrow$$

在氢卤酸中，最重要的是盐酸，盐酸是工业上三酸两碱（硫酸、盐酸、硝酸；氢氧化钠、碳酸钠）之一，是重要的化工原料和化学试剂，广泛应用于化学工业、冶金工业、石油工业、纺织工业和食品工业等。常用的浓盐酸的质量分数为 37%，密度为 1.19 g·cm^{-3}，浓度约为 12 mol·L^{-1}。

14.2.4　卤化物

卤素和电负性比它小的元素组成的二元化合物叫卤化物。卤化物是一类重要的无机化合物，电负性较小的金属元素，如碱金属、碱土金属、镧系元素和 d 区一些低氧化态金属离子与卤素形成离子型卤化物。离子型卤化物熔、沸点高，能溶于极性溶剂，熔融条件下能导电。非金属和多数高氧化态的 d 区金属离子与卤素形成共价型化合物。共价型卤化物熔、沸点低，常温下为气体（SiF_4）、液体（CCl_4）或易升华的固体（$AlCl_3$），导电性差，易溶于有机溶剂，难溶于水，有些在水溶液中发生水解。

离子型卤化物与共价型卤化物之间没有严格的界限。例如 $FeCl_3$，熔、沸点低，易溶于有机溶剂，说明 $FeCl_3$ 是共价化合物，但它在熔融时能够导电。

卤化物化学键的类型与成键元素的电负性、原子或离子半径以及金属离子的电荷有关。随着金属离子半径的减小、离子电荷的增加以及卤素离子半径的增大，键型逐渐由离子型向共价型过渡。

(1) 卤化物的键型与性质

① 同周期元素卤化物，由左向右，从离子型逐渐过渡到共价型。以第三周期元素氟化物为例，NaF、MgF_2、AlF_3 均为离子型化合物，熔、沸点较高，熔融时导电，而 SiF_4、PF_5、SF_6 则属共价型化合物，熔点很低，熔融时不导电（见表 14.5）。

表 14.5　第三周期元素氟化物性质和键型

氟化物	NaF	MgF_2	AlF_3	SiF_4	PF_5	SF_6
熔点/℃	993	1250	1040	−90	−83	−51
沸点/℃	1695	2260	1260	−86	−75	−64(升华)
熔融态导电性	易	易	易	不能	不能	不能
键型	离子型	离子型	离子型	共价型	共价型	共价型

② 同主族元素卤化物，从上到下，由共价键向离子键过渡。如ⅤA 族元素氟化物，NF_3、PF_3、AsF_3 均为共价型化合物，SbF_3 为过渡型化合物，BiF_3 为离子型化合物（见表 14.6）。

表 14.6　ⅤA 族元素氟化物性质和键型

氟化物	NF_3	PF_3	AsF_3	SbF_3	BiF_3
熔点/℃	−206.6	−151.5	−85	292	727
沸点/℃	−129	−101.5	−63	319(升华)	102.7(升华)
熔融态导电性	不能	不能	不能	难	易
键型	共价型	共价型	共价型	过渡型	离子型

③ 同一金属的不同卤化物，从氟化物到碘化物，键型由离子键过渡到共价键。如铝的卤化物（见表 14.7）。

表 14.7　AlX_3 的性质和键型

卤化物	AlF_3	$AlCl_3$	$AlBr_3$	AlI_3
熔点/℃	1010	190(加压)	97.5	191
沸点/℃	1260	178(升华)	263.3	360
熔融态导电性	易	难	难	难
键型	离子型	共价型	共价型	共价型

④ 同一金属不同氧化数的卤化物，氧化数高的卤化物具有更多的共价性（见表 14.8）。

表 14.8 不同氧化数氯化物的熔点、沸点和键型

氯化物	$SnCl_2$	$SnCl_4$	$PbCl_2$	$PbCl_4$
熔点/℃	246	−33	501	−15
沸点/℃	652	114	950	105
键型	离子型	共价型	离子型	共价型

(2) 金属卤化物的溶解性和水解性

氯、溴、碘的卤化物大多易溶于水，其银盐（AgX）、铅盐（PbX_2）、亚汞盐（Hg_2X_2）、亚铜盐（CuX）是难溶的。氟化物大多难溶于水，只有少数如 AgF、PbF_2、Hg_2F_2 及ⅠA族（Li 除外）的氟化物易溶于水。金属卤化物溶解度的大小，与金属离子和卤素离子的电子构型、相互之间的极化作用等因素有关。

卤化物中，氯化物、溴化物、碘化物的溶解性非常相似，而氟化物的表现比较反常。比如卤化银系列，Ag^+ 极化力强、变形性大，对 Cl^-、Br^-、I^- 有着较强的极化作用，因此 AgCl、AgBr、AgI 都是共价型化合物，难溶于水；而 F^- 半径小，不易变形，与 Ag^+ 之间的极化作用较弱，所以 AgF 是离子型化合物，易溶于水。再如 CaX_2 系列，因为 Ca^{2+} 属 8 电子构型，极化力较弱，所以卤化钙都是离子型化合物，$CaCl_2$、$CaBr_2$、CaI_2 均易溶于水；而 F^- 半径较小，与 Ca^{2+} 之间的吸引力较强，因此 CaF_2 离子键强度大、晶格能大，其晶格不易被水分子破坏，故难溶于水。

不同元素的卤化物，在溶解的同时发生水解的情况也有不同。活泼金属卤化物如 NaCl 是不水解的。随金属离子的碱性减弱，其水解程度增强。共价型卤化物易水解。卤化物的水解也与离子间的极化作用密切相关。

(3) 卤化物的制备

① 卤化氢或氢卤酸直接与活泼金属、金属氧化物、氢氧化物以及挥发性酸的盐作用，如：

$$Zn+2HCl = ZnCl_2+H_2\uparrow$$

$$CuO+2HCl = CuCl_2+H_2O$$

$$NaOH+HCl = NaCl+H_2O$$

$$CaCO_3+2HCl = CaCl_2+H_2O+CO_2\uparrow$$

② 金属与卤素在高温干燥条件下直接化合，如：

$$2Al+3Cl_2 \xlongequal{350\sim400\ ℃} 2AlCl_3$$

$$2Fe+3Cl_2 \xlongequal{燃烧} 2FeCl_3$$

③ 金属氧化物的卤化，如：

$$TiO_2(s)+2Cl_2(g)+C(s) \xlongequal{800\sim900℃} TiCl_4(l)+CO_2(g)$$

卤素含氧酸

14.2.5 卤素的含氧酸及其盐

氯、溴、碘均可生成含氧酸，卤素含氧酸的形式有 HXO（次卤酸）、HXO_2（亚卤酸）、HXO_3（卤酸）和 HXO_4（高卤酸），其中卤素的氧化数分别为 +1、+3、+5 和 +7。卤素含氧酸不稳定，大多数只存在于水溶液中，或以含氧酸盐形式存在。

氟的电负性大于氧，所以过去认为氟不生成含氧酸。1971 年，N. H. Studier 和 E. H. Appelman 将氟从细冰表面通过，在 −40 ℃ 下收集产物，得到了毫克量的无色化合物 HOF。HOF 性质极不稳定，室温下分解。

卤素含氧酸及其酸根离子的空间结构可以通过价层电子对互斥理论来推测。

在卤素含氧酸及其盐中，卤素原子一般采取 sp^3 杂化，所以含氧酸分子及其含氧酸根均为正四面体构型（见图 14.2）。卤素原子以 sp^3 杂化轨道与羟基氧的 p 轨道重叠（sp^3-p）形成 σ 键，与端基氧除 sp^3-p 重叠形成 σ 键外，还形成有 d-p π 键。由于氟原子没有空 d 轨道，因此在 HOF 中，氟原子与氧之间没有 d-p π 键。

只有正高碘酸 H_5IO_6 的构型为正八面体。

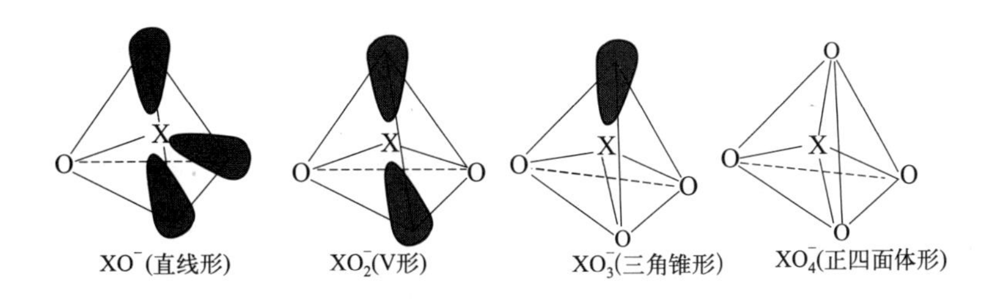

图 14.2　卤素含氧酸的分子构型图

(1) 次卤酸及其盐

HClO、HBrO、HIO 都是弱酸，298 K 时其 $K^{\ominus}$ 分别为 2.9×10^{-8}、2.8×10^{-9}、3.2×10^{-11}，酸性依次降低，HIO 已呈两性。HXO 都不稳定，仅存在于稀的水溶液中，从 Cl 到 I 稳定性减小。浓度大或见光时分解放出 O_2，加热时歧化得到卤酸：

$$2HXO \xlongequal{光照} 2HX + O_2\uparrow$$

$$3HXO \xlongequal{\triangle} 2HX + HXO_3$$

次卤酸及其盐中，比较常用的是次氯酸盐，如 NaClO、$Ca(ClO)_2$ 等，次氯酸盐具有较强的氧化性，是常用的氧化剂。

将氯气通入水中时，Cl_2 与 H_2O 发生作用生成 HClO 和 Cl^-：

$$Cl_2 + H_2O \rightleftharpoons HClO + Cl^- + H^+, \qquad K^{\ominus}=4.2\times10^{-4}$$

上述反应为可逆反应，所得的次氯酸浓度很低，如往氯水中加入能和 HCl 作用的物质（如 HgO、Ag_2O、$CaCO_3$ 等），则可使平衡右移，从而得到浓度较大的次氯酸溶液。例如：

$$2Cl_2 + 2HgO + H_2O \xlongequal{} HgO\cdot HgCl_2\downarrow + 2HClO$$

次氯酸是很弱的酸，其酸性比碳酸还弱，它是很强的氧化剂。氯气具有漂白性就是由于它与水作用而生成次氯酸的缘故，所以完全干燥的氯气没有漂白能力。次氯酸作氧化剂时，本身被还原为 Cl^-。

把氯气通入冷碱溶液，可生成次氯酸盐：

$$Cl_2 + 2NaOH \xlongequal{} NaClO + NaCl + H_2O$$

次氯酸钠和漂白粉都是常用的漂白剂，漂白粉的有效成分是次氯酸钙 $Ca(ClO)_2$。进行漂白时一般用稀酸将溶液调至弱酸性，以使 HClO 游离出来，增强漂白效果。漂白粉在空

$$2Cl_2+3Ca(OH)_2 \xrightarrow{40\ ℃以下} \underbrace{Ca(ClO)_2+CaCl_2 \cdot Ca(OH)_2 \cdot H_2O}_{漂白粉}+H_2O$$

气中长期存放时会吸收 CO_2 和 H_2O，二氧化碳从漂白粉中将弱酸 HClO 置换出来，因分解而失效。

$$Ca(ClO)_2+CaCl_2 \cdot Ca(OH)_2 \cdot H_2O+2CO_2 = 2CaCO_3+CaCl_2+2HClO+H_2O$$

次氯酸盐的漂白作用主要是基于次氯酸的氧化性。

（2）亚卤酸及其盐

亚卤酸是最不稳定的卤素含氧酸，其中最稳定的是 $HClO_2$，但也只能在稀溶液中存在。$HClO_2$ 酸性强于 HClO，但其稳定性是氯的含氧酸中最差的。较常用的是其钠盐，$NaClO_2$ 在溶液中较稳定，但受热时会歧化分解：

$$3NaClO_2 \xrightarrow{\triangle} 2NaClO_3+NaCl$$

$NaClO_2$ 在酸性介质中具有强的氧化性，用于棉纺、亚麻、纸浆等漂白时不损伤纤维，是优良的漂白剂，也用于食品、饮用水消毒等方面。

制备 $NaClO_2$ 时，一般是先将 $NaClO_3$ 用草酸钠、甲醇或 Cl^- 等在强酸性介质中还原，得到二氧化氯：

$$Na_2C_2O_4+2NaClO_3+2H_2SO_4 = 2Na_2SO_4+2CO_2\uparrow+2ClO_2\uparrow+2H_2O$$

然后在碱性介质中用双氧水吸收得到亚氯酸钠：

$$2ClO_2+2NaOH+H_2O_2 = 2NaClO_2+2H_2O+O_2\uparrow$$

将亚氯酸的钡盐用硫酸处理：

$$Ba(ClO_2)_2+H_2SO_4 = BaSO_4\downarrow+2HClO_2$$

过滤除去 $BaSO_4$ 可制得纯净的 $HClO_2$ 溶液，但 $HClO_2$ 不稳定，很快分解。

（3）卤酸及其盐

利用卤素单质在碱性水溶液中发生歧化反应的特点，可以制备卤酸盐，酸化后得到卤酸。卤酸的酸性强弱依次为：

$$HClO_3>HBrO_3>HIO_3$$

前二者为强酸，HIO_3 为中强酸。从标准电极电势来看，卤酸都是强氧化剂。但是，溴酸的氧化性大于氯酸和碘酸。氧化能力的大小与稳定性刚好相反，含氧酸及其盐越稳定，其氧化能力越弱；越不稳定，其氧化能力越强。

次氯酸在加热时发生歧化反应而生成氯酸和盐酸。将氯酸钡与硫酸作用也可制得氯酸：

$$Ba(ClO_3)_2+H_2SO_4 = BaSO_4\downarrow+2HClO_3$$

氯酸仅存在于水溶液中，含量超过40%就容易分解，含量再高会迅速分解并发生爆炸。氯酸也是强氧化剂，其还原产物可以是 Cl_2 或 Cl^-，这与还原剂的强弱及氯酸的用量有关。

$$2HClO_3+I_2 = 2HIO_3+Cl_2$$

$$HClO_3+5HCl = 3Cl_2+3H_2O$$

重要的氯酸盐有氯酸钾和氯酸钠。氯气与热的氢氧化钾溶液作用，生成氯酸钾和氯化钾：

$$3Cl_2+6KOH \xrightarrow{冷却} KClO_3+5KCl+3H_2O$$

工业上制备氯酸钾时，常用电解法。先采用无隔膜槽电解饱和食盐水制得 $NaClO_3$ 溶液，再将制得的 $NaClO_3$ 溶液与 KCl 进行复分解反应，由于 $KClO_3$ 的溶解度小，降低温度可使 $KClO_3$ 从溶液中分离出来：

$$NaCl + 3H_2O \xlongequal[\triangle]{电解} NaClO_3 + 3H_2\uparrow$$

$$NaClO_3 + KCl \xlongequal{冷却} KClO_3 + NaCl$$

固体 $KClO_3$ 是强氧化剂，与易燃物质（如硫、磷、碳）混合后，经摩擦或撞击就会爆炸，因此可用来制造炸药、火柴及焰火等。

(4) 高卤酸及其盐

高氯酸是最强的无机含氧酸。$HBrO_4$ 也是强酸，但 H_5IO_6 属于中强酸。因此，高卤酸酸性的强弱顺序为：

$$HClO_4 > HBrO_4 > H_5IO_6$$

用浓硫酸与高氯酸盐反应，可制得高氯酸：

$$KClO_4 + H_2SO_4 \xlongequal{冷却} KHSO_4 + HClO_4$$

通过减压蒸馏可以把 $HClO_4$ 从混合物中分离出来，但温度要低于 365 K。

工业上采用电解氯酸盐以制备高氯酸。在阳极区生成高氯酸盐，经硫酸或盐酸酸化后，再减压蒸馏可得 60% 的 $HClO_4$。

$$ClO_3^- + H_2O - 2e^- \xlongequal{} ClO_4^- + 2H^+$$

高氯酸是无色液体。市售 $HClO_4$ 的含量为 60% ～ 62%，蒸馏得到的最大含量为 71.6%。其稀溶液比较稳定，浓度大时不稳定，易分解：

$$4HClO_4(浓) \xlongequal{} 2Cl_2 + 7O_2 + 2H_2O$$

但质量分数低于 60% 时即使加热也不分解。

正高碘酸 H_5IO_6 是无色晶体，熔点 395 K。在高碘酸分子中，I 采取 sp^3d^2 杂化，分别与 5 个羟基氧和 1 个端基氧结合，分子呈正八面体构型。

高卤酸及其盐具有很强的氧化性，高卤酸的氧化性大小顺序为：

$$HBrO_4 > H_5IO_6 > HClO_4$$

$HClO_4$ 不能被活泼金属 Zn 还原，说明 $HClO_4$ 氧化能力小。这是因为稀溶液中，$HClO_4$ 完全解离，ClO_4^- 为正四面体，对称性高，比较稳定，因此氧化能力低。

高氯酸盐比较稳定，如 $KClO_4$ 的热分解温度高于 $KClO_3$。高温下固体高氯酸盐是强氧化剂。$KClO_4$ 常用于制造炸药。

高氯酸盐的溶解性反常。如常见的碱金属和铵的高氯酸盐，溶解度小，而其余金属的盐易溶。这种现象与其他盐类的溶解性正好相反。

(5) 氯的含氧酸及其盐的性质递变规律

现将氯的含氧酸及其盐的热稳定性、氧化性、酸性变化的一般规律概括如下：

① 氯的含氧酸从 HClO 到 $HClO_4$、含氧酸盐从 ClO^- 到 ClO_4^- 稳定性依次增强，氧化性依次减弱。高氯酸在浓度不太大时几乎不显示氧化性。氯酸盐在碱性或中性溶液中氧化能力很差，但在酸性条件下是强氧化剂。次氯酸则无论在酸性溶液中还是碱性溶液中都是强的氧化剂。

$MClO$	$MClO_2$	$MClO_3$	$MClO_4$	↑热稳定性增大
$HClO$	$HClO_2$	$HClO_3$	$HClO_4$	氧化性减弱

→ 酸性增强，热稳定性增大，氧化性减弱

② 含氧酸有一个共同的规律，即氧化性：含氧酸＞含氧酸盐；热稳定性：含氧酸盐＞含氧酸。

含氧酸酸性的强弱可以用含氧酸中非羟基氧的数目初步判定。氧元素的电负性强于氯元素、吸引电子能力强于氯元素，所以非羟基氧的数目的增加，可以使氯原子的正电性进一步增强，对羟基氧的极化作用进一步增大，从而使羟基上的氢更容易解离，酸性增强。

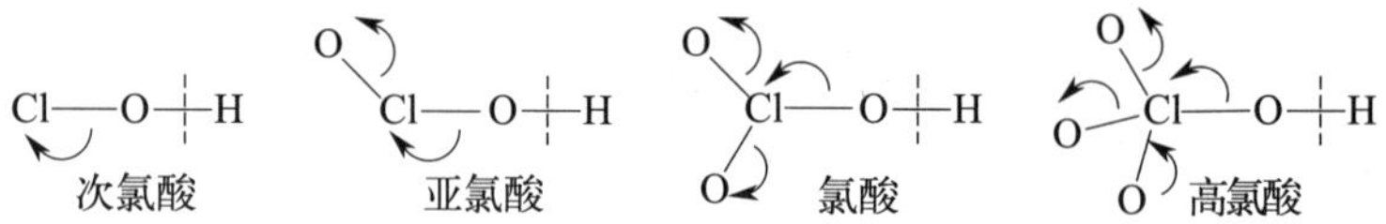

Cl—O—H 次氯酸　　O—Cl—O—H 亚氯酸　　O_2Cl—O—H 氯酸　　O_3Cl—O—H 高氯酸

14.2.6 拟卤素

某些原子团形成的分子，在性质上与卤素相似，它们形成的负一价阴离子与 X^- 的性质相似，这些原子团被称为拟卤素。如氰 $(CN)_2$、硫氰 $(SCN)_2$、氧氰 $(OCN)_2$ 等。

拟卤素与卤素的性质有许多相似之处，如易挥发，具有特殊的刺激性气味；氢化物溶于水后都显酸性；Ag^+、Pb^{2+} 盐难溶于水；在碱性溶液中易发生歧化反应：

$$(CN)_2 + H_2O \xlongequal{} HCN + HOCN$$

$$(CN)_2 + 2OH^- \xlongequal{} CN^- + OCN^- + H_2O$$

拟卤素阴离子与卤素离子一样具有还原性，还原能力的相对顺序为：

$$F^- < OCN^- < Cl^- < Br^- < CN^- < SCN^- < I^-$$

拟卤素离子多为良好配体，可与许多金属离子形成配合物，如 $[Ag(CN)_2]^-$、$[Au(CN)_4]^-$、$[Hg(SCN)_4]^{2-}$、$[Fe(SCN)_n]^{(n-3)-}$ 等，广泛用于冶金、电镀行业和化学分析检测。

氰、氢氰酸、氰化物都剧毒，毫克级剂量即可致死，使用时要特别注意安全。对含氰废水进行处理时，一般是在废水中加入 $FeSO_4$ 和消石灰，将氰化物转化为无毒的亚铁氰化物除去。

$$Fe^{2+} + 6CN^- \xlongequal{} [Fe(CN)_6]^{4-}$$

$$[Fe(CN)_6]^{4-} + 2Ca^{2+} \xlongequal{} Ca_2[Fe(CN)_6]\downarrow$$

$$[Fe(CN)_6]^{4-} + 2Fe^{2+} \xlongequal{} Fe_2[Fe(CN)_6]\downarrow$$

由于氰化物可与一些金属离子如 Au^+、Ag^+ 等形成稳定的配合物，可用于提炼金、银以及电镀。氰化物在医药、农药、有机合成中也有广泛应用，也是实验室和科学研究中常用的化学试剂。

14.3 氧族元素

14.3.1 概述

氧族元素位于元素周期表第ⅥA 族，包括氧（O）、硫（S）、硒（Se）、碲（Te）、钋（Po）。氧是地壳中分布最广和含量最多的元素，遍及岩石层、水层和大气层，氧大约占地壳总质量的 47.4%。氧和硫在自然界中大量以单质状态存在。由于很多金属在地壳中以氧化物和硫化物的形式存在，因而这两种元素又称为成矿元素。硒、碲为稀有元素，通常以硒化物、碲化物形式存在于硫化物矿床中，它们都是半导体材料。钋是放射性元素，存在于含铀和钍的矿床中。氧族元素的基本性质见表 14.9。

表 14.9 氧族元素的基本性质

性质	氧(O)	硫(S)	硒(Se)	碲(Te)	钋(Po)
原子序数	8	16	34	52	84
价电子层结构	$2s^2 2p^4$	$3s^2 3p^4$	$4s^2 4p^4$	$5s^2 5p^4$	$6s^2 6p^4$
主要氧化数	−2，−1，0	−2，0	−2，0	−2，0	
		+2，+4，+6	+2，+4，+6	+2，+4，6	+2，+6
共价半径/pm	66	104	117	137	153
M^{2-}离子半径/pm	140	184	198	221	—
M^{6+}离子半径/pm		29	42	56	67
第一电离能/$kJ \cdot mol^{-1}$	1314	1000	941	869	812
第一电子亲和能/$kJ \cdot mol^{-1}$	−141	−200	−195	−190.2	−173.7
电负性(Pauling)	3.5	2.5	2.5	2.1	2.0

从表 14.9 中可以看出，氧族元素从上往下原子半径和离子半径逐渐增大，电离能和电负性逐渐变小。因而随着原子序数的增加，元素的非金属性逐渐减弱，金属性逐渐增强。氧和硫是典型的非金属元素，硒和碲是准金属元素，而钋是金属元素。

氧族元素的价电子层构型为 ns^2np^4，其原子有获得 2 个电子达到稀有气体的稳定电子层结构的趋势，表现出较强的非金属性。它们在化合物中的常见氧化数为−2。由于氧元素在氧族中电负性最大（仅次于氟），可以和大多金属元素形成二元的离子型化合物；硫、硒、碲与大多数金属元素化合时，主要是形成共价化合物如 CuS、HgS 等，而和活泼金属形成离子型化合物如 Na_2S、BaS 等。氧族元素与非金属元素化合均形成共价化合物。与氟原子类似，在氧族中氧原子的半径小，最外电子层没有 d 轨道，不能形成 d-p π 键，因此，氧的第一电子亲和能比硫小。氧除了与氟化合时显正氧化数外，其氧化数一般为−2，在过氧化物中为−1。硫、硒、碲除有−2 氧化数外，它们的价层均有可供成键的空 d 轨道，还能形成氧化数为 +2，+4 或 +6 的化合物。

14.3.2 氧和臭氧

(1) 氧

自然界中的氧含有三种同位素，即 ^{16}O、^{17}O、^{18}O。其中 ^{16}O 的含量占 99.76%，^{17}O 占 0.04%，^{18}O 占 0.2%。^{18}O 是一种稳定同位素，常作为示踪原子用于化学反应机理的研究。

工业上通过分馏液态空气制取氧气。实验室是以 MnO_2 为催化剂，加热氯酸钾制备氧气。

氧气为无色、无味、无臭的气体。在 90 K 时凝聚成淡蓝色的液体，冷却到 54 K 时变为淡蓝色的固体。氧气是非极性分子，不易溶于极性溶剂（如水），而易溶于有机溶剂（如乙醚）中。在 20 ℃和 101.325 kPa 时，1 L 水中只能溶解 0.03 L 氧气。氧气在水中的溶解度虽然小，但它却是水中生物赖以生存的基础。自然水域的污染，尤其是水中有机质的增多会降低水中的溶氧量，会给水中动植物造成很大的威胁。

O_2 的分子结构为：

:O —— O:　　或 O—O

其分子轨道式为：

$$(\sigma_{1s})^2(\sigma_{1s}^*)^2(\sigma_{2s})^2(\sigma_{2s}^*)^2(\sigma_{2p_x})^2(\pi_{2p_y})^2(\pi_{2p_z})^2(\pi_{2p_y}^*)^1(\pi_{2p_z}^*)^1$$

因此，O_2 具有顺磁性。

O_2 分子中有 4 个净成键电子，使得 O_2 的解离能较大，$D^{\ominus}(O-O)=498.34\ kJ\cdot mol^{-1}$。因此，在常温下氧气的反应活性较差，仅能把某些强还原性物质（如 $SnCl_2$、H_2SO_3、KI 等）氧化。但在加热或高温条件下，除卤素、少数贵金属（Au、Pt 等）以及稀有气体外，氧气几乎能与所有元素直接化合成相应的氧化物。

氧气的用途十分广泛，富氧空气或纯氧用于医疗和高空飞行。大量的纯氧用于炼钢。氢氧焰和氧炔焰用于切割和焊接金属。液氧常用作火箭发动机的助燃剂。

（2）臭氧

臭氧 O_3 是氧气 O_2 的同素异形体，因有一种特殊的腥臭味而得名。臭氧在地表附近的大气层中含量极少，仅占 $1.0\times10^{-3}\ mg\cdot m^{-3}$，而在大气层的最上层，由于太阳对氧气的强烈辐射作用，形成了一层臭氧层。臭氧层能吸收太阳辐射中几乎所有波长（240～310 nm）的紫外辐射，成为保护地球上的生命免受太阳强辐射的天然屏障。对臭氧层的保护已成为全球性的任务。在雷雨天气，空气中的氧气在电火花作用下也部分地转化为臭氧。复印机工作时有臭氧产生。

臭氧分子呈 V 形结构，如图 14.3。中心氧原子采取 sp^2 杂化，形成的三个杂化轨道中，其中一个轨道上为孤电子对，另外两个轨道上为单电子。中心氧原子以两个单电子杂化轨道分别与两旁氧原子一个单电子 p 道重叠，形成 2 个 σ 键。中心氧原子中未参与杂化的 p 轨道上还有一对电子，两旁的氧原子的 p 轨道上各有 1 个电子，它们的轨道互相平行重叠，形成垂直于分子平面的三中心四电子大 π 键，以 π_3^4 表示。这种大 π 键是不定域（或离域）键。臭氧分子是反磁性的，表明其分子中没有成单电子。

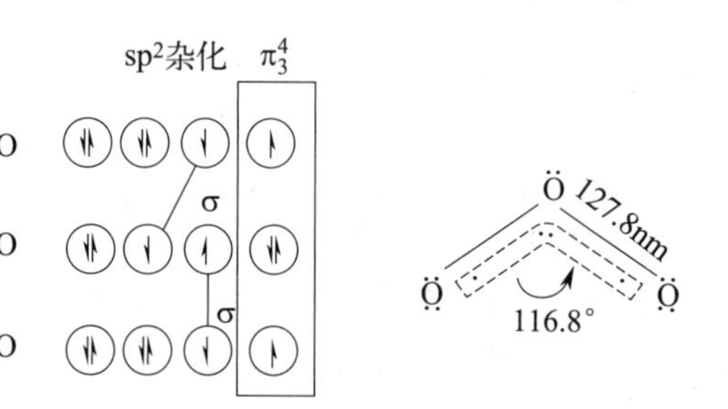

图 14.3　O_3 的分子结构

大 π 键是由三个或三个以上原子形成的 π 键。在三个或三个以上用 σ 键联结起来的原子之间，要形成大 π 键，必须满足下列条件：

① 这些原子都在同一平面上；

② 每一原子有一互相平行的 p 轨道；

③ p 电子数小于 p 轨道数的 2 倍。

臭氧是蓝色具有特殊鱼腥味的气体，在 161 K 时凝聚为深蓝色的液体，在 80 K 时凝结成黑紫色固体。臭氧分子为极性分子（$\mu=1.8\times10^{-30}$ C·m）。臭氧比氧气易溶于水（273 K 时 1 L 水中可溶解 0.49 L O_3）。臭氧可以通过分级液化的方法提纯。

臭氧的化学性质是不稳定性和氧化性。

常温下臭氧分解得很慢，当加热到 437 K 以上时迅速分解。紫外线照射或催化剂（如 MnO_2、PbO_2、铂黑等）的存在可加速反应，但若有水蒸气时，则减慢反应。

$$2O_3 \xlongequal{} 3O_2;\quad \Delta_r H_m^{\ominus}=-286\ \text{kJ}\cdot\text{mol}^{-1}$$

臭氧分解是放热过程，说明 O_3 比 O_2 有更大的化学活性。

O_3 的氧化性比 O_2 强，能氧化许多不活泼单质如 Hg、Ag、S 等。例如：

$$2Ag+2O_3 \xlongequal{} Ag_2O_2+2O_2$$

臭氧能迅速且定量地把 I^- 氧化成 I_2，此反应被用来测定 O_3 的含量：

$$O_3+2I^-+2H^+ \xlongequal{} I_2+O_2\uparrow+H_2O$$

臭氧具有强氧化性，且不容易导致二次污染，常用作消毒杀菌剂、空气净化剂、漂白剂等。在工业废气的处理中，臭氧可把其中的二氧化硫氧化并制得硫酸。在工业废水的处理中，臭氧可把有害的有机物氧化，使其转变成无害物质。在空气中，少量的臭氧（<0.1 mg·m^{-3}）对人体有益，因为它既能消毒杀菌，又能刺激神经中枢，加速血液循环。若含量超过了 0.1 mg·m^{-3}，则对人体以及其他生物造成危害。

14.3.3　过氧化氢

过氧化氢（H_2O_2），俗称双氧水。市售试剂是其 30% 水溶液，医疗上消毒用的为 3% 的 H_2O_2 水溶液。

（1）过氧化氢的结构与性质

过氧化氢分子中有一个过氧基（—O—O—），每个氧原子各连接一个氢原子，分子不是直线型，如图 14.4 所示。H_2O_2 是极性分子[$\mu(H_2O_2)=6.7\times10^{-30}$ C·m]，比水的极性[$\mu(H_2O)=6.0\times10^{-30}$ C·m]更强。

纯过氧化氢是一种近乎无色的黏稠液体，分子间有氢键，由于极性比水强，在固态和液态时分子缔合程度比水大，所以具有较高的沸点（423 K）。H_2O_2 和 H_2O 都是强极性物质，能以任意比例互溶。

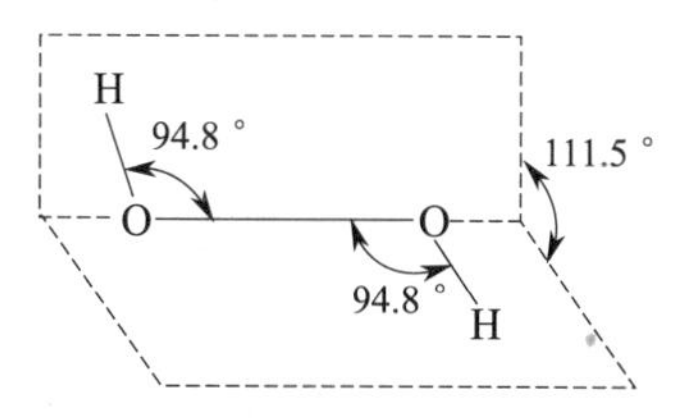

图 14.4　H_2O_2 分子的空间结构

过氧化氢的主要化学性质是不稳定性、弱酸性和氧化还原性。

① 不稳定性

由于过氧基—O—O—键能较小，因此过氧化氢分子不稳定，易分解：

$$2H_2O_2(l) \xlongequal{} 2H_2O(l)+O_2(g);\quad \Delta_r H_m^{\ominus}=-196.06\ \text{kJ}\cdot\text{mol}^{-1}$$

纯过氧化氢在避光和低温下较稳定，常温下分解缓慢，但若受热达到 153 ℃时，即猛烈地爆炸式分解。过氧化氢在碱性介质中的分解速率远比在酸性介质中快，微量杂质或重金属离子（Fe^{2+}、Mn^{2+}、Cu^{2+}、Cr^{3+}）及 MnO_2 等均能加速 H_2O_2 分解。为防止其分解，一般把过氧化氢装在棕色瓶内并置于阴凉处，若能加入一些稳定剂，如微量的锡酸钠、焦磷酸钠或8-羟基喹啉等，效果会更好。

② 弱酸性

H_2O_2 具有极弱的酸性：

$$H_2O_2 \rightleftharpoons HO_2^- + H^+ ; \quad K_{a_1}^{\ominus} = 2.3 \times 10^{-12}$$

H_2O_2 的二级电离常数 $K_{a_2}^{\ominus}$ 更小，其数量级约为 10^{-25}。过氧化氢（H_2O_2）可与碱，如 $Ba(OH)_2$、$Ca(OH)_2$ 等直接反应，例如：

$$H_2O_2 + Ba(OH)_2 = BaO_2 + 2H_2O$$

BaO_2 可看作是 H_2O_2 的盐。

③ 氧化还原性

过氧化氢分子中氧的氧化数为−1，处于中间态，因此，H_2O_2 既有氧化性又有还原性。H_2O_2 在酸性和碱性介质中的标准电极电势如下：

酸性介质：

$$H_2O_2 + 2H^+ + 2e^- \rightleftharpoons 2H_2O \quad \varphi^{\ominus} = 1.763\ V$$

$$O_2 + 2H^+ + 2e^- \rightleftharpoons H_2O_2 \quad \varphi^{\ominus} = 0.695\ V$$

碱性介质：

$$HO_2^- + H_2O + 2e^- \rightleftharpoons 3OH^- \quad \varphi^{\ominus} = 0.867\ V$$

$$O_2 + H_2O + 2e^- \rightleftharpoons HO_2^- + OH^- \quad \varphi^{\ominus} = -0.076\ V$$

从标准电极电势数值可知，H_2O_2 在酸性和碱性介质中均有氧化性，尤其在酸性介质中氧化性更为突出。例如，在酸性溶液中可把 I^- 氧化成 I_2：

$$H_2O_2 + 2I^- + 2H^+ = I_2 + 2H_2O$$

H_2O_2 可把黑色的 PbS 氧化成白色的 $PbSO_4$：

$$PbS + 4H_2O_2 = PbSO_4 \downarrow + 4H_2O$$

这一反应用于油画的漂白。在碱性介质中 H_2O_2 也可以把 $[Cr(OH)_4]^-$ 氧化：

$$2[Cr(OH)_4]^- + 3H_2O_2 + 2OH^- = 2CrO_4^{2-} + 8H_2O$$

H_2O_2 的还原性较弱，只有遇到比它更强的氧化剂时才表现出还原性。在碱性溶液中的还原性比在酸性介质中稍强。例如：

$$2MnO_4^- + 5H_2O_2 + 6H^+ = 2Mn^{2+} + 5O_2 \uparrow + 8H_2O$$

$$Cl_2 + H_2O_2 = 2HCl + O_2 \uparrow$$

前一反应用来测定 H_2O_2 的含量，后一反应在工业上常用于除氯。

一般来说，H_2O_2 的氧化性比还原性显著得多，因此主要用作氧化剂。

(2) 过氧化氢的制备和用途

实验室中，可以将过氧化钠加到冷的稀硫酸或稀盐酸中制备过氧化氢：

$$Na_2O_2 + H_2SO_4 + 10H_2O \xlongequal{低温} Na_2SO_4 \cdot 10H_2O + H_2O_2$$

工业上制备过氧化氢，目前主要有两种方法：电解法和蒽醌法。

电解法：首先电解硫酸氢铵饱和溶液制得过二硫酸铵

$$2NH_4HSO_4 \xlongequal{电解} \underset{(阳极)}{(NH_4)_2S_2O_8} + \underset{(阴极)}{H_2}$$

然后加入适量稀硫酸使过二硫酸铵水解，即得到过氧化氢：

$$(NH_4)_2S_2O_8 + 2H_2O \xlongequal{H_2SO_4} 2NH_4HSO_4 + H_2O_2$$

生成的硫酸氢铵可循环使用。

蒽醌法：以氢和氧作原料，利用 2-乙基蒽醌和钯（或镍）的催化作用制得过氧化氢，总反应为：

$$H_2 + O_2 \xlongequal[\text{Pd 催化}]{\text{2-乙基蒽醌}} H_2O_2$$

过氧化氢的用途主要是基于它的氧化性，它作为氧化剂的优点是还原产物是水，不会给反应体系带来杂质，而且过量的 H_2O_2 通过加热就可除去。过氧化氢还用于漂白纸浆、织物、皮革、油脂、象牙及合成物等，化工生产上用于制取过氧化物、环氧化物、氢醌以及药物（如头孢菌素）等。

14.3.4　硫及其化合物

硫化物、多硫化物

(1) 单质硫

硫在自然界中以单质或化合态存在。单质硫有多种同素异形体，最常见的是斜方硫（正交硫）和单斜硫。斜方硫又叫 α-硫，熔点为 385.8 K，密度为 2.06 g·cm^{-3}；单斜硫又叫 β-硫，熔点为 392 K，密度为 1.99 g·cm^{-3}。斜方硫和单斜硫都溶于 CS_2 中，从 CS_2 中结晶析出，可以得到纯度很高的斜方硫。斜方硫和单斜硫在 369 K 时可相互转变：

$$\text{斜方硫}(S_\alpha) \xrightleftharpoons[\text{369 K 以下}]{\text{369 K 以上}} \text{单斜硫}(S_\beta)$$

斜方硫和单斜硫都是 S_8 环状分子组成的，分子中的每一个硫原子都以 sp^3 杂化轨道与另外两个硫原子形成共价单键，如图 14.5 所示。

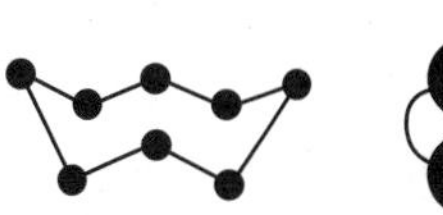

图 14.5　S_8 分子的结构

将晶状硫加热超过其熔点得到黄色流动性液体，其组成主要还是 S_8 环状分子；继续加热到 433 K 以上，S_8 环破裂变成链状的线形分子，并发生聚合作用形成很长的硫链，黏度增加，液体颜色加深。加热到 473 K 附近黏度最大，继续加热到 523 K 以上，长链硫断裂为较小分子（S_6、S_4、S_2 等），液体黏度下降；温度达到硫的沸点 717.8 K 时，液态硫蒸发，硫蒸气中含有 S_8、S_6、S_4、S_2 等分子。在 1273 K 时则主要为 S_2，进一步加热到 2273 K，则主要为单原子 S。

将加热到 473 K 的液态硫迅速倾入冷水中，缠绕在一起的长链状的硫被固定下来，成为可以拉伸的弹性硫。弹性硫具有伸缩性，但放置后会发硬并逐渐变成稳定的晶状硫。弹性硫与晶状硫不同之处在于：晶状硫能溶解在 CS_2 中，而弹性硫只能部分溶解。

硫的化学性质虽不如氧，但还是能与许多金属直接反应，生成相应的金属硫化物。可与非金属氢、氧、碳、卤素（碘除外）、磷等直接作用生成相应的非金属硫化物。还能与氧化性酸、热碱发生反应。

$$S + 2HNO_3(\text{浓}) = H_2SO_4 + 2NO(g)$$

$$3S + 6NaOH(\text{浓}) \xlongequal{\triangle} 2Na_2S + Na_2SO_3 + 3H_2O$$

$$4S(过量)+6NaOH(浓)\xrightarrow{\triangle}2Na_2S+Na_2S_2O_3+3H_2O$$

硫的用途十分广泛，用来生产硫酸、农药、橡胶、纸张、火药、火柴、焰火，在医药上用于治疗癣疥等皮肤病。

(2) 硫化氢

硫化氢是无色、有臭鸡蛋气味的气体，在 213 K 时凝聚成液体，187 K 时凝固。若空气中含有 0.1%的 H_2S 就会引起头痛、眩晕等症状，吸入大量 H_2S 会造成昏迷，甚至死亡。长期与硫化氢接触，会引起嗅觉迟钝、消瘦、头痛等慢性中毒。工业上 H_2S 在空气中的最大允许含量为 0.01 $mg\cdot L^{-1}$。

H_2S 为极性分子，但极性比水小，分子间基本不形成氢键，因此，它的熔点为 187 K，沸点为 217 K，比水低得多。

实验室中常用金属硫化物与非氧化性酸反应来制备少量硫化氢气体：

$$FeS+2HCl \xlongequal{} FeCl_2+H_2S\uparrow$$

由于 H_2S 有毒，存放和使用不方便，所以分析化学中常以硫代乙酰胺作代用品。这是由于硫代乙酰胺缓慢水解：

$$CH_3CSNH_2+2H_2O \xlongequal{} CH_3COO^-+NH_4^++H_2S\uparrow$$

H_2S 能溶于水，通常情况下，1 L 水能溶解 2.6 L 的 H_2S 气体。H_2S 的水溶液叫氢硫酸，饱和溶液的浓度约为 0.1 $mol\cdot L^{-1}$。氢硫酸是二元弱酸，其 $K_{a_1}^{\ominus}=1.1\times10^{-7}$，$K_{a_2}^{\ominus}=1.3\times10^{-13}$。

H_2S 中 S 的氧化数为−2，是硫的最低氧化数。根据标准电极电势，无论在酸性或碱性介质中，H_2S 都具有较强的还原性。

$$酸性介质:S+2H^++2e^- \rightleftharpoons H_2S \qquad \varphi^{\ominus}=0.144V$$

$$碱性介质:S+2e^- \rightleftharpoons S^{2-} \qquad \varphi^{\ominus}=-0.407V$$

H_2S 能被卤素（除氟外）、O_2、SO_2 等氧化剂氧化成单质 S，甚至氧化成硫酸。

$$H_2S+I_2 \xlongequal{} 2HI+S\downarrow$$

$$H_2S+4Cl_2+4H_2O \xlongequal{} H_2SO_4+8HCl$$

氢硫酸在空气中放置，会被空气中氧所氧化而析出单质硫，使溶液变浑浊。

硫化氢气体在空气中燃烧，当空气中氧充足时，生成二氧化硫和水；当氧不足时，则生成硫单质和水，炼油厂利用这个反应，将空气中燃烧的 H_2S 引向冷的表面，使 S 沉积，达到除硫的目的。

(3) 金属硫化物

金属硫化物可以看成是氢硫酸的盐。因为氢硫酸是二元酸，所以有酸式盐和正盐两种类型。酸式盐均易溶于水。正盐中，碱金属（包括 NH_4^+）的硫化物和 BaS 易溶于水，碱土金属硫化物微溶于水（BeS 难溶），其他金属的硫化物大多难溶于水，有些还难溶于酸，并大多具有特征颜色。

金属硫化物溶解度的大小，与离子间的相互极化作用有关。从结构上看，S^{2-} 的离子半径较大，因此变形性较大，如果金属离子的极化力和变形性越大，则与 S^{2-} 之间的相互极化作用就越强，形成的化学键（M—S）的共价成分就越多，其硫化物的溶解度就越小。

根据金属硫化物在酸中的溶解情况，可将其分为四类，见表 14.10。

表 14.10　金属硫化物酸溶解情况分类表

溶于稀盐酸 ($0.3\ mol\cdot L^{-1}$)		难溶于稀盐酸				
		溶于浓盐酸		难溶于浓盐酸		
				溶于浓硝酸		仅溶于王水
MnS（肉色）	CoS（黑色）	SnS（褐色）	Sb_2S_3（橙色）	CuS（黑色）	As_2S_3（浅黄）	HgS（黑色）
ZnS（白色）	NiS（黑色）	SnS_2（黄色）	Sb_2S_5（橙色）	Cu_2S（黑色）	As_2S_5（浅黄）	Hg_2S（黑色）
FeS（黑色）		PbS（黑色）	CdS（黄色）	Ag_2S（黑色）		
		Bi_2S_3（暗棕）				

根据表 14.10 具体讨论金属硫化物在不同酸溶液中的溶解情况：

① 不溶于水但溶于稀盐酸的金属硫化物。此类硫化物的溶度积相对较大，$K_{sp}^{\ominus}>10^{-24}$，与稀盐酸反应即可有效地降低 S^{2-} 浓度而使之溶解，如 ZnS：

$$ZnS+2HCl \longrightarrow ZnCl_2+H_2S\uparrow$$

② 不溶于稀盐酸，但能溶于浓盐酸的金属硫化物。此类硫化物的 $K_{sp}^{\ominus}$ 在 $10^{-30}\sim10^{-25}$ 之间，与浓盐酸作用除产生 H_2S 气体外，还生成配合物，降低了金属离子的浓度。如：

$$PbS+4HCl(浓) \longrightarrow H_2[PbCl_4]+H_2S\uparrow$$

③ 不溶于浓盐酸，但能溶于浓硝酸的硫化物。此类硫化物的溶度积很小，$K_{sp}^{\ominus}<10^{-30}$，与浓硝酸可发生氧化还原反应，溶液中的 S^{2-} 被氧化为 S，S^{2-} 浓度大大降低而使硫化物溶解。如：

$$3CuS+8HNO_3 \longrightarrow 3Cu(NO_3)_2+2NO\uparrow+3S\downarrow+4H_2O$$

④ 不溶于硝酸，仅溶于王水的金属硫化物。这类硫化物的溶度积更小，仅靠硝酸的氧化作用还不足以使其溶解，必须同时借助 Cl^- 与金属离子的配位作用使金属离子的浓度也降低，才能使硫化物溶解。例如：

$$3HgS+2HNO_3+12HCl \longrightarrow 3[HgCl_4]^{2-}+6H^++2NO\uparrow+3S\downarrow+4H_2O$$

由于氢硫酸为弱酸，硫化物在水中都会有不同程度的水解性。例如，Na_2S 在水中几乎完全水解，它的水溶液显碱性，俗称“硫化碱”。在工业上常用价格便宜的 Na_2S 代替 NaOH 作为碱使用。其水解反应为：

$$S^{2-}+H_2O \rightleftharpoons HS^-+OH^-$$

碱土金属的硫化物遇水也可发生水解，例如：

$$2CaS+2H_2O \rightleftharpoons Ca(OH)_2+Ca(HS)_2$$

铝和铬(Ⅲ)的硫化物在水中完全水解：

$$Al_2S_3+6H_2O \longrightarrow 2Al(OH)_3\downarrow+3H_2S\uparrow$$

$$Cr_2S_3+6H_2O \longrightarrow 2Cr(OH)_3\downarrow+3H_2S\uparrow$$

因此，这些金属硫化物不可能用湿法制备，而只能采用干法，如将铝粉和硫粉直接化合制得 Al_2S_3。

(4) 多硫化物

可溶性硫化物（如硫化钠）的浓溶液中加入硫粉时，硫溶解生成相应的多硫化物，例如：

$$Na_2S+(x-1)S \xlongequal{} Na_2S_x \quad (x=2\sim6)$$

其中，S_x^{2-} 叫多硫离子。多硫化物的溶液一般显黄色，且随着 x 值的增大，颜色逐渐从黄色经过橙色而变为红色，$x=2$ 的多硫化物也称为过硫化物。

多硫化物与酸反应生成多硫化氢 H_2S_x，它很不稳定，易生成硫化氢并析出硫。

$$S_x^{2-}+2H^+ \longrightarrow H_2S_x \longrightarrow H_2S+(x-1)S$$

多硫化物中的过硫链和过氧化氢中的过氧链类似，既具有氧化性又具有还原性。例如：

氧化性：　$$Na_2S_2+SnS \xlongequal{} Na_2SnS_3$$

还原性：　$$3FeS_2+8O_2 \xlongequal{} Fe_3O_4+6SO_2$$

多硫化物是分析化学中常用的试剂。Na_2S_2 在制革工业中用作原皮的脱毛剂，CaS_4 在农业上用来杀灭害虫。

(5) 二氧化硫、亚硫酸及其盐

① 二氧化硫

硫的含氧化合物（1）

SO_2 是无色、具有刺激性气味的气体，易溶于水，通常情况下，1 L 水能溶解 40 L 的 SO_2。SO_2 易液化，液态 SO_2 是一种良好的非水溶剂。

SO_2 是主要的大气污染物之一，空气中的含量应小于 0.02 $mg\cdot L^{-1}$。大气中的 SO_2 遇水蒸气形成酸雾，随雨水降落即成酸雨。酸雨能腐蚀建筑物，毁坏森林，使农作物减产，危及动物和人类，对自然界的生态平衡造成极大的威胁。因此，防止 SO_2 污染已成为当今社会的重要课题。

工业上通过燃烧黄铁矿制备 SO_2：

$$3FeS_2+8O_2 \xlongequal{} Fe_3O_4+6SO_2$$

实验室中常用亚硫酸盐与盐酸反应制备少量的 SO_2。

SO_2 中 S 的氧化数为+4，处于中间氧化态，所以，它既有氧化性又有还原性，但还原性较为显著。只有遇到强还原剂时才表现出它的氧化性。

硫酸工业上，利用下列反应把 SO_2 转化为 SO_3：

$$2SO_2+O_2 \xlongequal[723\ K]{V_2O_5} 2SO_3$$

氯气能把 SO_2 氧化：

$$SO_2+Cl_2 \xlongequal{} SO_2Cl_2\text{(二氯硫酰)}$$

SO_2 遇 H_2S、CO 等还原性物质，被还原成单质硫：

$$2H_2S(g)+SO_2(g) \xlongequal{} 3S+2H_2O$$

$$SO_2(g)+2CO(g) \xlongequal[713\ K]{\text{铝矾土}} 2CO_2(g)+S(s)$$

工业上常利用燃烧不完全的产物 CO，将工厂烟道中的 SO_2 还原成单质硫，既防止了 CO 和 SO_2 的污染，又回收利用了硫，使资源得到充分利用。

工业上还利用它的酸性，用石灰乳吸收 SO_2，这是处理含 SO_2 废气的方法之一。

$$Ca(OH)_2+SO_2 \xlongequal{} CaSO_3+H_2O$$

SO_2 能与某些有机物发生加成反应，生成无色的加成物而使有机物褪色，利用这一性质可漂白织物、纸浆等。SO_2 还是常用的消毒杀菌剂。

② 亚硫酸及其盐

二氧化硫的水溶液叫亚硫酸，亚硫酸只存在于水溶液中，主要以水合物 $SO_2\cdot xH_2O$ 的形式存在，并有下列平衡：

$$SO_2+xH_2O \rightleftharpoons SO_2\cdot xH_2O$$

$$SO_2\cdot xH_2O \rightleftharpoons H^+ + HSO_3^- + (x-1)H_2O \quad K_{a_1}^{\ominus}=1.3\times10^{-2}$$

$$HSO_3^- \rightleftharpoons H^+ + SO_3^{2-} \quad K_{a_2}^{\ominus}=6.2\times10^{-8}$$

加酸或加热时，平衡左移，有 SO_2 气体逸出；加碱时，平衡右移。从 $K_{a_1}^{\ominus}$ 值可看出，亚硫酸是中强酸。

亚硫酸可以形成正盐和酸式盐。所有的酸式盐都易溶于水，正盐除碱金属的正盐以外，都不易溶于水。两种盐遇强酸都易分解，放出 SO_2：

$$SO_3^{2-}+2H^+ = H_2O+SO_2$$

$$HSO_3^-+H^+ = H_2O+SO_2$$

亚硫酸盐受热时易分解，发生歧化反应：

$$4Na_2SO_3 \xlongequal{\triangle} 3Na_2SO_4+Na_2S$$

亚硫酸及其盐既有氧化性又有还原性，亚硫酸盐比亚硫酸具有更强的还原性，在空气中易被氧气氧化为硫酸盐，因此，亚硫酸盐常被用作还原剂。例如，在染织工业上，亚硫酸钠常用作去氯剂：

$$Na_2SO_3+Cl_2+H_2O = Na_2SO_4+2HCl$$

亚硫酸及其盐有许多用途，如 $Ca(HSO_3)_2$ 溶解木质制造纸浆；$NaHSO_3$ 是植物光吸收的抑制剂，能提高净光合，促进作物增产。

(6) 三氧化硫、硫酸及其盐

① 三氧化硫

纯净的 SO_3 是无色、易挥发的固体，熔点为 289.8 K，沸点为 317.8 K。气态时以单分子形式存在。

SO_3 极易吸水，在空气中会冒烟，原因是 SO_3 溶于水生成硫酸，并放出大量热，使得水蒸发，产生的水蒸气遇 SO_3 形成酸雾。这影响 SO_3 的吸收效果，所以硫酸工业中，不是用水直接吸收 SO_3，而是用 98.3% 的浓硫酸，所得的溶液称为发烟硫酸，其中含有游离态的 SO_3，组成可表示为 $H_2SO_4\cdot SO_3$。

SO_3 是强氧化剂，特别是在高温时，能氧化一些金属和非金属，生成相应的氧化物，如果是金属氧化物，则与 SO_3 结合成硫酸盐。

② 硫酸和硫酸盐

纯硫酸是无色油状液体，凝固点为 283.36 K，沸点为 611 K，密度为 1.854 $g\cdot cm^{-3}$，质量分数为 98.3%，浓度约为 18 $mol\cdot L^{-1}$。因为硫酸分子间形成氢键，所以沸点很高，将其与某些挥发性酸的盐共热，可将挥发性酸置换出来。例如：

$$NaNO_3(s)+H_2SO_4 = NaHSO_4+HNO_3\uparrow$$

$$NaCl(s)+H_2SO_4 = NaHSO_4+HCl\uparrow$$

硫酸分子的结构见图 14.6。

硫酸除了具有酸的一般性质外，浓硫酸还有三方面的特性：吸水性、脱水性和氧化性。

a. 强酸性　硫酸是稳定性很高的二元强酸，不易分解也不易挥发，但其在沸点以上可分解为 SO_3 和 H_2O。稀硫酸分两步解离，第一步解离是完全的，第二步解离并不完全。

$$H_2SO_4 = H^+ + HSO_4^-$$

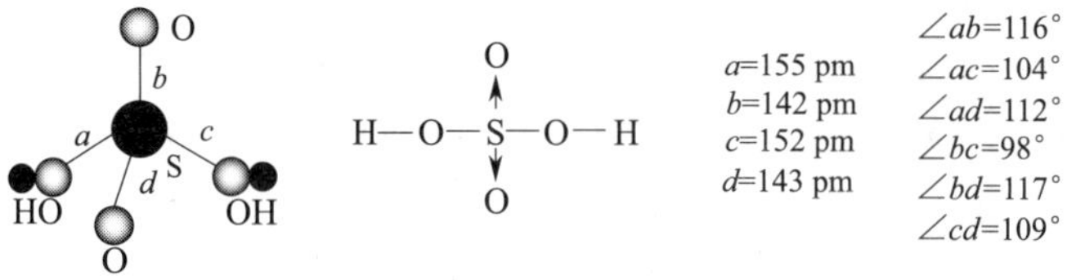

a=155 pm $\angle ab$=116°
b=142 pm $\angle ac$=104°
c=152 pm $\angle ad$=112°
d=143 pm $\angle bc$=98°
$\angle bd$=117°
$\angle cd$=109°

图 14.6 硫酸的分子结构

$$HSO_4^- \rightleftharpoons H^+ + SO_4^{2-} \quad K_a^\ominus = 1.02\times10^{-2}$$

b. 吸水性和脱水性 硫酸是 SO_3 的水合物，SO_3 除了与水生成硫酸和焦硫酸以外，还可生成一系列的水合物：$SO_3\cdot2H_2O$、$SO_3\cdot3H_2O$、$SO_3\cdot5H_2O$。这些水合物很稳定，所以浓硫酸有很好的吸水性。可干燥许多不与硫酸反应的气体，如氯气、氢气、二氧化碳等。浓硫酸不但能吸水，而且还能从一些有机化合物中夺取与水组成相当的氢和氧，使其炭化，例如：

$$\underset{\text{蔗糖}}{C_{12}H_{22}O_{11}} \xlongequal{\text{浓硫酸}} 12C + 11H_2O$$

因此，在使用浓硫酸时应特别注意，避免溅到衣服或皮肤上，造成损伤。万一浓硫酸溅到皮肤上，应立即用大量水冲洗，然后再用 2% 的小苏打或稀氨水冲洗。

浓硫酸与水混合时，放出大量的热，会使水局部沸腾而飞溅出来，所以稀释浓硫酸时，只能在搅拌过程中将浓硫酸缓慢地倾入水中，切不可将水倒入浓硫酸中。

c. 氧化性 稀硫酸的氧化性是由 H^+ 的氧化作用引起的，而浓硫酸的氧化性是由 H_2SO_4 中处于最高氧化态的 S(Ⅵ) 所产生的。热的浓硫酸其氧化性更显著，几乎能氧化所有的金属。一些非金属如 C、S 等也可被氧化。硫酸的还原产物一般为 SO_2，例如：

$$C + 2H_2SO_4(\text{浓}) \xlongequal{\triangle} CO_2\uparrow + 2SO_2\uparrow + 2H_2O$$

$$Zn + 2H_2SO_4(\text{浓}) = ZnSO_4 + SO_2\uparrow + 2H_2O$$

如果金属比较活泼，则还原产物可以是 S 甚至是 H_2S，视反应条件而定，例如：

$$3Zn + 4H_2SO_4(\text{浓}) = 3ZnSO_4 + S\downarrow + 4H_2O$$

$$4Zn + 5H_2SO_4(\text{浓}) = 4ZnSO_4 + H_2S\uparrow + 4H_2O$$

此外，冷的浓硫酸不与 Al、Fe、Cr 等金属反应，是因为它们在冷的浓硫酸表面生成一层致密的保护膜（钝化），使反应不能继续。所以可以用铁制品和铝制品来盛放浓硫酸。

硫酸是重要的化工产品，主要用于制造无机化学肥料，其次作为基础化工原料用于有色金属的冶炼、石油精炼和石油化工、纺织印染、无机盐工业、橡胶工业、油漆工业以及国防军工、农药医药等领域。

硫酸可形成两种盐：正盐和酸式盐。

酸式盐一般易溶于水，正盐中除 Ag_2SO_4 微溶，$PbSO_4$ 和碱土金属硫酸盐（Be、Mg 除外）难溶外，其余的硫酸盐都易溶于水。可溶性硫酸盐从溶液中析出时多含有结晶水，如芒硝 $Na_2SO_4\cdot10H_2O$、胆（蓝）矾 $CuSO_4\cdot5H_2O$、皓矾 $ZnSO_4\cdot7H_2O$、绿矾 $FeSO_4\cdot7H_2O$ 等。$Na_2SO_4\cdot10H_2O$ 除外，其他几种的组成可写成$[Cu(H_2O)_4][SO_4(H_2O)]$、$[Fe(H_2O)_6][SO_4(H_2O)]$。一般认为 H_2O 与 SO_4^{2-} 间以氢键结合，形成水合阴离子$[SO_4(H_2O)]^{2-}$。容易形成复盐也是硫酸盐的又一个特征。复盐是两种或两种以上同种晶型的简单盐类所组成的化合物，复盐也常称为矾。常见的复盐有两类：一类的组成通式是 $M(\text{I})_2SO_4\cdot M(\text{II})SO_4\cdot6H_2O$，如摩尔盐$(NH_4)_2SO_4 \cdot FeSO_4 \cdot 6H_2O$；另一类组成的通式是$M(Ⅰ)_2SO_4 \cdot M(Ⅲ)_2(SO_4)_3 \cdot 24H_2O$，如明矾$K_2SO_4 \cdot Al_2(SO_4)_3 \cdot 24H_2O$。

由于硫酸根难以被极化而变形，故所有硫酸盐基本上都是离子型化合物，硫酸盐的热稳定性及分解方式与金属阳离子的极化作用有关。活泼金属的硫酸盐对热是稳定的，例如：Na_2SO_4、K_2SO_4、$BaSO_4$等在 1273 K 时也不分解。但一些较不活泼重金属的硫酸盐如$CuSO_4$、$PbSO_4$、Ag_2SO_4等受热时会分解成金属氧化物或单质，例如：

$$CuSO_4 \xlongequal{\triangle} CuO + SO_3 \uparrow$$

$$2Ag_2SO_4 \xlongequal{\triangle} 4Ag + 2SO_3 \uparrow + O_2 \uparrow$$

许多硫酸盐具有重要用途，如明矾是常用的净水剂、媒染剂。胆矾是消毒杀菌剂和农药，绿矾是药物和制墨水的原料，芒硝是化工原料。

(7) 硫的其他含氧酸及其盐

① 焦硫酸及其盐

焦硫酸是由等物质的量的SO_3与纯硫酸化合而成的：

$$H_2SO_4 + SO_3 \xlongequal{} H_2S_2O_7$$

焦硫酸为无色晶体，熔点为 308 K。焦硫酸具有比浓硫酸更强的氧化性、吸水性和腐蚀性。从组成上看，焦硫酸分子可看作是两分子硫酸脱去一分子水的产物：

硫的含氧化合物（2）

$$HO-\overset{\overset{O}{\uparrow}}{\underset{\underset{O}{\downarrow}}{S}}-\boxed{OH\quad H}O-\overset{\overset{O}{\uparrow}}{\underset{\underset{O}{\downarrow}}{S}}-OH \xlongequal{-H_2O} HO-\overset{\overset{O}{\uparrow}}{\underset{\underset{O}{\downarrow}}{S}}-O-\overset{\overset{O}{\uparrow}}{\underset{\underset{O}{\downarrow}}{S}}-OH$$

焦硫酸与水反应又可生成硫酸。

将碱金属的酸式硫酸盐加热到熔点以上，可得到焦硫酸盐，进一步加热，则失去SO_3而生成硫酸盐：

$$2KHSO_4 \xlongequal{\triangle} K_2S_2O_7 + H_2O$$

$$K_2S_2O_7 \xlongequal{\triangle} K_2SO_4 + SO_3 \uparrow$$

② 硫代硫酸及其盐

硫代硫酸（$H_2S_2O_3$）可以看作是硫酸分子中的一个氧原子被硫原子取代的产物。硫代硫酸极不稳定，但其盐较稳定。

硫代硫酸钠（$Na_2S_2O_3 \cdot 5H_2O$）是最重要的硫代硫酸盐，俗称海波或大苏打，是无色透明晶体，易溶于水，其水溶液呈弱碱性。亚硫酸钠溶液在沸腾温度下和硫粉化合生成硫代硫酸钠：

$$Na_2SO_3 + S \xlongequal{\triangle} Na_2S_2O_3$$

硫代硫酸钠在中性或碱性溶液中很稳定，在酸性溶液中生成硫代硫酸不稳定而立即分解：

$$S_2O_3^{2-} + 2H^+ \xlongequal{} SO_2 \uparrow + S \downarrow + H_2O$$

$Na_2S_2O_3$是中等强度的还原剂，与碘反应时，它被氧化为连四硫酸钠，该反应是分析化学上碘量法的依据；与较强氧化剂如氯、溴等反应时被氧化成硫酸盐，在纺织业和造纸业

上用 $Na_2S_2O_3$ 作脱氯剂。

$$2S_2O_3^{2-}+I_2 = S_4O_6^{2-}+2I^-$$

$$S_2O_3^{2-}+4Cl_2+5H_2O = 2SO_4^{2-}+8Cl^-+10H^+$$

$S_2O_3^{2-}$ 还具有很强的配位能力，可与 Ag^+、Cd^{2+} 等形成稳定的配离子。例如：

$$2S_2O_3^{2-}+Ag^+ = [Ag(S_2O_3)_2]^{3-}$$

在摄影中硫代硫酸钠用作定影液，就是基于这一反应溶解胶片上未感光的溴化银。

③ 过硫酸及其盐

过硫酸可看成过氧化氢的衍生物。H_2O_2 分子（H—O—O—H）中的一个 H 被 $-SO_3H$ 取代，就得到过一硫酸（$HO—OSO_3H$），若另一个 H 也被取代，则得到过二硫酸（$HSO_3O—OSO_3H$）。过二硫酸及其盐都不稳定，在加热时容易分解。

$$2K_2S_2O_8 \xlongequal{\triangle} 2K_2SO_4+2SO_3\uparrow+O_2\uparrow$$

过二硫酸及其盐都具有极强的氧化性，过二硫酸盐在 Ag^+ 催化下能将 Mn^{2+} 氧化成 MnO_4^-：

$$2Mn^{2+}+5S_2O_8^{2-}+8H_2O \xlongequal{Ag^+} 2MnO_4^-+10SO_4^{2-}+16H^+$$

④ 连二亚硫酸及其盐

凡含氧酸分子中的成酸原子不止一个且直接连接，称为“连某酸”，并按连接的成酸原子的数目，称为“连几某酸”。连二亚硫酸很不稳定，遇水立即分解为硫代硫酸和亚硫酸，硫代硫酸又分解为硫和亚硫酸。

连二亚硫酸盐比连二亚硫酸稳定。连二亚硫酸钠 $Na_2S_2O_4 \cdot 2H_2O$ 俗称保险粉，是重要的连二亚硫酸盐，为白色粉末状固体，受热时也发生分解。

连二亚硫酸钠是很强的还原剂，能将 I_2、IO_3^-、H_2O_2、Ag^+ 和 Cu^{2+} 等还原。在空气中 $Na_2S_2O_4$ 极易被氧化。

许多有机染料如阴丹士林、靛蓝等在水中皆不溶解，但能被 $Na_2S_2O_4$ 还原为可溶物，因此连二亚硫酸钠广泛用于制造染料等。此外，还广泛用于造纸、食品工业以及医学上。

上面介绍了硫的一些含氧酸及其盐，现将它们的氧化值和结构式汇总于表 14.11。

表 14.11 硫的一些含氧酸及其盐

分类	名称	化学式	硫的平均氧化值	结构式	存在形式
亚硫酸系列	亚硫酸	H_2SO_3	+4	HO—S(→O)—OH	盐
	连二亚硫酸	$H_2S_2O_4$	+3	HO—S(→O)—S(→O)—OH	盐
硫酸系列	硫酸	H_2SO_4	+6	HO—S(→O)(→O)—OH	酸，盐
	硫代硫酸	$H_2S_2O_3$	+2	HO—S(→O)(→S)—OH	盐

续表

分类	名称	化学式	硫的平均氧化值	结构式	存在形式
硫酸系列	焦硫酸	$H_2S_2O_7$	+6	$HO-\underset{\underset{O}{\downarrow}}{\overset{\overset{O}{\uparrow}}{S}}-O-\underset{\underset{O}{\downarrow}}{\overset{\overset{O}{\uparrow}}{S}}-OH$	酸,盐
连硫酸系列	连四硫酸	$H_2S_4O_6$	+2.5	$HO-\underset{\underset{O}{\downarrow}}{\overset{\overset{O}{\uparrow}}{S}}-S-S-\underset{\underset{O}{\downarrow}}{\overset{\overset{O}{\uparrow}}{S}}-OH$	盐
	连多硫酸	$H_2S_xO_6$ ($x=3\sim6$)		$HO-\underset{\underset{O}{\downarrow}}{\overset{\overset{O}{\uparrow}}{S}}-(S)_x-\underset{\underset{O}{\downarrow}}{\overset{\overset{O}{\uparrow}}{S}}-OH$	盐
过硫酸系列	过一硫酸	H_2SO_5	+6	$HO-\underset{\underset{O}{\downarrow}}{\overset{\overset{O}{\uparrow}}{S}}-O-OH$	酸,盐
	过二硫酸	$H_2S_2O_8$	+6	$HO-\underset{\underset{O}{\downarrow}}{\overset{\overset{O}{\uparrow}}{S}}-O-O-\underset{\underset{O}{\downarrow}}{\overset{\overset{O}{\uparrow}}{S}}-OH$	酸,盐

思　考　题

1. 试总结和解释卤素单质的基本物理性质和相应的变化规律？并根据卤素单质的性质，指出它们在自然界中存在的形态。

2. 为什么单质氟不易制取？通常用什么方法制取单质氟？

3. 为什么不采取由单质直接作用的方法来制备氟化氢、溴化氢和碘化氢？

4. 为什么不能用浓硫酸与金属溴化物、碘化物反应分别制取溴化氢、碘化氢？

5. 在卤素化合物中，Cl、Br、I 可呈多种氧化数，而 F 只有 −1，为什么？

6. 不同卤素与水作用的反应类型为什么不同，试举例说明。

7. 试讨论氢卤酸的酸性、还原性、热稳定性的变化规律。

8. 与其他氢卤酸相比较，氢氟酸具有哪些特性？

9. 为什么配制碘酒时要加入适量的 KI？

10. 为什么 KI 暴露在空气中易析出碘，而 KCl 却比较稳定？

11. 与其他氢卤酸相比较，氢氟酸具有哪些特性？

12. 何为拟卤素，写出熟悉的某些拟卤素化合物。

13. 实验室中制备 H_2S 气体，为什么不用 HNO_3 或浓 H_2SO_4，而用 HCl 与 FeS 作用？

14. 浓硫酸能干燥下列气体吗？

$$H_2S \quad NH_3 \quad H_2 \quad Cl_2 \quad CO_2$$

15. $AgNO_3$ 溶液中加入少量 $Na_2S_2O_3$，与 $Na_2S_2O_3$ 溶液中加入少量的 $AgNO_3$ 反应有何不同？

16. 解释为什么水的沸点和熔点高于 H_2S。

17. 干燥氨气应用下列哪种干燥剂？浓 H_2SO_4、$CaCl_2$、P_4O_{10}、NaOH(s)。

18. 浓氨水可用来检验氯气管道是否漏气，为什么？

19. SO_2 与 Cl_2 的漂白机理有何不同？

习　题

1. 根据电势图：

（1）试判断反应：$4ClO_3^- \rightleftharpoons 3ClO_4^- + Cl^-$ 能否自发进行？

（2）试计算 298.15 K 时该反应的 $\Delta_r G_m^\ominus$ 是多少？298.15 K_c 是多少？

2. HCl 与 MnO_2 反应制取 Cl_2 时，所需 HCl 的最低浓度是多少？

$$MnO_2 + 4H^+ + 2e^- = Mn^{2+} + 2H_2O \quad \varphi^\ominus = 1.23\ V$$

$$Cl_2 + 2e^- = 2Cl^- \quad \varphi^\ominus = 1.36\ V, p(Cl_2) = 1\ atm$$

3. 从下列元素电势图中的已知标准电极电势，求 $\varphi^\ominus(BrO_3^-/Br^-)$，并判断哪种物质可发生歧化反应，为什么？并计算 $K^\ominus$。

$$BO_3^- \xrightarrow{1.50} HBrO \xrightarrow{1.59} Br_2 \xrightarrow{1.07} Br^-$$

4. 已知下列元素电势图：

$$IO_3^- \text{——} HIO \xrightarrow{1.45} I_2 \xrightarrow{0.53} I^-$$

（IO_3^- 至 I_2：1.20）

（1）计算：$\varphi^\ominus(IO_3^-/I^-) = ?$　$\varphi^\ominus(IO_3^-/HIO) = ?$

（2）电势图中哪种物质能发生歧化反应，并写出反应方程式，计算反应的 K。

5. 今有白色的钠盐晶体 A 和 B，A 和 B 都溶于水，A 的水溶液呈中性，B 的水溶液呈碱性，A 溶液与 $FeCl_3$ 溶液作用溶液呈棕色，A 溶液与 $AgNO_3$ 溶液作用有黄色沉淀析出，晶体 B 与浓 HCl 反应有黄绿色气体生成，此气体同冷 NaOH 作用，可得含 B 的溶液，向 A 溶液中滴加 B 溶液时，溶液呈红棕色，若继续加过量 B 溶液，则溶液的红棕色消失，试问 A、B 为何物？写出有关方程式。

6. 有一种可溶性的白色晶体 A（钠盐），加入无色油状液体 B 的浓溶液，可得一种紫黑色固体 C，C 在水中溶解度较小，但可溶于 A 的溶液成棕黄色溶液 D，将 D 分成两份，一份中加入一种无色（钠盐）溶液 E，另一份中通入过量气体 F，都变成无色透明溶液，E 溶液中加入盐酸时，出现乳白色浑浊，并有刺激性气体逸出，E 溶液中通入过量气体 F 后再加入 $BaCl_2$ 溶液有白色沉淀产生，该沉淀不溶于 HNO_3。问：

（1）A、B、C、D、E、F 各是何物？

（2）写出下列反应方程式：

A＋B ═ C

D＋F ═

E＋HCl ═

E＋F ═

7. 下列物质能共存吗？

（1）H_2S 与 H_2O_2　（2）MnO_2 与 H_2O_2　（3）H_2SO_3 与 H_2O_2　（4）PbS 与 H_2O_2

8. 完成并配平下列反应方程式：

（1）$H_2O_2 + KI + H_2SO_4$ ═

（2）$H_2O_2 + KMnO_4 + H_2SO_4$ ═

（3）$Na_2S_2O_3 + HCl$ ═

（4）$Al_2O_3 + K_2S_2O_7$ ═

（5）$H_2S + FeCl_3$ ═

（6）$Na_2S_2O_8 + MnSO_4 + H_2O$ ═

9. 有一种钠盐 A 溶于水后，加入稀盐酸，有刺激性气体 B 产生，同时有黄色沉淀 C 析出，气体 B 能够使 $KMnO_4$ 溶液褪色。若通 Cl_2 于 A 溶液中，Cl_2 即消失并得到溶液 D，D 与钡盐作用，生成不溶于稀硝酸的白色沉淀 E。试确定 A、B、C、D、E 各为何物，写出各步反应的方程式。

10. 从硫代硫酸钠的性质说明它在药学领域的应用。

拓展学习资源

拓展资源内容	二维码
➢ 课件 PPT ➢ 学习要点 ➢ 科学家简介——莫瓦桑 ➢ 知识拓展——大气污染及其防治 ➢ 知识拓展——卤素的发现、氧族元素的发现、矿物图片 ➢ 习题参考答案	

第 15 章 氮族、碳族和硼族元素

15.1 氮族元素

15.1.1 概述

元素周期系ⅤA族包括氮（N）、磷（P）、砷（As）、锑（Sb）、铋（Bi），统称为氮族元素。氮主要以单质状态存在于空气中，磷则以化合态存在于自然界中；砷、锑、铋是亲硫元素，它们主要以硫化物矿的形式存在。

氮族元素在性质上表现出从典型的非金属到典型的金属的一个完整的过渡。N 和 P 是非金属元素，Sb 和 Bi 为金属元素，处于中间的 As 为准金属元素。氮族元素的基本性质列于表 15.1。

表 15.1 氮族元素的性质

性质	氮(N)	磷(P)	砷(As)	锑(Sb)	铋(Bi)
原子序数	7	15	33	51	83
元素符号	N	P	As	Sb	Bi
价电子层结构	$2s^2 2p^3$	$3s^2 3p^3$	$4s^2 4p^3$	$5s^2 5p^3$	$6s^2 6p^3$
主要氧化数	−3，−2，−1，0，+1～+5	−3，0，+3，+5	−3，0，+3，+5	0，+3，+5	0，+3，+5
共价半径/pm	70	110	121	141	154.7
第一电离能/$kJ \cdot mol^{-1}$	1402	1012	947	834	703
第一电子亲和能/$kJ \cdot mol^{-1}$	−7	71.07	77	101	100
电负性(Pauling)	3.04	2.19	2.18	2.05	2.02

氮族元素的价层电子构型为 ns^2np^3，主要氧化值有−3、+3、+5。氮族元素的成键特征是易形成共价键，而且原子越小，形成共价键的趋势越大。它们形成−3 价离子比较困难，仅有电负性较大的 N、P 与活泼金属形成极少数氧化值为−3 的离子型化合物（Mg_3N_2、Ca_3P_2 等）。

氮族元素自上而下氧化值为+3 的化合物的稳定性增加，而+5 氧化值的化合物的稳定性降低，这是“惰性电子对效应”所致。因此，Bi 的氧化值为+3 的化合物比+5 的稳定；N 和 P 常见的是氧化值为 +5 的化合物；砷和锑氧化值为+3、+5 的化合物都是常见的。

15.1.2 氮气

工业上通过分馏液态空气制得 N_2。实验室制取少量 N_2 是把固体亚硝酸钠加入到氯化铵饱和溶液中加热：

$$NH_4Cl + NaNO_2 \xlongequal{} NH_4NO_2 + NaCl$$

$$NH_4NO_2 \xlongequal{\triangle} N_2 + 2H_2O$$

氮不仅是构成蛋白质的基本元素之一，也是农作物生长的必需营养。自然界中氮的无机化合物较少，如何使空气中的氮气转化为氮的化合物（此过程称为固氮）是化学研究中的热门课题。科学家们发现，自然界的某些微生物和藻类植物在常温、常压下就能将空气中的氮气转化为氨，为地球上所有植物、生物提供大量的固定氮。因此，化学模拟生物固氮成为热门的研究课题。

氮分子中存在 N≡N 键，键能很大（946 kJ·mol^{-1}），以至于加热到 3273 K 时仅有 0.1%解离，表现出很强的稳定性和化学惰性。固氮的原理就是要削弱氮分子的三重键，容易发生化学反应。N_2 分子是已知双原子分子中最稳定的。氮气常被用作保护气。

通常状况下，氮气很难与其他物质发生化学反应。但是，在高温或放电条件下分子中的化学键被破坏而能与多种元素反应。如与 H_2 生成 NH_3；与 Mg、Ca、Sr、Ba 生成氮化物 Mg_3N_2、Ca_3N_2 等；与 O_2 在电弧高温下少量反应生成 NO，对碱金属只易与锂化合成氮化锂 Li_3N，却不与其他碱金属直接反应。

N_2 是 CO 的等电子体，在结构和性质上有许多相似之处。

15.1.3　氮的重要化合物

(1) 氨

工业上制备氨主要是将氢气和氮气在高温、高压和催化剂存在下直接合成而得。实验室一般用铵盐与强碱共热来制取氨。

氨是有刺激性气味的无色气体。常温下加压很容易被液化，液氨的汽化焓较大，故常用作冷冻机的循环制冷剂。

氨分子中的氮原子采取不等性 sp^3 杂化，分子结构呈三角锥形，为极性分子，因此氨极易溶于水。液氨的分子间形成较强的氢键。由于它的极性和氢键，液氨是和水最相似的溶剂，但液氨的介电常数比水的介电常数低得多，所以比水更易溶解有机物。由于氨分子间氢键的存在，氨的熔点、沸点高于同族元素磷的氢化物 PH_3。

氨的化学性质比较活泼，容易发生的反应主要有三类。

① 加合反应

NH_3 分子中氮的孤电子对倾向于和其他分子或离子形成配位键。例如，三氟化硼与氨分子的反应：

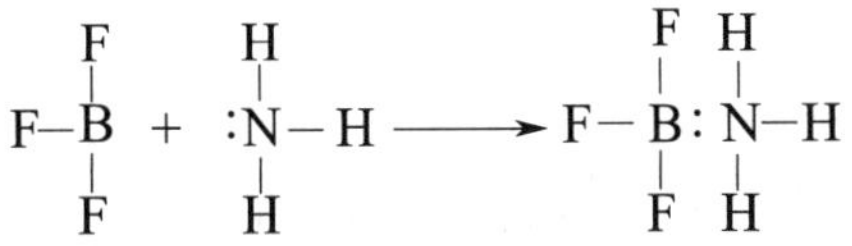

```
    F        H                 F  H
    |        |                 |  |
 F—B   +  :N—H  ———→  F—B : N—H
    |        |                 |  |
    F        H                 F  H
```

氨在水溶液中，因为 NH_3 分子和 H_2O 分子间存在氢键，NH_3 主要形成水合氨分子，即 $NH_3·H_2O$ 和 $2NH_3·H_2O$。水合氨分子仅有一小部分发生解离作用，如 298.15 K 时，0.1 mol·L^{-1}氨水溶液中仅 1.34%发生解离。

NH_3 还可与酸中的 H^+ 加合而形成 NH_4^+，与许多金属离子加合形成配合物，例如，$[Ag(NH_3)_2]^+$ 和 $[Cu(NH_3)_4]^{2+}$。

② 取代反应

取代反应有两种形式，一种是在一定条件下，NH_3 分子中的 3 个 H 原子依次被取代，生成一系列氨的衍生物：氨基化物（$-NH_2$），如 $NaNH_2$；亚氨基化物（$=NH$），如 Li_2NH；氮基（$\equiv N$）化物，如 AlN 和 Ba_3N_2。另一种形式是氨基或亚氨基取代其他化合物中的原子或基团，例如：

$$\underset{\text{光气}}{COCl_2} + 4NH_3 = \underset{\text{尿素}}{CO(NH_2)_2} + 2NH_4Cl$$

这类反应实际上是氨参与的复分解反应，类似于水解反应，故称为氨解反应。

③ 氧化反应

NH_3 分子中的 N 的氧化数为-3，处于最低值，具有还原性，可被多种氧化剂所氧化。被氧化的产物除与氧化剂的本性有关外，还与反应的外界条件有关。

氨与氧的反应在不同条件下产物不同。第二个反应是工业合成硝酸的基础。

$$4NH_3 + 3O_2 \xlongequal[\text{无催化剂}]{400\ ℃} 2N_2 + 6H_2O$$

$$4NH_3 + 5O_2 \xlongequal[\text{Pt-Rh}]{800\ ℃} 4NO + 6H_2O$$

氯、溴也能在气态或溶液中把氨氧化成氮气：

$$2NH_3 + 3Cl_2 \rightleftharpoons 6HCl + N_2$$

产生的 HCl 气体与剩余的 NH_3 进一步反应产生 NH_4Cl 白烟，工业上用此反应检查氯气管道是否漏气。

氨在工业上应用广泛，生产量很大，除制造硝酸、铵盐（化肥）外，还用于塑料、染料、医药等工业生产中。

（2）铵盐

铵盐一般为无色晶体，溶于水。NH_4^+ 的离子半径（143 pm）接近于 K^+（133 pm）和 Rb^+（147 pm）的离子半径。因此，铵盐的性质类似于碱金属盐类，而且往往与钾盐、铷盐同晶，并有相似溶解度。在化合物的分类中，常把铵盐和碱金属盐列在一起。

铵盐在水中都有一定程度的水解，若是由强酸组成的铵盐，其水溶液呈酸性，如：

$$NH_4^+ + H_2O \rightleftharpoons NH_3 \cdot H_2O + H^+$$

因此，在任何铵盐溶液中加入强碱并加热，就会释放出氨。实际中常利用这一方法检验铵盐。

铵盐的热稳定性差，固态铵盐受热极易分解，其分解产物因铵盐中阴离子对应酸的性质不同而不同。

挥发性酸组成的铵盐，分解产物一般为氨和相应的酸。

$$NH_4HCO_3 \xlongequal{\text{常温}} NH_3(g) + CO_2(g) + H_2O(g)$$

$$NH_4Cl = NH_3 + HCl$$

如果酸是不挥发性的，则只有氨挥发逸出，而酸或酸式盐则留在容器中。

$$(NH_4)_2SO_4 \xlongequal{\triangle} NH_3(g) + NH_4HSO_4$$

$$(NH_4)_3PO_4 \xlongequal{\triangle} 3NH_3(g) + H_3PO_4$$

如果相应的酸有氧化性，则分解出来的 NH_3 会立即被酸氧化生成 N_2 或 N_2O。

$$NH_4NO_3(s) \xrightarrow{\triangle} N_2O(g) + 2H_2O(g)$$

$$NH_4NO_3(s) \xrightarrow{>573\ K} N_2(g) + 2H_2O(g) + \frac{1}{2}O_2(g)$$

这些反应产生大量热，分解产物是气体，如果在密闭容器中受热往往会发生爆炸。

碳酸氢铵、硫酸铵、氯化铵、硝酸铵都是化学肥料，硝酸铵又可用来制造炸药。氯化铵用于染料工业、原电池以及焊接金属时除去表面的氧化物。

(3) 氮的氧化物

氮和氧可形成氧化数为+1～+5 的一系列氧化物，如 N_2O、NO、NO_2 和 N_2O_5。其中以 NO 和 NO_2 较为重要。

NO 是无色、无味的有毒气体，难溶于水，熔点 109.4 K，沸点 121.2 K。液态和固态 NO 中有双聚分子 N_2O_2，所以有时呈蓝色。

实验室通常用铜和稀硝酸反应制备 NO：

$$3Cu + 8HNO_3(稀) = 3Cu(NO_3)_2 + 2NO\uparrow + 4H_2O$$

工业制备 NO 的方法是在铂网催化剂上用空气将 NH_3 氧化。

NO 是奇电子分子，这种分子一般不稳定，容易自行结合或与其他物质反应。例如，大气中的 NO 主要来自雷电自然形成（N_2 和 O_2 反应），随即又与 O_2 结合成 NO_2，NO_2 再溶于雨水，形成极稀的硝酸和亚硝酸溶液而沉积于土壤中转化为植物的养料。据统计，大自然借雷电之助每年可以固定氮约 4000 万吨。

NO 具有孤电子对，所以能与金属离子形成加合物。例如，NO 能与 Fe^{2+} 加合生成棕色的$[Fe(NO)]^{2+}$。

NO_2 是红棕色气体，具有特殊的气味并有毒。熔点 181 K，沸点 294.3 K（分解），易压缩成无色液体，低温聚合成无色的 N_2O_4：

$$2NO_2(g) \rightleftharpoons N_2O_4(g);\quad \Delta_r H_m^{\ominus} = -57.2\ kJ \cdot mol^{-1}$$

温度升高到 140 ℃时，N_2O_4 几乎全部变成 NO_2。

NO_2 是强氧化剂，从标准电极电势可以看出，其氧化能力比 HNO_3 还强，碳、硫、磷等在 NO_2 中容易起火。溶液中 NO_2 是较强的氧化剂和较弱的还原剂。NO_2 溶于水歧化为 HNO_3 和 HNO_2，溶于碱得到硝酸盐和亚硝酸盐。

$$2NO_2 + H_2O = HNO_3 + HNO_2$$

$$2NO_2 + 2NaOH = NaNO_3 + NaNO_2 + H_2O$$

由于亚硝酸不稳定，受热即分解为：

$$3NO_2 + H_2O = 2HNO_3 + NO$$

NO 和 NO_2 是环境污染物，大气中的 NO 和 NO_2 主要来自高温燃烧过程的释放，比如机动车、电厂废气的排放等。家庭用火炉和气炉燃烧也会产生一定量的 NO_2。

(4) 氮的含氧酸及其盐

① 亚硝酸及其盐

亚硝酸是弱酸，$K_a^{\ominus} = 5 \times 10^{-4}$（291 K），很不稳定，仅存在于冷的稀溶液中。微热或稍浓时，即按下式分解：

氮的含氧酸及其盐

$$\underset{}{2HNO_2} = \underset{(蓝色)}{N_2O_3} + H_2O = NO + \underset{(棕色)}{NO_2} + H_2O$$

该反应用于鉴定 NO_2^-。

亚硝酸的制备通常是将等物质的量的 NO 和 NO_2 混合物溶解在冰水中或向亚硝酸盐的冷溶液中加酸而制得：

$$NO+NO_2+H_2O \xlongequal{冷冻} 2HNO_2$$

$$Ba(NO_2)_2+H_2SO_4 \xlongequal{冷冻} 2HNO_2+BaSO_4$$

亚硝酸虽不稳定，但大多数亚硝酸盐是稳定的，特别是碱金属、碱土金属的亚硝酸盐稳定性更高。用金属在高温下还原固态硝酸盐，可以得到亚硝酸盐。例如：

$$Pb+KNO_3 \xlongequal{} KNO_2+PbO$$

用 NaOH 或 Na_2CO_3 吸收 NO 和 NO_2 的混合气体（合成硝酸的尾气）可以得到亚硝酸钠。

$$2NaOH+NO+NO_2 \xlongequal{} 2NaNO_2+H_2O$$

亚硝酸盐除浅黄色的 $AgNO_2$ 微溶于水外，其他都易溶于水。

在亚硝酸和亚硝酸盐中，氮原子的氧化数处于中间状态（+3），因此，它既有氧化性又有还原性。NO_2^- 在碱性溶液中以还原性为主，空气中的氧气就能把它氧化为 NO_3^-。在酸性溶液中则以氧化性为主，不同的还原剂可把 NO_2^- 还原为 NO、N_2O、N_2、NH_4^+ 等，但其常见的还原产物是 NO。例如，在酸性溶液中，与 I^- 的反应：

$$2NO_2^-+2I^-+4H^+ \xlongequal{} 2NO+I_2+2H_2O$$

该反应能定量进行，用于测定亚硝酸盐的含量。

NO_2^- 遇到强氧化剂时可被氧化成 NO_3^-，例如：

$$2MnO_4^-+5NO_2^-+6H^+ \xlongequal{} 2Mn^{2+}+5NO_3^-+3H_2O$$

NO_2^- 中 N 和 O 原子上都有孤电子对，因此，NO_2^- 是一个很好的配体，它能分别以 N 或 O 作配位原子与金属离子形成配合物。

亚硝酸盐一般有毒，并且是致癌物质。在制作咸菜、酸菜、泡菜的容器下层，会自行产生亚硝酸盐。一般在开始腌制的两天内亚硝酸盐的含量并不高，只是在第 4～8 天亚硝酸盐的含量才达到最高峰，第 9 天以后开始下降，20 天后基本消失，所以最好在腌制蔬菜两天之内或一个月以后食用。

② 硝酸及其盐

硝酸是工业上重要的无机酸之一，在国防工业和国民经济中都有极其重要的应用。工业上制硝酸的重要方法是氨的催化氧化法。

$$4NH_3+5O_2 \xlongequal[1273\ K]{Pt\text{-}Rh} 4NO+6H_2O,\quad \Delta_r H_m^{\ominus}=-903.74\ kJ\cdot mol^{-1}$$

$$2NO+O_2 \xlongequal{} 2NO_2,\quad \Delta_r H_m^{\ominus}=-113\ kJ\cdot mol^{-1}$$

$$3NO_2+H_2O \xlongequal{} 2HNO_3+NO\uparrow$$

此法所制得的硝酸溶液约含 50% HNO_3，可在稀 HNO_3 中加浓 H_2SO_4 作吸水剂，然后蒸馏，进一步浓缩到 98%。

实验室中常用硝酸盐与浓硫酸反应制备少量硝酸：

$$NaNO_3+H_2SO_4(浓) \xlongequal{} NaHSO_4+HNO_3$$

利用硝酸的挥发性，可将其从混合物中蒸馏出来。

硝酸分子和硝酸根的结构如图 15.1。

硝酸是无色透明油状液体，沸点为 356 K，231 K 以下凝结成无色晶体。常用的浓

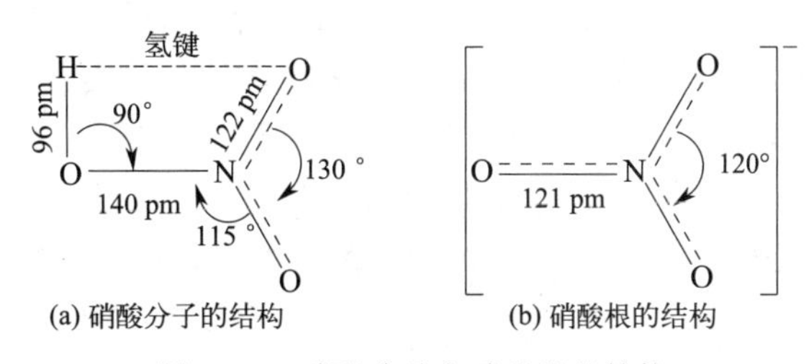

图 15.1　硝酸分子和硝酸根的结构

HNO_3 因溶解了过多 NO_2 而显棕黄色，叫发烟硝酸。硝酸可以任何比例与水混合。市售浓硝酸是恒沸溶液，含 HNO_3 的质量分数约为 68%，沸点为 394.8 K，密度为 1.42 $g \cdot cm^{-3}$，物质的量浓度约为 15 $mol \cdot L^{-1}$。稀硝酸溶液比较稳定，而浓硝酸不稳定，受热或见光即分解，使溶液呈黄色。

$$4HNO_3 \xlongequal{\text{见光或加热}} 4NO_2 + O_2 + 2H_2O$$

因此，硝酸一般应贮存在棕色瓶中，置于阴凉处。

硝酸重要的化学性质表现为强氧化性和硝化作用。

硝酸分子中的氮具有最高氧化数，除氯、氧外，许多非金属都易被氧化而变为相应的氧化物或含氧酸，而硝酸被还原为 NO，例如：

$$3C + 4HNO_3 = 3CO_2\uparrow + 4NO\uparrow + 2H_2O$$

$$3P + 5HNO_3 + 2H_2O = 3H_3PO_4 + 5NO\uparrow$$

$$S + 2HNO_3 = H_2SO_4 + 2NO\uparrow$$

$$3I_2 + 10HNO_3(\text{稀}) = 6HIO_3 + 10NO\uparrow + 2H_2O$$

除金、铂、铱、铑、钌、钛、铌、钽等金属外，硝酸几乎可氧化所有金属。一些偏酸性的金属如锡、锑、砷、钼、钨等与硝酸反应生成氧化物；其余金属与硝酸反应生成硝酸盐。但是硝酸与金属反应的情况比较复杂，这主要与硝酸的浓度和金属的活泼性有关。例如：

$$Cu + 4HNO_3(\text{浓}) = Cu(NO_3)_2 + 2NO_2\uparrow + 2H_2O$$

$$3Cu + 8HNO_3(\text{稀}) = 3Cu(NO_3)_2 + 2NO\uparrow + 4H_2O$$

当很稀的硝酸与活泼金属反应时，产物可以是 N_2O 或 NH_4^+。如：

$$4Zn + 10HNO_3(\text{稀}) = 4Zn(NO_3)_2 + N_2O\uparrow + 5H_2O$$

$$4Zn + 10HNO_3(\text{很稀}) = 4Zn(NO_3)_2 + NH_4NO_3 + 3H_2O$$

可见，随硝酸浓度的不同，其氧化性以及相应的还原产物也不同。一般地，浓硝酸（12～16 $mol \cdot L^{-1}$）与金属反应，无论金属活泼与否，它被还原的产物主要是 NO_2。稀硝酸（6～8 $mol \cdot L^{-1}$）与不活泼金属反应，主要产物是 NO。很稀的硝酸（约 2 $mol \cdot L^{-1}$）与活泼金属反应，主要产物可能是 N_2O 或 NH_4^+。也即是说，硝酸愈稀，金属愈活泼，硝酸被还原的程度愈大。

从上述看来，浓硝酸氧化性强，被还原程度小，稀硝酸氧化性弱些，但被还原的程度却越稀越大，这可能是由于氮的氧化物（NO）与硝酸间存在着下列平衡关系：

$$NO + 2HNO_3 \rightleftharpoons 3NO_2 + H_2O$$

随着硝酸浓度的增大，平衡右移，当浓度减小，平衡左移。也可以认为氧化性强的浓硝酸可与低氧化数的还原产物进一步反应，又被氧化为 NO_2。

有些金属（如铁、铝、铬等）能溶于稀硝酸，而不溶于冷的浓硝酸。因为这些金属与浓硝酸接触时，表面被氧化生成一层十分致密的氧化物，阻止了内部金属与硝酸的进一步作用，这类金属经硝酸处理后变成所谓“钝态”，甚至再放进稀硝酸中也不溶解，因此，一般用铝制槽车来装运浓硝酸，但是，热的浓硝酸仍能与之反应。

浓硝酸与浓盐酸的混合液（体积比为 1∶3）称为王水，王水发生下列反应：

$$HNO_3 + 3HCl = NOCl + Cl_2\uparrow + 2H_2O$$

实际上王水中不仅含有 HNO_3，还有 Cl_2 和氯化亚硝酰 NOCl 等几种氧化剂，它的氧化性比硝酸更强；另外，王水中还有高浓度的 Cl^-，可形成稳定的配离子，降低了溶液中金属离子的浓度，提高了金属的还原性，有利于反应向金属溶解的方向进行。所以，王水能够溶解不与硝酸作用的贵金属金、铂（Au、Pt）等。

$$Au + HNO_3 + 4HCl = H[AuCl_4] + NO\uparrow + 2H_2O$$

$$3Pt + 4HNO_3 + 18HCl = 3H_2[PtCl_6] + 4NO\uparrow + 8H_2O$$

硝酸的硝化作用是硝酸以硝基（$-NO_2$）取代有机化合物分子中的氢原子，例如：

$$C_6H_6 + HNO_3 \xlongequal{H_2SO_4} C_6H_5{-}NO_2 + H_2O$$

硝基化合物大多为黄色，如皮肤与浓 HNO_3 接触后显黄色，就是硝化作用的结果。

利用硝酸的硝化作用可以制造许多含氮染料、塑料、药物；还可制造含氮炸药，如硝化甘油、硝基甲苯（TNT）、三硝基苯酚等，它们都是应用广泛的烈性炸药。

几乎所有的硝酸盐都是无色、易溶于水的离子晶体，其水溶液没有氧化性，只有在酸性介质中才有氧化性。常温下，所有硝酸盐都比较稳定，但加热则发生分解，分解产物因金属离子的不同而有差异。一般可分为以下几种情况。

活泼性较大的金属（比 Mg 活泼）的硝酸盐，分解生成亚硝酸盐和氧气。例如：

$$2NaNO_3 \xlongequal{\triangle} 2NaNO_2 + O_2$$

活泼性较小的金属（活泼性在 Mg 和 Cu 之间）的硝酸盐，分解生成相应的金属氧化物、二氧化氮和氧气。例如：

$$2Pb(NO_3)_2 \xlongequal{\triangle} 2PbO + 4NO_2 + O_2$$

活泼性更小的金属（活泼性比 Cu 差）的硝酸盐，分解生成金属、二氧化氮和氧气。例如：

$$2AgNO_3 \xlongequal{\triangle} 2Ag + 2NO_2 + O_2$$

从上可知，所有硝酸盐的热分解产物都有 O_2，所以硝酸盐在高温时是强氧化剂。根据这种性质，有些硝酸盐可用来制造焰火，硝酸钾可用来制造黑色火药。

NO_3^-、NO_2^- 的鉴定　常用的鉴定 NO_3^- 的方法是：在试剂中加入 $FeSO_4$ 溶液，小心加入浓硫酸，若在浓硫酸与试液界面上出现“棕色环”，则证明有 NO_3^- 存在。反应式为：

$$NO_3^- + 3Fe^{2+} + 4H^+ \longrightarrow NO + 3Fe^{3+} + 2H_2O$$

$$[Fe(H_2O)_6]^{2+} + NO \longrightarrow \underset{\text{（棕色）}}{[Fe(NO)(H_2O)_5]^{2+}} + H_2O$$

NO_2^- 也有上述类似的反应，但 NO_2^- 在弱酸（醋酸）性溶液中与过量硫酸亚铁反应，使溶液呈棕色，而观察不到棕色环。由此可见，NO_2^- 对 NO_3^- 的鉴定有干扰，因此可加入

NH_4Cl共热，以除去NO_2^-。

$$NH_4^+ + NO_2^- = N_2\uparrow + 2H_2O$$

15.1.4　磷及其重要化合物

(1) 磷单质

在电弧炉中把磷酸钙、石英砂和碳粉的混合物熔烧即得单质磷：

$$2Ca_3(PO_4)_2 + 6SiO_2 + 10C \xlongequal{1373\sim1713\ K} 6CaSiO_3 + P_4 + 10CO$$

将磷蒸气通入冷水中得到凝固的白磷。

磷有多种同素异形体，主要是白磷、红磷和黑磷，常见的是白磷和红磷。白磷又叫黄磷，为白色至黄色蜡性固体，熔点44.1 ℃，沸点280 ℃，在空气中能自燃。白磷在没有空气的条件下，加热到400 ℃的条件下加热数小时，就转变成红磷，红磷加热到240 ℃以上才着火。在高压下加热，白磷可转变为黑磷，黑磷是磷的同素异形体中最稳定的一种，结构与石墨相似，具有层状网络结构，能导电。

白磷有剧毒，不能用手触摸。室温下能升华，人吸入约0.15 g白磷就会中毒死亡。若不慎沾在皮肤上，可用5%的$CuSO_4$溶液或1∶2000的$KMnO_4$水溶液浸泡处理。

白磷是由P_4分子通过分子间力堆积而成，P_4分子为四面体构型，其结构见图15.2。

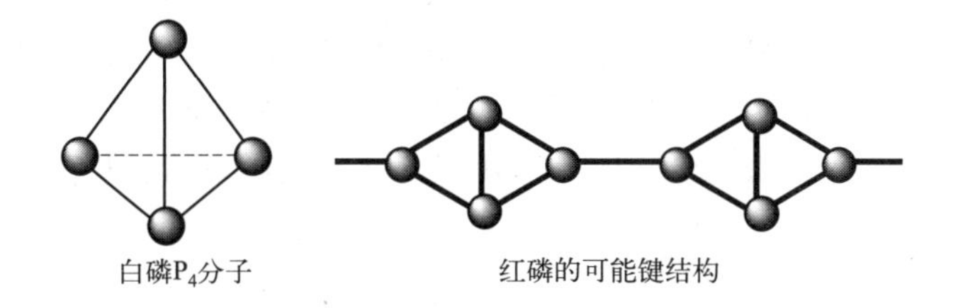

图15.2　单质磷的结构

白磷的P_4分子中的P—P键的键长是221 pm，键角是60°，因此，具有较大的张力，从而使键能减小，P—P键易断裂。白磷具有较高的化学活性，必须储存在水中。

工业上，用黄磷制备高纯度的磷酸，生产有机磷杀虫剂、磷肥、焰火、烟幕弹等。磷在食物中分布很广，无论动物性食物或植物性食物的细胞中，都含有丰富的磷。但粮谷中的磷为植酸磷，不经过加工处理，吸收利用率低。

(2) 磷的氢化物

磷和氢可组成两种氢化物，气态的PH_3（膦）和液态的P_2H_4（联膦）。其中重要的是PH_3，它可以用下列方法制得：

$$P_4(s) + 3OH^- + 3H_2O = 3H_2PO_2^- + PH_3$$

$$Ca_3P_2 + 6H_2O = 2PH_3\uparrow + 3Ca(OH)_2$$

$$AlP + 3H_2O = PH_3\uparrow + Al(OH)_3$$

磷化氢常温下是无色有大蒜臭味的气体，剧毒。在183.28 K凝为液体，在139.25 K凝结为固体。在水中的溶解度比氨小得多。

PH_3分子同NH_3分子的结构相似，也呈三角锥形。但因磷的电负性比氮小，PH_3分子间不形成氢键，所以PH_3的熔点、沸点比NH_3低。其分子极性也比NH_3分子要弱得多。

PH_3 是强还原剂，能使某些金属离子还原成金属。

磷化氢主要可用作灭鼠药及粮仓熏蒸杀虫剂等。据报道，我国每年大约有 90%的储粮需要用磷化氢熏蒸防治储粮害虫。磷化氢主要由金属磷化物（磷化钙、磷化锌、磷化铝等）水解产生，目前大量使用的是磷化铝片剂，磷化铝和粮食或空气中的水汽作用会生成剧毒的气体磷化氢。

(3) 磷的卤化物

磷的卤化物有两种类型，PX_3 和 PX_5。除 PI_5 不易生成以外，其他的都可通过白磷、红磷与单质卤素的反应而制得。制备 PX_3 的最好方法是在磷过量的条件下与卤素单质直接化合。制备 PX_5 常以过量的卤素与磷化合。

PX_3 分子呈三角锥形，磷原子上有一对孤电子对，因此，PX_3 可以作为配体形成配合物。PX_3 水解生成亚磷酸和氢卤酸，水解倾向按 $PF_3 \rightarrow PI_3$ 的顺序逐渐增强。

$$PX_3 + 3H_2O = H_3PO_3 + 3HX$$

五卤化磷分子中磷原子采取 sp^3d 杂化，在蒸气状态下分子呈三角双锥形，磷原子位于锥体的中央。

PX_5 的热稳定性从 $PF_5 \rightarrow PBr_5$ 依次减弱。PX_5 和限量的水反应，部分水解生成三卤氧磷（卤化磷酰）和氢卤酸；在过量水中完全水解生成磷酸和氢卤酸：

$$PX_5 + H_2O = POX_3 + 2HX$$

$$POX_3 + 3H_2O = H_3PO_4 + 3HX$$

三卤氧磷是许多金属卤化物的非水溶剂，它们能和许多金属卤化物形成配合物，$POCl_3$ 和 PCl_5 在有机反应中都用作氯化剂，$POCl_3$ 用于制取有机磷农药、长效磺胺药物等。

(4) 磷的含氧化合物

① 磷的氧化物

磷的含氧酸及其盐

磷的燃烧产物是 P_4O_{10}，习惯上称之为五氧化二磷（P_2O_5）。如果氧不足则生成 P_4O_6，常称为三氧化二磷（P_2O_3）。五氧化二磷是磷酸的酸酐，三氧化二磷是亚磷酸的酸酐。

P_4O_6 是白色易挥发的蜡状固体，熔点为 296.8 K，沸点为 446.8 K，有毒。P_4O_6 与冷水作用缓慢，生成亚磷酸；与热水反应剧烈，歧化生成膦和磷酸：

$$P_4O_6 + 6H_2O(冷) = 4H_3PO_3$$

$$P_4O_6 + 6H_2O(热) = PH_3 + 3H_3PO_4$$

P_4O_{10} 是白色粉末状固体，熔点为 693 K，在 573 K 时升华，有很强的吸水性，在空气中很快潮解，因此常用作气体和液体的干燥剂。P_4O_{10} 还可以从许多化合物中夺取化合态的水，例如它能使硫酸和硝酸脱水变成硫酐和硝酐。

$$P_4O_{10} + 6H_2SO_4 = 6SO_3 + 4H_3PO_4$$

$$P_4O_{10} + 12HNO_3 = 6N_2O_5 + 4H_3PO_4$$

② 磷的含氧酸及其盐

磷的含氧酸很多，如次磷酸（H_3PO_2）、偏亚磷酸（HPO_2）、焦亚磷酸（$H_4P_2O_5$）、正亚磷酸（H_3PO_3）、偏磷酸（HPO_3）、焦磷酸（$H_4P_2O_7$）、正磷酸（H_3PO_4）等。以下介绍几种重要的含氧酸及其盐。

P_4O_{10} 与水作用时，由于加合水分子数目不同，可以生成几种主要的 P(Ⅴ) 的含氧酸。当 P_4O_{10} 与 H_2O 的物质的量之比超过 1∶6，特别是有硝酸作催化剂时，可完全转化为正磷酸。

$$P_4O_{10} \xrightarrow{2H_2O} \underset{\text{偏磷酸}}{4HPO_3} \xrightarrow{2H_2O} \underset{\text{焦磷酸}}{2H_4P_2O_7} \xrightarrow{2H_2O} \underset{\text{磷酸}}{4H_3PO_4}$$

为了便于记忆，磷的含氧酸可以用一个通式表示：

$$H[HPO_3]_xOH$$

当 $x=1$ 时，为正磷酸；当 $x=2$ 时，为焦磷酸；当 $x=3$ 时，为三磷酸。至于偏磷酸，则是当 $x=1$ 且脱去 1 分子水后的产物。

磷酸经强热就发生脱水作用，生成焦磷酸 $H_4P_2O_7$、三磷酸 $H_5P_3O_{10}$、四偏磷酸 $H_4P_4O_{12}$ 或表示为 $(HPO_3)_4$，实际上就是上述 P_4O_{10} 与水作用的逆过程。

```
        O                        O                               O           O
        ↑                        ↑            −H2O               ↑           ↑
H—O—P—[O—H+H]—O—P—O—H   ════════   H—O—P—O—P—O—H +
        |                        |         473～573 K            |           |
        OH                       OH                              OH          OH
                                                                   焦磷酸

                                                         O           O
                                                         ↑           ↑
                                                 H—O—P—O—P—O—H
        O          O          O                          |           |
        ↑          ↑          ↑                          O           O
H—O—P—O—P—O—P—O—H +                                |           |
        |          |          |                  H—O—P—O—P—O—H
        OH         OH         OH                         ↓           ↓
                                                         O           O
            三磷酸                                          四偏磷酸
```

由以上反应可知，磷酸分子间通过脱去水分子而相互连接成多磷酸，可形成链状和环状两种结构。由几个单酸分子经过脱水由氧连接起来成为多酸的过程，叫做缩合作用。

在生物体内，磷酸和多磷酸主要以磷酸酯的形式存在。如腺苷三磷酸（ATP）是一个三磷酸的单酯，是重要的能量载体，当体内的生化反应或生理活动需要能量时，ATP 就会在酶催化下水解转化为二磷酸腺苷（ADP），并放出能量。

正磷酸 H_3PO_4（简称为磷酸）是磷含氧酸中最稳定的。工业上制取磷酸，通常用 76% 左右的硫酸与磷灰石反应：

$$Ca_3(PO_4)_2+3H_2SO_4 \xlongequal{\quad} 2H_3PO_4+3CaSO_4$$

但这种方法制得的磷酸纯度不高，仅用来生产磷肥。要制备纯磷酸需用磷酸酐与水作用。

纯磷酸为无色晶体，熔点为 315 K，由于加热时逐渐脱水，因此，它没有固定沸点。磷酸能与水以任意比例混合，常用的磷酸为黏稠的浓溶液，浓度为 83%，约为 14 $mol \cdot L^{-1}$，密度为 1.6 $g \cdot cm^{-3}$。

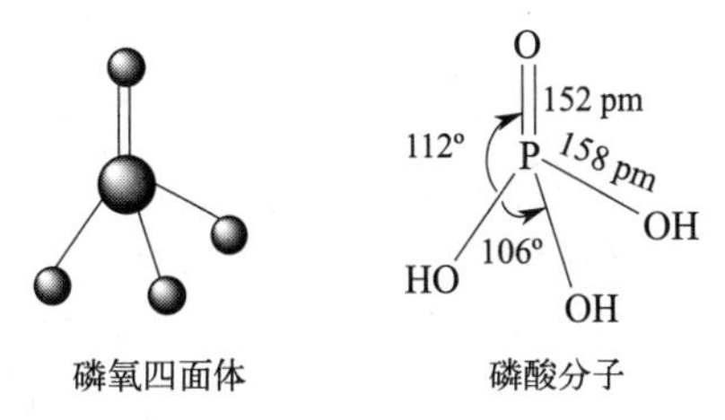

图 15.3　正磷酸分子的结构

磷酸是无氧化性、不挥发的三元中强酸，$K^{\ominus}_{a_1}=7.1\times10^{-3}$，$K^{\ominus}_{a_2}=6.2\times10^{-8}$，$K^{\ominus}_{a_3}=4.8\times10^{-13}$。其空间结构是由单一的磷氧四面体构成，如图 15.3。在固态和液态磷酸中存在着氢键，所以磷酸呈黏稠状。

磷酸具有强的配位能力，能与许多金属离子形成可溶性配合物，如与 Fe^{3+} 生成无色的 $H_3[Fe(PO_4)_2]$ 和

$H[Fe(HPO_4)_2]$，利用这种性质，在分析化学上常用来掩蔽 Fe^{3+}。

正磷酸可以形成三种类型的盐，即磷酸二氢盐、磷酸一氢盐和磷酸正盐三种。所有的磷酸二氢盐都溶于水，而磷酸一氢盐和磷酸正盐除钠、钾和铵盐外，一般难溶于水。

磷酸盐在水中易水解，如 Na_3PO_4 和 Na_2HPO_4 的水溶液水解后呈碱性，NaH_2PO_4 的水溶液主要是 $H_2PO_4^-$ 的解离作用，所以呈酸性。利用磷酸盐的这一性质，可配制几种不同 pH 值的标准缓冲溶液。

磷酸盐中最重要的是钙盐。自然界存在的磷矿石主要成分就是 $Ca_3(PO_4)_2$，不溶于水。工业上利用天然磷酸钙生产磷肥。其反应方程式如下：

$$Ca_3(PO_4)_2 + 2H_2SO_4 + 4H_2O \longrightarrow Ca(H_2PO_4)_2 + 2Ca(SO_4)_2 \cdot 2H_2O$$

得到的 $Ca(H_2PO_4)_2$ 和 $Ca(SO_4)_2 \cdot 2H_2O$ 混合物称为"过磷酸钙"，其中有效成分磷酸二氢钙溶于水，被植物吸收。如果反应中用 H_3PO_4 代替 H_2SO_4，则产物中没有$Ca(SO_4)_2 \cdot 2H_2O$，被称为"重过磷酸钙"。

$$Ca_3(PO_4)_2 + 4H_3PO_4 \longrightarrow 3Ca(H_2PO_4)_2$$

在含有硝酸的溶液中，将 PO_4^{3-} 和过量的钼酸铵 $(NH_4)_2MoO_4$ 溶液混合后加热，可慢慢生成黄色沉淀磷钼酸铵。

$$PO_4^{3-} + 12MoO_4^{2-} + 24H^+ + 3NH_4^+ \longrightarrow (NH_4)_3PO_4 \cdot 12MoO_3 \cdot 6H_2O\downarrow + 6H_2O$$

此反应可用于鉴定 PO_4^{3-}。

磷酸盐除用作化肥外，还用作洗涤剂、动物饲料添加剂等。食品级磷酸盐（如磷酸二氢钠、磷酸氢二钠、焦磷酸钾等）也是目前世界各国应用最广泛的食品添加剂，对食品品质的改良起着重要的作用，如对肉制品有保水性；在粮油制品中可增加面筋筋力，减少淀粉溶出物，增强面团黏弹性，提高面团表面的光洁度。

焦磷酸 $(H_4P_2O_7)$ 是无色玻璃状液体，易溶于水。它是四元酸，其酸性强于正磷酸。酸的缩合程度越大，酸性越强。常见的焦磷酸盐有 $M_2H_2P_2O_7$ 和 $M_4P_2O_7$ 两种类型。

焦磷酸盐中的 $P_2O_7^{4-}$ 可与许多金属离子配位形成配离子，如在 Cu^{2+} 的水溶液中加入过量的 $Na_4P_2O_7$，生成$[Cu(P_2O_7)_2]^{6-}$，用于电镀工业。

亚磷酸可通过 P_4O_6 与水反应或卤化磷的水解而制得：

$$P_4O_6 + 6H_2O(冷) \longrightarrow 4H_3PO_3$$

$$PCl_3 + 3H_2O \longrightarrow H_3PO_3 + 3HCl$$

亚磷酸是无色晶状固体，熔点为 346 K，易潮解，在水中溶解度大，293 K 时，每 100 g 水约溶解 82 g 亚磷酸。亚磷酸是二元中强酸（$K_{a_1}^{\ominus} = 3.7 \times 10^{-2}$，$K_{a_2}^{\ominus} = 2.1 \times 10^{-7}$），分子结构如图 15.4。

亚磷酸盐有两种：正盐（如 Na_2HPO_3）和酸式盐（如 NaH_2PO_3）。碱金属和钙的亚磷酸盐都易溶于水，其他金属盐难溶。

亚磷酸和亚磷酸盐在水溶液中都是强还原剂。例如，亚磷酸容易将银离子还原成单质银，能将热的浓硫酸还原成二氧化硫，但在常温下反应较慢。

次磷酸 H_3PO_2 是无色晶状固体，熔点为 299.5 K，易潮解。它是中等强度的一元酸（$K_a^{\ominus} = 1.0 \times 10^{-2}$），分子结构如图 15.5。

次磷酸在常温下比较稳定，加热至 323 K 分解，在碱性介质中非常不稳定，容易歧化为 PH_3 和 HPO_3^{2-}。

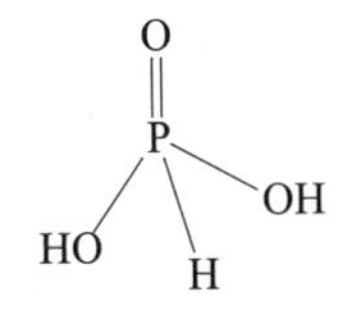

图 15.4　亚磷酸的分子结构

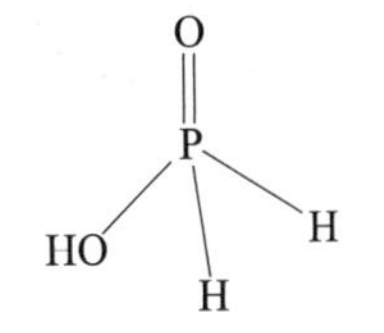

图 15.5　次磷酸的分子结构

次磷酸及其盐都是强还原剂，还原性比亚磷酸还要强，能把冷的浓硫酸还原为单质硫，还能还原 Ag^{+}、Hg^{2+}、Cu^{2+}、Ni^{2+} 等。

15.1.5　砷、铋的重要化合物

砷锑铋的化合物

(1) 砷和铋的氢化物

砷和铋的氢化物组成相似，分别为 AsH_3（胂）、BiH_3，分子结构与 NH_3 类似，都是无色有恶臭和剧毒的气体，在水中溶解度很小。

它们极不稳定，室温下胂在空气中自燃：

$$2AsH_3+3O_2 = As_2O_3+3H_2O$$

在缺氧条件下胂受热分解为单质：

$$2AsH_3 = 2As+3H_2$$

在医学上，“马氏试砷法”鉴定砷的存在就是利用这一反应。检验方法为：把锌、盐酸和试样混在一起，将生成的气体导入热玻璃管，若试样中有砷的氢化物存在，则因生成的胂在加热部位分解，砷聚集在冷却部位形成亮黑色的“砷镜”（检出限为 0.007 mg As）。“砷镜”能溶于次氯酸盐溶液中：

$$5NaClO+2As+3H_2O = 2H_3AsO_4+5NaCl$$

用同样的方法处理铋的化合物，也可得到类似的亮棕色的“铋镜”。

砷和铋的氢化物都有还原性，不仅能将高锰酸钾等强氧化剂还原，还能把重金属盐还原析出金属单质。例如：

$$2AsH_3+12AgNO_3+3H_2O = As_2O_3+12HNO_3+12Ag$$

该反应是检验砷的另一种方法“古氏试砷法”（检出限量为 0.005 mg As_2O_3）。食品中总砷的测定方法中的银盐法和砷斑法（见国标 GB/T 5009.11—1996）就是“马氏试砷法”和“古氏试砷法”的结合。

(2) 砷和铋的含氧化合物

砷和铋都有氧化值为 +3、+5 的氧化物及其水合物。

氧化值为 +3 的砷氧化物是三氧化二砷，以 As_4O_6 形式存在，其结构和 P_4O_6 相似。三氧化二砷俗称砒霜，白色粉末状固体，有剧毒，致死量为 0.1 g。常用于制造杀虫剂、除草剂和含砷药物等。

三氧化二砷是两性偏酸性氧化物，既可与酸反应，又易与碱反应，例如：

$$As_2O_3+6NaOH = 2Na_3AsO_3+3H_2O$$

$$As_2O_3+6HCl = 2AsCl_3+3H_2O$$

三氧化二铋是碱性氧化物，只溶于酸，所以溶液中只存在 Bi^{3+} 或水解产物 BiO^{+}。

浓硝酸氧化单质砷或三氧化二砷可制得 H_3AsO_4 或 $As_2O_5 \cdot nH_2O$：

$$3As_2O_3+4HNO_3+7H_2O \xlongequal{} 6H_3AsO_4+4NO$$

但硝酸只能把 Bi 氧化成 $Bi(NO_3)_3$，纯净的 Bi_2O_5 还没有制得，已经制得了氧化数为+5 的 Bi 的含氧酸盐，如铋酸钠（$NaBiO_3$）。

砷和铋的含氧化合物的一个重要性质就是氧化还原性，例如，在酸性介质中，As(Ⅴ)能把 I^- 氧化成 I_2：

$$H_3AsO_4+2I^-+2H^+ \xlongequal{} H_3AsO_3+I_2+H_2O$$

但在碱性介质中，I_2 能把亚砷酸根氧化成砷酸。可见，介质酸碱性的变化决定了反应的方向，这一现象可用介质的酸碱度对电对电极电势的影响来解释。再如：

在碱性介质中，强氧化剂 Cl_2 可以把 Bi(Ⅲ)氧化成铋酸盐：

$$Bi(OH)_3+Cl_2+3NaOH \xlongequal{} NaBiO_3+2NaCl+3H_2O$$

在酸性介质中，Bi(Ⅴ)又能把 Mn^{2+} 氧化成 MnO_4^-：

$$2Mn^{2+}+5NaBiO_3(s)+14H^+ \xlongequal{} 2MnO_4^-+5Bi^{3+}+5Na^++7H_2O$$

该反应可用于鉴定 Mn^{2+}。

15.2 碳族元素

15.2.1 概述

元素周期表中第ⅣA 族包括碳（C）、硅（Si）、锗（Ge）、锡（Sn）、铅（Pb），统称为碳族元素。碳族元素中，C 和 Si 是非金属元素，Si 以非金属性为主；Ge、Sn、Pb 是金属元素。

碳族元素基态原子的价电子层结构为 ns^2np^2，碳和硅的稳定氧化值为+4，到了锗、锡、铅，随着原子序数的增大，稳定氧化值逐渐由+4 变为+2。例如，Pb(Ⅱ)化合物比较稳定，而 Pb(Ⅳ)化合物表现出强氧化性，这也是惰性电子对效应所造成的。

15.2.2 碳及其重要化合物

(1) 碳的单质

金刚石和石墨是碳最常见的两种同素异形体。无定形碳如木炭、焦炭、炭黑等实际为石墨的微晶。

金刚石是原子晶体，属立方晶系。每个碳原子都以 sp^3 杂化轨道与另外 4 个碳原子形成共价键，构成四面体结构，如图 15.6(a) 所示。由于金刚石晶体中 C—C 键很强，所有价电子都参与了共价键的形成，晶体中没有自由电子，所以，金刚石硬度大，熔点高（3823 K），不导电。金刚石晶体透明、折光，在所有物质中硬度最大，所以主要用作钻头和磨削工具。

石墨是层状晶体，碳原子以 sp^2 杂化轨道与邻近的 3 个碳原子形成共价单键，构成六角平面的网状结构，这些网状结构又形成互相平行的片层结构，如图 15.6(b) 所示。层中的每个碳原子还剩一个未成键的 p 电子，在同层内形成离域大 π 键，这些离域电子可以在平面层中活动，所以石墨具有层向的良好导电导热性。石墨的片层之间靠分子间作用力结合起来，因此石墨质软，具有润滑性。石墨主要用来制作电极、坩埚、电刷、润滑剂、铅笔等。

用特殊方法制备的多孔性炭黑叫活性炭，有较大的吸附能力，用于脱色和选择性分离中，也用作催化剂的载体。

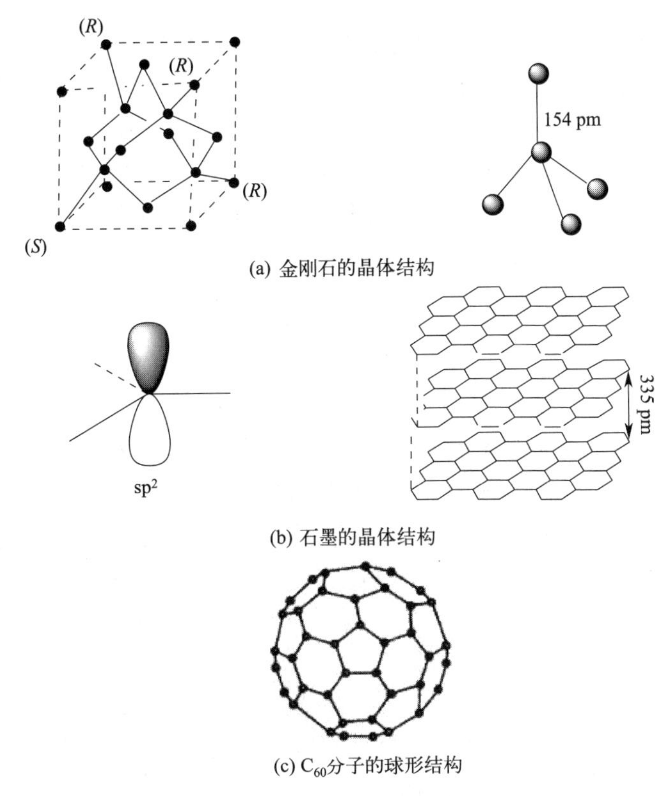

(a) 金刚石的晶体结构

(b) 石墨的晶体结构

(c) C_{60}分子的球形结构

图 15.6 碳的同素异形体的结构

金刚石隔绝空气加热即转变为石墨，而石墨转变为金刚石则很难。现在工业上一般用静态加压法，以 Co 或 Ni（或 Ni-Cr-Fe）作催化剂，在 $5\times10^6 \sim 6\times10^6$ kPa、1273 K 条件下，将石墨转变为金刚石。但人造金刚石仅可保持金刚石的硬度特征，还无法与天然金刚石相比。

金刚石和石墨的化学性质稳定，一般不参加化学反应。

20 世纪 80 年代中期发现的原子簇化合物 C_{60} 被确认为碳的第三种同素异形体。后来又发现了 C_{50}、C_{80}、C_{90} 等一系列碳原子簇。C_{60} 的研究最为深入，结构研究表明，C_{60} 分子具有球形结构[如图 15.6(c)]，60 个碳原子构成近似于球形的三十二面体，其中包括 12 个正五边形，20 个正六边形。碳原子以近似 sp^2 杂化轨道和相邻的 3 个碳原子相连，也形成大 π 键。因其形状酷似足球，故称为足球烯。著名的建筑学家富勒（B. Fuller）曾用五边形和六边形组成过类似的拱形圆顶建筑，为了纪念他，故把 C_{60} 称为富勒烯（Fullerene）。C_{60} 的发现者柯尔（R. F. Curl）、克罗托（H. W. Kroto）和斯莫利（R. E. Smalley）荣获 1996 年诺贝尔化学奖。

富勒烯不仅在化学、物理学上具有重要的研究价值，而且在导体、半导体、超导、催化剂、医药等众多领域显示出巨大的应用潜力。例如，C_{60} 氟化形成的 $C_{60}F_{60}$ 可以“锁住”球壳中的所有电子不与其他分子结合，使其不易黏附其他物质，可做超级耐高温润滑剂，被视为“分子滚珠”。把 K、Cs、Tl 等金属原子掺进 C_{60} 分子笼内，就具有超导性能。分子 $C_{60}H_{60}$ 分子量很高，热值极高，可做火箭燃料。

（2）碳的重要化合物

① 碳的氧化物

一氧化碳是无色、无臭、有毒的气体，不助燃，但能自燃，微溶于水，较易溶于有机溶剂。

一氧化碳的分子结构如图 15.7。分子中碳氧原子之间是三重键：一个 σ 键，两个 π 键，其中一个 π 键是配位键。所以，CO 的键能（$1077\ kJ\cdot mol^{-1}$）大、键长（113 pm）短、偶极矩几乎等于零。

:C ⇐ O: 或 :C — Ö:

图 15.7 一氧化碳的分子结构

一氧化碳的重要性质就是还原性和加合性。CO 是金属冶炼的重要还原剂，例如：

$$Fe_2O_3 + 3CO \xlongequal{} 2FeO + 3CO_2\uparrow$$

常温下，CO 能还原金属离子，例如：

$$CO + 2[Ag(NH_3)_2]OH \xlongequal{} 2Ag\downarrow + (NH_4)_2CO_3 + 2NH_3$$

这些反应很灵敏，可用来检测微量 CO 的存在。

CO 作为一种配体，能与有空轨道的金属原子或离子形成配合物，例如 $Fe(CO)_5$、$Ni(CO)_4$ 等。CO 能与人体血液中的血红蛋白（Hb）结合形成稳定的配合物，使血红蛋白失去输送氧的功能，导致中毒。空气中只要有 0.1%（体积分数）的 CO，就能使人在半小时内死亡。因为 CO 的配位能力是 O_2 的 230～270 倍，极易与血红蛋白（Hb）结合。在实验室或家中应注意防止煤气管道漏气和炉火通风不畅，避免 CO 中毒。

二氧化碳在大气中约占 0.03%，海洋中约占 0.014%，主要来自煤、石油、天然气及其他含碳化合物的燃烧、碳酸钙的分解、动物的呼吸，有机物发酵也产生 CO_2，如酿酒发酵。由于近年来工业技术的高速发展，大气中 CO_2 的含量越来越多，使生态链中 O_2 和 CO_2 的转化平衡被破坏。积累的 CO_2 能吸收波长 13～17 μm 的红外线，使地球本该失去的那部分能量留在了大气层内，结果造成气候变暖，这是带来温室效应的主要原因。

CO_2 是无色、无臭的气体，没有极性，易液化。常温下，加压至 7.6 MPa 即可使 CO_2 液化。CO_2 的气化热很高（$25.1\ kJ\cdot mol^{-1}$），当液态 CO_2 气化时会从未气化的 CO_2 吸收大量的热，使其被冷却成雪花状固体，俗称“干冰”。干冰为分子晶体，在常压下 194.5 K 时直接升华，常用作制冷剂。

CO_2 分子中 C 原子采用 sp 杂化轨道与氧原子结合成键，形成 2 个 C—O σ 键；碳原子的另外 2 个有单电子的 p 轨道分别与 2 个氧原子的 p 轨道肩并肩重叠，形成 2 个大 π 键。价键结构式如图 15.8 所示。

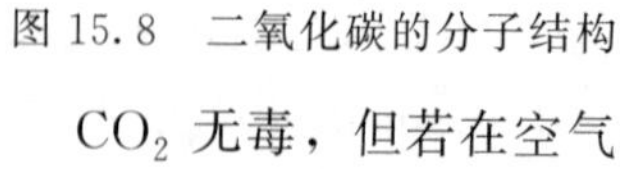

O═C═O :O—C—O:

图 15.8 二氧化碳的分子结构

CO_2 的性质不活泼，在高温下能与碳或活泼金属镁、铝等反应：

$$CO_2 + 2Mg \xlongequal{点燃} 2MgO + C$$

CO_2 无毒，但若在空气中的含量过高，会刺激呼吸中心引起呼吸加快，使人因缺氧而发生窒息。当进入像地窖这样的地势低又较封闭的环境时，应先查验 CO_2，可手持燃烧物进入，一旦熄灭，则要警惕 CO_2 含量过多，有生命危险。

② 碳酸和碳酸盐

通常情况下 CO_2 饱和水溶液中所溶 CO_2 体积与水的体积比近乎 1∶1，浓度约为 0.04

$mol·L^{-1}$。实际上在 CO_2 的水溶液中，大部分 CO_2 是以水合分子形式存在的，只有一小部分生成 H_2CO_3。H_2CO_3 很不稳定，仅存在于水溶液中，纯的 H_2CO_3 迄今尚未制得。碳酸是二元弱酸，其解离平衡如下：

$$H_2CO_3 \rightleftharpoons H^+ + HCO_3^- \qquad K_{a_1}^{\ominus}=4.5\times10^{-7}$$

$$HCO_3^- \rightleftharpoons H^+ + CO_3^{2-} \qquad K_{a_2}^{\ominus}=4.7\times10^{-11}$$

碳酸能生成两种盐：碳酸氢盐和碳酸盐，其酸根结构如图 15.9 所示。碳酸盐和碳酸氢盐的主要性质是溶解性、水解性和热稳定性。

a. 溶解性　碱金属（Li 除外）和铵的碳酸盐易溶于水，其他碳酸盐难溶于水。对于难溶碳酸盐来说，通常其对应的酸式盐（碳酸氢盐）的溶解度较大。如 $Ca(HCO_3)_2$ 的溶解度比 $CaCO_3$ 的溶解度大。因此，地表层中的碳酸盐矿石在 CO_2 和水的长期侵蚀下能部分转化为 $Ca(HCO_3)_2$ 而溶解。

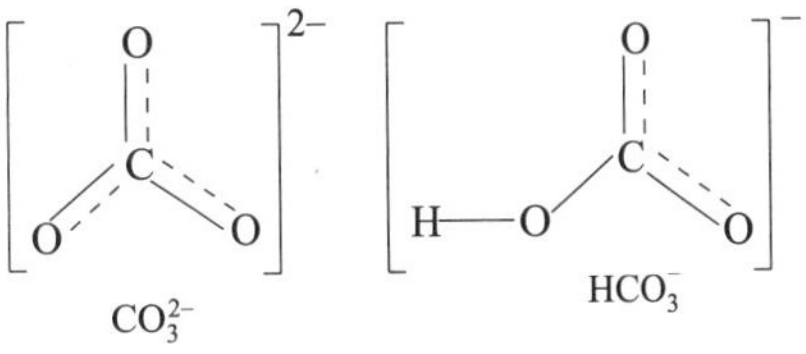

图 15.9　碳酸根和碳酸氢根的结构

$$CaCO_3 + CO_2 + H_2O \rightleftharpoons Ca(HCO_3)_2$$

但对于易溶的碳酸盐来说却恰恰相反，其对应的碳酸氢盐都有相对较低的溶解度，如 $NaHCO_3$ 的溶解度小于 Na_2CO_3。这是由于在酸式盐中 HCO_3^- 之间以氢键相连形成二聚离子或多聚链状离子的结果。

b. 水解性　碳酸盐和碳酸氢盐在水溶液中水解分别呈强碱性和弱碱性。由于碳酸盐的水解作用产生 CO_3^{2-}、HCO_3^-、OH^-，当金属离子（碱金属离子和铵离子除外）遇到可溶性碳酸盐溶液时，会生成三种不同类型的沉淀：碳酸盐、碱式碳酸盐或氢氧化物。若金属氢氧化物的溶解度大于相应碳酸盐的溶解度，则金属离子沉淀为碳酸盐；金属氢氧化物的溶解度与相应碳酸盐的溶解度相差不大，金属离子沉淀为碱式碳酸盐；金属氢氧化物的溶解度小于相应碳酸盐的溶解度，金属离子则沉淀为氢氧化物。例如：

$$Ba^{2+} + CO_3^{2-} = BaCO_3 \downarrow$$

$$2Fe^{3+} + 3CO_3^{2-} + 3H_2O = 2Fe(OH)_3 \downarrow + 3CO_2 \uparrow$$

$$2Cu^{2+} + 2CO_3^{2-} + H_2O = Cu_2(OH)_2CO_3 \downarrow + CO_2 \uparrow$$

c. 热稳定性　碳酸盐的热稳定性较差。碳酸氢盐受热分解为相应的碳酸盐、水和二氧化碳；大多数正盐在加热时分解为金属氧化物和二氧化碳。根据组成碳酸盐的金属阳离子的不同，碳酸盐的热稳定性顺序一般可表示为：

碱金属碳酸盐＞碱土金属碳酸盐＞过渡金属碳酸盐

碳酸盐热分解的难易程度主要与金属阳离子的极化作用有关。由于金属阳离子对碳酸根产生极化作用，使碳酸根不稳定而分解。这种极化作用越强，碳酸盐越不稳定。

H^+ 的极化作用超过一般的金属离子，因此，碳酸、碳酸氢盐、碳酸盐的热稳定顺序是：

碳酸＜酸式盐＜正盐

15.2.3　硅及其重要化合物

(1) 单质硅

硅在地壳中的丰度为 27.7%，仅次于氧，居第二位。主要以石英砂（SiO_2）和硅酸盐矿的形式存在，自然界中没有游离态的硅。

单质硅的晶体结构类似于金刚石，呈灰黑色，有金属外观，硬而脆，能刻划玻璃。硅晶体又分单晶硅和多晶硅，单晶硅的纯度很高，是计算机、自动控制系统等现代技术不可缺少的基本材料。

硅在常温下不活泼。常温下只与氟反应；加热时可与其他卤素及氧反应，高温下能与碳、氮等化合。硅还能与锗、镁、铁、铂等金属化合，生成金属硅化物。

（2）硅的重要化合物

① 二氧化硅

二氧化硅（SiO_2）又称硅石，是由 Si 和 O 组成的巨型分子，分为晶态和无定形两大类。晶态 SiO_2 主要存在于石英矿中。纯净的石英为无色晶体，又叫水晶。

SiO_2 的结构和物理性质与 CO_2 有较大差异，前者是原子晶体，后者是分子晶体。

SiO_2 的化学性质很不活泼，氢氟酸是唯一可以使之溶解的酸，生成 SiF_4 或易溶的氟硅酸。

$$SiO_2 + 4HF = SiF_4\uparrow + 2H_2O$$

$$SiF_4 + 2HF = H_2[SiF_6]$$

SiO_2 不溶于水，但与热的强碱溶液或熔融的碳酸钠反应，生成可溶性的硅酸盐。

$$SiO_2 + 2NaOH \xlongequal{\triangle} Na_2SiO_3 + H_2O$$

$$SiO_2 + Na_2CO_3 \xlongequal{熔融} Na_2SiO_3 + CO_2\uparrow$$

② 硅酸与硅胶

硅酸的制备不能用 SiO_2 与水直接化合，只能用可溶性的硅酸盐与酸作用生成：

$$SiO_3^{2-} + H_2O + 2H^+ = H_4SiO_4\downarrow$$

硅酸是白色固体，在水中溶解度很小，是二元弱酸（$K_{a_1}^{\ominus}=2.5\times10^{-10}$，$K_{a_2}^{\ominus}=1.6\times10^{-12}$）。

硅酸的组成比较复杂，往往随生成条件而改变，常用通式 $x SiO_2 \cdot y H_2O$ 来表示。如偏硅酸（H_2SiO_3）、二偏硅酸（$H_2Si_2O_5$）、正硅酸（H_4SiO_4）、焦硅酸（$H_6Si_2O_7$）等，其中偏硅酸的组成最简单，常用 H_2SiO_3 代表硅酸。

当硅酸在溶液中生成时，开始主要是单分子的 H_4SiO_4，当放置一段时间后，逐渐缩合成多硅酸的胶体溶液，即硅酸溶胶。再加入酸或其他电解质，便生成含水量较大，软而透明，有弹性的硅酸凝胶。硅酸凝胶烘干并活化便得到硅胶。硅胶是有高度多孔性的固体，表面积极大（$800\sim900\ m^2\cdot kg^{-1}$），物理吸附能力很强，可以再生，反复使用，常用作干燥剂和催化剂的载体。

例如实验室常用的干燥剂——变色硅胶，其内含有氯化钴，无水时 $CoCl_2$ 呈蓝色，吸水后的 $CoCl_2\cdot6H_2O$ 为粉红色，所以可以根据颜色的变化来判断硅胶是否还具有干燥能力。若硅胶已失去吸水能力，需要烘烤脱水，使它再变为蓝色后，才能恢复吸湿能力。

③ 硅酸盐与分子筛

习惯上把偏硅酸盐称为硅酸盐。硅酸盐中，只有碱金属的硅酸盐可溶于水，重金属的硅酸盐难溶于水，并有特征颜色。

常见的应用较广泛的硅酸盐是 Na_2SiO_3，它的水溶液通常为黏稠状，俗称水玻璃。水玻璃的用途非常广泛，它是纺织、造纸、铸造等工业的重要原料，还可做清洁剂、黏合剂、密封胶等的材料，以及木材、织物等的防腐剂。

自然界中存在的某些网络状的硅酸盐和铝硅酸盐，具有笼形结构，这些均匀的笼可以有选择地吸附一定大小的分子，这种作用叫做分子筛作用。把这样的天然硅酸盐和铝硅酸盐叫做沸石分子筛。

除天然的沸石分子筛外，人工合成的已有几十种，其中 A 型分子筛就是实际生产中应用最广泛的一种。合成 A 型分子筛通常使用的原料是水玻璃、铝酸钠、氢氧化钠和水。分子筛用于分离技术，如分离蛋白质、多糖、合成高分子等。还用于干燥气体、液体物质以及做催化剂的载体，目前已广泛应用于化工、环保、食品、医药、能源等领域。

锡和铅化合物

15.2.4 锡和铅的重要化合物

(1) 锡和铅的氧化物和氢氧化物

锡和铅有两类氧化物（MO 和 MO_2）和相应的 $M(OH)_2$ 和 $M(OH)_4$。它们都是两性的，MO_2 和 $M(OH)_4$ 以酸性为主，MO 和 $M(OH)_2$ 以碱性为主，其酸碱性递变规律如下：

$$SnO_2、Sn(OH)_4 \xleftarrow{\text{酸性增强}} SnO、Sn(OH)_2$$

（左侧：由 $PbO_2、Pb(OH)_4$ 向上至 $SnO_2、Sn(OH)_4$，酸性增强；右侧：由 $SnO、Sn(OH)_2$ 向下至 $PbO、Pb(OH)_2$，碱性增强）

$$PbO_2、Pb(OH)_4 \xleftarrow{\text{酸性增强}} PbO、Pb(OH)_2$$

在锡的氧化物中重要的是二氧化锡，白色固体，不溶于水，与 NaOH 共热，生成可溶性的锡酸盐：

$$SnO_2 + 2NaOH = Na_2SnO_3 + H_2O$$

二氧化锡的水合物称为锡酸，常用 H_2SnO_3 表示，易溶于碱，也溶于酸，反应如下：

$$H_2SnO_3 + 2NaOH + H_2O = Na_2[Sn(OH)_6]$$

$$H_2SnO_3 + 4HCl = SnCl_4 + 3H_2O$$

PbO（俗名密陀僧）由熔融的铅在空气中氧化得到，既能溶于酸，又能溶于碱生成亚铅酸钠，反应如下：

$$PbO + 2HNO_3 = Pb(NO_3)_2 + H_2O$$

$$PbO + 2NaOH = Na_2PbO_2 + H_2O$$

PbO_2 呈棕色，与强碱共热生成铅酸盐：

$$PbO_2 + 2NaOH + 2H_2O = Na_2[Pb(OH)_6]$$

PbO_2 是强氧化剂，当与硫粉一同研磨或微微加热时，硫即着火。例如：

$$PbO_2 + 4HCl = PbCl_2 + Cl_2\uparrow + 2H_2O$$

$$5PbO_2 + 2Mn(NO_3)_2 + 6HNO_3 = 2HMnO_4 + 5Pb(NO_3)_2 + 2H_2O$$

铅的氧化物用途很广泛。Pb_3O_4（铅丹）常用作氧化剂、工业颜料、医用膏药等；PbO_2 用来制造蓄电池和火柴；PbO 用于制造油漆、釉料、珐琅、铅玻璃、蓄电池和火柴等。

$Pb(OH)_2$ 易溶于酸，微溶于碱：

$$Pb(OH)_2 + 2H^+ = Pb^{2+} + 2H_2O$$

$$Pb(OH)_2 + 2OH^- = [Pb(OH)_4]^{2-}$$

(2) 重要的锡盐和铅盐

重要的锡盐有 $SnCl_2$ 和 $SnCl_4$，可溶性的铅盐有 $Pb(NO_3)_2$ 和 $Pb(Ac)_2$ 等，绝大多数铅的盐是难溶于水的。

① Sn(Ⅱ) 还原性

由于惰性电子对效应，Sn(Ⅳ) 状态稳定，而 Sn(Ⅱ) 有较强的还原性。Pb(Ⅱ) 状态稳定，Pb(Ⅳ) 有强氧化性。有关标准电极电势图如下：

$$\varphi_A^\ominus/V \qquad Sn^{4+} \xrightarrow{0.154} Sn^{2+} \xrightarrow{-0.136} Sn$$

$$PbO_2 \xrightarrow{1.455} Pb^{2+} \xrightarrow{-0.126} Pb$$

$$\varphi_B^\ominus/V \qquad [Sn(OH)_6]^{2-} \xrightarrow{-0.93} [Sn(OH)_4]^{2-} \xrightarrow{-0.91} Sn$$

$$PbO_2 \xrightarrow{0.28} PbO \xrightarrow{-0.58} Pb$$

从电势图可知，Sn(Ⅱ) 不论在酸性或碱性介质中都有还原性，且在碱性介质中的还原性更强。$SnCl_2$ 是一种常用的还原剂，能将 $HgCl_2$ 还原为 Hg_2Cl_2 沉淀，过量的 $SnCl_2$ 还能将 Hg_2Cl_2 还原为单质汞。

$$2HgCl_2 + SnCl_2 = SnCl_4 + Hg_2Cl_2\text{(白色沉淀)}$$

$$Hg_2Cl_2 + SnCl_2 = SnCl_4 + 2Hg\text{(黑色沉淀)}$$

在定性分析中常利用该反应鉴定 Sn^{2+} 或 Hg^{2+}。

② 锡盐和铅盐的水解性

可溶性的 Sn(Ⅱ) 和 Pb(Ⅱ) 的盐类只有在强酸性溶液中才会有水合离子存在。在酸性不足或中性溶液中都会发生水解。如

$$SnCl_2 + H_2O = Sn(OH)Cl + HCl$$

所以配制 $SnCl_2$ 时，通常把 $SnCl_2$ 固体先溶解在浓盐酸中，然后加水稀至所需浓度。由于 Sn^{2+} 在溶液中容易被空气中的氧氧化，因此，在配制时常加入一些锡粒，使已被氧化生成的 Sn^{4+} 又还原为 Sn^{2+}。

Pb(Ⅱ) 的盐水解不显著。$PbCl_4$ 极不稳定，容易分解为 $PbCl_2$ 和 Cl_2。

③ 铅盐的难溶性

$PbCl_2$ 是难溶于水的白色沉淀，但易溶于热水中，在浓盐酸中因形成 $[PbCl_4]^{2-}$ 配离子，使溶解度增大。PbI_2 为黄色沉淀，易溶于沸水中，也溶于 KI 溶液中：

$$PbI_2 + 2KI = K_2[PbI_4]$$

黑色 PbS 的溶解度很小，但能溶于稀硝酸和浓盐酸中：

$$3PbS + 8H^+ + 2NO_3^- = 3Pb^{2+} + 3S\downarrow + 2NO\uparrow + 4H_2O$$

$$PbS + 4HCl\text{(浓)} = [PbCl_4]^{2-} + H_2S + 2H^+$$

Pb^{2+} 与 CrO_4^{2-} 生成黄色 $PbCrO_4$ 沉淀，该反应用来鉴定 Pb^{2+}，$PbCrO_4$ 可溶于过量强碱生成 $[Pb(OH)_4]^{2-}$。

铅盐有毒，其毒性是由于 Pb^{2+} 和蛋白质中半胱氨酸的巯基（—SH）作用，生成难溶物所致。若铅中毒，可注射 EDTA-HAc 的钠盐溶液解毒。

15.3　硼族元素

15.3.1　概述

硼族元素处于元素周期表中 ⅢA 族，包括硼、铝、镓、铟、铊、鉨。其中只有硼是非金属元素，而且金属性随着原子序数的增加而增强。硼族元素基态原子的价层电子构型为 ns^2np^1，最常见氧化数为＋3，尤其是硼和铝一般只形成氧化数为＋3 的化合物。随着原子序数的递增，由于惰性电子对效应，元素化合物呈较低氧化数＋1 的倾向增强。因此，铊＋1 氧化数的化合物比＋3 氧化数的化合物稳定。

硼族元素的价电子数为 3 个，而价层轨道数为 4 个，价层电子数少于价层轨道数，是缺电子原子，可形成缺电子化合物。由于缺电子，这些化合物有很强的接受电子的能力，容易与具有孤电子对的分子或离子形成配合物。

15.3.2　硼及其重要化合物

(1) 单质硼

自然界没有游离态的硼，硼主要以硼酸以及各种硼酸盐形式存在。硼酸含于某些温泉水中，硼酸盐矿物有硼砂 $Na_2B_4O_5(OH)_4 \cdot 8H_2O$、方硼石 $2Mg_3B_8O_{15} \cdot MgCl_2$、斜方硼砂 $Na_2B_4O_7 \cdot 4H_2O$ 等。

单质硼属于原子晶体，已知有八种之多的同素异性体，结构复杂。无定形硼较活泼，能与许多非金属直接结合，室温下硼可与氟化合，加热可与氯、溴、氧及硫作用。

(2) 硼的重要化合物

① 硼的氢化物

硼可以形成一系列的共价氢化物，它们的物理性质类似于烷烃，故称为硼烷。目前已知道的有 20 多种硼烷，按照组成分为 B_nH_{n+4}、B_nH_{n+6} 和 $B_nH_n^{2-}$（n＝6～12）类型。硼烷中，乙硼烷（B_2H_6）是最简单的一种（单分子 BH_3 至今尚未制得）。

硼烷

B_2H_6 是缺电子化合物，分子中只有 12 个价电子，而轨道数有 14 个（2 个 B 原子有 8 个价轨道，6 个 H 原子有 6 个价轨道）。结构研究表明，在 B_2H_6 分子中，有 2 个 H 与其他 4 个氢不同。每个硼原子与 2 个氢原子以正常共价键结合，共形成 4 个 B—H σ 键，这 4 个 σ 键在同一平面上；另外 2 个氢原子分别在平面的上方和下方，与 2 个硼原子靠 2 个电子成键，形成三中心二电子的氢桥键，如图 15.10 所示。

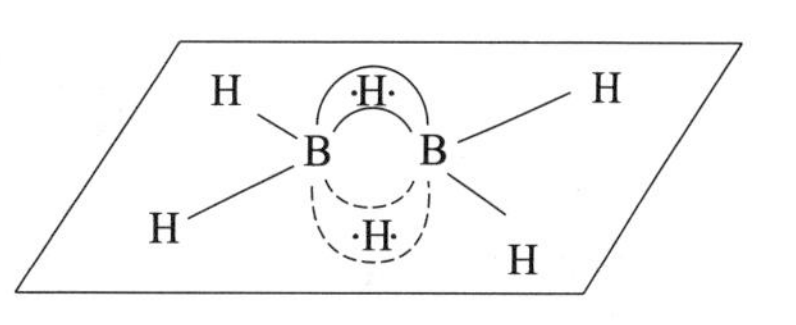

图 15.10　乙硼烷的分子结构

B_2H_6 在常温下是无色具有难闻臭味的气体，沸点为 180.5 K，它在 373 K 以下是稳定的，高于此温度，则转变为高硼烷。B_2H_6 有剧毒，在空气中最高允许浓度为 0.1 $\mu g \cdot L^{-1}$，比剧毒的 HCN 和光气的最高允许浓度低得多。因此，使用硼烷时必须注意安全。

B_2H_6 具有很强的还原性，在空气中易自燃，燃烧时放出大量热。

$$B_2H_6+3O_2 \xlongequal{燃烧} B_2O_3+3H_2O,\Delta_rH_m^{\ominus}=-2166\ kJ\cdot mol^{-1}$$

故硼烷可作高能燃料，用于火箭和导弹上。

由于 B_2H_6 遇水发生水解，并放出大量热：

$$B_2H_6+6H_2O = 2H_3BO_3\downarrow+6H_2,\Delta_rH_m^{\ominus}=-509.4\ kJ\cdot mol^{-1}$$

人们也曾考虑把 B_2H_6 作为水底火箭的燃料。

② 硼的含氧酸及其盐

B_2O_3 是硼酸的酸酐。B_2O_3 在热的水蒸气中形成挥发性偏硼酸，在水中形成正硼酸：

硼的含氧化合物

$$B_2O_3(s)+3H_2O(l) = 2H_3BO_3(aq)$$

H_3BO_3 分子中，B 原子以 sp^2 杂化轨道分别与三个氧原子形成平面三角形结构，分子之间通过氢键连成六角片状结构，片层间又通过范德华力相吸引，形成片状晶体，如图 15.11 所示。因此，它有滑腻感，有解理性，可作润滑剂。

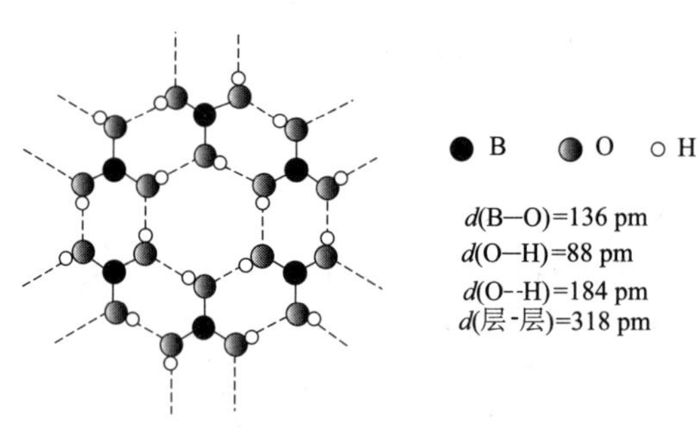

图 15.11 硼酸晶体的片层结构

H_3BO_3 是固体酸，微溶于水，随着温度的升高，溶解度增大。H_3BO_3 是一元弱酸，$K_a^{\ominus}=5.8\times10^{-10}$，显酸性的原因是由于硼酸中的硼原子是缺电子原子，有空轨道，能接受水中解离出的具有孤电子对的 OH^-，以配位键形式加合生成 $[B(OH)_4]^-$：

$$B(OH)_3+H_2O \rightleftharpoons \left[\begin{array}{c} OH \\ | \\ HO—B\leftarrow :OH \\ | \\ OH \end{array}\right]^- + H^+$$

H_3BO_3 和多羟基化合物（如乙二醇、甘油、甘露醇等）反应，可以使其酸性增强：

$$2\begin{array}{c} R \\ | \\ H—C—OH \\ | \\ H—C—OH \\ | \\ R \end{array} + H_3BO_3 = \left[\begin{array}{ccccc} R & & & & R \\ | & & & & | \\ H—C—O & & & & O—C—H \\ | & \diagdown & & \diagup & | \\ & & B & & \\ | & \diagup & & \diagdown & | \\ H—C—O & & & & O—C—H \\ | & & & & | \\ R & & & & R \end{array}\right]^- + H^+ + 3H_2O$$

H_3BO_3 和一元醇反应生成挥发性的硼酸酯，它燃烧产生特殊的绿色火焰，可用来检验硼酸根的存在：

$$H_3BO_3+3CH_3OH \xlongequal{浓\ H_2SO_4} B(OCH_3)_3+3H_2O$$

H_3BO_3 受热时会逐渐脱水，变化过程为：

$$\underset{\text{正硼酸}}{4H_3BO_3} \xrightarrow{-4H_2O} \underset{\text{偏硼酸}}{4HBO_2} \xrightarrow{-H_2O} \underset{\text{四硼酸}}{H_2B_4O_7} \xrightarrow{-H_2O} \underset{\text{硼酐}}{2B_2O_3}$$

硼酸大量用于玻璃和搪瓷工业，也因为它是弱酸，对人体的受伤组织有缓和的防腐消毒作用而用于医药方面以及食物的防腐。

重要的硼酸盐是四硼酸钠 $Na_2B_4O_5(OH)_4 \cdot 8H_2O$，叫硼砂，习惯上把它的化学式写成 $Na_2B_4O_7 \cdot 10H_2O$。硼砂是白色易风化的晶体，易溶于水，可用重结晶的方法提纯。硼砂可以和碱性氧化物反应，生成相应的偏硼酸盐：

$$Na_2B_4O_7 + MO = 2NaBO_2 \cdot M(BO_2)_2$$

当 M 为 Mn 时则呈深绿色，当 M 为 Co 时则呈蓝宝石色，利用这种特征的颜色可鉴定一些金属阳离子，称为硼砂珠实验。在焊接工业上，常利用此反应去除金属表面的氧化物。

硼砂溶液是常用的标准缓冲溶液，是因为硼砂在水溶液中水解，生成等物质的量的 H_3BO_3 和 $[B(OH)_4]^-$，即

$$B_4O_5(OH)_4^{2-} + 5H_2O = 2H_3BO_3 + 2[B(OH)_4]^-$$

$$pH \approx pK_a^{\ominus} \approx 9.24$$

硼酸和硼砂有着很多我们熟悉的用途，如作消毒杀菌剂，1%～4%的硼酸溶液用于冲洗眼睛、漱口和洗涤伤口。硼砂可作为保鲜防腐剂、软水剂、肥皂添加剂、陶瓷的釉料和玻璃原料等，在工业生产中硼砂也有着重要的作用。

15.3.3 铝的重要化合物

(1) 氧化铝和氢氧化铝

Al_2O_3 是一种白色难溶于水的粉末。它有多种变体，其中常见的是 α-型 Al_2O_3 和 γ-型 Al_2O_3。

α-Al_2O_3 可由金属铝在氧气中燃烧，或灼烧 $Al(OH)_3$、$Al(NO_3)_3$、$Al_2(SO_4)_3$ 而制得。α-Al_2O_3 熔点高（2273 K），硬度大（8.8），不溶于水，也不溶于酸和碱。它耐腐蚀性及绝缘性好，可做高硬度材料、耐磨材料和耐火材料。自然界中存在的 α-型 Al_2O_3 俗称刚玉（坚如钢，色如玉），常因含有不同杂质而呈不同颜色。含微量 Cr^{3+} 的刚玉呈红色，称为红宝石；含 Fe^{2+}、Fe^{3+} 或 Ti^{4+} 的为蓝色，称为蓝宝石。

将 $Al(OH)_3$ 或铝铵矾 $(NH_4)_2SO_4 \cdot Al_2(SO_4)_3 \cdot 24H_2O$ 加热到 723 K，则有 γ-Al_2O_3 生成。γ-Al_2O_3 颗粒小，表面积大，具有良好的吸附能力和催化活性，称为活性氧化铝，常用作吸附剂和催化剂。γ-Al_2O_3 能溶于酸和碱：

$$Al_2O_3 + 6H^+ = 2Al^{3+} + 3H_2O$$

$$Al_2O_3 + 2OH^- + 3H_2O = 2[Al(OH)_4]^-$$

强热到 1273 K，γ-Al_2O_3 可转变为 α-Al_2O_3。

还有一种 β-Al_2O_3，有离子传导能力，用来制作蓄电池。

$Al(OH)_3$ 是典型的两性氢氧化物：

$$Al(OH)_3 + 3HNO_3 = Al(NO_3)_3 + 3H_2O$$

$$Al(OH)_3 + KOH = K[Al(OH)_4]$$

(2) 三氯化铝

$AlCl_3$ 可用 Al 和 Cl_2 直接合成。它是缺电子化合物，因此，易形成二聚体，气态时为

Al_2Cl_6，分子结构如图 15.12 所示。

$AlCl_3 \cdot 6H_2O$ 易溶于水，在水中易水解。而无水 $AlCl_3$ 易升华，遇水强烈水解：

$$AlCl_3 + 3H_2O \xlongequal{\quad} Al(OH)_3 + 3HCl$$

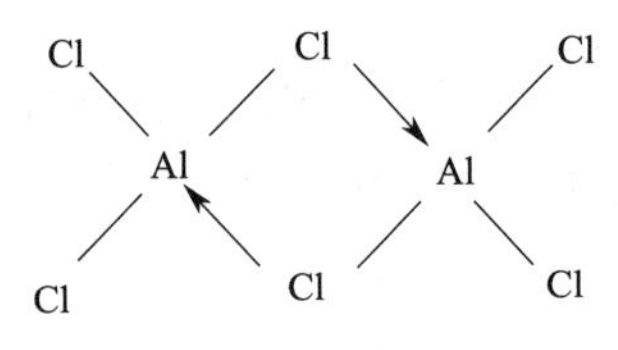

图 15.12 Al_2Cl_6 的分子结构

(3) 硫酸铝和明矾

硫酸铝可与碱金属（除 Li 外）及铵的硫酸盐形成溶解度相对较小的复盐，称为矾。例如，明矾 $KAl(SO_4)_2 \cdot 12H_2O$，其中的 6 个水分子与铝离子配位形成 $[Al(H_2O)_6]^{3+}$，余下的是晶格中的水分子，在 $[Al(H_2O)_6]^{3+}$ 和 SO_4^{2-} 之间形成氢键。硫酸铝和明矾在水溶液中都能水解，使溶液呈酸性。常将硫酸铝的饱和溶液装在泡沫灭火器的内筒中，使用时它和装在外筒的 $NaHCO_3$ 溶液反应生成 CO_2 和 $Al(OH)_3$：

$$Al_2(SO_4)_3 + 6NaHCO_3 \xlongequal{\quad} 2Al(OH)_3 \downarrow + 6CO_2 \uparrow + 3Na_2SO_4$$

明矾的水解产物 $Al(OH)_3$ 有较强的吸附性，因此，明矾在印染工业上用作媒染剂，在污水处理上用作净水剂，在医药上作局部收敛剂及洗剂。铝离子能引起神经元退化，若人脑组织中铝离子浓度过大，会出现早衰性痴呆症。

15.3.4 对角线规则

Ⅰ A 族的 Li 与 Ⅱ A 族的 Mg，Ⅱ A 族的 Be 与 Ⅲ A 族的 Al，Ⅲ A 族的 B 与 Ⅵ A 族的 Si，这三对元素在元素周期表中处于对角线位置。相应的两元素及其化合物的性质有许多相似之处，这种相似性称为对角线规则。

(1) 锂与镁的相似性

① 单质与氧作用生成正常氧化物；

② 氢氧化物均为中强碱，且在水中溶解度不大，加热分解为正常氧化物；

③ 氟化物、碳酸盐、磷酸盐均难溶于水；

④ 氯化物共价性较强，均能溶于有机溶剂中；

⑤ 碳酸盐受热分解，产物为相应氧化物；

⑥ Li^+ 和 Mg^{2+} 的水合能力较强。

(2) 铍与铝的相似性

① 两者都是活泼金属，在空气中易形成致密的氧化膜保护层；

② 两性元素，氢氧化物也属两性；

③ 氧化物的熔点和硬度都很高；

④ 卤化物均有共价型；

⑤ 盐都易水解；

⑥ 碳化物与水反应生成甲烷：

$$Be_2C + 4H_2O \xlongequal{\quad} 2Be(OH)_2 + CH_4 \uparrow$$

$$Al_4C_3 + 12H_2O \xlongequal{\quad} 4Al(OH)_3 + 3CH_4 \uparrow$$

(3) 硼与硅的相似性

硼与硅的相似性见表 15.2。

表 15.2　硼与硅的相似性

性质		硼	硅
自然界存在状态		化合态	化合态
单质	晶态	原子晶体	原子晶体
	与强碱作用	置换出氢	置换出氢
含氧酸	酸性	弱酸（$K_a^{\ominus}=5.8\times10^{-10}$）	弱酸（$K_{a_1}^{\ominus}=2.5\times10^{-10}$）
	稳定性	很稳定	稳定
多酸或多酸盐		链状或环状	链状或环状
重金属含氧酸盐	颜色	特征颜色：硼砂珠实验	特征颜色：水中花园实验
	溶解度	较小	较小
氢化物稳定性		硼烷不稳定，易自燃，易水解	硅烷不稳当，易自燃，易水解
卤化物		极易水解	极易水解

对角关系主要是从化学性质总结出来的经验规律，可以用离子极化的观点粗略地加以说明：处于对角的三对元素性质上的相似性是由于它们的离子极化力相近的缘故。从 Li 到 Mg（或从 Be 到 Al、从 B 到 Si）核电荷增多，极化作用增强，但半径增大，极化作用减弱，两种相反的作用抵消了。因此，处于元素周期表中左上和右下对角线位置的两元素，即 Li 与 Mg、Be 与 Al、B 与 Si 的性质相近。

思　考　题

1. 试从 N_2 和 P_4 的分子结构说明氮和磷在自然界的存在状态。

2. 从惰性电子对效应简述 $NaBiO_3$ 的强氧化性。

3. 怎样用化学方法除去大气污染中的 NO_2 气体？

4. 试从氨的分子结构说明氨的主要物理性质和化学性质。

5. 简述铵盐的热分解规律，并举例说明之。

6. 为什么一般情况下浓硝酸被还原为 NO_2，而稀硝酸被还原为 NO？这与它们氧化能力的强弱是否矛盾？

7. 亚硝酸和亚硝酸盐的主要化学性质是什么？

8. 汽车尾气中的 CO 和 NO 均为有害气体，为了减少这些气体对空气的污染，从热力学观点看以下反应能否利用？

$$2CO(g)+2NO(g)=\!=\!=2CO_2(g)+N_2(g)$$

9. 写出次磷酸、亚磷酸、正磷酸、焦磷酸的结构式，并指出它们各是几元酸以及酸性的强弱。

10. 用平衡移动的观点解释 Na_2HPO_4、NaH_2PO_4 与 $AgNO_3$ 作用都生成黄色 Ag_3PO_4 沉淀，沉淀析出后溶液的酸碱性有何变化？写出有关的反应方程式。

11. 要使氨气干燥，应选用下列哪种干燥剂？

（1）浓硫酸　（2）$CaCl_2$　（3）P_4O_{10}　（4）NaOH(s)

12. 如何除去：（1）氮气中所含的微量氧气，（2）碳酸氢铵俗称“气肥”，应如何储存？

13. 金刚石和石墨的结构、性质有何不同？为何常温下 CO_2 是气体，二氧化硅是固体？

14. （1）从 CO 的结构特征说明其中毒的原理？（2）如何除去 CO 中的 CO_2 气体？

15. 如何配制 $SnCl_2$ 溶液？并说明理由。

16. 变色硅胶有何用途？如何变化？

17. 为什么说硼酸是一元弱酸？硼砂水溶液的酸碱性怎样？

习　题

1. 写出下列物质热分解的反应式：

$NaNO_3$　　$Pb(NO_3)_2$　　$AgNO_3$

2. 完成并配平下列反应方程式：

(1) $Zn+HNO_3$(很稀)$=\!=\!=$

(2) $P+HNO_3$(浓)$=\!=\!=$

(3) $PCl_5+H_2O=\!=\!=$

(4) $H_3AsO_3+H^++I^-=\!=\!=$

(5) $NaBiO_3+Mn^{2+}+H^+=\!=\!=$

(6) $HNO_3+PbS=\!=\!=$

(7) $NO_2^-+I^-=\!=\!=$

(8) $Au+HNO_3+HCl=\!=\!=$

(9) $AlP+H_2O=\!=\!=$

3. AsO_3^{3-} 能在碱性溶液中被 I_2 氧化成 AsO_4^{3-}，而 H_3AsO_4 又能在酸性溶液中被 I^- 还原成 AsO_3^{3-}。

(1) 二者是否矛盾？为什么？

(2) 求 $AsO_3^{3-}+I_2+2OH^- \rightleftharpoons AsO_4^{3-}+2I^-+H_2O$ 的平衡常数。

4. 某化合物 A 受热后分解产生一种气体 B 和固体 C，B 可将要熄灭的火柴复燃。C 的水溶液在酸性条件下与碘离子反应，得到的溶液遇淀粉显蓝色。C 的水溶液在酸性介质中可使高锰酸钾溶液褪色。在检验时，A 和 C 都可以与 $FeSO_4$ 和 H_2SO_4 发生反应显棕色，可通过加入尿素或者氨基磺酸的方法除去 C 而单独检验 A。指出 A、B、C 各是什么，并写出有关的化学方程式。

5. 写出下列物质的化学式：水晶，泡花碱，硅胶，干冰，小苏打。

6. 如何除去：

(1) 氢气中的一氧化碳；

(2) 一氧化碳中的二氧化碳；

(3) 二氧化碳中的二氧化硫。

7. 完成下列反应式：

(1) $SiO_2+NaOH=\!=\!=$

(2) $CO+I_2O_5=\!=\!=$

(3) $PbO+HNO_3=\!=\!=$

(4) $PbO_2+NaOH=\!=\!=$

(5) $SnCl_2+H_2O=\!=\!=$

(6) $PbS+NO_3^-=\!=\!=$

8. 分子筛和硅胶在化学组成上有何不同，它们的吸附性质有何异同？

9. 完成并配平下列反应方程式：

(1) $B_2H_6+LiH=\!=\!=$

(2) $Al_2O_3+NaOH=\!=\!=$

(3) $B_2H_6+H_2O=\!=\!=$

(4) $B(OH)_3+H_2O=\!=\!=$

10. 某气态硼氢化物的最简式为 BH_3，该氢化物在 290 K 和 54 kPa 时密度为 0.629 $g \cdot L^{-1}$，已知 $M(B)=11$，$M(H)=1$。

(1) 求该化合物的分子量。

(2) 写出它的分子式。

（3）分析该化合物的结构，指出硼原子的杂化态和化学键的类型。

（4）写出该化合物与 O_2、Cl_2、H_2O 反应的化学方程式。

11. 以明矾为主要原料，制备下列化合物。

（1）氢氧化铝；（2）硫酸铝；（3）偏铝酸钾

拓展学习资源

拓展资源内容	二维码
➢ 课件 PPT ➢ 学习要点 ➢ 疑难解析 ➢ 知识拓展——碳纳米管 ➢ 习题参考答案	

第 16 章　d 区元素及其重要化合物

16.1　过渡元素概述

过渡元素包括 d 区元素和 ds 区元素。d 区元素包括 ⅢB～Ⅷ 族元素，不包括镧系元素及锕系元素，价电子结构通式是$(n-1)d^{1\sim9}ns^{1\sim2}$（Pd：$4d^{10}5s^{0}$ 例外）。ds 区元素包括 ⅠB 族和 ⅡB 族元素，价电子层结构通式是$(n-1)d^{10}ns^{1\sim2}$。它们在元素周期系中的位置如表 16.1 所示。

表 16.1　d 区和 ds 区元素在元素周期表中的位置

周期 \ 族	ⅠA	ⅡA	ⅢB	ⅣB	ⅤB	ⅥB	ⅦB	Ⅷ			ⅠB	ⅡB	ⅢA	ⅣA	ⅤA	ⅥA	ⅦA	0
1																		
2			d 区								ds 区							
3																		
4			Sc	Ti	V	Cr	Mn	Fe	Co	Ni	Cu	Zn						
5			Y	Zr	Nb	Mo	Tc	Ru	Rh	Pd	Ag	Cd						
6			La①	Hf	Ta	W	Re	Os	Ir	Pt	Au	Hg						
7			Ac②	Rf	Db	Sg	Bh	Hs	Mt									

①代表镧系元素；②代表锕系元素。

同周期过渡元素金属性递变不明显，根据过渡元素所在周期的不同，可将过渡元素划分为三个过渡系。从第四周期的钪（Sc）到锌（Zn）为第一过渡系；从第五周期的钇（Y）到镉（Cd）为第二过渡系；从第六周期的镧（La）到汞（Hg）为第三过渡系。习惯上将第一过渡系元素称为轻过渡元素，将第二、第三过渡系元素称为重过渡元素。在自然界中，第一过渡系元素的储量较多，其单质和化合物的用途也较为广泛。而第二和第三过渡系元素的丰度相对较小，但我国是钼（Mo）和钨（W）的丰产国。

16.1.1　原子的结构特征

过渡元素原子结构的共同点是价电子一般依次分布在次外层 d 轨道中，最外层却只有 1 或 2 个电子（Pd 除外），这些电子较易失去，其价层电子构型一般为$(n-1)d^{1\sim10}ns^{1\sim2}$。

与同周期主族元素相比，过渡元素的原子半径一般比较小，过渡元素的原子半径以及它们随原子序数和周期变化的情况如图 16.1 所示。同周期从左向右，随着原子序数的增加，原子半径缓慢地减小，直到铜族前后又稍增大。同族元素从上往下，原子半径增大，但第五、六周期（ⅢB 除外）由于镧系收缩的原因，几乎抵消了同族元素由上往下周期数增加的影响，使这两周期同族元素的原子半径十分接近，导致第二和第三过渡系的同族元素在性质上的差异比第一和第二过渡系相应元素的性质差异要小。

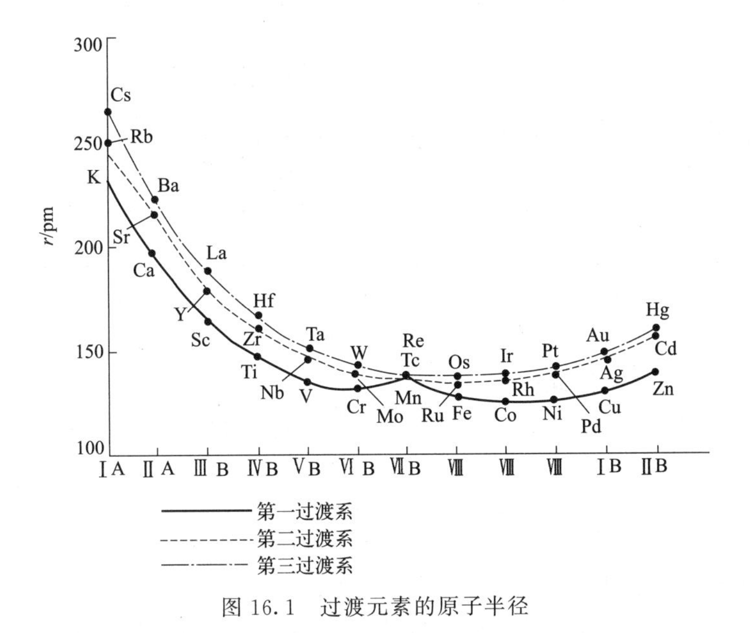

图 16.1　过渡元素的原子半径

16.1.2　单质的物理性质

由表 16.2 数据可知，除ⅡB 族外，过渡元素的单质都是熔点高、沸点高、密度大、导电性和导热性良好的金属。除钪（2.99 $g\cdot cm^{-3}$）、钇（4.34 $g\cdot cm^{-3}$）、钛（4.5 $g\cdot cm^{-3}$）属轻金属外，其余元素皆为重金属（密度大于 5 $g\cdot cm^{-3}$）。铬是所有金属中最硬的金属，钨的熔点最高。这是因为 d 区元素形成金属键时，不仅 ns 电子参与成键，$(n-1)$d 电子亦可参与金属键的形成，使金属键强度增大。但锌族元素熔、沸点较低，汞是常温下唯一的液体金属。

表 16.2　第一过渡系元素的主要物理性质

元素	Sc	Ti	V	Cr	Mn	Fe	Co	Ni	Cu	Zn
密度/$g\cdot cm^{-3}$	3.0	4.51	6.1	7.20	7.30	7.86	8.9	8.9	8.92	7.14
硬度（莫氏标准）		4		9.0	6.0	4.5	5.5	4.0	3.0	2.5
熔点/K	1814	1933	2163	2130	1517	1803	1768	1728	1356	693
沸点/K	3104	3560	3653	2945	2235	3023	3143	3003	2855	1180
电导率（Hg=1）			3.7	7.3		9.8	9.9	13.9	56.9	
热导率（Hg=1）				8.3		9.5	8.3	7.0	51.3	
金属半径/pm	160.6	144.8	132.1	124.9	124	124.1	125.3	124.6	127.8	125

d 区元素及其化合物还具有顺磁性，这是由于过渡元素的原子或离子具有未成对的 d 电子所引起的，因此它们可以用作磁性材料。

16.1.3　单质的化学性质

(1) 金属活泼性

过渡金属在水溶液中的活泼性，可根据标准电极电势（$\varphi_A^\ominus$）来判断。

表 16.3 第一过渡系元素的标准电极电势

元素	Sc	Ti	V	Cr	Mn
$\varphi^{\ominus}(M^{2+}/M)/V$	—	−1.63	−1.13	−0.90	−1.18
可溶解该金属的酸	各种酸	热 HCl、HF	HNO_3、HF、浓 H_2SO_4	稀 HCl、H_2SO_4 等	稀 HCl、H_2SO_4 等
元素	Fe	Co	Ni	Cu	Zn
$\varphi^{\ominus}(M^{2+}/M)/V$	−0.44	−0.277	−0.257	+0.340	−0.7626
可溶解该金属的酸	稀 HCl、H_2SO_4 等	缓慢溶解在稀 HCl 等酸中	稀 HCl、H_2SO_4 等	HNO_3、热浓 H_2SO_4	稀 HCl、H_2SO_4 等

由表 16.3 可看出，第一过渡系金属，除铜外，$\varphi^{\ominus}(M^{2+}/M)$ 均为负值，其金属单质可从非氧化性酸中置换出氢。另外，同一周期元素从左向右，$\varphi^{\ominus}(M^{2+}/M)$ 值的总变化趋势是逐渐变大，金属活泼性逐渐减弱。

过渡金属中化学性质最活泼的是第ⅢB族元素，它们在空气中能迅速地被氧氧化，也能与水作用放出氢气。例如：

$$2Sc+3O_2 \longrightarrow 2Sc_2O_3$$

$$2Sc+6H_2O \longrightarrow 2Sc(OH)_3+3H_2\uparrow$$

第ⅢB族元素的化学性质比较活泼是因为它们的次外层 d 轨道中仅有一个电子，这个电子对性质的影响不显著，所以它们的性质较活泼，接近于碱土金属。而其他过渡元素在通常情况下不与水作用。

第二、三过渡系元素的活泼性都较弱，它们中的大多数金属不能与强酸反应。同族自上而下，单质活泼性依次减弱，这与主族元素不同。造成这种结果的主要原因是：过渡元素同族自上而下原子半径增加不大，而核电荷却增加较多，对外层电子的吸引力增强。

(2) 氧化物及其水合物的酸碱性

过渡元素的氧化物及其水合物的酸碱性变化与主族元素相似，归纳起来有以下几点：从左到右，同周期过渡元素（ⅢB～ⅦB族）最高氧化态的氧化物及其水合物的酸性增强；从上到下，同族过渡元素相同氧化值的氧化物及其水合物的碱性增强；同一元素高氧化值的氧化物及其水合物的酸性大于其低氧化值的氧化物。

例如，锰元素不同氧化值的氧化物及其水合物的酸碱性变化如下：

氧化值：	Ⅱ	Ⅲ	Ⅳ	Ⅵ	Ⅶ
氧化物：	MnO	Mn_2O_3	MnO_2	MnO_3	Mn_2O_7
水合物：	$Mn(OH)_2$	$Mn(OH)_3$	$Mn(OH)_4$	H_2MnO_4	$HMnO_4$
酸碱性：	碱性	弱碱性	两性	酸性	强酸性

第ⅢB～第ⅦB族过渡元素最高氧化值氧化物的水合物的酸碱性递变汇总于表 16.4。

表 16.4 ⅢB～ⅦB族过渡元素最高氧化值氧化物的水合物的酸碱性

	ⅢB	ⅣB	ⅤB	ⅥB	ⅦB	
碱性增强↓	$Sc(OH)_3$ 弱碱性	$Ti(OH)_4$ 两性	HVO_3 酸性	H_2CrO_4 酸性	$HMnO_4$ 强酸性	酸性增强↑
	$Y(OH)_3$ 中强碱	$Zr(OH)_4$ 弱两性	$Nb(OH)_5$ 两性	H_2MoO_4 弱酸性	$HTcO_4$ 酸性	
	$La(OH)_3$ 弱碱性	$Hf(OH)_4$ 两性、偏碱性	$Ta(OH)_5$ 两性	H_2WO_4 弱酸性	$HReO_4$ 弱酸性	
	$Ac(OH)_3$ 弱碱性					
		酸性增强 →				

(3) 易形成配合物

过渡元素一般容易形成配合物。这是因为过渡元素的原子或离子具有 9 个价电子轨道，即 5 个$(n-1)$d 轨道、1 个 ns 轨道和 3 个 np 轨道，并且这 9 个轨道属于同一能级组，其中 ns、np 轨道是空的，$(n-1)$d 轨道部分充满，因而可以提供 ns、np 轨道及$(n-1)$d 部分轨道，或者 nd 部分轨道，接受孤电子对形成配位键。加之这些元素的原子半径小、电荷高、z/r 值较大，极化力强，作为中心离子，容易使配体变形并吸引配体；再者过渡元素离子的变形性一般也较大，相互极化增加了配位键的强度，因此过渡元素具有很强的形成配合物的倾向。

16.1.4 氧化值

过渡元素除少数元素（如银氧化值为+1，锌、镉氧化值为+2）外，一般有多种氧化值。这是由过渡元素原子结构的特征所决定的。过渡元素原子的最外层 ns 轨道上只有 1～2 个电子，次外层$(n-1)$d 轨道大多数处于未充满状态（ⅠB 族、ⅡB 族和 Pd 除外），并且 s 轨道和 p 轨道的能级差较小，因此在化学反应中，不但最外层的 ns 电子可以参与成键，次外层$(n-1)$d 电子也可部分或全部参与成键。因此，大多数过渡元素化合时可呈现多种氧化值。例如，Mn 有 6 种氧化值：分别为+2、+3、+4、+5、+6、+7，其中+2、+4、+6、+7 为常见氧化值。

过渡元素氧化值的变化具有一定的规律性。同周期从左至右，氧化值首先逐渐升高，随后氧化值又逐渐变低，到Ⅷ族又是低氧化值稳定。同族自上而下，高氧化值的物质趋于稳定，低氧化值的物质则刚好相反，与主族元素不同。这是因为 d 区元素中随着周期数的增大，$(n-1)$d 和 ns 能量愈来愈接近，$(n-1)$d 更易全部参与成键。

16.1.5 非整比化合物

过渡元素的另一个特点是易形成非整比(或称非化学计量）化合物。非整比化合物的化学组成不定，可在一个较小的范围内变动，而又保持基本结构不变。例如，1000 ℃时，FeO 的组成实际在 $Fe_{0.84}O$ 到 $Fe_{0.96}O$ 之间变动。非整比化合物多为氧化物、硫化物、硼化物、氮化物、碳化物及氢化物等。如 TiO($TiO_{0.74}$: $TiO_{1.67}$)、NbO($NbO_{0.94}$: $NbO_{1.04}$)、FeS($Fe_{0.90}S$: $Fe_{0.93}S$)、$PdH_{0.80}$、$LaH_{2.76}$、$CeH_{2.69}$ 等都是非整比化合物。

非整比化合物的结构是非金属元素填充在金属结构的空穴中。例如，O、S、B、C、N 和 H 等，它们在与金属元素形成非整比化合物时，由于原子体积较小，填充在过渡金属的结构空穴中，仍然保持金属的结构特征，如导电性和金属光泽。此外，过渡金属的电负性适中，而且价电子数多，在形成金属键之余还可与这些非金属原子通过共用电子形成共价键，因此这些非整比化合物硬度大，熔点高。这些特性使得它们具有重要的实际用途，可作为新型的无机材料在各种强化条件下，如超高温、高压、原子能工程上使用。有些金属硼化物可作为火箭、导弹、人造卫星上的耐高温材料；过渡金属碳化物用作高温辐射材料。最近发现镍硼化物可以代替铂在氢氧燃料电池中用作催化剂，使成本大大降低。所以这类无机材料的研究和合成日益受到重视和发展。

16.1.6 过渡元素离子的颜色

过渡元素离子在水溶液中一般以 $[M(H_2O)_6]^{n+}$ 配离子的形式存在，水合离子大多有一定的颜色，这主要与过渡元素离子的 d 轨道未填满电子有关。当 d 电子由基态跃迁到激发态能级（d-d 跃迁）所需的能量在可见光范围内时，它就会吸收某波长的可见光，呈现出该波长光的互补颜色。具有 d^0 或 d^{10} 电子结构的水合离子（如 Sc^{3+}、Zn^{2+}、Ag^+ 等）不能产生 d-d 跃迁，所以它们的水合离子无色。一些过渡元素水合离子的颜色见表 16.5。

表 16.5 一些过渡元素水合离子的颜色

水合离子	Sc^{3+}	Ti^{4+}	V^{4+}	Cr^{3+}	Mn^{2+}	Mn^{3+}	Fe^{2+}	Fe^{3+}	Co^{2+}	Ni^{2+}	Cu^{2+}	Zn^{2+}
价电子层结构	$3d^0$	$3d^0$	$3d^1$	$3d^3$	$3d^5$	$3d^4$	$3d^6$	$3d^5$	$3d^7$	$3d^8$	$3d^9$	$3d^{10}$
未成对电子数	0	0	1	3	5	4	4	5	4	2	1	0
颜色	无	无	蓝	紫	肉	紫	浅绿	黄	粉红	绿	蓝	无

16.1.7 催化作用

许多过渡元素及其化合物，特别是 ⅣB 至 Ⅷ 族元素及其化合物具有独特的催化性能，常选作催化剂。它们对化学反应的催化作用体现在两个方面：

① 配位催化作用　因为过渡金属有很强的配位能力，同一过渡元素的多种氧化态能生成不同类型的配合物，这些配合物的稳定性有较大的差异，某些作配体的分子或离子与金属离子或原子配位后，可生成不稳定的中间配合物，易于进行某一特定反应，此时过渡元素起到既配位又催化的作用。

② 接触催化作用　由于过渡元素及其化合物具有适宜的表面吸附作用，从而降低反应的活化能，加快反应完成。以 V_2O_5 为催化剂制 H_2SO_4 即为一例。

16.1.8 过渡元素离子的生物学效应

目前认为，人体必需微量元素有 14 种，在这 14 种微量元素中，有 9 种是过渡元素，并且除 Mo 外，其余 8 种过渡元素都分布在第一过渡系。过渡元素在体内的含量、分布和主要的生物功能汇于表 16.6 中。

表 16.6 体内过渡元素的含量、分布及生物功能

元素	氧化态	体内总含量	主要分布部位	主要生物功能
钒	Ⅴ、Ⅵ	17～43 μg	脂肪中(＞90%)	促进脂肪代谢，抑制胆固醇合成，促进牙齿矿化
铬	Ⅲ	5～10 mg	各组织器官及体液中	在糖和脂肪代谢中起重要作用，并具有增强胰岛功能的作用
锰	Ⅱ、Ⅲ	10～20 mg	肌肉、肝及其他各组织中	参与构成锰酶、锰激活酶等。对机体的生长发育、维持骨结构、维持正常代谢及维持脑和免疫系统正常的生理功能具有重要作用
铁	Ⅱ、Ⅲ	约 4200 mg	血液中(＞70%)	参与构成血红素蛋白、含铁酶及铁蛋白等。向机体各组织细胞输送 O_2 及储存 O_2，并参与机体的氧化还原反应等
钴	Ⅱ、Ⅲ	1.1～1.5 mg	肌肉、骨及其他各软组织中	参与构成维生素 B_{12} 及维生素 B_{12} 辅酶。影响骨髓造血功能，增强某些酶及甲状腺的活性，参与蛋白质合成
镍	Ⅱ	约 10 mg	肾、肺、脑、心脏及皮肤中	与血清蛋白、氨基酸形成配合物。保护心血管系统，促进血细胞的生成，并具有降血糖作用等
铜	Ⅰ、Ⅲ	80～120 mg	肌肉、肝、血液、心、肺、脑、肾中	参与构成血浆铜蓝蛋白、超氧化物歧化酶(SOD)、细胞色素 C 氧化酶等。对维持血液、中枢神经系统、骨和结缔组织和正常生理功能具有重要作用

续表

元素	氧化态	体内总含量	主要分布部位	主要生物功能
锌	Ⅱ	约 2300 mg	肌肉、骨组织及其他各脏器和软组织中	与生物大分子配体形成金属蛋白、金属核酸等配合物。参与体内新陈代谢过程，在机体的生长发育、基因调控中占据中心地位
钼	Ⅳ、Ⅴ、Ⅵ	约 9.3 mg	肝、肾、脾、肺、脑、肌肉及体液中	构成钼酶，参与许多生理生化反应

体内微量元素作为构成金属蛋白、核酸、金属酶和辅酶的重要元素，以及许多生物酶的激活剂，在机体生长发育、生物矿化、细胞功能调节、物质输送、信息传递、免疫应答、生物催化、能量转换及各种生理生化反应中起着重要的作用。随着现代医学和生命科学在分子、亚分子水平上研究生命的过程，探索机体生老病死与生物分子间的有机联系，体内微量元素的生物功能就愈来愈受到科学家的重视。

16.2　钛族和钒族

16.2.1　钛的单质和重要化合物

(1) 钛族元素的通性

ⅣB 族元素包括钛 Ti、锆 Zr、铪 Hf、𬬻Rf。𬬻为人工合成的放射性元素。ⅣB 族元素原子的价电子构型为$(n-1)d^2ns^2$，最稳定的氧化值是$+4$，其次是$+3$，而$+2$ 氧化值很少见。在特定条件下，钛还可呈现 0 和$+1$ 的低氧化值。锆、铪生成低氧化态的趋势比钛小。

(2) 金属钛

钛（Ti）在地壳中的丰度为 0.42%。由于在自然界中存在的分散性和金属钛提炼的困难，钛一直被人们认为是一种稀有金属。可是钛在地壳中的含量却较高，比常见的锌、铅、锡、铜要多得多，在所有元素中居第 10 位。钛的主要矿物有金红石（主要成分为 TiO_2）和钛铁矿（主要成分为 $FeTiO_3$），其次是组成复杂的钒钛铁矿。我国四川攀枝花地区有大量的钒钛铁矿。

金属钛是一种新兴的结构材料。钛的密度为 4.5 $g \cdot cm^{-3}$，比钢轻（钢的密度为 7.9 $g \cdot cm^{-3}$），可机械强度同钢相似。铝的密度虽小（2.7 $g \cdot cm^{-3}$），但机械强度较差，钛恰好兼有钢和铝的优点。钛表面容易形成致密的、钝性的氧化物保护膜，使得钛具有优良的抗腐蚀性，特别是对海水的抗腐蚀性很强。高纯度的钛具有良好的可塑性。液体钛几乎能溶解所有的金属，可以和多种金属形成合金。将钛加入钢中制得的钛钢坚韧而有弹性。钛合金具有极高的强度、硬度及优越的耐腐蚀性，因此自二十世纪四十年代以来，钛的生产量激增，已成为工业上最重要的金属之一，在国防和高能技术中，钛占有重要的地位，被用来制造超声速飞机、导弹、军舰等。

此外，钛及其合金还具有很好的生物相容性，在生物医用材料方面得到了广泛应用。例如，钛-铝-钒合金（90% Ti、6% Al、4% V）用来制作骨螺钉，人工关节；口腔外科中钛可用于制作假牙；心血管外科方面，钛被用来制作人工瓣膜以及心脏起搏器的外壳。所以钛也被称为“生物金属”。

室温下钛对空气和水十分稳定，但它能缓慢地溶于浓盐酸或热的稀盐酸中形成 Ti^{3+}。

钛与热的浓硝酸反应也很缓慢，最终生成不溶的二氧化钛的水合物 $TiO_2 \cdot nH_2O$ 而使钛钝化。

钛也可溶于氢氟酸，形成配合物：

$$Ti + 6HF \xlongequal{} 2H^+ + [TiF_6]^{2-} + 2H_2\uparrow$$

制取金属钛比较方便的方法是于 1070 K 左右，在氩气气氛中用熔融的镁还原四氯化钛蒸气。

$$TiCl_4 + 2Mg \xlongequal{} Ti + 2MgCl_2$$

然后用盐酸浸取产物，除去残余的镁和氯化镁。也可以在高真空的条件下，或者在 1270 K 左右蒸去残余的镁和氯化镁，这样得到的是多孔性的海绵状钛，再通过电弧熔融或感应熔融，制得钛锭。

(3) 钛的重要化合物

① 二氧化钛

在自然界中，TiO_2 有三种晶型，其中最重要的是金红石型。金红石型是一种典型的晶体构型，属四方晶系，如图 16.2 所示，其中 Ti 的配位数为 6，6 个 O 配位在 Ti 的周围形成八面体结构，O 的配位数为 3。自然界中的金红石是红色或桃红色晶体，有时因含有杂质而显黑色。

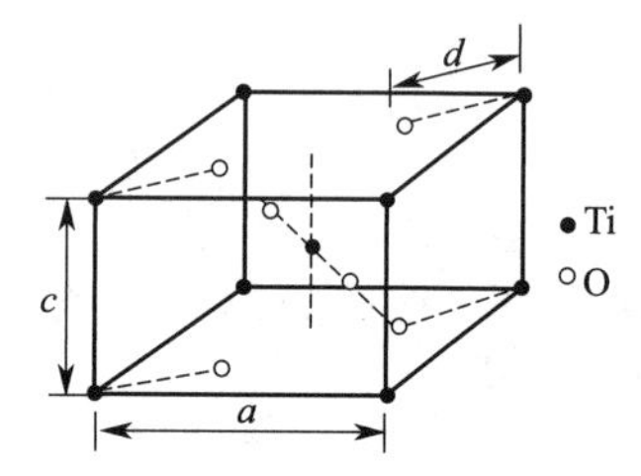

图 16.2　金红石晶型

钛白是经过化学处理制造出来的纯净的二氧化钛，是重要的化工原料，室温下呈白色，加热时显浅黄色。制取钛白的方法主要有两种：一种是用干燥的氧气在 923～1023 K 对四氯化钛进行气相氧化：

$$TiCl_4 + O_2 \xlongequal{} TiO_2 + 2Cl_2$$

另一种方法是硫酸法。首先使钛铁矿同浓硫酸反应，然后再进行水解，析出水合二氧化钛沉淀，最后在高温下煅烧即得钛白。

$$FeTiO_3 + 2H_2SO_4 \xlongequal{} TiOSO_4 + FeSO_4 + 2H_2O$$

$$TiOSO_4 + 2H_2O \xlongequal{} TiO_2 \cdot H_2O\downarrow + H_2SO_4$$

二氧化钛的化学性质不活泼，不溶于水，也不溶于稀酸，但能缓慢地溶解在氢氟酸和热的浓硫酸中：

$$TiO_2 + 6HF \xlongequal{} H_2TiF_6 + 2H_2O$$

$$TiO_2 + H_2SO_4 \xlongequal{} TiOSO_4 + H_2O$$

二氧化钛不溶于碱性溶液中，但能与熔融的碱作用生成偏钛酸盐：

$$2KOH + TiO_2 \xlongequal{} K_2TiO_3 + H_2O$$

因此，二氧化钛是两性氧化物。

钛白是迄今公认最好的白色涂料。它既有铅白 [$2PbCO_3 \cdot Pb(OH)_2$] 的遮盖性，又有锌白（ZnO）的耐久性，还具有着色力强、无毒等优点，特别是在耐化学腐蚀性、热稳定性、抗紫外线粉化及折射率高等方面显示出良好的性能。被广泛用于涂料、印刷、油墨、造纸、塑料、橡胶、化纤、搪瓷、电焊条、冶金、电子陶瓷、日用化工等领域。由于钛白的高折射率，还可用作合成纤维的增白消光剂。

二氧化钛还可作为光催化剂或新型太阳能电池的主要材料。二氧化钛受到太阳光和荧光灯的紫外线照射后，电子激发产生带负电的电子和带正电的空穴，若被捕获则可作为太阳能电池；若产生的电子被空气或水中的氧获得，使之还原生成双氧水，而空穴可以与表面吸附的水或 OH^- 反应形成具有强氧化能力的烃基，从而能够分解、清除附着在二氧化钛表面的各种有机物。

② 钛酸和偏钛酸

二氧化钛的水合物 $TiO_2 \cdot nH_2O$，常写成钛酸 $Ti(OH)_4$ 和偏钛酸 H_2TiO_3。将 TiO_2 与浓 H_2SO_4 作用所得的溶液加热、煮沸，或将钛与热 HNO_3 作用，可得到不溶于酸碱的水合二氧化钛（β-钛酸）。当加碱于新制备的酸性钛盐溶液中时，所得的水合二氧化钛为 α-钛酸。α-钛酸比 β-钛酸活性高，具有两性，既能溶于稀酸，也能溶于强碱。溶于强碱时，如浓 NaOH 溶液，得到钛酸钠水合物 $Na_2TiO_3 \cdot nH_2O$ 结晶。

③ 四氯化钛

四氯化钛是钛的一种重要卤化物，是制备一系列钛化合物和金属钛的原料。将二氧化钛（金红石矿）与炭粉压制成团并经过焦化，加热到 1070～1170K，可按下式进行氯化制得气态四氯化钛，冷凝得四氯化钛液体：

$$TiO_2 + 2Cl_2 + 2C \xlongequal{} TiCl_4 \downarrow + 2CO \uparrow$$

二氧化钛与 $COCl_2$、$SOCl_2$、$CHCl_3$ 或 CCl_4 等氯化试剂反应，也可制取四氯化钛，如：

$$TiO_2 + CCl_4 \xlongequal{770\ K} TiCl_4 \downarrow + CO_2 \uparrow$$

四氯化钛是共价化合物，常温下是无色的液体，熔点为 250 K，沸点为 409 K，具有刺激性气味，易溶于有机溶剂。$TiCl_4$ 在水中或潮湿空气中都极易水解而冒烟：

$$TiCl_4 + 3H_2O \xlongequal{} H_2TiO_3 \downarrow + 4HCl \uparrow$$

④ 三氯化钛

三氯化钛（$TiCl_3$）有多种变体，颜色上也有差别，其中 α-$TiCl_3$ 为蓝紫色晶体。$TiCl_3$ 的熔点为 1073 K，可溶于水，在空气中易潮解。

$TiCl_3$ 水溶液为紫红色，其水合物 $TiCl_3 \cdot 6H_2O$ 存在水合异构体。慢慢加热蒸发 $TiCl_3$ 水溶液时，可以得到 $[Ti(H_2O)_6]Cl_3$ 紫色晶体。若在浓 $TiCl_3$ 水溶液中加入乙醚，再通入 HCl 气体至饱和，溶液将变为绿色 $[Ti(H_2O)_5Cl]Cl_2 \cdot H_2O$。

$TiCl_3$ 的制备主要采用还原 $TiCl_4$ 的方法。高温下采用 Ti 或 H_2 还原：

$$2TiCl_4(g) + H_2(g) \xlongequal{600\ ℃} 2TiCl_3(s) + 2HCl(g)$$

工业上主要采用铝还原法。将 $TiCl_3$ 和 Al 粉加入反应器，$TiCl_4$ 相对于 Al 需过量，以使 Al 粉反应完全。反应在接近 $TiCl_4$ 的沸点温度下进行，生成 $TiCl_3$ 和 $AlCl_3$。

$$3TiCl_4 + Al + nAlCl_3 \xlongequal{} 3TiCl_3 + (n+1)AlCl_3$$

从电极电势看，$\varphi^{\ominus}(TiO^{2+}/Ti^{3+}) = 0.10\ V$，故 Ti^{3+} 是比 Sn^{2+} 更强的还原剂，极易被氧化。$TiCl_3$ 遇水与空气立即分解，在空气中流动自燃、冒火星。因而 $TiCl_3$ 必须储存在惰性气体中。保存 Ti^{3+} 的溶液时，通常在酸性溶液中用乙醚或苯覆盖，储存于棕色瓶内，以延缓空气中的氧将其氧化。

Ti^{3+} 的还原性常被用于钛含量的定量测定。一般将含钛试样溶解于强酸性溶液（如 H_2SO_4-HCl 混合酸），加入铝片将 TiO^{2+} 还原为 Ti^{3+}，以 $FeCl_3$ 标准溶液滴定，指示剂为 NH_4SCN 溶液。

$$3TiO^{2+} + Al + 6H^+ \xlongequal{} 3Ti^{3+} + Al^{3+} + 3H_2O$$

$$Ti^{3+} + Fe^{3+} + H_2O \longrightarrow TiO^{2+} + Fe^{2+} + 2H^+$$

（4）锆和铪的化合物

① 氧化物

二氧化锆（ZrO_2）为白色粉末，具有熔点和沸点高、硬度大、不溶于水，能溶于酸的特性。经高温处理后则不与除 HF 外的其他酸作用。ZrO_2 至少存在两种高温变体，1370 K 以上为四方晶型，2570 K 以上为立方萤石结构。常温下 ZrO_2 为单斜晶系，称为斜锆石，金属离子的配位数为 7，如图 16.3 所示。

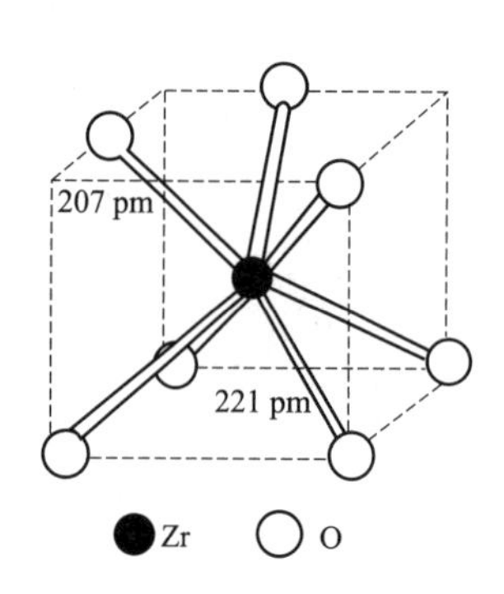

图 16.3 ZrO_2 的配位方式

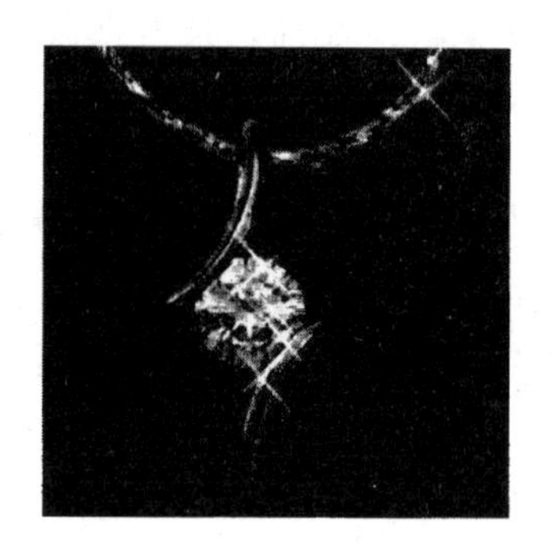

图 16.4 宝石级锆石

$ZrO_2 \cdot xH_2O$ 有微弱的两性，其碱性强于 $TiO_2 \cdot xH_2O$，与强碱共熔时生成晶状的偏锆酸盐 M_2ZrO_3 和锆酸盐 M_2ZrO_4。

ZrO_2 化学活性低，热胀系数小，熔点高达 2983 K，是极好的耐火材料，可用于制造坩埚和熔炉的炉膛，也可制成纤维状织物。ZrO_2 常温下为绝缘体，高温下具有导电性，可用于电子陶瓷的压电元件、功能陶瓷的气体传感器等。无色透明的立方氧化锆晶体（图 16.4）具有与金刚石类似的折射率及非常高的硬度（莫氏硬度 8.5），可作为金刚石的替代品用于首饰行业。在制备过程中加入微量的金属离子，可呈现带有光泽的各种鲜艳颜色。立方氧化锆色散强，颜色更鲜艳，通常为红、蓝、橙、黄等鲜艳颜色；钻石的色散更阴冷，大多呈现橙色或蓝色。

② 卤化物

$ZrCl_4$ 为白色晶状粉末，604 K 升华，密度为 2.8 $g \cdot cm^{-3}$，遇水强烈水解，在潮湿空气中产生烟雾：

$$ZrCl_4 + 9H_2O \longrightarrow ZrOCl_2 \cdot 8H_2O + 2HCl$$

部分水解的产物是水合氯化锆酰，难溶于冷盐酸中，但是能溶于水，结晶时为四方形或针状晶体，可以用于锆的鉴定和提纯，还可以用于纺织品的防水剂、防汗剂和防臭剂。

ZrF_4 为无色晶体，几乎不溶于水，与碱金属氟化物反应能生成 M_2ZrF_6 型配合物，最重要的是 $K_2[ZrF_6]$，其在热水中的溶解度比在冷水中大得多。在冶炼中即利用此特性，将锆英石 $ZrSiO_4$ 与氟硅酸钾烧结，以氯化钾为填充剂，在 923～973 K 发生反应：

$$ZrSiO_4 + K_2SiF_6 \longrightarrow K_2[ZrF_6] + 2SiO_2$$

用 1% HCl 于 358 ℃左右进行沥取，沥取液冷却后即结晶析出氟锆酸钾。

六氟合锆酸铵 $(NH_4)_2[ZrF_6]$ 在稍加热下即分解。

$$(NH_4)_2[ZrF_6] \longrightarrow ZrF_4 + 2NH_3\uparrow + 2HF\uparrow$$

ZrF_4 于 873 K 开始升华，利用此特性可以将锆与铁等杂质分离。也可以利用锆和铪的含氟配合物的溶解度差别来分离锆和铪。

16.2.2　钒的单质和重要化合物

(1) 钒族元素的通性

ⅤB 族元素包括钒 V、铌 Nb、钽 Ta、𨧀Db。𨧀为人工合成的放射性元素。ⅤB 族元素原子的价电子构型为$(n-1)d^{3\sim4}ns^{1\sim2}$，Nb 的电子排布较为特殊，最稳定的氧化值是+5。钒的氧化值变化范围广，从−1 到+5 均能存在，低氧化值+1、0、−1 仅出现在某些配合物中，如 $V(CO)_6$、$V(C_6H_6)_2$ 等。

钒、铌、钽单质均为银白色，有金属光泽，结构为体心立方，熔点均较高，并且随周期数增加而升高。纯净金属硬度低、具有延展性，含有杂质时则变得硬而脆。

高温下钒族元素能同许多非金属反应，并与熔融的苛性碱发生作用。与卤素反应可以生成各种价态的卤化钒。铌和钽极不活泼，不与除氢氟酸外的所有酸作用，但能溶于熔融状态的碱中。

(2) 钒

钒在自然界中的丰度为 $1.6\times10^{-2}\%$，存在于很多沉积物中，少有富矿。钒族元素在自然界中分散而不集中，提取和分离比较困难，因而被列为稀有金属。钒主要以+3 及+5 两种氧化值存在于矿石中。比较重要的钒矿有钒酸钾铀矿 $K(UO_2)VO_4\cdot3/2H_2O$ 和钒铅矿 $Pb_5(VO_4)_3Cl$。

钒主要用来制造钒钢，有“金属维生素”之称。钢中加了钒，可使钢质紧密，韧性、弹性和强度提高，并有很高的耐磨损性和抗撞击性。一般钒钢含钒量为 0.1%～0.2%，它是汽车和飞机制造业中特别重要的材料。

(3) 钒的重要化合物

钒原子的价层电子构型为 $3d^34s^2$，钒的最高氧化值为+5。钒常见的离子还有 V^{2+}、V^{3+}、VO^{2+}。在水溶液中不存在简单的 V^{3+} 和 V^{5+}，V^{5+} 是以钒氧基（VO_2^+）或含氧酸根（VO_4^{3-}、VO_3^-）等形式存在。在钒的化合物中，氧化值为+5 的化合物比较重要。

五氧化二钒是钒的重要化合物之一，它是由加热分解偏钒酸铵制得：

$$2NH_4VO_3 \xrightarrow{\triangle} V_2O_5+2NH_3+H_2O$$

或者通过三氯氧钒的水解来制备：

$$2VOCl_3+3H_2O = V_2O_5+6HCl$$

五氧化二钒显橙黄色或砖红色，无臭，无味，有毒，大约在 923 K 熔融，冷却时结成橙色正交晶系的针状晶体。它的结晶热很大，当迅速结晶时会因灼热而发光。五氧化二钒微溶于水，每 100 g 水能溶解 0.07 g V_2O_5，溶液呈淡黄色。五氧化二钒主要显酸性，因此易溶于碱溶液而生成钒酸盐。在强碱性溶液中则能生成正钒酸盐 M_3VO_4：

$$V_2O_5+6NaOH = 2Na_3VO_4+3H_2O$$

生成的正钒酸根是水合离子，可表示为$[VO_2(OH)_4]^{3-}$，相当于$(VO_4^{3-})\cdot2H_2O$。

五氧化二钒具有微弱的碱性，能溶解在强酸中。在 pH=1 的强酸溶液中能生成 VO_2^+。从电极电势可以看出，在酸性介质中 VO_2^+ 是一种较强的氧化剂：

$$VO_2^++2H^++e^- \rightleftharpoons VO^{2+}+H_2O \qquad \varphi^\ominus=1.0\ V$$

因此，当五氧化二钒溶解在盐酸中时，钒(Ⅴ)能被还原成钒(Ⅳ)状态，并放出氯气：

$$V_2O_5+6HCl \xlongequal{} 2VOCl_2+Cl_2\uparrow+3H_2O$$

VO_2^+ 也可以被 Fe^{2+}、草酸、酒石酸和乙醇等还原剂还原为 VO^{2+}：

$$VO_2^++Fe^{2+}+2H^+ \xlongequal{} VO^{2+}+Fe^{3+}+H_2O$$

$$2VO_2^++H_2C_2O_4+2H^+ \xlongequal{\triangle} 2VO^{2+}+2CO_2+2H_2O$$

上述反应可用于氧化还原法测定钒。

五氧化二钒是一种重要的催化剂，用于接触法合成三氧化硫，芳香烃的磺化反应，用氢还原芳香烃等许多的工艺中。

钒酸盐有偏钒酸盐（M^IVO_3）、正钒酸盐（$M_3^IVO_4$）和多钒酸盐（$M_4^IV_2O_7$、$M_3^IV_3O_9$）等。正钒酸根的基本构型同 ClO_4^-、SO_4^{2-} 和 PO_4^{3-} 等含氧酸根一样，都是四面体构型。但是V—O之间的结合并不十分牢固，其中的 O^{2-} 可以同 H^+ 结合成水。简单的正钒酸根 VO_4^{3-} 只存在于强碱性溶液中，向正钒酸盐的溶液中加酸，使pH值逐渐下降，会生成不同聚合度的多钒酸盐：

$$VO_4^{3-} \xrightarrow{H^+} V_2O_7^{4-} \xrightarrow{H^+} V_3O_9^{3-} \xrightarrow{H^+} V_{10}O_{28}^{6-} \xrightarrow{H^+} H_2V_{10}O_{28}^{4-} \xrightarrow{H^+} VO_2^+$$

V∶O	1∶4	1∶3.5	1∶3	1∶2.8	1∶2.8	1∶2
	无色	无色	无色	红棕色	红色	淡黄

随着 H^+ 浓度的增加，多钒酸根中的氧逐渐被 H^+ 夺走而使酸根中钒与氧的比值依次下降。到 $pH<1$ 时，溶液中主要是 VO_2^+。同时，随着溶液pH值的下降，溶液颜色逐渐加深。如果加入足够的酸，溶液中存在稳定的黄色的 VO_2^+。

钒酸盐在强酸性溶液中有氧化性。钒的标准电极电势图如下：

$$\varphi^\ominus/V \quad VO_2^+ \xrightarrow{1.000} VO^{2+} \xrightarrow{0.337} V^{3+} \xrightarrow{-0.255} V^{2+} \xrightarrow{-1.13} V$$

（黄色）（蓝色）（绿色）（紫色）

16.3 铬族元素

16.3.1 铬族元素单质

铬副族元素是指元素周期系第ⅥB族元素，包括铬Cr、钼Mo、钨W、𬭳Sg四个元素。它们在地壳中的丰度如下：

铬	钼	钨
$1.0\times10^{-2}\%$	$1.5\times10^{-4}\%$	$1.55\times10^{-4}\%$

铬

铬的主要矿物是铬铁矿 $Fe(CrO_2)_2$，我国铬矿主要分布于西藏，铬矿资源比较贫乏。地壳中丰度较低的钼和钨，在我国的蕴藏量极为丰富。我国的钼矿主要有辉钼矿 MoS_2，钨矿主要有黑钨矿（钨锰铁矿）[$(Fe^{Ⅱ}、Mn^{Ⅱ})WO_4$]和白钨矿 $CaWO_4$。

铬是1797年法国化学家浮克伦（Vauquelin）在分析铬铅矿时首先发现的。铬(Chromium)的原意是颜色，因为它的化合物很多具有美丽的颜色。由于辉钼矿和石墨在外形上相似，因而在很长时间内被认为是同一物质。直到 1778 年社勒用硝酸分解辉钼矿时发现有白色的三氧化钼生成，这种错误才得到纠正。社勒于 1781 年又发现了钨。

铬、钼、钨的价电子层结构分别是 $3d^5 4s^1$、$4d^5 5s^1$、$5d^4 6s^2$。元素原子中的 6 个价电子都可以参与成键，因此，最高氧化值都是+6。和所有 d 区元素一样，它们的 d 电子也可以部分参与成键，从而表现出多种氧化值。对铬来说，常见氧化值是+6、+3、+2，在某些配位化合物中，铬还可出现低氧化值。由于镧系收缩，在铬族元素中，钼和钨彼此更为相似。铬族元素单质的某些物理性质列于表 16.7 中。

表 16.7　铬、钼、钨单质的某些物理性质

物理性质	铬	钼	钨
密度/$g\cdot cm^{-3}$	7.20	10.2	19.3
熔点/K	2140	2890	3693
沸点/K	2945	4885	5933

铬是有光泽的银白色金属，粉末状的钼和钨是深灰色的，致密块状的钼和钨是银白色并带有金属光泽。铬族元素的原子可以提供 6 个价电子形成较强的金属键，它们的熔点、沸点是同周期中最高的，钨的熔点是金属中最高的。钼和钨的硬度也很大。由于具有这些优良的特性，钼丝、钨丝在氢气氛或真空中用作加热元件，在灯泡中用作灯丝。钼、钨和其他金属制成的合金在军工生产和高速工具钢中应用很广。

铬的表面容易形成一层钝态的致密氧化物，所以铬有很强的抗腐蚀性。由于光泽度好，抗腐蚀性强，常将铬镀在其他金属表面上。铬同铁、镍能组成各种性能的、抗腐蚀的不锈钢，在化工设备的制造中占有重要地位。

16.3.2　铬的重要化合物

铬的标准电势图如下。在酸性溶液中，Cr(Ⅵ) 具有强氧化性，可被还原为 Cr^{3+}，而 Cr^{2+} 有较强还原性，可被氧化为 Cr^{3+}。因此，酸性溶液中，铬以+3 氧化值最稳定。在碱性溶液中，Cr(Ⅵ) 氧化性很弱，相反，Cr(Ⅲ) 易被氧化为 Cr(Ⅵ)。

$$\varphi_A^\ominus/V \quad Cr_2O_7^{2-} \xrightarrow{+1.36} Cr^{3+} \xrightarrow{-0.41} Cr^{2+} \xrightarrow{-0.91} Cr \qquad (Cr^{3+} \xrightarrow{-0.74} Cr)$$

$$\varphi_B^\ominus/V \quad CrO_4^{2-} \xrightarrow{-0.13} Cr(OH)_3 \xrightarrow{-1.1} Cr(OH)_2 \xrightarrow{-1.4} Cr \qquad (Cr(OH)_3 \xrightarrow{-1.48} Cr)$$

(1) Cr(Ⅲ) 的化合物

① 氧化物及其水合物

金属铬在空气中燃烧、重铬酸铵受热分解或用硫还原重铬酸盐，都可生成绿色的三氧化二铬 Cr_2O_3。Cr_2O_3 是暗绿色固体，微溶于水，硬度大，常用作绿色颜料，俗称铬绿。

$$4Cr+3O_2 \xlongequal{\triangle} 2Cr_2O_3$$

$$(NH_4)_2Cr_2O_7 \xlongequal{\triangle} Cr_2O_3+N_2\uparrow+4H_2O$$

$$Na_2Cr_2O_7+S \xlongequal{} Cr_2O_3+Na_2SO_4$$

向 Cr(Ⅲ) 盐溶液中加入适量碱，可析出灰蓝色的水合三氧化二铬 $Cr_2O_3\cdot nH_2O$ 胶状沉淀，可简写为 $Cr(OH)_3$。

Cr_2O_3 和 $Cr(OH)_3$ 具有明显的两性，可溶于酸生成相应的 Cr(Ⅲ) 盐，也可溶于强碱生成深绿色的亚铬酸盐。例如：

$$Cr_2O_3+3H_2SO_4 \xlongequal{} Cr_2(SO_4)_3+3H_2O$$

$$Cr(OH)_3+3HCl \xlongequal{} CrCl_3+3H_2O$$

$$Cr_2O_3+2NaOH+3H_2O \xlongequal{} 2Na[Cr(OH)_4]$$

经过灼烧后的 Cr_2O_3 不溶于酸，但可用熔融法使它变成可溶性盐，如：

$$Cr_2O_3+3K_2S_2O_7 \xlongequal{} Cr_2(SO_4)_3+3K_2SO_4$$

从标准电极电势可知，Cr^{3+} 在酸性溶液中是稳定的，但在碱性溶液中具有较强的还原性。例如，在碱性溶液中，$[Cr(OH)_4]^-$ 可以被过氧化氢氧化成铬酸盐：

$$2[Cr(OH)_4]^-+3H_2O_2+2OH^- \xlongequal{} 2CrO_4^{2-}+8H_2O$$

在酸性溶液中，Cr^{3+} 的还原性弱得多，只有像过硫酸铵、高锰酸钾这样很强的氧化剂才能将 Cr^{3+} 氧化成 Cr(Ⅵ)：

$$2Cr^{3+}+3S_2O_8^{2-}+7H_2O \xlongequal[Ag^+\text{催化}]{\text{加热}} Cr_2O_7^{2-}+6SO_4^{2-}+14H^+$$

$$10Cr^{3+}+6MnO_4^-+11H_2O \xlongequal{\text{加热}} 5Cr_2O_7^{2-}+6Mn^{2+}+22H^+$$

② 铬(Ⅲ) 盐

常见的可溶性铬(Ⅲ) 盐有硫酸铬 $Cr_2(SO_4)_3$、氯化铬 $CrCl_3$ 和硫酸铬钾 $KCr(SO_4)_2$。这些盐多带有结晶水，常与相应的铝盐的结晶水个数相同。例如，$CrCl_3\cdot6H_2O$ 和 $AlCl_3\cdot6H_2O$、$Cr_2(SO_4)_3\cdot18H_2O$ 和 $Al_2(SO_4)_3\cdot18H_2O$。

将三氧化二铬溶于冷的浓硫酸中，得到紫色的硫酸铬 $Cr_2(SO_4)_3\cdot18H_2O$。硫酸铬与碱金属硫酸盐形成铬矾 $MCr(SO_4)_2\cdot12H_2O$（$M=Na^+$、K^+、Rb^+、Cs^+、NH_4^+）。用二氧化硫还原重铬酸钾的酸性溶液，可以制得铬钾矾：

$$K_2Cr_2O_7+H_2SO_4+3SO_2 \xlongequal{} K_2SO_4\cdot Cr_2(SO_4)_3+H_2O$$

铬钾矾广泛应用于鞣革工业和纺织工业。

可溶性的铬(Ⅲ) 盐具有水解性，使溶液显酸性：

$$[Cr(H_2O)_6]^{3+}+H_2O \xlongequal{} [Cr(OH)(H_2O)_5]^{2+}+H_3O^+$$

若降低溶液的酸度，则有 $Cr(OH)_3$ 胶状沉淀析出。

③ 配合物

Cr^{3+} 形成配合物的能力很强，因为 Cr^{3+} 有 6 个能级相近的空轨道，在形成配合物时，以 d^2sp^3 形式杂化，形成 6 个杂化轨道，可与 H_2O、NH_3、X^-、CN^- 等配位体形成配位数为 6 的配合物，其单齿配合物的空间构型为八面体。因此，溶液中并不存在简单的 Cr^{3+}，而是以 $[Cr(H_2O)_6]^{3+}$ 配离子形式存在。$[Cr(H_2O)_6]^{3+}$ 存在于水溶液中，也存在于许多盐的水合晶体中。

$[Cr(H_2O)_6]^{3+}$配离子在不同浓度的氨水中，内界中的 H_2O 可逐步被 NH_3 取代，生成一系列混合配体配离子，配位数仍为 6，这些配离子是：

$[Cr(H_2O)_6]^{3+}$	$[Cr(NH_3)_2(H_2O)_4]^{3+}$	$[Cr(NH_3)_3(H_2O)_3]^{3+}$
紫色	紫红色	浅红色
$[Cr(NH_3)_4(H_2O)_2]^{3+}$	$[Cr(NH_3)_5H_2O]^{3+}$	$[Cr(NH_3)_6]^{3+}$
橙红色	橙黄色	黄色

随着配位水分子被氨分子取代，配离子的颜色逐渐改变。这是因为 NH_3 是比 H_2O 更强的配体，当 NH_3 逐步取代 H_2O 后，八面体场的分裂能 Δ_o 逐渐增大，d-d 跃迁所需的能量相应增大，所以化合物吸收的可见光的波长逐渐变短，则散射光的波长变长，所以配离子的颜色从紫色到红色再到黄色。

此外，铬(Ⅲ) 还能形成许多桥联多核配合物。例如，Cr^{3+} 在溶液中发生水解反应时，若适当降低溶液的酸度，即有羟桥多核配合物形成：

$$2[Cr(OH)(H_2O)_5]^{2+} \rightleftharpoons [(H_2O)_4Cr\begin{matrix} OH \\ \diagup\quad\diagdown \\ \diagdown\quad\diagup \\ OH \end{matrix}Cr(H_2O)]^{4+} + 2H_2O$$

在溶液中，Cr^{3+} 的性质与 Al^{3+} 和 Fe^{3+} 有许多相似之处。例如，它们都可以水解，与适量的碱作用时均可生成氢氧化物沉淀等。但它们之间也存在着性质上的差异。例如，Cr^{3+} 能与浓氨水（加适量 NH_4Cl）作用，生成紫红色的 $[Cr(NH_3)_4(OH)_2]^+$ 配离子，而 Al^{3+} 和 Fe^{3+} 在溶液中不能与 NH_3 形成稳定的配合物；又如，$Cr(OH)_3$ 和 $Al(OH)_3$ 的两性显著，而 $Fe(OH)_3$ 仅有微弱的两性（酸性极弱）；再如，Cr(Ⅲ) 在碱性溶液中具有还原性，能被氧化成为 Cr(Ⅵ) 的化合物，而 Fe(Ⅲ) 的还原性很弱，至于 Al(Ⅲ) 则不能形成更高氧化值的化合物。利用这些性质的差异可以分离或鉴定以上三种离子。

(2) Cr(Ⅵ) 化合物

常见的 Cr(Ⅵ) 化合物主要有三氧化铬（CrO_3）、重铬酸盐（如 $K_2Cr_2O_7$，俗称红矾钾；重铬酸钠 $Na_2Cr_2O_7$，俗称红矾钠）和铬酸盐（如 K_2CrO_4 和 Na_2CrO_4）。

① 三氧化铬

向 $K_2Cr_2O_7$ 或 $Na_2Cr_2O_7$ 的溶液中加入浓硫酸，会析出暗红色三氧化铬 CrO_3 的针状结晶。工业上制取三氧化铬是用红矾钠与浓硫酸的作用：

$$Na_2Cr_2O_7 + 2H_2SO_4 = 2NaHSO_4 + 2CrO_3 + H_2O$$

CrO_3 呈暗红色，易溶于水，熔点较低，热稳定性差，遇热时（707～784 K）会发生分解反应：

$$4CrO_3 \xlongequal{\triangle} 2Cr_2O_3 + 3O_2\uparrow$$

CrO_3 具有强氧化性，遇有机物将发生剧烈的氧化还原反应，甚至起火。工业上 CrO_3 主要用于电镀业和鞣革业，还可用作纺织品的媒染剂和金属清洁剂等。

② 铬酸、铬酸盐和重铬酸盐

三氧化铬溶于水生成铬酸（H_2CrO_4），溶液显黄色。铬酸是中强酸，强度接近于硫酸。不过，H_2CrO_4 只存在于水中。铬酸水溶液中分两步电离，第二步电离是较弱的：

$$H_2CrO_4 \rightleftharpoons H^+ + HCrO_4^- \qquad K_{a_1}^{\ominus} = 0.18$$

$$HCrO_4^- \rightleftharpoons H^+ + CrO_4^{2-} \qquad K_{a_2}^{\ominus} = 3.3 \times 10^{-7}$$

CrO_4^{2-} 中的 Cr—O 键较强，所以不像 VO_4^{3-} 那样容易形成各种多酸，但是在酸性溶液中也能形成比较简单的多酸根离子，最重要的是重铬酸根 $Cr_2O_7^{2-}$，在溶液中 CrO_4^{2-} 与 $Cr_2O_7^{2-}$ 存在下列平衡：

$$2CrO_4^{2-}+2H^+ \rightleftharpoons 2HCrO_4^- \rightleftharpoons Cr_2O_7^{2-}+H_2O$$

在酸性溶液中，$Cr_2O_7^{2-}$ 占优势；在中性溶液中，$[Cr_2O_7^{2-}]/[CrO_4^{2-}]^2=1$；在碱性溶液中，$CrO_4^{2-}$ 占优势。CrO_4^{2-} 显黄色，$Cr_2O_7^{2-}$ 显橙红色。从以上的平衡关系式来看，向溶液中加酸，平衡向右移动，CrO_4^{2-} 浓度降低，$Cr_2O_7^{2-}$ 浓度增大，溶液颜色从黄变为橙红；向溶液中加碱，平衡向左移动，$Cr_2O_7^{2-}$ 浓度降低，CrO_4^{2-} 浓度增大，溶液颜色从橙红变为黄色。由此可见，CrO_4^{2-} 和 $Cr_2O_7^{2-}$ 的互相转化，取决于溶液的 pH 值。

无论是向铬酸盐还是向重铬酸盐溶液中加入 Ba^{2+}、Pb^{2+} 和 Ag^+ 时，分别产生不同颜色的沉淀，这说明在重铬酸盐溶液中有 CrO_4^{2-} 存在，且铬酸盐的溶解性比相应的重铬酸盐小。可利用此特性鉴定这些离子及 CrO_4^{2-} 的存在。

$$2Ag^+ + CrO_4^{2-} = Ag_2CrO_4\downarrow \text{（砖红色）}$$

$$Pb^{2+} + CrO_4^{2-} = PbCrO_4\downarrow \text{（黄色）}$$

$$2Pb^{2+} + Cr_2O_7^{2-} + H_2O = 2H^+ + 2PbCrO_4\downarrow \text{（黄色）}$$

重铬酸盐在酸性溶液中是强氧化剂，电极反应及标准电极电势为：

$$Cr_2O_7^{2-} + 14H^+ + 6e^- \rightleftharpoons 2Cr^{3+} + 7H_2O \qquad \varphi_A^{\ominus}=1.36V$$

由能斯特方程式可知，溶液的 H^+ 浓度越大，$Cr_2O_7^{2-}$ 的氧化性越强。例如，在酸性溶液中，$Cr_2O_7^{2-}$ 可将 H_2S、H_2SO_3 和 HI 分别氧化成单质硫、硫酸和单质碘：

$$Cr_2O_7^{2-} + 3H_2S + 8H^+ = 2Cr^{3+} + 3S\downarrow + 7H_2O$$

$$Cr_2O_7^{2-} + 6Fe^{2+} + 14H^+ = 2Cr^{3+} + 6Fe^{3+} + 7H_2O$$

$$Cr_2O_7^{2-} + 6I^- + 14H^+ = 2Cr^{3+} + 3I_2 + 7H_2O$$

在加热时，$K_2Cr_2O_7$ 可以与浓盐酸反应，将 Cl^- 氧化成 Cl_2：

$$K_2Cr_2O_7 + 14HCl = 2CrCl_3 + 3Cl_2\uparrow + 7H_2O + 2KCl$$

用重结晶法可获得纯度很高的 $K_2Cr_2O_7$ 晶体，在分析化学中用作基准试剂，可测定铁的含量和标定 $Na_2S_2O_3$ 溶液的浓度。重铬酸盐饱和溶液和浓硫酸的混合物称为铬酸洗液，实验室中常用于洗涤玻璃器皿上的油污。铬酸洗液中的深红色沉淀为 CrO_3，具有很强的氧化性。当洗液的颜色由红棕色变为绿色时，表明洗液已经失效。由于 Cr(Ⅵ) 有明显的毒性，这种洗液已逐渐被其他洗涤剂代替。

在酸性溶液中，重铬酸盐或铬酸盐可以与 H_2O_2 反应，生成蓝色过氧化铬（在乙醚中比较稳定），此反应可用于鉴别 $Cr_2O_7^{2-}$ 和 CrO_4^{2-}。

$$CrO_4^{2-} + 2H_2O_2 + 2H^+ = CrO(O_2)_2 + 3H_2O$$

$$Cr_2O_7^{2-} + 4H_2O_2 + 2H^+ = 2CrO(O_2)_2 + 5H_2O$$

$$CrO(O_2)_2 + (C_2H_5)_2O = CrO(O_2)_2\cdot(C_2H_5)_2O$$

16.3.3 钼和钨的重要化合物

由于镧系收缩的结果，钼和钨的原子半径和性质都很相似。钼和钨的常见氧化值是+6，

+5 和+4，其中氧化值为+6 的化合物较稳定。

室温下三氧化钼 MoO_3 是白色固体，加热时转变为黄色。1070 K 熔融为深黄色液体。即使在低于熔点的情况下，也有显著的升华现象。

在 820～920 K 焙烧辉钼矿，有三氧化钼生成：

$$2MoS_2 + 7O_2 = 2MoO_3 + 4SO_2\uparrow$$

焙烧过的矿中，除含有三氧化钼外，还含有其他杂质。将烧结块用氨水浸取，三氧化钼转化为可溶性的钼酸铵进入浸取液：

$$MoO_3 + 2NH_3 \cdot H_2O = (NH_4)_2MoO_4 + H_2O$$

用盐酸酸化钼酸铵溶液，就会析出钼酸沉淀：

$$(NH_4)_2MoO_4 + 2HCl = H_2MoO_4\downarrow + 2NH_4Cl$$

将钼酸加热至 673～723 K，即会分解产生三氧化钼：

$$H_2MoO_4 = MoO_3 + H_2O$$

三氧化钨 WO_3 是深黄色固体，加热时转变为橙黄色。熔点为 1450 K。

用碱熔法处理黑钨矿，在空气的参与下发生下列反应：

$$4FeWO_4 + 4Na_2CO_3 + O_2 = 4Na_2WO_4 + 2Fe_2O_3 + 4CO_2$$

$$6MnWO_4 + 6Na_2CO_3 + O_2 = 6Na_2WO_4 + 2Mn_3O_4 + 6CO_2$$

用水浸取钨酸钠，过滤后，用盐酸酸化钨酸钠溶液，得到黄色的钨酸沉淀，将钨酸加热至 773 K 脱水则得黄色的三氧化钨：

$$Na_2WO_4 + 2HCl = H_2WO_4\downarrow + 2NaCl$$

$$H_2WO_4 = WO_3 + H_2O$$

三氧化钼和三氧化钨都是酸性氧化物，难溶于水，作为酸酐，却不能通过它们与水的反应来制备钨酸和钼酸，这一点和三氧化铬不同。三氧化钼和三氧化钨溶于氨水和强碱溶液，生成相应的盐：

$$MoO_3 + 2NH_3 \cdot H_2O = (NH_4)_2MoO_4 + H_2O$$

$$WO_3 + 2NaOH = Na_2WO_4 + H_2O$$

三氧化钼和三氧化钨溶于碱溶液形成简单的钼酸盐 $M_2^{I}MoO_4$ 和钨酸盐 $M_2^{I}WO_4$。在一定的 pH 范围内，钼酸盐和钨酸盐能结晶析出。例如，在三氧化钼的浓氨水溶液中能析出 $(NH_4)_2MoO_4$。不论是在固体盐中，还是在它们的水溶液中，MoO_4^{2-} 和 WO_4^{2-} 的构型都是四面体。只有碱金属、铵、铍、镁、铊的简单钼酸盐和钨酸盐能溶于水，其他金属的盐都难溶于水。在可溶性盐中，最重要的是 Na_2MoO_4、Na_2WO_4 和 $(NH_4)_2MoO_4$。其中钼酸铵和磷酸根可以生成黄色的磷钼酸铵沉淀，化学式为 $(NH_4)_3PO_4 \cdot 12MoO_3 \cdot 12H_2O$，此反应极其灵敏，常用于钼元素和磷元素的相互鉴定。在难溶盐中，$PbMoO_4$ 可用于 Mo 的重量分析测定。

同 CrO_4^{2-} 相比，MoO_4^{2-} 和 WO_4^{2-} 更容易形成多酸根离子。将钼酸盐或钨酸盐溶液酸化，降低其 pH 值至弱酸性，MoO_4^{2-} 或 WO_4^{2-} 将逐渐缩聚成多酸根离子，如 $Mo_7O_{24}^{6-}$、$Mo_3O_{26}^{4-}$、$HW_6O_{21}^{4-}$、$W_{12}O_{41}^{10-}$ 等。多酸根离子的形成和溶液的 pH 值有密切关系。一般 pH 值越小，聚合度越大。

与铬酸盐不同，钼酸盐和钨酸盐的氧化性很弱。在酸性溶液中，只能用强还原剂才能将 H_2MoO_4 还原到 Mo^{3+}。例如，向 $(NH_4)_2MoO_4$ 溶液中加入浓盐酸，再用金属锌还原，溶液最初显蓝色，然后还原为绿色的 $MoCl_5$，最后生成棕色的 $MoCl_3$：

$$2(NH_4)_2MoO_4+3Zn+16HCl=\!=\!=2MoCl_3+3ZnCl_2+4NH_4Cl+8H_2O$$

钨酸盐的氧化性更弱。

锰

16.4 锰

16.4.1 锰的单质

锰位于元素周期表的第ⅦB族，其价电子层结构为 $3d^54s^2$。在重金属中，锰在地壳中的丰度为0.085%，仅次于铁。锰的主要矿石是软锰矿 MnO_2，其他矿石还有黑锰矿 Mn_3O_4、水锰矿 $Mn_2O_3 \cdot H_2O$ 以及褐锰矿 $3Mn_2O_3 \cdot MnSiO_3$，近年来在深海中发现了大量的锰矿。

锰的外观似铁，块状锰是银白色的、质硬而脆，粉末状的锰呈灰色。

锰的化学性质活泼，常温下能与非氧化性稀酸作用放出 H_2；高温下能与许多非金属直接化合。

单质锰主要用于钢铁工业中生产合金钢，含锰的钢材不仅坚硬，而且抗冲击性和耐磨性增强。锰钢主要用于制造钢轨及破碎机等。锰也是人体必需的微量元素之一。

16.4.2 锰的重要化合物

锰元素的标准电势图如下：

$$\varphi_A^\ominus/V \quad MnO_4^- \overset{0.56}{\text{———}} MnO_4^{2-} \overset{2.26}{\text{———}} MnO_2 \overset{0.95}{\text{———}} Mn^{3+} \overset{1.51}{\text{———}} Mn^{2+} \overset{-1.18}{\text{———}} Mn$$

（MnO_4^- 至 Mn^{2+}：1.51）

$$\varphi_B^\ominus/V \quad MnO_4^- \overset{0.56}{\text{———}} MnO_4^{2-} \overset{0.62}{\text{———}} MnO_2 \overset{-0.20}{\text{———}} Mn(OH)_3 \overset{0.11}{\text{———}} Mn(OH)_2 \overset{-1.55}{\text{———}} Mn$$

（MnO_4^- 至 MnO_2：0.60；MnO_2 至 $Mn(OH)_2$：−0.05）

由锰的标准电势图可知，锰在化合物中表现的氧化值有+7、+6、+4、+3、+2，其中以+7、+4、+2为稳定的氧化值，+3、+6氧化值在溶液（尤其是在酸性溶液）中易发生歧化反应，不稳定。常见的锰化合物有锰(Ⅱ)盐、锰(Ⅳ)氧化物及高锰酸盐等。

(1) 锰(Ⅱ)的化合物

常见的可溶性 Mn^{2+} 盐有 $MnSO_4$、$MnCl_2$ 和 $Mn(NO_3)_2$。水溶液中，Mn^{2+} 以水合离子 $[Mn(H_2O)_6]^{2+}$ 的形式存在，显浅红色。

锰(Ⅱ)盐在碱性介质中还原性较强，当与 OH^- 作用生成白色沉淀 $Mn(OH)_2$ 时，放置片刻，即被空气中的 O_2 氧化，生成棕色的 $MnO(OH)_2$ 沉淀析出。

$$Mn^{2+}+2OH^-=\!=\!=Mn(OH)_2\downarrow(\text{白色})$$

$$2Mn(OH)_2+O_2=\!=\!=2MnO(OH)_2\downarrow(\text{棕色})$$

在酸性介质中，Mn^{2+} 的还原性很弱，只有强氧化剂（如过二硫酸铵、铋酸钠等）才能将其氧化成 MnO_4^-。

$$2Mn^{2+}+5S_2O_8^{2-}+8H_2O\xrightarrow[Ag^+催化]{加热}2MnO_4^-+10SO_4^{2-}+16H^+$$

$$2Mn^{2+}+5NaBiO_3+14H^+=\!=\!=2MnO_4^-+5Na^++5Bi^{3+}+7H_2O$$

由于 MnO_4^- 是紫色的，反应现象非常明显，因此上述反应是鉴定 Mn^{2+} 的特征反应。

(2) 锰(Ⅳ) 的化合物

最重要的 Mn(Ⅳ) 的化合物是 MnO_2，它是灰黑色固体，不溶于水、稀酸和稀碱，常温下稳定。MnO_2 用途很广，大量用于制造干电池，也用于玻璃和陶瓷工业，在有机合成中用作氧化剂。MnO_2 还是一种催化剂，如可以加快氯酸钾和过氧化氢的分解速率。

Mn(Ⅳ) 处于中间氧化值，既可作氧化剂，又可作还原剂。MnO_2 在酸性介质中是强氧化剂，例如，与浓盐酸作用放出氯气，与浓硫酸作用放出 O_2：

$$MnO_2+4HCl=\!=\!=MnCl_2+Cl_2\uparrow+2H_2O$$

$$2MnO_2+2H_2SO_4=\!=\!=2MnSO_4+O_2\uparrow+2H_2O$$

在碱性介质中，MnO_2 具有还原性。例如，MnO_2 与 $KClO_3$、KNO_3 等氧化剂一起加热熔融时，可被氧化成锰酸钾 K_2MnO_4（深绿色）：

$$3MnO_2+6KOH+KClO_3\xlongequal{熔融}3K_2MnO_4+KCl+3H_2O$$

此外，锰(Ⅳ) 可作为配合物的中心离子，形成较稳定的配合物。例如，MnO_2 与 HF 和 KHF_2 作用时，可生成金黄色的六氟合锰(Ⅳ) 酸钾晶体：

$$MnO_2+2KHF_2+2HF=\!=\!=K_2[MnF_6]+2H_2O$$

(3) Mn(Ⅵ) 的化合物

Mn(Ⅵ) 的化合物中，比较稳定的是锰酸钾（K_2MnO_4）。K_2MnO_4 是在空气或其他氧化剂（如 $KClO_3$）存在下由 MnO_2 同碱金属氢氧化物或碳酸盐共熔而制得的：

$$2MnO_2+4KOH+O_2\xlongequal{熔融}2K_2MnO_4+2H_2O$$

锰酸盐在溶液中以深绿色的锰酸根（MnO_4^{2-}）形式存在，在酸性和碱性条件下均发生歧化反应：

$$3MnO_4^{2-}+4H^+\rightleftharpoons 2MnO_4^-+MnO_2+2H_2O \qquad K\approx 10^{53}$$

$$3MnO_4^{2-}+2H_2O\rightleftharpoons 2MnO_4^-+MnO_2+4OH^-$$

但在中性或弱碱性溶液中歧化反应的趋势小且速率较慢，因而只有在浓度较大的强碱性溶液（$pH>13.5$）中锰酸盐才稳定。锰酸盐常为制备高锰酸盐的中间产物。

(4) Mn(Ⅶ) 的化合物

Mn(Ⅶ) 的化合物中，最重要的是高锰酸钾 $KMnO_4$，紫黑色晶体，易溶于水，溶液显示特征的紫色。高锰酸钾是通过锰酸钾来制备的。在锰酸钾溶液中加酸，使其发生歧化反应可制得高锰酸钾，但最高产率只有 66.7%，因为有 1/3 的锰(Ⅵ) 被还原成 MnO_2。所以，最好的制备方法是用电解法或用氯气、次氯酸盐等为氧化剂，把全部的 MnO_4^{2-} 氧化为 MnO_4^-：

$$2MnO_4^{2-}+2H_2O\xlongequal{电解}2MnO_4^-+2OH^-+H_2\uparrow$$

$$2MnO_4^{2-}+Cl_2=\!=\!=2MnO_4^-+2Cl^-$$

$KMnO_4$ 的主要性质如下：

① 强氧化性　高锰酸钾是强氧化剂，其氧化能力和还原产物随着溶液 pH 值不同而有

显著差别。在酸性溶液中，MnO_4^- 被还原为 Mn^{2+}，例如：

$$2MnO_4^- + 5H_2O_2 + 6H^+ \xlongequal{} 2Mn^{2+} + 5O_2\uparrow + 8H_2O$$

$$2MnO_4^- + 5C_2O_4^{2-} + 16H^+ \xlongequal{} 2Mn^{2+} + 10CO_2\uparrow + 8H_2O$$

分析化学中常用以上反应测定 H_2O_2 和草酸盐的含量。

在中性溶液中，MnO_4^- 的还原产物是 MnO_2。例如：

$$2MnO_4^- + 3SO_3^{2-} + H_2O \xlongequal{} 2MnO_2\downarrow + 3SO_4^{2-} + 2OH^-$$

在强碱性介质中，MnO_4^- 的还原产物为绿色的 MnO_4^{2-}。例如：

$$2MnO_4^- + SO_3^{2-} + 2OH^- \xlongequal{} 2MnO_4^{2-} + SO_4^{2-} + H_2O$$

日常生活及临床上，常利用 $KMnO_4$ 的强氧化性消毒杀菌。例如，$KMnO_4$ 的稀溶液可用于浸洗水果、茶具等。临床上用 $KMnO_4$ 的稀溶液作消毒防腐剂。

② 不稳定性　$KMnO_4$ 在水溶液中不稳定，常温下可缓慢发生分解：

$$4MnO_4^- + 4H^+ \xlongequal{} 4MnO_2\downarrow + 3O_2\uparrow + 2H_2O$$

日光可催化高锰酸钾的分解，产生的 MnO_2 也能加快其分解速率。

在碱性溶液中不稳定，易分解：

$$4MnO_4^- + 4OH^- \xlongequal{} 4MnO_4^{2-} + O_2 + H_2O$$

加热 $KMnO_4$ 固体至 473 K 以上时，即发生分解反应，实验室常用该反应制备少量氧气：

$$2KMnO_4(s) \xlongequal{加热} MnO_2 + K_2MnO_4 + O_2\uparrow$$

$KMnO_4$ 固体与浓 H_2SO_4 作用时，生成棕绿色的油状物七氧化二锰 Mn_2O_7（高锰酸酐），Mn_2O_7 氧化性极强，遇有机物发生燃烧，稍遇热即发生爆炸，分解生成 MnO_2、O_2 和 O_3。

16.5 铁系和铂系元素

16.5.1 概述

第Ⅷ族元素主要包括 9 种元素，即：第四周期的铁（Fe）、钴（Co）、镍（Ni），第五周期的钌（Ru）、铑（Rh）、钯（Pd），第六周期的锇（Os）、铱（Ir）、铂（Pt）。第七周期的𨭆（Hs）、鿏（Mt）、𫟼（Ds）都是人工放射性元素。由于镧系收缩，第Ⅷ族同周期元素的性质比同纵列的元素更为相似，并且第一过渡系的铁、钴、镍与其余 6 种元素的性质差别较大，所以通常把铁、钴、镍 3 种元素称为铁系元素。而第二过渡系和第三过渡系的 6 种元素统称为铂系元系。铂系元素被列为稀有元素，和金、银一起称为贵金属。

铁系元素中铁的分布最广，约占地壳质量的 5.1%，是丰度排行四位的元素，仅次于氧、硅、铝。而钴和镍在地壳中的丰度分别是：1×10^{-3}%和 1.6×10^{-2}%。铁的主要矿石有赤铁矿 Fe_2O_3、磁铁矿 Fe_3O_4、褐铁矿 $2Fe_2O_3\cdot3H_2O$、菱铁矿 $FeCO_3$ 和黄铁矿 FeS_2。钴和镍在自然界常共生，重要的钴矿和镍矿是辉钴矿 CoAsS 和镍黄铁矿 NiS·FeS。

铁、钴、镍的单质都是具有金属光泽的银白色金属，钴略带灰色，都表现有铁磁性，所以它们的合金都是很好的磁性材料。铁、钴、镍的熔点分别为 1808 K、1768 K、1726 K，随原子序数的增加而降低，这可能是因为3d轨道中成单电子数按Fe、Co、Ni的顺序逐渐减少，金属键逐渐减弱的缘故。

铁的冶炼工艺是在高炉中用焦炭还原铁的氧化物，若矿石是黄铁矿，则需要先进行焙烧将硫化物转变为氧化物后再进行还原。化学纯的铁是用氢气还原纯氧化铁来制取，也可由羰基合铁热分解来得到纯铁。钴的提纯通常附属于铜、镍等的生产。镍的生产一般是将从硫化物矿中分离富集的硫化镍焙烧，再把氧化镍还原为粗产品，然后通过电解法等提纯获得。镍粉可做氢化时的催化剂，镍制坩埚在实验室里是常用的。

铁、钴、镍主要用于制造合金。钢铁是应用最为广泛的金属材料，钢铁工业是国民经济的支柱产业，钢铁的产量常作为国家工业发展的标志。不锈钢中含9%的镍和18%的铬；钴、铬、钨的合金具有很高的硬度，可作切削刀具或钻头。

铂系包括钌（Ru）、铑（Rh）、钯（Pd）、锇（Os）、铱（Ir）、铂（Pt）6种元素。根据金属单质的密度，铂系元素又可分为两组：钌、铑、钯的密度约为12 $g\cdot cm^{-3}$，为轻铂系金属；锇、铱、铂的密度约为22 $g\cdot cm^{-3}$，为重铂系金属。铂系元素都是稀有金属，它们几乎完全以单质状态存在，高度分散于各种矿石中，并共生在一起。

铂系元素原子的价层电子构型不如铁系元素有规律，s轨道除锇和铱有两个电子以外，其余只有1个电子或没有电子。无论是轻铂系，还是重铂系，形成高氧化值的倾向都是从左到右逐渐降低。这一点和铁、钴、镍是一致的。和副族的情况一样，铂系元素第6周期的元素形成高氧化值的倾向比第5周期的相应元素大。

铂系金属除锇呈蓝灰色外，其余都是银白色，都是难熔金属。金属的熔沸点都是从左到右逐渐降低。这六种元素中，最难熔的是锇，最易熔的是钯。在硬度方面，钌和锇的特点是硬度高并且脆，因此不能承受机械处理；铑和铱虽可以承受机械处理，但很困难；钯和铂具有高度的可塑性，将铂冷轧可以制得厚度为0.0025 mm的箔，其延展性接近于银和金。铂是铂系金属中最软的，其硬度随着铂中铱含量的增加而增加。

铂系金属的化学性质稳定。常温下不与氧、硫、卤素等反应，但高温下可以发生反应。只有粉状锇在室温下会被空气中的氧慢慢地氧化，生成挥发性四氧化锇OsO_4。OsO_4蒸气对呼吸道有剧毒，还会造成暂时失明。铂在空气中加热不会失去原有光泽。过氧化钠对铂的腐蚀很严重，硫或金属硫化物在加热时能与铂作用，磷或还原气氛中的磷化物和磷酸盐都很容易与铂化合。

铂系金属对酸的化学稳定性比其他金属都高。钌、锇、铑和铱不仅不溶于普通强酸，甚至也不溶于王水中。钯和铂则能溶于王水，钯还能溶于浓硝酸和热硫酸中，热的浓硫酸能很慢地溶解铂。例如：

$$3Pt+4HNO_3+18HCl \longrightarrow 3H_2PtCl_6+4NO+8H_2O$$

铂溶于王水形成淡黄橙色的氯铂酸溶液。

所有铂系金属在有氧化剂存在时与碱一起熔融，都会变成可溶性的化合物。

所有的铂系金属都有一个特性，即催化活性很高。铂具有很高的催化性能，在多种化学工业中用作催化剂。如在氨氧化法制硝酸时，就是用铂作催化剂。大多数铂系金属能吸收气体，特别是氢气。钯吸收氢气的能力最强，常温下钯溶解氢的体积比为1∶700，真空中把金属加热到373 K，溶解的氢就会完全放出。

铂系金属由于化学稳定性很高，主要用于化学工业及电气工业方面。如铂常用于制作各种反应器皿或仪器零件，如铂坩埚、铂蒸发皿、铂电极、铂网等。铂和铂铑常用于制作高温热电偶。铱用作硬质合金，如铱合金笔尖。

16.5.2 铁、钴、镍的重要化合物

铁、钴、镍三种元素原子的价电子层结构分别是 $3d^6 4s^2$、$3d^7 4s^2$ 和 $3d^8 4s^2$，d 电子全部参与成键的可能性逐渐减少，因而铁系元素已不易呈现与族数相当的最高氧化值。一般条件下，铁的常见氧化值是＋2 和＋3，与很强的氧化剂作用，铁可以生成不稳定的＋6 氧化值的化合物（高铁酸盐）。钴和镍的常见氧化值是＋2。钴的＋3 氧化值在一般化合物中是不稳定的，而镍的＋3 氧化值则更少见。铁、钴、镍的高氧化值化合物多是以含氧酸盐或配盐的形式存在。

下面是铁系元素的电势图。

$$\varphi_A^\ominus/V \quad FeO_4^{2-} \xrightarrow{+2.20} Fe^{3+} \xrightarrow{+0.77} Fe^{2+} \xrightarrow{-0.44} Fe$$

$$Co^{3+} \xrightarrow{+1.808} Co^{2+} \xrightarrow{-0.277} Co$$

$$NiO_2 \xrightarrow{+1.678} Ni^{2+} \xrightarrow{-0.25} Ni$$

$$\varphi_B^\ominus/V \quad FeO_4^{2-} \xrightarrow{+0.72} Fe(OH)_3 \xrightarrow{-0.56} Fe(OH)_2 \xrightarrow{-0.877} Fe$$

$$Co(OH)_3 \xrightarrow{+0.17} Co(OH)_2 \xrightarrow{-0.73} Co$$

$$NiO_2 \xrightarrow{+0.49} Ni(OH)_2 \xrightarrow{-0.72} Ni$$

从铁系元素的 $\varphi_A^\ominus$ 可以明显看出：在酸性溶液中，Fe^{3+}、Co^{2+}、Ni^{2+} 分别是铁、钴、镍的稳定状态；高氧化态的铁(Ⅵ)、钴(Ⅲ)、镍(Ⅳ)都是强氧化剂；空气中的氧气能将 Fe^{2+} 氧化为 Fe^{3+}，但不能将 Co^{2+} 和 Ni^{2+} 氧化为 Co^{3+} 和 Ni^{3+}。

在碱性介质中，将低氧化态的铁、钴、镍氧化为高氧化态比在酸性介质中容易；低氧化态氢氧化物的还原性按 $Fe(OH)_2$、$Co(OH)_2$、$Ni(OH)_2$ 的顺序依次减弱。例如，向含有 Fe^{2+} 的溶液中加入强碱，能生成白色 $Fe(OH)_2$ 沉淀，但空气中的 O_2 立即把白色 $Fe(OH)_2$ 氧化成红棕色 $Fe(OH)_3$：

$$Fe^{2+} + 2OH^- \longequal Fe(OH)_2 \downarrow$$

$$4Fe(OH)_2 + O_2 + 2H_2O \longequal 4Fe(OH)_3 \downarrow$$

铁系简单化合物

在同样条件下生成的粉红色 $Co(OH)_2$ 则比较稳定，但也能缓慢地被氧气氧化成棕褐色 $Co(OH)_3$，而在同样条件下生成的绿色 $Ni(OH)_2$，则不能被空气中的氧所氧化。

(1) 铁的化合物

① 铁(Ⅱ)的化合物

亚铁盐和碱反应得到白色胶状的氢氧化亚铁沉淀，但迅速被空气中的氧气氧化，颜色很快加深，最后变为棕红色的氢氧化铁(Ⅲ)。

重要的亚铁盐有：硫酸亚铁铵$(NH_4)_2SO_4 \cdot FeSO_4 \cdot 6H_2O$（俗称摩尔盐）、硫酸亚铁$FeSO_4 \cdot 7H_2O$（俗称绿矾）和二氯化铁 $FeCl_2$。

在隔绝空气的条件中，把纯铁溶于稀硫酸中，即可生成硫酸亚铁。在工业上可用氧化黄铁矿的方法制取：

$$2FeS_2 + 7O_2 + 2H_2O \longrightarrow 2FeSO_4 + 2H_2SO_4$$

自溶液中析出的是浅绿色的七水合硫酸亚铁，俗称绿矾。它在农业上可用于治疗小麦的黑穗病，工业上可作染料。铁(Ⅱ) 盐的固体或溶液易被氧化。绿矾在空气中可逐渐失去部分结晶水，同时晶体表面有黄褐色的碱性硫酸铁(Ⅲ) 生成：

$$4FeSO_4 + O_2 + 2H_2O \longrightarrow 4Fe(OH)SO_4$$

因此，亚铁盐固体应密闭保存，溶液应新鲜配制。配制时除要加入适量的酸抑制 Fe^{2+} 的水解外，还应加入少量单质铁（如铁钉）或抗氧剂，防止 Fe^{2+} 被氧化。

硫酸亚铁与碱金属硫酸盐形成复盐 $M_2^{I}SO_4 \cdot FeSO_4 \cdot 6H_2O$，在空气中要稳定得多。最重要的复盐是摩尔盐 $(NH_4)_2SO_4 \cdot FeSO_4 \cdot 6H_2O$，常用来作还原剂，在定量分析中用来标定重铬酸钾或高锰酸钾溶液。

Fe(Ⅱ) 具有较强的形成配合物的倾向，常见配位数为 6。重要的 Fe(Ⅱ) 配合物有：六氰合铁(Ⅱ)酸钾 $K_4[Fe(CN)_6] \cdot 3H_2O$（黄色晶体，俗称黄血盐）、环戊二烯基铁$(C_2H_5)_2Fe$（俗称二茂铁）等。

黄血盐在常温下稳定，加热至 373 K 时，开始失去结晶水变成白色粉末，继续加热可发生分解反应：

$$K_4[Fe(CN)_6] \xlongequal{\triangle} 4KCN + FeC_2 + N_2 \uparrow$$

在溶液中 $[Fe(CN)_6]^{4-}$ 能与 Fe^{3+}、Cu^{2+}、Cd^{2+}、Co^{2+}、Mn^{2+}、Ni^{2+}、Zn^{2+} 等离子生成特定颜色的沉淀，这些反应常用来鉴定某些金属离子。

$[Fe(CN)_6]^{4-}$ 与 Fe^{3+} 作用时，生成深蓝色的沉淀 $KFe[Fe(CN)_6]$，俗称普鲁士蓝。普鲁士蓝在工业上常用作染料或颜料。当 $K_4[Fe(CN)_6]$与 $NaNO_2$ 作用时，可生成红色的取代产物亚硝基五氰合铁(Ⅱ)酸钠 $Na_4[Fe(CN)_5NO]$，俗称硝普钠，剧毒。硝普钠与硫离子反应生成紫红色的配离子 $[Fe(CN)_5NOS]^{4-}$，这是鉴别硫化物的灵敏反应。

② 铁(Ⅲ) 的化合物

铁系配位化合物

Fe_2O_3 有 α 和 γ 两种构型，α 型是顺磁性的，而 γ 型是铁磁性的。在自然界存在的赤铁矿是 α 型。将硝酸铁或草酸铁加热，可制得 α 型 Fe_2O_3。将 Fe_3O_4 氧化所得产物是 γ 型 Fe_2O_3。γ 型 Fe_2O_3 在 673 K 以上可转变为 α 型。三氧化二铁可以用作红色颜料、涂料、媒染剂、磨光剂，以及作为一些化学反应的催化剂等。

铁除了生成 FeO 和 Fe_2O_3 之外，还生成一种 FeO 和 Fe_2O_3 的混合氧化物 Fe_3O_4（磁性氧化铁），具有磁性，是电的良导体，是磁铁矿的主要成分。将铁或氧化亚铁在空气或氧气中加热，都会得到 Fe_3O_4。

$FeCl_3$ 是比较重要的铁(Ⅲ) 盐。无水三氯化铁是用氯气和铁粉（或铁刨花）在高温下直接合成的。具有共价性，熔点（555 K）、沸点（588 K）都比较低，容易溶解在有机溶剂（如丙酮）中，能通过升华法提纯。673 K 时，蒸气中有双聚分子 Fe_2Cl_6 存在，其结构如图

16.5所示，氯原子在Fe(Ⅲ)的周围呈四面体排布。在1023 K以上，双聚分子解离为单分子。

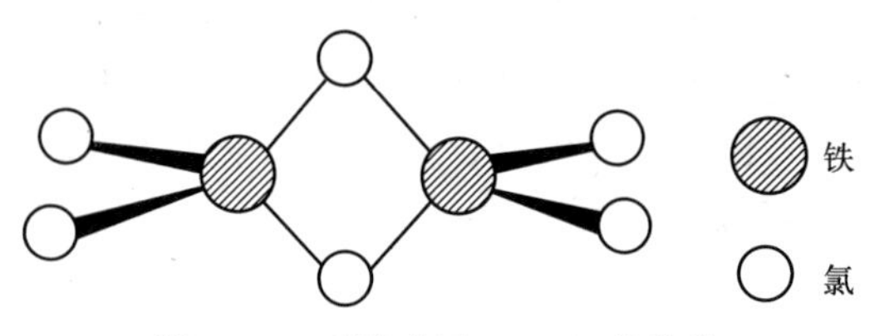

图16.5 双聚分子Fe_2Cl_6的结构

三氯化铁易潮解，易溶于水，可形成含有2～6个分子水的水合物。其水合晶体一般为$FeCl_3 \cdot 6H_2O$，加热该晶体，则水解失去HCl而生成碱式盐。

Fe^{3+}与X^-、SCN^-、CN^-、$C_2O_4^{2-}$和PO_4^{3-}等许多配体都能形成稳定的配合物。其中Fe^{3+}与SCN^-作用，生成血红色的$[Fe(SCN)_n]^{3-n}$，是常用的鉴定Fe^{3+}的特征反应。

$$Fe^{3+}+nSCN^- \longrightarrow [Fe(SCN)_n]^{3-n}\text{（血红色）}$$

六氰合铁(Ⅲ)酸钾$K_3[Fe(CN)_6]$俗称赤血盐，红色晶体，易溶于水，在碱性溶液中有一定的氧化性：

$$4[Fe(CN)_6]^{3-}+4OH^- = 4[Fe(CN)_6]^{4-}+O_2+2H_2O$$

在近中性溶液中，有较弱的水解性：

$$[Fe(CN)_6]^{3-}+3H_2O = Fe(OH)_3+3HCN+3CN^-$$

故赤血盐溶液最好临用时新鲜配制。$[Fe(CN)_6]^{3-}$与Fe^{2+}作用时，生成滕氏蓝沉淀。实验证明，滕氏蓝的结构和组成与普鲁士蓝一样，应属于同一种物质。

Fe^{3+}与F^-作用时，生成无色的$[FeF_6]^{3-}$配离子。$[FeF_6]^{3-}$的稳定性较大，在定性分析中，常用于排除体系中Fe^{3+}的干扰。

Fe^{3+}的电荷半径比较大，正电场强度较强，容易水解。水解过程很复杂。首先发生逐级水解，即：

$$[Fe(H_2O)_6]^{3+}+H_2O \rightleftharpoons [Fe(OH)(H_2O)_5]^{2+}+H_3O^+$$

$$[Fe(OH)(H_2O)_5]^{2+}+H_2O \rightleftharpoons [Fe(OH)_2(H_2O)_4]^{+}+H_3O^+$$

然后随着水解的进行，同时发生各种类型的缩合反应，如：

$$[Fe(OH)(H_2O)_5]^{2+}+[Fe(H_2O)_6]^{3+} \rightleftharpoons \left[(H_2O)_5Fe\!-\!\overset{H}{O}\!-\!Fe(H_2O)_5\right]^{5+}+H_2O$$

$$2[Fe(OH)(H_2O)_5]^{2+} \rightleftharpoons \left[(H_2O)_4Fe\begin{matrix}\diagup OH \diagdown \\ \diagdown OH \diagup\end{matrix}Fe(H_2O)_4\right]^{4+}+2H_2O$$

从水解平衡反应式可以看出，当溶液中酸过量时，Fe^{3+}主要以$[Fe(H_2O)_6]^{3+}$存在。pH值约为零时，溶液中约含99%的$[Fe(H_2O)_6]^{3+}$。随着pH值的增大，水解倾向增大，溶液颜色由黄棕色逐渐变为红棕色。当pH=2～3时，聚合倾向增大，形成聚合度大于2的多聚体，最终生成红棕色胶状水合沉淀$Fe_2O_3 \cdot nH_2O$，习惯上写成$Fe(OH)_3$。将溶液加热，颜色同样由浅变深，这说明加热也能促进Fe^{3+}的水解。

在酸性溶液中，Fe^{3+}是中强氧化剂，能将I^-氧化成单质的I_2；将H_2S氧化成单质的S；将Sn(Ⅱ)氧化成Sn(Ⅳ)等：

$$2Fe^{3+}+2I^- = I_2+2Fe^{2+}$$

$$2Fe^{3+}+H_2S = S\downarrow+2Fe^{2+}+2H^+$$

$$2FeCl_3+SnCl_2 = 2FeCl_2+SnCl_4$$

(2) 钴和镍的化合物

① 氧化物和氢氧化物

在隔绝空气的条件下，加热使钴(Ⅱ)或镍(Ⅱ)的碳酸盐、草酸盐或硝酸盐分解，能制得灰绿色的氧化钴 CoO 或暗绿色的氧化镍 NiO。CoO 和 NiO 都能溶于酸性溶液中，但难溶于水，一般不溶于碱性溶液。

向钴(Ⅱ)或镍(Ⅱ)盐的水溶液中加碱，可得到相应的氢氧化物 $Co(OH)_2$ 或 $Ni(OH)_2$ 的沉淀。粉红色 $Co(OH)_2$ 在空气中缓慢地被氧化为棕褐色的 $Co(OH)_3$，而绿色 $Ni(OH)_2$ 不被空气中的氧所氧化。$Co(OH)_2$ 的两性较显著，它既溶于酸形成钴(Ⅱ)盐，也溶于过量的浓碱溶液形成 $[Co(OH)_4]^{2-}$ 离子，而 $Ni(OH)_2$ 则是碱性的。

将 CoO 或 $Co(OH)_2$ 溶于盐酸，溶液浓缩后在室温下可结晶出粉红色的六水合氯化钴 $CoCl_2 \cdot 6H_2O$。随着温度的升高，$CoCl_2 \cdot 6H_2O$ 逐渐脱去结晶水，同时伴有颜色的变化：

$$\underset{\text{(粉红)}}{CoCl_2 \cdot 6H_2O} \underset{H_2O}{\overset{52.25\ ℃}{\rightleftharpoons}} \underset{\text{(紫色)}}{CoCl_2 \cdot 4H_2O} \underset{H_2O}{\overset{90\ ℃}{\rightleftharpoons}} \underset{\text{(蓝紫色)}}{CoCl_2 \cdot 2H_2O} \underset{H_2O}{\overset{120\ ℃}{\rightleftharpoons}} \underset{\text{(蓝色)}}{CoCl_2}$$

无水 $CoCl_2$ 溶于冷水呈粉红色，在潮湿空气中由于水合作用也可转变为粉红色。常利用 $CoCl_2$ 吸水发生颜色变化这一性质作为干燥剂（如硅胶）的指示剂。

② 配位化合物

在 Co^{2+}、Ni^{2+} 的水溶液中加入过量氨水后，可生成可溶性的配离子 $[Co(NH_3)_6]^{2+}$、$[Ni(NH_3)_6]^{2+}$。当 Co^{2+} 形成氨配离子后，氧化还原稳定性发生了变化。从电极反应 $[Co(H_2O)_6]^{3+}+e^- \rightleftharpoons [Co(H_2O)_6]^{2+}$，$\varphi^{\ominus}=+1.92$ V 可知，Co^{3+} 很不稳定，氧化性很强。所以 Co^{2+} 是钴的最稳定氧化态。但是形成了氨配离子后，配位化合物电对的标准电极电势由 1.92 V 显著下降为 0.14 V：$[Co(NH_3)_6]^{3+}+e^- \rightleftharpoons [Co(NH_3)_6]^{2+}$。因此 $[Co(NH_3)_6]^{3+}$ 氧化性减弱，相当稳定，不易被还原；而 $[Co(NH_3)_6]^{2+}$ 的还原性增强，不稳定，易被氧化。事实上，空气中的氧就能把 $[Co(NH_3)_6]^{2+}$ 氧化成 $[Co(NH_3)_6]^{3+}$：

$$4[Co(NH_3)_6]^{2+}+O_2+2H_2O = 4[Co(NH_3)_6]^{3+}+4OH^-$$

将过量的氨水加入 Ni^{2+} 的溶液中，则生成比较稳定的 $[Ni(NH_3)_6]^{2+}$ 配离子。

将过量的氰化钾加入 Ni^{2+} 的溶液中，可形成 $[Ni(CN)_4]^{2-}$ 配离子。$[Ni(CN)_4]^{2-}$ 的空间构型是平面正方形，Ni^{2+} 以 dsp^2 杂化轨道成键。$[Ni(NH_3)_6]^{2+}$ 和 $[Ni(CN)_4]^{2-}$ 都很稳定，不易被氧化。

铁、钴、镍都能和 CO 生成金属羰基配合物（羰合物），其中金属的氧化数为零。多数羰基配合物可以通过金属和一氧化碳直接化合来制备，但要求金属必须是新还原的具有活性的粉状物。例如，镍在 325 K 和 1 atm 下同一氧化碳作用生成无色液体四羰基合镍 $Ni(CO)_4$；铁在 373～473 K 和 200 atm 下同一氧化碳作用生成淡黄色液体五羰基合铁 $Fe(CO)_5$：

$$Ni+4CO = Ni(CO)_4$$

$$Fe+5CO = Fe(CO)_5$$

除直接化合外，还可以通过其他方法制备羰基配合物。例如，在 393～473 K 和 250～300 atm 下，用碳酸钴在氢气氛中同一氧化碳作用可得到橙黄色晶体八羰基合二钴 $Co_2(CO)_8$：

$$2CoCO_3+2H_2+8CO \longrightarrow Co_2(CO)_8+2CO_2+2H_2O$$

羰基配合物的熔点、沸点一般比较低，容易挥发，受热易分解为金属和一氧化碳，因此这类化合物都是有毒的。所以，制备羰基配合物必须在与外界隔绝的容器中进行。也可利用此性质来制备高纯度的金属。

思 考 题

1. 过渡元素有哪些特点？

2. 试从原子结构及有关理论知识解释下列现象。

(1) d 区元素大多具有多种氧化态。

(2) d 区元素的水合离子大多具有一定的颜色。

(3) d 区元素的原子或离子具有很强的形成配合物的倾向。

(4) Fe^{2+} 盐溶液必须新鲜配制，有时还要在配好的溶液中加几颗铁钉。

(5) 配制 $FeCl_3$ 溶液时，一定要加入适量浓 HCl。

(6) Fe^{3+} 能腐蚀铜，而 Cu^{2+} 又能腐蚀铁，二者是否矛盾？

3. 试说明介质对下列两平衡有何影响？这两个平衡在本质上有何差别？

(1) $2H^+ + 2CrO_4^{2-} \rightleftharpoons Cr_2O_7^{2-} + H_2O$

(2) $3MnO_4^{2-} + 2H_2O \rightleftharpoons MnO_2\downarrow + 2MnO_4^- + 4OH^-$

4. 选用适当的方法实现下列转变（要求不引进其他杂质）：

(1) 将溶液中的 Fe^{3+} 转化为 Fe^{2+}；(2) 将溶液中的 Fe^{2+} 转化为 Fe^{3+}。

5. 变色硅胶含有什么成分？为什么干燥时显蓝色，吸水后变粉红色？

6. 试用实验事实说明 $KMnO_4$ 的氧化能力比 $K_2Cr_2O_7$ 强，写出有关反应方程式。

7. 相应于化学式为 $PtCl_2(NH_3)_2$ 的固体有两种，一种是亮黄色，另一种是淡黄色。请推断它们的中心体以何种杂化轨道和配体成键？采取何种几何构型？

8. 举出三种能将 Mn(Ⅱ) 直接氧化成 Mn(Ⅶ) 的氧化剂，写出有关反应的条件和方程式。

9. 举例说明什么是多酸、同多酸和杂多酸？

10. 试解释下列实验现象并写出反应方程式。往 $FeCl_3$ 溶液中加入 NH_4SCN，显血红色，接着加适量的 NH_4F，血红色溶液的颜色褪去，再加入适量固体 $Na_2C_2O_4$，溶液变为黄绿色。最后加入等体积的 2 $mol \cdot L^{-1}$ NaOH 溶液，生成红棕色的沉淀。

11. 解释下列实验现象（可用化学反应方程式表示）：

(1) 黄色的 $BaCrO_4$ 沉淀与浓盐酸作用得到的溶液显绿色；

(2) 向 $K_2Cr_2O_7$ 溶液中加入 $Pb(NO_3)_2$ 溶液，生成的是黄色的 $PbCrO_4$ 沉淀；

(3) $Cr(OH)_3$ 可溶解在 NH_3-NH_4Cl 溶液中；

(4) $Mn(OH)_2$ 沉淀在空气中放置，颜色由白色变为褐色；

(5) 深绿色的 K_2MnO_4 遇酸变为紫红色的溶液和棕色的沉淀；

(6) 为什么不能在水溶液中由 Fe^{3+} 盐和 KI 制备 FeI_3？

(7) 为什么 Fe^{3+} 盐是稳定的，而 Ni^{3+} 尚未制得？

12. 根据下列实验现象，写出化学反应方程式：

(1) 向酸性 $VOSO_4$ 溶液中滴加 $KMnO_4$ 溶液，则溶液由蓝色变为黄色；

(2) 向 $Cr_2(SO_4)_3$ 溶液中滴加 NaOH 溶液，先有灰蓝色沉淀生成，继续滴加 NaOH 溶液，沉淀溶解得绿色溶液，再向绿色溶液中加入 H_2O_2，溶液由绿色变为黄色；

(3) 在酸性介质中，用 Zn 还原 $Cr_2O_7^{2-}$ 时，溶液由橙色经绿色最后变为蓝色，放置一段时间后又变为绿色；

(4) 向酸性 $K_2Cr_2O_7$ 溶液中通入 SO_2 时，溶液由橙色变为绿色；

(5) 向酸性 $KMnO_4$ 溶液中通入 H_2S，溶液由紫色变成近无色，并有乳白色沉淀析出。

13. 根据以下实验，说明产生各种现象的原因，并写出有关化学反应方程式：

(1) 打开装有四氯化钛的瓶塞，立即冒白烟；

(2) 向此瓶中加入浓盐酸和金属锌时，生成紫色溶液；

(3) 缓慢地加入 NaOH 溶液至溶液呈碱性，则析出紫色沉淀；

(4) 沉淀过滤后，先用硝酸，然后用稀 NaOH 溶液处理，有白色沉淀生成；

(5) 将此沉淀过滤并灼烧，最后与等物质的量的氧化镁共熔。

14. 根据 Fe 元素的价层电子构型，讨论其各氧化数物质的稳定性。

15. 用浓盐酸处理 $Fe(OH)_3$、$Co(OH)_3$、$Ni(OH)_3$ 沉淀时有何现象产生？

16. 在 $FeSO_4$、$CoSO_4$、$NiSO_4$ 溶液中加入氨水时，有何现象产生？

习　题

1. 完成并配平下列反应式。

(1) $Cr_2O_7^{2-} + I^- + H^+ ===$

(2) $CrCl_3 + NaOH + Br_2 ===$

(3) $MnO_2 + HCl(浓) ===$

(4) $FeCl_3 + H_2S ===$

2. $KMnO_4$ 是常用氧化剂，它在不同的酸碱性介质中还原产物不同，试各举一化学反应式加以说明。

3. 利用 $Fe(OH)_3$、$Al(OH)_3$、$Cr(OH)_3$ 性质上的差别，设计分离 Fe^{3+}、Al^{3+}、Cr^{3+} 的实验程序。

4. 写出与下列现象有关的反应式。向 Cr^{3+} 盐溶液中滴加 NaOH 试液，先有灰绿色胶状沉淀生成，继而沉淀溶解，此时加入 H_2O_2 并加热，溶液由绿色变成黄色，加酸至过量，溶液由黄色变为橙红色。再加入乙醚和 H_2O_2，则乙醚层出现蓝色。

5. 以二氧化锰为原料，制备下列化合物：

(1) 硫酸锰　　(2) 锰酸钾　　(3) 高锰酸钾

6. 用盐酸分别与 $Fe(OH)_3$、$Co(OH)_3$、$Ni(OH)_3$ 作用，各发生什么反应？写出反应方程式。

7. 联系铂的化学性质指出在铂制器皿中是否能进行有下述各试剂参与的化学反应：

(1) HF　　(2) 王水　　(3) $HCl + H_2O_2$　　(4) $NaOH + Na_2O_2$

(5) Na_2CO_3　　(6) $NaHSO_4$　　(7) $Na_2CO_3 + S$

8. 现有一种含结晶水的淡绿色晶体，将其配成溶液，若加入 $BaCl_2$ 溶液，则生成不溶于酸的白色沉淀；若加入 NaOH 溶液，则生成白色胶状沉淀并很快变成红棕色。再加入盐酸，此红棕色沉淀又溶解，滴入硫氰化钾溶液显深红色。问该晶体是什么物质？写出有关的化学方程式。

9. 某棕黑色粉末，加热下与浓 H_2SO_4 作用放出助燃性气体，所得溶液与 PbO_2 作用（稍加热）时出现紫红色，若再加入 H_2O_2 溶液，紫红色褪去。此棕黑色粉末为何物质？写出有关化学反应方程式。

10. 铬的某化合物 A 是橙红色溶于水的晶体，将 A 用浓 HCl 溶液处理产生黄绿色刺激性气体 B 和暗绿色溶液 C。在 C 中加入 KOH 溶液，先生成灰蓝色沉淀 D，继续加入过量的 KOH 溶液则沉淀溶解，变成绿色溶液 E，在 E 中加入 H_2O_2，加热则生成黄色溶液 F，F 用稀酸酸化，又变为原化合物 A 的溶液。问 A～F 各是什么物质？写出每步变化的化学反应方程式。

11. 向一含有三种阴离子的混合溶液中，滴加 $AgNO_3$ 溶液至不再有沉淀生成为止，过滤，用稀硝酸处理沉淀时，砖红色沉淀溶解得橙红色溶液，但仍有白色沉淀，滤液呈紫色，用硫酸酸化后，加入 Na_2SO_3 溶液，则紫色逐渐消失。指出上述溶液中含哪三种阴离子？并写出有关化学反应方程式。

12. 写出下列反应方程式：

(1) 将 SO_2 通入 $FeCl_3$ 溶液中；

（2）过量氯水滴入 $FeCl_2$ 溶液中；

（3）用浓硫酸处理 $Co(OH)_3$；

（4）铂溶于王水；

（5）将 CO 通入 $PdCl_2$ 溶液中。

13. 试利用化学方法鉴别下列各对离子：

（1）Co^{2+} 和 Ni^{2+}　　（2）Zn^{2+} 和 Fe^{2+}　　（3）Fe^{2+} 和 Ni^{2+}

14. 根据下列电势图，写出当溶液的 pH＝0 时，在下列条件下，高锰酸钾和碘化钾反应的方程式：

$$MnO_4^- \xrightarrow{+1.70} MnO_2 \xrightarrow{+1.23} Mn^{2+}, IO_3^- \xrightarrow{+1.19} I_2 \xrightarrow{+0.535} I^-$$

（1）碘化钾过量；

（2）高锰酸钾过量。

拓展学习资源

拓展资源内容	二维码
➤ 课件 PPT ➤ 学习要点 ➤ 疑难解析 ➤ 科学家简介——章守华 ➤ 知识拓展——钛和钨 ➤ 习题参考答案	

第 17 章　ds 区元素及其重要化合物

17.1　铜族元素

17.1.1　概述

元素周期表 ds 区包括ⅠB 族（铜族）和ⅡB 族（锌族）元素。铜族元素包括铜 Cu、银 Ag、金 Au 和放射性元素轮Rg，其价电子层结构为$(n-1)d^{10}ns^1$，最外层只有 1 个 s 电子，与主族元素ⅠA 族相同；但次外层有 18 个电子，其屏蔽效应比同周期的碱金属元素小，有效核电荷数高，核对 ns 电子吸引力强，表现为电离能大、金属活泼性弱。铜、银、金最常见的氧化值分别为+2、+1、+3。

铜、银、金是人类最早熟悉的金属，具有金属光泽，铜为红色，银为银白色，金为黄色。铜族元素的密度、熔点、沸点、硬度均比相应的碱金属高，但与 d 区过渡元素相比则相对较低。铜族元素的导电性和传热性在所有金属中都是最好的，银占首位，铜次之。由于铜族金属均是面心立方晶体，有较多的滑移面，具有很好的延展性。

铜族元素不仅彼此间容易生成合金，和其他元素也都很容易形成合金，尤其以铜合金居多。如黄铜（含锌 5%～45%）、青铜（含锡 5%～10%）、白铜（含镍 13%～25%，锌 13%～25%）等。由于其抗腐蚀性和便于机械加工，在工业上的应用很广。

铜族元素的化学活泼性远小于碱金属，且按 Cu、Ag、Au 的顺序递减。铜族的化学性质与元素周期表中其左侧的镍、钯、铂有些相似，如化学性质都不够活泼，且随原子序数的增加，活泼性降低。

铜在干燥空气中比较稳定，但与含有 CO_2 的潮湿空气接触，表面会逐渐生成一层绿色的铜锈：

$$2Cu + O_2 + H_2O + CO_2 = Cu(OH)_2 \cdot CuCO_3$$

铜、银、金都不能与稀盐酸或稀硫酸作用放出氢气，但铜和银溶于硝酸或热的浓硫酸，而金只能溶于王水：

$$Cu + 4HNO_3(\text{浓}) = Cu(NO_3)_2 + 2NO_2\uparrow + 2H_2O$$

$$3Cu + 8HNO_3(\text{稀}) = 3Cu(NO_3)_2 + 2NO\uparrow + 4H_2O$$

$$Cu + 2H_2SO_4(\text{浓}) \xlongequal{\triangle} CuSO_4 + SO_2\uparrow + 2H_2O$$

$$2Ag + 2H_2SO_4(\text{浓}) \xlongequal{\triangle} Ag_2SO_4 + SO_2\uparrow + 2H_2O$$

$$Au + 4HCl + HNO_3 = HAuCl_4 + NO\uparrow + 2H_2O$$

常温下铜能与卤素作用，银作用慢，而金与干燥的卤素只有在加热时才能反应。铜和银在加热时能与硫直接化合生成 CuS 和 Ag_2S，而金则不能直接生成硫化物。

17.1.2 铜的重要化合物

铜

铜的价电子层构型为 $3d^{10}4s^1$，常见氧化值为+2 和+1。Cu 元素的标准电势图如下：

$$\varphi_A^\ominus/V \qquad CuO^+ \xrightarrow{+1.8} Cu^{2+} \xrightarrow{+0.159} Cu^+ \xrightarrow{+0.52} Cu$$

酸性溶液中，Cu^+ 不稳定，易发生歧化反应，生成 Cu^{2+} 和 Cu；Cu^{2+} 具有一定的氧化性；Cu(Ⅲ) 在酸性介质中是强氧化剂。

(1) 铜(Ⅰ)化合物

氧化亚铜 Cu_2O 呈红色，由于晶粒大小不同，也可以呈现黄色、橙色、棕红色等。

Cu_2O 对热十分稳定，加热到 1508 K 时熔融，继续升高温度，可发生分解反应：

$$2Cu_2O = 4Cu + O_2\uparrow$$

Cu_2O 是碱性氧化物，溶于稀酸时易发生歧化反应。例如：

$$Cu_2O + H_2SO_4 = CuSO_4 + Cu\downarrow + H_2O$$

Cu_2O 可溶于氨水和氢卤酸中，形成稳定的配合物：

$$Cu_2O + 4NH_3 + H_2O = 2[Cu(NH_3)_2]^+ + 2OH^-$$

$$Cu_2O + 4HX = 2H[CuX_2] + H_2O$$

$[Cu(NH_3)_2]^+$ 很快被空气中的氧所氧化，生成蓝色的 $[Cu(NH_3)_4]^{2+}$，该反应可用于除去气体中的氧。

$$4[Cu(NH_3)_2]^+ + 8NH_3 + 2H_2O + O_2 = 4[Cu(NH_3)_4]^{2+} + 4OH^-$$

卤化亚铜 CuX（X=Cl、Br、I）呈白色，均难溶于水，溶解度按 Cl→Br→I 的顺序依次减小。CuX 可由 Cu(Ⅱ) 盐与还原剂作用制得，常用的还原剂有 $SnCl_2$、SO_2、$Na_2S_2O_4$（连二亚硫酸钠）、Cu、Zn、Al 等。例如：

$$2CuCl_2 + SnCl_2 = 2CuCl\downarrow + SnCl_4$$

CuX 与过量的 X^- 作用可生成 $[CuX_2]^-$ 配离子。值得一提的是，$[Cu(CN)_4]^{3-}$ 非常稳定（$K_f^\ominus = 2\times10^{30}$），因而 Cu(Ⅱ) 与 CN^- 作用时不能生成 Cu(Ⅱ) 的氰配离子，而是生成 Cu(Ⅰ) 的氰配离子：

$$2Cu^{2+} + 10CN^- = 2[Cu(CN)_4]^{3-} + (CN)_2\uparrow$$

CuCl 的盐酸溶液能吸收 CO，形成氯化羰基铜(Ⅰ)$[Cu(CO)Cl]\cdot H_2O$，该反应可定量地完成，因此可用于测定气体混合物中 CO 的含量。

(2) 铜(Ⅱ)化合物

铜(Ⅱ) 盐溶液与适量的强碱作用时，可生成淡蓝色的氢氧化铜 $Cu(OH)_2$ 絮状沉淀。$Cu(OH)_2$ 微显两性，既能溶于酸也能溶于强碱溶液中：

$$Cu(OH)_2 + 2OH^- = [Cu(OH)_4]^{2-}\text{（蓝紫色）}$$

$[Cu(OH)_4]^{2-}$ 能电离出少量的 Cu^{2+}，可被含醛基(—CHO)的葡萄糖还原成红色

的 Cu_2O：

$$2Cu^{2+}+4OH^-+C_6H_{12}O_6 \xlongequal{} Cu_2O\downarrow+2H_2O+C_6H_{12}O_7$$

利用此反应可检验糖尿病。

$Cu(OH)_2$ 在溶液中加热至353 K时，即脱水生成黑褐色的氧化铜：

$$Cu(OH)_2 \xlongequal{\triangle} CuO\downarrow+H_2O$$

CuO呈碱性，难溶于水，溶于酸时生成相应的盐。CuO遇强热时可分解为 Cu_2O 和 O_2：

$$4CuO \xlongequal{>1273\ K} 2Cu_2O+O_2\uparrow$$

从以上反应可以看出，高温时Cu(Ⅰ)比Cu(Ⅱ)稳定，故CuO在高温时可作为有机物的氧化剂，使气态有机物氧化成二氧化碳和水。

将 $CuCO_3$ 或CuO与盐酸作用可制得 $CuCl_2$：

$$CuCO_3+2HCl \xlongequal{} CuCl_2+H_2O+CO_2\uparrow$$

无水 $CuCl_2$ 呈棕黄色，它是在HCl气流中，将 $CuCl_2 \cdot 2H_2O$ 加热到413～423 K下制得的。无水 $CuCl_2$ 加热至773 K时，按下式分解：

$$2CuCl_2 \xlongequal{773\ K} 2CuCl+Cl_2\uparrow$$

$CuCl_2$ 不但易溶于水，也易溶于乙醇和丙酮。浓 $CuCl_2$ 溶液或溶液中 Cl^- 浓度高时，呈黄绿色，这是由于溶液中形成黄色的 $[CuCl_4]^{2-}$ 配离子，并同时含有蓝色的 $[Cu(H_2O)_4]^{2+}$ 所致。若稀释此溶液，则溶液颜色由黄绿色变为绿色，稀溶液则呈蓝色。

$CuSO_4 \cdot 5H_2O$ 俗名胆矾，可用热浓硫酸溶解铜，或在空气充足的情况下用热的稀硫酸溶解铜制得：

$$Cu+2H_2SO_4(浓) \xlongequal{\triangle} CuSO_4+SO_2\uparrow+2H_2O$$

$$2Cu+2H_2SO_4(稀)+O_2 \xlongequal{\triangle} 2CuSO_4+2H_2O$$

$CuSO_4 \cdot 5H_2O$ 是蓝色斜方晶体，在不同温度下可以逐步失水：

$$CuSO_4 \cdot 5H_2O \xrightarrow{375\ K} CuSO_4 \cdot 3H_2O \xrightarrow{423\ K} CuSO_4 \cdot H_2O \xrightarrow{523\ K} CuSO_4$$

无水 $CuSO_4$ 为白色粉末，不溶于乙醇和乙醚，但吸水性很强，吸水后即显蓝色。因而可用来检验乙醇、乙醚等有机溶剂中的微量水，并可除去水分。无水 $CuSO_4$ 加热到923 K时，即分解成CuO：

$$2CuSO_4 \xlongequal{923\ K} 2CuO+2SO_2\uparrow+O_2\uparrow$$

为了防止水解，配制铜盐溶液时，常加入少量的相应的酸。

硫酸铜是制备其他铜化合物的重要原料。加在贮水池中可防止藻类生长。同石灰乳混合而成的“波尔多液”，可用于消灭植物病虫害。

(3) Cu(Ⅱ)和Cu(Ⅰ)的相互转化

Cu(Ⅰ)的电子构型是 $3d^{10}$，且铜原子的第二电离能较高，Cu(Ⅰ)再失去一个电子生成Cu(Ⅱ)的化合物并不十分容易。事实上，Cu(Ⅰ)的固态化合物是稳定的，如将固态CuO和CuS加热，得到 Cu_2O 和 Cu_2S。

但是在水溶液中，由于 Cu^{2+} 相比于 Cu^+ 所带电荷多，半径小，有较高的水合焓，所以

水溶液中 Cu^{2+} 是稳定的。前已指出，酸性溶液中 Cu^{+} 不稳定，易发生歧化反应：

$$2Cu^{+}(aq) \xlongequal{} Cu(s) + Cu^{2+}(aq)$$

如果要使 Cu^{2+} 转化成 Cu^{+}，一方面应有还原剂存在，另一方面生成物应是 Cu(Ⅰ) 的难溶化合物或配合物，降低溶液中 Cu^{+} 的浓度，才有利于上述反应向左移动。例如：

$$2Cu^{2+} + 4I^{-} \xlongequal{} 2CuI\downarrow + I_2$$

$$2CuS + 10CN^{-} \xlongequal{} 2[Cu(CN)_4]^{3-} + 2S^{2-} + (CN)_2\uparrow$$

$$Cu + CuCl_2 \xlongequal{} 2CuCl$$

因此，在水溶液只有让 Cu^{+} 生成难溶盐或稳定的配离子，才能获得 Cu(Ⅰ) 的化合物，否则 Cu^{+} 是不稳定的，发生歧化反应。总之，铜的两种氧化态的化合物，各以一定的条件而存在，当条件变化时，可互相转化。

17.1.3　银的重要化合物

银

(1) 硝酸银

硝酸银 ($AgNO_3$) 是无色晶体，当 $AgNO_3$ 晶体或溶液中含有微量有机杂质时，见光易分解：

$$2AgNO_3 \xlongequal{} 2Ag\downarrow + 2NO_2\uparrow + O_2\uparrow$$

因此，$AgNO_3$ 应保存在棕色瓶中。$AgNO_3$ 具有氧化性 ($\varphi^{\ominus}_{Ag^{+}/Ag} = 0.799\ V$)，遇到有机物就会被还原为单质。皮肤沾上 $AgNO_3$ 会变黑，即是 $AgNO_3$ 和蛋白质反应生成了黑色蛋白银。因此，它对有机组织有破坏作用。质量分数为10%的 $AgNO_3$ 溶液在医药上作消毒剂和腐蚀剂。

在 $AgNO_3$ 溶液中加入氨水，先生成 Ag_2O 沉淀，沉淀可溶于过量氨水，生成 $[Ag(NH_3)_2]^{+}$ 配离子：

$$2AgNO_3 + 2NH_3 + H_2O \xlongequal{} Ag_2O + 2NH_4NO_3$$

$$Ag_2O + 4NH_3 + H_2O \xlongequal{} 2[Ag(NH_3)_2]^{+} + 2OH^{-}$$

$[Ag(NH_3)_2]^{+}$ 具有弱氧化性，能被甲醛或葡萄糖等在加热时还原为单质银，金属银可沉积在玻璃壁上，用于制造保温瓶和镜子：

$$2[Ag(NH_3)_2]^{+} + HCHO + 2OH^{-} \xlongequal{} 2Ag\downarrow + HCOONH_4 + 3NH_3 + H_2O$$

此反应称为银镜反应。根据这一反应，也可用含氨的硝酸银溶液鉴定醛类化合物，或用甲醛来鉴定银离子。但是，含有 $[Ag(NH_3)_2]^{+}$ 配离子的溶液不要长时间放置，否则它会生成具有爆炸性的暗褐色叠氮化银 (AgN_3)。为避免产生危险，使用后可用盐酸处理剩余的 $[Ag(NH_3)_2]^{+}$ 溶液，使其转化为 AgCl。

(2) 卤化银

卤化银 (AgX) 中，只有 AgF 易溶于水，其余都难溶，溶解度按 AgCl、AgBr、AgI 的顺序递降，颜色由白色变黄色。AgCl 能溶于氨水、硫代硫酸钠及氰化钾溶液中，分别生成配离子 $[Ag(NH_3)_2]^{+}$、$[Ag(S_2O_3)_2]^{3-}$、$[Ag(CN)_2]^{-}$；AgBr 微溶于氨水，易溶于硫代硫酸钠及氰化钾溶液；AgI 溶于浓的硫代硫酸钠及氰化钾溶液。卤化银均不溶于 HNO_3。

卤化银都具有感光性，在光的作用下发生分解。例如：

$$2AgBr \xrightarrow{h\nu} 2Ag + Br_2$$

照相底片上就涂有一层含 AgBr 胶体粒子的明胶凝胶，底片上感光部分的 AgBr 会分解生成 Ag 形成银核。然后用显影剂处理，将含有银核的 AgBr 还原为金属银而显黑色。再用定影液（主要含有 $Na_2S_2O_3$）与未感光的 AgBr 发生配位反应：

$$AgBr+2S_2O_3^{2-} = [Ag(S_2O_3)_2]^{3-}+Br^-$$

就得到底片。AgI 可用于人工增雨。

Ag^+ 的沉淀反应常用于鉴别多种阴离子，如 Ag_2CrO_4（砖红色）、Ag_3AsO_4（棕色）、Ag_3PO_4（黄色）等。

17.2　锌族元素

17.2.1　概述

锌族元素（ⅡB）包含锌（Zn）、镉（Cd）、汞（Hg）三个元素，其价电子层结构为 $(n-1)d^{10}ns^2$，最外层有 2 个电子，次外层有 18 个电子。与主族元素次外层 8 电子相比，由于 18 电子层结构屏蔽作用较小，有效核电荷数较大，核对最外层电子的吸引力大。所以ⅡB 族与ⅡA 族的性质有很大的差别。锌和镉主要表现为 +2 氧化数，汞的常见氧化数为 +1 和 +2。

锌族元素都是银白色金属，其熔点和沸点不仅低于碱土金属，而且还低于铜族，并按锌、镉、汞的顺序下降，这是由于锌族元素的原子半径大，次外层 d 轨道全满，不参与形成金属键，最外层 s 电子成对后稳定的缘故。而且这种稳定性随着原子序数的增大而增大，尤其是汞的 6s 电子对最稳定，其金属键最弱。汞是室温下唯一的液体金属，有流动性，且在 273～573 K 之间体胀系数很均匀，又不润湿玻璃，故用来作温度计。汞的密度很大，蒸气压低，可用于制造气压计。

锌、镉、汞之间以及与其他金属容易形成合金。锌最重要的合金是黄铜。大量的锌被用于制造白铁皮，可以防止铁的腐蚀。锌也是制造干电池、铅蓄电池和银蓄电池的重要原料。

汞能溶解许多金属成为汞齐。汞齐中的其他金属仍然保留着这些金属原有的性质，如钠汞齐同水接触时，其中的汞仍保持其惰性，而钠则与水反应放出氢气，只是反应进行得比较平稳。钠汞齐在有机合成中常用作还原剂。在冶金中也利用汞齐法提取金、银等贵金属。

汞及其化合物有毒，使用时必须小心。汞蒸气吸入人体会产生慢性中毒，如牙齿松动、毛发脱落、神经错乱等。空气中汞蒸气的最大允许浓度为 $0.01\ mg \cdot m^{-3}$，所以汞的蒸馏必须在通风橱中进行。在使用汞时，万一洒落无法收集时，要在有汞的地方撒上硫粉，使汞转化成 HgS，可防止有毒的汞蒸气进入空气。储藏汞必须密封，若不密封，可在汞的上层覆盖一层水，以防止汞蒸发。

锌族元素比铜族元素活泼，对应的金属活泼性次序如下：

$$Zn>Cd>H>Cu>Hg>Ag>Au$$

锌是活泼金属，在空气中由于表面生成一层致密的氧化物或碱式碳酸盐而不易被腐蚀。锌在加热条件下可以与绝大多数的非金属发生化学反应。锌和铝一样具有两性，既能溶于非氧化性酸，也能溶于强碱，且都放出氢气：

$$Zn+H_2SO_4 = ZnSO_4+H_2\uparrow$$

$$Zn+2NaOH+2H_2O = Na_2[Zn(OH)_4]+H_2\uparrow$$

但锌和铝又有区别，锌能溶于氨水，生成 $[Zn(NH_3)_4]^{2+}$ 配离子，而铝则不能溶于氨水。

$$Zn+4NH_3+2H_2O \longrightarrow [Zn(NH_3)_4](OH)_2+H_2\uparrow$$

汞的化学活性在锌族中最低，通常认为是其 $6s^2$ 电子具有惰性电子对效应的缘故。汞与硫粉研磨即能形成硫化汞，这是由于汞是液态，研磨时汞与硫接触面增大，且二者亲和力较强，反应就较容易进行。

17.2.2 锌的重要化合物

氧化锌（ZnO）是白色粉末，俗称锌白，常用作白色颜料。ZnO 不溶于水，为两性化合物。ZnO 有一定的杀菌能力和收敛性。医药上用它制成软膏外用。

在 Zn^{2+} 的可溶性盐溶液中加入适量碱，可产生白色沉淀 $Zn(OH)_2$：

$$Zn^{2+}+2OH^- \longrightarrow Zn(OH)_2\downarrow$$

$Zn(OH)_2$ 是两性化合物，在水溶液中存在下列平衡：

$$Zn^{2+}+2OH^- \rightleftharpoons Zn(OH)_2 \xrightleftharpoons{OH^-} [Zn(OH)_4]^{2-}$$

$Zn(OH)_2$ 与 $Al(OH)_3$ 不同，它可以溶于氨水：

$$Zn(OH)_2+4NH_3 \longrightarrow [Zn(NH_3)_4]^{2+}+2OH^-$$

$Zn(OH)_2$ 加热时容易脱水变为 ZnO。

无水氯化锌（$ZnCl_2$）为白色固体，易潮解，极易溶于水，吸水性很强，在有机合成上常用作脱水剂。其溶液因 Zn^{2+} 的较弱水解作用而显酸性：

$$Zn^{2+}+H_2O \longrightarrow Zn(OH)^++H^+$$

氯化锌常带有一分子结晶水（$ZnCl_2\cdot H_2O$），是无色晶体。通过加热 $ZnCl_2$ 溶液和 $ZnCl_2\cdot H_2O$ 得不到无水 $ZnCl_2$，只能得到碱式盐：

$$ZnCl_2\cdot H_2O \xlongequal{\triangle} Zn(OH)Cl+HCl\uparrow$$

无水氯化锌可以用 $ZnCl_2\cdot H_2O$ 和 $SOCl_2$ 共热制得：

$$ZnCl_2\cdot H_2O+SOCl_2 \xlongequal{\triangle} ZnCl_2+SO_2\uparrow+2HCl\uparrow$$

在 $ZnCl_2$ 浓溶液中，可形成配合酸 H［$ZnCl_2(OH)$］：

$$ZnCl_2+H_2O \longrightarrow H[ZnCl_2(OH)]$$

二氯•一羟基合锌(Ⅱ)酸具有显著的酸性，能溶解金属氧化物：

$$FeO+2H[ZnCl_2(OH)] \longrightarrow Fe[ZnCl_2(OH)]_2+H_2O$$

$ZnCl_2$ 浓溶液也被称为“熟镪水”。金属焊接时，就利用了这一性质用 $ZnCl_2$ 浓溶液清除金属表面的氧化物，它不损害金属表面。而高温使水分蒸发后，熔化的盐覆盖在金属表面，使之不再氧化，从而保障焊接金属的直接接触。

17.2.3 汞的重要化合物

汞

(1) Hg(Ⅰ) 的化合物

亚汞化合物中，汞以 Hg_2^{2+}（—Hg—Hg—）形式存在，两个汞原子的 $6s^1$ 电子结合成对，所以化合物呈反磁性。绝大多数亚汞化合物难溶于水，主要化合物有 $Hg_2(NO_3)_2$ 和 Hg_2Cl_2。

$Hg_2(NO_3)_2$ 易溶于水，是离子型化合物，有剧毒。水解生成碱式盐沉淀，所以配制溶液时，应先溶于稀硝酸中。在硝酸亚汞的溶液中加入盐酸，可生成氯化亚汞沉淀：

$$Hg_2(NO_3)_2+2HCl \xlongequal{} Hg_2Cl_2\downarrow+2HNO_3$$

氯化亚汞为白色固体，不溶于水。少量的 Hg_2Cl_2 毒性较低，因味略甜，俗称甘汞，化学上常用于制作甘汞电极。医药上用作泻剂和利尿剂。光照下，氯化亚汞易分解：

$$Hg_2Cl_2 \xlongequal{h\nu} HgCl_2+Hg$$

所以，氯化亚汞应存放在棕色瓶中。

(2) Hg(Ⅱ) 的化合物

Hg(Ⅱ) 的化合物多数难溶于水。在 Hg^{2+} 溶液中加入 NaOH 得到黄色 HgO。HgO 有黄色和红色两种晶型，溶液中形成的 HgO 晶粒细小呈黄色，久置后晶粒聚集可变为红色。红色 HgO 一般由 $Hg(NO_3)_2$ 的热分解制得：

$$2Hg(NO_3)_2 \xlongequal{} 2HgO+4NO_2+O_2\uparrow$$

HgO 难溶于水，可溶于强酸，生成相应的盐。它是制备汞盐的原料，还用作医药制剂、分析试剂、陶瓷颜料等。

$Hg(NO_3)_2$ 为无色晶体，易溶于水，有剧毒。水解生成碱式盐沉淀，所以配制溶液时，应先溶于稀硝酸中。

$HgCl_2$ 为白色针状晶体，是共价化合物，熔融时不导电，熔点低，易升华，俗称升汞。$HgCl_2$ 略溶于水，在水中主要以分子形式存在，所以有假盐之称。其稀溶液有杀菌作用，可用作手术刀剪的消毒剂。

(3) Hg^{2+} 与 Hg_2^{2+} 的相互转化

汞元素的电势图如下：

$$\varphi_A^{\ominus}/V \quad Hg^{2+} \xrightarrow{0.911} Hg_2^{2+} \xrightarrow{+0.796} Hg \quad (Hg^{2+} \xrightarrow{+0.854} Hg)$$

酸性溶液中，$\varphi_{右}^{\ominus}<\varphi_{左}^{\ominus}$，所以 Hg_2^{2+} 比较稳定，不发生歧化反应，而发生歧化反应的逆反应：

$$Hg^{2+}+Hg \xlongequal{} Hg_2^{2+} \qquad K^{\ominus}=88$$

要想使平衡向左移动（歧化反应的方向），则必须降低溶液中 Hg^{2+} 的浓度。例如，使 Hg^{2+} 生成难溶化合物或稳定的配合物时，平衡向生成 Hg^{2+} 和 Hg 的方向移动。

(4) Hg^{2+} 和 Hg_2^{2+} 的重要反应

Hg_2^{2+} 和 Hg^{2+} 有许多重要的化学反应可用于两种离子的鉴定和区分。

① 与氨水作用

Hg^{2+} 与氨水作用生成白色的氨基汞盐沉淀：

$$HgCl_2+2NH_3 \xlongequal{} HgNH_2Cl\downarrow+NH_4Cl$$

$$2Hg(NO_3)_2+4NH_3+H_2O \xlongequal{} HgO\cdot NH_2HgNO_3\downarrow+3NH_4NO_3$$

白色的氯化氨基汞 $HgNH_2Cl$ 和硝酸氨基汞 $HgO\cdot NH_2HgNO_3$ 沉淀都可溶解在 NH_3-NH_4NO_3 混合溶液中，生成 $[Hg(NH_3)_4]^{2+}$ 配离子。

Hg_2^{2+} 与氨水作用，则发生歧化反应，生成白色的氨基汞盐沉淀和黑色的单质汞沉淀：

$$2Hg_2(NO_3)_2+4NH_3+H_2O \longrightarrow HgO\cdot NH_2HgNO_3\downarrow+2Hg+3NH_4NO_3$$

② 与 NaOH 作用

Hg^{2+} 与碱作用生成黄色的 HgO 沉淀；Hg_2^{2+} 与碱作用则歧化为 HgO 和 Hg：

$$Hg^{2+}+2OH^- \longrightarrow HgO\downarrow+H_2O$$

$$Hg_2^{2+}+2OH^- \longrightarrow HgO\downarrow+Hg\downarrow+H_2O$$

③ 与 KI 作用

Hg^{2+} 与适量 I^- 作用生成橙红色的 HgI_2 沉淀，HgI_2 与过量 I^- 作用生成无色的 $[HgI_4]^{2-}$ 配离子：

$$Hg^{2+}+2I^- \longrightarrow HgI_2\downarrow$$

$$HgI_2+2I^- \longrightarrow [HgI_4]^{2-}$$

$K_2[HgI_4]$ 与 KOH 的混合溶液称为奈斯勒（Nessler）试剂。如果溶液中有微量的 NH_4^+ 存在时，加几滴奈斯勒试剂，即有特殊的红色沉淀生成。这个反应比较灵敏，常用来鉴定 NH_4^+。

$$NH_4Cl+2K_2[HgI_4]+4KOH \longrightarrow Hg_2NI\cdot H_2O\downarrow+KCl+7KI+3H_2O$$

Hg_2^{2+} 与适量 I^- 作用生成黄绿色的 Hg_2I_2，Hg_2I_2 与过量 I^- 作用则发生歧化反应：

$$Hg_2^{2+}+2I^- \longrightarrow Hg_2I_2\downarrow$$

$$Hg_2I_2+2I^- \longrightarrow [HgI_4]^{2-}+Hg\downarrow$$

④ 与 $SnCl_2$ 作用

Hg^{2+} 与少量 $SnCl_2$ 作用生成白色的 Hg_2Cl_2 沉淀；Hg_2Cl_2 与 $SnCl_2$ 作用生成黑色的 Hg 沉淀：

$$2HgCl_2+SnCl_2(\text{少量}) \longrightarrow Hg_2Cl_2\downarrow(\text{白色})+SnCl_4$$

$$Hg_2Cl_2+SnCl_2 \longrightarrow 2Hg\downarrow(\text{黑色})+SnCl_4$$

⑤ 与 H_2S 作用

Hg^{2+} 与 H_2S 作用生成黑色的 HgS 沉淀，HgS 能溶解在王水或浓 Na_2S 溶液中；Hg_2^{2+} 与 H_2S 作用生成 HgS 和 Hg：

$$Hg^{2+}+H_2S \longrightarrow HgS\downarrow(\text{黑色})+2H^+$$

$$Hg_2^{2+}+H_2S \longrightarrow HgS\downarrow(\text{黑色})+Hg\downarrow(\text{黑色})+2H^+$$

$$3HgS+12HCl+2HNO_3 \longrightarrow 3H_2[HgCl_4]+3S\downarrow+2NO\uparrow+4H_2O$$

$$HgS+Na_2S \longrightarrow Na_2[HgS_2]$$

以上反应均可作为 Hg^{2+} 和 Hg_2^{2+} 的区分反应或鉴定反应。

思 考 题

1. 试解释下列现象。

（1）Hg_2^{2+} 在酸性溶液中稳定，而 Cu^+ 容易发生歧化反应。

（2）Cu^{2+} 可将 I^- 氧化成 I_2。

（3）在金属焊接时，为何常用 $ZnCl_2$ 溶液处理金属表面？

2. 20 ℃，Hg 的蒸气压为 0.173 Pa，求此温度下被 Hg 蒸气所饱和的 1 m^3 空气中的 Hg 量（常温下允许含量为 0.1 $mg\cdot m^{-3}$）。

3. 在酸性介质中，用 Zn 还原 $Cr_2O_7^{2-}$ 时，溶液由橙色经绿色最后变为蓝色，放置一段时间后又变为绿色，写出化学反应方程式。

4. 根据 Cu 元素的价层电子构型，讨论其各氧化数物质的稳定性，并指出不同氧化数物质之间在什么条件下可以发生转化。

习 题

1. 完成并配平下列反应式。

(1) $CuSO_4 + KI =\!=\!=$

(2) $Cu_2O + H_2SO_4 =\!=\!=$

(3) $Cu + H_2SO_4$(浓)$=\!=\!=$

(4) $CuSO_4 + NaOH$（稀）$=\!=\!=$

(5) $Cu^{2+} + Cu + Cl^- =\!=\!=$

(6) $[Ag(S_2O_3)_2]^{3-} + H_2S + H^+ =\!=\!=$

(7) $Hg_2(NO_3)_2 + NaOH =\!=\!=$

(8) $Hg(NO_3)_2 + KI \xrightarrow{\text{适量}} ? \xrightarrow{\text{KI(过量)}} ?$

(9) $HgCl_2 + NH_3 =\!=\!=$

(10) $Hg_2Cl_2 + NH_3 =\!=\!=$

2. 不用强酸，选用何种试剂可将下列物质溶解？写出有关反应式。

Ag_2O、ZnO、HgS、CuO

3. 向含有下列离子的混合溶液中加入过量氨水，溶液中有哪些离子？沉淀中有哪些物质？

Cr^{3+}、Fe^{3+}、Co^{2+}、Ni^{2+}、Ag^+、Cu^{2+}、Zn^{2+}、Hg_2^{2+}、Hg^{2+}

4. 试比较锌族元素和碱土金属、铜族元素和碱金属的化学性质。

5. 选用何种配合剂可将下列各沉淀溶解？写出化学反应式。

$Cu(OH)_2$、AgBr、AgI、$Zn(OH)_2$、HgI_2

6. 举出鉴别 Hg^{2+} 和 Hg_2^{2+} 常用的方法，写出有关反应式。

7. 化合物 A 是一种白色固体，加热能升华，微溶于水。A 的溶液可起下列反应：

(1) 加入 NaOH，产生黄色沉淀 B，B 不溶于碱可溶于 HNO_3；

(2) 通 H_2S，产生黑色沉淀 C，C 不溶于浓 HNO_3，但可溶于 Na_2S 溶液，得溶液 D；

(3) 加 $AgNO_3$，产生白色沉淀 E，E 不溶于浓 HNO_3，但可溶于氨水，得溶液 F；

(4) 滴加 $SnCl_2$ 溶液，产生白色沉淀 G，继续滴加，最后得黑色沉淀 H。

试判断 A～H 各为何种物质，并写出有关反应方程式。

8. Cu^+ 和 Ag^+ 在溶液中是否都稳定，还是形成配合物以后才稳定？Cu^{2+} 和 Ag^+ 呢？当 I^- 加到 Cu^{2+} 的溶液中时会发生怎样的反应？当 Cl^- 加到饱和 AgCl（s）溶液中时又会发生怎样的反应？

9. 从 AgX、HgX_2 及 ZnS、CdS、HgS 的颜色及溶解度变化中，能得出什么结论？

10. 下面两个平衡：

$2Cu^+(aq) =\!=\!= Cu + Cu^{2+}(aq)$

$Hg^{2+}(aq) + Hg =\!=\!= Hg_2^{2+}(aq)$

(1) 在形式上是相反的，为什么会出现这种情况？

(2) 在什么情况下平衡会向左移动？试各举两个实例。

11. 将 1.0080 g 铜铝合金样品溶解后，加入过量碘离子，然后用 0.1052 $mol \cdot L^{-1}$ $Na_2S_2O_3$ 溶液滴定生成的碘，共消耗 29.84 mL $Na_2S_2O_3$ 溶液，试求合金中铜的百分含量。

拓展学习资源

拓展资源内容	二维码
➤ 课件 PPT ➤ 学习要点 ➤ 疑难解析 ➤ 知识拓展——锌、汞和生命元素与健康 ➤ 习题参考答案	

第 18 章　f 区元素和核化学

18.1　概述

f 区元素包括镧系元素（Lanthanides，简写为 Ln）和锕系元素（Actinides，简写为 An）。镧系元素是指周期表中原子序数从 57 号到 71 号的 15 个元素；锕系元素则指周期表中原子序数从 89 号到 103 号的元素。这些元素的价层电子构型为$(n-2)f^{0\sim14}(n-1)d^{0\sim2}ns^2$，其特征是随着核电荷的增加，电子依次填入外数第三层的$(n-2)$f 轨道，因此又被称为内过渡元素。

镧系元素的原子半径与钇相近，钇与镧系元素在自然界中常共生于某些矿物中。镧系元素的性质与钇、钪相似，因此它们一起并称为稀土元素，常用 RE（rare earth）表示。稀土元素的性质彼此相似，不易分离。

镧系元素中只有钷是人工合成的，具有放射性。锕系元素均有放射性，铀后的元素为人工合成元素，称为超铀元素。

镧系元素在自然界中广泛存在，在地壳中的储藏量约为 0.016%，丰度和许多常见元素差不多，其中丰度最高的是铈，在地壳中占 0.0046%。锕系元素中钍和铀在自然界中的丰度较大，其余锕系元素主要是通过核反应合成，放射活性都高于钍和铀。

镧系元素和锕系元素的电子层结构和有关性质见表 18.1 和表 18.2。

表 18.1　镧系元素的基本性质

原子序数	名称	符号	价层电子构型	主要氧化值	原子半径/pm	Ln^{3+}半径/pm	$4f^n$	电离能$(I_1+I_2+I_3)$/kJ·mol^{-1}	电极电位 $\varphi^\ominus(Ln^{3+}/Ln)$/V		Ln^{3+}颜色
									$\varphi_A^\ominus$	$\varphi_B^\ominus$	
57	镧	La	$5d^1 6s^2$	+3	183	103.2	0	3455.4	−2.37	−2.90	无色
58	铈	Ce	$4f^1 5d^1 6s^2$	+3,+4	181.8	102	1	3524	−2.34	−2.87	无色
59	镨	Pr	$4f^3 6s^2$	+3,+4	182.4	99	2	3627	−2.35	−2.85	绿
60	钕	Nd	$4f^4 6s^2$	+3	181.4	98.3	3	3694	−2.32	−2.84	粉红
61	钷	Pm	$4f^5 6s^2$	+3	183.4	97	4	3738	−2.29	−2.84	紫
62	钐	Sm	$4f^6 6s^2$	+2,+3	180.4	95.8	5	3871	−2.30	−2.83	浅黄
63	铕	Eu	$4f^7 6s^2$	+2,+3	208.4	94.7	6	4032	−1.99	−2.83	浅紫
64	钆	Gd	$4f^7 5d^1 6s^2$	+3	180.4	93.8	7	3752	−2.29	−2.82	无色
65	铽	Tb	$4f^9 6s^2$	+3,+4	178	92.3	8	3786	−2.30	−2.79	浅紫
66	镝	Dy	$4f^{10} 6s^2$	+3,+4	178.1	91.2	9	3898	−2.29	−2.78	浅黄绿
67	钬	Ho	$4f^{11} 6s^2$	+3	176.2	90.1	10	3920	−2.33	−2.77	黄褐
68	铒	Er	$4f^{12} 6s^2$	+3	176.1	89.0	11	3930	−2.31	−2.75	粉红
69	铥	Tm	$4f^{13} 6s^2$	+2,+3	177.3	88	12	4043.7	−2.31	−2.74	浅绿
70	镱	Yb	$4f^{14} 6s^2$	+2,+3	193.3	86.8	13	4193.4	−2.22	−2.73	无色
71	镥	Lu	$4f^{14} 5d^1 6s^2$	+3	173.5	84.8	14	3885.5	−2.30	−2.72	无色

表 18.2 锕系元素的基本性质

原子序数	名称	符号	价层电子构型	主要氧化值	原子半径/pm	离子半径/pm	
						An^{3+}	An^{4+}
89	锕	Ac	$6d^1 7s^2$	+3	187.8	111	—
90	钍	Th	$6d^2 7s^2$	+3，$\underline{+4}$	179	—	94
91	镤	Pa	$5f^2 6d^1 7s^2$	+3，+4，$\underline{+5}$	163	104	90
92	铀	U	$5f^3 6d^1 7s^2$	+3，+4，+5，$\underline{+6}$	156	102.5	89
93	镎	Np	$5f^4 6d^1 7s^2$	+3，+4，$\underline{+5}$，+6，+7	155	101	87
94	钚	Pu	$5f^6 7s^2$	+3，$\underline{+4}$，+5，+6	159	100	86
95	镅	Am	$5f^7 7s^2$	+2，$\underline{+3}$，+4，+5，+6	173	97.5	89
96	锔	Cm	$5f^7 6d^1 7s^2$	$\underline{+3}$，+4	174	97	85
97	锫	Bk	$5f^9 7s^2$	$\underline{+3}$，+4	170.4	98	87
98	锎	Cf	$5f^{10} 7s^2$	$\underline{+3}$，+4	186	95	82.1
99	锿	Es	$5f^{11} 7s^2$	$\underline{+3}$，+4	186	98	
100	镄	Fm	$5f^{12} 7s^2$	+2，$\underline{+3}$		97	
101	钔	Md	$5f^{13} 7s^2$	+2，$\underline{+3}$		96	
102	锘	No	$5f^{14} 7s^2$	+2，$\underline{+3}$		95	
103	铹	Lr	$5f^{14} 6d^1 7s^2$	+3		94	

注：表中下划线表示水溶液中最稳定的氧化值。

18.1.1 价层电子结构和氧化值

镧系元素的价层电子构型除 La 为 $5d^1 6s^2$、Ce 为 $4f^1 5d^1 6s^2$、Gd 为 $4f^7 5d^1 6s^2$、Lu 为 $4f^{14} 5d^1 6s^2$ 外，其余均为 $4f^x 6s^2$（$x=3\sim7$、$9\sim14$）构型。

由于镧系元素原子的最外层和次外层结构相似，只是 4f 轨道上的电子数不同，因而它们在性质上非常类似，如化合物的酸碱性、溶解性、电极电势、配合物的稳定常数、离子晶体的晶格能等。

镧系元素最稳定的氧化值为+3，即一般能形成氧化值为+3 的化合物。然而，因 4f 电子倾向于形成全空、半充满、全充满的稳定电子构型，有些元素也呈现+2 和+4 氧化值，如 Ce^{4+}、Tb^{4+}、Eu^{2+} 和 Yb^{2+} 具有 $4f^0$、$4f^7$ 和 $4f^{14}$ 的稳定结构。但是，+2 和+4 氧化值都倾向于转变为+3 氧化值，故而+4 和+2 氧化值的化合物分别表现出较强的氧化性和还原性，如：

$$Ce^{4+} + e^- = Ce^{3+} \qquad \varphi^{\ominus} = 1.72\ V$$

$$Eu^{3+} + e^- = Eu^{2+} \qquad \varphi^{\ominus} = -0.35\ V$$

$Ce(SO_4)_2$ 是分析化学中常用的氧化剂。镧系元素的氧化值变化情况如图 18.1 所示。图中的圆点表示具有这种氧化值的化合物的稳定性，圆点越大，表示稳定性越高。La、Gd 具有 $5d^1 6s^2$ 电子层结构，失去 3 个电子后达到稳定结构，所以它们只能形成+3 氧化值的稳定结构。镧系元素的原子都有达到 La^{3+} 和 Gd^{3+} 稳定结构的趋向。从 La 到 Gd，从 Gd 到 Lu，氧化值的变化是先升高到+4，然后降到+2，再回到+3。镧系元素在氧化值的变化中呈现的周期性规律正是镧系元素电子层排布呈现周期性规律的反映。

锕系元素的电子层结构同相应的镧系元素电子层结构类似，不仅 6d 和 7s 可参与成键，5f 的电子也可以参与成键，所以可以形成较稳定的高价态。前半部分的锕系元素（由 Ac 到 Am）原子的 5f 和 6d 的能量相差较小，电子由 5f 轨道跃迁到 6d 所需的能量相应也较低，更容易表现出高氧化态。但随着原子序数的递增，核电荷数增加，电子由 5f 跃迁到 6d 所需的能量变大，不易失去或参与成键，结果从 Cm 开始，氧化态不再多样化，稳定氧化态是

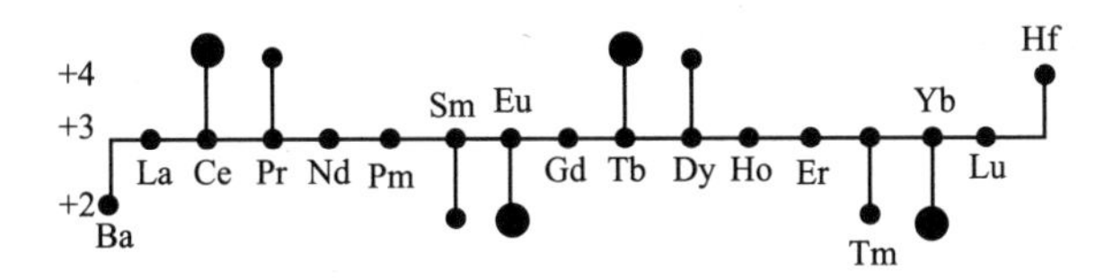

图 18.1　镧系元素氧化值变化的规律

+3，这与镧系元素特征氧化值一致。锕系元素的 5f 轨道比镧系元素的 4f 轨道成键能力强，所以锕系元素化合物的共价性比镧系元素的更强一些。

18.1.2　原子半径和镧系收缩

从表 18.1 和表 18.2 所列的原子和离子半径数据可以看到，镧系元素和锕系元素的原子半径和离子半径总的变化趋势是随着原子序数的增加而缓慢减小，这种现象称为镧系收缩和锕系收缩。下面以镧系元素为例说明。

(1) 原子半径

镧系元素的原子半径随着原子序数的变化如图 18.2(a) 所示。随着原子序数的增加，电子逐一填入 4f 轨道，由于 4f 电子对原子核的屏蔽效应较大，有效核电荷缓慢增大，结果使原子半径缓慢缩小。但在总的收缩趋势中，由于 Eu 和 Yb 分别具有半充满 $4f^7$ 和全充满 $4f^{14}$ 的电子层结构，这一稳定构型使屏蔽作用增大，减小了核电荷对外层电子的吸引，所以它们的原子半径较大，在 Eu 和 Yb 处出现骤升的峰值，这种现象称为镧系元素性质递变的“双峰效应”。这种双峰效应也表现在镧系元素的熔点和电负性等性质的变化上，如图 18.3 所示。镧系元素的熔点随着原子序数的增加逐渐升高，变化过程在 Eu 和 Yb 处出现陡降的谷值。

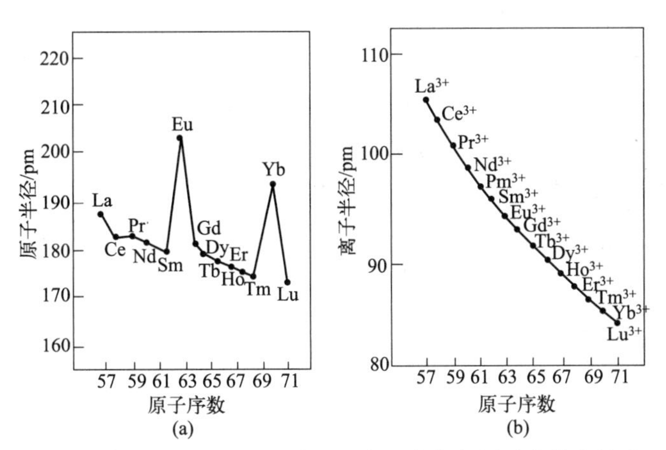

图 18.2　镧系元素的原子半径、离子半径与原子序数的关系

(2) 离子半径

镧系元素的离子半径随着原子序数的变化如图 18.3(b) 所示。离子半径的收缩比原子半径的收缩显著得多。从 La^{3+} (f^0) 到 Lu^{3+} (f^{14}) 的电子层结构与原子不同，是依次增加 4f 电子。随着原子序数的增加，Ln^{3+} 的半径单调地减小，而且收缩的幅度比原子半径大，平均相邻离子的半径缩小约 1.5 pm，而相邻的原子半径平均仅缩小约 1 pm。

Ln^{3+} 所带电荷相同，构型和离子半径相差不大，致使 Ln^{3+} 的性质极为相似，因而其化合物的溶解度、熔点、酸碱性、生成热、配合物的稳定常数、离子晶体的晶格能等都很接近，从而难以分离。

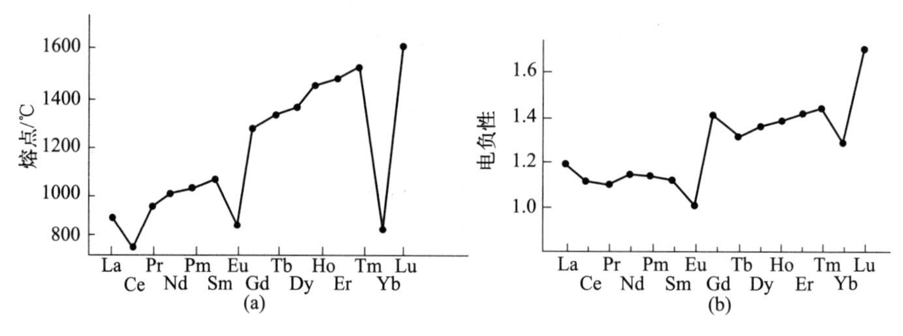

图 18.3　镧系元素的熔点、电负性与原子序数的关系

(3) 镧系收缩的后果

镧系收缩和锕系收缩是无机化学中的重要现象。由于镧系收缩的影响，不仅使镧系元素本身的性质十分相似，在自然界中共生，提取和分离非常困难，而且造成镧系元素后的第三过渡系元素与同族第二过渡系元素的原子半径或离子半径相近，化学性质相似，分离困难。特别是 Zr 和 Hf、Nb 和 Ta、Mo 和 W 这三对。镧系收缩也使得第五周期ⅢB 族钇的原子半径和离子半径落在镧系元素的中间，造成钇的性质与镧系元素也非常相似。

18.1.3　离子的颜色

与过渡金属元素的离子颜色是由于 d 轨道电子未充满而产生 d-d 跃迁一样，镧系元素离子也会由于 f 轨道未充满电子发生 f-f 跃迁，而具有特征的颜色，如表 18.3 所示。从表中可以看到，离子的颜色与未成对的 f 电子数有关，并且具有 f^x（$x=0\sim7$）电子的离子与具有 f^{14-x} 电子的离子，显示相同或相近的颜色。若以 Gd^{3+} 为中心，从 La^{3+} 到 Gd^{3+} 的颜色变化规律，又在 Gd^{3+} 到 Lu^{3+} 的过程中重演。此外，f^0、f^7、f^{14} 及接近这些电子组态的离子是无色的。

表 18.3　镧系元素离子的颜色变化规律

4f 电子能级	成单电子	57	58	59	60	61	62	63	64	65	66	67	68	69	70	71
$4f^0$ 或 $4f^{14}$	0	La^{3+}（无色）														Lu^{3+}（无色）
$4f^1$ 或 $4f^{13}$	1		Ce^{3+}（无色）												Yb^{3+}（无色）	
$4f^2$ 或 $4f^{12}$	2			Pr^{3+}（绿色）										Tm^{3+}（绿色）		
$4f^3$ 或 $4f^{11}$	3				Nd^{3+}（淡紫）								Er^{3+}（淡紫）			
$4f^4$ 或 $4f^{10}$	4					Pm^{3+}（粉红）						Ho^{3+}（黄色）				
$4f^5$ 或 $4f^9$	5						Sm^{3+}（黄色）				Dy^{3+}（黄色）					
$4f^6$ 或 $4f^8$	6							Eu^{3+}（极浅粉红）		Tb^{3+}（极浅粉红）						
$4f^7$	7								Gd^{3+}（无色）							

由于 f 电子对光吸收的影响，锕系元素在离子的颜色上与镧系元素的表现十分相似。

18.1.4　金属的活泼性

从表 18.1 和表 18.2 中的电极电势数据可以看出，镧系元素和锕系元素单质都是化学性质活泼的金属，活泼性仅次于碱金属和碱土金属，都是强还原剂，还原能力随着原子序数的增加而减弱，但差距不大。Ln 的还原能力仅次于碱金属而和镁接近，比铝活泼。镧系金属与冷水缓慢作用，与热水作用较快，可置换出氢气。因此金属单质保存时要在表面涂蜡或保存在煤油中。

内过渡元素的化学性质很活泼，只能采用电解其熔融盐或高温下用活泼金属还原其无水卤化物的方法来制备金属。

18.2　稀土元素

18.2.1　稀土元素的资源

我国的稀土资源储量大、分布广、类型多、矿种全、品位高。稀土元素储量占世界首位，内蒙古自治区的白云鄂博矿区的储量最大。我国稀土矿遍及十几个省、自治区，四川、山东、江西、新疆、台湾等省均有稀土矿分布。除了白云鄂博矿区的铁与稀土元素的大型矿床外，还有规模较大的离子吸附型矿床、花岗岩矿床等。我国稀土矿物的品种齐全，具有重要工业意义的矿物均有发现，轻、重稀土为主的矿物均有；我国的稀土矿物除含有稀土元素外，还含有 Nb、Ta、Ti、Th、U 等稀有元素，因此矿床具有较高的综合利用价值。

稀土矿的主要成分见表 18.4。

表 18.4　我国稀土矿的主要成分

成分	独居石	磷钇矿	白云矿	成分	独居石	磷钇矿	白云矿
La_2O	23.0	1.2	23.0	Dy_2O_3	0.8	9.1	0.1
CeO_2	42.7	3.0	50.1	Ho_2O_3	0.1	2.6	—
Pr_6O_{11}	4.1	0.6	6.2	Er_2O_3	0.3	5.6	—
Nd_2O_3	17.0	3.5	19.5	Tm_2O_3	痕量	1.3	—
Sm_2O_3	3.0	2.2	1.2	Yb_2O_3	2.4	6.0	—
Eu_2O_3	0.1	0.2	0.2	Lu_2O_3	0.1	1.8	—
Gd_2O_3	2.0	5.0	0.5	Y_2O_3	2.4	59.3	0.3
Tb_4O_7	0.7	1.2	0.1				

注：表中数值均为稀土氧化物总含量中各成分所占百分比。

根据硫酸复盐的溶解度不同，将稀土元素分为铈组和钇组。

稀土元素 {铈组(轻稀土)：La，Ce，Pr，Nd，Pm，Sm　(难溶)
　　　　 {钇组(重稀土)：Eu，Gd，Tb，Dy，Y，Ho，Er，Tm，Yb，Lu　(易溶)

18.2.2 稀土元素的提取和应用

(1) 稀土元素的提取

由于稀土元素及其+3氧化数的化合物性质非常相似，在自然界中共生，这给分离提纯带来了很大的困难。但是，随着科学技术的发展，现在已有不少的分离方法，如溶剂萃取法和离子交换法。下面简要介绍这两种方法。

① 溶剂萃取法

利用有机溶剂（有机相）使溶解在水溶液（水相）中的溶质，部分或全部转移到有机相中的过程称为溶剂萃取，所用的有机溶剂称为萃取剂。萃取分离是利用被分离的元素在两个互不相溶的液相中分配系数的不同而进行分离的。在工业和实验室中广泛应用萃取方法分离化学性质极相近的元素。如锆与铪、铌与钽、稀土元素等。可以得到纯度高于99.99%，甚至是99.99%的单一稀土产品。

稀土元素常用的萃取剂有二(2-乙基己基)膦酸（商品名 P_{204}）、甲基膦酸二甲庚酯（商品名 P_{350}）、2-乙基己基膦酸（商品名 P_{507}）、氯化三烷基甲铵（N_{263}，国外称 MTC）、磷酸三丁酯（TBP）等。

溶剂萃取法具有处理量大，工艺过程连续化，产品成本低等特点，因此发展较快，已成为国内外稀土工业生产中的主要分离方法。

② 离子交换法

离子交换法是利用各种稀土元素配合物性质的差别，让稀土离子先与离子交换树脂活性基团的阳离子选择性地进行交换，随后用一种配位剂淋洗，经过在离子交换柱上进行的多次吸附和解吸过程，把吸附在树脂上的稀土离子分步淋洗下来，从而使性质十分相似的元素得到分离。

溶液中稀土离子水合半径大小顺序如下：

$$Sc^{3+} > Y^{3+} > Lu^{3+} > Eu^{3+} > Sm^{3+} > Nd^{3+} > Pr^{3+} > Ce^{3+} > La^{3+}$$

因此，水合的 La^{3+} 和树脂结合得最紧密，水合的 Lu^{3+} 和树脂结合最松散，稀土离子和配位剂生成配阴离子的稳定常数，随着原子序数的增加而增大，所以当用配位剂淋洗时，Lu^{3+} 首先被配位剂淋洗下来，最后是 La^{3+}。

以铵式磺酸型树脂分离 Pr^{3+} 和 Nd^{3+} 时，两种离子先与 NH_4^+ 交换而留在树脂上：

$$3RNH_4 + Pr^{3+} = R_3Pr + 3NH_4^+$$

$$3RNH_4 + Nd^{3+} = R_3Nd + 3NH_4^+$$

然后用 pH=2.6 的5%柠檬酸铵与柠檬酸的混合溶液淋洗交换柱，由于 Nd^{3+} 与柠檬酸铵生成的配合物比 Pr^{3+} 与柠檬酸铵生成的配合物更加稳定：

$$Nd^{3+} + (NH_4)_3(C_6H_5O_7) + H_3C_6H_5O_7 = H_3[Nd(C_6H_5O_7)_2] + 3NH_4^+$$

因此 Nd^{3+} 先被淋洗下来。随着淋洗剂的不断流入，先生成的配位酸又分解出 Nd^{3+}，Nd^{3+} 又与交换柱下部树脂上的 NH_4^+ 交换，重新吸附在树脂上；而交换柱上段的 Pr^{3+} 也会被配位解吸，流过下段吸附有 Nd^{3+} 的树脂层时，由于 Nd^{3+} 的配合物比 Pr^{3+} 配合物稳定，Pr^{3+} 与 Nd^{3+} 交换又重新吸附在树脂上。所以通过连续淋洗，这样的吸附和解吸交替进行，从而

使 Pr^{3+} 吸附在交换柱的上段，Nd^{3+} 在交换柱的下段，最后 Nd^{3+} 先从交换柱上流出，从而达到完全分离的目的。

离子交换法是分离提纯稀土元素快速和有效的常用方法之一。通过一次离子交换柱分离就可获得纯度高达 80%的稀土元素。控制合适的条件，利用一根较长的交换柱，可以将单一稀土离子提纯到 99.9%的纯度。但是离子交换法存在生产周期长、间断操作、产量低、成本高等缺点，已逐步被萃取法所取代。

(2) 稀土元素的应用

稀土元素的应用非常广泛，由早期使用“混合稀土”发展到目前使用单一稀土，并深入到现代科学技术的各个领域，成为发展高新技术所必需的物质。

据统计，目前世界稀土消费总量有 70%左右用于材料方面。稀土材料的应用遍及国民经济的各个领域及行业，如石油化工、冶金、电子、光学、磁学、原子能工业、农业、生物医疗等。

稀土化合物作为催化剂在石油化工和环境污染中使用广泛。例如，石油催化裂化就是使用镧系元素的氯化物和磷酸盐作催化剂，可提高汽油的收率，降低炼油成本。稀土催化剂还可用于废气和废水的处理。例如，氧化铈可脱除工业废水中的氟离子，清除率达到 90%。复合稀土氧化物用作内燃机尾气净化剂，使尾气中的有害成分 CO、碳氢化合物氧化成 CO_2 和水蒸气，把部分氮氧化物还原为氮和氧，从而达到控制环境污染的目的。

在冶金方面，稀土元素用于炼钢中净化钢液，细化晶粒，减少有害元素的影响，从而改善钢的性能。在有色金属中可以改善合金的高温抗氧化能力，提高材料的强度，改善材料的工艺性能。因此，稀土元素有金属的“维生素”之称。

在材料科学方面，稀土功能材料占有相当大的比重。稀土元素的重要用途之一在于发光材料的制备。例如，稀土荧光粉常含镧、钕、钐、钇、铕等，色泽鲜艳，稳定性好，广泛用于彩色电视机的显像管中。镧系元素的某些化合物是特殊的磁性材料，已在计算机、汽车电动机、电声器件及轻工产品领域得到广泛应用。在制陶配料中加入混合稀土的氧化物，可大大改善陶瓷的耐高温性和脆性。这种稀土陶瓷可用来制造切削工具、发动机活塞等部件。稀土氧化物可以作为陶瓷的着色剂。有些镧系元素原子或离子具有特征光谱，可以用于制备在生物医疗中应用的光学材料。例如，含有氧化镧的光学玻璃纤维可制造探视人体肠胃和腹腔的内窥镜。1986 年，J. G. Bednorz 和 K. A. Muller 用共沉淀法制得临界温度高达 35 K，含有稀土的陶瓷超导材料 $Ba_xLa_{5-x}Cu_5O_{5(3-y)}$ ($x=10.75$，$y>0$)，因此获得诺贝尔物理学奖。

在原子能工业中镧系元素有着极其重要的作用。镧系元素中钐、镝、钆、镥等都能强烈地吸收中子，用它们制成控制棒，可以控制核反应的进度。

在农业中稀土元素也有着广泛的应用。每亩地施用几十克稀土，就能使农作物增产，增产幅度约 6%～15%。如小麦、水稻、玉米等粮食作物增产 6%～10%；瓜果蔬菜增产 10%～15%。有关稀土元素的生物化学功能研究也越来越吸引化学工作者的兴趣。

在能源工业上稀土的应用也非常重要。稀土储氢材料（如 $LaNi_5$、La_5Mg_{17} 等）可用于氢的贮存、运输、分离和净化，合成化学的催化加氢与脱氢，镍氢电池，氢能燃料汽车等方面。

此外，稀土元素在药物合成、超导技术、原子能材料等高新技术领域的应用也日益广泛。未来稀土研究的方向，将在信息、激光、永磁、超导、能源、催化、生物传感等材料领域重点发展。我国的稀土资源丰富，开展稀土的研究、开发和应用，必将对我国的经济建设和科学技术的发展有着重要的意义。

18.3 核化学

前面讨论的化学反应都是只涉及原子核外电子的重新组合，在变化过程中原子核没有变化。1896 年，贝可勒尔（Becquerel）发现铀盐及金属铀在暗室里能使照相底片感光。1898 年，居里夫妇从铀矿石、钍矿石中分离并发现了钋和镭两种天然放射性元素，从而诞生了一门新的学科——放射化学。

放射化学主要研究放射性核素的制备、分离、纯化、鉴定、核转变产物的性质和行为、放射性核素在各个领域中的应用等。

核化学是应用化学方法或化学与物理相结合的方法研究原子核及核反应的学科，是放射化学的一个分支。核化学的研究日益广泛应用在化学、材料科学、生物科学、医学、地质学、考古学、宇宙学等学科。

18.3.1 原子核的结构

原子是由原子核和核外电子构成的。原子的全部正电荷和几乎全部质量都集中在原子核，带负电的电子在核外空间里绕核运动。原子核的结构非常复杂，一般认为原子核由带正电的质子和不带电荷的中子组成。原子核位于原子的中心，体积很小，直径不及原子直径的万分之一（10^{-15}～10^{-14} m）。

具有确定质子数和中子数的原子核所对应的原子称为核素。质子数相同而中子数不同的同一元素的不同原子互称为同位素。如^{125}I、^{131}I、^{123}I 均有 53 个质子，在元素周期表中处于同一位置，是同一元素。

原子核反应和一般的化学反应不同，化学反应前后原子核即元素的种类不变，而核反应涉及原子核里质子和中子的增减，反应往往导致一种元素变为另一种元素或一种同位素，同时还伴随着大量能量的产生。核反应通常分为四种类型：放射性衰变、粒子轰击原子核、核裂变和核聚变。下面重点介绍放射性衰变。

18.3.2 放射性衰变

天然放射性是指不稳定的原子核自发放出 α、β、γ 射线的现象。元素周期表中凡是原子序数大于 83 的元素均为放射性元素。大量的同种原子核因放射性而发生转变，使处于原状态的核数目不断减少的过程称为放射形衰变。常见的衰变有 α、β^-、γ、β^+ 和电子俘获五种类型。

(1) α 衰变

不稳定的原子核自发地放射出 α 射线的过程，称为 α 衰变。例如^{238}U 失去一个 α 粒子时，剩下的是原子序数 90 和质量数为 234 的钍核，其核反应方程式如下：

$$^{238}_{92}U \longrightarrow ^{234}_{90}Th + ^{4}_{2}He$$

此核反应中，方程式两边质量数总数相等，原子序数之和也相等。发生 α 衰变时，原来的原子核由于放出氦核而减少了两个质子，所以衰变产物在元素周期表中的位置就向左移了两格。

α 粒子（$^{4}_{2}He$）的质量大且带 2 个单位正电荷，穿透力弱、射程短，容易被物质吸收，一张纸就能阻挡 α 粒子的通道，因而不能用于核医学显像。但是它有很强的电离作用，引入人体，对人体内组织破坏能力较大。但只对核素附近的生物组织产生严重损伤而不影响远处组织，可用于体内恶性组织的反射核素治疗。

（2）β^- 衰变

不稳定的原子核自发地放射出 β^- 射线的过程，称为 β^- 衰变。β^- 射线是高速电子流，例如：

$$^{210}_{83}Bi \longrightarrow ^{210}_{84}Po + ^{0}_{-1}e$$

上述核反应中，质量数不变，核电荷增加 1，生成的新元素在元素周期表中的位置向右移动了一格。α 衰变和 β 衰变时元素在周期表中位移的规律称为放射性位移定律。

β^- 射线穿透力强，电离作用弱。

（3）γ 衰变

由激发态原子核通过发射 γ 射线跃迁到低能态的过程，称为 γ 衰变。例如：

$$^{60}_{27}Co \longrightarrow ^{60}_{27}Co + \gamma$$

由此可见，在 γ 衰变时原子核的质量数和核电荷数均保持不变，仅是能量状态发生了变化。

γ 射线是波长极短的电磁波，即高能光子。它穿透力很强，又携带高能量，容易造成 DNA 断裂进而引起细胞突变、造血功能缺失、癌症等疾病。但是它对细胞有杀伤力，可以用来治疗肿瘤。

（4）β^+ 衰变

β^+ 射线是高速正电子流，正电子是电子的反物质。它的质量和电子相同，电荷相同，只是符号相反。例如：

$$^{19}_{10}Ne \longrightarrow ^{19}_{9}F + ^{0}_{+1}e$$

β^+ 衰变可看作是原子核中的质子转化为中子的过程，此时核电荷减少一个单位，而质量不变。

β^+ 衰变比 β^- 衰变少得多，如无特殊说明，一般讲 β^- 衰变而言。

（5）电子俘获

原子核从内层中俘获一个电子，使核内一个质子变成中子。例如：

$$^{40}_{19}K + ^{0}_{-1}e \longrightarrow ^{40}_{18}Ar$$

电子俘获衰变核素所发射的特征 X 射线、γ 射线可用于核素显像，如 ^{125}I 广泛用于体外放射分析。

放射性核素衰变一半的量所需要的时间，称为半衰期（$t_{1/2}$）。半衰期是放射性元素的特征常数。半衰期越长，说明核越稳定；半衰期越短，核越不稳定。

天然放射性核素不断自发地发出 α 或 β 射线，有时伴随发出 γ 射线。用质子、中子、α 粒子轰击原子核，可以用人工方法得到放射性核素。人工放射性核素已经在工农业、医疗卫生和科学研究等方面得到了广泛的应用。

18.3.3 放射性同位素在医药中的应用

放射性核素的射线具有高能量，当射线与物质相互作用时，物质受到激发，引发本来不会发生的化学反应或生物过程，促进或抑制化学或生物过程的变化。下面介绍一些放射性核素在医药卫生方面的具体应用。

放射性核素放出的射线能量比较高，具有一定的穿透力。利用射线进行灭菌，是射线杀伤力最直接的应用。如手术时缝合伤口用的缝线、一次性注射器、医用橡皮手套、取血用的采血板等都是用的射线消毒技术。

射线照射可以用于癌症的治疗。如 X 射线、γ 射线、中子束、质子束等，都能穿过人体皮肤和组织，到达肿瘤。由于人体内的癌细胞比正常细胞对射线更敏感，因此用射线照射可逐渐扰乱癌细胞的生长，达到治疗恶性肿瘤的目的，这就是“放疗”。当然，同时正常的细胞也会受到损伤，但是只要选择适当的射线对准癌细胞的巢穴，可在杀死癌细胞时使周围的正常细胞不受伤害或少受伤害。

放射性核素可代替非放射性同位素制备成带有“放射性标记”的化学性质相同的化合物，但用仪器可以探测出来，有助于诊断某些疾病，这种方法称为示踪原子法。例如，人体吸收碘后，碘会聚集在甲状腺内，给病人注射碘的放射性同位素碘 131，可以定时探测甲状腺及邻近组织的放射强度，进而诊断甲状腺的器质性和功能性疾病。给人体注射放射性钠 24 溶液，可以进行血液循环的示踪实验。

应用放射性核素检查心血管疾病，是近几十年来核医学的一种重要发展。由于血液的密度与大多数软组织相似，普通 X 射线心脏照相，不能区分心肌组织与血液成分，从而无法显示心脏的形态及大小。利用放射性核素可以进行心脏动态功能检查，就是将一种寿命只有几个小时的放射性药物（如放射性碘）快速注射进静脉，然后用伽玛射线照相机连续记录放射性药物通过心脏及大血管时的动态分布情况，可以对血管和心脏血池进行显像。如果心血管内出现占位性病变，就会在图像上形成明显的放射性稀疏或缺损区，从而诊断某些心血管病的发生。

思　考　题

1. 阐述镧系元素和锕系元素的电子层结构特点。
2. 比较镧系金属与碱土金属 Ca 在化学性质上有何异同。
3. 什么叫镧系收缩？镧系收缩对第六周期镧系后元素性质带来什么影响？
4. 锕系元素在哪些方面类似于镧系元素？哪些方面类似于 d 区过渡元素？
5. 试述稀土元素提取的方法及原理。
6. 查阅文献资料，试述稀土元素在医学方面的应用。
7. 放射性衰变分为几种类型？举例说明各自的特点。
8. 查阅文献，论述放射性同位素在医学中的应用。

拓展学习资源

拓展资源内容	二维码
➢ 疑难解析 ➢ 课件 PPT ➢ 学习要点 ➢ 知识拓展——无机合成 ➢ 科学家简介——居里夫人、贝克勒尔、王淦昌和张国成	

附　录

附录 1　本书常用物理量及其单位符号

符号	意义	单位
p	压力	Pa
V	体积	m^3(L)
M	摩尔质量	$kg \cdot mol^{-1}$，$g \cdot mol^{-1}$
V_m	摩尔体积	$m^3 \cdot mol^{-1}$，$L \cdot mol^{-1}$
n	物质的量	mol
T	热力学温度（绝对温度）	K
t	摄氏温度	℃
p(B)	气体 B 的分压	Pa
V(B)	气体 B 的分体积	m^3(L)
c(B)	物质 B 的物质的量浓度	$mol \cdot L^{-1}$
ξ	反应进度	mol
$P^{\ominus}$	标准压力	100 kPa
U	热力学能	kJ
ΔU	热力学能变	kJ
W	功	kJ
Q	热	kJ
ΔH	焓变	kJ
$\Delta_r H_m^{\ominus}$	标准摩尔反应焓变	$kJ \cdot mol^{-1}$
$\Delta_f H_m^{\ominus}$	标准摩尔生成焓	$kJ \cdot mol^{-1}$
Q_p	恒压反应热	$kJ \cdot mol^{-1}$
$\Delta_r G_m^{\ominus}$	标准摩尔吉布斯自由能变	$kJ \cdot mol^{-1}$
$\Delta_f G_m^{\ominus}$	标准摩尔生成吉布斯自由能	$kJ \cdot mol^{-1}$
$\Delta_r S_m^{\ominus}$	标准摩尔反应熵变	$J \cdot mol^{-1} \cdot K^{-1}$
E_a	活化能	$kJ \cdot mol^{-1}$
E	电极电势	V
χ	电负性	
I	电离能	$kJ \cdot mol^{-1}$
φ	电极电势	V
E_A	电子亲和能	$kJ \cdot mol^{-1}$
U	晶格能	$kJ \cdot mol^{-1}$
μ	偶极矩	$C \cdot m$
α	极化率	$C \cdot m^2 \cdot V^{-1}$
d	偶极长度	m

附录 2 SI 制和我国法定计量单位及国家标准

本书采用 GB 3100—93～3102—93。

附表 2.1 SI 基本单位

量的名称	单位名称	单位符号
长度	米	m
质量	千克(公斤)	kg
时间	秒	s
电流	安[培]	A
热力学温度	开[尔文]	K
物质的量	摩[尔]	mol
发光强度	坎[德拉]	cd

注：圆括号中的名称是它前面的名称的同义词(下同)。无方括号的量的名称与单位名称均为全称。方括号中的字，在不致引起混淆、误解的情况下，可以省略。去掉方括号中的字即为其名称的简称。

附表 2.2 常用的 SI 导出单位

量的名称	单位名称	单位符号
[平面]角	弧度	rad
立体角	球面度	Sr
频率	赫[兹]	Hz
力	牛[顿]	N
压力、压强、应力	帕[斯卡]	Pa
能[量]、功、热量	焦[耳]	J
电荷[量]	库[仑]	C
电位、电压、电动势(电势)	伏[特]	V
摄氏温度	摄氏度	℃
电阻	欧[姆]	Ω
电导	西[门子]	S

附表 2.3 可与国际单位制并用的我国法定计量单位（摘录）

量的名称	单位名称	单位符号
时间	分	min
	[小]时	h
	日(天)	d
质量	吨	t
	原子质量单位	u
体积	升	L
能量	电子伏	eV
面积	公顷	hm^2
长度	海里	n mile

附表 2.4 SI 词头（摘录）

因数	词头名称	符号	因数	词头名称	符号
10^{24}	尧[它](Yotta)	Y	10^{12}	太[拉](tera)	T
10^{21}	泽[它](Zetta)	Z	10^{9}	吉[咖](giga)	G
10^{18}	艾[可萨](exa)	E	10^{6}	兆 (mega)	M
10^{15}	拍[它](Peta)	P	10^{3}	千 (kilo)	k

续表

因数	词头名称	符号	因数	词头名称	符号
10^2	百（hecto）	h	10^{-9}	纳[诺]（nano）	n
10	十（deca）	da	10^{-12}	皮[可]（pico）	p
10^{-1}	分（deci）	d	10^{-15}	飞[母托]（femto）	f
10^{-2}	厘（centi）	C	10^{-18}	阿[托]（atto）	a
10^{-3}	毫（milli）	m	10^{-21}	仄[普托]（zepto）	z
10^{-6}	微（micro）	μ	10^{-24}	幺[科托]（yocto）	y

附录 3　一些基本的物理常数值

物理量	符号	国际单位数值
电子电荷	e	1.602×10^{-19} C
阿伏伽德罗（Avogadro）常数	N_A	6.022×10^{23} mol^{-1}
摩尔气体常数	R	$8.314J\cdot mol^{-1}\cdot K^{-1}$
理想气体标准摩尔体积	$V_m^{\ominus}$	2.24×10^{-2} $m^3\cdot mol^{-1}$
普朗克（Planck）常量	h	6.626×10^{-34} J·s
法拉第（Faraday）常数	F	9.648×10^4 $C\cdot mol^{-1}$

附录 4　标准热力学数据（298.15 K，100 kPa）

物质（状态）	$\Delta_f H_m^{\ominus}/kJ\cdot mol^{-1}$	$\Delta_f G_m^{\ominus}/kJ\cdot mol^{-1}$	$S_m^{\ominus}/J\cdot mol^{-1}\cdot K^{-1}$
Ag(s)	0	0	42.55
AgCl(s)	−127.068	−109.789	96.2
AgBr(s)	−100.37	−96.90	107.1
AgI(s)	−61.84	−66.19	115.5
Ag_2O(s)	−31.0	−11.2	121.3
$AgNO_3$(s)	−124.4	−33.4	140.9
Al(s)	0	0	28.33
Al_2O_3(α，刚玉)	−1675.7	−1582.3	50.92
Br_2(l)	0	0	152.231
Br_2(g)	30.907	3.110	245.463
HBr(g)	−36.4	−53.45	198.695
CaF_2(s)	−1219.6	−1167.3	68.87
$CaCl_2$(s)	−795.8	−748.1	104.6
CaO(s)	−635.09	−604.03	39.75
$CaCO_3$(方解石)	−1206.92	−1128.79	92.9
$CaSO_4$(无水石膏)	−1434.5	−1322.0	106.5
$Ca(OH)_2$(s)	−986.09	−898.49	83.39
C(石墨)	0	0	5.740
C(金刚石)	1.895	2.900	2.377
CO(g)	−110.525	−137.168	197.674

续表

物质(状态)	$\Delta_f H_m^\ominus$ / $kJ \cdot mol^{-1}$	$\Delta_f G_m^\ominus$ / $kJ \cdot mol^{-1}$	$S_m^\ominus$ / $J \cdot mol^{-1} \cdot K^{-1}$
CO_2(g)	−393.5	−394.359	213.74
Cl_2(g)	0	0	223.066
$COCl_2$(g)	−219.1	−204.9	283.5
HCl(g)	−92.307	−95.299	186.908
Cu(s)	0	0	33.150
CuO(s)	−157.3	−129.7	42.63
Cu_2O(s)	−168.6	−146.0	93.14
CuS(s)	−53.1	−53.6	66.5
Cu_2S(s)	−79.5	−86.2	120.9
F_2(g)	0	0	202.78
HF(g)	−271.1	−273.2	173.779
Fe(s)	0	0	27.28
$FeCl_2$(s)	−341.79	−302.30	117.95
$FeCl_3$(s)	−399.49	−334.00	142.3
FeO	−2720	−251.5	60.75
Fe_2O_3(赤铁矿)	−824.2	−742.2	87.40
Fe_3O_4(磁铁矿)	−1118.4	−1015.4	146.4
FeS(s)	−100.0	−100.4	60.29
$FeSO_4$(s)	−928.4	−820.8	107.5
H_2(g)	0	0	130.684
H_2O(l)	−258.830	−237.129	69.91
H_2O(g)	−241.818	−228.572	188.825
H_2O_2(l)	−187.78	−120.35	109.6
Hg(l)	0	0	75.9
HgO(红,斜方晶形)	−90.83	−58.539	70.29
I_2(s)	0	0	116.135
I_2(g)	62.438	19.327	260.69
HI(g)	26.48	1.70	206.594
MgO	−601.6	−569.3	27.0
MnO_2(s)	−520.03	−465.14	53.05
NaOH(s)	−425.609	−379.494	64.455
Na_2SO_4(s)	−1387.08	−1270.16	149.58
Na_2CO_3(s)	−1130.68	−1044.44	134.98
Na_2HCO_3(s)	−950.81	−851.0	101.7
N_2(g)	0	0	191.61
N_2O(g)	82.05	104.20	219.85
NO(g)	90.25	86.55	210.761
NO_2(g)	33.18	51.31	240.06
NH_3(g)	−46.11	−16.45	192.45
N_2H_4(l)	50.63	149.34	121.21
HNO_3(l)	−174.10	−80.71	155.60
NH_4NO_3(s)	−365.56	−183.87	151.08
NH_4Cl(s)	−314.43	−202.87	94.6
NH_4HS(s)	−156.9	−50.5	97.5
O_2(g)	0	0	205.138
O_3(g)	142.7	163.2	238.93

续表

物质(状态)	$\Delta_f H_m^\ominus$ / $kJ \cdot mol^{-1}$	$\Delta_f G_m^\ominus$ / $kJ \cdot mol^{-1}$	$S_m^\ominus$ / $J \cdot mol^{-1} \cdot K^{-1}$
P(白磷)	0	0	41.09
P(红磷)	−17.6	−121	22.80
PCl_3(g)	−287.0	−267.8	311.78
PCl_5(g)	−374.9	−305.0	364.58
H_2S(g)	−20.63	−33.56	205.79
SO_2(g)	−296.830	−300.194	248.22
SO_3(g)	−395.72	−371.06	256.76
Si(s)	0	0	18.83
$SiCl_4$(l)	−687.0	−619.84	239.7
$SiCl_4$(g)	−657.01	−616.98	330.73
SiF_4(g)	−1614.94	−1572.65	282.49
SiO_2(石英)	−910.94	−856.64	41.84
SiO_2(无定性)	−903.49	−850.70	46.9
Sn(s,白)	0	0	51.55
Sn(s,灰)	−2.09	0.13	44.14
SnO_2(s)	−580.7	−519.6	52.3
Zn(s)	0	0	41.63
$ZnCl_2$(s)	−415.05	−369.398	111.46
ZnO(s)	−348.28	−318.30	43.64
$Zn(OH)_2$(s, β)	−641.91	−553.52	81.2
CH_4(g)	−74.81	−50.72	186.264
C_2H_6(g)	−84.68	−32.82	229.60
C_2H_2(g)	226.73	209.20	200.94
CH_3COOH(l)	−484.5	−389.9	159.8
C_2H_5OH(l)	−277.69	−174.78	160.7

注：表中数据摘自 Journal of Physical and Chemical Reference Data，Vol. 11，1982 Supplement No. 2，The NBS Tables of Chemical Thermodynamic Properties。

附录 5 弱酸、弱碱解离常数（298.15 K）

物质	pK_i	K_i
H_3AsO_4	2.223	$K_{a_1}^\ominus = 6.0 \times 10^{-3}$
	6.760	$K_{a_2}^\ominus = 1.7 \times 10^{-7}$
	(11.29)	($K_{a_3}^\ominus = 5.1 \times 10^{-12}$)
$HAsO_2$	9.28	5.2×10^{-10}
H_3BO_3	9.236	$K_{a_1}^\ominus = 5.8 \times 10^{-10}$
H_2CO_3	6.352	$K_{a_1}^\ominus = 4.5 \times 10^{-7}$
	10.329	$K_{a_2}^\ominus = 4.7 \times 10^{-11}$
HCN	9.21	6.2×10^{-10}
HF	3.20	6.3×10^{-4}
$HClO_4$	−1.6	39.8
$HClO_2$	1.94	1.1×10^{-2}

续表

物质	pK_i	K_i
HClO	7.534	2.9×10^{-8}
HBrO	8.55	2.8×10^{-9}
HIO	10.5	3.2×10^{-11}
HIO_3	0.804	1.6×10^{-1}
HIO_4	1.64	2.3×10^{-2}
H_2O_2	11.64	$K_{a_1}^{\ominus}=2.3\times10^{-12}$
H_2SO_4	1.99	$K_{a_2}^{\ominus}=1.0\times10^{-2}$
H_2SO_3	1.89	$K_{a_1}^{\ominus}=1.3\times10^{-2}$
	7.205	$K_{a_2}^{\ominus}=6.2\times10^{-8}$
H_2SeO_4	1.66	$K_{a_2}^{\ominus}=2.2\times10^{-2}$
H_2CrO_4	0.74	$K_{a_1}^{\ominus}=1.8\times10^{-1}$
	6.488	$K_{a_2}^{\ominus}=3.3\times10^{-7}$
HNO_2	3.14	7.2×10^{-4}
H_2S	6.97	$K_{a_1}^{\ominus}=1.1\times10^{-7}$
	12.90	$K_{a_2}^{\ominus}=1.3\times10^{-13}$
H_3PO_4	2.148	$K_{a_1}^{\ominus}=7.1\times10^{-3}$
	7.198	$K_{a_2}^{\ominus}=6.3\times10^{-8}$
	12.32	$K_{a_3}^{\ominus}=4.8\times10^{-13}$
H_3PO_3	1.43	$K_{a_1}^{\ominus}=3.7\times10^{-2}$
	6.68	$K_{a_2}^{\ominus}=2.1\times10^{-7}$
$H_4P_2O_7$	0.91	$K_{a_1}^{\ominus}=1.2\times10^{-1}$
	2.10	$K_{a_2}^{\ominus}=7.9\times10^{-3}$
	6.70	$K_{a_3}^{\ominus}=2.0\times10^{-7}$
	9.35	$K_{a_4}^{\ominus}=4.5\times10^{-10}$
H_4SiO_4	9.60	$K_{a_1}^{\ominus}=2.5\times10^{-10}$
	11.8	$K_{a_2}^{\ominus}=1.6\times10^{-12}$
	(12)	$(K_{a_3}^{\ominus}=1.0\times10^{-12})$
HOAc	4.75	1.8×10^{-5}
HCOOH	3.75	1.8×10^{-4}
HSCN	−1.8	63
$NH_3\cdot H_2O$	(4.75)	$(K_b^{\ominus}=1.8\times10^{-5})$

附录 6　溶度积常数(298.15 K)

难溶电解质	$K_{sp}^{\ominus}$	难溶电解质	$K_{sp}^{\ominus}$
AgCl	1.77×10^{-10}	Ag_2SO_3	1.50×10^{-14}
AgBr	5.35×10^{-13}	Ag_2S	6.3×10^{-50}
AgI	8.52×10^{-17}	Ag_2CO_3	8.46×10^{-12}
AgOH	2.0×10^{-8}	$Ag_2C_2O_4$	5.40×10^{-12}
Ag_2SO_4	1.20×10^{-5}	Ag_2CrO_4	1.12×10^{-12}

续表

难溶电解质	$K_{sp}^{\ominus}$	难溶电解质	$K_{sp}^{\ominus}$
$Ag_2Cr_2O_7$	2.0×10^{-7}	FeS	6.3×10^{-18}
Ag_3PO_4	8.89×10^{-17}	$Hg(OH)_2$	3.0×10^{-26}
$Al(OH)_3$	1.3×10^{-33}	Hg_2Cl_2	1.43×10^{-18}
As_2S_3	2.1×10^{-22}	Hg_2Br_2	6.4×10^{-23}
BaF_2	1.84×10^{-7}	Hg_2I_2	5.2×10^{-29}
$Ba(OH)_2\cdot8H_2O$	2.55×10^{-4}	Hg_2CO_3	3.6×10^{-17}
$BaSO_4$	1.08×10^{-10}	$HgBr_2$	6.2×10^{-20}
$BaSO_3$	5.0×10^{-10}	HgI_2	2.8×10^{-29}
$BaCO_3$	2.58×10^{-9}	Hg_2S	1.0×10^{-47}
BaC_2O_4	1.6×10^{-7}	HgS(红)	4×10^{-53}
$BaCrO_4$	1.17×10^{-10}	HgS(黑)	1.6×10^{-52}
$Ba_3(PO_4)_2$	3.4×10^{-23}	$K_2[PtCl_6]$	7.4×10^{-6}
$Be(OH)_2$	6.92×10^{-22}	$Mg(OH)_2$	5.61×10^{-12}
$Bi(OH)_3$	6.0×10^{-31}	$MgCO_3$	6.82×10^{-6}
BiOCl	1.8×10^{-31}	$Mn(OH)_2$	1.9×10^{-13}
$BiO(NO_3)$	2.82×10^{-3}	MnS(无定性)	2.5×10^{-10}
Bi_2S_3	1×10^{-97}	MnS(结晶)	2.5×10^{-13}
$CaSO_4$	4.93×10^{-5}	$MnCO_3$	2.34×10^{-11}
$CaSO_3\cdot\frac{1}{2}H_2O$	3.1×10^{-7}	$Ni(OH)_2$(新析出)	5.5×10^{-16}
		$NiCO_3$	1.42×10^{-7}
$CaCO_3$	3.36×10^{-9}	α-NiS	3.2×10^{-19}
$Ca(OH)_2$	5.5×10^{-6}	$Pb(OH)_2$	1.43×10^{-15}
CaF_2	5.2×10^{-9}	$Pb(OH)_4$	3.2×10^{-66}
$CaC_2O_4\cdot H_2O$	2.32×10^{-9}	PbF_2	3.3×10^{-8}
$Ca_3(PO_4)_2$	2.07×10^{-29}	$PbCl_2$	1.70×10^{-5}
$Cd(OH)_2$	7.2×10^{-15}	$PbBr_2$	6.60×10^{-6}
CdS	8.0×10^{-27}	PbI_2	9.8×10^{-9}
$Cr(OH)_3$	6.3×10^{-31}	$PbSO_4$	2.53×10^{-8}
$Co(OH)_2$	5.92×10^{-15}	$PbCO_3$	7.4×10^{-14}
$Co(OH)_3$	1.6×10^{-44}	$PbCrO_4$	2.8×10^{-13}
$CoCO_3$	1.4×10^{-13}	PbS	8.0×10^{-28}
α-CoS	4.0×10^{-21}	$Sn(OH)_2$	5.45×10^{-28}
β-CoS	2.0×10^{-25}	$Sn(OH)_4$	1.0×10^{-56}
Cu(OH)	1×10^{-14}	SnS	1.0×10^{-25}
$Cu(OH)_2$	2.2×10^{-20}	$SrCO_3$	5.60×10^{-10}
CuCl	1.72×10^{-7}	$SrCrO_4$	2.2×10^{-5}
CuBr	6.27×10^{-9}	$Zn(OH)_2$	3.0×10^{-17}
CuI	1.27×10^{-12}	$ZnCO_3$	1.46×10^{-10}
Cu_2S	2.5×10^{-48}	α-ZnS	1.6×10^{-24}
CuS	6.3×10^{-36}	β-ZnS	2.5×10^{-22}
$CuCO_3$	1.4×10^{-10}	$CsClO_4$	3.95×10^{-3}
$Fe(OH)_2$	4.87×10^{-17}	$Au(OH)_3$	5.5×10^{-46}
$Fe(OH)_3$	2.79×10^{-39}	$La(OH)_3$	2.0×10^{-19}
$FeCO_3$	3.13×10^{-11}	LiF	1.84×10^{-3}

附录 7 标准电极电势(298.15 K)

A. 在酸性溶液中

电对	电极反应	$E_A^\ominus$/V
Li^+/Li	$Li^+ + e^- \rightleftharpoons Li$	−3.040
K^+/K	$K^+ + e^- \rightleftharpoons K$	−2.924
Ba^{2+}/Ba	$Ba^{2+} + 2e^- \rightleftharpoons Ba$	−2.92
Ca^{2+}/Ca	$Ca^{2+} + 2e^- \rightleftharpoons Ca$	−2.84
Na^+/Na	$Na^+ + e^- \rightleftharpoons Na$	−2.714
Mg^{2+}/Mg	$Mg^{2+} + 2e^- \rightleftharpoons Mg$	−2.356
Be^{2+}/Be	$Be^{2+} + 2e^- \rightleftharpoons Be$	−1.99
Al^{3+}/Al	$Al^{3+} + 3e^- \rightleftharpoons Al$	−1.676
Mn^{2+}/Mn	$Mn^{2+} + 2e^- \rightleftharpoons Mn$	−1.18
Zn^{2+}/Zn	$Zn^{2+} + 2e^- \rightleftharpoons Zn$	−0.7626
Cr^{3+}/Cr	$Cr^{3+} + 3e^- \rightleftharpoons Cr$	−0.74
Fe^{2+}/Fe	$Fe^{2+} + 2e^- \rightleftharpoons Fe$	−0.44
Cd^{2+}/Cd	$Cd^{2+} + 2e^- \rightleftharpoons Cd$	−0.403
$PbSO_4/Pb$	$PbSO_4 + 2e^- \rightleftharpoons Pb + SO_4^{2-}$	−0.356
Co^{2+}/Co	$Co^{2+} + 2e^- \rightleftharpoons Co$	−0.277
Ni^{2+}/Ni	$Ni^{2+} + 2e^- \rightleftharpoons Ni$	−0.257
AgI/Ag	$AgI + e^- \rightleftharpoons Ag + I^-$	−0.1522
Sn^{2+}/Sn	$Sn^{2+} + 2e^- \rightleftharpoons Sn$	−0.136
Pb^{2+}/Pb	$Pb^{2+} + 2e^- \rightleftharpoons Pb$	−0.126
H^+/H_2	$2H^+ + 2e^- \rightleftharpoons H_2$	0
$AgBr/Ag$	$AgBr + e^- \rightleftharpoons Ag + Br^-$	0.0711
$S_4O_6^{2-}/S_2O_3^{2-}$	$S_4O_6^{2-} + 2e^- \rightleftharpoons 2S_2O_3^{2-}$	0.08
$S/H_2S(aq)$	$S + 2H^+ + 2e^- \rightleftharpoons H_2S$	0.144
Sn^{4+}/Sn^{2+}	$Sn^{4+} + 2e^- \rightleftharpoons Sn^{2+}$	0.154
SO_4^{2-}/H_2SO_3	$SO_4^{2-} + 4H^+ + 2e^- \rightleftharpoons H_2SO_3 + H_2O$	0.158
Cu^{2+}/Cu^+	$Cu^{2+} + e^- \rightleftharpoons Cu^+$	0.159
$AgCl/Ag$	$AgCl + e^- \rightleftharpoons Ag + Cl^-$	0.2223
Hg_2Cl_2/Hg	$Hg_2Cl_2 + 2e^- \rightleftharpoons 2Hg + 2Cl^-$	0.2682
Cu^{2+}/Cu	$Cu^{2+} + 2e^- \rightleftharpoons Cu$	0.340
$[Fe(CN)_6]^{3-}/[Fe(CN)_6]^{4-}$	$[Fe(CN)_6]^{3-} + e^- \rightleftharpoons [Fe(CN)_6]^{4-}$	0.361
$H_2SO_3/S_2O_3^{2-}$	$2H_2SO_3 + 2H^+ + 4e^- \rightleftharpoons S_2O_3^{2-} + 3H_2O$	0.400
Cu^+/Cu	$Cu^+ + e^- \rightleftharpoons Cu$	0.52
I_2/I^-	$I_2 + 2e^- \rightleftharpoons 2I^-$	0.5355
$Cu^{2+}/CuCl$	$Cu^{2+} + Cl^- + e^- \rightleftharpoons CuCl$	0.559
$H_3AsO_4/HAsO_2$	$H_3AsO_4 + 2H^+ + 2e^- \rightleftharpoons HAsO_2 + 2H_2O$	0.560
$HgCl_2/Hg_2Cl_2$	$2HgCl_2 + 2e^- \rightleftharpoons Hg_2Cl_2 + 2Cl^-$	0.63
O_2/H_2O_2	$O_2 + 2H^+ + 2e^- \rightleftharpoons H_2O_2$	0.695
Fe^{3+}/Fe^{2+}	$Fe^{3+} + e^- \rightleftharpoons Fe^{2+}$	0.771
Hg_2^{2+}/Hg	$Hg_2^{2+} + 2e^- \rightleftharpoons 2Hg$	0.7960

续表

电对	电极反应	$E_A^\ominus/V$
Ag^+/Ag	$Ag^+ + e^- \rightleftharpoons Ag$	0.7991
Hg^{2+}/Hg	$Hg^{2+} + 2e^- \rightleftharpoons Hg$	0.8535
Cu^{2+}/CuI	$Cu^{2+} + I^- + e^- \rightleftharpoons CuI$	0.86
Hg^{2+}/Hg_2^{2+}	$2Hg^{2+} + 2e^- \rightleftharpoons Hg_2^{2+}$	0.911
NO_3^-/HNO_2	$NO_3^- + 3H^+ + 2e^- \rightleftharpoons HNO_2 + H_2O$	0.94
NO_3^-/NO	$NO_3^- + 4H^+ + 3e^- \rightleftharpoons NO + 2H_2O$	0.957
HIO/I^-	$HIO + H^+ + 2e^- \rightleftharpoons I^- + H_2O$	0.985
HNO_2/NO	$HNO_2 + H^+ + e^- \rightleftharpoons NO + H_2O$	0.996
$Br_2(l)/Br^-$	$Br_2 + 2e^- \rightleftharpoons 2Br^-$	1.065
IO_3^-/HIO	$IO_3^- + 5H^+ + 4e^- \rightleftharpoons HIO + 2H_2O$	1.14
IO_3^-/I_2	$2IO_3^- + 12H^+ + 10e^- \rightleftharpoons I_2 + 6H_2O$	1.195
ClO_4^-/ClO_3^-	$ClO_4^- + 2H^+ + 2e^- \rightleftharpoons ClO_3^- + H_2O$	1.201
O_2/H_2O	$O_2 + 4H^+ + 4e^- \rightleftharpoons 2H_2O$	1.229
MnO_2/Mn^{2+}	$MnO_2 + 4H^+ + 2e^- \rightleftharpoons Mn^{2+} + 2H_2O$	1.23
HNO_2/N_2O	$2HNO_2 + 4H^+ + 4e^- \rightleftharpoons N_2O + 3H_2O$	1.297
Cl_2/Cl^-	$Cl_2 + 2e^- \rightleftharpoons 2Cl^-$	1.3583
$Cr_2O_7^{2-}/Cr^{3+}$	$Cr_2O_7^{2-} + 14H^+ + 6e^- \rightleftharpoons 2Cr^{3+} + 7H_2O$	1.36
ClO_4^-/Cl^-	$ClO_4^- + 8H^+ + 8e^- \rightleftharpoons Cl^- + 4H_2O$	1.389
ClO_4^-/Cl_2	$2ClO_4^- + 16H^+ + 14e^- \rightleftharpoons Cl_2 + 8H_2O$	1.392
ClO_3^-/Cl^-	$ClO_3^- + 6H^+ + 6e^- \rightleftharpoons Cl^- + 3H_2O$	1.45
PbO_2/Pb^{2+}	$PbO_2^- + 4H^+ + 2e^- \rightleftharpoons Pb^{2+} + 2H_2O$	1.46
ClO_3^-/Cl_2	$2ClO_3^- + 12H^+ + 10e^- \rightleftharpoons Cl_2 + 6H_2O$	1.468
BrO_3^-/Br^-	$BrO_3^- + 6H^+ + 6e^- \rightleftharpoons Br^- + 3H_2O$	1.478
$BrO_3^-/Br_2(l)$	$2BrO_3^- + 12H^+ + 10e^- \rightleftharpoons Br_2(l) + 6H_2O$	1.5
MnO_4^-/Mn^{2+}	$MnO_4^- + 8H^+ + 5e^- \rightleftharpoons Mn^{2+} + 4H_2O$	1.51
$HClO/Cl_2$	$2HClO + 2H^+ + 2e^- \rightleftharpoons Cl_2 + 2H_2O$	1.630
MnO_4^-/MnO_2	$MnO_4^- + 4H^+ + 3e^- \rightleftharpoons MnO_2 + 2H_2O$	1.70
H_2O_2/H_2O	$H_2O_2 + 2H^+ + 2e^- \rightleftharpoons 2H_2O$	1.763
$S_2O_8^{2-}/SO_4^{2-}$	$S_2O_8^{2-} + 2e^- \rightleftharpoons 2SO_4^{2-}$	1.96
FeO_4^{2-}/Fe^{3+}	$FeO_4^{2-} + 8H^+ + 3e^- \rightleftharpoons Fe^{3+} + 4H_2O$	2.20
BaO_2/Ba	$BaO_2 + 4H^+ + 2e^- \rightleftharpoons Ba^{2+} + 2H_2O$	2.365
$XeF_2/Xe(g)$	$XeF_2 + 2H^+ + 2e^- \rightleftharpoons Xe(g) + 2HF$	2.64
$F_2(g)/F^-$	$F_2(g) + 2e^- \rightleftharpoons 2F^-$	2.87
$F_2(g)/HF(aq)$	$F_2(g) + 2H^+ + 2e^- \rightleftharpoons 2HF(aq)$	3.053
$XeF/Xe(g)$	$XeF + e^- \rightleftharpoons Xe(g) + F^-$	3.4
Co^{3+}/Co^{2+}	$Co^{3+} + e^- \rightleftharpoons Co^{2+}$	1.92

B. 在碱性溶液中

电对	电极反应	$E_A^\ominus/V$
$Ca(OH)_2/Ca$	$Ca(OH)_2 + 2e^- \rightleftharpoons Ca + 2OH^-$	(−3.02)
$Mg(OH)_2/Mg$	$Mg(OH)_2 + 2e^- \rightleftharpoons Mg + 2OH^-$	−2.687
$[Al(OH)_4]^-/Al$	$[Al(OH)_4]^- + 3e^- \rightleftharpoons Al + 4OH^-$	−2.310

续表

电对	电极反应	$E_A^\ominus$/V
SiO_3^{2-}/Si	$SiO_3^{2-}+3H_2O+4e^- \rightleftharpoons Si+6OH^-$	(−1.697)
$Cr(OH)_3/Cr$	$Cr(OH)_3+3e^- \rightleftharpoons Cr+3OH^-$	(−1.489)
$[Zn(OH)_4]^{2-}/Zn$	$[Zn(OH)_4]^{2-}+2e^- \rightleftharpoons Zn+4OH^-$	−1.285
$HSnO_2^-/Sn$	$HSnO_2^-+H_2O+2e^- \rightleftharpoons Sn+3OH^-$	−0.91
H_2O/H_2	$2H_2O+2e^- \rightleftharpoons H_2+2OH^-$	−0.828
$[Fe(OH)_4]^-/[Fe(OH)_4]^{2-}$	$[Fe(OH)_4]^-+e^- \rightleftharpoons [Fe(OH)_4]^{2-}$	−0.73
$Ni(OH)_2/Ni$	$Ni(OH)_2+2e^- \rightleftharpoons Ni+2OH^-$	−0.72
AsO_2^-/As	$AsO_2^-+2H_2O+3e^- \rightleftharpoons As+4OH^-$	−0.68
AsO_4^{3-}/AsO_2^-	$AsO_4^{3-}+2H_2O+2e^- \rightleftharpoons AsO_2^-+4OH^-$	−0.67
SO_3^{2-}/S	$SO_3^{2-}+3H_2O+4e^- \rightleftharpoons S+6OH^-$	−0.59
$SO_3^{2-}/S_2O_3^{2-}$	$2SO_3^{2-}+3H_2O+4e^- \rightleftharpoons S_2O_3^{2-}+6OH^-$	−0.576
NO_2^-/NO	$NO_2^-+H_2O+e^- \rightleftharpoons NO+2OH^-$	(−0.46)
S/S^{2-}	$S+2e^- \rightleftharpoons S^{2-}$	−0.407
$CrO_4^{2-}/[Cr(OH)_4]^-$	$CrO_4^{2-}+4H_2O+3e^- \rightleftharpoons [Cr(OH)_4]^-+4OH^-$	−0.13
O_2/HO_2^-	$O_2+H_2O+2e^- \rightleftharpoons HO_2^-+OH^-$	−0.076
$Co(OH)_3/Co(OH)_2$	$Co(OH)_3+e^- \rightleftharpoons Co(OH)_2+OH^-$	0.17
O_2/OH^-	$O_2+2H_2O+4e^- \rightleftharpoons 4OH^-$	0.401
ClO^-/Cl_2	$2ClO^-+2H_2O+2e^- \rightleftharpoons Cl_2+4OH^-$	0.421
MnO_4^-/MnO_4^{2-}	$MnO_4^-+e^- \rightleftharpoons MnO_4^{2-}$	0.56
MnO_4^-/MnO_2	$MnO_4^-+2H_2O+3e^- \rightleftharpoons MnO_2+4OH^-$	0.60
MnO_4^{2-}/MnO_2	$MnO_4^{2-}+2H_2O+2e^- \rightleftharpoons MnO_2+4OH^-$	0.62
HO_2^-/OH^-	$HO_2^-+H_2O+2e^- \rightleftharpoons 3OH^-$	0.867
ClO^-/Cl^-	$ClO^-+H_2O+2e^- \rightleftharpoons Cl^-+2OH^-$	0.890
O_3/OH^-	$O_3+H_2O+2e^- \rightleftharpoons O_2+2OH^-$	1.246

注：附录 5～7 数据取自 J. A. Dean "Lange's Handbook of Chemistry" 15th. ed. 1999。括号中数据取自 David R. Lide "CRC Handbook of Chemistry and Physics" 78th. ed. (1997—1998)。

附录 8 配位化合物的稳定常数

配位单元	$K_f^\ominus$	$\lg K_f^\ominus$
$[Ag(NH_3)_2]^+$	1.12×10^7	7.05
$[Cd(NH_3)_6]^{2+}$	1.38×10^5	5.14
$[Cd(NH_3)_4]^{2+}$	1.32×10^7	7.12
$[Co(NH_3)_6]^{2+}$	1.29×10^5	5.11
$[Co(NH_3)_6]^{3+}$	1.58×10^{35}	35.2
$[Cu(NH_3)_2]^+$	7.24×10^{10}	10.86
$[Cu(NH_3)_4]^{2+}$	2.09×10^{13}	13.32
$[Fe(NH_3)_2]^{2+}$	1.58×10^2	2.2
$[Hg(NH_3)_4]^{2+}$	1.91×10^{19}	19.28

续表

配位单元	$K_f^\ominus$	$\lg K_f^\ominus$
$[Mg(NH_3)_2]^{2+}$	2.00×10^{1}	1.3
$[Ni(NH_3)_6]^{2+}$	5.50×10^{8}	8.74
$[Ni(NH_3)_4]^{2+}$	9.12×10^{7}	7.96
$[Pt(NH_3)_6]^{2+}$	2.00×10^{35}	35.3
$[Zn(NH_3)_4]^{2+}$	2.88×10^{9}	9.46
$[AuCl_2]^{+}$	6.31×10^{9}	9.8
$[CdCl_4]^{2-}$	6.31×10^{2}	2.80
$[CuCl_3]^{2-}$	5.01×10^{5}	5.7
$[FeCl_4]^{-}$	1.02×10^{0}	0.01
$[HgCl_4]^{2-}$	1.17×10^{15}	15.07
$[PtCl_4]^{2-}$	1.00×10^{16}	16.0
$[SnCl_4]^{2-}$	3.02×10^{1}	1.48
$[ZnCl_4]^{2-}$	1.58×10^{0}	0.20
$[AgI_2]^{-}$	5.50×10^{11}	11.74
$[AgI_3]^{2-}$	4.79×10^{13}	13.68
$[CdI_4]^{2-}$	2.57×10^{5}	5.41
$[CuI_2]^{-}$	7.08×10^{8}	8.85
$[PbI_4]^{2-}$	2.95×10^{4}	4.47
$[HgI_4]^{2-}$	6.76×10^{29}	29.83
$[Ag(SCN)_2]^{-}$	3.72×10^{7}	7.57
$[Ag(SCN)_4]^{3-}$	1.20×10^{10}	10.08
$[Fe(SCN)]^{2+}$	8.91×10^{2}	2.95
$[Fe(SCN)_2]^{+}$	2.29×10^{3}	3.36
$[Cu(SCN)_2]^{-}$	1.51×10^{5}	5.18
$[Hg(SCN)_4]^{2-}$	1.70×10^{21}	21.23
$[Ag(S_2O_3)_2]^{3-}$	2.88×10^{13}	13.46
$[Cd(S_2O_3)_2]^{2-}$	2.75×10^{6}	6.44
$[Cu(S_2O_3)_2]^{3-}$	1.66×10^{12}	12.22
$[Pb(S_2O_3)_2]^{2-}$	1.35×10^{5}	5.13
$[Hg(S_2O_3)_4]^{6-}$	1.74×10^{33}	33.24
$[Ag(en)_2]^{+}$	5.01×10^{7}	7.70
$[Cd(en)_3]^{2+}$	1.23×10^{12}	12.09
$[Co(en)_3]^{2+}$	8.71×10^{13}	13.94
$[Co(en)_3]^{3+}$	4.90×10^{48}	48.69
$[Cr(en)_2]^{2+}$	1.55×10^{9}	9.19
$[Cu(en)_2]^{+}$	6.31×10^{10}	10.8
$[Cu(en)_3]^{2+}$	1.00×10^{21}	21.0
$[Fe(en)_3]^{2+}$	5.01×10^{9}	9.70
$[Hg(en)_2]^{2+}$	2.00×10^{23}	23.3
$[Mn(en)_3]^{2+}$	4.68×10^{5}	5.67
$[Ni(en)_3]^{2+}$	2.14×10^{18}	18.33

续表

配位单元	$K_f^\ominus$	$\lg K_f^\ominus$
$[Zn(en)_3]^{2+}$	1.29×10^{14}	14.11
$[Ag(CN)_2]^-$	1.26×10^{21}	21.11
$[Ag(CN)_4]^{3-}$	3.98×10^{20}	20.6
$[Au(CN)_2]^-$	2.00×10^{38}	38.3
$[Cd(CN)_4]^{2-}$	6.03×10^{18}	18.78
$[Cu(CN)_2]^-$	1.00×10^{24}	24.0
$[Cu(CN)_4]^{3-}$	2.00×10^{30}	30.3
$[Fe(CN)_6]^{4-}$	1.00×10^{35}	35
$[Fe(CN)_6]^{3-}$	1.00×10^{42}	42
$[Hg(CN)_4]^{2-}$	2.51×10^{41}	41.4
$[Ni(CN)_4]^{2-}$	2.00×10^{31}	31.3
$[Zn(CN)_4]^{2-}$	5.01×10^{16}	16.7
$[AlF_6]^{3-}$	6.92×10^{19}	19.84
$[FeF]^{2+}$	1.91×10^{5}	5.28
$[FeF_2]^+$	2.00×10^{9}	9.30
$[ScF_6]^{3-}$	2.00×10^{17}	17.3
$[Al(OH)_4]^-$	1.07×10^{33}	33.03
$[Bi(OH)_4]^-$	1.58×10^{35}	35.2
$[Cd(OH)_4]^{2-}$	4.17×10^{8}	8.62
$[Cr(OH)_4]^-$	7.94×10^{29}	29.9
$[Cu(OH)_4]^{2-}$	3.16×10^{18}	18.5
$[Fe(OH)_4]^{2-}$	3.80×10^{8}	8.58
$[AgI_3]^{2-}$	4.79×10^{13}	13.68
$[Agedta]^{3-}$	2.09×10^{7}	7.32
$[Aledta]^-$	1.29×10^{16}	16.11
$[Caedta]^{2-}$	1.00×10^{11}	11.0
$[Cdedta]^{2-}$	2.51×10^{16}	16.4
$[Coedta]^{2-}$	2.04×10^{16}	16.31
$[Coedta]^-$	1.00×10^{36}	36
$[Cuedta]^{2-}$	5.01×10^{18}	18.7
$[Feedta]^{2-}$	2.14×10^{14}	14.33
$[Feedta]^-$	1.70×10^{24}	24.23
$[Hgedta]^{2-}$	6.31×10^{21}	21.80
$[Mgedta]^{2-}$	4.37×10^{8}	8.64
$[Mnedta]^{2-}$	6.31×10^{13}	13.8
$[Niedta]^{2-}$	3.63×10^{18}	18.56
$[Znedta]^{2-}$	2.51×10^{16}	16.4
$[Al(C_2O_4)_3]^{3-}$	2.00×10^{16}	16.3
$[Ce(C_2O_4)_3]^{3-}$	2.00×10^{11}	11.3
$[Co(C_2O_4)_3]^{4-}$	5.01×10^{9}	9.7
$[Co(C_2O_4)_3]^{3-}$	1×10^{20}	~20
$[Cu(C_2O_4)_2]^{2-}$	3.16×10^{8}	8.5
$[Fe(C_2O_4)_3]^{4-}$	1.66×10^{5}	5.22
$[Fe(C_2O_4)_3]^{3-}$	1.58×10^{20}	20.2

附录 9 常见阴、阳离子的鉴定方法

离子	试剂	鉴定反应	介质条件	主要干扰离子
NH_4^+	NaOH	$NH_4^+ + OH^- \longrightarrow NH_3\uparrow + H_2O$ NH_3 使红色石蕊试纸变蓝	强碱性	CN^-
	奈斯勒试剂［四碘合汞(Ⅱ)酸钾碱性溶液］	$NH_4^+ + 2[HgI_4]^{2-} + 4OH^- \longrightarrow$ $Hg_2NI\downarrow + 7I^- + 4H_2O$ （棕色）	碱性	Fe^{3+}、Cr^{3+}、Co^{2+}、Ni^{2+}、Ag^+、Hg^{2+} 等能与奈斯勒试剂形成有色沉淀
Na^+	KH_2SbO_4	$Na^+ + H_2SbO_4^- \longrightarrow NaH_2SbO_4\downarrow$ （白色）	中性或弱碱性	NH_4^+、碱金属以外的金属离子
	醋酸铀酰锌	$Na^+ + Zn^{2+} + 3UO_2^{2+} + 9OAc^- + 9H_2O \longrightarrow$ $NaZn(UO_2)_3(OAc)_9\cdot 9H_2O\downarrow$ （淡黄绿色）	中性或弱酸性	K^+、Ag^+、Hg_2^{2+}、Sb^{3+} 等
	焰色反应	挥发性钠盐在火焰(氧化焰)中燃烧，火焰呈黄色		
Ca^{2+}	$(NH_4)_2C_2O_4$	$Ca^{2+} + C_2O_4^{2-} \longrightarrow CaC_2O_4\downarrow$ （白色）	中性或碱性	Cu^{2+}、Pb^{2+}、Cd^{2+}、Ag^+、Hg^{2+}、Hg_2^{2+} 等能与 $C_2O_4^{2-}$ 形成沉淀
	焰色反应	挥发性钙盐在火焰(氧化焰)中燃烧，火焰呈砖红色		
Sr^{2+}	玫瑰红酸钠	玫瑰红酸钠$+Sr^{2+} \longrightarrow$红棕色$\downarrow$	中性或弱酸性	Ba^{2+}、Pb^{2+}、Ag^+ 等
	$(NH_4)_2SO_4$	$Sr^{2+} + SO_4^{2-} \longrightarrow SrSO_4\downarrow$ （白色）		Ba^{2+}、Pb^{2+} 等
	焰色反应	挥发性锶盐在火焰(氧化焰)中燃烧，火焰呈洋红色		
Al^{3+}	铝试剂，$4\ mol\cdot L^{-1}$ ($HOAc+NaOAc$)	Al^{3+} + 铝试剂 $\longrightarrow$ 红色絮状$\downarrow$	$pH=4\sim5$	Fe^{3+}、Ti^{4+}、Cr^{3+}、Co^{2+} 等
	茜素-S（茜素磺酸钠）	Al^{3+} + 茜素-S $\longrightarrow$ 玫瑰红色$\downarrow$	$pH=4\sim9$	Fe^{2+}、Cr^{3+}、Mn^{2+} 及大量 Cu^{2+} 等
Sn^{2+}	$HgCl_2$	$SnCl_2 + 2HgCl_2 \longrightarrow Hg_2Cl_2\downarrow + SnCl_4$（白色） $SnCl_2 + Hg_2Cl_2 \longrightarrow 2Hg\downarrow + SnCl_4$ （黑色）	酸性	
Hg^{2+}	$SnCl_2$	见 Sn^{2+} 鉴定	酸性	Hg_2^{2+} 等
Ti^{4+}	H_2O_2	$Ti^{4+} + H_2O_2 + 4H_2O \longrightarrow [Ti(O_2)(H_2O)_4]^{2+}$ $+2H^+$ （红色）	酸性	F^-、Fe^{3+}、CrO_4^{2-}、MnO_4^- 等
Cr^{3+}	$NaOH$、H_2O_2、Pb^{2+} 盐或 Ag^+ 盐或 Ba^{2+} 盐同上氧化后，用酸酸化，加 H_2O_2 再用乙醚萃取	$Cr^{3+} + 4OH^-$（过量）$\longrightarrow [Cr(OH)_4]^-$ $2[Cr(OH)_4]^- + 3H_2O_2 + 2OH^- \longrightarrow$ $2CrO_4^{2-} + 8H_2O$ $CrO_4^{2-} + Pb^{2+} \longrightarrow PbCrO_4\downarrow$（黄色） $CrO_4^{2-} + 2Ag^+ \longrightarrow Ag_2CrO_4\downarrow$（砖红色） $CrO_4^{2-} + Ba^{2+} \longrightarrow BaCrO_4\downarrow$（黄色） $Cr_2O_7^{2-} + 4H_2O_2 + 2H^+ \longrightarrow 2CrO_5 + 5H_2O$ （乙醚层呈蓝色）		凡与 CrO_4^{2-} 生成有色沉淀的金属离子均有干扰

续表

离子	试剂	鉴定反应	介质条件	主要干扰离子
Mn^{2+}	$NaBiO_3$	$2Mn^{2+}+5NaBiO_3+14H^+ \longrightarrow 2MnO_4^-+5Na^++5Bi^{3+}+7H_2O$ （紫红色）	HNO_3	Cl^-、Co^{2+}等
Fe^{2+}	$K_3[Fe(CN)_6]$	$K^++Fe^{2+}+[Fe(CN)_6]^{3-} \longrightarrow [KFe(CN)_6Fe]\downarrow$ （滕氏蓝色）	酸性	
Fe^{3+}	$K_4[Fe(CN)_6]$	$K^++Fe^{3+}+[Fe(CN)_6]^{4-} \longrightarrow [KFe(CN)_6Fe]\downarrow$ （普鲁士蓝色）	酸性	Co^{2+}、Fe^{2+}、Cu^{2+}、Ni^{2+}等
	NH_4SCN（或碱金属硫氰酸盐）	$Fe^{3+}+SCN^- \longrightarrow [Fe(NCS)]^{2+}$ （血红色）	酸性	Cu^{2+}
Co^{2+}	NH_4SCN、丙酮	$Co^{2+}+4SCN^- \xrightarrow{丙酮} [Co(NCS)_4]^{2-}$（蓝色）	酸性	Fe^{3+}、Cu^{2+}、Hg_2^{2+}等
Ni^{2+}	丁二酮肟	Ni^{2+}+丁二酮肟 $\longrightarrow$ 玫瑰红色$\downarrow$	氨水	Co^{2+}、Cu^{2+}、Fe^{2+}、Bi^{3+}、Fe^{3+}、Mn^{2+}等
Pb^{2+}	K_2CrO_4	$Pb^{2+}+CrO_4^{2-} \longrightarrow PbCrO_4\downarrow$ （黄色）	中性或弱酸性	Ba^{2+}、Sr^{2+}、Hg^{2+}、Bi^{3+}、Ag^+、Ni^{2+}、Zn^{2+}等
Sb^{3+}	Sn片	$2Sb^{3+}+3Sn \longrightarrow 2Sb\downarrow+3Sn^{2+}$ （黑色）	酸性	Ag^+、AsO_2^-、Bi^{3+}等
Bi^{3+}	$Na_2[Sn(OH)_4]$	$2Bi^{3+}+3[Sn(OH)_4]^{2-}+6OH^- \longrightarrow 2Bi\downarrow+3[Sn(OH)_6]^{2-}$ （黑色）	弱碱性	Hg^{2+}、Hg_2^{2+}、Pb^{2+}等
Cu^{2+}	$K_4[Fe(CN)_6]$	$2Cu^{2+}+[Fe(CN)_6]^{4-} \longrightarrow Cu_2[Fe(CN)_6]\downarrow$ （红褐色）	中性或酸性	Fe^{3+}、Bi^{3+}、Co^{2+}等
Ag^+	HCl、氨水、HNO_3	$Ag^++Cl^- \longrightarrow AgCl\downarrow$ $AgCl+2NH_3 \longrightarrow [Ag(NH_3)_2]Cl$ $[Ag(NH_3)_2]^++2HCl \longrightarrow AgCl\downarrow+2NH_4Cl$	酸性	
	K_2CrO_4	$2Ag^++CrO_4^{2-} \longrightarrow Ag_2CrO_4\downarrow$（砖红色）	中性或弱酸性	Hg^{2+}、Hg_2^{2+}、Pb^{2+}、Ba^{2+}等
Zn^{2+}	$(NH_4)_2S$或碱金属硫化物	$Zn^{2+}+S^{2-} \longrightarrow ZnS\downarrow$（白色）		
	二苯硫腙	Zn^{2+}+二苯硫腙 $\longrightarrow$ 水层呈粉红色	弱碱性	Cu^{2+}、Ag^+、Hg^{2+}、Bi^{3+}、Cd^{2+}、Pb^{2+}、Al^{3+}、Cr^{3+}、Fe^{3+}、Ni^{2+}、Co^{2+}、Mn^{2+}等
Cd^{2+}	H_2S或Na_2S	$Cd^{2+}+H_2S \longrightarrow CdS\downarrow+2H^+$（黄色） $Cd^{2+}+S^{2-} \longrightarrow CdS\downarrow$（黄色）		形成有色硫化物沉淀的离子
	镉试剂（对硝基重氮氨基偶氮苯）	Cd^{2+}+镉试剂 $\longrightarrow$ 红色$\downarrow$	弱酸性	Cu^{2+}、Ag^+、Hg^{2+}、Ni^{2+}、Fe^{3+}、Cr^{3+}、Co^{2+}、Mn^{2+}等
Hg_2^{2+}	$SnCl_2$	$Sn^{2+}+Hg_2^{2+}+4Cl^- \longrightarrow 2Hg\downarrow+SnCl_4$ （黑色）	酸性	Hg^{2+}等
	KI、氨水	$Hg_2^{2+}+2I^- \longrightarrow Hg_2I_2\downarrow$（黄绿色） $Hg_2I_2+2NH_3 \longrightarrow Hg(NH_2)I\downarrow+Hg\downarrow+NH_4^++I^-$ （黑色）	中性或弱酸性	Ag^+等
K^+	$Na_3[Co(NO_2)_6]$	$2K^++Na^++[Co(NO_2)_6]^{3-} \longrightarrow K_2Na[Co(NO_2)_6]\downarrow$ （亮黄色）	中性或弱酸性	NH_4^+、Be^{2+}、Fe^{3+}、Cu^{2+}、Co^{2+}、Ni^{2+}等
	焰色反应	挥发性钾盐在火焰（氧化焰）中燃烧，火焰呈紫色		Na^+存在干扰，用蓝色钴玻璃片观察可消除Na^+干扰

续表

离子	试剂	鉴定反应	介质条件	主要干扰离子
Mg^{2+}	镁试剂（对硝基偶氮间苯二酚）	Mg^{2+} + 镁试剂 ⟶ 天蓝色沉淀	弱碱性	Fe^{3+}、Cr^{3+}、Co^{2+}、Ni^{2+}、Ag^+、Hg^{2+}、Cu^{2+}、Mn^{2+} 等能与镁试剂形成有色沉淀
Ba^{2+}	K_2CrO_4	$Ba^{2+} + CrO_4^{2-} \longrightarrow BaCrO_4\downarrow$（黄色）	中性或弱酸性	Sr^{2+}、Pb^{2+}、Ni^{2+}、Ag^+、Zn^{2+}、Cu^{2+}、Bi^{3+}、Hg^{2+} 等能与 CrO_4^{2-} 形成有色沉淀
	玫瑰红酸钠	玫瑰红酸钠 + Ba^{2+} ⟶ 红棕色↓	中性或弱酸性	Sr^{2+}、Pb^{2+}、Ag^+ 等
	焰色反应	挥发性钡盐在火焰（氧化焰）中燃烧，火焰呈黄绿色		
F^-	锆盐茜素	F^- + 锆盐茜素 ⟶ 无色 （红色）	HCl	ClO_3^-、IO_3^-、$C_2O_4^{2-}$、SO_4^{2-}、Al^{3+}、Bi^{3+} 等
Cl^-	$AgNO_3$、氨水、HNO_3	见 Ag^+ 的鉴定	酸性	
Br^-	Cl_2、CCl_4	$2Br^- + Cl_2 \longrightarrow Br_2 + 2Cl^-$ Br_2 在 CCl_4 中呈橙黄色（或橙红色）	中性或酸性	Rb^+、Cs^+、NH_4^+
I^-	Cl_2、CCl_4	$2I^- + Cl_2 \longrightarrow I_2 + 2Cl^-$ I_2 在 CCl_4 中呈紫红色	中性或酸性	
SO_3^{2-}	稀 HCl	$SO_3^{2-} + 2H^+ \longrightarrow SO_2\uparrow + H_2O$ SO_2 可使蘸有 $KMnO_4$ 溶液或淀粉-I_2 液或品红试液的试纸褪色	酸性	$S_2O_3^{2-}$、S^{2-} 等
	$Na_2[Fe(CN)_5NO]$、$ZnSO_4$、$K_4[Fe(CN)_6]$	生成红色沉淀	中性	S^{2-}
SO_4^{2-}	$BaCl_2$	$SO_4^{2-} + Ba^{2+} \longrightarrow BaSO_4\downarrow$（白色）	酸性	$S_2O_3^{2-}$、S^{2-}、SiO_3^{2-} 等
$S_2O_3^{2-}$	稀 HCl	$S_2O_3^{2-} + 2H^+ \longrightarrow SO_2\uparrow + S\downarrow + H_2O$ （白色 ⟶ 黄色）	酸性	$S_2O_3^{2-}$、S^{2-}、SiO_3^{2-} 等
	$AgNO_3$	$S_2O_3^{2-} + 2Ag^+ \longrightarrow Ag_2S_2O_3\downarrow$（白色） $Ag_2S_2O_3$ 发生水解，颜色由白 ⟶ 黄 ⟶ 棕，最后变为黑色 Ag_2S	中性	S^{2-}
S^{2-}	稀 HCl	$S^{2-} + 2H^+ \longrightarrow H_2S\uparrow$ H_2S 气体可使沾有 $Pb(OAc)_2$ 的试纸变黑	酸性	$S_2O_3^{2-}$、SO_3^{2-}
	$Na_2[Fe(CN)_5NO]$	$S^{2-} + [Fe(CN)_5NO]^{2-} \longrightarrow [Fe(CN)_5NOS]^{4-}$ （紫红色）	碱性	
NO_2^-	对氨基苯磺酸 *α*-萘胺	NO_2^- + 对氨基苯磺酸 *α*-萘胺 ⟶ 红色	中性或醋酸	$KMnO_4$ 等氧化剂
NO_3^-	$FeSO_4$、浓 H_2SO_4	$NO_3^- + 3Fe^{2+} + 4H^+ \longrightarrow 3Fe^{3+} + NO + 2H_2O$ $Fe^{3+} + NO \longrightarrow [Fe(NO)]^{2+}$ （棕色） 在混合液与浓 H_2SO_4 分层处形成棕色环	酸性	NO_2^-
	$AgNO_3$	$PO_4^{3-} + Ag^+ \longrightarrow Ag_3PO_4\downarrow$（黄色）	酸性	CrO_4^{2-}、S^{2-}、PO_4^{3-}、AsO_3^{2-}、I^-、$S_2O_3^{2-}$ 等
PO_4^{3-}	$(NH_4)_2MoO_4$、HNO_3	$PO_4^{3-} + 3NH_4^+ + 12MoO_4^{2-} + 24H^+ \longrightarrow$ $(NH_4)_3PO_4\cdot 12MoO_3\cdot 6H_2O\downarrow + 6H_2O$ （黄色）	HNO_3	SO_3^{2-}、$S_2O_3^{2-}$、S^{2-}、I^-、Sn^{2+}、SiO_3^{2-}、AsO_4^{3-}、Cl^- 等

续表

离子	试剂	鉴定反应	介质条件	主要干扰离子
AsO_4^{3-}	$(NH_4)_2MoO_4$	$AsO_4^{3-}+3NH_4^++12MoO_4^{2-}+24H^+ \longrightarrow (NH_4)_3AsO_4 \cdot 12MoO_3\downarrow+12H_2O$ (黄色)	酸性	SO_3^{2-}、$S_2O_3^{2-}$、S^{2-}、I^-、Sn^{2+}、SiO_3^{2-}、PO_4^{3-}、Cl^-等
AsO_3^{3-}	$AgNO_3$	$3Ag^++AsO_3^{3-} \longrightarrow Ag_3AsO_3\downarrow$ (黄色)	中性	
CN^-	CuS	$6CN^-+2CuS \longrightarrow 2[Cu(CN)_3]^{2-}+2S^{2-}$ 黑色 CuS 溶解		
CO_3^{2-}	稀 HCl(或稀 H_2SO_4)、$Ba(OH)_2$	$CO_3^{2-}+2H^+ \longrightarrow CO_2\uparrow+H_2O$ CO_2 气体可使饱和 $Ba(OH)_2$ 溶液变浑浊 $CO_2+2OH^-+Ba^{2+} \longrightarrow BaCO_3\downarrow+H_2O$ (白色)	酸性	SO_3^{2-}、$S_2O_3^{2-}$等
SiO_3^{2-}	饱和 NH_4Cl	$SiO_3^{2-}+2NH_4^+ \longrightarrow H_2SiO_3\downarrow+2NH_3\uparrow$ (白色胶状)	碱性	Al^{3+}
VO_3^-	α-安息香酮肟	VO_3^-+α-安息香酮肟 ⟶ 黄色↓	强酸性	Fe^{3+}等
CrO_4^{2-}	$Pb(NO_3)_2$	$CrO_4^{2-}+Pb^{2+} \longrightarrow PbCrO_4\downarrow$(黄色)	碱性	Ba^{2+}、Sr^{2+}、Hg^{2+}、Bi^{2+}、Ag^+、Ni^{2+}、Zn^{2+}等
MoO_4^{2-}	KSCN、$SnCl_2$	形成红色配合物	强酸性	PO_4^{3-}、有机酸、NO_2^-、Hg^{2+}等
WO_4^{2-}	$SnCl_2$	生成蓝色沉淀或溶液呈蓝色	强酸性	PO_4^{3-}、有机酸等
OAc^-	$La(NO_3)_3$ 和 I_2	生成暗蓝色沉淀	氨水	S^{2-}、SO_3^{2-}、$S_2O_3^{2-}$、SO_4^{2-}、PO_4^{3-}等

参 考 文 献

[1] 刘宇轩．氢能源及其应用现状概述．节能，2022，10：78-80.

[2] 封帆．氢能源的研究现状及展望．化学工程与设备，2022，9：255-256.

[3] 李星国．氢能的发展机遇与面临的挑战．应用化学，2022，7：1157-1166.

[4] 徐佳俊，劳利建．氢能源应用现状及前景分析．机械工业标准化与质量，2021，4：39-42.

[5] 岳国君，林海龙，彭元亭等．以生物质为原料的未来绿色氢能．化工进展，2021，40（8）：4678-4684.

[6] 曾升，李进，王鑫等．中国氢能利用技术进展及前景展望．电源技术，2022，46（7）：716-722.

[7] 天津大学无机化学教研室编．无机化学．5版．北京：高等教育出版社，2018.

[8] 许善锦主编．无机化学．4版．北京：人民卫生出版社，2003.

[9] 李惠芝主编．无机化学．北京：中国医药科技出版社，2002.

[10] 武汉大学，吉林大学等校编．无机化学．4版．北京：高等教育出版社，2019.

[11] 傅献彩主编．大学化学．北京：高等教育出版社，1999.

[12] 罗勤慧等编著．配位化学．北京：科学出版社，2015.

[13] 张祖德主编．无机化学．合肥：中国科学技术出版社，2008.

[14] 北京师范大学，华中师范大学，南京师范大学无机化学教研室编．无机化学．4版．北京：高等教育出版社，2006.

[15] 章慧等编著．配位化学原理与应用．北京：化学工业出版社，2009.

[16] 覃特营．无机化学．北京：中国医药科技出版社，2000.

[17] 孙淑声等．无机化学．2版．北京：北京大学出版社，1999.

[18] 北京师范大学等．无机化学．北京：人民卫生出版社，1981.

[19] 金若水等．现代化学原理．北京：高等教育出版社，2003.

[20] 大连理工大学无机化学教研室．无机化学．6版．北京：高等教育出版社，2018.

元素周期表

IUPAC 2013

氧化态(单质的氧化态为0，未列入；常见的为红色)

以 ^{12}C=12为基准的原子量(注✦的是半衰期最长同位素的原子量)

示例：+2 +3 +4 +5 +6 | 95 — 原子序数 | Am — 元素符号(红色的为放射性元素) | 镅▲ — 元素名称(注▲的为人造元素) | $5f^77s^2$ — 价层电子构型 | 243.06138(2)✦

s区元素　p区元素　d区元素　ds区元素　f区元素　稀有气体

族/周期	1 IA	2 IIA	3 IIIB	4 IVB	5 VB	6 VIB	7 VIIB	8 VIIIB(VIII)	9 VIIIB(VIII)	10 VIIIB(VIII)	11 IB	12 IIB	13 IIIA	14 IVA	15 VA	16 VIA	17 VIIA	18 VIIIA(0)	电子层
1	−1 +1 1 H 氢 $1s^1$ 1.008																	2 He 氦 $1s^2$ 4.002602(2)	K
2	+1 3 Li 锂 $2s^1$ 6.94	+2 4 Be 铍 $2s^2$ 9.0121831(5)											+3 5 B 硼 $2s^22p^1$ 10.81	−4 +2 +4 6 C 碳 $2s^22p^2$ 12.011	−3 −2 −1 +1 +2 +3 +4 +5 7 N 氮 $2s^22p^3$ 14.007	−2 −1 8 O 氧 $2s^22p^4$ 15.999	−1 9 F 氟 $2s^22p^5$ 18.998403163(6)	10 Ne 氖 $2s^22p^6$ 20.1797(6)	L K
3	−1 +1 11 Na 钠 $3s^1$ 22.98976928(2)	+2 12 Mg 镁 $3s^2$ 24.305											+3 13 Al 铝 $3s^23p^1$ 26.9815385(7)	−4 +2 +4 14 Si 硅 $3s^23p^2$ 28.085	−3 −2 +1 +3 +5 15 P 磷 $3s^23p^3$ 30.973761998(5)	−2 +2 +4 +6 16 S 硫 $3s^23p^4$ 32.06	−1 +1 +3 +5 +7 17 Cl 氯 $3s^23p^5$ 35.45	18 Ar 氩 $3s^23p^6$ 39.948(1)	M L K
4	−1 +1 19 K 钾 $4s^1$ 39.0983(1)	+2 20 Ca 钙 $4s^2$ 40.078(4)	+3 21 Sc 钪 $3d^14s^2$ 44.955908(5)	−1 0 +2 +3 +4 22 Ti 钛 $3d^24s^2$ 47.867(1)	0 ±1 +2 +3 +4 +5 23 V 钒 $3d^34s^2$ 50.9415(1)	−3 0 ±1 ±2 +3 +4 +5 +6 24 Cr 铬 $3d^54s^1$ 51.9961(6)	−2 0 ±1 +2 ±3 +4 +5 +6 +7 25 Mn 锰 $3d^54s^2$ 54.938044(3)	−2 0 ±1 +2 +3 +4 +5 +6 26 Fe 铁 $3d^64s^2$ 55.845(2)	0 ±1 +2 +3 +4 +5 27 Co 钴 $3d^74s^2$ 58.933194(4)	0 ±1 +2 +3 +4 28 Ni 镍 $3d^84s^2$ 58.6934(4)	+1 +2 +3 +4 29 Cu 铜 $3d^{10}4s^1$ 63.546(3)	+1 +2 30 Zn 锌 $3d^{10}4s^2$ 65.38(2)	+1 +3 31 Ga 镓 $4s^24p^1$ 69.723(1)	+2 +4 32 Ge 锗 $4s^24p^2$ 72.630(8)	−3 +3 +5 33 As 砷 $4s^24p^3$ 74.921595(6)	−2 +2 +4 +6 34 Se 硒 $4s^24p^4$ 78.971(8)	−1 +1 +3 +5 +7 35 Br 溴 $4s^24p^5$ 79.904	+2 +4 36 Kr 氪 $4s^24p^6$ 83.798(2)	N M L K
5	−1 +1 37 Rb 铷 $5s^1$ 85.4678(3)	+2 38 Sr 锶 $5s^2$ 87.62(1)	+3 39 Y 钇 $4d^15s^2$ 88.90584(2)	+1 +2 +3 +4 40 Zr 锆 $4d^25s^2$ 91.224(2)	0 ±1 +2 +3 +4 +5 41 Nb 铌 $4d^45s^1$ 92.90637(2)	0 ±1 ±2 +3 +4 +5 +6 42 Mo 钼 $4d^55s^1$ 95.95(1)	0 ±1 +2 +3 +4 +5 +6 +7 43 Tc 锝▲ $4d^55s^2$ 97.90721(3)✦	0 +1 ±2 +3 +4 +5 +6 +7 +8 44 Ru 钌 $4d^75s^1$ 101.07(2)	0 ±1 +2 +3 +4 +5 +6 45 Rh 铑 $4d^85s^1$ 102.90550(2)	0 +1 +2 +3 +4 46 Pd 钯 $4d^{10}$ 106.42(1)	+1 +2 +3 47 Ag 银 $4d^{10}5s^1$ 107.8682(2)	+1 +2 48 Cd 镉 $4d^{10}5s^2$ 112.414(4)	+1 +3 49 In 铟 $5s^25p^1$ 114.818(1)	+2 +4 50 Sn 锡 $5s^25p^2$ 118.710(7)	−3 +3 +5 51 Sb 锑 $5s^25p^3$ 121.760(1)	−2 +2 +4 +6 52 Te 碲 $5s^25p^4$ 127.60(3)	−1 +1 +3 +5 +7 53 I 碘 $5s^25p^5$ 126.90447(3)	+2 +4 +6 +8 54 Xe 氙 $5s^25p^6$ 131.293(6)	O N M L K
6	−1 +1 55 Cs 铯 $6s^1$ 132.90545196(6)	+2 56 Ba 钡 $6s^2$ 137.327(7)	57~71 La~Lu 镧系	+1 +2 +3 +4 72 Hf 铪 $5d^26s^2$ 178.49(2)	0 ±1 +2 +3 +4 +5 73 Ta 钽 $5d^36s^2$ 180.94788(2)	0 ±1 +2 +3 +4 +5 +6 74 W 钨 $5d^46s^2$ 183.84(1)	0 ±1 +2 +3 +4 +5 +6 +7 75 Re 铼 $5d^56s^2$ 186.207(1)	0 +1 +2 +3 +4 +5 +6 +7 +8 76 Os 锇 $5d^66s^2$ 190.23(3)	0 ±1 +2 +3 +4 +5 +6 77 Ir 铱 $5d^76s^2$ 192.217(3)	0 +2 +3 +4 +5 +6 78 Pt 铂 $5d^96s^1$ 195.084(9)	+1 +2 +3 +5 79 Au 金 $5d^{10}6s^1$ 196.966569(5)	+1 +2 +3 80 Hg 汞 $5d^{10}6s^2$ 200.592(3)	+1 +3 81 Tl 铊 $6s^26p^1$ 204.38	+2 +4 82 Pb 铅 $6s^26p^2$ 207.2(1)	−3 +3 +5 83 Bi 铋 $6s^26p^3$ 208.98040(1)	−2 +2 +4 +6 84 Po 钋 $6s^26p^4$ 208.98243(2)✦	±1 +5 +7 85 At 砹 $6s^26p^5$ 209.98715(5)✦	+2 86 Rn 氡 $6s^26p^6$ 222.01758(2)✦	P O N M L K
7	+1 87 Fr 钫▲ $7s^1$ 223.01974(2)✦	+2 88 Ra 镭 $7s^2$ 226.02541(2)✦	89~103 Ac~Lr 锕系	104 Rf 𬬻▲ $6d^27s^2$ 267.122(4)✦	105 Db 𬭊▲ $6d^37s^2$ 270.131(4)✦	106 Sg 𬭳▲ $6d^47s^2$ 269.129(3)✦	107 Bh 𬭛▲ $6d^57s^2$ 270.133(2)✦	108 Hs 𬭶▲ $6d^67s^2$ 270.134(2)✦	109 Mt 鿏▲ $6d^77s^2$ 278.156(5)✦	110 Ds 𫟼▲ 281.165(4)✦	111 Rg 𬬭▲ 281.166(6)✦	112 Cn 鿔▲ 285.177(4)✦	113 Nh 鿭▲ 286.182(5)✦	114 Fl 𫓧▲ 289.190(4)✦	115 Mc 镆▲ 289.194(6)✦	116 Lv 𫟷▲ 293.204(4)✦	117 Ts 鿬▲ 293.208(6)✦	118 Og 鿫▲ 294.214(5)✦	Q P O N M L K

★ 镧系	+3 57 La★ 镧 $5d^16s^2$ 138.90547(7)	+2 +3 +4 58 Ce 铈 $4f^15d^16s^2$ 140.116(1)	+3 +4 59 Pr 镨 $4f^36s^2$ 140.90766(2)	+2 +3 +4 60 Nd 钕 $4f^46s^2$ 144.242(3)	+3 61 Pm 钷▲ $4f^56s^2$ 144.91276(2)✦	+2 +3 62 Sm 钐 $4f^66s^2$ 150.36(2)	+2 +3 63 Eu 铕 $4f^76s^2$ 151.964(1)	+3 64 Gd 钆 $4f^75d^16s^2$ 157.25(3)	+3 +4 65 Tb 铽 $4f^96s^2$ 158.92535(2)	+3 +4 66 Dy 镝 $4f^{10}6s^2$ 162.500(1)	+3 67 Ho 钬 $4f^{11}6s^2$ 164.93033(2)	+3 68 Er 铒 $4f^{12}6s^2$ 167.259(3)	+2 +3 69 Tm 铥 $4f^{13}6s^2$ 168.93422(2)	+2 +3 70 Yb 镱 $4f^{14}6s^2$ 173.045(10)	+3 71 Lu 镥 $4f^{14}5d^16s^2$ 174.9668(1)
★ 锕系	+3 89 Ac★ 锕 $6d^17s^2$ 227.02775(2)✦	+3 +4 90 Th 钍 $6d^27s^2$ 232.0377(4)	+3 +4 +5 91 Pa 镤 $5f^26d^17s^2$ 231.03588(2)	+2 +3 +4 +5 +6 92 U 铀 $5f^36d^17s^2$ 238.02891(3)	+3 +4 +5 +6 +7 93 Np 镎 $5f^46d^17s^2$ 237.04817(2)✦	+3 +4 +5 +6 +7 94 Pu 钚 $5f^67s^2$ 244.06421(4)✦	+2 +3 +4 +5 +6 95 Am 镅▲ $5f^77s^2$ 243.06138(2)✦	+3 +4 96 Cm 锔▲ $5f^76d^17s^2$ 247.07035(3)✦	+3 +4 97 Bk 锫▲ $5f^97s^2$ 247.07031(4)✦	+2 +3 +4 98 Cf 锎▲ $5f^{10}7s^2$ 251.07959(3)✦	+2 +3 99 Es 锿▲ $5f^{11}7s^2$ 252.0830(3)✦	+2 +3 100 Fm 镄▲ $5f^{12}7s^2$ 257.09511(5)✦	+2 +3 101 Md 钔▲ $5f^{13}7s^2$ 258.09843(3)✦	+2 +3 102 No 锘▲ $5f^{14}7s^2$ 259.1010(7)✦	+3 103 Lr 铹▲ $5f^{14}6d^17s^2$ 262.110(2)✦